炼油装置操作指南丛书

硫黄回收装置操作指南

刘爱华　李　鹏　裴爱霞　编著

中国石化出版社
·北京·

内 容 提 要

本书紧密围绕硫黄回收装置生产运行和现场操作，结合我国的行业技术和发展前景，紧扣日益严格的环保排放指标，从原辅材料、产品、工艺控制、开工、停工、特殊作业、岗位风险等多个方面，较为系统地阐述了酸性水汽提系统、硫黄回收系统、尾气处理系统、专用设施、仪表与自动控制系统、腐蚀防护与控制、装置操作优化等重要操作内容和关键要点。

本书可供从事硫黄回收装置科研、设计、运行和管理的广大人员及高等院校相关专业师生参考。

图书在版编目(CIP)数据

硫黄回收装置操作指南 / 刘爱华，李鹏，裴爱霞编著. — 北京 ：中国石化出版社，2025. 7. —（炼油装置操作指南丛书）. — ISBN 978-7-5114-7985-3

Ⅰ. TE644-62

中国国家版本馆 CIP 数据核字第 20255M4X03 号

中国石化出版社出版发行

地址：北京市东城区安定门外大街 58 号

邮编：100011 电话：(010)57512500

发行部电话：(010)57512575

http://www.sinopec-press.com

E-mail：press@sinopec.com

宝蕾元仁浩(天津)印刷有限公司印刷

全国各地新华书店经销

*

787 毫米×1092 毫米 16 开本 18.75 印张 470 千字

2025 年 7 月第 1 版　2025 年 7 月第 1 次印刷

定价：98.00 元

前 言

石油炼制与化工、天然气净化及煤化工生产过程中会产生大量的含硫酸性气体，通过硫黄回收装置回收硫黄，气体达标后排放。我国于2015年发布实施GB 31570—2015《石油炼制工业污染物排放标准》与GB 31571—2015《石油化学工业污染物排放标准》，于2020年发布实施GB 39728—2020《陆上石油天然气开采工业大气污染物排放标准》，要求硫黄回收装置SO_2排放限值为400mg/m^3，重点地区排放限值为100mg/m^3。

硫黄回收装置的生产运行与其环保排放关系密切，随着国家标准的日趋严格，对装置运行操作和管理提出了更高的精细化要求。在此背景下，中国石化出版社适时组织国内硫黄回收领域的技术、管理人员，编写了《硫黄回收装置操作指南》。本书共九章，其中第一章由刘爱华、裴爱霞编写，第二章由闫虎、刘增让、王凯强编写，第三章由徐奔、胡文昊、兰敏、房军编写，第四章由袁强、张传磊、杜金禹、王斌、邹恺编写，第五章由裴爱霞、张传磊、张恒伟、周榆、周培浩编写，第六章由张凌蓝、陈上访、孙科文编写，第七章由王洋、兰敏、王凯强编写，第八章由鲍积才、胡适学编写，第九章由王凯强、裴爱霞、袁强、徐奔编写，全书由裴爱霞统稿，李鹏、刘爱华审核把关。

本书在编写过程中，各级领导给予了高度重视和大力支持，中国石化齐鲁石化、镇海炼化、九江石化、塔河石化、燕山石化、金陵石化、济南炼化、广州石化、茂名石化、天津石化、扬子石化、青岛炼化、中原油田、西南油气田等单位提供了大量基础资料，同时，编写工作得到了中国石油化工股份有限公司炼油事业部、油田事业部的大力支持，中国石化出版社对本书的编写和出版工作给予了通力协作和配合，在此一并致谢！

本书对从事硫黄回收装置科研、设计、运行和管理的广大人员及高等院校相关专业师生均有较大的参考价值，对促进我国硫黄回收技术的发展也将有所帮助。

由于可供参考的书籍较少，且多数撰写者都有繁忙的本职工作，编写时间有限，虽经多次审查、讨论和修改，难免会有不足和疏漏之处，恳请广大读者批评指正。

目　录

第一章　绪　　论

第一节　概　　述

我国经济近年来高速增长，石油加工与天然气工业得到高速发展。与此同时，含硫原油加工量和含硫天然气处理量随之相应增加。特别是高硫原油进口量的增多，以及大量的含硫燃料油深加工及煤造气等工艺都涉及含硫化合物的处理。国内多数天然气田也伴生大量的硫化氢(H_2S)。在原油中硫含量不断升高、加工不断深化的同时，对含硫物质排放的环保控制标准却日趋严格。面对严峻的环境状况，实现从生产源头减少直至消除污染、严重污染物的资源化处理、环境治理和修复已成为广泛的共识。经济的增长与环保的严格控制使得相关的气体脱硫与硫黄回收技术日益重要。为此，必须在开好现有硫黄回收装置的同时，建设大量硫黄回收装置以满足日益严格的环保要求。

为保证符合排放要求，一般采用酸性水汽提技术处理酸性水，采用胺吸收技术吸收气体中的H_2S，释放出的H_2S大多采用克劳斯(Claus)硫黄回收技术回收硫黄，然后进行尾气处理，达到化害为利、降低污染、保护环境的目的。

Claus硫黄回收技术是目前国内外应用最广、技术最成熟的硫黄回收工艺，其原理基于Claus反应，即酸性气中的H_2S通过Claus反应炉内的高温热反应和Claus反应器内的低温催化反应，转化为单质硫。Claus反应是可逆反应，受反应温度下化学平衡的限制，即使采用活性良好的催化剂，硫黄回收率也只能达97%左右，尾气中尚含有1%~3%(体积分数)的H_2S、二氧化硫(SO_2)、硫蒸气和有机硫化物。按照GB 31570—2015《石油炼制工业污染物排放标准》要求，重点地区的企业硫黄回收装置烟气SO_2排放限值为100mg/m^3；其他地区烟气SO_2排放限值为400mg/m^3。由于单纯的Claus硫黄回收技术加上尾气处理装置可能仍不能满足日趋严格的环保标准要求，因此，尾气处理技术需要不断发展。不同的尾气处理技术适用于不同的硫黄回收工况，并可取得不同的硫黄回收率，满足不同的环保法规要求。

第二节　反应原理

一、酸性水汽提反应机理

污水中的H_2S、氨(NH_3)以两种形式存在，离子形式不能挥发，称“固定态”，分子形式可以挥发，称“游离态”。硫氢化铵(NH_4HS)是H_2S和NH_3反应后的产物，当温度高于120℃后就会分解成NH_3和H_2S气体。NH_4HS能溶于水，在水溶液中又能大量水解重新生成游离的NH_3和H_2S分子，如下所示。

$$NH_4HS \xlongequal{电离} NH_4^+ + HS^- \xlongequal{水解} NH_3 + H_2S$$

其中，水解常数随温度升高而增加，随温度降低而减少，当温度升高时，NH_4HS 不断水解，游离的 NH_3 和 H_2S 分子逐渐增多，相应气相中的 H_2S 和 NH_3 分压也随之升高。

含硫污水汽提的主要目的是去除并回收 NH_3 和 H_2S，因此了解 $NH_3-H_2S-H_2O$ 三元体系的热力学性质可以更好地理解汽提法的原理和操作。

（一）$NH_3-H_2S-H_2O$ 三元体系

NH_3、H_2S 和 H_2O 都是挥发性弱电解质，能电离成离子；NH_3 和 H_2S 能不同程度溶解于水。因此，$NH_3-H_2S-H_2O$ 三元体系是一个化学、电离和相平衡共存的复杂体系。

① NH_3 溶于水后一部分以游离 NH_3 存在，一部分被电离成 NH_4^+ 和 OH^-。

$$NH_3+H_2O \rightleftharpoons NH_4^++OH^-$$

NH_3 溶解于水是放热的，故温度升高，电离常数随温度升高而降低，且温度越高，NH_3 的电离常数降低越明显，因此，NH_3 在水中主要是游离的 NH_3 分子，仅有极少量的 NH_4^+。

② H_2S 在水中也有少许电离。

$$H_2S \rightleftharpoons H^++HS^-$$

H_2S 在水中的电离常数也受温度影响，但与 NH_3 的电离常数不同，温度对 H_2S 的电离常数的影响可分为两种情况：当温度低于 125℃时，电离常数随温度升高而升高，当温度高于 125℃时，电离常数随温度升高而降低，且 H_2S 的电离常数值比 NH_3 的电离常数值还小，所以 H_2S 在水中几乎全部以游离的 H_2S 分子存在。

③ 当 NH_3 和 H_2S 同时存在时，则生成 NH_4HS，它是弱酸和弱碱生成的盐，在水中被大量地水解又重新生成游离的 NH_3 和 H_2S 分子。即：

$$NH_4^++HS^- \rightleftharpoons (NH_3+H_2S)(\text{液})$$

在液相中的游离 NH_3 和 H_2S 分子又与气相中的 NH_3 和 H_2S 呈相平衡：

$$(NH_4+H_2S)(\text{液}) \rightleftharpoons (NH_3+H_2S)(\text{气})$$

综合上述公式：

$$NH_4^++HS^- \rightleftharpoons (NH_3+H_2S)(\text{液}) \rightleftharpoons (NH_3+H_2S)(\text{气})$$

在汽提操作条件下，气相中 NH_3 和 H_2S 是分子态，液相中 NH_3 和 H_2S 有离子和分子两种形式。NH_3 和 H_2S 在水中主要是以离子态还是分子态存在，与温度、压力及溶解在水中的浓度有关。

（二）三元体系热力学性质

（1）水解常数

$$\text{水解常数 } K_H=\frac{[H_2S]\cdot[NH_3]}{[HS^-]\cdot[NH_4^+]}$$

NH_4HS 在水中进行的水解反应，其水解常数 K_H 受温度影响，温度升高，K_H 增大，温度降低，K_H 减小。当温度降低时，K_H 减小，故溶液中 NH_4^+ 和 HS^- 离子浓度增加，因此在低温段以离解反应为主。

当温度升高时，K_H 值增大，此时 NH_4HS 不断水解，溶液中游离的 NH_3 和 H_2S 分子逐渐增加，相应气相中 NH_3 和 H_2S 的分压也随之升高，因此在高温段以 NH_4HS 的水解反应为主。由实验知道，低温段与高温段的界限约为 110℃，低于 110℃对 K_H 的影响不大，K_H 较小；高于 110℃，K_H 随温度升高迅速增大。

（2）溶解度

NH_3和 H_2S 在水中的溶解度与气体在溶液中的分压的关系遵循亨利定律 $N=P/H$，N 为气体溶解度，H 为亨利常数，P 为气体分压，NH_3和 H_2S 的溶解度随温度升高而降低，随压力增加而增加，见表 1-2-1、表 1-2-2。

表 1-2-1　NH_3-H_2O 二元体系气液平衡数据

温度/℃	压力/MPa(表)	液相组成 NH_3/%(质量分数)	气相组成 NH_3/%(质量分数)
39.9	0.697	60.14	99.90
39.9	0.484	52.73	99.41
39.9	0.305	44.78	98.41
39.9	0.213	40.32	97.58
39.9	0.099	32.88	97.10

表 1-2-2　H_2S-H_2O 二元体系气液平衡数据

温度/℃	压力/MPa(表)	液相组成 H_2S/%(质量分数)	气相组成 H_2S/%(质量分数)
37.8	0.387	1.13	99.32
37.8	0.581	1.58	99.52
37.8	0.924	2.26	99.65
37.8	0.1263	3.11	99.76
37.8	0.1662	3.93	99.82

比较两表可见，NH_3在水中的溶解度远远大于 H_2S 在水中的溶解度，但若是在 H_2S 水溶液中通入 NH_3，则 H_2S 的溶解度就大大提高，见表 1-2-3。

表 1-2-3　$NH_3-H_2S-H_2O$ 三元体系气液平衡数据

温度/℃	压力/MPa(表)	$NH_3-H_2S-H_2O$ 三元体系	
		H_2S/%(质量分数)	NH_3/%(质量分数)
38.0	0.148	19.34	50.67

在约 38℃ 和 0.45MPa(表)时，由于 NH_3的存在，H_2S 在水中的溶解度可增加 17 倍以上。

如前所述，NH_3在水中或 H_2S 在水中，两者都是以游离的分子态存在的，但是当有一定量的 H_2S 和 NH_3同时在水中时，由于酸碱反应，NH_4^+和 HS^-离子浓度迅速增加。当温度等于 32.2℃，NH_3和 H_2S 分子比为 1 时，约 98.44%(质量分数)的 NH_3或 H_2S 以离子形式存在。然而，NH_3和 H_2S 的离解度不仅与温度压力有关，还与液相中 NH_3和 H_2S 的浓度有关。例如，在 38.22℃和 4.46 个大气压工况下，当液相中 NH_3浓度为 51.5%(质量分数)、H_2S 浓度为 17.08%(质量分数)时，相应的游离 NH_3占其总量的 83.45%，游离 H_2S 只占其总量的 0.17%(质量分数)，也就是说，在 38.22℃、4.46 个大气压工况下，当 NH_3和 H_2S 浓度比大于 3 时，溶解于水的 NH_3只有 16.55%(质量分数)被电离成 NH_4^+，而 H_2S 却有 99.83%(质量分数)被电离成 HS^-。游离的 H_2S 分子极少，溶液中几乎都是以 HS^-形式被“固定”在液相中。单塔侧线流程汽提塔的 24 层塔盘温度控制大于 138℃，目的就是要控制侧线抽出的富 NH_3气体中 NH_3和 H_2S 的分子比大于 5，从而保证通过三级分凝和氨精制系统可以获得高纯度的 NH_3气。

（3）挥发度

虽然 H_2S 的溶解度远小于 NH_3，但其饱和蒸气压比同温度下的 NH_3大得多，故其相对挥发度也就比 NH_3大，因此，只要溶液中有一定数量的游离 H_2S 分子存在，则与其呈平衡的气相中的 H_2S 浓度就很可观，例如在 H_2S-H_2O 体系中，液相中游离的 H_2S 浓度为 1.127%（质量分数）时，与其呈平衡的气相中的 H_2S 浓度则高达 99.318%（质量分数），正是由于 NH_3的溶解度比 H_2S 大得多，而 H_2S 的相对挥发度比 NH_3大得多，所以，单塔侧线流程的汽提塔在低温的塔顶部可以获得含 NH_3很少的酸性气体。

二、硫黄回收反应机理及动力学

（一）Claus 反应机理

1. Claus 反应方程式

Claus 反应按照反应发生的区域可以分为高温热反应和低温催化反应两部分。按照反应产物来分可分为主反应和副反应。由于原料酸性气成分复杂，无论是在反应炉内发生的高温热反应还是在 Claus 反应器内发生的低温催化反应均存在多种主反应和副反应。

（1）反应炉内的高温热反应

酸性气反应炉内发生的总反应为 H_2S 氧化为单质硫，其总反应式是：

$$3H_2S+1.5O_2 = 3/xS_x+3H_2O$$

实际上，反应分两步进行：

$$H_2S+1.5O_2 = SO_2+H_2O$$

$$2H_2S+SO_2 = 3/xS_x+2H_2O$$

第一步是参与反应的三分之一的 H_2S 与 O_2反应生成 SO_2和 H_2O，第二步是剩余三分之二的 H_2S 与第一步反应生成的 SO_2反应，转化为单质硫。

（2）Claus 反应器内的低温催化反应

低温催化反应是在 Claus 反应器内的催化剂床层上进行的如下反应：

$$2H_2S+SO_2 = 3/xS_x+2H_2O$$

从理论上讲，温度越低转化率越高，但当温度低于硫露点温度时，会使液硫沉积在催化剂表面而使催化剂失去活性，因此通常应在硫露点温度以上 30℃左右进行操作。

（3）不同形态的硫相互转化的反应

单质硫的形态非常复杂，无论是液态还是气态时均是由不同形态的硫组成的混合物。液态硫是环状 S_8和链状多硫 S_x的混合物，而气态硫形态更多，包含 S_1～S_8等组分。研究认为，当温度高于 700K 时硫蒸气主要由 S_2组成，而 700K 以下时以 S_6和 S_8为主。通常在工程上 Claus 反应过程中发生的主要硫形态转化反应可以用如下反应式描述：

$$3S_2 = S_6+272.2kJ$$

$$4S_2 = S_8+404.4kJ$$

$$4S_6 = 3S_8+124.5kJ$$

2. Claus 硫黄回收工艺的主要副反应

(1) 反应炉内发生的副反应

酸性气中除 H_2S 外，一般还含有烃类、CO_2 和 H_2O，炼油厂酸性气中还含有 NH_3 或 HCN 等物质，因此酸性气反应炉内的反应非常复杂。主要副反应有：NH_3 和烃类的氧化反应；生成或消耗羰基硫(COS)和二硫化碳(CS_2)的副反应；生成或消耗 CO 和 H_2 的副反应；S 形态转化的副反应。由于副反应多，因而反应后的气体组成很复杂。气体中的 H_2 主要源于 H_2S 的热分解和烃类的燃烧；CO 源于 CO_2 和 H_2S 的反应、H_2 的还原反应和烃的氧化反应；COS 和 CS_2 源于烃和 SO_2 的反应，CO、CO_2 和硫蒸气的反应。酸性气在反应炉内发生的主要反应及其反应热见表 1-2-4。

表 1-2-4　酸性气在反应炉内发生的主要反应及其反应热

序号	反应类型	反应热①/kJ	
		927℃	1204℃
1)硫、硫化物及烃类的氧化反应			
1	$H_2S+3/2O_2=SO_2+H_2O$	-519.6	-519.2
2	$2H_2S+SO_2=3/2S_2+2H_2O$	42.1	41.3
3	$2H_2S+O_2=S_2+2H_2O$	-475.4	-477.9
4	$H_2S+1/2O_2=H_2O+S$	58.0	57.5
5	$S_1+O_2=SO_2$	-577.1	-577.5
6	$2S_1=S_2$	-432.8	-434.5
7	$S_2+2O_2=2SO_2$	-721.4	-720.6
8	$CH_4+2O_2=CO_2+2H_2O$	-797.3	-801.5
9	$C_2H_6+7/2O_2=2CO_2+3H_2O$	-1424.9	-1429.5
10	$CH_4+3/2O_2=CO+2H_2O$	-518.3	-522.1
11	$CH_4+O_2=CO+H_2O+H_2$	-270.2	-272.9
12	$CH_4+2H_2O=CO_2+4H_2$	193.5	196.0
2)生成或消耗 CO 及 H_2 的反应			
13	$H_2+CO_2=CO+H_2O$	32.9	31.7
14	$CO_2+H_2S=CO+H_2O+1/2S_2$	114.7(1639℃)	113.8(1927℃)
15	$2CO_2+H_2S=2CO+H_2+SO_2$	284.8(1639℃)	281.5(1927℃)
16	$H_2S=1/2S_2+H_2$	89.2(1639℃)	88.8(1927℃)
17	$2CO+O_2=2CO_2$	-561.7	-599.2
18	$4CO+2SO_2=4CO_2+S_2$	-402.4	-397.8
19	$H_2+1/2O_2=H_2O$	-248.1	-249.4
20	$H_2+1/2S_2=H_2S$	-89.7	-89.2

续表

序号	反应类型	反应热①/kJ	
		927℃	1204℃
	3)生成或消耗 COS 的反应		
21	$2CH_4+3SO_2 = 2COS+1/2S_2+4H_2O$	-130.9	-135.9
22	$2CO_2+3S_1 = 2COS+SO_2$	-624.2	-625.5
23	$CS_2+CO_2 = 2COS$	2.5	2.9
24	$2S_1+2CO_2 = COS+CO+SO_2$	-319.8	-321.9
25	$CO+S_1 = COS$	-304.4	-303.6
26	$CH_4+SO_2 = COS+H_2O+H_2$	2.5	-1.3
27	$CS_2+H_2O = COS+H_2S$	-31.7	-30.9
28	$COS+H_2O = H_2S+CO_2$	-34.6	-33.8
29	$2COS+SO_2 = 3/2S_2+2CO_2$	-25.0	-26.3
30	$COS+CO+SO_2 = S_2+2CO_2$	-113.0	-112.6
31	$COS+H_2 = CO+H_2S$	-2.1	-3.8
32	$COS+3/2O_2 = CO_2+SO_2$	-553.4	-553.4
33	$COS = CO+1/2S_2$	88.0	86.3
	4)生成或消耗 CS_2 的反应		
34	$C+2S = CS_2$	-443.7	-444.9
35	$CH_4+2H_2S = CS_2+4H_2$	259.8	260.6
36	$CH_4+4S = CS_2+2H_2S$	-965.8	-967.9
37	$CH_4+2S_2 = CS_2+2H_2S$	-99.7	-99.2
38	$CO_2+3S = CS_2+SO_2$	-627.2	-628.0
39	$C_2H_6+7/2S_2 = 2CS_2+3H_2S$	-183.9	-183.9
40	$C_3H_8+5S_2 = 3CS_2+4H_2S$	-261.5	-262.3
41	$CS_2+2H_2O = CO_2+2H_2S$	-66.3	-64.6
42	$CS_2+SO_2 = CO_2+3/2S_2$	-22.5	-23.4
43	$CS_2+CO_2 = 2CO+S_2$	178.9	175.6

注：①负值表示放热反应。

（2）Claus 反应器内发生的副反应

Claus 反应器内发生的主要副反应是 COS 和 CS_2 的水解反应：

$$COS+H_2O = CO_2+H_2S$$

$$CS_2+2H_2O = CO_2+2H_2S$$

上述反应随温度的升高而加快，因而通常采用提高一级反应器床层操作温度或在一级反应器催化剂床层的下部使用专门的有机硫水解催化剂的方法，也可同时使用上述两种方法，以促进 COS 和 CS_2 的水解，提高装置硫转化率，维持下游操作的稳定性。

3. 反应炉中高温区的反应机理

反应炉内的化学反应相当复杂。相关研究表明，假设进入反应炉的原料酸性气中仅包含H_2S、CH_4和NH_3等三种可供氧化的物质，H_2S将首先氧化生成S_2和H_2O，并消耗掉大部分的氧，故这是炉内发生的主要反应，在使用高强度的燃烧器时，反应炉内氧化反应的次序及历程依次如下：

$$2H_2S+O_2=\!=\!=S_2+2H_2O$$

$$3S_2+4H_2O=\!=\!=4H_2S+2SO_2$$

$$S_2+2O_2=\!=\!=2SO_2$$

S_2是继H_2S后第二个被氧化的物质，此反应生成的SO_2是烃类及NH_3的氧化剂。因此，Claus 装置反应炉内物质被氧化的次序大致为：

$$H_2S>S_2>CH_4>NH_3$$

以上是建立在原料酸性气中仅包含H_2S、CH_4和NH_3等三种可供氧化的物质的假设前提下的，实际的情况则更加复杂。

（1）CH_4的氧化反应与 CO、H_2及有机硫化合物的生成

在自由火焰及其周围的高温反应区内，部分CH_4氧化生成 CO 和H_2，并消耗一定量的O_2，部分CH_4与H_2O反应生成 CO 和H_2。这两个反应是反应炉内生成 CO 和H_2的主要(副)反应。在自由火焰区内未被氧化的CH_4，将在反应炉内转化为CS_2、COS、CO、CO_2和 C(烟炱)，这是炉内生成有机硫化合物的主要(副)反应。研究表明，在反应炉的反应条件下 CO/CO_2不可能生成CS_2，后者是通过烃类与S_2或H_2S的反应生成。因此，当原料酸性气中烃类含量较高而不能在自由火焰区内完全被燃烧(或氧化)时，过程气中CS_2的生成率将增加。CS_2和 COS 在反应炉内的生成及转化涉及的反应途径非常复杂，Clark 等将有关反应途径进行了归纳，如图 1-2-1 所示。

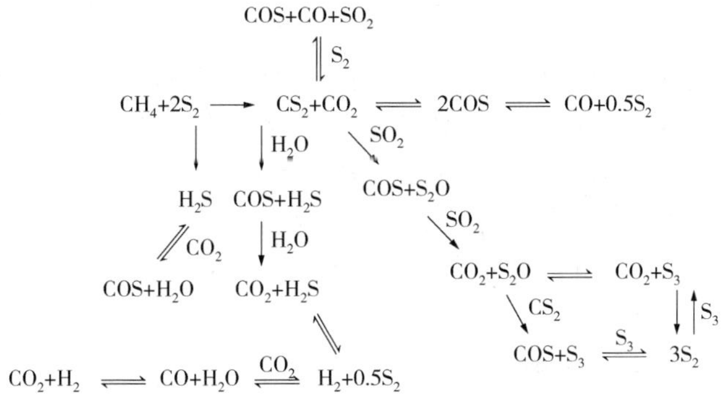

图 1-2-1　CS_2和 COS 的生成与转化途径

（2）H_2S热裂解生成H_2和S_2的反应

$$2H_2S=\!=\!=2H_2+S_2$$

在反应炉前端的自由火焰区的高温条件下，少量H_2S被热裂解生成H_2和S_2；但当有大量H_2S被热裂解后，在反应炉后端温度相对较低的部位(燃烧室)H_2与S_2会重新结合而生成H_2S。因此，最终H_2的生成量取决于火焰温度、燃烧(室)温度和过程气在反应炉蒸汽发生器中的冷却速度。

（3）NH_3的分解机理

NH_3的部分氧化反应如下：

$$2NH_3+3/2O_2 = N_2+3H_2O$$

NH_3在反应炉中分解的一个重要途径是通过部分氧化反应，但根据近年来的研究发现，在模拟 Claus 装置反应炉的工况条件下，上述反应需在炉温达到 700℃时才开始，炉温达到 1000℃时，NH_3的转化率仅为 4.9%。然而，H_2S 部分氧化为 SO_2的反应在 300℃时即开始，炉温达到 600℃时 H_2S 的转化率已接近 100%，故上述反应不可能是 NH_3在炉内分解的主要途径。

NH_3的热分解反应如下：

$$2NH_3 = N_2+3H_2$$

除氧化反应外，NH_3在反应炉内分解的另外一个重要途径是热分解反应，但根据近年来的研究发现，虽然存在 NH_3在 1300℃的高温下彻底分解的可能，但由于过程气中大量存在的 H_2S 及 H_2O 对裂解反应的强烈抑制作用，即使在这样的高温下，NH_3的转化率仍不足 50%。

NH_3与其他氧化剂的反应：

$$2NH_3+S_2 = H_2S_2+N_2+2H_2$$

$$2NH_3+CO_2 = CO+H_2O+2H_2+N_2$$

$$2NH_3+SO_2 = 2H_2O+H_2S+N_2$$

S_2和 CO_2作为 NH_3氧化反应的氧化剂，通过上述反应分解 NH_3。

通过对 NH_3分解的各种途径的反应机理的研究表明，在 Claus 装置反应炉内 NH_3的分解反应机理相当复杂，其中涉及许多反应途径，根据近年来取得的研究成果并结合现场观察，大致可归纳出以下认识：

H_2S 与 O_2的反应速度远大于 NH_3，故部分氧化反应并不是炉内分解 NH_3的主要途径。在反应炉内存在大量的 H_2S 和 H_2O，由于它们对 NH_3热裂解反应的强烈抑制作用，即使在 1300℃左右的高温下，热裂解反应也未必是 NH_3分解的主要途径。NH_3与 SO_2的部分氧化反应在相对较低的温度下（如 700℃）NH_3的转化率可达到 50%左右。由此可以推测，与 SO_2的氧化反应很可能是 NH_3分解的主要反应。NH_3与 SO_2反应的主要产物是 S_2、H_2S、N_2和 H_2。反应产物的测定结果与以最小自由能法计算的平衡产率相比较表明，动力学限制因素对转化率有重要影响。

（4）芳香烃（BTX）的分解机理

在 Claus 装置反应炉的工况条件下，由于二甲苯、甲苯和苯分子争夺 O_2的能力远低于 H_2S、H_2及在自由火焰区生成的多种游离基，故 BTX 的氧化或部分氧化速度极低，很可能是通过图 1-2-2 所示的途径进行热分解的。

相对于甲苯和苯，二甲苯受热除去一个 H 原子或一个甲基（CH_3）所需的能量是最低的，故二甲苯分子首先与其他分子碰撞发生脱甲基反应或脱氢反应；上述反应一旦引发，所有生成的 4-甲基苄基最终都将转化为甲苯；按照同样的反应机理，甲苯也将被热分解而转化为苯；如果反应炉的温度足够高，苯也将进一步分解为 CH_4等轻烃而被氧化分解；但是，若炉温不够高，则可能会有大量苯进入下游催化转化反应段而导致催化剂失活。

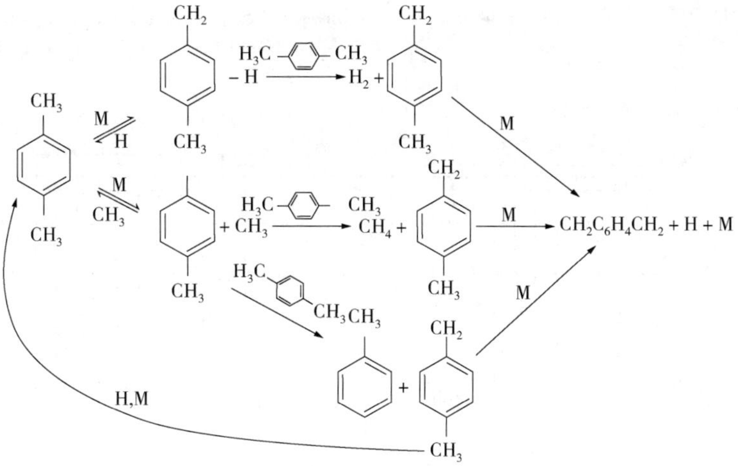

图 1-2-2 二甲苯热分解为甲苯的反应机理

（二）Claus 反应平衡

1. Claus 反应的平衡常数

关于 Claus 反应的热力学研究有很多，主要围绕着热反应的化学平衡来开展。一般来说，反应温度是化学平衡中的关键因素。由于在反应炉中反应物和产物均为气相，正向反应速率与 H_2S 和 O_2的分压成正比；逆向反应速率与硫蒸气和水蒸气的分压成正比。将正反应速率表示为 $k_1(P_{H_2S})\cdot(P_{O_2})^{1/2}$，逆反应速率表示为 $k_2(P_{S_x})^{1/x}\cdot(P_{H_2O})$，则当正向反应速率和逆向反应速率相等时达到平衡状态：

$$k_1(P_{H_2S})\cdot(P_{O_2})^{1/2}=k_2(P_{S_x})^{1/x}\cdot(P_{H_2O})$$

化学反应平衡常数定义为：

$$K=[(P_{S_x})^{1/x}\cdot(P_{H_2O})]/[(P_{H_2S})\cdot(P_{O_2})^{1/2}=k_1/k_2$$

根据热力学的原理，平衡常数 K 的数值取决于反应温度，因此温度是反应进行程度的重要影响因素。表 1-2-5 列出了 Claus 硫黄回收工艺中主要化学反应平衡常数与温度的关系。

表 1-2-5 Claus 硫黄回收工艺主要化学反应的平衡常数 K_P①与温度的关系

化学反应式	$\ln K_P=A/T+B\ln T+CT+DT^2+I$					温度区间/K
	A	B	$C\times10^3$	$D\times10^6$	I	
$H_2S+1/2O_2$ ══ $H_2O+1/2S_2$	-4438	1.3260	-1.58	0.2611	-2.1235	≥900
$COS+H_2S$ ══ CS_2+H_2O	-3122	3.8559	-3.2763	0.51	-27.2885	718~1500
H_2S+CO_2 ══ $COS+H_2O$	-4819	0.0319	-0.7166	-0.0242	2.8177	718~1500
H_2+CO_2 ══ $CO+H_2O$	-5030	0.1115	-1.4317	0.2441	5.1289	298~2000
$COS+H_2O$ ══ H_2S+CO_2	4077	-0.031	0.72	0.024	-1.5299	298~700
CS_2+2H_2O ══ $2H_2S+CO_2$	7258	-3.88	3.99	-0.48	24.67	298~700
$2H_2S+SO_2$ ══ $2H_2O+1/2S_6$	12954	5.6699	-5.1394	0.839	-50.3414	298~700
$2H_2S+SO_2$ ══ $2H_2O+3/8S_8$	14596	5.9181	-5.1329	0.7829	-54.7634	298~700

注：①K_P计算式中分压皆以 kPa 计。

另外，也可从美国气体处理和供应商协会(简称 GPSA，即 Gas Processors Suppliers Association)提供的 Claus 反应平衡常数和温度对应关系图中获得几个主要反应的平衡常数，见图 1-2-3。

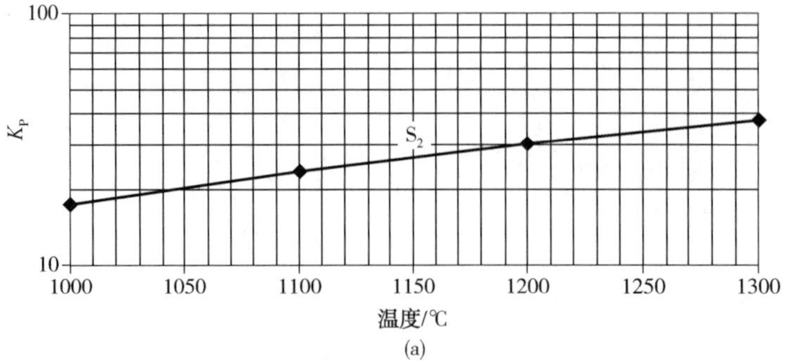

(a)

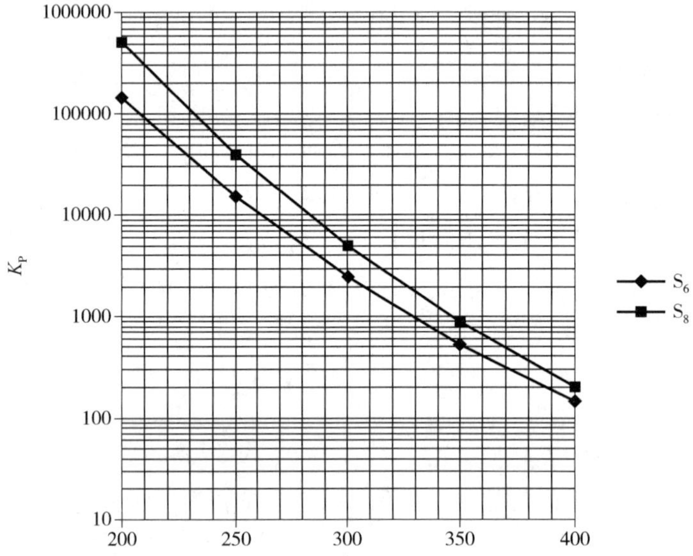

(b)

图 1-2-3　Claus 反应平衡常数 K_P 与温度的关系

从图 1-2-3 可以看出，Claus 反应在一定温度以下时，温度越低反应进行得越充分，当超过一定温度时，由于产物 S_2 组分的增加，温度越高正向反应越完全。因此，在反应炉中由于高温环境，温度越高对 H_2S 的转化越有利。而在一级、二级 Claus 反应器中，较低的温度对反应平衡向右移动更有利。但由于一级反应器(一反)还兼顾有机硫的水解功能，水解需要一定的起始温度，因此，通常在生产中需要保证一反的入口温度高于水解反应发生的起始温度，二级反应器入口温度可稍低，只需高于硫的露点温度即可。

虽然根据热力学原理可知反应平衡常数仅和温度相关，与反应物的初始浓度无关，然而实际生产是一个动态过程，当酸性气(反应物)成分改变时，反应温度也将随之改变，因此各原料酸性气的初始浓度也将对化学平衡常数产生影响。原料中的 H_2S 浓度越高，热反应的温度就越高，平衡常数就越大。

2. 硫蒸气的平衡组成

硫蒸气的组成非常复杂，温度对蒸气平衡影响很大，在目前追求硫回收率的情况下，研究硫蒸气平衡组成对提高 Claus 段的硫回收率有重要的意义。在大量研究确认了 S_3、S_4、S_5 和 S_7 等形态的硫存在后，Gamson 等进一步测定了不同温度下硫蒸气中不同形态硫的组成，如图 1-2-4 所示。

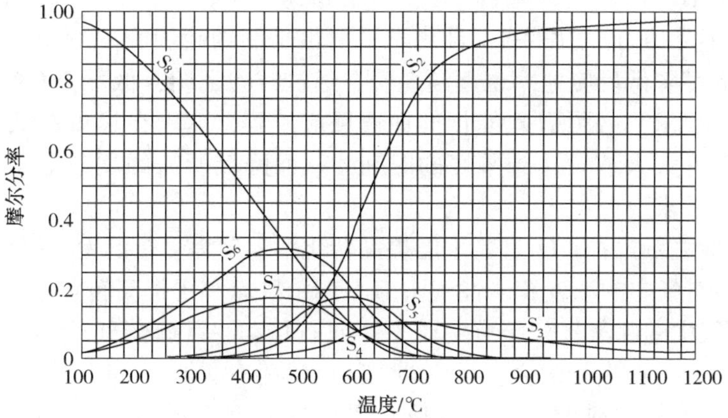

图 1-2-4　不同温度下气相中不同形态硫的摩尔分率

从图 1-2-4 中可看出，在低温下相对分子质量较大的硫占主要地位，相应的硫蒸气分压较低，有利于平衡向右移动；而当温度较高时，S_2 等小分子的硫形态开始占主导地位，硫蒸气分压升高。

综合分析上图后可以得出：

① 硫蒸气组成对 Claus 平衡转化率影响很大；

② H_2S 转化为硫的反应大致是在 218～1400℃范围内进行的，因此在热力学计算中可简化模型，只考虑 S_2、S_6 和 S_8；

③ 当温度高于 925℃时，几乎 100%的硫蒸气以 S_2 的形态存在；当温度低于 205℃时，几乎所有硫形态均为 S_8。

降低 Claus 尾气出 Claus 段的温度有利于提高硫回收率，因此，将三级硫冷凝器的过程气出口温度降至 120℃左右更利于提高硫回收率。有时为了更高的能量利用率，也会将三级硫冷凝器壳程分成两部分，前半部分产低低压蒸汽回收热量，后半部分产乏汽以求降低过程气的出口温度。

3. 不同温度下硫组分的形态分布

从上文可以看出，气相的单质硫存在多个分子形态，在不同温度下硫组分的分布是不同的。当在某个温度下达到气液平衡时，液态硫的蒸气压(p_s)与温度的关系式可表示如下：

$$\ln p_s = 9.9087 + 1439.83/T + 5.42412\times10^{-3}T - 2020858\times10^6/T^2$$

尽管气相中的硫由多种组分组成，在工程工艺计算中通常简化为以 S_2、S_6 和 S_8 之间的相互转化来表达：

$$3S_2 = S_6 + 272.2\text{kJ}$$

$$4S_2 = S_8 + 404.4\text{kJ}$$

$$4S_6 = 3S_8 + 124.5\text{kJ}$$

4. 反应温度与转化率的关系

考虑了硫蒸气平衡的影响，使用热力学数据回归转化率与反应温度的关系，可以归纳出如下几个要点：

① 以550℃为分界，平衡转化率曲线分为两个部分，右边体现了反应炉中的主要反应情况，在这个区间内 H_2S 的转化率随温度的升高而增加；曲线左边代表 Claus 反应器中的反应情况，在此区域内 H_2S 的转化率随温度的降低而迅速增加。

② 化学平衡不受动力学的影响，且化学平衡也是制约硫回收率的重要因素。从反应动力学分析，随着温度降低反应速率也逐渐变慢，经过试验证明，低于350℃时反应速率已经不能满足工业化的要求，必须引入催化剂加速反应过程，以求在尽可能低的温度下完成反应，提高转化率，并大大缩短达到平衡的时间，从而降低所需的反应空速、减小反应器体积，以达到工业化要求。

③ 从化学平衡关系式看，O_2过量不能提高转化率，因为多余的 O_2将会和 H_2S 反应生成 SO_2，但提高 O_2在空气中的浓度和酸性气中 H_2S 的浓度有利于提高转化率。

④ 降低过程气中的硫蒸气分压有利于平衡向右移动，且硫蒸气远比过程气中其他组分更容易冷凝，因此在工业生产中会在反应器之间设置硫冷凝器。同时，硫组分被冷凝后也降低了过程气的硫露点，有利于下一级反应在更低的温度下操作，从而达到更高的平衡转化率。

三、尾气处理反应机理及动力学

（一）尾气处理反应机理

斯科特(SCOT)工艺是采用钴钼催化剂，将常规 Claus 硫黄回收工艺尾气中的 SO_2、有机硫、单质硫等所有硫化物，经加氢还原转化为 H_2S 后，用醇胺脱硫溶液吸收的方法将 H_2S 提浓，再将提浓的 H_2S 返回到 Claus 装置进行再次转化处理。经处理后尾气残余硫含量甚低，可直接焚烧后排入大气。

常规 SCOT 尾气处理装置需要在还原反应器的进气温度达到280~300℃的条件下才能运行，可实现所有硫化物向 H_2S 的完全转化。

在加氢催化剂作用下，Claus 尾气加氢反应器内发生的主要反应为：

$$S_8+8H_2 = 8H_2S$$

$$SO_2+3H_2 = H_2S+2H_2O$$

$$CS_2+4H_2 = 2H_2S+CH_4$$

$$COS+H_2 = H_2S+CO$$

$$COS+H_2O = H_2S+CO_2$$

$$CS_2+H_2O = H_2S+COS$$

副反应为：

$$SO_2+2H_2S = 3S+2H_2O$$

$$SO_2+3CO = COS+2CO_2$$

$$S_8+8CO = 8COS$$

$$CO+H_2O = CO_2+H_2$$

$$CO+H_2S = COS+H_2$$

$$CS_2+3H_2 = CH_3SH+H_2S$$
$$CH_3SH+H_2 = H_2S+CH_4$$
$$2COS+SO_2 = 2CO_2+3/8S_8$$
$$2CS_2+SO_2 = 2COS+3/8S_8$$
$$3CO+SO_2 = 2CO_2+COS$$

由于加氢催化剂载体一般为氧化铝或氧化钛，因此，加氢催化剂同时具有加氢和 Claus 反应功能。SO_2在加氢反应器内既可发生 Claus 反应生成单质硫，又可进行加氢反应生成 H_2S。在较低的温度下，制硫反应的反应速率大于加氢反应，一旦有 H_2S 存在便迅速转化为单质硫，单质硫进一步加氢生成 H_2S。性能优异的催化剂可将加氢和水解反应进行彻底，最终将含硫化合物全部转化为 H_2S。如加氢催化剂加氢和水解活性稍差，会导致加氢反应器出口有机硫含量较高，而且生成的硫醇不能彻底加氢转化为 H_2S。

（二）尾气处理反应动力学

1. COS 和 CO 转换动力学

加氢催化剂使用的主要目的是提高除 H_2S 外的其他硫化物（主要是 SO_2、COS、CS_2和单质硫）转化为 H_2S 的转化率。COS 与 CO 不仅生成机理复杂，消耗的途径也涉及多个反应，且同一个反应在正向反应、逆向反应之间来回移动。CO 与水可能通过水煤气反应转化为 CO_2，与 SO_2在催化剂作用下可能反应生成 CO_2。在反应温度较低的范围内，CO 与 S 反应生成 COS。一般认为 COS、CO 和 CS_2的转化动力学为“可逆一级反应”。从热力学角度来看，COS 主要由 CS_2水解生成，CS_2与 CO_2的反应对 COS 的生成率也有一定的影响。

如图 1-2-5 所示，COS 的入口浓度对其出口浓度影响很小，因此，COS 的入口浓度可以显著地影响 COS 的转化率，这说明 COS 的转化不遵循可逆一级反应动力学。

CO_2和 H_2S 浓度升高会降低 COS 的转化率。图 1-2-6 显示原料气入口 CO 的浓度升高不利于 COS 和 CO 的转化，图中 CO 的浓度在正常范围内[一般是 0.2%～10%（体积分数）]。不同原因引起 CO 浓度的增加使得 COS 的转化率有 15%的差异，这说明要预测催化剂低温性能，就有必要考虑原料气中 CO 的浓度。

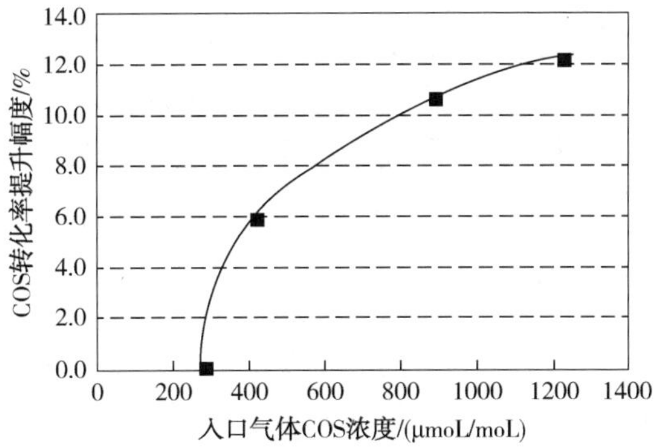

图 1-2-5　COS 浓度对 COS 转化率的影响

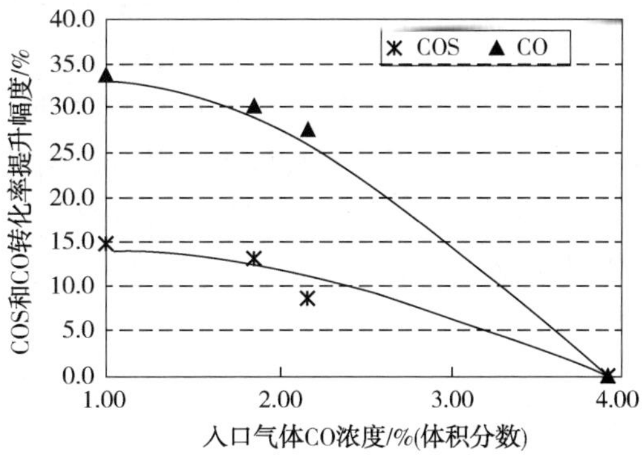

图 1-2-6　CO 浓度对 COS 和 CO 转化率的影响

将 COS 和 CO 的浓度变化定义为：

$$d[COS]/dt=-(d\delta/dt)_3+(d\delta/dt)_{14}-(d\delta/dt)_{10}$$
$$d[CO]/dt=-(d\delta/dt)_5+(d\delta/dt)_{10}$$

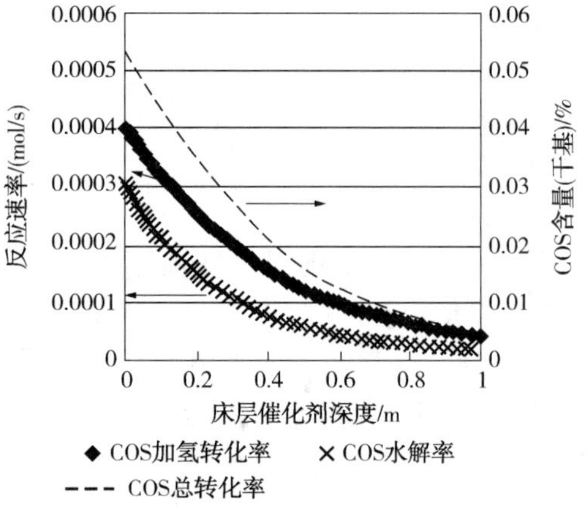

图 1-2-7　COS 反应器深度对 COS 水解率和加氢转化率的影响

由图 1-2-7 可以看出，在反应器的初始位置(即反应器催化剂床层上部)，COS 和 H_2 的反应最快，同时伴随着 COS 的水解反应。

随着 COS 浓度的降低，加氢反应对降低 COS 总浓度的贡献越来越少。COS 加氢反应是 SCOT 过程中 COS 的水解反应动力学不遵循可逆一级反应动力学的重要因素之一。

CO 和 COS 是相互制约的，当其中一个化合物(A)的浓度减少时另一个化合物(B)就会使这个浓度(A)增加。在 CO 和 COS 相互转化的一系列过程中，最后两个化合物的浓度都会逐渐降低并最终达到稳定状态。然而，CO 对 COS 反应动力学的影响比 COS 对 CO 反应动力学的影响要大。加氢反应器里原料气中 CO 的含量[0.2%～10%(体积分数)]要比 COS 高得多[0.01%～0.1%(体积分数)]，因此，COS 的浓度对 COS 转化为 CO 的反应的绝对贡献要远远小于对逆向反应的贡献。总之，通过加氢和水解两个反应可以将 COS 转换掉。CO 和 COS 的相互转换反应与 COS 的加氢反应和 CO 的酸转移反应息息相关。

此外，在低温反应过程中，CO 因其强的表面吸附性而抑制 COS 的水解以及 CO 的水煤气转化反应。

2. 甲硫醇形成的调控

当甲硫醇在尾气加氢反应器中产生时，它将不易被吸收器中的胺溶液吸收，从而增加了总有机硫的排放量，理解此过程并控制这一现象，对于减少 SO_2 排放尤为重要。当温度低于 300℃时，氧化铝催化剂不能很好地催化 CS_2 的转化。低温下 CS_2 在尾气加氢反应器中的转换率非常高，其原因是 CS_2 有两条转化路径，即水解和加氢。

$$CS_2+2H_2O \xlongequal{} 2H_2S+CO_2$$

$$CS_2+3H_2 \xlongequal{} CH_3SH+H_2S$$

$$CH_3SH+H_2 \xlongequal{} CH_4+H_2S$$

因此，在 SCOT 催化反应器中，提高催化剂的加氢活性，CS_2 转换率可达到较高水平。加氢反应过程中甲硫醇以中间产物的形式存在。温度降低时，甲硫醇加氢反应速率降低。

图 1-2-8 给出了 CH_4/CH_3SH 比率的实验室测试结果，代表第二个反应相比第一个反应的强度，温度升高时 CH_4/CH_3SH 明显上升。

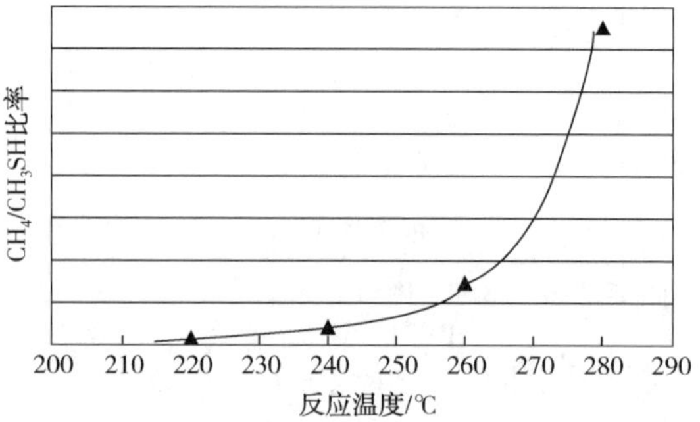

图 1-2-8　反应器温度对 CH_4/CH_3SH 比率的影响

3. SO_2 加氢反应动力学

SO_2 在金属硫化物催化剂上的吸附反应种类较多，强吸附量较大，同样会导致 SO_2 加氢反应变得复杂化。为了简化计算，仅从原料消耗角度探讨 SO_2 加氢反应动力学。相应地，采用如下动力学方程进行实验数据的非线性拟合。

$$r=-\frac{dp_{SO_2}}{dt}=Ae^{-\frac{E_a}{RT}}p_{SO_2}^{a}p_{H_2}^{b}$$

式中 r——反应速率，mmol/h；

A——速度常数；

E_a——反应活化能，J/mol；

R——理想气体常数；

T——反应温度，K；

p_{SO_2}——SO_2 分压，kPa；

p_{H_2}——H_2 分压，kPa；

a——SO_2 的反应级数；

b——H_2 的反应级数。

在 SO_2 和 H_2 都有明显消耗且具有较好规律性的温度区间(200~300℃)取数据，根据进料和质谱响应数据处理得到不同温度和浓度条件下的 SO_2 加氢反应动力学数据，见表 1-2-6。

表 1-2-6 预硫化新鲜催化剂 SO_2 加氢反应动力学数据

T/K	r_{SO_2}/(kPa/s)	p_{SO_2}/kPa	p_{H_2}/kPa	T/K	r_{SO_2}/(kPa/s)	p_{SO_2}/kPa	p_{H_2}/kPa
473.2	2.886×10^{-2}	3.057	11.175	520.6	1.005×10^{-1}	2.627	10.282
475.9	3.250×10^{-2}	3.035	11.148	523.5	1.072×10^{-1}	2.587	10.188
478.2	3.658×10^{-2}	3.011	11.113	526.6	1.144×10^{-1}	2.544	10.086
480.6	3.989×10^{-2}	2.991	11.082	529.3	1.222×10^{-1}	2.497	9.979
482.9	4.331×10^{-2}	2.970	11.049	532.4	1.299×10^{-1}	2.451	9.866
485.1	4.635×10^{-2}	2.952	11.021	535.3	1.381×10^{-1}	2.401	9.751
487.0	4.923×10^{-2}	2.935	10.992	538.3	1.457×10^{-1}	2.356	9.636
489.0	5.216×10^{-2}	2.917	10.963	541.1	1.534×10^{-1}	2.309	9.523
491.0	5.449×10^{-2}	2.903	10.931	543.6	1.605×10^{-1}	2.267	9.418
492.9	5.664×10^{-2}	2.890	10.913	546.3	1.670×10^{-1}	2.228	9.315
494.6	5.911×10^{-2}	2.875	10.884	549.0	1.733×10^{-1}	2.190	9.212
496.3	6.105×10^{-2}	2.864	10.862	551.7	1.790×10^{-1}	2.156	9.111
498.1	6.304×10^{-2}	2.852	10.833	554.0	1.842×10^{-1}	2.125	9.012
499.7	6.537×10^{-2}	2.838	10.799	556.3	1.890×10^{-1}	2.096	8.922
501.6	6.769×10^{-2}	2.824	10.764	558.5	1.939×10^{-1}	2.067	8.830
503.3	7.011×10^{-2}	2.809	10.727	560.2	1.981×10^{-1}	2.042	8.744
505.3	7.266×10^{-2}	2.794	10.688	562.1	2.022×10^{-1}	2.017	8.656
507.2	7.576×10^{-2}	2.775	10.640	564.3	2.063×10^{-1}	1.992	8.568
509.8	7.928×10^{-2}	2.754	10.584	566.3	2.101×10^{-1}	1.970	8.476
512.3	8.360×10^{-2}	2.728	10.522	568.3	2.141×10^{-1}	1.945	8.384
514.9	8.825×10^{-2}	2.700	10.450	570.3	2.186×10^{-1}	1.918	8.286
517.8	9.410×10^{-2}	2.665	10.366	572.3	2.228×10^{-1}	1.893	8.179

如表1-2-7所示，从L-M非线性回归分析的相关系数 $R^2=0.998$ 和95%置信误差看，回归模型和实验数据具有较好的相关性和较小的误差。从回归分析得到的动力学参数看，SO_2加氢反应的活化能为65.61kJ/mol，属于比较容易进行的反应，催化剂具有良好的SO_2加氢反应活性。圆整后SO_2和H_2的反应级数分别为1和1.5，说明SO_2吸附较强，而H_2的吸附相对而言较弱，增加H_2的分压更利于提高SO_2反应速率。

表1-2-7　L-M非线性回归分析得到的SO_2加氢反应动力学参数

动力学回归参数	回归值	95%置信误差
A	7193	2042
E_a/(kJ/mol)	65.61	1.35
$a(SO_2)$	0.92	0.12
$b(H_2)$	1.34	0.15

回归相关系数：$R^2=0.998$。

回归动力学方程：

$$r=\frac{dp_{SO_2}}{dt}=7193e^{-\frac{65610}{RT}}p_{SO_2}^{0.92}p_{H_2}^{1.34}$$

SO_2加氢反应的L-M非线性回归残差正负分布均匀，回归值与实验值偏差很小，残差期望值接近于0，说明所得到的SO_2加氢反应动力学模型是有效的。

第三节　工艺技术及发展趋势

一、酸性水汽提技术

污水中都含有浓度较高的H_2S和NH_3，同时含有酚、氰化物和油等污染物，如果不除去就会污染环境。为保证污水处理厂的正常运转和出水水质符合排放要求，常采用蒸汽汽提法处理酸性水，该方法能满足酸性水净化排放标准和上游装置回用水质的要求，并可根据需要回收H_2S和NH_3。该法根据H_2S和NH_3的回收要求可分为单塔低压汽提、单塔加压汽提及双塔加压汽提三种类型。

（一）原料和产品

1. 原料

炼油厂高浓度酸性水分为加氢型和非加氢型两种，加氢型酸性水通常指的是加氢裂化装置、渣油加氢装置、蜡油加氢装置、石脑油加氢装置和柴油加氢装置等产生的酸性水，非加氢型酸性水通常指的是常减压装置、延迟焦化装置、催化裂化装置等产生的酸性水，另外，目前油制氢装置、焦煤制氢装置产生的含硫含氨污水也送酸性水汽提装置处理，因该污水还含CO_2，可认为是非加氢型酸性水。大型炼油厂一般分加氢型、非加氢型两个酸性水管网，将酸性水送至不同的酸性水汽提装置处理，产生的净化水也分不同管网分开回用，以免影响上游装置。

酸性水的组成和性质与炼油厂加工流程，以及原油中硫、氮含量有关，加氢型酸性水的硫和氨浓度较高，非加氢型酸性水的硫和氨浓度较低，海洋原油的酸性水中氨含量高，高酸原油的酸性水 pH 值低。表 1-3-1、表 1-3-2 所示为炼油厂典型的酸性水组成。

表 1-3-1 非加氢型酸性水组成

装置	温度/℃	压力/MPa(表)	流量/(kg/h)	组成/(μg/g)		
				H_2S	NH_3	H_2O
常减压Ⅰ	40	0.5	56320	1891	8694	989416
常减压Ⅱ	40	0.5	56320	1891	8694	989416
延迟焦化Ⅰ	50	0.8	44750	14000	8818	977182
	66	0.8	31511	180	139	999681
延迟焦化Ⅱ	50	0.8	44750	14000	8818	977182
	66	0.8	31511	180	139	999681
催化裂化	40	0.5	25990	1000	3000	996000
合计(平均浓度)			291152	5163	6372	

表 1-3-2 加氢型酸性水组成

装置	温度/℃	压力/MPa(表)	流量/(kg/h)	组成/(μg/g)		
				H_2S	NH_3	H_2O
轻烃回收	40	0.8	2000	28025	16247	955729
蜡油加氢处理	39.3	0.8	117997	39980	19490	940530
加氢裂化	52.3	0.8	43469	28025	16247	955729
石脑油加氢	51	0.7	14219	7861	4480	987660
航煤加氢改质	48	0.8	2233	930	450	998620
柴油加氢改质Ⅰ	41.8	0.8	40254	21080	10290	968630
柴油加氢改质Ⅱ	41.8	0.8	40254	21080	10290	968630
硫黄回收	40	0.6	31360	50	100	999850
合计			291786	26747	13485	

注：酸性水中其他组成(参考数据)，HCN<50mg/L、苯酚<300mg/L、Cl^-<100mg/L、硫醇<50mg/L。

2. 产品指标

(1) 净化水

硫化物(S^{2-})：小于 20mg/L；

氨氮(NH_3-N)：小于 50mg/L；

油：小于 50mg/L；

COD：小于 1000mg/L；

pH 值：6~9。

(2) 液氨

NH_3：≥99.6%(质量分数)；

H_2S：≤10μg/g；

油：<100μg/g。

（二）单塔低压汽提工艺

单塔低压汽提工艺是指在尽可能低的汽提塔操作压力下，将酸性水中的 H_2S 和 NH_3 全部汽提出去，操作压力一般为0.05~0.07MPa(表)。塔顶酸性气经过冷却送至硫黄回收装置的反应炉(H_2S 转化为硫，NH_3转化为氮回收热)，塔底净化水可回用。该工艺具有流程简单，设备少，投资和占地面积省，能耗低，操作灵活，净化水质好和腐蚀较轻等特点。

单塔低压汽提工艺根据塔顶冷却方式不同，可分为酸性气冷却流程和回流液冷却流程。

酸性气冷却流程为：自各上游装置来的酸性水经过脱气和除油后进入储罐，酸性水通过泵加压、净化水换热后(100℃)进入汽提塔上部；汽提塔上部设一段填料，下部设塔盘，酸性水在汽提塔中自上而下流动，由汽提塔底重沸器汽提后，H_2S 和 NH_3组分自酸性水中逸出，由下而上从塔顶分出；塔顶酸性气经塔顶空冷器冷却至90℃后进入塔顶回流罐进行气液分离，分离后的酸性气去硫黄回收装置，酸性液则由塔顶回流泵升压返回到塔顶作回流。

回流液冷却流程为：汽提塔上部设两段填料，下部设塔盘，酸性水换热后进入汽提塔最高层塔盘，酸性水在汽提塔中自上而下流动，由汽提塔底重沸器汽提后，H_2S 和 NH_3组分自酸性水中逸出；填料段下方设置集液箱，抽出部分酸性水，进入空冷冷却后，由泵升压回流至塔顶，控制塔顶酸性气温度为90℃，塔顶90℃酸性气送硫黄回收装置；塔底液体经重沸器加热(129℃)后，变成气液两相返回至汽提塔，气体在塔内参与传质，液体作为净化水由净化水泵升压和原料水/净化水换热器换热(68℃)，再经净化水空冷器和净化水冷却器冷却至40℃后送出装置；汽提蒸汽由系统管网来，作重沸器的热源，其凝结水送出装置。

单塔低压汽提主要工艺指标见表1-3-3。

表1-3-3　单塔低压汽提主要工艺指标

项目名称	工艺指标	项目名称	工艺指标
塔顶压力/MPa(表)	0.13	塔顶回流温度/℃	90
进料温度/℃	100	塔底温度/℃	129
塔顶温度(酸性气冷却流程)/℃	110		

（三）双塔加压汽提工艺

双塔加压汽提工艺设 H_2S 汽提塔和 NH_3 汽提塔，酸性水先进 H_2S 汽提塔，后进 NH_3 汽提塔。一般 H_2S 汽提塔塔顶操作压力为0.5~0.7MPa(表)，NH_3 汽提塔塔顶操作压力为0.1~0.3MPa(表)。H_2S 汽提塔塔顶的酸性气送至硫黄回收装置。NH_3 汽提塔塔顶气体经过二级降温降压，进行分凝，精制脱除 H_2S 后压缩、冷凝成液氨，回用于炼油装置或作为化工原料，塔底净化水可回用。该工艺操作平稳可靠，但流程和设备较复杂，投资也较高，适用于 H_2S 和 NH_3浓度较高的酸性水。

在双塔加压汽提工艺中，酸性水先进 H_2S 汽提塔(这种流程易操作，能耗低)。进 H_2S 汽提塔酸性水分两路，进塔顶部分称冷进料，另一部分与塔底热水换热后进塔的中上部，称热进料。塔底直接通入水蒸气或用重沸器将部分塔底液转化为水蒸气汽提，塔底温度160~170℃。为得到高纯度酸性气，塔顶要有适宜的温度和压力，一般为35~40℃、0.5~0.7MPa(表)，此时，冷进料可使塔内上升气流中的 NH_3被洗涤吸收而进入液相，酸性气中 NH_3含量可降至1.5%(质量分数)以下，满足硫黄回收装置要求。塔底出水换热后进入 NH_3塔中上部，塔底温度为135～155℃，塔底净化水中NH_3浓度范围为50～100mg/L、H_2S浓度范围为20～30mg/L；塔顶温度125～145℃，压力为0.25～0.40MPa(表)，塔顶排出含有水蒸气和H_2S的富NH_3气体，该气体可经过一、二、三级分凝系统后去氨精制系统生产氨水或液氨。脱气、除油的酸性水升压后分为两部分，一部分作为冷进料直接进入H_2S汽提塔上部，另一部分经酸性水净化水换热器换热后进入H_2S汽提塔。塔顶酸性气送往硫黄回收装置，塔底脱硫水自压进入NH_3汽提塔。NH_3汽提塔塔底的净化水经酸性水净化水换热器换热后进净化水泵提压，提压后的净化水经净化水空冷器、净化水冷却器冷却至40℃出装置。H_2S汽提塔、NH_3汽提塔重沸器均以1.0MPa(表)蒸汽为热源。

双塔加压汽提主要工艺指标见表1-3-4。

表1-3-4 双塔加压汽提主要工艺指标

项目名称	工艺指标	项目名称	工艺指标
H_2S汽提塔塔顶压力/MPa(表)	0.5～0.65	NH_3汽提塔塔顶温度/℃	110～145
H_2S汽提塔塔顶温度/℃	40～55	NH_3汽提塔塔底温度/℃	130～160
H_2S汽提塔塔底温度/℃	145～170	净化水出装置温度/℃	≤40
NH_3汽提塔塔顶压力/MPa(表)	0.23～0.4		

(四) 单塔加压汽提工艺

单塔加压汽提是用一个塔完成酸性水的净化、H_2S及NH_3的分离回收。可处理H_2S、NH_3和CO_2的综合浓度为5000～55000mg/L的酸性水。利用H_2S的相对挥发度比NH_3高的特点，首先将H_2S从汽提塔的顶部汽提出去，塔顶的酸性气送硫黄回收装置。液相中的NH_3和剩余的H_2S在汽提蒸汽的作用下，在汽提塔下部被驱除到气相，使净化水质满足要求，并在塔中部形成较高的富NH_3气体，抽出富NH_3气体，经三级冷凝得到粗NH_3气体。该工艺流程和设备较简单，操作平稳可靠，投资和操作费用较低，能耗低。

自上游各装置来的酸性水经过脱气除油后由酸性水泵加压，酸性水分两路进入汽提塔，其中一路经冷进料冷却器冷却后进入汽提塔塔顶；另一路经二级冷凝冷却器、原料水-净化水一级换热器、一级冷却器和原料水-净化水二级换热器，分别与净化水、侧线气、净化水换热至150℃后，进入汽提塔的第1层塔盘。汽提塔塔底通过重沸器用蒸汽加热汽提。

汽提塔塔顶酸性气进入酸性气分液罐，分液后酸性气送硫黄回收装置，汽提塔塔底净化水分别通过原料水-净化水二级换热器和原料水-净化水一级换热器后，再经净化水泵加压，进净化水空冷器和水冷器冷却至40℃出装置。

侧线气由主汽提塔相应塔盘抽出后进入三级分凝系统，经一级冷却器与原料水换热后，侧线气进入一级分凝器；分凝后的侧线气再经过二级冷却器冷却、二级分凝器分凝；再经三级冷凝冷却器冷却至40℃左右，最后进入三级分凝器分凝，得到的粗NH_3气体送至氨精制系统。一、二级分凝液分别经一级分凝液冷却器、二级分凝液冷却器后与三级分凝液合并，一起返回到酸性水原料罐。汽提塔塔底净化水与原料水换热后，经过净化水空冷器、净化水冷却器冷却至45℃，进入净化水罐，并经净化水泵加压后送至装置外。汽提塔塔顶酸性气经冷却、分液后送至硫黄回收单元，事故状态经专线送至火炬。

自三级分凝器来的富氨气，进入氨精制塔，氨精制塔温度由液氨储罐来的液氨进行蒸发降温，维持-4～8℃的操作温度，以脱除氨气中的H_2S，含硫含氨污水间断排入原料水罐。

塔顶氨气经分液后进入脱硫反应器进一步脱硫，经氨气过滤器，进入氨压机。压缩机出口的氨气经氨油分离器分油后，再经脱氯反应器高温脱氯、NH_3冷却器冷凝后，液氨自流进入液氨储罐。

单塔加压汽提主要工艺指标见表1-3-5。

表1-3-5　单塔加压汽提主要工艺指标

项目名称	工艺指标	项目名称	工艺指标
汽提塔塔顶压力/MPa(表)	0.5	二级分凝器温度/℃	90
汽提塔冷进料温度/℃	38	二级分凝器压力/MPa(表)	0.34
汽提塔热进料温度/℃	150	三级分凝器温度/℃	40
汽提塔侧线气氨抽出温度/℃	150	三级分凝器压力/MPa(表)	0.25
汽提塔塔底温度/℃	162	汽提塔塔顶酸性气温度/℃	40
一级分凝器温度/℃	125	净化水出装置温度/℃	40
一级分凝器压力/MPa(表)	0.45		

(五) 气氨精制工艺

自酸性水汽提单元第三级分液罐来的粗氨气进入氨精制塔，该塔由来自液氨罐的液氨蒸发降温，使氨精制塔维持0℃左右的操作温度，以脱除氨气中的H_2S，产生的含硫氨液送入原料水罐。塔顶氨气经氨液分离器脱液后进入低温脱硫罐进行精脱硫，再进入氨液过滤器。气氨经氨压机升压至1.2MPa(表)，高温气氨再进入高温脱硫罐进行再脱硫，脱硫后气氨经过氨冷凝器冷凝至-40℃以下形成液氨，液氨进入液氨罐。

气氨精制主要工艺指标见表1-3-6。

表1-3-6　气氨精制主要工艺指标

项目名称	工艺指标	项目名称	工艺指标
氨精制塔温度/℃	0	液氨罐压力/MPa(表)	1.2
液氨罐温度/℃	-35		

二、硫黄回收技术

在日益严格的环保规定下，硫黄回收工作者推动着工艺技术的不断改进，改进后的新工艺具有更高的硫回收率、更高的能量利用率和更低的硫排放等特点。同时，由于各行业生产装置产生的酸性气性质差别很大，近年来国内外对于硫黄回收技术的研究也呈现多样化的发展趋势。

近期国外硫黄回收工艺发展的主要趋势是简化工艺、简化操作、降低成本、提高装置的安全性；而我国限于严格的环境保护法规的实施以及国家、行业在节省能源消耗方面的战略，对硫黄回收技术的研究主要集中于降低硫排放、节省能耗等方面。目前工业上广泛采用的Claus硫黄回收工艺属于干法氧化工艺。随着炼化工艺的进步，尾气处理技术飞速发展以适应严格的排放要求，而Claus硫黄回收工艺也衍生出了富氧Claus、低温Claus以及Claus加选择性氧化法等改良型Claus硫黄回收工艺，硫回收率持续得到提高。

（一）Claus 硫黄回收工艺

自 20 世纪 30 年代经德国法本公司改良的 Claus 硫黄回收工艺工业化以来，以含 H_2S 酸性气为原料的硫黄回收生产装置得以迅速发展。经过几十年的发展，Claus 硫黄回收工艺在催化剂、自控仪表、设备结构和材质等方面取得很大的进展。经典的 Claus 硫黄回收工艺的主要流程通常包括制硫部分和尾气处理部分。其中，制硫部分一般采用部分燃烧法、二级或三级转化 Claus 硫黄回收工艺，原料酸性气在经过热反应阶段和催化反应阶段后，其中大部分的 H_2S 转化为液相的单质硫，剩余部分残留在尾气中。以最为常见的两级转化 Claus 硫黄回收工艺为例，其典型的工艺流程示意如图 1-3-1 所示。

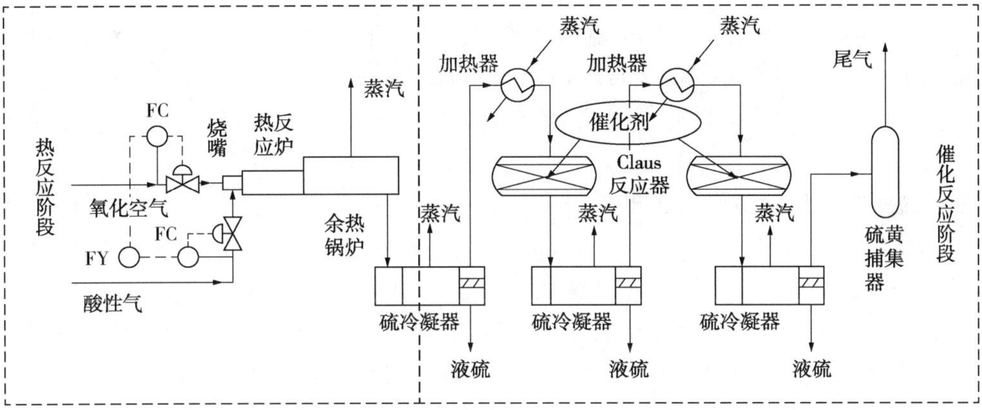

图 1-3-1 Claus 硫黄回收工艺流程示意

采用 Claus 法从酸性气中回收单质硫时，由于受反应温度下化学平衡及可逆反应的限制，即使在设备和操作条件良好的情况下，使用活性好的催化剂和三级 Claus 工艺，硫黄回收率最高也只能达到 96%~97%，仍有 3%~4%的硫残留在尾气中。

（二）富氧 Claus 硫黄回收工艺

随着高硫原油、高硫煤资源的大量开发，硫黄回收装置的规模也在不断扩大。在这样的背景下，富氧 Claus 技术开始登上舞台。富氧 Claus 是指以氧气（O_2）或者富氧空气代替空气来增加装置处理能力并提高回收率的一系列新型 Claus 硫黄回收工艺。在不同 H_2S 浓度下，装置处理量和空气中氧含量的关系如图 1-3-2 所示。

该工艺根据空气中氧含量高低可分为以下三种：

① 低富氧含量工艺。空气中氧含量小于 28%（体积分数），此时只要将纯 O_2 或富氧空气掺入燃烧空气中即可，硫黄回收装置无须改动设备，装置处理能力增加 20%。

② 中等富氧含量工艺。中等富氧指空气中氧含量为 28%~45%（体积分数）。当空气中氧含量超过 28%（体积分数）时，原采用的燃烧器不能承受更高的燃烧温度，需更换为专用燃烧器；此外，余热锅炉和一级硫冷凝器产生

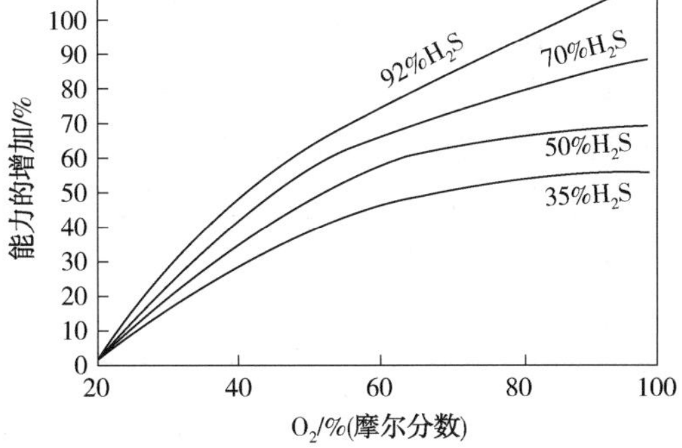

图 1-3-2 装置处理量和空气中氧含量的关系

的蒸汽量及过程气出口温度增加，影响硫黄回收率，因而氧含量的增加还要受余热锅炉和一级硫冷凝器取热能力的限制。中等富氧含量工艺装置处理能力增加约75%。

③ 高富氧含量工艺。高富氧是指空气中氧含量高于45%(体积分数)。此时反应炉炉膛温度就会超过耐火材料的温度极限，为此需采用双燃烧工艺，即采用两座反应炉和两台余热锅炉串联排列，全部酸性气和空气都进入装有专用燃烧器的第一反应炉，部分富氧通过专用燃烧器的专用注氧喷嘴进入第一反应炉；燃烧后过程气经第一余热锅炉和硫冷凝器冷却后进入第二反应炉，剩余富氧通过喷嘴注入第二反应炉，再经第二余热锅炉及硫冷凝器进入催化反应部分。第一、第二反应炉分别约可回收总硫的70%和15%。高富氧含量工艺可使装置处理能力增加150%。

工业实践表明，采用富氧Claus硫黄回收工艺，由于进燃烧器的混合气体中的H_2S分压和燃烧温度的提高，不仅可以使装置的硫回收率有所提高，而且能改善原料酸性气中的重质芳烃和NH_3的分解问题，同时也为浓度较低的贫酸性气的处理带来了高效、低投资的技术路线。

(三) 选择性氧化硫黄回收工艺

以超级Claus硫黄回收工艺、超优Claus硫黄回收工艺为代表的选择性氧化硫黄回收工艺被视为Claus硫黄回收工艺问世以来的显著技术进步之一。其工艺的特点就是在常规Claus反应器后增加一台选择性催化氧化反应器，利用催化剂使尾气中的残余H_2S直接转化为单质硫，从而提高总硫回收率。常规的三级Claus装置很容易改造为超级Claus装置，总硫回收率可达98%~99%，而投资仅比三级Claus装置增加10%~15%，该投资已包括专利使用费和催化剂费用。由于超级Claus硫黄回收工艺催化剂不受水蒸气的影响，流程中就不需要急冷塔，使流程更简单，也可避免酸性水的二次污染。由于流程简单、投资较低、硫回收率适中，选择性氧化硫黄回收工艺特别适合中、小规模装置。

超级Claus硫黄回收工艺使用的选择性氧化催化剂有以下特点：

① 气体中所含的大量水蒸气对催化剂几乎没有影响，故过程气不需要冷凝脱水，既简化了流程，节省了投资，又降低了能耗，减少了酸性水的排放。

② 催化剂的选择性高，仅氧化H_2S，其他组分如H_2、CO等均不被氧化，即使在超过化学计量的氧存在下，SO_2生成量也非常小。

③ 催化剂的转化率高，能将过程气中85%以上的H_2S直接氧化为单质硫，不发生Claus反应，不生成COS和CS_2。

④ 催化剂使用寿命长达10年。

选择性氧化硫黄回收工艺的技术关键是催化剂，由于开发了对水蒸气不敏感的超级Claus催化剂，流程中就不需要急冷和再热等过程，使流程更简单，投资更节省；由于超级Claus催化剂的不断更新换代，反应器入口温度降低，能耗也随之减少。

该工艺中，热反应段后紧接三个催化段，其中第三个反应器含有Claus和加氢两种催化剂，通过将最后一个Claus反应器的废气中H_2S浓度保持在0.8%(体积分数)和1.0%(体积分数)之间，来控制选择性氧化反应器温度的上升并使硫黄回收率达到最高。而第四个反应器中装填选择性氧化催化剂，一般进入氧化反应器的H_2S约有94%转化为硫。每段之间通过冷凝器脱硫。如果采用垂直的深冷器来限制硫雾和硫蒸气损失的话，那么该工艺总硫回收率可达到99.7%甚至99.8%以上。其工艺流程如图1-3-3所示。

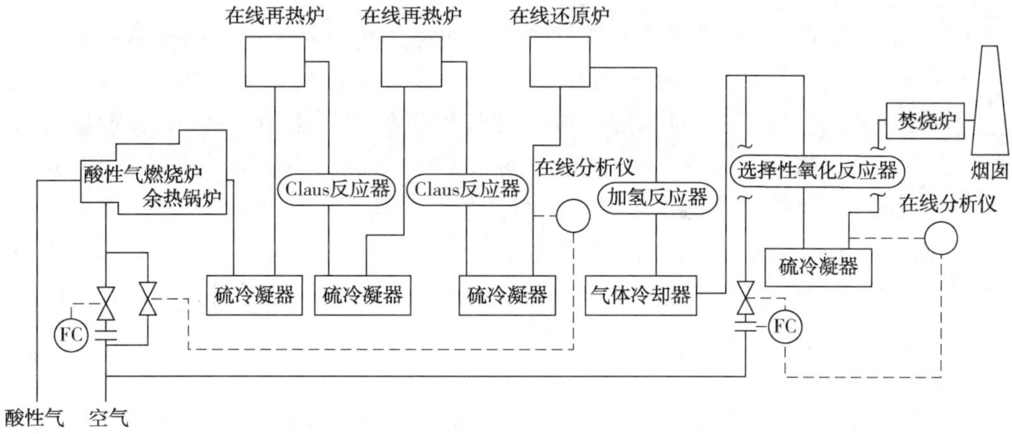

图 1-3-3 超级 Claus 硫黄回收工艺流程

自工业化以来，Claus 硫黄回收工艺迅速发展，成为硫黄回收的主流工艺。当原料中 H_2S浓度较低、装置规模较小时，液相氧化工艺也得到了广泛的应用。Claus 硫黄回收工艺配套尾气处理工艺后，具有了高转化率、高产品质量、低硫排放等特点，特别适合现代环保要求越来越严、工业规模越来越大型化的硫黄回收装置。随着新型催化剂、新型脱硫溶剂的研发，Claus 硫黄回收工艺在节能减排、缩减投资等方面有很大的潜力。可以预计，在未来的硫黄回收工业应用及工艺研发中，Claus 硫黄回收技术仍将占据主导地位。

三、尾气处理技术

Claus 反应是可逆反应，受反应温度下化学平衡的限制，即使采用活性良好的催化剂和三级转化，硫回收率也只能达 97%左右，尾气中尚含有 1%～3%(体积分数)的 H_2S、SO_2、硫蒸气和有机硫化物，如果灼烧后以 SO_2的形式排入大气，不仅浪费了硫资源，而且会造成严重的大气污染。

GB 31570—2015《石油炼制工业污染物排放标准》要求，在国土开发密度已经较高、环境承载能力开始减弱，或大气环境容量较小、生态环境脆弱，容易发生严重大气环境污染问题而需要采取特别保护措施的地区，应严格控制企业的污染排放行为，在上述地区的企业硫黄回收装置烟气 SO_2 排放限值为 100mg/m^3；其他地区硫黄回收装置烟气 SO_2 排放限值为 400mg/m^3。由于单纯的 Claus 硫黄回收技术再加上尾气处理装置可能仍不能满足日趋严格的环保标准要求，因此，尾气处理技术需要不断发展。

根据硫黄回收率和工艺路线的不同，现有尾气处理技术主要有以下几类：还原吸收类尾气处理工艺、氨法尾气处理工艺、钠法烟气处理工艺和有机胺湿法可再生尾气处理工艺。不同的尾气处理技术适用于不同的硫黄回收工况，并可取得不同的硫黄回收率，满足不同的环保法规要求。

(一) 还原吸收类尾气处理工艺

荷兰壳牌(Shell)公司 20 世纪 70 年代初提出 Claus+SCOT 尾气处理工艺，把硫黄回收率从二级 Claus 的 95%提高到 99.9%左右。还原吸收类尾气处理工艺采用钴-钼型催化剂，用 H_2或 H_2和 CO 混合气体作还原气体，将尾气中所有含硫组分(SO_2、S_x、COS 和 CS_2)还原成

H_2S，然后用胺法脱硫溶剂进行化学性选择吸收，吸收 H_2S 后的溶剂经再生或汽提后，含 H_2S 的酸性气循环至 Claus 装置继续回收单质硫。加氢工艺投资较高，操作费用亦高，但由于可达到相当高的硫黄回收率(99.8%以上)，在环保要求高的国家和地区得到广泛应用。该工艺于 1973 年实现工业化。对炼油厂或天然气加工处理厂来说，SCOT 装置具有运转可靠、操作灵活、操作弹性大、硫黄回收率高(99.9%左右)的特点，即使上游的 Claus 装置产生大幅波动，仍可获得较好的总硫回收率，而且开工率高，计划外停工不到 1%。上述特点使 SCOT 工艺取得了迅猛发展，在尾气处理装置中得到了广泛的应用，成为众多尾气处理工艺中应用最广泛的一种，随着含硫原油加工量的增加以及环保要求的日益严格，SCOT 工艺仍具有广阔的发展前景。

工艺特点：

① 总硫回收率可以达到 99.8%以上，较单纯的 Claus 硫黄回收率大大提高；排放烟气中的 SO_2 含量也远低于单纯的 Claus 硫黄回收工艺，具有良好的环境效益。

② 装置可靠性高、抗波动能力强，可以满足长周期运行需求，装置的使用和维护较为简单。

③ 设置在线还原炉，还原气体的生成及尾气加热是通过在线还原炉实现的，对于无外供氢源的装置，尤其具有竞争优势。

④ 设置加氢反应器，尾气中的各种含硫介质被转化成 H_2S 的反应效率高，除 COS 外基本可以完全反应，对后续吸收和总硫回收率的提升效果明显。

⑤ 设置独立的吸收-再生系统，可单独采用吸收性能更好的吸收剂吸收尾气中 H_2S，降低烟气中 SO_2 含量；独立的再生系统可以保证吸收剂的再生效果，进一步提高总硫回收率。

⑥ 设置焚烧炉余热锅炉回收烟气热量，降低装置的能耗。

SCOT 工艺在 Claus 硫黄回收装置后增加了反应器、塔等一系列设备，流程较复杂，设备投资、操作费用也较高，其技术工艺原则流程如图 1-3-4 所示。

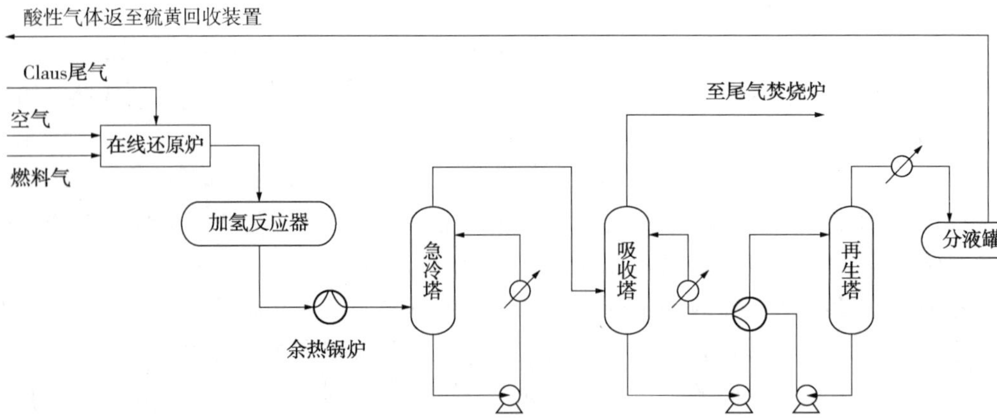

图 1-3-4　SCOT 工艺技术工艺原则流程

在常规 SCOT 工艺流程基础上进行改进，又发展衍生了串级 SCOT 工艺技术、超级 SCOT (Super SCOT)工艺技术、低硫 SCOT(LS-SCOT)工艺技术、低温 SCOT(LT-SCOT)工艺技术、LS-DeGAS 尾气处理技术。

1. 串级 SCOT 工艺技术

尾气处理工艺的吸收再生部分(溶剂再生)与上游溶剂再生装置共用一套溶剂再生系统，其工艺技术特点为：

① SCOT 装置无须单独设置溶剂再生系统，投资省、占地少。

② 可降低装置的吸收剂循环总量，降低能耗。

③ 操作灵活，吸收和再生可灵活搭配，无须一一对应。

串级 SCOT 工艺流程比常规 SCOT 工艺流程减少了溶剂再生部分，串级 SCOT 工艺流程示意如图 1-3-5 所示。

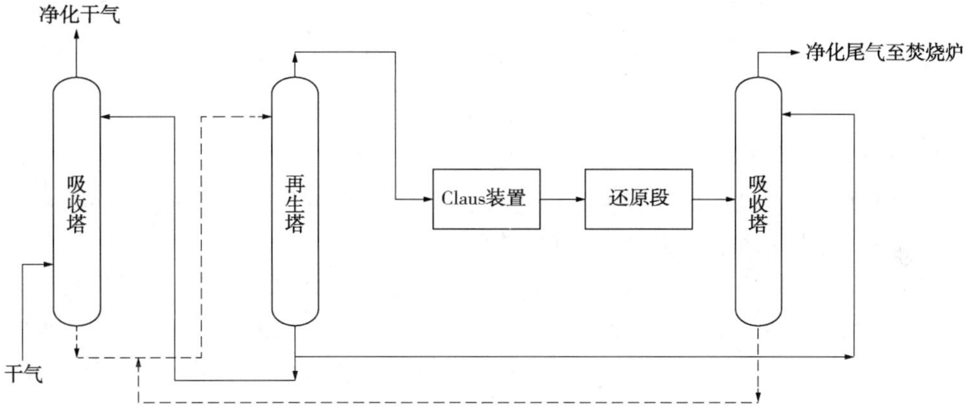

图 1-3-5 串级 SCOT 工艺流程示意

2. 超级 SCOT 工艺技术

该工艺能将净化尾气中 H_2S 含量从 300μL/L 降至 30μL/L 以下，而能耗却低于常规 SCOT 工艺。超级 SCOT 工艺技术的特点：

① 采用两段再生、两段吸收。净化尾气中 H_2S 含量和进入吸收塔塔顶贫液中 H_2S 含量理论上是相平衡的，为了提高尾气净化度，必须改进贫液的再生效果，降低贫液中 H_2S 含量。因此，再生塔分为上、下两段，上段富液采用浅度再生，再生后部分半贫液返至吸收塔中部作为吸收溶剂，其余部分进入下段进行深度再生，深度再生后的贫液返回至吸收塔顶部作为吸收溶剂。

② 降低贫液温度。计算结果表明，当甲基二乙醇胺(MDEA)浓度为 30%(质量分数)，尾气中 H_2S 含量为 2.16%(体积分数)，贫液中 H_2S 含量为 0.8g/L，贫液入塔温度分别是 40℃、38℃和 36℃时，净化气中对应 H_2S 含量分别为 60.9μg/g、33.8μg/g 和 27.0μg/g，降低贫液入塔温度，对降低净化气中 H_2S 含量效果明显。

两段再生、两段吸收和降低贫液温度两个措施可单独采用，也可同时采用，具体方案视排放尾气中的 SO_2 要求而定。

超级 SCOT 工艺流程示意如图 1-3-6 所示。

3. LS-SCOT 工艺技术

其技术关键是在溶剂中加入一种廉价的助剂，以改善溶液的再生效果，降低贫液中 H_2S 含量(即使得贫液更“贫”)。使用该贫液，可使净化尾气中 H_2S 含量小于 10μL/L，总硫小于 50μL/L，硫黄回收率可达 99.95%。

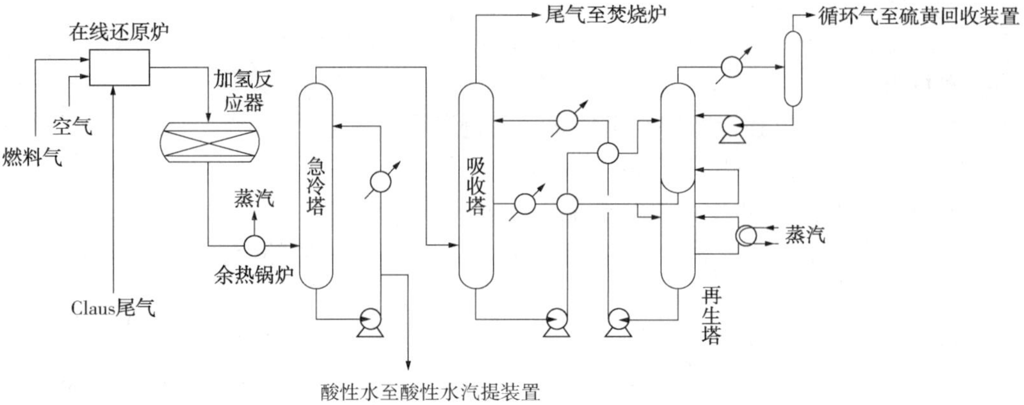

图 1-3-6　超级 SCOT 工艺流程示意

该工艺技术的主要特点：

① 总硫回收率高。硫黄回收率保证值为 99.95%，常规 SCOT 工艺一般为 99.8%。

② 吸收塔和再生塔塔盘比常规 SCOT 工艺多。

③ 溶剂中需加入某些助剂，该助剂能改善再生效果，即在相同蒸汽耗量下，贫液质量有所提高，使得贫液中的 H_2S 含量更低；换言之，即达到相同贫液质量，蒸汽消耗量降低。

④ 为降低净化气中 H_2S 含量，贫液进吸收塔温度比常规 SCOT 低，进入吸收塔的气体温度也需相应降低。

LS-SCOT 工艺流程与常规 SCOT 工艺流程几乎完全一致，仅在设备投资和操作参数上有部分差异，其中设备投资约增加 15%，主要是吸收塔和再生塔塔盘数有少量增加。因进入吸收塔的贫液和气体温度降低，冷却器换热面积需少量增加。

由于添加了专用助剂，因而 LS-SCOT 装置最好设计为独立的再生装置，而不要与上游的集中再生装置联合使用。

现有常规 SCOT 工艺可以改造为 LS-SCOT 工艺操作，但由于受吸收塔和再生塔塔盘的限制，预期性能可能不如新建装置好，但仍能达到提高硫黄回收率和减少蒸汽消耗、降低能耗的目的。通常，再生塔的性能受塔底平衡条件的限制，因而溶剂再生的效果与汽提蒸汽消耗紧密相关。在 LS-SCOT 工艺中，由于溶剂添加助剂改变了平衡条件，从而在溶剂达到相同的再生程度时使蒸汽消耗得以降低，或在使用等量蒸汽的条件下，溶剂再生得更彻底，从而达到降低能耗的目的。

4. LT-SCOT 工艺技术

普通的还原吸收工艺，加氢反应器的入口温度要求达到 280~320℃，为满足该要求，需要将 Claus 尾气进行加热，目前主要加热方式有在线加热炉、气气换热器、电加热和管式加热炉等。

由于将 Claus 尾气加热到 280~320℃能耗过高，近年来，国外专利商开始将降低加氢反应器的入口温度作为研究开发的重点，目的是利用炼油厂方便得到的或硫黄回收装置自产的中压蒸汽就能够将尾气加热到加氢反应所需的温度，因为 4.0MPa(表)蒸汽的饱和温度是 251℃，所以就需要将加氢反应器入口温度降低到 240℃以下。

该技术可使 Claus 尾气加氢反应器入口温度由常规的 280~300℃降至 220~240℃。

LT-SCOT工艺的开发成功，带来了整个 SCOT 工艺技术的巨大进步，加氢预热段可直接采用装置自产的中压蒸汽加热，不需要再设置在线加热炉和气气换热器，降低了加氢反应器下游设备的负荷，减少了装置能耗、操作费用和设备投资。LT-SCOT 比常规 SCOT 装置总投资费用减少大约 15%。

由于 LT-SCOT 工艺采用了新型低温加氢催化剂，使过程气的入口温度下降到 220℃左右，采用 4MPa(表)的饱和蒸汽对过程气进行加热就可以满足要求，这使得过程气的预热控制和安全保护变得更加简单，从而提高了整个装置流程的稳定性和操作性。由于采用再热器预热的方式代替了使用价格昂贵的在线燃烧炉和余热锅炉，不需要使用在线燃烧炉和燃料气，过程气总体积相应减少。蒸汽再热器的控制方式非常灵活，且对仪表的依赖性较小，因而预热系统操作失灵的概率相对较小，装置运行更加稳定可靠。

典型 LT-SCOT 工艺流程如图 1-3-7 所示。

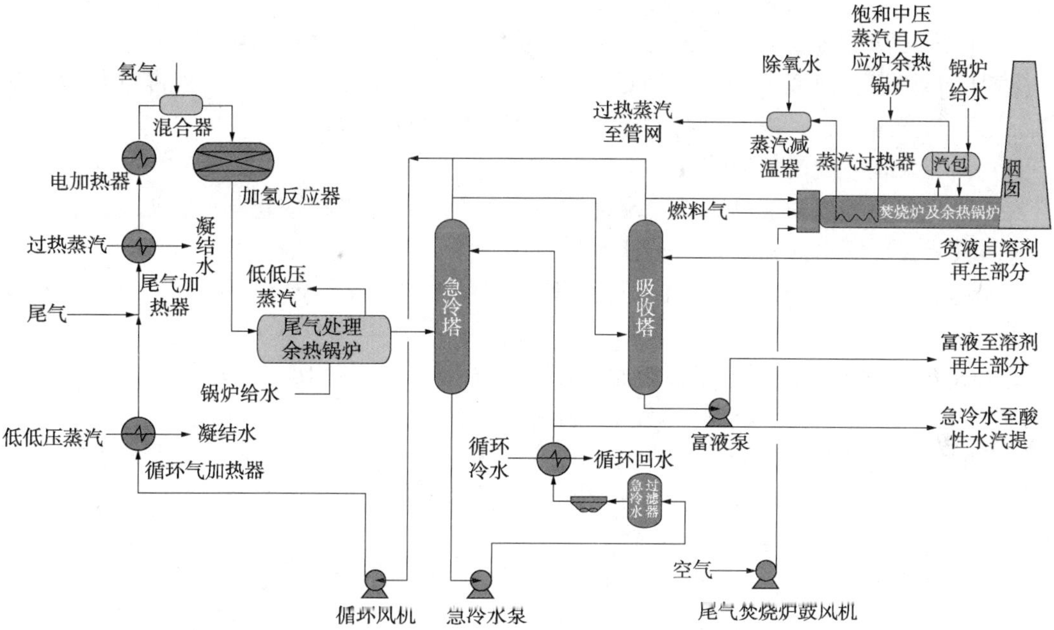

图 1-3-7 LT-SCOT 工艺流程

国内代表性的 LT-SCOT 尾气处理技术为 LQSR 硫黄回收工艺技术，该技术是由中石化洛阳工程有限公司与中国石化齐鲁分公司研究院共同开发的。LQSR 硫黄回收工艺技术包括 Claus 制硫、尾气处理及焚烧、尾气处理溶剂再生、液硫脱气四个部分。在应用专有低温尾气加氢催化剂的基础上，简化加氢反应器入口尾气的加热方式，可使用自产过热蒸汽配合电加热器的预热形式，能有效降低能耗、减少装置投资，同时还有助于提高装置运行的可靠性。

5. LS-DeGAS 尾气处理技术

面对日益严峻的环境问题，国家环保部门对于炼油化工生产尾气排放要求也日渐提高。在此背景下，中国石化开发了 LS-DeGAS 降低硫黄回收装置烟气 SO_2 排放的技术。

使用 LS-DeGAS 降低 SO_2 排放成套技术的硫黄回收装置共计 80 余套，包括中国石化、中国石油、中国化工、中国海油和民营企业，等等。该技术的主要内容包括高效有机硫水解催化剂、高效脱硫剂、独立的再生系统、降低吸收塔温度、合理处理液硫脱气废气，以及增加超净化塔等。该技术具有投资低、运行成本低、清洁环保、无二次污染的特点。

（1）开发了液硫脱气新工艺

Claus 反应生成液硫的过程中，由于液体的表面张力使液硫中包含有一部分的 H_2S 和 SO_2，液硫中 H_2S 的含量一般为 300~500μg/g。H_2S、SO_2溶解于液硫时不仅有物理溶解，也会生成多硫化氢（H_2S_x，x 通常为 2~8）和联多硫酸；H_2S 在液硫中的溶解度随温度的升高略有降低，但由于多硫化氢的生成量随温度升高而增加甚快，故总的 H_2S 溶解量随温度升高而增加。SO_2在液硫中的溶解极少，而且比较容易被脱除。这部分 H_2S 若不能有效地脱除，则液硫装车现场及固体硫黄成型单元异味较大；液硫在运输过程中存在安全隐患，H_2S 易引起聚集，发生爆炸危险，从安全和卫生的角度考虑需将液硫中的 H_2S 降低到 10μg/g 以下。

该技术采用硫黄回收装置自身的净化尾气作为液硫脱气鼓泡的气源，节约了氮气、蒸汽的用量，在满足液硫脱气质量要求的前提下，无任何公用工程物料的额外投入，形成了投资省、能耗低的特点。使液硫中 H_2S 满足小于 10μg/g 的指标要求，消除了液硫在储存、运输和加工过程的安全隐患，以及现场的异味，具有良好的环保效益。

（2）合理处理液硫脱气废气

该技术开发了低温耐氧高水热稳定性液硫脱气废气加氢专用催化剂，将液硫脱气废气引入硫黄回收装置加氢反应器处理。催化剂特点：

① 低温活性好。催化剂使用温度低，可将尾气加氢反应器入口温度降至 220℃，节能效果显著。

② 耐硫酸盐化能力强。由于液硫脱气废气中 O_2 含量较高[1%（体积分数）以上]，常规 Claus 尾气中 O_2含量小于 0.05%（体积分数）。较高浓度的 O_2若不能全部加氢，会导致加氢催化剂反硫化，而且载体氧化铝在 SO_2存在的工况下会发生硫酸盐化，最终导致催化剂失活。因此，适合液硫脱气废气加氢的催化剂应具备不易反硫化及耐硫酸盐化的特点。该技术开发了钛铝复合载体作为催化剂的专用载体。

③ 催化剂加氢活性高。该催化剂较普通催化剂活性提高 30%以上，催化剂具有脱氧、有机硫水解、SO_2和 S 加氢等多种功能，保证非 H_2S 的含硫物质在瞬间加氢或水解转化为 H_2S，避免硫穿透现象发生。并且液硫脱气废气引入加氢反应器后，可提高加氢反应器床层温升，增加有机硫的水解效果。在保证节能效果的同时，降低烟气 SO_2的排放浓度。

④ 具有良好的脱氧活性。液硫脱气废气氧含量较高，加氢催化剂的活化状态为硫化态，氧会导致催化剂由硫化态变为氧化态而失去活性，添加助剂后，在 H_2S 存在的情况下，催化剂快速由氧化态变为硫化态而恢复活性，从而将过程气中的 O_2脱除，避免后续胺液氧化变质。

同时，脱氧反应会释放出大量的反应热，从而提高了加氢反应器的床层温度和反应温升。利用此原理，可灵活调整加氢反应器的床层温度，以此来保证有机硫在加氢反应器中的水解和氢解率，降低加氢反应器出口过程气中有机硫的含量。特别是，目前大多数硫黄回收装置 SCOT 单元加氢反应器的再热采用中压饱和蒸汽，过程气进入加氢反应器的最高温度为 240℃，在装置运行末期，催化剂的有机硫水解活性会随运行时间延长而降低。较高的反应温度有利于提高有机硫的水解率，因此，采用 LS-DeGAS 技术降低硫黄回收装置烟气 SO_2排放浓度，可以利用被抽入加氢反应器的液硫池废气中夹带的O_2量，调整加氢反应器的床层温度和床层温升，确保有机硫保持较高的水解率，以及烟气保持较低的SO_2排放浓度。

催化剂可以满足液硫脱气废气含氧及高水蒸气含量的使用工况，液硫脱气废气可直接引入加氢反应器，经加氢转化为H_2S，并通过胺液吸收返回制硫单元回收单质硫，避免了该废气进入焚烧炉引起的排放影响。

⑤ 具有良好的水热稳定性。液硫脱气废气中水蒸气含量高达40%(体积分数)以上，要求加氢催化剂具有良好的耐水热稳定性，添加骨架稳定剂可提高催化剂的水热稳定性，满足长周期高水蒸气含量运行的要求。

(3) 降低尾气吸收单元温度

保证吸收塔塔顶温度低于35℃，同时选用H_2S解吸效果较佳的高效脱硫溶剂，可将胺液中的H_2S降低至0.2g/L，净化气中H_2S含量降至10mg/m³以下。

(4) 开发了高性能有机硫水解催化剂以及合理的催化剂级配方案

净化气中的有机硫主要为COS，在焚烧炉中焚烧变为SO_2，会增加硫黄回收装置烟气中SO_2排放浓度。该工艺通过对制硫单元催化剂装填方案进行合理级配，提高有机硫的水解转化率，降低过程气中COS的含量，净化气中COS含量降至10mg/m³以下。LS-DeGAS尾气处理工艺流程如图1-3-8所示。

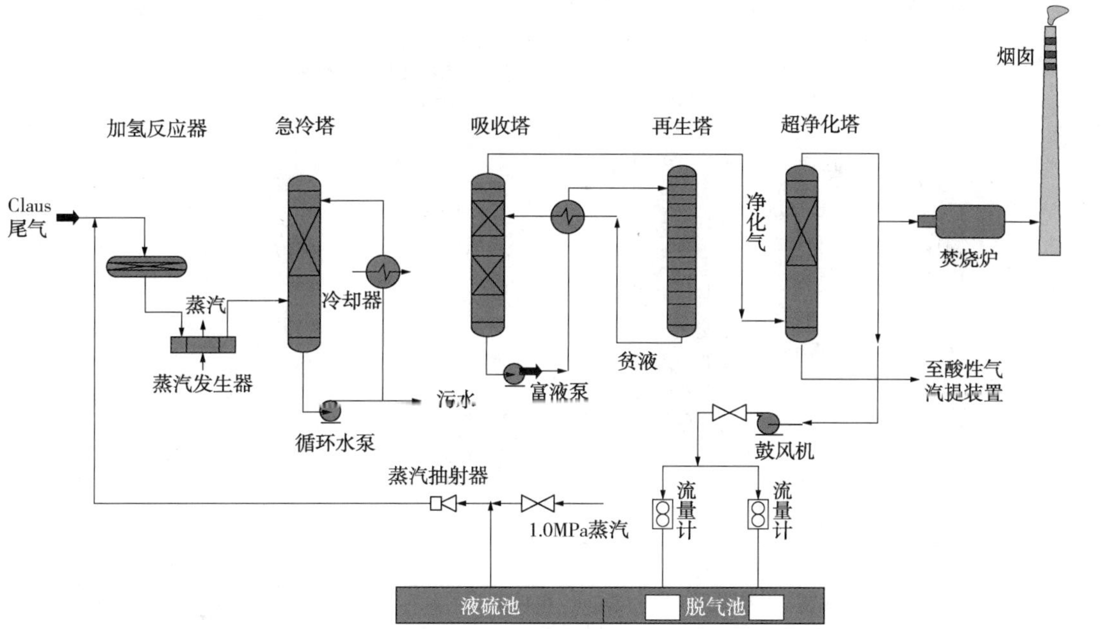

图1-3-8　LS-DeGAS尾气处理工艺流程简图

(二) 氨法尾气处理工艺

氨法脱硫技术作为一种硫黄回收装置尾气处理技术，近年得到了快速发展。该技术工艺流程简单、运行可靠、投资省、运行成本低，SO_2排放可全面达到50mg/Nm³以下，能够满足最新排放标准要求，具有较强的技术竞争力。全部过程没有“三废”排放，还可以将SO_2回收转化成硫酸铵化肥。此外，炼油厂的加氢型酸性水中常含有较高浓度的氨气，可以用来制氨水或精制液氨，制得的NH_3可以用来处理硫黄回收尾气，节省了NH_3的外购费用，经济性高，且达到了以废治废、废物利用的效果。氨法脱硫技术以 NH_3 和 SO_2 反应为基础，在多功能吸收塔中，NH_3 将尾气中的 SO_2 吸收得到中间产品亚硫酸铵的溶液，通过鼓入空气将亚硫酸铵直接氧化成硫酸铵，通过结晶、烘干得到副产品硫酸铵。

主要反应式如下：

$$SO_2+H_2O+xNH_3 = (NH_4)_xH_{2-x}SO_3$$

$$(NH_4)_xH_{2-x}SO_3+1/2O_2+(2-x)NH_3 = (NH_4)_2SO_4$$

硫黄回收尾气送入吸收塔，经洗涤降温、吸收 SO_2、除雾后的净烟气送去界区外原烟囱排放。尾气中的 SO_2 被吸收，形成的亚硫酸铵溶液经氧化、浓缩，得到一定浓度的硫酸铵溶液，再送入蒸发结晶系统，经蒸发、结晶，得到一定固含量的硫酸铵浆液。一定固含量的硫酸铵浆液，再经旋流器、离心机、干燥机后，得到水分<1%（质量分数）的硫酸铵，再进入自动包装机包装即可得到商品硫酸铵。整套工艺系统包括尾气系统、吸收循环系统、氧化空气系统、蒸发结晶系统、硫酸铵后处理系统、吸收剂系统、检修排空系统、工艺水系统等。

典型氨法尾气处理工艺流程如图 1-3-9 所示。

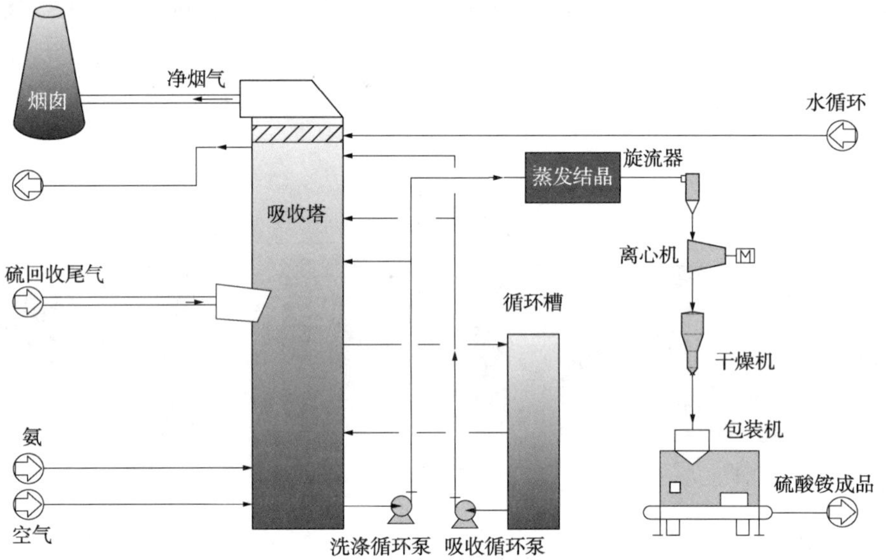

图 1-3-9　氨法尾气处理工艺流程

（1）尾气系统

所有脱硫烟道均采用钢制烟道，烟道设加强筋并保温。吸收塔入口前的原烟气段烟道由于烟气温度较高且远离吸收塔，无须防腐处理。在烟气入口靠近吸收塔为干湿交界面，此部分烟道内衬合金以避免腐蚀。相应部位的膨胀节也考虑保温及防腐。净烟道烟温较低，为防止露点腐蚀，也采用碳钢+不锈钢材质，相应部位的膨胀节也考虑保温及防腐。

（2）吸收循环系统

吸收循环系统的作用是从尾气中除去 SO_2 和其他酸性气体；将吸收塔内形成的亚硫（氢）铵氧化成硫酸铵；利用尾气热量，将硫酸铵溶液浓缩。通过设置吸收液液滴洗涤系统、细微颗粒物洗涤及高效除雾器对脱硫后的烟气进行充分洗涤、捕捉、细微颗粒物去除等，达到 SO_2 和细微颗粒物高效脱除的目的。

(3) 氧化空气系统

氧化空气系统的作用是将满足压力要求的氧化空气送往吸收塔将亚硫(氢)铵氧化为硫酸铵。

(4) 蒸发结晶系统

蒸发结晶系统的作用是将硫酸铵溶液中的水通过蒸汽加热的方式让水蒸发，待蒸发至过饱和浓度后析出硫酸铵结晶。

工艺路线为蒸发分离室的浓缩液经蒸发循环泵打入蒸发加热器，再回蒸发分离室进行气水分离，使浓缩液进一步浓缩并析出结晶，浓缩液继续循环。气体从蒸发分离室顶部出来，经过冷凝器使气体降温冷凝，不凝气经真空泵抽出排放。含结晶的料液从蒸发分离室的底部经排出泵打入旋流器。

蒸发结晶系统主要设备包括料液槽、蒸发补液泵、蒸发循环泵、加热器、分离室、冷凝器、真空泵、旋流器给料泵等。

(5) 硫酸铵后处理系统

硫酸铵后处理系统的作用是将蒸发结晶系统生成的硫酸铵浆液加工得到硫酸铵产品。主要设备有旋流器、离心机、干燥机、自动包装机等。旋流器给料泵来的硫酸铵浆液送入旋流器，经过旋流器的分离，含固体量40%~50%(质量分数)的底部物料进入离心机，分离产出的含水约4%(质量分数)的硫酸铵湿料，送至干燥机干燥，然后进入自动包装机，包装入库，即可得到商品硫酸铵。旋流器上部的溢流液及离心机的母液均返回蒸发结晶系统。干燥鼓风机将空气鼓入蒸汽换热器换热后进入干燥机，在干燥塔机内热风对物料进行干燥；最后产品自干燥机出口流出，同时干燥尾气经旋风除尘器、引风机送至吸收塔内，经塔内洗涤除尘除雾后随净烟气排放。

(6) 吸收剂系统

氨水浓度越高，越有利于储存和水平衡的控制。若全部采用氨水，通常浓度不宜低于15%(质量分数)。根据氨水的特性，20%~25%(质量分数)属于比较好的储存和使用浓度。氨法脱硫技术可直接使用气氨、液氨，即气氨、液氨可以直接加入塔内，无须在塔外配制成氨水。

(7) 检修排空系统

检修排空系统主要设备包括检修槽(或检修池)、检修泵、地坑和地坑泵。

地坑用于收集、储存脱硫系统在检修、冲洗过程中产生的液体。浆液管和浆液泵在停运时需冲洗，冲洗水通过地沟收集到地坑中，地坑的收集液通过地坑泵送至吸收塔循环使用。当吸收塔出现故障需要检修时，通过循环泵将吸收塔或循环槽的溶液送至检修槽。在吸收塔重新启动前，检修槽的溶液经检修泵送回吸收塔重复使用。检修槽的容量能收集吸收塔单塔故障状态下所有的液体。

脱硫装置所有冲洗和清扫过程中产生的废水均经地沟收集回收至地坑，经地坑泵送回吸收系统重复使用。

(8) 工艺水系统

界区外来的工艺水经工艺水泵送至各用水点(主要用水点循环水槽)。工艺水系统的作用是：接收工艺补充水，按工艺需求量进行补水，以维持系统内的水平衡。界区外来的工艺水经管道送至循环水槽储存，经循环水泵、工艺水泵送至各用水点。工艺水作为除雾器的冲洗水和烟气洗涤水定量送入吸收塔。除雾器冲洗设置为可通过 DCS 自动定期冲洗或根据除雾器压差在 DCS 上自动或手动冲洗。

(三) 钠法烟气处理工艺

钠法烟气脱硫技术这几年才在国内大型硫黄回收装置应用，钠法烟气脱硫系统主要由烟气换热系统、SO_2吸收系统和废水氧化系统组成。该工艺使用 NaOH 溶液在塔内吸收烟气中的 SO_2，生成 HSO_3^-、SO_3^{2-}与 SO_4^{2-}，反应方程式如下：

脱硫过程：

$$2NaOH+SO_2 = Na_2SO_3+H_2O$$

$$Na_2SO_3+SO_2+H_2O = 2NaHSO_3$$

吸收液中 HSO_3^{2-}、SO_3^{2-}浓度与 pH 值关系如下：常温下，用 Na_2SO_3溶液吸收 SO_2时，溶液 pH 值随 $n(SO_3^{2-})$：$n(HSO_3^-)$变化的关系见表 1-3-7。

表 1-3-7 溶液 pH 值与 $n(SO_3^{2-})$：$n(HSO_3^-)$变化的关系

项目	关联关系		
$n(SO_3^{2-})$：$n(HSO_3^-)$	91：9	1：1	9：91
pH 值	8.2	7.2	6.2

氧化过程(副反应)：

$$Na_2SO_3+1/2O_2 = Na_2SO_4$$

$$NaHSO_3+1/2O_2 = NaHSO_4$$

(1) 工艺流程和参数

从硫黄尾气焚烧炉余热锅炉来的烟气温度较高，通过相变换热器降低温度，同时回收热量加热空气，加热后空气与脱硫后烟气混合，提高了烟气的温度，降低了水的分压，确保排放烟气不产生白烟。烟气在脱硫塔内通过与雾化的吸收液高速碰撞，使气、液二相流充分接触，烟气温度被急冷下来，同时烟气中的 SO_2被液体中的碱性成分大量吸收，烟气得到充分净化。烟气经丝网除雾器脱水后由脱硫塔顶部达标排放。

脱硫后的吸收液进入塔底，吸收液在塔底与空气接触，部分亚硫酸盐氧化生成硫酸盐，由脱硫循环泵继续送至塔体循环使用。为了防止吸收液的硫酸盐积聚堵塞设备和管线，控制塔釜 Na_2SO_4溶液浓度 5%～15%(质量分数)，需要有少量的废水外排，此废水还有较高的化学耗氧量，其进入氧化罐，通过罐内搅拌使空气和吸收液充分接触，进一步氧化，合格后送出装置。为控制塔釜 pH 值在 7 左右需不断向塔釜补入 NaOH 溶液。脱硫塔的热量通过水蒸发带走，脱硫系统的液位会下降，需补充水以维持脱硫塔液位。

典型钠法烟气脱硫工艺流程如图 1-3-10 所示。

操作参数：

① 烟气入脱硫塔温度 200℃；

② 烟气脱硫塔急冷后温度 60℃；

③ 烟气排放温度 90℃(目测不冒白烟)；

④ 空气预热后温度 150℃；

⑤ 相变换热器管束温度 180℃；

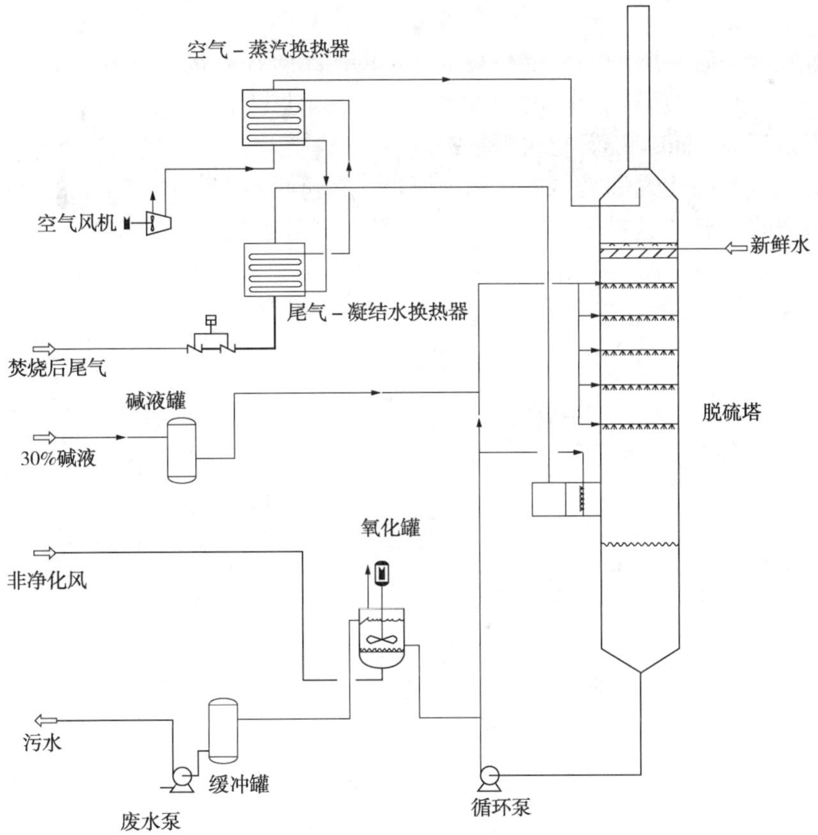

图 1-3-10 钠法烟气脱硫工艺流程

⑥ 钠法烟气脱硫总压力降 3kPa；

⑦ 脱硫塔塔釜 pH 值 7(设计值)，实际控制在 6~9；

⑧ 废水出装置 pH 值 6~9，COD 小于 50mg/L；

⑨ 烟气 SO_2排放浓度小于 10mg/m^3[氧气浓度 3%(体积分数)]。

(2) 技术特点

钠法烟气脱硫技术与氨法和 Claus 硫黄回收工艺相比有以下特点：

① 技术成熟、流程简单、操作方便；

② 脱硫效率可以达到 98%~99%，SO_2排放控制在 10mg/m^3以下；

③ 相对投资低；

④ 有碱液消耗，增加了一定的运行成本；

⑤ 有少量的硫酸钠废液产生。

(四) 有机胺湿法可再生尾气处理工艺

CANSOLV 公司的 CANSOLV® SO_2洗涤工艺可以选择性地吸收 Claus 硫黄回收工艺尾气中的 SO_2，SO_2浓度可降至 10μg/g 以下。吸收 SO_2与 CO_2的选择性是 50000 : 1。因为尾气是在过量空气中燃烧的，所以其中所有的硫化合物都会转化为 SO_2。与传统的气体处理相比，该工艺用能较少，所以在工程上可以设计使用低品位废热。所采用的吸收剂为专利有机胺溶剂，品牌型号为 DS，具有低挥发性和低毒性。低挥发性是因为 SO_2溶解于水产生 H^+ 和

HSO_3^-，H^+使一个氮原子质子化从而使溶剂保持以盐的形式存在。已证明，当第二套工业装置投入烟气脱硫使用时，溶剂的稳定性甚至比预期的结果还要高。此外，据报道该工艺生产装置易于维护，并且占地面积少。因为循环回到 Claus 进料中的 SO_2降低了空气(或 O_2)的需求量，所以可以提高 Claus 装置的处理能力。

为了满足硫黄回收装置烟气排放新标准要求，在可再生湿法烟气脱硫的基础上，开发了一种新型硫黄回收组合工艺技术，以更短的流程、更高的效率提高硫黄回收装置总硫回收率，实现烟气超低排放，Claus+RASOC 硫黄回收组合工艺流程如图 1-3-11 所示。

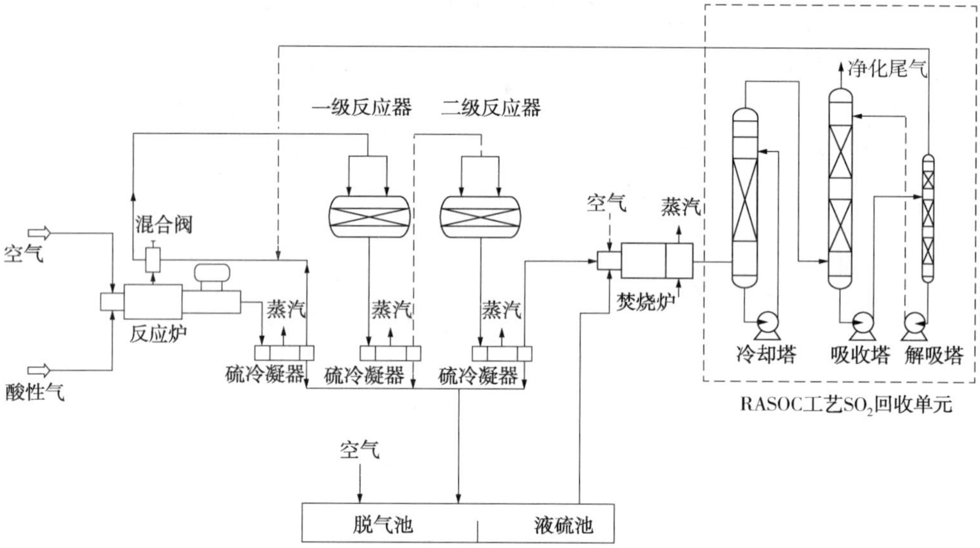

图 1-3-11　Claus+RASOC 硫黄回收组合工艺流程

Claus 装置尾气及来自其他装置的含硫废气进焚烧炉焚烧，经焚烧、余热回收后的烟气送入工艺急冷工段冷却降温，冷却、除雾后的烟气在脱硫工段与吸收剂接触，脱除烟气中的 SO_2后达标排放。吸收了 SO_2的富液在吸收剂再生工段进行解吸，再生后的吸收剂贫液返回吸收塔循环使用；回收的高纯度 SO_2返回 Claus 装置生产硫黄。

该工艺采用专用吸收剂，通过吸收-解吸循环，实现 SO_2的资源化回收。吸收剂是一种具有特殊双胺官能团的有机胺衍生物，具有吸收速度快、吸收容量大、再生效果好、蒸发损失小等优点，在 SO_2含量为 500~100000mg/m^3范围内，均可达到良好的脱硫效果。

该工艺由四部分构成：

① 洗涤系统。含硫烟气先在烟气洗涤塔中进行水洗降温，同时除去催化剂粉尘及强酸性气体。

② 吸收系统。经过洗涤的含硫烟气从吸收塔底部进入，与吸收剂进行逆向接触，烟气中的 SO_2被吸收剂吸收，净化后的烟气直接放空，吸收了 SO_2的富吸收剂去再生塔。

③ 再生系统。吸收了 SO_2的富吸收剂经过换热器换热后，进入再生塔，经过蒸汽汽提，SO_2脱附成为纯度较高的副产品，再生后的吸收剂经过换热器冷却后返回吸收塔。

④ 热稳定盐处理系统。在整个吸收-解吸过程中，由于氧化作用，有少量的 SO_2转化为 SO_3，从而以 SO_4^{2-}的形态存在于吸收剂中，这种盐不能通过加热的方式除去，称为热稳定盐，随着吸收剂的循环使用，热稳定盐不断累积，严重影响吸收剂的吸收容量及脱硫效果，

必须将其除去。将一部分含有热稳定盐的吸收剂通过热稳定盐脱除系统，除去热稳定盐，维持吸收-再生系统中的离子平衡，保证吸收剂的脱硫效率。

高纯度的SO_2副产品可以生产液体SO_2，也可与Claus硫黄回收工艺相结合生产硫黄，还可生产硫酸。

该工艺的适宜操作条件为：

① 吸收剂的pH值控制在4~6之间。

② 使用该工艺可以处理烟气中SO_2的含量在500~100000mg/m^3。

③ 吸收塔的操作温度应在40~60℃。

④ 再生塔的操作温度应在105~115℃。

⑤ 根据烟气中SO_2的含量和脱除要求，灵活选择液气比，一般控制在0.2~0.5L/m^3。

⑥ 吸收塔理论塔板选择在4~5块为宜。

⑦ 烟气中的NO_x、CO_x的存在对吸收剂的吸收效果没有影响。

技术特点：

① 烟气治理更彻底，不产生二次污染；

② 采用可循环使用的专用吸收剂，吸收速度快、吸收容量大、再生效果好；

③ 可回收高纯度SO_2，实现资源化利用；

④ 与碱法脱硫技术比，碱耗减少80%以上，脱硫废液减排80%以上。

四、绿色开停工技术

（一）硫黄回收装置绿色开工技术

硫黄回收装置开工期间的污染排放主要由加氢催化剂预硫化工序造成，实施加氢催化剂提前预硫化是绿色开工的主要技术。加氢催化剂的加氢脱硫活性只有在其钴、钼组分处于硫化态下才具备。在更换催化剂或催化剂再生后，其钴、钼组分处于氧化态，所以必须对加氢催化剂进行预硫化操作。预硫化操作在耐火材料干燥之后进行，预硫化反应如下：

$$MoO_3+H_2+2H_2S = MoS_2+3H_2O$$

$$9CoO+H_2+8H_2S = Co_9S_8+9H_2O$$

（1）直接用H_2S预硫化的工艺

直接用H_2S预硫化的工艺适用于有多套硫黄回收装置且不是同步开停工的工厂，操作要点：

① 溶剂吸收-再生系统达到热循环状态。

② 加氢反应系统引入惰性氮气建立循环，通过调整加氢反应器加热器的温度，以20~30℃/h的温升加热，直到温度达200℃为止。

③ 从炼油酸性气获得用于预硫化催化剂的H_2S，至反应器的预硫化过程气必须含有1%~2%(体积分数)的H_2S和3%(体积分数)左右的H_2。使用比长式气体检测管分析预硫化期间加氢反应器的入口和出口气流中的H_2S含量。

④ 以20℃/h的速度提高加氢反应器床层温度至260℃，继续预硫化。

⑤ 若循环气中的压力偏高，则通过压控阀将多余的含H_2S气流排入溶剂吸收-再生系统，在吸收塔内进行H_2S的吸收反应，吸收塔出来的富液进入再生塔再生，再生后的气体进入正常生产的硫黄装置处理。

⑥ 若循环动力使用的是循环风机，需确保风机密封不发生泄漏。

⑦ 预硫化操作过程，应防止含氧的制硫单元尾气进入加氢反应器。

根据分析结果，调整酸性气加入量和 H_2 加入量，观察反应器床层温升情况，直至反应器入口、出口的 H_2S 分压基本相同，床层温度不再上升或略有下降时，预硫化结束。

直接用 H_2S 预硫化工艺流程如图 1-3-12 所示。

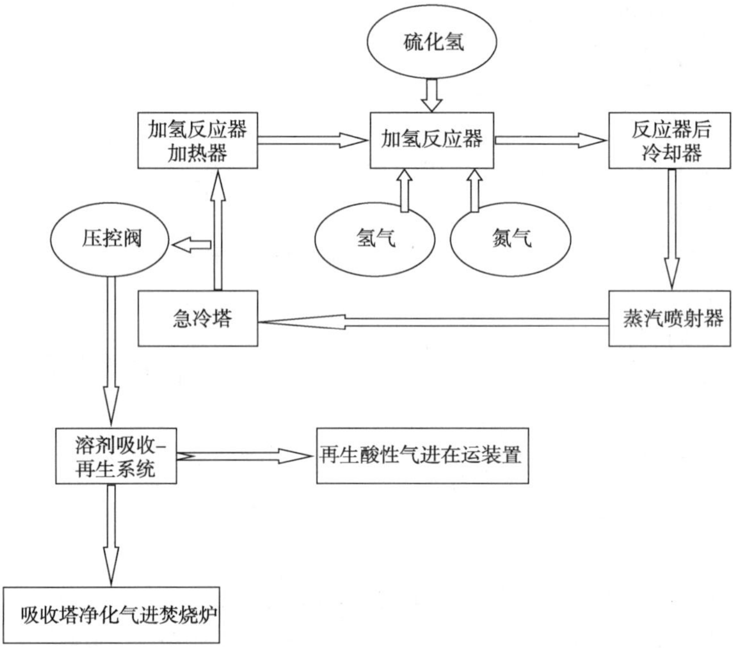

图 1-3-12　直接用 H_2S 预硫化工艺流程

对于单套硫黄回收装置加氢反应器预硫化采用该工艺时，应注意以下几点：

① 单套硫黄回收装置的开工一般处于整个工厂的开工初期，酸性气来量不稳定。可通过清洁酸性气单元的溶剂系统将 H_2S 适当"富集"，脱硫塔与再生塔建立循环，降低再生塔温度，再生塔底温度可按 80℃操作。根据清洁酸性气单元的运转情况，适当提高再生塔塔底蒸汽量，将获得的 H_2S 用于单套硫黄加氢反应器预硫化。

② 通过压控阀将加氢反应器泄压的含 H_2S 尾气排放至硫黄回收装置溶剂单元，通过贫液吸收后，进焚烧炉排放至烟囱。

③ 吸收塔出来的富液进入再生塔再生，再生塔初期可先采用"富集"低温操作，在中、后期可将再生酸性气改至焚烧炉焚烧，并通过焚烧炉后的烟气脱硫塔脱硫后达标排放。

(2) 加注硫化剂，提供 H_2S，实施提前预硫化

在没有酸性气的情况下采用加注硫化剂(一般为二甲基二硫或 CS_2)的办法来进行预硫化。其主要原理是，硫化剂在约 180℃时发生热分解，产生 H_2S，供催化剂预硫化使用。只需在加氢反应器入口加热器后增加注剂流程和相应注剂设施即可。

(3) 加氢催化剂器外预硫化

和催化剂器外再生一样，硫黄回收装置加氢催化剂同样可以进行器外预硫化，开工前装填已经预硫化好的加氢催化剂，此时催化剂的装填需要无氧作业。在闲置状态，因硫化态的

加氢催化剂不稳定，与空气接触会自燃，所以要与空气隔离，并用氮气进行保护。反应器升温时，需先用氮气置换系统内空气后，再建立循环升温，防止空气进入。

（二）硫黄回收装置绿色停工技术

1. 加氢催化剂停工阶段钝化

加氢催化剂的钝化过程是指催化剂表面的 FeS、最活泼的 MoS_2和 Co_9S_8与通入反应器中的 O_2发生反应的过程。需要防止检修期间催化剂在常温下与空气接触时自燃，引起“飞温”而损坏催化剂、设备，或严重污染空气环境，甚至发生人员吸入 SO_2中毒的严重事故。

钝化的主要反应是：

$$MoS_2+7/2O_2 = MoO_3+2SO_2$$

$$Co_9S_8+25/2O_2 = 9CoO+8SO_2$$

$$2FeS+7/2O_2 = Fe_2O_3+2SO_2$$

钝化过程需将加氢反应器加热器、加氢反应器、反应器后蒸汽发生器、蒸汽喷射器、急冷塔等设备分别与 Claus 硫黄回收、MDEA 系统隔离断开，建立一个闭路流程。闭路流程通入氮气，启动蒸汽喷射器(或循环风机)，建立过程气闭路循环。为防止蒸汽喷射器启动后加氢单元产生真空，抽入不需要的空气，加氢单元需补充氮气，维持系统压力不小于10kPa。若系统压力升高可通过急冷塔顶开车排放线上的压力控制阀将尾气排入焚烧炉。通过调节加氢反应器加热器，控制加氢反应器催化剂床层温度在 100~120℃，然后向氮气循环气体中缓慢通入空气，控制循环气中的氧含量浓度为 0.5%(体积分数)，其间可使用手提式分析仪检查循环气中 O_2、SO_2浓度。钝化操作过程中要密切观察催化剂床层温升情况，有温升则表示催化剂钝化反应已开始，随后反应器床层温升慢慢扩散，直到任何测温点都不再测到温升为止。加氢反应器在钝化过程中生成了 SO_2，因而整个反应器的温度都会上升，此温升往往也会限制停工的速度。通常反应器入口处 0.5%(体积分数)浓度的 O_2会使床层温度升高约 56℃，为此必须严格监控所有反应器床层温度以及反应器入口和出口的氧含量，不允许反应器床层温度超过 200℃。如果反应器床层温度接近 200℃，要降低反应器入口过程气的氧含量，以控制反应器床层温升。反应器床层温度恢复到 120℃时，再以每次 0.25%(体积分数)的增量将反应器入口过程气的 O_2含量提高到 1%(体积分数)，继续对反应器催化剂进行钝化，并控制反应器床层温度不高于 200℃。当离开反应器的气体氧含量等于 1%(体积分数)时，可以每小时 1%(体积分数)的增量提高氧含量，将氧含量提高到 5%(体积分数)。每次提高气体氧含量前，都要等待反应器床层温升结束、温度回至 120℃左右再调整，直至切断氮气并逐渐增加循环气中的氧含量，若此时催化剂仍没有温升，催化剂床层温度逐步下降，检测离开床层的气体氧含量与进入床层的气体氧含量基本相同，系统中无 SO_2，此时催化剂已是惰性的，钝化过程结束。加氢反应器钝化循环气流程如图 1-3-13 所示。

SO_2易溶于水，1 体积的水溶液可溶解 40 体积的 SO_2，SO_2的水溶液称为亚硫酸，属于中强酸，对钢材的腐蚀速度快，但实践证明 SO_2在没有饱和水存在下，在水蒸气环境下对钢材的腐蚀并不明显。加氢反应器催化剂钝化过程中产生了 SO_2，可以从以下两方面来应对其腐蚀性强的负面影响。一是急冷塔安装酸碱 pH 在线分析仪，当循环气中的 SO_2溶于急冷塔的循环水中，使 pH 值低于 7 时，则往急冷塔中注入氨水或碱液中和，控制 pH 值在 7~9。二是蒸汽喷射器安装在急冷塔前，因为该部位温度较高，没有饱和水，腐蚀较小。

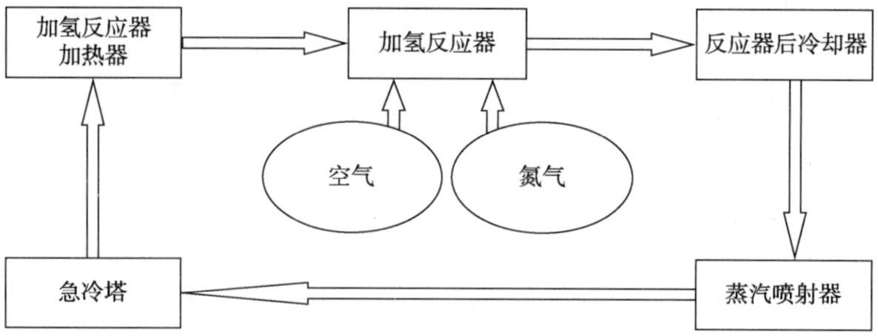

图 1-3-13 加氢反应器钝化循环气流程

加氢催化剂钝化过程中急冷水中和 SO_2后产生的亚硫酸盐，排入酸性水汽提装置。这部分盐在酸性水汽提过程中很难脱除，使净化水中 COD、硫化物含量偏高。实践证明，加氢催化剂钝化过程若反应过快，产生的含盐废水会冲击酸性水汽提装置，导致净化水硫含量超标，但若控制得当，对酸性水汽提装置基本没有什么影响。通过调节氮气循环气中空气注入量，控制钝化反应速度不要太快，以闭路循环气压力超过 20kPa 泄压排放至焚烧炉时烟气 SO_2在线检测仪不超过 100mg/m^{3}为基准，不仅可避免产生的废水冲击酸性水汽提装置，也可保证该过程的烟气达标排放。

若加氢催化剂不需要检修或更换，则可以选择不钝化处理。这时的催化剂是以 MoS_2和 Co_9S_8的形态存在的，是一个不稳定的状态，常温下遇到空气会发生自燃。因此，需要建立氮气循环气的闭路循环，调节加氢反应器加热器的温度，使催化剂降到常温。此过程要严防空气进入循环气，避免发生氧化反应，造成催化剂失去加氢反应的活性。催化剂温度降到常温后，反应器出入口加盲板隔离，注入氮气，保持微正压惰性气体保护，防止游离氧进入。

2. 热氮吹硫新工艺

反应炉酸性气和风量切除，改通热氮（加热器将冷氮加热至 220℃左右），分别进入 Claus 单元余热锅炉后部、一级反应器入口、二级反应器入口，对系统中的残硫进行吹扫。同时对系统中的硫化亚铁采取炉头注入空气，逐步提高吹硫气体氧含量的办法将其全部燃烧。之后含有 SO_2和单质硫的吹硫烟气进入加氢反应器加氢，并进入急冷塔冷却，然后进入吸收塔进行过程气净化，吸收塔出来的富液进入再生塔再生，再生后的气体进入正常生产的硫黄回收装置处理或用其他办法处理。该工艺 Claus 单元吹硫与 Claus 单元的催化剂提氧钝化是同步进行的。吹硫钝化结束的标准是在有少量 O_2存在的情况下，检测 Claus 单元吹扫气中无 SO_2存在，进液硫池前液硫线排污无液硫存在，当“吹扫气中无 SO_2 存在、液硫排污线无液硫存在”两个条件同时满足时，吹硫结束。在“热氮吹硫”结束后，将 Claus 单元与尾气加氢单元断开，加氢反应系统与溶剂系统断开。Claus 单元进行反应炉给氮气降温，吹扫气进焚烧炉；尾气加氢部分的加氢催化剂进行氮气的循环降温；溶剂部分开始再生、降温、退胺等操作。

热氮吹硫新工艺利用氮气（惰性气体）不易发生化学反应的原理进行吹硫，与传统“瓦斯吹硫”工艺、“天然气吹硫”工艺的区别主要有以下几点：

① 无副反应，对系统及吹硫效果不会产生其他影响。

② 钝化空气量小，入加氢反应器反应温升可控度大。

③ 入吸收塔负荷小，吸收塔出口 H_2S 含量低，使装置排放烟气中 SO_2 含量低。该工艺能够有效降低停工期间烟气 SO_2 浓度。采用热氮吹硫工艺烟气排放 SO_2 含量最高值出现在吹硫开始阶段，通过优化操作烟气 SO_2 排放浓度能够控制在 100mg/m^3 以下。中后期吹硫操作稳定后，烟气 SO_2 排放浓度可控制在 20~40mg/m^3 之间，远远低于多年来采用“瓦斯吹硫”的烟气 SO_2 排放浓度，达到最新排放标准要求，能够实现装置停工期间全过程烟气达标排放。

④ 采用“热氮吹硫”不仅避免了“瓦斯吹硫”析炭污染催化剂事件的发生，同时也避免了“瓦斯吹硫”过氧造成反应器床层严重超温现象的发生，延长了催化剂的使用寿命。

⑤ 热氮吹硫结束后，反应炉、余热锅炉、硫冷凝器等设备内部无残硫存在，设备打开后，无自燃事故发生。

⑥ 避免了“瓦斯吹硫”工艺、“天然气吹硫”工艺在硫黄回收装置全面交付检修后，反应炉温度偏高的问题。交付检修后，炉温度即降到了常温，方便检修。

热氮吹硫工艺流程如图 1-3-14 所示。

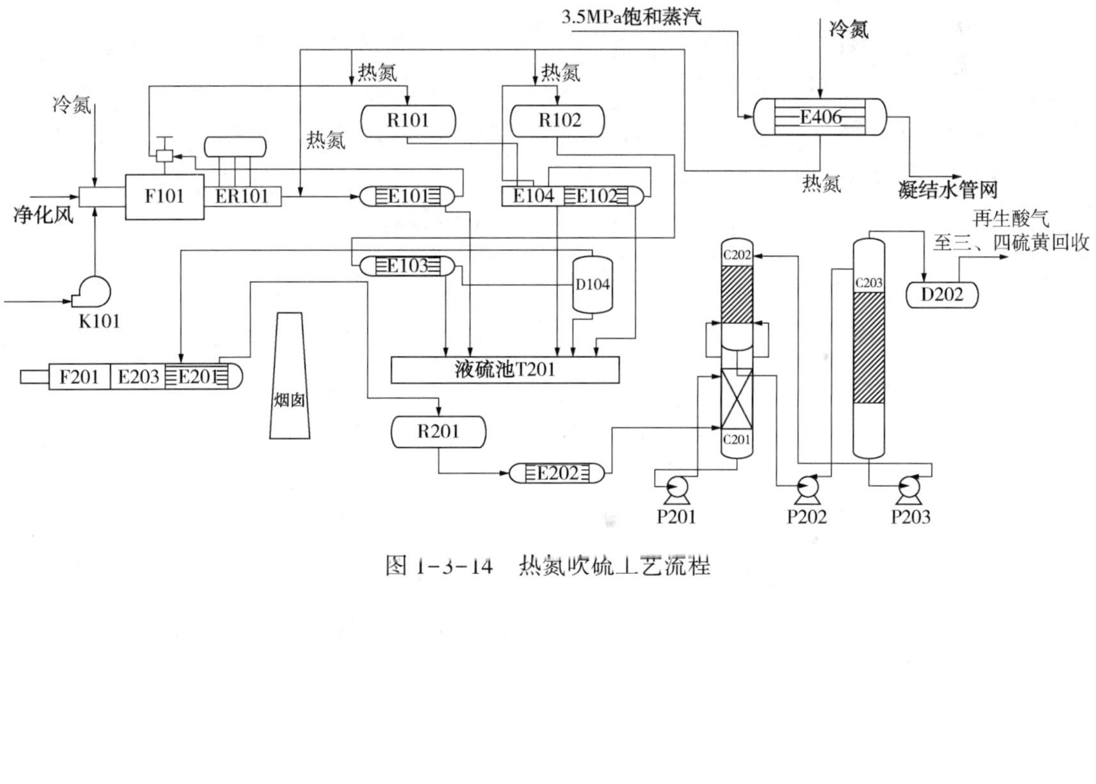

图 1-3-14 热氮吹硫工艺流程

第二章　原料、产品、催化剂、溶剂

第一节　原　　料

硫黄回收装置原料来源比较集中，主要源于溶剂再生装置再生酸性气和污水汽提装置含氨酸性气，部分炼油厂将 S Zorb 烟气、液硫池废气、液化气脱硫醇尾气引入硫黄回收装置进行处理，增加了硫黄回收装置的运行控制难度。

一、溶剂再生装置酸性气

溶剂再生装置酸性气主要是干气、液化气脱硫部分、汽柴油加氢装置、加氢裂化装置等富溶剂进行再生后产生的酸性气。作为硫黄回收装置的原料，溶剂再生装置酸性气中 H_2S 浓度高，烃类、NH_3等杂质较少。原料品质直接影响后期硫黄产品质量与烟气达标排放。

典型溶剂再生装置酸性气组成见表 2-1-1。

表 2-1-1　溶剂再生装置酸性气组成

单位名称	H_2S/%(体积分数)	CO_2/%(体积分数)	烃/%(体积分数)	NH_3/%(体积分数)
A	96.83	0.06	0.38	0
B	82.75	11.68	0.75	0
C	93.63	3.5	0.1	2.71
D	95.06	1.82	0.13	2.96
E	67.32	32.27	0.17	0

二、污水汽提装置酸性气

在炼油加工过程中，会伴随产生一些含硫污水，如常减压蒸馏装置、催化裂化装置、加氢精制装置和加氢裂化装置、焦化装置等。这些污水中都含有浓度较高的 H_2S 和 NH_3，同时含有酚、氰化物和油等污染物，大型炼油厂将临氢含硫污水与非临氢含硫污水分两个酸性水管网，将酸性水分开送往不同的气体处理装置进行处理，产生的净化水也分不同管网分开回用。临氢含硫污水汽提设置侧线抽氨工艺，酸性气中 NH_3 含量很低。中小型炼油厂将加氢与非加氢含硫污水混合进行汽提处理，同时酸性气燃烧炉需配置烧氨火嘴进行高温分解处理。

典型污水汽提装置酸性气组成见表 2-1-2。

表 2-1-2　污水汽提装置酸性气组成

单位名称	H_2S/%(体积分数)	CO_2/%(体积分数)	烃/%(体积分数)	NH_3/%(体积分数)
A	83.41	1.45	0.41	3.6
B	93.16	3.04	0.16	3.65

续表

单位名称	H_2S/%(体积分数)	CO_2/%(体积分数)	烃/%(体积分数)	NH_3/%(体积分数)
C	77.87	4.28	1.82	14
D	79.68	2.91	0.54	14
E	95.53	0.73	0.08	0.09

三、S Zorb 烟气

S Zorb 装置再生烟气组成不稳定，再生烟气通常含有 N_2、CO_2、O_2、H_2O、SO_2、H_2S、CO 等，而且每经过一段时间就会出现气量和气质波动，比如气体流量不稳定，瞬时流量波动范围 300～1000m^3/h，O_2 瞬时波动范围 0.1%～2.0%(体积分数)，SO_2 瞬时波动范围 0.5%～6.0%(体积分数)。此外再生烟气温度低，与进入尾气处理单元需求的温度存在 30℃以上的偏差。

由于再生烟气气量的波动，特别是气质组成中 O_2、SO_2、烃的波动，会给燃烧炉操作的稳定性带来不利的影响，给 H_2S/SO_2 比例的调控带来一定困难，但再生烟气的量和各气质组成的量与引入燃烧炉中的酸性气气量相比相对较小，因此，通常情况下这种影响不会很大，是可控的。加上硫黄回收装置燃烧炉本身在设计时都考虑了较大的操作弹性，不会从根本上影响装置的操作，关键在于引入再生烟气后，旧装置改造需要更多地加强适应性的调整，包括再生烟气的引入位置、是否预热、相应的仪表参数设置等，新装置则要强调在设计时就要更多地全方位考虑适应再生烟气的特点。

四、液硫池废气

硫黄回收装置生产过程中，从硫冷凝器排出的液硫中一般均溶解有少量的 H_2S，液硫中 H_2S 的含量一般为 300～500μg/g。因环保对废气治理的要求越来越严苛，一般情况下，各炼油厂都会选择将液硫池废气引入酸性气燃烧炉进行处理。常规的处理措施是通过蒸汽抽射器将液硫池的废气送至酸性气燃烧炉，缺点是燃烧炉的温度会下降 30～60℃，降低制硫炉的转化率，所以中国石化齐鲁分公司研究院通过催化剂研发和工艺技术的集成创新，形成了 LS-DeGAS 液硫脱气技术，通过净化尾气进行鼓泡脱气，克服了常规液硫脱气技术的缺点。

五、液化气脱硫醇尾气

部分炼油厂将液化气脱硫醇尾气送入硫黄回收装置酸性气燃烧炉进行处理，液化气脱硫醇尾气中含有大量的硫醇、硫醚，虽然液化气废气的总量一般占比比较小，但也应保证脱硫醇尾气装置平稳操作运行。

第二节　产　　品

一、硫黄产品

硫黄回收装置的产品主要为工业硫黄。硫黄产品按照不同的出厂形式分为液体硫黄和固体硫黄，不同形态的硫黄产品有不同等级的要求。

固体工业硫黄有块状、粉状、粒状和片状等，呈黄色或者淡黄色，无肉眼可见杂质。

固体工业硫黄的质量应符合 GB/T 2449.1—2021 要求，见表 2-2-1。

表 2-2-1　固体工业硫黄的质量标准

项目		技术指标		
		A 级	B 级	C 级
硫(S)的质量分数(以干基计)/%		≥99.95	≥99.50	≥99.00
水分的质量分数/%		≤2.0		
灰分的质量分数(以干基计)/%		≤0.03	≤0.10	≤0.20
酸度的质量分数(以 H_2SO_4 计，以干基计)/%		≤0.003	≤0.005	≤0.02
有机物的质量分数(以 C 计，以干基计)/%		≤0.03	≤0.30	≤0.80
砷的质量分数(As)(以干基计)/%		≤0.0001	≤0.01	≤0.05
铁的质量分数(Fe)(以干基计)/%		≤0.003	≤0.005	—
筛余物①的质量分数/%	粒径大于 150μm	≤0		≤3.0
	粒径为 75～150μm	≤0.5	≤1.0	≤4.0

注：①筛余物指标仅用于粉状硫黄。

固体工业硫黄可用塑料编织袋或者内衬塑料薄膜袋进行包装，也可散装。块状硫黄可不用内衬塑料薄膜袋，同时做好防潮措施；散装产品应遮盖；粉状硫黄不可散装。

块状、粒状硫黄可储存于露天或仓库内；粉状、片状硫黄储存于有顶盖的场所或仓库内。袋装产品应远离下水管道及取暖设备。

液体工业硫黄是不经冷却、造粒工序，直接以液体形态出售的工业硫黄产品，液硫产品质量应符合 GB/T 2449.2—2015 要求，见表 2-2-2。

表 2-2-2　液体工业硫黄的质量标准

项目	技术指标		
	优等品	一等品	合格品
外观	常温下呈黄色或淡黄色，无肉眼可见杂质		
硫(S)的质量分数/%	≥99.95	≥99.50	≥99.00
水分的质量分数/%	≤0.1	≤0.2	≤0.5
灰分的质量分数/%	≤0.02	≤0.05	≤0.20
酸度(以 H_2SO_4 计)的质量分数/%	≤0.003	≤0.005	≤0.01
有机物(以 C 计)的质量分数/%	≤0.03	≤0.1	≤0.3
砷(As)的质量分数/%	≤0.0001	≤0.001	≤0.01
铁(Fe)的质量分数/%	≤0.003	≤0.005	≤0.02
H_2S 和多硫化氢(以 H_2S 计)的质量分数/%	≤0.0015	≤0.0015	≤0.0015

注：以上项目除水分、H_2S 和多硫化氢外，均以干基计。

液体工业硫黄应装于专用的罐车中运输，运输时容器内的温度范围宜保持在 120～145℃，确保液硫的最佳流动性，防止凝固。液体工业硫黄中含有 H_2S 等有毒气体，在生产及储运过程中，应配备相应的防护措施，防止发生人员中毒事故。

二、酸性气原料对产品的影响

（一）酸性气中烃含量超标

酸性气中过多的烃类产生的不良影响主要包括两个方面：一是会增加反应炉内 COS 和 CS_2的生成量，影响硫的转化率，而没有完全反应的烃类会使催化剂床层析炭，硫黄产品发黑，最终导致硫黄产品不合格。二是过多的烃类会提高反应炉温度和余热锅炉热负荷，加大空气的需要量，致使设备和管道相应增加，加大了投资费用。过程气有机硫与酸性气烃含量密切相关，通过调整操作参数可降低过程气中有机硫含量，或改变有机硫的形态，措施如下：

① 通过酸性气和空气预热，可提高炉膛温度，炉膛温度由 904℃提高至 1291℃，炉膛出口 CS_2的含量由 1600μL/L 降至 150μL/L。

② 适当提高反应炉配风量，可减少过程气 CO 生成，从而降低 COS 的生成量。

③ 提高一级转化器温度至 315~350℃，增加有机硫水解活性。

④ 提高加氢反应器温度至 300~350℃，增加有机硫水解和氢解活性。

烃的含量特别是芳烃的含量，是选择燃烧器时一个非常重要的因素。如果含有大量的芳香族化合物，特别是侧链芳香族化合物（如甲苯），若不在主燃烧器内除掉，将会导致一级催化反应器发生结焦现象。在正常生产过程中，对原料中的烃含量要严格控制，一般酸性气中烃含量不大于 3%（体）。同时，应加强上游操作管理，加强污水汽提装置的撇油工作，是否需选择高强度、混合能力优异的燃烧器主要从以下几个方面进行考虑：

① 如果停留时间足够，混合充分以及反应温度高，由烃产生的 CS_2大部分还在反应炉内部时，就会进一步分解为 COS，部分会进一步水解为 H_2S。在 Claus 反应炉内，COS 很容易被转化。

② 如果烃含量很高，应该考虑采用预热方法来提高反应炉温度，同时停留时间也要比常规的停留时间长（采用 1.5s 而不是通常的 0.8~1s），高强预混燃烧器有利于提供长的停留时间。

③ 由 Bovar-Western 研究中心所做的实验表明，如果温度超过 1510℃，反应炉内将不会存在 CS_2。

④ 轻烃 CH_4完全分解的温度为 950℃，1250℃以上生成 COS，无 CS_2生成；0.2%的 BTX 完全分解的温度为 1250℃，1300℃以上生成 COS，无 CS_2生成。

（二）酸性气中 NH_3含量超标

NH_3的危害主要表现为其必须在高温反应炉内与 O_2发生氧化反应而分解为 N_2和 H_2O，否则会形成 NH_4HS、$(NH_4)_2SO_4$类结晶而堵塞下游的管线设备，使装置维修费用增加，严重时将导致停产，因此，烧氨的硫黄回收装置反应炉炉膛温度不低于 1250℃。此外，NH_3在高温下还可能形成各种氮的氧化物，如 NO_2、N_2O、NO、N_2O_3、N_2O_4，这些氮氧化物促使 SO_2氧化为 SO_3，导致设备腐蚀和催化剂硫酸盐化中毒；酸性气中 NH_3含量超标，也会直接导致硫黄产品颜色发青，外观不合格。

第三节 催 化 剂

Claus+还原吸收类工艺硫黄回收装置所用催化剂分为两种，一种是制硫催化剂，一种是尾气加氢催化剂。制硫催化剂一般装填于一级反应器和二级反应器内，尾气加氢催化剂装填于加氢反应器内，制硫催化剂主要有氧化铝基制硫催化剂、脱漏氧催化剂、二氧化钛基催化剂、助剂型氧化铝基催化剂等。尾气加氢催化剂主要有常规尾气加氢催化剂、低温尾气加氢催化剂、低温含氧尾气加氢催化剂及多功能尾气加氢催化剂。

一、制硫催化剂

氧化铝基制硫催化剂，使用温度在220~350℃，体积空速200~1000h^{-1}，具有颗粒均匀、强度高、磨耗小、活性高和成本低等特点。催化剂一般为球形，流动性好，易于装卸；活性好的催化剂孔结构呈双峰分布，大孔较多，有利于气体扩散；比表面积大，具有较多的活性中心；压碎强度高，为催化剂长周期运行提供保证；杂质含量低，氧化钠含量小于0.25%(质量分数)。氧化铝基制硫催化剂的缺点是易发生硫酸盐化中毒，结构稳定性差，CS_2、COS等有机硫水解活性较低，随着使用时间的增加，有机硫水解活性下降速度加快，适用于操作稳定的普通Claus反应，一般装填于一级反应器或二级反应器。

氧化铝基制硫催化剂将向大比表面积、大孔体积方向发展，市面上较为先进的活性氧化铝催化剂比表面积大于330m^2/g，孔体积大于0.45mL/g，孔径≥100nm的孔体积占30%。代表性的催化剂为DD-431、Maxcel727、CR-3S及中国石化齐鲁分公司研究院的LS-02等。

脱漏氧催化剂是一种具有Claus活性和脱漏氧保护型双功能的制硫催化剂，使用温度在220~350℃，体积空速200~1000h^{-1}，一般装填于反应器上层，下部装填氧化铝基制硫催化剂或钛基催化剂。脱漏氧催化剂以氧化铝为载体，浸渍活性组分制备而成，优点是含有铁助剂，具有脱漏氧保护功能，保护下游氧化铝基制硫催化剂，延缓氧化铝基催化剂的硫酸盐化速度，同时具有硫回收功能，其活性与氧化铝基制硫催化剂相当；缺点是该催化剂用于有机硫含量较高的过程气时，有机硫水解性能不理想。该催化剂开发的初始目的为脱除反应炉后的漏氧，但随着仪表控制精度的提高，制硫炉后氧的残余量逐渐降低，国外脱漏氧催化剂用量呈逐渐减少趋势。国内脱漏氧催化剂用量比较大，这是由于一级反应器床层温度一般控制在320℃以上，以利于过程气中有机硫水解反应的发生，而国内一级反应器入口气体再热方式大多采用中压蒸汽加热，一级反应器床层温度很难达到320℃以上。由于脱漏氧催化剂反应热比较大，赋予了脱漏氧催化剂新的使命——装填在一级反应器上部来提高反应器的床层温度，增加有机硫水解活性。代表性催化剂为法国AM催化剂、中国石化齐鲁分公司研究院LS-971催化剂、中国石化西南研究院CT6-4B催化剂等。

二氧化钛基制硫催化剂是一种抗硫酸盐化的制硫催化剂，使用温度在220~350℃，体积空速200~1500h^{-1}，优点是有机硫(CS_2、COS)水解活性高，几乎达到热力学平衡，对于漏氧中毒不敏感，不易发生硫酸盐化中毒。缺点是制备成本较高，孔体积、比表面积低，磨耗较大，抗结炭性能差。随着环保法规的日益严格，二氧化钛基催化剂用量逐年增多，尤其对于处理煤化工酸性气的硫黄回收装置，二氧化钛基催化剂的使用比例更大，该催化剂一般装填在一级反应器内，可全床层装填，也可分层装填，用于提高硫回收率，减少硫的排放。代表性催化剂为LS-901催化剂、LS-981G催化剂、CRS-31TL及Maxcel777等。

助剂型氧化铝基制硫催化剂以TiO_2-Al_2O_3助剂型催化剂为主，克服了单一组分的缺点，与氧化铝基制硫催化剂相比，有耐硫酸盐化性能好、有机硫水解能力强和使用寿命长的优点；与二氧化钛基制硫催化剂相比，具有更大的比表面积、适量的大孔孔隙率、更高的压碎强度，且价格便宜。该催化剂具有良好的Claus活性、有机硫水解活性和脱漏氧活性；具有良好的抗积炭性能。缺点是催化剂制备工艺复杂，制造成本较高。该催化剂适用于操作稳定的普通 Claus 反应，可全床层装填，也可装填于保护剂的下部，还可以装填在一级反应器上部。特别适用于含烃类原料气，以提高催化剂的抗积炭性能，从而延长催化剂的使用寿命和装置的运行周期，消除由于装置运行周期较短而带来的生产影响。最具代表性的催化剂为 BASF 公司开发的 DD-931 催化剂和中国石化齐鲁分公司研究院开发的 LS-981 催化剂。

典型制硫催化剂组成见表 2-3-1。

表 2-3-1 典型制硫催化剂组成

催化剂型号	项目名称	型号及组分
Maxcel 727	主要组分	活性氧化铝
	直径/mm	5
	堆积密度/(kg/L)	0.641
	比表面积/(m^2/g)	370
	NaO_2/%(质量分数)	0.35
	SiO_2/%(质量分数)	0.015
	Al_2O_3/%(质量分数)	92.5
	热焙烧损失(1000℃)/%(质量分数)	7
	磨损率/%(质量分数)	0.5
	孔体积/(mL/g)	0.53
	>75nm 孔体积/(cm^3/g)	0.2
	瓷球	Φ10
CT6-2B	主要组分	活性氧化铝
	外观	白色球形
	直径/mm	4~6
	比表面积/(m^2/g)	280
	孔体积/(mL/g)	0.42
	压碎强度(N/颗)	140
S-201	主要组分	活性氧化铝
	外观	白色球形
	直径/mm	4~6
	比表面积/(m^2/g)	305
	孔体积/(mL/g)	0.41
	压碎强度(N/颗)	150
CR-3S	主要组分	活性氧化铝
	外观	白色球形
	直径/mm	3~5
	比表面积/(m^2/g)	360
	孔体积/(mL/g)	0.47
	压碎强度(N/颗)	120

续表

催化剂型号	项目名称	型号及组分
LS-02	主要组分	活性氧化铝
	直径/mm	4~6
	堆积密度/(kg/L)	0.65~0.75
	比表面积/(m^2/g)	≥350
	NaO_2/%(质量分数)	0.35
	SiO_2/%(质量分数)	0.015
	Al_2O_3/%(质量分数)	≥90
	磨损率/%(质量分数)	≤0.5
	孔体积/(mL/g)	≥0.4
	>75nm 孔体积/(cm^3/g)	≥0.15
	瓷球	Φ10
LS-981	主要组分	活性氧化铝
	直径/mm	3~4
	堆积密度/(kg/L)	0.85~1.00
	比表面积/(m^2/g)	≥180
	NaO_2/%(质量分数)	/
	SiO_2/%(质量分数)	/
	Al_2O_3/%(质量分数)	≥40
	磨损率/%(质量分数)	≤0.5
	孔体积/(mL/g)	≥0.2
	>75nm 孔体积/(cm^3/g)	/
	瓷球	Φ10
LS-981G	主要组分	活性氧化铝
	直径/mm	4~6
	堆积密度/(kg/L)	0.95~1.05
	比表面积/(m^2/g)	≥100
	TiO_2/%(质量分数)	≥85
	孔体积/(mL/g)	≥0.20
	>75nm 孔体积/(cm^3/g)	≥0.15
	瓷球	Φ10

二、尾气加氢催化剂

Claus 尾气加氢催化剂的主要作用是将非 H_2S 的含硫化合物加氢或水解生成 H_2S，被后续吸收塔内胺液吸收，加氢催化剂上的主反应为 SO_2、单质硫的加氢和 COS、CS_2的水解、加氢反应。副反应主要是不生成 H_2S 的反应，比如 H_2S 与 SO_2反应生成 S，会造成急冷塔的堵塞，CO 与 H_2S、单质硫、SO_2反应生成 COS，造成烟气 SO_2排放超标等，CS_2加氢还能生成甲硫醇，也会影响烟气 SO_2 排放。

尾气加氢催化剂一般根据入口使用温度可以分为常规 Claus 尾气加氢催化剂和低温 Claus 尾气加氢催化剂。常规 Claus 尾气加氢催化剂入口温度为 260~330℃，低温 Claus 尾气加氢催化剂入口温度为 220~260℃。Claus 尾气加氢催化剂主要活性组分为 Co、Ni 和 Mo，Al_2O_3 或钛铝复合物作为载体材料。催化剂床层操作温度较高，一般为 300~330℃，为简化加氢段再热操作，减小加氢反应器下游段冷却器热负荷，降低能耗，国内外开发出更低入口温度的加氢催化剂。常规 Claus 尾气加氢催化剂有 C-534、LS-951Q、LS-951T、CT6-5B，低温尾气加氢催化剂有 TG107、C-234、LSH 系列催化剂。

LS-951T 催化剂是中国石化齐鲁分公司研究院开发的第一代配套硫黄回收装置国产化的 Claus 尾气加氢催化剂。该催化剂以 γ-氧化铝为载体，钴、钼为活性组分。该催化剂具有堆密度小、孔体积和比表面积大、活性组分分布均匀、水热稳定性好等特点。LSH-02 低温型 Claus 尾气加氢催化剂实现了低温型 Claus 尾气加氢催化剂的国产化。该催化剂以钛铝复合氧化物为载体，增加了催化剂的低温有机硫水解活性和低温硫化性能，优化了制备工艺和活性组分，采用三元金属作为活性组分，使用温度较普通 Claus 尾气加氢催化剂降低 60℃以上，综合性能达到国际先进水平。此外，针对特殊气体的处理，中国石化齐鲁分公司研究院开发了具有特殊功能的尾气加氢催化剂。针对 S Zorb 装置再生烟气及液硫脱气废气引入硫黄回收装置尾气加氢单元的处理方案，专门开发出了低温耐氧高活性加氢的 LSH-03A 催化剂，该催化剂以钛铝复合物作为载体，钴、钼为活性组分制备而成，具有低温活性好，SO_2 加氢性能和耐硫酸盐化能力强，易硫化，不易反硫化的特点。催化剂通过添加耐氧助剂，具有良好的耐氧、脱氧能力，当 Claus 尾气中氧含量不高于 0.2%（体积分数）时，催化剂的加氢活性和水解活性不受影响。针对高 CO 含量的 Claus 尾气，合理匹配活性组分，引入 CO 变换功能，开发了具有 CO 变换功能的 Claus 尾气加氢催化剂。催化剂同时具有低温、加氢、耐氧、水解及 CO 变换活性。SO_2 加氢转化率≥99.9%，有机硫水解率≥99%，CO 变换率≥90%，有效降低烟气 CO 排放及 H_2 耗量，解决了硫黄回收装置 CO 排放超标问题。中国石化齐鲁分公司研究院另外开发了预硫化型 Claus 尾气加氢催化剂，催化剂活性组分为硫化态，省去开工过程预硫化操作，缩短硫黄回收装置开工周期至 48h，为整个装置提前开工创造有利条件。

典型加氢催化剂组成见表 2-3-2。

表 2-3-2 典型加氢催化剂组成

催化剂型号	项目名称	型号及组分
CRITERION 234	主要组分	$CoO-MoO_3/Al_2O_3$
	形状	三叶草
	直径/mm	3.2
	孔隙度/[$cm^3/g(H_2O)$]	0.92
	比表面积/(m^2/g)	≥310
	压碎强度/(N/cm)	≥185
	堆积密度/(kg/L)	0.4~0.5

续表

催化剂型号	项目名称	型号及组分
TG-10	主要组分	$CoO-MoO_3/Al_2O_3$
	形状	球形
	直径/mm	3.0
	孔体积/(mL/g)	≥0.3
	比表面积/(m^2/g)	≥260
	压碎强度/(N/颗)	≥120
	堆积密度/(kg/L)	0.7~0.8
	磨损率/%(质量分数)	≤0.5
LSH-02	主要组分	$CoO-MoO_3/Al_2O_3$
	形状	三叶草
	直径/mm	3.0
	孔体积/(mL/g)	≥0.4
	比表面积/(m^2/g)	≥200
	压碎强度/(N/cm)	≥200
	堆积密度/(kg/L)	0.7~0.8
	磨损率/%(质量分数)	≤0.5
LSH-02G	主要组分	$CoO-MoO_3/Al_2O_3$
	形状	三叶草
	直径/mm	3.0
	孔体积/(mL/g)	≥0.5
	大孔体积/(mL/g)	≥0.1
	比表面积/(m^2/g)	≥260
	压碎强度/(N/cm)	≥150
	堆积密度/(kg/L)	0.5~0.6
	磨损率/%(质量分数)	≤0.5
LSH-03G	主要组分	$CoO-MoO_3/Al_2O_3$
	形状	三叶草
	直径/mm	3.0
	孔体积/(mL/g)	≥0.3
	比表面积/(m^2/g)	≥180
	压碎强度/(N/cm)	≥150
	磨损率/%(质量分数)	≤0.5

三、影响制硫催化剂活性的主要因素

催化剂活性降低主要表现在催化剂的物理结构发生变化、活性中心减少。影响制硫催化剂活性的因素主要有 Claus 催化剂本身的物理化学性质、热老化、水热老化、硫沉积、炭沉积、硫酸盐化等。

（一）催化剂物理化学性质

Claus 催化剂本身的物理化学性质包括比表面积、孔体积、孔径、压碎强度、水热稳定性、磨损率、堆积密度、活性组分等，是催化剂活性的决定性因素。比表面积是单位质量催化剂的比表面积，一般认为，催化剂的比表面积越大，所含的活性中心越多，催化剂活性也越高。孔体积是一个多孔性催化剂颗粒内微孔的总体积，一般与催化剂的载体密切相关，孔体积会伴随催化剂使用周期的延长逐渐下降，而孔径会逐步变大。催化剂的压碎强度是保证催化剂长周期运转的必要条件，催化剂压碎强度越高，在运转过程中越不易破碎。

（二）热老化

热老化是由于热崩塌使较小的孔变为大孔而发生的不可逆现象，会使催化剂的比表面积逐渐降低。水热老化是指氧化铝和过程气中存在的大量水蒸气进行水化反应，加速了催化剂的老化。在实际操作过程中，要避免反应器超温，否则氧化铝要发生相变化，从而使比表面积急剧下降，导致催化剂永久性失活。

（三）硫沉积

硫沉积是在冷凝和吸附两种作用下发生的。前者指反应器温度低于硫露点时，过程气中的硫蒸气冷凝在催化剂微孔结构中；后者指硫蒸气由于吸附作用和随之发生的毛细管冷凝作用而沉积在催化剂微孔结构中。为防止硫沉积，硫黄回收装置操作温度一般在硫的露点温度20℃以上。硫沉积导致的催化剂失活一般是可逆的。冷凝的硫可通过“热浸泡”来脱除，对催化剂没有不利影响。

（四）炭沉积

炭沉积是指原料酸性气中所含的烃类未能完全燃烧而生成炭或焦油状物质沉积在催化剂上。在上游脱硫装置操作不正常时，胺类溶剂也会随酸性气带入反应器，并发生炭化而沉积在催化剂上。炭在 Claus 催化剂上的沉积有两种类型：①轻度、粉末状炭，主要在装置开工时形成，由于燃料气燃烧时配风不足造成；②重度积炭，主要由芳烃和其他高分子量烃的裂解造成。

在催化剂上有少量炭沉积时一般对活性影响不大，要注意的是焦油状物质的沉积。催化剂表面沉积1%~2%(质量分数)的焦油时，可使催化剂完全失活。因此，对于企业来说，要加强对上游装置的管理，避免上游装置带油或带烃，使硫黄回收装置催化剂失活，进而影响烟气 SO_2排放。

（五）硫酸盐化

催化剂上硫酸盐的产生主要有三条途径：

① Al_2O_3与 SO_2直接反应生成硫酸铝；

② SO_2和 O_2在 Al_2O_3上催化反应生成硫酸铝；

③ SO_2在表面不可逆化学吸附成为类似硫酸盐的构造。

硫酸盐化与操作条件密切相关，反应器温度越低，越容易发生硫酸盐化，原因为低温有利于 SO_2的吸附，不利于脱附；过程气中的氧和 SO_2含量愈高，也愈容易发生催化剂的硫酸盐化。当酸性气含 NH_3时，未被燃烧的 NH_3在装置低温段会发生铵盐结晶，危害系统的正常运转。同时它在反应炉中部分氧化成一氧化氮，该物质对气相中的 SO_2氧化成 SO_3 有催化作用，这是催化剂硫酸盐化中毒的原因之一。因而处理含 NH_3 酸性气时，其燃烧炉配风应适当过量，以减少 NH_3 和 NO 的量，同时反应炉温度一般控制在 1250℃以上，以促进 NH_3 的分解。

如果在生产过程中装置总硫转化率，特别是有机硫水解率显著下降，床层压力降明显上升，则应及时进行复活操作，所推荐的方法是针对因积硫或硫酸盐化中毒而引起的催化剂非永久性失活的复活措施，主要包括以下两个方面：

① 装置其他操作条件保持不变，仅将床层温度提高 20℃运转 12h，进行催化剂的"热浸泡"处理，以除去床层过重的积硫。

② "热浸泡"处理结束后，调整 H_2S/SO_2 比值至 3～4，运转 24h，进行催化剂的还原操作，以降低 Al_2O_3 催化剂上的硫酸盐含量。

四、影响尾气加氢催化剂活性的主要因素

影响尾气加氢催化剂的主要因素同样和催化剂本身的性能有关，另外还受 CO 含量影响，CO 在加氢反应器内会生成 COS，主要反应为：

$$3CO+SO_2 = COS+2CO_2$$

$$S_8+8CO = 8COS$$

$$CO+H_2S = COS+H_2$$

从上述 3 个反应式可以看出，CO 的存在造成 COS 升高，从而影响催化剂加氢活性。前面介绍了针对过程气中 CO 含量高的特点，中国石化齐鲁分公司研究院开发了具有 CO 变换功能的 Claus 尾气加氢催化剂，使 CO 与 H_2O 发生变换反应生成 CO_2 和 H_2，有效降低装置烟气 CO 的排放及 H_2 耗量。该催化剂成功应用于多套硫黄回收装置，应用结果表明 CO 变换率稳定保持在 90%以上，装置烟气 SO_2 排放浓度远低于 $50mg/Nm^3$，满足最新环保法规的要求；同时，装置烟气 CO 排放降低 90%，装置氢耗降低 30%以上，具有显著的经济效益和社会效益。

操作条件也会对催化剂活性产生影响。在温度 200℃以上且 H_2 单独存在时会发生以下反应：

$$3H_2+MoO_3 = 3H_2O+Mo$$

$$H_2+CoO = H_2O+Co$$

H_2 将活性金属氧化成金属元素，该反应为不可逆反应，从而造成催化剂永久性失活。在无 H_2 时，发生以下反应：

$$2H_2S+SO_2 = 2H_2O+3S$$

$$2MoS_2+3SO_2 = 2MoO_3+7S$$

$$2Co_9S_8+9SO_2 = 18CoO+25S$$

在无 H_2 存在且有 SO_2 存在时，SO_2 与硫化态加氢催化剂发生反应生成单质硫，会造成单质硫沉积，加氢反应器床层存在积硫风险，不建议用含 SO_2 的烟气对加氢催化剂进行停工吹硫钝化。在 H_2S 和 H_2 共同作用下，硫化发生以下反应：

$$9CoO+H_2+8H_2S = Co_9S_8+9H_2O$$

$$MoO_3+H_2+2H_2S = MoS_2+3H_2O$$

对于硫黄回收装置，减缓催化剂失活的主要方法为：加强上游装置管理，严禁酸性气带

油、带烃；提升装置精细化操作水平；选择合适的催化剂及级配方案；选择正确合理的设备结构和工艺设计。

五、制硫催化剂和尾气加氢催化剂的装填

催化剂装填应在干燥条件下进行，避免在阴雨天气或环境湿度很大的情况下装填催化剂，以免影响强度和活性。实验室做过氧化铝基制硫催化剂吸附大气中水后催化剂活性试验，催化剂放置在大气环境中较长时间，由于吸附了环境中水分，对吸附水分后的催化剂直接进行活性评价，Claus 活性基本不受影响，水解活性降低 12 个百分点，烘干后，催化剂水解活性恢复正常。因此，保持催化剂干燥极其重要。

装填催化剂前，必须先把反应器内部清扫干净，将支撑板安装就位，铺上不锈钢丝网和瓷球，然后再装填催化剂，要求支撑板和不锈钢丝网能确保至少使用一个周期。催化剂由桶内倒出，如发现细粉较多，需经 10 目以上的筛子过筛后才能使用。装填时，应将催化剂先装入布袋中，再吊入反应器，催化剂下落高度不大于 500mm。催化剂装填过程中应铺垫木板，装填人员必须站在木板上进行装填操作，严禁使用金属器具挖掘催化剂。催化剂装填至预定高度后，应用木制工具将催化剂表面铺平，并在上面再铺垫一层 100mm 高的 Φ10mm 瓷球，以减缓气流对催化剂表层的冲击。催化剂装填完毕应立即封好人孔，启用前应避免水汽及过程气进入反应器，开工前应先用干燥风进行吹扫，除去床层粉末。

六、制硫催化剂的开停工

（一）制硫催化剂开工过程

Claus 制硫催化剂不需活化，升温脱除吸附水后即可使用。开工需注意以下几点：

① 用燃料气过氧燃烧烘炉时，烟道气应在反应器前放空。

② 催化剂床层按 30~40℃/h 速度升温。床层温度达到 120℃，恒温 2h 脱除吸附水；床层温度达到 230~250℃，再恒温 2h 稳定操作，将进料切换至酸性气体后，系统转入正常生产模式；开工升温预处理催化剂时，务必注意防止因 O_2 不足、燃烧不完全而使催化剂床层积炭，要求每小时至少进行一次 O_2 含量分析，以便随时调整操作。

③ 一般情况下一级反应器床层温度为 300~330℃，主要目的是促进有机硫的水解反应，高温有利于水解，二级反应器床层温度为 220℃±5℃，主要目的是促进 Claus 反应，Claus 反应是放热反应，低温对反应有利。如不合适，可根据现场具体情况随时调整。催化剂使用时，床层任何部位的温度都不应低于硫的露点温度。装置一级反应器温度不低于 220℃，二级反应器温度不低于 210℃，并要求一级、二级反应器床层任何部位的温度不大于 450℃。

④ 催化剂使用过程中也应严格按催化剂说明书进行操作，严禁超温。

装置转入正常生产，要注意以下几点：

① 在装置生产运行时，比值仪应尽量按照 SO_2 与 H_2S 比值为 2∶1 进行操作。这是达到最高硫转化率的关键。

② 催化剂使用时，床层任何部位的温度都不应低于硫的露点温度。装置一级反应器温度不低于 220℃，二级反应器温度不低于 210℃。

③ 催化剂使用时，要求床层任何部位的温度不大于 450℃。

（二）制硫催化剂停工过程

制硫催化剂的停工程序控制要点如下：

① 降低进炉空气量，使 H_2S/SO_2的比值达到 3～4，将反应器床层温度提高 20℃，运转 24h 进行还原再生，以降低 Al_2O_3催化剂上的硫酸盐含量。

② 停止进酸性气，改用燃料气当量燃烧，在上述温度条件下吹扫 24h 以上，吹净催化剂上吸附或沉积的单质硫。

③ 用烟道气或补入的氮气使床层降温至 150℃，并根据具体情况采取降温措施，当床层降至常温后方可打开反应器人孔。

停工注意事项：

① 在停工过程中，如遇催化剂床层温度超高，可通入过热蒸汽进行降温，在打开过热蒸汽阀前，必须先打开副线阀，彻底排除管线里的冷凝水，以免催化剂因炸裂而粉碎。

② 若用 N_2进行密封保护，应使系统保持微正压(注意防止超压损坏设备)。

七、尾气加氢催化剂的开停工

（一）加氢催化剂开工过程

开工时，加氢反应器入口温度以 20～30℃/h 的速度升温至 120℃，恒温 2h 脱除吸附水，待床层温度达到 200℃时，恒温 2h 稳定操作。上述期间须注意入口温度不超过 300℃，并且在反应器床层升温过程中，为了确保燃料气体的完全燃烧，要求每小时必须至少分析一次 O_2含量和 H_2含量，O_2含量控制在 1%(体积分数)以上。催化剂在没有硫黄尾气存在时，还应避免在大于 200℃的高温条件下与 H_2接触，以免损害催化剂，影响加氢使用活性。

当加氢反应器床层温度升到 200℃时，开始预硫化，及时调整上游 Claus 装置的操作条件，使硫黄尾气中(H_2S+COS)/SO_2的比值达到 4～6，同时提高燃料气中的 H_2含量，使反应器入口的 H_2含量保持在 3%(体积分数)左右。随后要求反应器入口按 20℃/h 的速度继续升温，当床层中部温度达到 250℃时进行恒温操作，并将反应器入口的 H_2含量提高到 4%～5%(体积分数)的范围，在 250℃恒温状况下开始进行催化剂的预硫化操作，直至反应器出口的 H_2S 浓度大于 1%(体积分数)后，反应器入口温度继续按 20℃/h 的速度升温至 280℃进行预硫化，当反应器入口和出口 H_2S 浓度达到平衡或反应器出口的 H_2S 浓度略高于入口的 H_2S 浓度时，才认为催化剂已预硫化完毕，亦可参考床层温升变化情况，当床层温度不再上升或略有下降时，判定催化剂预硫化结束。

催化剂预硫化期间，应按照 1 次/h 的频次取样分析反应器出入口气体中的 H_2S、SO_2和 H_2的含量，以便及时掌握预硫化的进展情况。

催化剂预硫化结束后，转入正常生产，要求反应器入口以 20℃/h 速度升温，至床层温度达到 250℃时，恒温 4h 并恢复上游 Claus 装置 H_2S/SO_2＝2∶1 的正常操作。

当反应器转入正常操作时，反应器的入口温度一般应控制在 230℃±10℃，操作转入正常运行条件。随着运转时间的延长，若加氢效果不佳，则可适当提高温度，以满足反应器出口过程气中不含 SO_2和 COS 的技术要求。

装置转入正常生产后，应按照 2h1 次的频次采样分析反应器出入口的气体组成，并注意入口气体中 H_2、SO_2、COS、CO_2、O_2、H_2S 等组分的变化情况，其中须特别注意入口过程气中 H_2的含量，一般应控制在 2%～4%(体积分数)的范围，用以提供加氢条件。

（二）加氢催化剂停工过程

在装置停工前，要对加氢催化剂进行钝化。控制反应器催化剂床层中部温度以 20～30℃/h 的速度降温，调整配风量，使 H_2和 O_2在炉内得以完全燃烧。在上述降温过程中，要求按 1 次/h 采样分析反应器出入口的气体组成；按照 30min1 次采样分析反应器入口的 H_2、O_2含量；要求不含有 H_2，以避免和防止催化剂与 H_2接触，同时要求将 O_2含量控制在 0.5%～1%（体积分数）范围。

继续降温至 100℃后恒温操作，并对催化剂进行钝化处理。要求将反应器的入口温度控制在 100℃±10℃，入口 O_2含量控制在 0.5%～1%（体积分数），当床层温升不明显时，方可按梯次逐步提高 O_2含量至 2%（体积分数）、3%（体积分数），直至 5%（体积分数），但须保证反应器床层温度不超过 150℃。当反应器出入口过程气中 H_2S、SO_2、H_2、O_2、CO_2含量基本达到平衡且床层无温升时，判定钝化已经结束。

钝化机理如下：

$$MoS_2+7/2O_2 = MoO_3+2SO_2$$
$$Co_9S_8+25/2O_2 = 9CoO+8SO_2$$

钝化属于强放热反应，会放出大量的热，可能出现单质硫及硫化亚铁的局部自燃。钝化过程中应严格控制空气中氧含量，防止超温。如发生超温现象，需要向加氢反应器入口通入氮气或蒸汽降温，注意蒸汽要确保无冷凝水。

八、硫黄回收系统停工

整套硫黄回收装置停工，也可采用中国石化齐鲁分公司开发的“停工热氮吹硫工艺”。

停工热氮吹硫工艺主要是基于惰性气体（氮气）不易与制硫系统过程气体和硫黄发生化学反应，采用热氮气吹出系统内积硫，在硫黄回收装置停工期间，采用氮气对制硫系统进行吹硫，保证制硫系统洁净，使尾气系统正常运行。在制硫系统吹硫过程中，含有硫黄的气体送入尾气处理系统，经过加氢还原吸收后，送入其他正常运行的制硫系统进行处理。氮气吹硫结束后，补入一定量的工厂空气对催化剂床层进行钝化。

与传统“瓦斯吹硫”工艺和近几年新兴的“酸性气完全燃烧吹硫”工艺相比，优点主要有三点：

① 无副反应，对系统及吹硫效果不会产生其他影响。

② 吹硫气量小，加氢反应器温升可控度大。

③ 入吸收塔负荷小，吸收塔出口 H_2S 含量低，使得烟气中 SO_2含量低。

该工艺能够有效降低停工期间烟气 SO_2浓度至 100mg/Nm^3以下，满足环保排放要求，实现装置停工期间全过程烟气净化和达标排放。

第四节　溶　　剂

硫黄回收装置通过可再生溶剂吸收脱除尾气中的 H_2S 和 CO_2等酸性组分，主要以醇胺为溶剂的化学吸收工艺，操作简单、处理量大、净化度高。

一、脱硫溶剂分类

吸收法脱硫溶剂可分为化学吸收脱硫溶剂、物理吸收脱硫溶剂、化学-物理脱硫溶剂三类。

（一）化学吸收脱硫溶剂

以碱性溶液为吸收溶剂（化学溶剂），与酸性组分（主要是 H_2S 和 CO_2）反应生成某种化合物。吸收了酸性组分的富液在温度升高、压力降低时，该化合物又能分解释放出酸性组分，包括：有机胺法[一乙醇胺（MEA）法、二乙醇胺（DEA）法、二异丙醇胺（DIPA）法、二甘醇胺（DGA）法、MDEA 法、位阻胺法等]、无机碱法（活化热碳酸钾法）。

醇胺类溶剂是应用最广的化学吸收脱硫溶剂。醇胺类化合物分子结构的特点是至少有一个羟基和一个胺基。羟基可降低化合物的蒸气压，并能增加化合物在水中的溶解度，可以配制成水溶液；而胺基则为水溶液提供必要的碱度，促进其对酸性组分的吸收。醇胺与 H_2S、CO_2的主要反应均为可逆反应。当酸性组分分压高或温度低时，反应向右侧进行，贫醇胺溶液（贫液）从原料气中吸收酸性组分（正反应），并且放热；而在酸性组分分压低或温度高时，反应向左侧进行，从富醇胺溶液（富液）中将酸性组分释放出来，使溶液得到再生（逆反应），并且吸热。

（二）物理吸收脱硫溶剂

利用 H_2S 和 CO_2等与烃类在物理溶剂中的溶解度的巨大差别实现脱硫的溶剂，包括：多乙二醇二甲醚、碳酸丙烯酯、冷甲醇。物理吸收法一般在高压和较低的温度下进行，溶剂酸气负荷高，适宜处理酸气分压高的原料气。此外，还具有溶剂不易变质、比热容小、腐蚀性小、能脱除有机硫化物等优点。但物理吸收法不宜用于重烃含量高的酸性气，且多数方法由于受溶剂再生程度限制，净化度比不上化学吸收法。

（三）化学-物理脱硫溶剂

化学-物理脱硫溶剂是将化学溶剂与物理溶剂组合的脱硫溶剂，典型代表为砜胺（MEA-环丁砜、DIPA-环丁砜、MDEA-环丁砜等）。

砜胺法所用的物理溶剂为环丁砜，化学溶剂为 DIPA 或 MDEA，配比一定量的水。砜胺法的初始开发者为荷兰壳牌公司，该公司先后开发了 DIPA+环丁砜、MDEA+环丁砜两种配伍体系，分别命名为 Sulfinol-D、Sulfinol-M。中国石油天然气研究院先后开发了 MEA+环丁砜、DIPA+环丁砜、MDEA+环丁砜三种体系，分别命名为砜胺Ⅰ型、砜胺Ⅱ型、砜胺Ⅲ型。典型砜胺Ⅰ型工艺溶液组成为一乙醇胺、环丁砜、水，比例为：一乙醇胺：环丁砜：水＝20：50：30，比例可调；砜胺Ⅱ型工艺溶液组成为 DIPA：环丁砜：水＝40：40：20，比例可调；砜胺Ⅲ型工艺溶液组成为 MDEA：环丁砜：水＝40：45：15，比例可调。

二、溶剂变质与影响

（一）溶剂变质

醇胺是应用最为广泛的脱硫溶剂，在生产运行过程中通常是稳定的，变质速率很低，但在使用不当的情况下，变质反应会以相当高的速度进行。醇胺的变质不仅造成胺的损失，使吸收液的有效胺浓度下降，增加溶剂消耗费用，而且不少变质产物使得溶液腐蚀性增强、溶液发泡，并增加了溶液黏度。醇胺的变质分为四个类别，包括：氧化变质、热变质、CO_2反应变质、有机硫反应变质，其中，以氧化变质最为明显，不同因素之间存在协同作用，如：CO_2存在下醇胺的氧化变质大大加速，温度升高对各种变质反应的促进作用也是不可忽视的。

(1) 热变质

醇胺及其水溶液加热到150℃以上时易产生分解或缩聚，使溶液腐蚀性变强，其中DEA最易产生热变质，MEA、MDEA相对稳定。

(2) 氧化变质

O_2与醇胺接触，发生氧化变质反应，其中，MEA、DEA较三乙醇胺(TEA)更易氧化变质，MDEA的氧化降解最轻微。MEA氧化变质的主要产物是有机酸，MDEA氧化降解的主要产物是甲酸盐、乙酸盐和甘醇酸盐。

(3) 化学变质

化学变质指醇胺与CO_2、有机硫等反应生成不可再生的物质，常见的包括醇胺-CO_2反应、醇胺-COS反应、醇胺-CS_2反应等。醇胺-CO_2反应中，伯胺MEA、DGA的变质速率较高，仲胺DEA、DIPA变质速率较低。MDEA是叔胺，分子中不存在所谓的"活泼"氢原子，不和CO_2反应生成噁唑烷酮等降解产物，也不与COS、CS_2之类的有机硫化物反应，基本上不存在化学降解问题。

(二) 溶剂变质影响

胺法处理中经常遇到溶液发泡、设备腐蚀以及溶剂损失的问题，直接影响脱硫效果。

(1) 溶液发泡

胺法脱硫是一个气液界面间传质并发生反应的过程，当采用板式塔时，气泡从塔板上的胺液中穿过，在正常情况下气泡穿过胺液后迅速破裂，当塔内产生致密的气泡且相对稳定时，胺液就发泡了。发泡的最灵敏标志是压降增加。

胺液在使用过程中，随着胺液系统中的杂质(悬浮物颗粒、烃类、热稳定盐等)不断累积，胺液的黏度、表面张力等物理性质发生改变，形成不易破裂的泡沫，消泡速度减慢。泡沫是否形成取决于气泡形成的难易程度(发泡趋势)和气泡的稳定性(泡沫稳定性)。气泡界面的弹性膜强度越高，泡沫的稳定性则越高。

导致胺液发泡的因素主要包括：

① 醇胺的降解产物(发泡剂)。

② 溶液中悬浮的固体，如腐蚀产物硫化铁(泡沫稳定剂)。

③ 酸性气带入装置的烃类凝液或气田水(发泡剂)。

④ 几乎进入溶液的所有外来物都有可能引起发泡，如原料气夹带的缓蚀剂、阀门用润滑脂等，脱硫装置上游添加的各种化学剂、防腐剂等活性物质。

⑤ 装置投产时，系统清洗净化程度不够。

⑥ 补充水水质不合要求。

⑦ 机械式和活性炭过滤器工作状态恶化等。

溶液发泡主要产生四点危害：

① 溶液发泡可直接造成净化气体及液态烃严重带液。

② 装置压降波动，处理量和脱硫效率大幅降低以及溶剂耗量大幅上升。

③ 发泡严重时将迫使装置停产。

④ 造成溶剂损失。

缓解发泡的措施主要包括：

① 加强预防，强化过滤，采用多级过滤方式，如机械过滤器+活性炭过滤器+机械过滤器，去除胺液中的固体悬浮物、烃类污染物，从源头上控制污染。

② 预先脱除原料气中的焦粉等。

③ 预先脱除原料气中的烃类，并控制原料气及贫液温度(为防止重烃冷凝析出，吸收塔中，贫液入塔温度一般控制小于45℃，且略高于原料气入塔温度)。避免气体中的烃类物质过多地进入胺液中。

④ 胺液储罐用氮气保护，防止胺液氧化降解。

⑤ 适当添加合适的消泡剂。适量添加消泡剂在短期内可有效抑制胺液发泡。但消泡剂也属于表面活性剂，消泡剂不溶或微溶于胺液，以小液滴形式分散于发泡体系中。过量添加或添加不当，也可能无效甚至加剧胺液发泡，影响气液传质。

(2) 设备腐蚀

胺法脱硫系统腐蚀因素主要包括5个方面：

① 主要的腐蚀剂是酸性组分(H_2S 和 CO_2)本身。游离或化合的 CO_2 在高温和水存在时腐蚀更严重。H_2S 和铁反应生成不溶性 FeS，不能牢固地黏附在金属表面，脱溶后进入溶液加剧系统发泡和离蚀。

② 第二类腐蚀剂是溶剂的降解产物。它们在装置的受热部位和铁作用而促进设备腐蚀。醇胺与原料气中的 CO_2 或有机硫发生副反应，降解生成 *N*-(2-羟乙基)-乙二胺。

③ 悬浮固体颗粒对设备磨蚀。溶液中悬浮固体颗粒为 FeS。在换热器管子及管束中高速流动，都会因加速 FeS 膜的脱落而加快设备腐蚀。

④ 结垢物改变流道引起的冲刷。结垢物的生成会改变流体的流道形状，使管子沿流道形状出现冲刷。

⑤ 应力腐蚀。醇胺、CO_2、H_2S 和设备残余应力共同作用发生应力腐蚀，高温部位尤其容易发生。

为了避免胺法装置的腐蚀，在装置设计以及运行中需要考虑许多因素，包括：

① 设备和管线选用适当的材料，如与酸性气、富液接触的管线、内件选用不锈钢。

② 设备制造完成后应消除应力。

③ 工艺参数控制合理。关键参数包括胺液浓度、酸气负载等。管线液体流速，碳钢管道不超过1m/s，吸收塔至换热器的富液流速为0.6~0.8m/s，换热器至再生塔的富液流速应更低，同时，尽量减少涡流和局部压降。

④ 加强溶液过滤，防止磨蚀。

⑤ 加入合适的缓蚀剂。

⑥ 实施在线或定期开展装置腐蚀监检测，及时修复或更换腐蚀严重的管线、设备等。

(3) 溶剂损失

溶剂的正常损失包括：

① 蒸发损失，即净化气带走的醇胺溶剂，温度、压力和胺液浓度会影响溶剂蒸发损失量。当温度升高或压力降低时，溶剂的蒸发损失都会加大。

② 气相夹带。包括吸收塔塔顶气体的夹带(量大)、闪蒸罐中闪蒸气的夹带(量小)、再生塔塔顶气体的夹带(量小)等。闪蒸罐排出的闪蒸气中携带微量溶剂，再生塔回流罐排放

的酸气中含有微量溶剂，但这种损失量很小，再生塔塔顶流出物基本不含溶剂。

③ 溶液降解。降解是指溶液变质、吸收酸气能力降低的现象，分为热降解、氧化降解和化学降解三种，造成溶剂损失的主要为化学降解。化学降解主要是因为系统中存在CO_2和有机硫化物。胺液的损失主要是由降解损失引起的，损失量占总量的50%(质量分数)以上，严重降解的脱硫溶液需要更新。

④ 胺液在烃液中的溶解。当温度升高或压力降低时，烃液携带的胺液损失量增加。

⑤ 在醇胺溶剂复活釜中损失，由于溶剂复活温度比再生温度高，造成溶剂热降解损失。

溶剂的非正常损失主要包括：

① 溶剂循环系统的跑、冒、滴、漏。

② 吸收塔内溶液发泡引起的溶剂损失。

③ 原料气携带采出水污染引起的溶剂损失等。

三、影响脱硫效果的关键参数

(一) 温度

1. 吸收温度

从热力学角度分析，醇胺与H_2S、CO_2反应属于放热反应，反应温度升高，化学平衡常数减小，故希望在较低的温度下反应；但反应温度升高有利于反应速率常数提高，故升温有利于加快反应速率。在实际操作中，由于醇胺溶液吸收H_2S速率极快，故温度对H_2S脱除率影响很小；醇胺与CO_2反应受动力学控制，随着反应温度升高，溶液黏度减小，扩散系数增大，吸收速率常数也成正比增长。

吸收塔温度主要受原料气温度和贫液温度的影响。影响原料气温度的因素包括气候、气井温度等。贫液入吸收塔温度可由贫液冷却器调控。随吸收塔温度的升高，溶液循环量和脱硫能耗均呈现增大的趋势，且在高温区域的增大速率更快。

对于炼厂气脱硫过程，还需要考虑到防止气体中重烃的冷凝而加重吸收塔溶剂发泡，破坏正常生产操作。荷兰 Comprimo 公司推荐贫溶剂入吸收塔温度应比气体入塔温度高 5～10℃，以防止重烃冷凝。对于含C_3以上组分较多的加氢裂化、加氢精制气体脱硫、焦化富气脱硫尤为重要。改进的措施是贫溶剂冷却器出口设置贫溶剂温度控制，若溶剂采用集中再生，则在个别对贫溶剂温度有特殊要求的部位设置单独的换热器。

研究人员对天然气 MDEA 脱硫工艺中吸收温度的影响进行了研究。在 20～35℃之间，随吸收塔温度升高，H_2S脱除率基本不变，而CO_2脱除率明显增大，脱硫选择性下降，因而溶液循环量增大。超过35℃，CO_2脱除率略有下降，这是因为温度升高，酸气平衡溶解度降低，抵消了因吸收速率升高而带来的结果。吸收塔温度升高能耗增大，引起溶液发泡等问题时，此吸收塔温度不宜过高。相反，吸收塔温度过低也可能带来CO_2吸收速率减慢、烃冷凝引起溶液发泡等问题。

硫黄回收净化尾气入吸收塔温度 35～38℃，贫液温度可与其相近，或更低一些，温度越低越有利于吸收，烟气SO_2排放会越低。在工业装置中，为减少溶剂的损失，通常贫液温度不宜超过45℃。贫液温度高会增加随净化气带走的溶剂蒸发损失，从反应平衡角度来说也对净化气的净化度不利。

2. 再生温度

理论上，再生温度越高，对再生操作越有利，但所需的能量也越多。适宜的再生温度，要综合考虑贫液质量和所需能耗的影响。对于胺法脱硫体系，再生温度还受到胺液本身性质如沸点、降解等因素的限制，因此，适宜的再生温度通常为100～140℃。适当提高温度有利于提高溶剂的再生效果，提高脱硫效率，但是如果塔底温度过高会造成醇胺的降解，而且冲塔倾向比较大。

（二）压力

1. 吸收压力

吸收塔的操作压力通常由原料气的压力来决定。理论上，保证原料气相对高的压力有利于吸收过程的进行，这是因为总压升高，酸性气分压亦升高；总压不变，当酸性组分浓度增加，则酸性气分压也会升高。酸气分压升高有利于提高反应传质速率，有利于增大溶液酸性气负荷和降低溶液循环量。

2. 再生压力

为了获得足够的净化度，再生塔通常在略高于常压的条件下操作，再生塔塔底压力取决于以下几个因素：

① 要使该压力下塔底溶液温度达到再生温度。

② 提高汽提 H_2S、CO_2所需的蒸汽量。

③ 克服再生塔阻力损失，使酸性气有足够的压力进入硫黄回收装置，并使贫液顺利通过贫液泵前设备到达贫液泵而不致泵发生抽空。

3. 胺液浓度

溶剂浓度的确定是综合比较装置投资、操作费用、操作稳定性和可靠性的过程。采用过低的溶剂浓度会使溶剂的循环量增加，从而导致装置投资和运行成本增加；而过高的浓度会使吸收效率下降，且使溶剂系统的发泡概率增加。国产溶剂常用浓度范围为25%～35%（质量分数），进口溶剂常用浓度范围为40%～50%（质量分数）。

4. 脱硫剂循环量

系统的溶液循环量与原料气处理量、酸性组分含量以及溶液浓度有很大的关系。当原料气流量提高或原料气中 H_2S 含量升高时，必须通过提高胺液循环量来达到脱除 H_2S 的目的，但由于受胺液再生能力、气体带胺、胺液发泡等因素的影响，胺液循环量的提高也受到严格限制，必须同时通过其他调节手段来达到脱除 H_2S 的目的。因此，必须根据原料气处理量和原料性质的变化及时调整胺液循环量。溶液浓度越高，脱除效果越好，但是越容易发泡，溶剂损失增加。

一般正常胺液浓度选择范围为20%～40%（质量分数），胺液浓度的确定与胺液种类有很大关系。胺液循环量不足会导致吸收效果差，循环量过大会导致动力消耗大，所以循环量应控制在刚好能满足化学吸收所需的量。在实际操作过程中，应在保证净化气质量的情况下，控制循环量尽可能低，以达到节能的目的。

5. 贫液质量

贫液质量控制指标通常指再生塔出口贫液中 H_2S、CO_2的含量，也指循环贫液中杂质的含量。再生后贫液中 H_2S 含量通常要求不高于0.5g/L、CO_2含量不高于3g/L，可通过调整再生塔塔底温度、塔顶压力、再生蒸汽流量等参数进行控制。

溶液中的杂质通常是微细悬浮物，其来源主要有：①腐蚀产物、降解产物、化学品带入、溶液与 H_2S 反应生成的沉淀等；②胺溶液溶解的烃类；③原料气带入的有机酸；④机泵使用的皂基润滑油；⑤气液传质元件上气液接触时产生的泡沫。

各类杂质积聚在溶液中，导致溶液容易发泡和消泡时间长，使装置操作困难，降低塔的处理量，使塔阻力迅速增大，严重时引起冲塔，使装置无法运行。为保障贫液质量，通常采取的措施包括：

① 采取有效的防腐措施，降低溶液中腐蚀产物的含量。

② 抑制溶液降解，及时将失活溶液进行复活处理。

③ 减少溶液中降解产物含量。

④ 设置过滤器，使溶液中悬浮物的含量不大于 0.01%(质量分数)，过滤介质可采用活性炭进行吸附过滤，采用活性炭可除去冷凝在溶液中的烃类。

⑤ 对于发泡严重的装置，通常向溶液中注入消泡剂，常用的消泡剂包括有机硅、酰胺类、磷酸酯类化合物。

四、胺液净化

脱硫胺液在运行过程中品质会逐步下降，需要不断过滤及净化，提高脱硫溶剂活性。总体来说，硫黄回收装置单独溶剂再生装置原料单一、杂质少，热稳定盐相对稳定。为全面评估溶剂运行的清洁状况和受污染程度，需对胺液进行分析，项目包括固体悬浮物含量、热稳定盐、阴离子(硫酸根离子、氯离子、甲酸根离子、乙酸根离子等)、阳离子(钠离子、铁离子、钙离子等)、胺液发泡倾向等。胺液热稳定盐分析采用阳离子交换-容量法。胺液常见问题及胺液净化技术如下。

(一) 胺液悬浮物污染

1. 主要来源

胺液悬浮物污染源主要包括：气体带入的焦粉；设备、管线腐蚀产物，检修后设备管线清洗不彻底；细小活性炭粒，颗粒活性炭因摩擦而产生细小炭粉等。其中，硫化亚铁、凝析油及各种衍生物等，是导致胺液呈现黑色、黏稠状的主要物质。

2. 主要危害

① 引起设备堵塞，当胺液中焦粉物质较多时，过滤器不能长期平稳运行，造成频繁堵塞，由此增加了装置的操作费用和操作人员的劳动强度，因此需对胺液悬浮物定期过滤净化。

② 加剧设备和管线的磨损。

③ 造成胺液发泡、加剧胺液降解等。胺液中悬浮物+烃混合形成的“鞋油状”黏稠污物易堵塞，严重影响脱硫装置的正常运行。

胺液的净化是保证脱硫系统高效稳定运行的前提条件，为了保证胺液的净化效果，必须对胺液中的固体颗粒物和烃类物质进行过滤。

(二) 胺液烃污染

1. 主要来源

胺液中的烃类杂质的主要来源包括：原料气预处理不充分，致使重烃组分随气体进入胺液系统；因操作不当，带入动力设备润滑油等。

2. 主要危害

胺液中混入烃类污染物，会引起胺液的表面张力改变，增强气膜表面的弹性，导致胺液起泡性和泡沫稳定性增强；另外，胺液中混入烃类污染物，会影响溶剂气液传质，影响胺液吸收酸性气的速率和脱酸性气效果。

（三）胺液热稳定盐生成

1. 热稳定盐(HSS)的产生

醇胺与吸收的酸性气体结合生成的盐经高温处理可以分解，使醇胺得以再生。但溶液中的一些无机和有机阴离子以及氨基酸离子等，与醇胺结合形成醇胺盐，这些盐在高温再生过程中不能分解除掉，因而被称为热稳定盐。

2. 热稳定盐的危害

热稳定盐会影响脱硫效果，影响产品质量；加剧管路、设备腐蚀；造成换热器结垢、塔盘堵塞；加剧胺液发泡，加大胺液损耗。下面简要分析探讨热稳定盐加速胺液对管路、设备腐蚀的基本原理。

胺液中的 H_2S 作用于设备和管路的碳钢表面形成一层海绵状多孔的膜层 FeS，并产生钝化，暂时阻止腐蚀的进一步产生。反应式如下：

$$H_2S+Fe = FeS+H_2$$

热稳定盐中对腐蚀影响较大的阴离子有草酸根离子、甲酸根离子、乙酸根离子、氯离子、氰根离子。这些离子与碳钢表面的 FeS 钝化层反应，形成相应的铁络合物，加速钝化层的破坏。HSS 渗透并溶解 FeS 从而破坏多孔的钝化层，反应式如下：

$$FeS+6SCN^- = Fe(SCN)_6+S^{6-}$$

热稳定盐通过破坏 FeS 钝化层，导致新鲜的金属表面重新暴露，与 H_2S 反应又产生腐蚀，因此 HSS 加速了胺液对管路设备的腐蚀。

3. 胺液系统防腐蚀措施

胺法吸收脱硫装置的腐蚀问题必须引起高度重视，若装置受到严重腐蚀，可能导致装置非计划性停产、设备使用寿命缩短甚至发生设备及人员伤亡事故。脱硫装置容易发生腐蚀的敏感区域主要包括：再生塔及其内部构件，贫富液换热器的富液侧，换热器后的富液管线，以及有游离酸性气和较高温度的重沸器及附属管线等处。

腐蚀防护措施主要包括以下几个方面：

① 在设计时，应对管线和设备增加壁厚，留有腐蚀余量。

② 易产生腐蚀的部件应使用抗腐钢材。

③ 在设备制造时，应释放焊接产生的热应力。

④ 操作过程中应避免胺液浓度过高，采用符合质量要求的补充水，保持过滤器良好的工作状态，防止再生塔温度过高，防止 O_2 通过其他途径进入系统。

（四）胺液净化技术

胺液净化通常指脱除胺液中热稳定盐、固体颗粒及悬浮物等杂质的过程，胺液中热稳定盐通常控制在1%(质量分数)以下，常用的净化技术包括离子交换法和电渗析法。

1. 离子交换法

离子交换法以离子交换树脂为载体，通过离子交换作用去除溶液中的杂质离子，从而实现溶液的净化和分离。离子交换树脂是一种高分子化合物，具有交换、选择、吸附和催化等功能。胺液流经树脂交换床层时，与离子交换树脂接触发生离子交换，比如阴离子(如SO_4^{2-}、Cl^-等)与阴离子交换树脂上的OH^-进行交换，阴离子被转移到树脂上，从而达到脱除阴离子热稳定盐的目的。

胺液净化离子交换树脂的操作过程包括树脂的预处理、装填、净化、再生和废弃等步骤。在预处理阶段，需要对树脂进行清洗、浸泡、干燥等处理，以去除树脂中的杂质和水分。在装填阶段，应将树脂均匀地填充到床层中，保证树脂与胺液充分接触。在净化阶段，胺液通过交换柱时，与树脂中的离子发生交换作用，从而实现净化。在再生阶段，需要对树脂进行再生处理，以恢复其离子交换能力。在废弃阶段，需要对废弃树脂进行环保处理，以避免对环境造成污染。

2. 电渗析法

电渗析法是以胺液中的离子选择性地透过离子交换膜为特征的一种高效膜分离技术，利用直流电场的作用使溶液中阴、阳离子定向迁移(即阳离子交换膜只允许阳离子透过、阴离子交换膜只允许阴离子透过)，从而达到离子从胺液中分离的目的。

离子交换膜是由高分子材料制成的对离子具有选择透过性的薄膜，分为阳离子交换膜和阴离子交换膜两种。阳离子交换膜由于膜体固定基带有负电荷离子，可选择性地透过阳离子；阴离子交换膜由于膜体固定基带有正电荷离子，可选择性地透过阴离子。电渗析的基本工作单元称为膜对，一个膜对构成一个脱盐室和一个浓缩室。电渗析反应器主要包括阴/阳离子交换膜、隔板和电极三部分，隔板构成的隔室分为脱盐室(淡水)和浓缩室(浓水)。电渗析反应器是由阴/阳离子交换膜与浓、淡水隔板交替排列、重复叠加后，与对端电极共同构成的。

第五节　助　　剂

助剂是指生产过程和使用过程中的辅助原料，又称配合剂、添加剂、改性剂或改质剂。广义地讲，助剂是指某些材料和产品在生产和加工过程中为稳定或改进生产和产品的性能而加入的辅助物质；狭义地讲，助剂是那些为稳定或改善某些材料的加工性能和最终产品的性能而分散在材料中，对材料结构无明显影响的少量化学物质。对于硫黄回收装置来讲，助剂就是保证装置"安稳长满优"运行的辅助类"三剂"。

目前，硫黄回收装置使用较多的助剂包括磷酸三钠、氨水、氢氧化钠、防黏剂(钢带隔离剂)、消泡剂等。

一、磷酸三钠

磷酸三钠外观为白色晶体或无色晶体，易溶于水，密度为1.62mg/L，一般用带内衬塑料薄膜的编织袋储存，存于通风干燥处。硫黄回收装置制硫余热锅炉和尾气余热锅炉加药系统一般使用磷酸三钠，主要是保证锅炉水质符合要求，防止汽包、受热面结垢和腐蚀。

为了防止在锅炉中产生钙垢和碱性腐蚀，在给水中加入磷酸盐，使得随给水进入炉内的Ca^{2+}不会形成水垢，而是形成水渣，并通过锅炉排污予以排出。这种向锅炉水中投加磷酸盐的处理方式称为锅炉水的磷酸盐处理。在炉水中加入磷酸盐溶液，控制好一定量的磷酸根(PO_4^{3-})，在碱性的条件下，产生如下反应：

$$10Ca^{2+}+6PO_4^{3-}+2OH^- = Ca_{10}(OH)_2(PO_4)_6$$

生成的 $Ca_{10}(OH)_2(PO_4)_6$称为碱式磷酸钙，是一种松软的水渣，很容易随锅炉排污而除去。因此，只要控制好炉水中的 PO_4^{3-}的量，就可以使炉水中的 Ca^{2+}含量非常少，而 PO_4^{3-}的量一般控制在 5~15mg/L。

二、氨水

氨水，是指氨的水溶液。其主要成分是 $NH_3 \cdot H_2O$，无色透明并带有刺激性气味。氨水具有部分碱的特性，因为它含有能够释放出氢氧根离子的铵离子(NH_4^+)。氨水可以通过将氨气通入水中制备得到。由于氨水的凝固点与其浓度有关，所以不同企业会根据地方环境最低温度使用不同浓度的氨水。而常用的 15%(质量分数)浓度的氨水凝固点大约为-25℃，20%(质量分数)浓度的氨水凝固点大约为-35℃。

正常生产期间和开工加氢催化剂预硫化期间急冷塔内需要注氨水控制急冷水的 pH 值。各装置根据自身特点，也可以准备氨水溶液或氨气，在急冷塔 pH 值低时，注入急冷水系统。需要特别注意的是，停工加氢催化剂钝化期间，虽然氨水能起到提高急冷水 pH 值的作用，但是反应生成的产物为亚硫酸氨或亚硫酸氢氨，进入污水汽提装置无法分解，会造成净化水氨氮偏高，从而冲击下游污水处理场。

三、氢氧化钠

氢氧化钠，也称苛性钠、烧碱、火碱、片碱，是一种无机化合物，呈白色结晶性粉末，易溶于水、乙醇、甘油，不溶于丙酮、乙醚。20%(质量分数)浓度的氢氧化钠水溶液凝固点相对较低，约为-26℃。工艺中常用其水溶液与无机酸发生中和反应生成相应的盐类。硫黄回收装置利用其水溶液进行余热锅炉煮炉或烟气脱硫工作。

氢氧化钠的脱硫机理与其他脱硫剂的脱硫机理相似，都是以碱性物质与 SO_2溶于水生成的亚硫酸溶液进行酸碱中和反应，并通过调节氢氧化钠的加入量来调节循环液的 pH 值。在脱硫塔内发生的用于吸收 SO_x的碱性化学反应如下所示：

$$SO_2+H_2O = H_2SO_3$$

$$H_2SO_3+2NaOH = Na_2SO_3+2H_2O$$

$$Na_2SO_3+H_2SO_3 = 2NaHSO_3$$

$$NaHSO_3+NaOH = Na_2SO_3+H_2O$$

总反应式：

$$SO_2+2H_2O+2NaOH = 3H_2O+Na_2SO_3$$

副反应：

$$2NaOH+SO_3 = Na_2SO_4+H_2O$$

脱硫塔内循环液的 pH 值通过连续注入氢氧化钠水溶液来控制，一般控制在 7~8 范围内。

四、钢带隔离剂

在硫黄回收装置中，钢带隔离剂主要应用于固体硫黄成型机钢带。一般的钢带隔离剂在二甲基硅烷隔离剂基础上加了多种乳化助剂以及四氟乙烯聚合微粒子，具有良好的隔离效果及水溶润滑性，防止硫渗入钢带晶格内使之脆裂。

钢带隔离剂为无色透明或淡黄色液体，pH 值在 6~8，机械杂质含量很低，20℃时的运动黏度大于 120mPa·s，一般储存在干净无灰尘侵入的房间中，使用时可与水进行相应配比(具体以厂家指导为准)，搅拌均匀后即可使用。

五、消泡剂

对于发泡严重的脱硫装置，通常向溶液中注入消泡剂，常用的消泡剂包括：酰胺类、磷酸酯类、有机硅类、聚醚类、聚醚改性有机硅类等。消泡剂应具备下列性质：①消泡力强，用量少；②加到起泡体系中不影响体系的基本性质，即不与被消泡体系起反应；③表面张力小；④与表面的平衡性好；⑤耐热性好；⑥扩散性、渗透性好，正铺展系数较高；⑦化学性稳定，耐氧化性强；⑧气体溶解性、透过性好；⑨在起泡性溶液中的溶解性小；⑩无生理活性，安全性高。

第一代消泡剂为矿物油类、酰胺类、低级醇类、脂肪酸及脂肪酸酯类、磷酸酯类等有机物消泡剂，具有原料易得、环保性能高、生产成本低等优点；缺点在于消泡效率低、专用性强、使用条件苛刻等。

第二代消泡剂是聚醚类，主要包括直链聚醚、由醇或氨为起始剂的聚醚、端基酯化的聚醚衍生物三种。聚醚类消泡剂最大的优点在于抑泡能力强，具有耐高温、耐强酸强碱等优良性能；缺点是使用条件受温度限制、使用领域窄、消泡能力较差、破泡速率低等。

第三代消泡剂是有机硅类消泡剂，具有较强的消泡性能、快速的破泡能力、挥发性低、对环境无危害、无生理惰性、使用范围广等优点，但是抑泡性能较差。聚醚改性聚硅氧烷消泡剂，兼有聚醚类消泡剂和有机硅类消泡剂的优点，可根据其逆溶解性重复利用，但是此类消泡剂的种类较少，还处于研发阶段，生产的成本较高。

脱硫装置使用消泡剂稳定装置操作具有一定效果，一旦停止添加消泡剂，发泡现象会反复出现。随着消泡剂使用时间的增加，维持同样处理量需要添加的消泡剂也要增加。消泡剂在溶液中的积累，对系统的影响较大。因此，消泡剂只能在应急时使用，要想维持脱硫装置的运行，需要找出引起溶液发泡的根本原因，并采取措施予以消除。一般脱硫装置的过滤系统设置三级过滤，中间一级设置活性炭过滤器可消除消泡剂对装置的长期影响，但其中的活性炭需要定期更换。

第三章　酸性水汽提系统

加工含硫原油时，一次加工装置和大部分二次加工装置都要产生并排出酸性水，由于这部分污水含有较高的硫化物、氨，同时含有酚、氰化物和油类等污染物，必须进行预处理，并回收有用物质。酸性水中各污染物的浓度随着原油中硫、氨含量的增加和加工深度的提高而增加。

目前酸性水的预处理大多数采用水蒸气汽提法。我国炼油厂第一套酸性水汽提装置于1979年在中国石化齐鲁分公司炼油厂投产。多年来，国内设计、科研单位、高等院校及炼油厂对改进和提高酸性水汽提工艺做了大量工作，使其在汽提理论、计算程序、工程设计及生产操作等方面都取得了可喜成果，并且开发了适合于不同工况的多种酸性水汽提工艺。

国外酸性水汽提以采用单塔低压汽提工艺和双塔加压汽提工艺为主，我国除采用上述两种工艺外，还根据国情，因地制宜开发了单塔加压侧线抽出汽提工艺，该工艺和单塔低压汽提工艺相比，虽然投资稍高，流程也较复杂，但能分别回收 H_2S 和 NH_3；和双塔加压汽提工艺相比，虽然两种工艺都能分别回收 H_2S 和 NH_3，但投资和蒸汽单耗都较双塔加压汽提工艺低。

第一节　酸性水汽提流程与特点

一、酸性水来源

酸性水主要源于常减压蒸馏装置、催化裂化装置、加氢精制装置、加氢裂化装置和延迟焦化装置等。

(一) 常减压蒸馏装置

常减压蒸馏装置酸性水有三个来源，即初馏塔顶回流罐、常压塔顶回流罐和减压塔顶水封罐。常减压蒸馏装置，若初馏塔顶不出产品，则常压塔顶回流罐排放酸性水量比较多，润滑油型炼油厂减压塔顶水封罐排放的酸性水量比燃料型炼油厂多。

(二) 催化裂化装置

催化裂化装置酸性水源于分馏塔顶回流罐、富气水洗分离罐和稳定塔顶回流罐。分馏塔顶回流罐的酸性水量与催化裂化原料性质、催化剂性质和汽提蒸汽量密切相关，可调性不大。稳定塔顶回流罐的酸性水量很少，并且都是间歇排放的，对装置的酸性水量影响很小。

富气水洗分离罐的酸性水量取决于富气水洗水的来源和注水量，它是影响装置酸性水量的主要因素。相同原料的重油或渣油催化裂化比蜡油催化裂化酸性水量多。

(三) 加氢装置

加氢装置包括加氢精制装置和加氢裂化装置，此类装置的酸性水主要来自高压分离器、低压分离器和分馏塔顶回流罐。酸性水量取决于反应生成水量和过程气注水量，反应生成水量和原料油性质有关，通常是不能任意改变的。过程气注水的目的是防止设备、管线腐蚀和铵盐堵塞，这部分水的用量将直接影响装置排放的酸性水量。

典型的酸性水中含有硫化物、NH_3、CO_2、硫醇、酚类、氰化物、氰酸盐、有机酸、无机盐、游离的和溶解的油。酸性水中 H_2S 和 NH_3 的含量随加工原油的硫、氮含量增加而增加，并且与加工过程和工艺装置的类型有很大关系。一般情况下，加工同一种原油时，不同工艺装置产生酸性水的 H_2S 和 NH_3 含量按如下顺序递减：

加氢裂化>加氢精制>延迟焦化>催化裂化>常减压

当然，该含量和各装置的洗涤水用量也密切相关。此外，酸性水除含硫化物和氮化物外，还含有对生物有严重污染的油、酚和氰化物等物质。焦化分馏塔顶回流罐和减压塔顶水封罐产生的酸性水中含油量最高，而且容易乳化。催化裂化和焦化分馏塔顶回流罐产生的酸性水中酚含量最高。催化裂化和延迟焦化装置的酸性水还含有氰化物。各装置排出的酸性水可单独进行汽提，也可混合后进行集中汽提，它取决于酸性水水量、组成及炼油厂的总流程。目前国内大部分炼油厂都采用集中汽提，汽提装置套数可因地制宜设置。

二、工艺原理

（一）酸性水汽提原理

酸性水可以看成是一种 H_2S、NH_3 和 CO_2 等多元水溶液。它们在水中以 NH_4HS、$(NH_4)_2S$、$(NH_4)_2CO_3$、NH_4HCO_3 等铵盐形式存在。这些弱酸弱碱的盐在水中水解后分别产生游离态 H_2S、NH_3 和 CO_2 分子，它们又分别与其中气相中的分子呈平衡，因而该体系是化学平衡、电离平衡和相平衡共存的复杂体系。控制化学、电离和相平衡的适宜条件是处理好酸性水和选择适宜操作条件的关键，影响上述三个平衡的主要因素是温度和物质的量比。由于水解是吸热反应，因而加热可促进水解作用，使游离的 H_2S、NH_3 和 CO_2 分子增加。但这些游离分子都能从液相转入气相，这与它们在液相中的浓度、溶解度、挥发度大小以及与溶液中其他分子或离子能否发生反应有关。如 CO_2 在水中的溶解度很小、相对挥发度很大，与其他分子或离子的反应平衡常数很小，因而最容易从液相转入气相，而 NH_3 却不同，它不仅在水中的溶解度很大，而且与 H_2S 和 CO_2 的反应平衡常数也很大，只有当它在一定条件下达到饱和时，才能使游离的 NH_3 分子从液相转入气相。通过向酸性水中通入水蒸气，可起到加热和降低气相中 H_2S、NH_3 和 CO_2 分压的双重作用，促进它们从液相进入气相，从而达到净化水质的目的。

H_2S 的溶解度远小于 NH_3，且其饱和蒸气压比同温度下的 NH_3 大得多，故其相对挥发度也就比 NH_3 大。因此只要溶液中有一定数量的 H_2S 游离分子存在，则与之呈平衡的气相中的 H_2S 浓度就很可观，正是由于 NH_3 的溶解度比 H_2S 大得多，而 H_2S 的相对挥发度比 NH_3 大得多，所以装置汽提塔顶部在较低温度下可以获得含 NH_3 很少的酸性气体。

（二）三级冷凝原理

三级冷凝工艺基本出发点是“逐级降温降压，高温分水，低温固硫”。既要取得高纯度的氨气，又要尽量降低循环液的 NH_3 浓度，同时液相氨也有“固硫”提高气相 A/(S+C)（其中：A 表示 NH_3、S 表示硫化物、C 表示 CO_2，下同）物质的量比的作用。

自汽提塔来的富氨气经一级冷凝后降至120℃左右，在此温度下，可使70%（体积分数）

左右的水被冷凝，又可使一级冷凝液保持较低NH_3浓度，即高温分水，若将一级冷凝器温度提高，虽然可以将一级冷凝器凝液中NH_3浓度进一步降低，但分水率要下降，大量的水将移至后两级，使循环液中NH_3浓度增加，严重时使分凝器操作失常。若将一级冷凝器温度降低，虽可提高一级冷凝器分水率，但一级冷凝器凝液中NH_3浓度就要增加，也会使循环液浓度增加。经一级分凝后，NH_3浓度提高近一倍。物质的量比A/(S+C)提高到10以上，为后两级“固硫”创造了条件。第二级分凝属过渡工序，温度控制在70℃，进一步分水固硫，提高物质的量比A/(S+C)，进入第三级的气液两相NH_3浓度都很高。物质的量比A/(S+C)很大，由质量作用定律知道，这有利于少量的H_2S与NH_3向生成盐类的方向进行。在小于40℃温度条件下亦利于向生成NH_4HS盐类的方向进行，实现低温固硫。

（三）氨精制工艺原理

1. 浓氨水循环洗涤脱硫工艺过程与原理

利用高浓度、高物质的量比(NH_3/H_2S)的浓氨水来洗涤气氨中的H_2S使之生成铵硫化物加以去除，压力越高，温度越低，精制效果越好。控制温度小于7℃，压力为0.2～0.3MPa(表)，连续或间断排出吸收了H_2S的浓氨水，同时补充除盐水。该工艺特点是脱硫容量大，过程控制关键是洗涤塔顶温度与循环液中(NH_3/H_2S)物质的量比。

2. 结晶脱硫工艺过程与原理

在一定条件下，NH_3和H_2S共存时，两者能够以结晶形式析出，达到去除残存的硫化物和有机物等杂质的目的，得到高纯度氨气，采用两个结晶罐和吸附罐周期性地切换操作、间断生产。其特点是脱H_2S精度高，与浓氨水循环洗涤工艺相比，其脱有机硫化物精度不够，该过程对结晶温度的控制极为关键。

氨气再经脱硫剂(或炭)吸附脱除硫化物和其他杂质，得到更高纯度氨气。

3. 氨水精馏制液氨原理

NH_3溶于水后，一部分以游离氨形式存在，一部分被电离成NH_4^+和OH^-，温度升高时NH_3在水中的电离平衡向左移动，NH_3在水中的溶解度降低，而易于从水中挥发出来。

精馏是一个传热传质过程，氨水精馏制液氨是利用氨水中NH_3和H_2O的沸点相差较大，通过气液两相多次逆流平衡接触，进行传热传质而实现分离。在加压条件下，在塔顶得到高纯度的氨气，冷凝得到液氨，通过控制顶温，可控制气氨的含水量、液氨的纯度，塔底为低浓度的氨水。它与普通分馏的区别主要为塔的内部要进行铵离子的解吸。

三、工艺流程

（一）汽提工艺流程

水蒸气汽提法在国内炼油厂占主导地位。水蒸气汽提工艺适用于H_2S和NH_3浓度很宽的范围。用蒸汽汽提时，蒸汽起到了加热和降低气相中H_2S、NH_3和CO_2分压的双重作用，促使它们从液相进入气相，从而达到净化水质的目的。其中单塔加压侧线抽出汽提、双塔加压汽提和单塔低压汽提这三种工艺在炼油厂广泛应用。

1. 单塔低压汽提工艺

常压汽提是指在尽可能低的汽提塔操作压力下，一般为0.05～0.07MPa(表)，将酸性水中的H_2S和NH_3全部汽提出去，塔顶含NH_3酸性气排至硫黄回收装置的烧氨火嘴，塔底净化水可回用，典型工艺流程如图 3-1-1 所示。

单塔低压汽提工艺流程简单，操作方便，投资和占地面积少，净化水质好。随着烧氨技术及烧氨火嘴在硫黄回收装置的应用和推广，酸性水单塔低压汽提工艺越来越广泛地被采用。

2. 双塔加压汽提工艺

双塔加压汽提工艺设有硫化氢汽提塔和氨汽提塔，通常酸性水先进硫化氢汽提塔，后进氨汽提塔，典型工艺流程如图 3-1-2 所示。

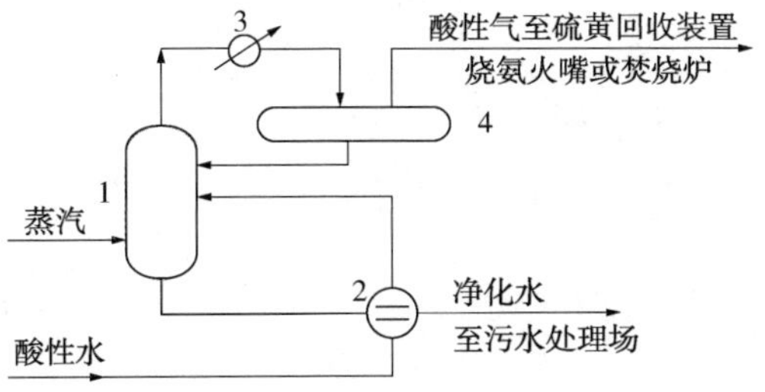

图 3-1-1　单塔低压汽提工艺流程

1—总汽提塔；2—换热器；

3—冷凝器；4—回流罐

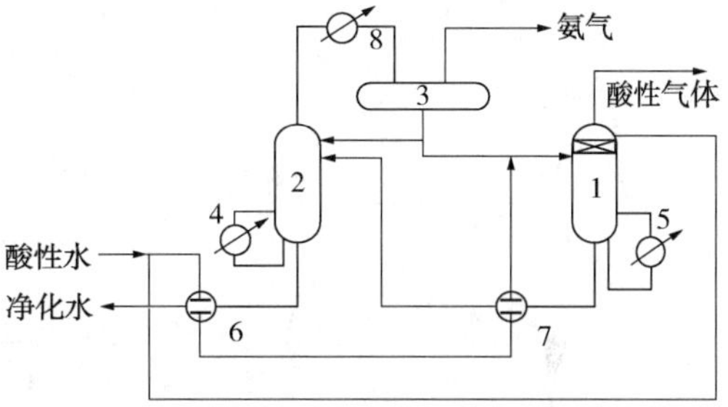

图 3-1-2　双塔加压汽提工艺流程

1—硫化氢汽提塔；2—氨汽提塔；3—回流罐；

4、5—重沸器；6、7—换热器；8—冷凝冷却器

一般硫化氢汽提塔操作压力为 0.5~0.7MPa(表)，氨汽提塔操作压力为 0.25~0.35MPa(表)，硫化氢汽提塔塔顶的酸性气可送至硫黄回收装置回收制硫，氨汽提塔塔顶的富氨气经三级降温降压，精制脱除 H_2S 后制液氨，回用于炼油装置或作为化工原料。双塔加压汽提工艺操作平稳可靠，但流程和设备较复杂，投资也较高，适用于 H_2S 和 NH_3 浓度较高的酸性水。

3. 单塔加压侧线抽出汽提工艺

单塔加压侧线抽出汽提工艺是我国自行开发的专利技术，用一个塔完成酸性水的净化，实现 H_2S 和 NH_3 的分离回收。一般可处理 H_2S、NH_3 和 CO_2 的综合浓度为 5000~55000mg/L 的酸性水。

单塔加压侧线抽出汽提工艺利用 CO_2 和 H_2S 的相对挥发度比 NH_3 高的特性，首先将 CO_2 和 H_2S 从汽提塔的上部汽提出去，塔顶酸性气送至硫黄回收装置回收制硫，液相中的 NH_3 和剩余的 CO_2 和 H_2S 在汽提蒸汽作用下，自汽提塔下部被驱赶到气相，使净化水质满足要求，并在塔中部形成较高浓度的富 NH_3 气体。富 NH_3 气体采用三级降温降压，进行分凝获得高纯度气氨，并精制冷凝制取液氨，工艺流程如图 3-1-3 所示。

单塔加压侧线抽出汽提工艺流程和设备较简单，操作平稳，投资和操作费用较低。

（二）氨精制工艺流程

双塔加压汽提工艺中氨汽提塔顶分凝器和单塔加压侧线抽出汽提工艺三级分凝器顶的富氨气中杂质含量为 1000~10000μg/g，其成分也较复杂，除 H_2S 外，还含有 CO_2、硫醇、酚、烃及水分等，因此必须经过精制才能得到可回用于炼油装置或作为化工原料的气氨或液氨产品。

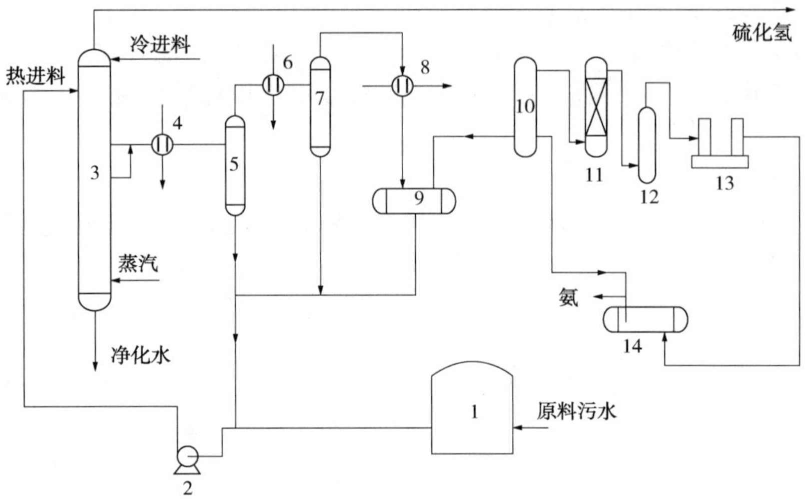

图 3-1-3　单塔加压侧线抽出汽提工艺流程

1—原料水罐；2—原料水泵；3—汽提塔；4、6、8—换热器；5—一级分凝罐；7—二级分凝罐；9—三级分凝罐；10—结晶罐；11—吸附罐；12—沉降罐；13—氨压缩机；14—液氨储罐

酸性水汽提装置副产的液氨，已用于炼油厂注氨，作冷冻剂，生产尿素、一般复合化肥、碳酸氢铵、造纸用的漂白剂、催化剂、农业氨水和市场销售等，不同的用途有不同的质量要求，因此需要根据不同的用途，采用不同的液氨精制方法。

1. 氨精制工艺方法

(1) 浓氨水洗涤工艺

气氨在精制塔内自下而上与浓氨水逆流接触，精制塔通过液氨蒸发控制操作温度为 -10～0℃。气氨中的水蒸气因低温而冷凝，部分氨溶解于冷凝液中，同时吸收了 H_2S。浓氨水用泵进行循环，为控制浓氨水中 NH_3 对 H_2S 的分子比，吸收了 H_2S 的浓氨水连续或间断排至原料水罐再处理，并根据液面补充除盐水。该流程的操作关键是温度和氨水中 NH_3 对 H_2S 的分子比，温度越低，NH_3 对 H_2S 的分子比越大，精制效果越好，工艺流程如图 3-1-4 所示。

浓氨水洗涤工艺流程简单，操作方便，脱硫负荷大，但对硫醇等有机硫脱除效果差，液氨中硫含量较高，精制后的气氨中 H_2S 含量为 10～100μg/g。

(2) 结晶-吸附工艺和吸收-吸附工艺

NH_3 和 H_2S 反应会生成 NH_4HS、$(NH_4)_2S$ 两种主要产物，产物的比例受原料气组成影响。一般生成物主要是 NH_4HS。结晶工艺是利用 H_2S 和 NH_3 在低温下形成 NH_4HS、$(NH_4)_2S$ 结晶的原理脱除气氨中的 H_2S，结晶器内设有结晶板，运转一段时间后，板上的结晶需定期用水冲洗，冲洗水送至酸性水罐进一步处理，结晶器顶的气氨再经吸附剂吸附，脱除残留的微量硫。

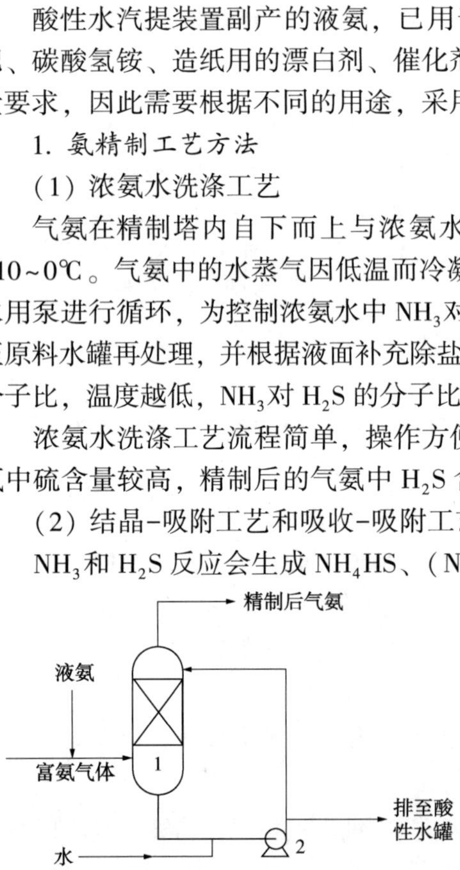

图 3-1-4　浓氨水洗涤工艺流程

1—氨精制塔；2—氨水泵

结晶的影响因素包括温度、H_2S 和 NH_3 的分压，其中最容易调节的参数是温度，结晶脱除率随温度降低而增加，但当温度低于 5℃后，再继续

降低温度，脱除率提高并不明显，反而会使能耗增加。此外，脱除率与结晶环境也有一定的关系，结晶器内结晶板粗糙而又较大的表面有利于形成结晶并使结晶长大。工业生产中，为确保气氨质量，结晶温度往往低于5℃。

吸收-吸附工艺流程如图3-1-5所示。

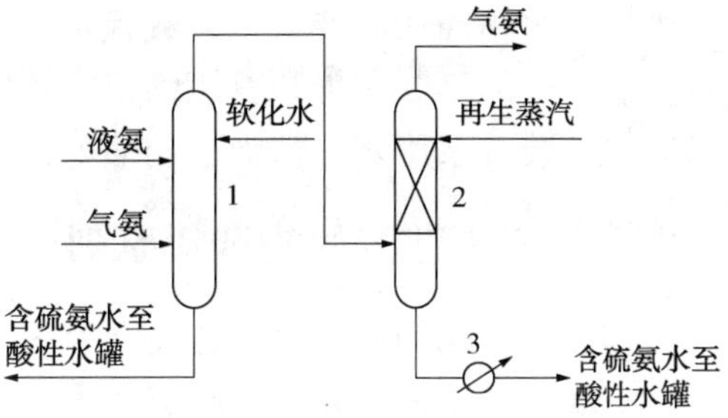

图3-1-5　吸收-吸附工艺流程

1—氨精制塔；2—吸附罐；3—冷却器

由于结晶-吸附工艺设备结构和操作较复杂，当酸性水中硫含量较低或精制深度要求不高时，也可采用吸收-吸附工艺。吸收-吸附工艺是将气氨通入氨精制塔，利用高浓度氨水吸收气氨中的H_2S，生成溶于水的NH_4HS，以脱除气氨中的H_2S，显然吸收器内不需要设置结晶板，也不需定期用水冲洗，但需定期排放浓氨水，同时补充除盐水。

该工艺和结晶-吸附工艺相比，由于吸收器内液层处于静止状态，液氨不易汽化，塔的低温较难维持，而且气液接触不良，精制深度也较差。无论是结晶-吸附工艺还是吸收-吸附工艺，都需要至少两台结晶器(或吸收器)和两台吸附器(或脱硫器)，根据出口气氨的H_2S含量切换操作，吸附剂可用蒸汽再生，冷凝液返回酸性水罐再处理。脱硫剂不需再生，饱和后更换。上述两种工艺流程虽较复杂，但没有动设备，维修工程量减少；排放浓氨水或补充除盐水都是间断操作，不需自动控制，操作简单、可靠。

(3) 气氨精脱硫工艺

由于上述两种氨精制工艺脱硫平衡级数少，都只有一个平衡级，不能满足脱硫精度的要求，为此开发了精脱硫工艺。它是在上述两种氨精制基础上，再在氨压缩机前后设置两级精脱硫吸附器。氨压缩机前设置一台吸附器，当采用结晶-吸附或吸收-吸附氨精制工艺时，仅设置一台吸附器即可；氨压缩机后的脱硫反应器装有固体脱硫剂，脱硫剂不进行再生，饱和后进行更换。若有脱氯要求，则可在脱硫反应器后再设脱氯反应器。气氨经精脱硫后，H_2S含量小于2μg/g。

2. 氨水精馏法制液氨工艺

通常气氨转变为液氨的过程都是气氨经氨压缩机压缩、再经冷却为液氨，但上述过程因气氨中H_2S等杂质含量较高，易使氨压缩机频繁损坏，造成连续运行周期短；同时因氨压缩机润滑油进入液氨，致使液氨中油含量较高，影响氨纯度。为此，1996年中国石化金陵分公司首先采用了氨水精馏法制液氨工艺，替代了氨压缩机制液氨工艺。

精制后的气氨用换热后的精馏氨水塔塔底的10%(质量分数)稀氨水吸收，并经氨水冷却器冷却制成浓度为20%(质量分数)的浓氨水，经泵升压和换热器换热至150℃进入氨水精馏塔中部，塔顶浓度为99.9%(体积分数)的气氨经氨冷凝器冷凝为液氨进入液氨储罐，塔底的稀氨水经换热，温度由约170℃降为约45℃后再次吸收气氨。精馏氨水塔热源由塔底重沸器供给。

氨水精馏法制取液氨工艺的特点如下：

① 液氨中氨纯度高于99.6%(质量分数)。

② 由动设备转变为静设备，极大地提高了运行可靠性。

③ 操作方便，控制手段灵活。

由于氨水精馏法制液氨工艺流程仍较复杂且能耗较高、氨压缩机频繁损坏和检修，以及气氨精制工艺的不断完善和氨压缩机结构的改进、附属设备的优化、操作周期延长，因此目前只有少数装置采用氨水精馏法制液氨工艺。

四、汽提工艺流程的选择原则

目前，国内采用的汽提工艺主要有双塔加压汽提、单塔加压侧线抽出汽提和单塔低压汽提三种。前两种工艺可分别回收 H_2S 和 NH_3，最后一种流程不能分别回收，H_2S 和 NH_3的混合气体送至硫黄回收装置的烧氨火嘴。三种工艺流程优缺点比较见表 3-1-1。

表 3-1-1　三种汽提工艺的比较

项目	单塔低压汽提	双塔加压汽提	单塔加压侧线抽出汽提
技术成熟可靠度	可靠	可靠	可靠
工艺流程	简单	复杂	较复杂
回收液氨	不回收	回收	回收
相对投资(以单塔加压侧线抽出汽提投资为 1)	约 0.6	约 1.2	1
占地面积	小	大	较大
蒸汽单耗/(kg/t 酸性水)	130~180	230~280	150~200
酸性气质量及输送	酸性气为 H_2S 和 NH_3 的混合物	酸性气不含 NH_3，酸性气压力高可实现远距离输送	酸性气不含 NH_3，酸性气压力高可实现远距离输送
净化水质量	好	好	好
原料酸性水浓度及适用范围/(mg/L)	任意	≥50000	≤50000
回收液氨的利润	无	有	有
工艺流程特点	工艺流程简单、操作方便、投资和占地面积少、净化水水质好、国外广泛采用该流程，近年来国内也采用较多	工艺流程复杂，投资和操作费用均最高，适用于 H_2S 和 NH_3浓度较高的酸性水	工艺流程和设备较简单，操作平稳，投资和操作费用较低

由表 3-1-1 可以看出，由于双塔加压汽提工艺投资和蒸汽单耗都最高，只有当原料水中H_2S和氨氮浓度很高时，才采用此工艺，否则较少采用。近年来单塔低压汽提工艺越来越被广泛采用，但如果采用酸性水单塔低压汽提工艺，当酸性气中含有大量 NH_3时，将对下游硫黄回收装置产生如下影响：

① 硫黄回收装置需要采用烧氨燃烧器，该燃烧器价格较昂贵，使硫黄回收装置投资增加。

② 目前同室同喷嘴型(即无旁路流程)烧氨燃烧器能处理混合酸性气中氨的最高浓度为 27%~30%(体积分数)，否则要采用两室串联型(即有旁路流程)，硫黄回收的流程和控制都要复杂，投资也要相应增加。

③ 硫黄回收装置因烧氨而引起过程气量增加，致使管道和设备增大，投资也相应增多，同时氨的稀释也会略降低硫回收率。

因此酸性水汽提工艺的选择不能脱离硫黄回收装置的工艺而孤立考虑，必须结合起来统一考虑。20 世纪受国内不能生产和制造烧氨燃烧器的限制，国内大部分汽提装置都采用能

分别回收 H_2S 和 NH_3 的单塔加压侧线抽出汽提和双塔加压汽提工艺。随着烧氨技术及烧氨燃烧器在硫黄回收装置的应用和推广，酸性水单塔低压汽提工艺正在被广泛采用。

此外也要根据酸性水的水质和水量来确定酸性水汽提工艺：

① 根据酸性水的水量和酸性水中的氨含量，确定是否有回收氨的必要及回收氨的经济效益。

目前大、中型炼油厂的酸性水汽提装置一般都设置两套，分别处理非加氢型酸性水和加氢型酸性水。通常非加氢型酸性水中氨含量较低，回收价值不高，可采用单塔低压汽提工艺；加氢型酸性水中氨含量较高，回收价值也较好，可采用单塔加压侧线抽出或双塔加压汽提工艺。也有处理加氢型酸性水的汽提装置先按单塔低压汽提流程设计，但在设备、公用工程管道及平面位置上都预留了改为单塔加压侧线抽出汽提流程的空间。

② 调查当地及附近地区液氨的市场情况及前景，落实液氨的出路，若无出路，则采用单塔低压汽提工艺。

③ 当回收液氨的经济效益良好、液氨的出路和综合利用都已落实时，则应采用能分别回收 H_2S 和 NH_3 的单塔加压侧线抽出汽提或双塔加压汽提工艺。因单塔加压侧线抽出汽提工艺流程和设备简单、投资和能耗较低，应优先选用。

④ 单塔加压侧线抽出汽提工艺处理酸性水的浓度范围较宽，一般为 5000~55000mg/L，当浓度很高时，可采用双塔加压汽提。

综上所述，酸性水汽提工艺方案的选择原则如下：

① 首先根据酸性水的水质和水量进行不同汽提流程的比较，根据技术经济比较结果初步确定采用流程。

② 同时考虑对硫黄回收装置采用工艺的影响，根据酸性水汽提和硫黄回收两套装置的综合技术经济比较结果确定采用流程。

第二节 工艺控制参数

一、单塔低压汽提工艺操作条件

典型单塔低压汽提装置主要操作条件见表 3-2-1，各装置根据实际生产情况略有差异。

表 3-2-1 单塔低压汽提装置主要操作条件

序号	项目名称	控制指标	
		设计值	指标范围
1	汽提塔塔顶压力/MPa(表)	0.08	0.06~0.12
2	汽提塔塔顶回流罐出口酸性气温度/℃	100	85~115
3	汽提塔塔顶温度/℃	115	105~125
4	汽提塔塔底温度/℃	125	115~135
5	回流罐液位/%	50	20~80
6	汽提塔液位/%	50	20~80
7	净化水出装置温度/℃	40	35~45

二、双塔加压汽提工艺操作条件

典型双塔加压汽提装置主要操作条件见表 3-2-2，各装置根据实际生产情况略有差异。

表 3-2-2　双塔加压汽提装置主要操作条件

序号	项目名称	控制指标	
		设计值	指标范围
1	硫化氢汽提塔塔顶压力/MPa(表)	0.50	0.45~0.65
2	硫化氢汽提塔塔顶温度/℃	50	40~60
3	硫化氢汽提塔塔底温度/℃	160	150~170
4	硫化氢汽提塔液位/%	50	20~80
5	氨汽提塔塔顶压力/MPa(表)	0.33	0.25~0.40
6	氨汽提塔塔顶温度/℃	135	130~140
7	氨汽提塔塔底温度/℃	145	140~150
8	氨汽提塔液位/%	50	20~80
9	一级分凝器压力/MPa(表)	0.4	0.30~0.45
10	一级分凝器温度/℃	125	110~135
11	二级分凝器压力/MPa(表)	0.32	0.25~0.40
12	二级分凝器温度/℃	90	70~110
13	三级分凝器压力/MPa(表)	0.25	0.20~0.35
14	三级分凝器温度/℃	40	30~50
15	净化水出装置温度/℃	40	35~45

三、单塔加压侧线抽出汽提工艺操作条件

典型单塔加压侧线抽出汽提装置主要操作条件见表 3-2-3，各装置根据实际生产情况略有差异。

表 3-2-3　单塔加压侧线抽出汽提装置主要操作条件

序号	项目名称	控制指标	
		设计值	指标范围
1	汽提塔塔顶压力/MPa(表)	0.50	0.45~0.70
2	汽提塔塔顶温度/℃	50	40~60
3	汽提塔塔底温度/℃	160	150~175
4	汽提塔液位/%	50	20~80
5	一级分凝器压力/MPa(表)	0.4	0.30~0.45
6	一级分凝器温度/℃	125	110~135
7	二级分凝器压力/MPa(表)	0.32	0.25~0.40
8	二级分凝器温度/℃	90	70~110
9	三级分凝器压力/MPa(表)	0.25	0.20~0.35
10	三级分凝器温度/℃	40	30~50
11	净化水出装置温度/℃	40	35~45

第三节 工艺过程控制方案

一、酸性水的预处理

(一) 脱气

当上游装置操作不正常，引起酸性水中带轻烃量突然增加时，就会引起酸性水汽提装置中原料水罐的操作不正常。携带大量轻烃气的酸性水进罐后，减压闪蒸出大量轻烃、H_2S 和氨，由于气体逸出而引起罐压力升高，罐顶排气线排放不及时会冲破水封罐逸出，排入周围大气中。这些夹带 H_2S 和 NH_3 的轻烃气的逸出，不仅会污染环境、危害人身健康，严重时还会引起设备损坏或火灾爆炸事故发生。所以出于安全考虑，设置原料酸性水脱气罐，脱除酸性水中夹带的轻烃气，脱除的轻烃气送至低压瓦斯管网。

为分离脱气罐中的重质烃，脱气罐中设有脱油口。由于上游装置操作不稳带至酸性水中的大量污油，可从脱油口脱除。脱气罐通常为卧式设备，放置在框架上。这样既可降低脱气罐操作压力，有利于低压闪蒸，又可让水自流入原料水罐。脱气罐正常操作压力控制在0. 2MPa(表)左右，压力不足时，可由氮气线补入。

(二) 脱油

原料酸性水除油是酸性水汽提装置的重要环节。酸性水中油含量高，会破坏汽提塔内的气液平衡，直接影响塔的平稳操作和净化水质量。同时酸性水中油含量的多少是影响酸性水汽提装置长周期运转的一个重要因素，含油多将造成油在塔器、换热设备及容器内积累、乳化，使汽提效果下降、净化水水质变差，塔顶酸性气中烃含量升高甚至波及硫黄回收装置操作及硫黄产品质量。为保持酸性气汽提装置的长周期运行和产品质量稳定，进入汽提塔原料水的油含量越低越好，一般要求不大于 50mg/L。

目前各企业采用的除油设施基本上仍然是基于水和油的密度差异而实现分离的大罐重力沉降法，它要求沉降时间较长，因而罐容及占地面积都较大。许多炼油厂针对这一问题采取了不同的处理方法，取得了一些经验。在最新设计的含硫含氨酸性水汽提装置中，采用原料水罐串联沉降除油，中间设置严格的除油设施，可使进入汽提塔的原料水含油量不大于50mg/L。常减压和延迟焦化装置排放的酸性水经常会乳化，除采用除油设施外，还应加入破乳剂破乳。

(三) 除焦粉

延迟焦化装置排放的酸性水，由于携带焦粉，易引起汽提塔塔盘结焦，堵塞浮阀，使换热器堵塞、结垢，降低汽提塔塔盘效率和换热器热效率，严重影响汽提装置平稳操作及净化水质量，因此对延迟焦化装置的酸性水尤其要注意进行破乳和过滤，以减少油和焦粉的含量。在混合酸性水进装置前设置过滤器，过滤器前加注破乳剂，确保过滤器起到破乳和脱除粉尘的作用，经过过滤，降低了原料水中的油、悬浮物、焦粉等杂质的含量，使装置平稳运行，延长装置的开工周期。

二、单塔低压汽提工艺过程控制

汽提塔压力是通过调节脱硫塔底重沸器管程蒸汽量及塔顶 H_2S 的排放量来控制的。在

塔顶外送 H_2S 气量一定的情况下，脱硫塔塔底重沸器蒸汽量越大，塔底温度越高，汽提出的 H_2S、NH_3越多，要保证塔底温度在 125℃左右，控制净化水水质。塔顶回流罐出口含 NH_3酸性气通过空冷冷却，温度控制在 95℃左右，凝液经回流泵返塔。汽提塔塔顶至硫黄回收装置含 NH_3酸性气管线保持伴热畅通，防止管线温度过低引起铵盐结晶及腐蚀。

三、双塔加压汽提工艺过程控制

（一）汽提塔工艺过程控制

1. 汽提塔塔顶温度控制方法

硫化氢汽提塔塔顶温度是通过调节 H_2S 的排放量来控制的。在塔顶冷进料一定的情况下，H_2S 的排放量越大，上升到塔顶的 H_2S 的量越多，携带的热量越多，顶温就越高，反之，顶温就下降。塔顶温度降低有利于气相中的 NH_3 回到液相，提高塔顶 H_2S 浓度，但是温度太低，塔顶 H_2S 线会由于 NH_4HS 结晶而堵塞，如塔顶温度太高，H_2S 大量夹带 NH_3，会影响下游硫黄回收装置平稳运行。因此，正常生产时塔顶温度一般控制在 60℃左右，如单塔操作时，可将塔顶温度提高至 80～100℃，以尽量提高净化水质量。

2. 硫化氢汽提塔压力控制方法

硫化氢汽提塔的压力是通过调节脱硫塔塔底重沸器管程蒸汽量来控制的。在塔顶外送 H_2S 量一定的情况下，脱硫塔塔底重沸器蒸汽量越大，塔底温度越高，汽提出的 H_2S、NH_3 越多，塔的压力就越高，在脱 H_2S 塔中，提高压力有利于 H_2S、NH_3的分解，根据 NH_4HS 水解常数与温度的关系曲线，在 160℃左右，NH_4HS 水解已达较高值，再提高温度，水解常数并无明显的提高，因此，一般硫化氢汽提塔塔底温度控制在 160℃左右，相应的压力在 0.55MPa(表)左右。

（二）氨汽提塔压力控制方法

氨汽提塔的压力是通过调节 NH_3的排放量来控制的。在氨汽提塔中，对于低浓度的酸性水，降低压力有利于 NH_3的脱除，但对于高浓度的酸性水，加压汽提有利于 NH_3的水解，为了保证 NH_3的水解效果，塔底温度要求在 130℃以上，相应的压力控制在 0.22MPa(表)左右。塔顶温度在 110℃左右，保证 NH_3被水蒸气带出塔顶。

（三）原料水带油对双塔操作的影响

由于硫化氢汽提塔操作压力高，塔顶温度低，原料水带油对硫化氢汽提塔操作影响不大。对氨汽提塔来说，由于塔顶温度在 110℃左右，部分轻质油被带到回流罐中，破坏了氨汽提塔顶回流罐内的 $H_2S+NH_3+H_2O$ 三元气相体系平衡，回流液表面的油层与气相中的油气、水蒸气建立平衡，影响气、液两相间 H_2S、NH_3的正常传质。而汽提出的 H_2S 不能重新生成 NH_4HS 回到污水氨汽提塔，造成氨汽提塔顶回流罐内 H_2S 浓度升高，净化水中的 H_2S 不能有效地汽提出来，使净化水超标，并且部分油气带入氨水吸收罐中，降低了 NH_3吸收效果。虽然氨水吸收罐压力较高，但氨水浓度较低，并且氨汽提塔顶回流罐不易放压。

如果原料水带油不严重，污水硫化氢汽提塔玻璃板上有明显的界面，可通过污水硫化氢汽提塔撇油线逐渐将油撇出。如果带油严重，污水硫化氢汽提塔玻璃板严重乳化，氨汽提塔顶回流罐内回流液乳化带油，回流液 NH_3浓度较低，需采用将污水硫化氢汽提塔、污水氨汽提塔液面减空，重新建立液面，将氨汽提塔顶回流罐甚至氨水吸收罐内液体全部送到氨水站，重新建立平衡的办法才能有效地解决净化水不合格的问题。

四、单塔加压侧线抽出汽提工艺过程控制

(一) 操作要点

汽提塔操作的关键是稳定各工艺参数指标，保持全塔热平衡和物料平衡。在供热稳定、侧线抽出量适宜情况下，塔顶温度通过塔顶流出量和冷进料量的控制来调节；正常冷进料保持相对稳定的情况下主要靠塔顶流出量来调节。塔顶超温易造成管线堵塞，应特别注意控制。

1. 在塔顶获得较高浓度的 H_2S 气体

含有 H_2S 和 NH_3 的溶液是一种弱电解质，其电离程度和化学反应受温度影响很大。在塔顶部较低温度条件下，NH_3 和 H_2S 电离化学反应占主要趋势。因此在塔顶部 H_2S/NH_3 物质的量比很大，能把 NH_3 以 NH_4HS 形态固定在水的液相中，致使气相中 NH_3 的分压减到最小程度。为了创造这个条件，在塔顶部通入冷却吸收水，使塔顶温度降至40℃以下，使塔内气液两相 H_2S 和 NH_3 的分布越往塔顶 H_2S/NH_3 物质的量比越高，温度越低，气相中 H_2S 的浓度越大，最后在塔顶出口气体中 NH_3 分压低到2%(体积分数)以下，塔顶出口气体中的 H_2S 纯度达85%(体积分数)左右。

2. 在塔底排出含 NH_3、含 H_2S 较少的净化水

进入汽提塔的热进料温度达140℃以上，在此状态下热进料中 H_2S 和 NH_3 都已成游离的分子状态。热进料入塔后，H_2S 和 NH_3 由液相转移到气相中，向上与从塔顶入塔的冷却吸收水呈逆向流动，NH_3 及少量的 H_2S 被冷却吸收水吸收，向塔中部流动。由于 H_2S 在塔顶排出，所以在塔的中下部 H_2S 含量相对减少。塔底温度在160℃左右，在此温度下液相中的 NH_3 及少量 H_2S 完全都以游离态的分子状态存在。在塔侧线抽出口下部，在高温水蒸气汽提作用下，塔底部的 NH_3 及少量 H_2S 完全被汽提出来，并且由于塔侧线连续排出 NH_3 从而减少气相中的 NH_3 组分，有利于 NH_3 由液相向气相转移。使得在水中较难分开的 NH_3 和 H_2S 较彻底分离，塔底排出含 NH_3 和 H_2S 很少的净化水。

3. 在塔中部获得较高浓度的氨气

由于塔顶冷却吸收水对 NH_3 的吸收，使进入汽提塔中的 NH_3 不能从塔顶逸出，随着冷却吸收水向塔的下部流动。又由于汽提塔底部汽提作用，不能随液流从塔底流出，在塔侧线抽出工艺控制作用下，汽提塔的中部形成了 NH_3 的高浓度区域。塔中部形成的富氨气体中 NH_3 浓度可达25%(体积分数)左右，由侧线抽出口抽出。

(二) 主要工艺参数分析

主要控制参数有汽提塔塔底温度、操作压力、冷热进料比、侧线抽出比、塔顶温度。

1. 塔底温度

根据 $H_2S-NH_3-H_2O$ 的性质，当温度高于120℃时，随着温度的升高，硫铵盐类的水解反应加速进行，水解产物 H_2S、NH_3 加速向气相转移，水中 H_2S、NH_3 的含量快速下降。进料水中 H_2S、NH_3 的含量在一定范围内时，为保证污水净化质量满足排放要求，塔底温度条件为160℃左右，通过调节汽提塔塔底重沸器管程蒸汽量来进行控制。

2. 操作压力

在塔顶温度不变时，压力的变化会改变气相组分。气相压力高，H_2S 的分压大，H_2S 的

浓度也就高。反之，情况相反。同样，在塔顶压力不变时，气相温度的改变会引起气相组分的变化。塔底温度 160℃左右时，塔底液相的蒸气性质与水汽的性质相似，塔底压力 0.52MPa(表)左右，减去全塔压降后，塔顶压力 0.48MPa(表)左右，通过调节汽提塔塔底重沸器管程蒸汽量来进行控制。

3. 塔顶温度

汽提塔塔顶温度是通过调节 H_2S 的排放量来控制的。塔内气相中 H_2S、NH_3、H_2O 的含量与温度、压力密切相关。压力一定，温度低时，气相中 H_2S 的含量高，气相分压大。反之，情况相反。在一定压力时，塔顶酸性气组分满足制硫装置进料的要求，塔顶温度条件为 40℃左右。冬天，单塔汽提装置中有时出现铵盐结晶堵塞酸性气管线的现象，尤其在控制阀上下游死角处较为严重，控制好塔顶温度(40℃以下)，是防止酸性气系统铵盐堵塞的关键。塔顶温度可以用冷进料调节。足够低的温度可以把上升到塔顶部的气相中的 NH_3组分最大限度地溶于冷进料中，同时还可以把气相中的水蒸气基本上冷凝下来，由于酸性气系统中 NH_3 大量减少，这样就破坏了铵盐生成的物质基础，从而减少堵塞的发生。

4. 侧线抽出比

侧线抽出比是指侧线抽出气量与进料量的比值。它与进料水质、汽提负荷直接相关。在进料量不变时，进料水的浓度变大，抽出比变大。反之，情况相反。因此，针对不同的进料水质，确定抽出比，一般情况下抽出比为 15%左右。另外根据净化水中氨含量可适当调节侧线抽出量。

5. 冷热进料比

冷热进料比是指冷进料量与热进料量的比值。冷进料作为塔顶回流，进料比只与进料的浓度有关，为保持塔顶温度，实现酸性气质量控制，通常进料浓度越高，进料比就越大。一般情况下，冷进料与热进料量比为 1∶5 左右。

(三) 产品质量控制分析

1. 酸性气

酸性气的质量与塔顶压力、温度相关联。一般情况下，塔顶压力基本保持不变，温度就成为控制酸性气质量的重要参数。当进料水质相对稳定时，塔顶温度不会出现大的波动。

在进料流量稳定时，水质改变，塔上段的气相组分会相应改变，继而影响塔上段的温度分布。根据塔上段温差的改变量调节酸性气流量。

进料水 H_2S 含量升高，塔上段的气相中 H_2S 的分压增加，引起塔上段的温差增大，此时应加大酸性气的排放量。反之，进料水 H_2S 含量降低，塔上段的气相中 H_2S 的分压减少，引起塔上段的温差变小，此时应减少酸性气的排放量。

2. 净化水

塔底净化水的质量与进料水中 H_2S、NH_3被蒸汽汽提分离程度和抽出量相关，即 H_2S、NH_3汽提分离程度越高，塔底净化水的质量越好。

进料水中的 H_2S 主要在塔上段被分离，从塔顶排出，NH_3主要由塔中下段被分离，从塔侧线口抽出。因此，在一定进料的条件下，酸性气排放量、侧线抽出比和塔体温度分布的控制决定净化水的质量。

一般情况下，通过调节定量参数(酸性气排放量、冷热进料比、侧线抽出比、汽提蒸汽量）、稳定定性参数（操作压力、温度），调整净化水的质量。

3. 氨气

氨气质量与侧线抽出气的组成、三级分凝和结晶、吸附的控制有关。侧线抽出气中 NH_3 的含量不应过低，而且 NH_3/H_2S 的比值要保持较高的数值。侧线抽出气的组成受汽提塔的操作影响。塔侧/线抽出气量大，NH_3的含量低，NH_3/H_2S 的比值降低，对后续系统产生影响。三级分凝的作用是对侧线抽出气高温分水、低温固硫。第一、二级分凝器主要是在较高温度下分水，减少 NH_3的循环，第三级分凝器是在较低温度下进一步分水的同时脱出 H_2S。控制三级分凝的温度、压力，减轻结晶、吸附的负荷，也是保证氨气质量的措施。吸附采用脱硫剂，利用脱硫组分与氨气中的 H_2S 发生反应，脱出 H_2S，净化氨气。使用时防止液体浸泡脱硫剂而失效。另外防止负荷过大、冲击脱硫剂，发生急速反应而使脱硫剂膨胀、粉碎、黏结。

五、氨精制塔操作要点

利用高浓度、高物质的量比（NH_3/H_2S）的浓氨水来洗涤气中的 H_2S 使之生成铵硫化物加以去除，压力越高、温度越低，精制效果越好。控制温度小于 7℃，压力为 0.2～0.3MPa（表），连续或间断排出吸收了 H_2S 的浓氨水，同时补充软化水，该工艺特点是脱硫容量大，过程控制关键是洗涤塔塔顶温度与循环液中 NH_3/H_2S 物质的量比。

高浓度 NH_3气降温后被送到氨气吸收罐，在进罐前与净化水或新鲜水混合。由于 NH_3的溶解是放热反应，低温对溶解有利，而压力越高，越有利于气体的溶解，所以控制氨气吸收罐的压力在 0.05MPa（表）以上，以保证氨水浓度。保持氨气吸收罐连续循环，使 NH_3与水充分混合，控制氨气吸收罐补水量，补水量越大，氨气吸收罐压力就越低，氨水浓度就越低。

六、结晶罐操作要点

1. 结晶罐的开工

氨精制系统按开工程序打通流程后，打开结晶罐出口阀，缓慢将氨储罐内合格液氨通过补氨线补入结晶罐。根据结晶罐顶部温度逐渐调节液氨流量，同时，注意结晶罐内液面不得超过规定的高度。

2. 结晶罐的切换

检查结晶罐内残液是否排净，检查结晶罐入口阀是否关闭，冲洗水入口阀应关闭。打开结晶罐出口阀引入氨气，进一步排净结晶罐内残液。关闭结晶罐排污阀，缓慢将氨储罐内合格液氨通过补氨线补入结晶罐，观察结晶罐液位达 2/3 时，停止补氨。当结晶罐温度达到 7℃时，打开结晶罐入口阀门，将三级分凝罐出口气氨引入该结晶罐。然后关闭要停用结晶罐的入、出口阀门及补氨阀门。

3. 结晶罐的水冲洗

结晶罐运行一段时间，结晶罐内结晶板上结晶物增多，就需切换操作。用凝结水将结晶罐内的结晶物冲洗清除。结晶罐水冲洗之前，要慢慢地将结晶罐内液体排入原料水罐。结晶罐用凝结水（软化水）冲洗时流量以 10～12t/h 为宜，水冲洗时间 2～3h。水冲洗结束后，关闭凝结水冲洗阀，排净结晶罐内残液。由结晶罐出口阀引入氨气可排净结晶罐内残液。检查关闭该结晶罐的入、出口阀门及补氨阀门，以作备用。

4. 结晶罐的控制

侧线氨气中 H_2S、NH_3生成盐的反应程度与温度有关。温度低，反应平衡常数大，反应程度高；温度高，反应平衡常数小，反应程度低。在温度低于 0℃时，99%以上的 H_2S 转化成盐，且在低温条件下，氨气中的硫铵盐含量微少，大部分以结晶的形式析出。因此，氨气净化脱硫结晶温度条件为 0℃以下。影响氨气结晶脱硫的因素较多，主要有三级分凝器气体的气量和温度、结晶温度、液氨液位及纯度、结晶罐的差压等。

液氨液位适当，使氨气通过液氨层鼓泡冒出，有效降温后流经结晶板。液氨层的纯度应纯净，防止液层内其他挥发物在与氨气接触时受热挥发出来，影响结晶效果。结晶罐的差压应适当，保证氨气的结晶净化时间。

5. 结晶罐正常操作注意事项

① 结晶罐要定期切换，防止温度升高时，结晶物挥发使出口气氨中 H_2S 含量超标。

② 在第三级分凝器气氨通入之前，必须将结晶罐温度控制在 0℃以下。

③ 通入结晶罐的氨气压力平稳控制在 0.15MPa(表)左右，通入量要稳定。

④ 结晶罐排液、补氨应做到多次、少量。保持结晶罐温度小于 0℃。排液必须缓慢进行，以免引起原料水罐振动。

⑤ 结晶罐在大检修后初次投用时必须经氮气置换。结晶罐严防进入空气。

七、氨精馏塔操作要点

精馏是一个传热传质过程，氨水精馏制液氨是基于氨水中 NH_3 和 H_2O 的沸点差异，利用气液两相多次逆流平衡接触，进行传热传质而实现分离，在加压条件下，在塔顶得到高纯度的氨气并经冷凝得到液氨，塔底为低浓度的氨水。通过控制精馏塔顶温度来控制气氨的含水量、液氨的纯度。它与普通分馏的区别在于塔的内部要进行铵离子的解吸。

1. 氨精馏塔塔顶温度控制

氨精馏塔塔顶温度是通过调节塔顶冷却器的循环水量来控制的。在塔顶冷却器的循环水量一定的情况下，气氨的排放量越大，上升到塔顶的气氨的量越多，携带的热量越多，顶温就越高，反之，顶温就下降。塔顶温度降低有利于气相中的 H_2O 回到液相，提高塔顶 NH_3 浓度，但是温度太低，氨在水中的溶解度增大，气氨排放量减少，塔的处理能力降低。如塔顶温度太高，NH_3大量夹带 H_2O，会影响气氨的冷却和液化，因此，正常生产时塔顶温度一般控制在 55℃以下。

2. 氨精馏塔塔顶压力控制

在塔顶温度不变时，压力的变化会改变气相组分。气相压力高，NH_3的分压大，NH_3的浓度也就高。反之，情况相反。塔底温度控制在 145℃左右，塔底压力 1.4MPa(表)左右，减去全塔压降后，塔顶压力 1.35MPa(表)左右，通过调节汽提塔塔底重沸器管程蒸汽量来控制。

八、吸附罐操作要点

1. 吸附剂的装填

(1) 准备工作

① 备好符合要求的吸附剂、瓷球、钢丝网。

② 备好手套、防尘口罩、眼镜等防护用品。

③ 备好筛子、手电筒、卷尺、木板等工具。

(2) 安装钢丝网

① 打开上部装剂人孔，封闭下部卸剂人孔。

② 钢丝网平整铺在格栅上，用 $\Phi2$ 不锈钢丝将丝网与格栅捆绑牢固。

③ 钢丝网与钢丝网连接处重叠长度不小于 200mm，且应固定牢靠。

④ 钢丝网在吸附罐内壁铺设高度为 80mm，并将丝网紧贴内衬表面。

⑤ 丝网应铺两层。

(3) 装填吸附剂

① 把 $\Phi20$ 瓷球装入吸附罐格栅丝网上，平整瓷球表面，装填到规定高度。

② 把吸附剂装入吸附罐瓷球上面，平整吸附剂表面，装填到规定高度。

③ 把 $\Phi20$ 瓷球装入吸附罐吸附剂上，平整瓷球表面，装填到规定高度。

④ 瓷球表面再装一层格栅丝网压住 $\Phi20$ 瓷球，防止吸附剂跑损，封好人孔。

(4) 装填要求

① 避免在阴雨或环境湿度大的情况下装填吸附剂。

② 装填瓷球、吸附剂前，应在设备内做好标高、标记。

③ 检查吸附剂，如有粉尘，应过筛后再装填。

④ 装填吸附剂时，吸附剂下落高度不大于 500mm。

⑤ 装剂人员必须站在宽木板上进行操作，避免直接踩踏吸附剂，不准用金属器具挖掘吸附剂。

⑥ 由下往上，逐层装填。

2. 吸附罐的投用

① 用氨气置换掉吸附罐内的不凝气。开工过程中，吸附罐的投用与结晶罐的投用同时进行。即氨储罐液氨补入结晶罐，结晶罐内挥发气氨排入吸附罐，气氨使吸附剂吸附饱和，然后排出氨气，关闭排污阀，将气氨引入氨压缩机。

② 投用前，污水汽提生产稳定，三级分凝器的温度、压力达到工艺要求；结晶器的温度不大于 7℃，防止大量 H_2S 和 H_2O 不经结晶脱除而直接进入吸附罐，避免影响脱硫剂的正常使用。

3. 吸附罐的停用

① 切断吸附罐的进出阀门。

② 缓慢引氮气(或蒸汽)吹扫置换吸附罐内的气体，直至 H_2S、NH_3 气体含量达到要求为止。氮气置换后停氮气，然后关闭吸附罐底排污阀等。

4. 吸附罐的切换

生产过程中，吸附剂活性急剧下降，吸附罐后气氨中 H_2S 浓度大于 10mg/L，吸附剂吸附能力超过规定要求时，对吸附罐进行切换再生。

① 打开备用吸附罐的出入口阀，引气氨入备用吸附罐，并检查其他阀门是否关闭，然后逐渐关闭准备停用的吸附罐的出入口阀。

② 从停用吸附罐顶引蒸汽入吸附罐进行升温再生，再生尾气排入密闭罐中用水吸收，逐渐加大蒸汽量，使再生温度大于 120℃，再生压力控制在 0.35~0.5MPa(表)并维持 8h 左右。

③ 停蒸汽，引氮气吹扫吸附罐，将塔内水分赶尽，关闭氮气阀。

④ 从吸附罐出口引气氨入吸附罐，置换至吸附罐温度低于 40℃时为止，关闭吸附罐所有阀门使其处于备用状态。

5. 正常维护

① 污水汽提生产稳定，三级分凝器的温度、压力达到工艺要求。

② 控制好结晶罐的温度、液位。

③ 结晶器的操作压力不应大范围地波动，补充液氨时，不要速度过快。

④ 吸附罐应按要求开展切换再生。

⑤ 吸附罐内严禁水窜入，特别是结晶罐冲洗时更要注意。

第四节　控制指标与分析频次

一、单塔低压汽提

单塔低压汽提装置分析项目与控制指标及分析频次见表 3-4-1，各装置根据实际生产需要略有差异。

表 3-4-1　单塔低压汽提装置分析项目与控制指标及分析频次

物料名称	分析项目	控制指标	分析频次
酸性水	H_2S	—	1 次/周
	NH_3	—	
	油含量/(mg/L)	≤50	
净化水	硫化物/(mg/L)	≤20	1 次/天
	NH_3/(mg/L)	≤50	
	pH 值	≤11.5	
酸性气	烃/%(体积分数)	≤2.0	1 次/周
	H_2S	—	
	NH_3/%(体积分数)	≤0.5	

二、双塔加压汽提

双塔加压汽提装置分析项目与控制指标及分析频次见表 3-4-2，各装置根据实际生产需要略有差异。

表 3-4-2　双塔加压汽提装置分析项目与控制指标及分析频次

物料名称	分析项目	控制指标	分析频次
酸性水	H_2S	—	1 次/周
	NH_3	—	
	油含量/(mg/L)	≤50	
净化水	硫化物/(mg/L)	≤20	1 次/天
	NH_3/(mg/L)	≤50	
	pH 值	≤11.5	

续表

物料名称	分析项目	控制指标	分析频次
酸性气	烃/%(体积分数)	≤2.0	1次/周
	H_2S	—	
	CO_2	—	
粗气氨	NH_3/%(体积分数)	≥94	1次/周
	H_2S	—	
	H_2O	—	
气氨	NH_3/%(体积分数)	≥99.8	1次/周
	H_2S	—	
	H_2O	—	
液氨	纯度/%(质量分数)	>99.6	1次/周
	残留物/%(质量分数)	<0.4	

三、单塔加压侧线抽出汽提

单塔加压侧线抽出汽提装置分析项目与控制指标及分析频次见表3-4-3，各装置根据实际生产需要略有差异。

表3-4-3　单塔加压侧线抽出汽提装置分析项目与控制指标及分析频次

物料名称	分析项目	控制指标	分析频次
酸性水	H_2S	—	1次/周
	NH_3	—	
	油含量/(mg/L)	≤50	
净化水	硫化物/(mg/L)	≤20	1次/天
	NH_3/(mg/L)	≤50	
	pH值	≤11.5	
酸性气	烃/%(体积分数)	≤2.0	1次/周
	H_2S	—	
	CO_2	—	
粗气氨	NH_3/%(体积分数)	≥94	1次/周
	H_2S	—	
	H_2O	—	
气氨	NH_3/%(体积分数)	≥99.8	1次/周
	H_2S	—	
	H_2O	—	
液氨	纯度/%(质量分数)	>99.6	1次/周
	残留物/%(质量分数)	<0.4	

第五节　主要设备设施

一、汽提塔

汽提塔一般为板式塔，采用浮阀塔盘，操作弹性大，且雾沫夹带少，全塔盘鼓泡均匀，效率较高。此外它还有压降小、结构简单、造价低等一系列优点，所以应用最为广泛。

（一）塔盘的工作原理

塔盘也称塔板，是塔设备的重要部件，其基本技术特点是分馏效率高，生产能力大，操作稳定，压降小和结构简单。塔盘要提供气液两相之间的接触界面，主要包括气体上升的通道、液体下降的降液板或降液管、供气液两相充分接触的构件等。

（二）浮阀塔盘

不同浮阀塔盘的浮阀结构可分为两大类。一类是盘状浮阀，浮阀是圆盘片，塔盘上开孔是圆孔。按其在塔板上固定的方法又可分为用三条支腿固定浮阀升高位置的 F1 型浮阀，用十字架固定浮阀升高位置的浮阀等。另一类是条状浮阀，浮阀是带支腿的长条片，塔盘上开的是长条孔。长条片面上有的还开有长条孔或凹槽等，形式多样。

二、换热器

酸性水汽提装置换热器主要包括汽提塔底重沸器、原料水-净化水换热器、净化水冷却器等，常采用管壳式换热器。

（一）管壳式换热器的结构类型

管壳式换热器也叫管束式换热器，或叫列管式换热器。它由胀接(或焊接)在管板上的管束和用于安装管束的圆筒形外壳组成。一种流体(设为高温载体)由管程进口进入管箱，沿管束内部流动再经过管箱由管程出口排出；另一种流体(设为低温载体)由壳程进口进入，穿过装满管束的壳体空间经壳程出口排出，两种流体在换热器内通过管束的管壁传送热量。按照管壳式换热器的结构特点分为以下几种类型。

1. 固定管板式

如图 3-5-1(a)所示，两端管板与壳体焊接固定，结构简单，造价低。但当管子与壳体温差很大时，由于各自的膨胀量不同会产生较大的热应力，甚至会破坏管子与管板的连接造成泄漏，所以它适用于冷热流体的平均温差不超过 60~80℃的场合。此外，这种换热器的壳程无法进行机械清洗，所以要求壳程流体不易结垢或沉淀。

2. 带膨胀节固定式

如图 3-5-1(b)所示，在壳体上装有波形膨胀节，可补偿部分热膨胀量，以减少由于管、壳程温差引起的热应力。但波形膨胀节管壁较厚时，作用不明显，所以这种形式的换热器主要用于管、壳程流体温差较大、压力较低[如壳程压力小于 0.6~1.0MPa(表)]的场合。

3. 浮头式

如图 3-5-1(c)所示，管束一端可在壳体内自由滑动，这样就不受冷热流体温差的限制。此外，检修时整个管束可以从壳体抽出，清洗和更换较方便，对流体也没有限制。虽然浮头式换热器比固定管板式换热器结构复杂，而且增加了重量和造价，但由于炼油厂中换热过程大多是在较高温差和压力下进行的，故浮头式换热器得到了广泛的应用。

4. 填函式

如图 3-5-1(d)所示，管束一端可自由滑动，并由填料函密封，结构比浮头式稍简单，但不适合高温、高压和易燃流体的换热，炼油厂内很少应用。

5. U 形管式

如图 3-5-1(e)所示，管束的管子弯曲成 U 形，管子的两端固定在同一管板上，管子可以自由膨胀，也可以从壳体内抽出，便于清洗。过去管子内壁在 U 形弯头处不易清洗，管子更换困难，主要用于管内流体压力较高且流体清洁的场合；现在随着检修清洗设备技术的发展，U 形管清洗困难的问题已解决，U 形管式换热器在新建装置得到广泛采用。

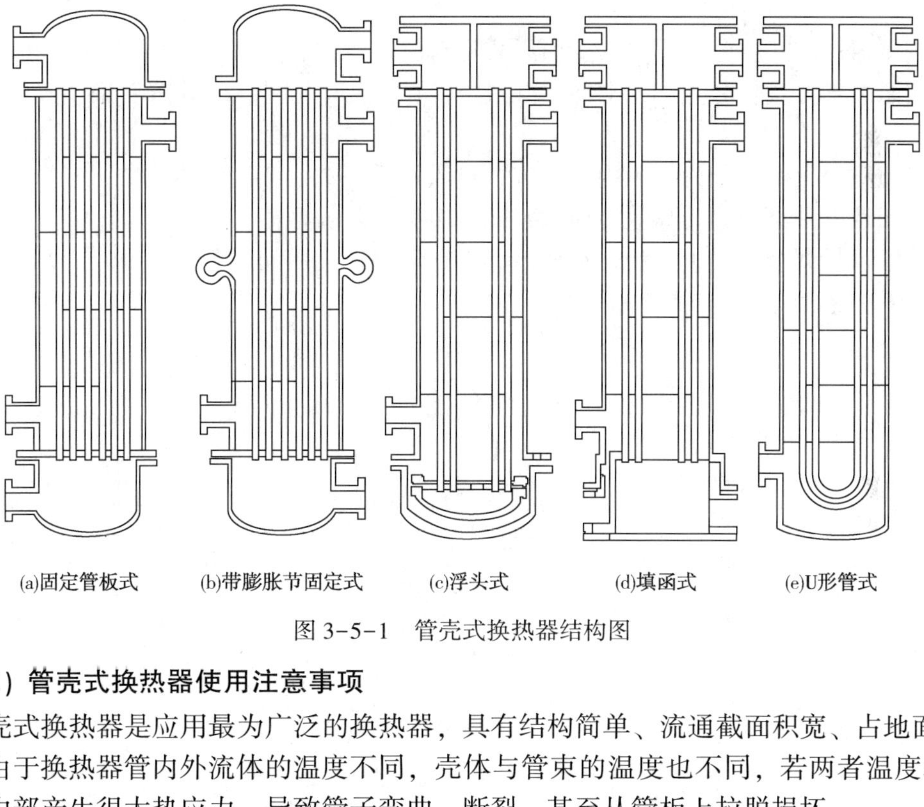

图 3-5-1 管壳式换热器结构图

(二) 管壳式换热器使用注意事项

管壳式换热器是应用最为广泛的换热器，具有结构简单、流通截面积宽、占地面积大等特点。由于换热器管内外流体的温度不同，壳体与管束的温度也不同，若两者温度相差大，换热器内部产生很大热应力，导致管子弯曲、断裂，甚至从管板上拉脱损坏。

① 换热器在新安装或检修完之后必须进行试压才能使用。

② 换热器在开工时，要先进冷流后进热流，在停工时要先停热流后停冷流，以防止不均匀的热胀冷缩引起泄漏或损坏。

③ 固定管板式换热器不允许单向受热，浮动式换热器管、壳两侧也不允许温差过大。

④ 启动过程中，排气阀应保持打开状态，以便排出全部空气，启动结束后应关闭。

⑤ 若用于碳氢化合物换热，在装入碳氢化合物之前应用惰性气体置换换热器中的空气，避免发生爆炸。

⑥ 蒸汽加热器或停工吹扫时，引汽前必须切净冷凝水，并缓慢进汽，防止水击。换热器一侧进汽时，必须把另一侧的放空阀打开，避免憋压损坏。关闭换热器时，应打开排气阀

和疏水阀，防止冷却形成真空损坏。

⑦ 设备投用和使用时应避免温度大幅波动和超温、超压。

三、空气冷却器

空气冷却器又叫作空冷器，它是以空气作为冷却介质，错流通过空冷器翅片管的外侧，把管内流动的流体冷却或冷凝的换热设备。酸性水汽提装置空冷器主要有净化水空冷器、酸性气空冷器等。

(一) 空冷器的分类

空冷器因其结构、安装形式、冷却和通风方式不同，可分为以下不同形式：

① 按照管束布置方式，分为立式、水平式、斜顶式(人字式，A 形)、V 形、圆环式、多边形；

② 按照通风方式，分为鼓风式、引风式和自然通风式；

③ 按照冷却方式，分为干式空冷、湿式空冷(包括增湿型、喷雾蒸发型、湿面型)、联合型；

④ 按照防寒方式，分为热风内循环式、热风外循环式、蒸汽伴热式。

⑤ 按照性能种类，分为高效节能型、低噪声型、防腐型等。

⑥ 按照风量调节方式，分为自动调节、半自动调节、手动调节。

典型空冷器通风方式如图 3-5-2 所示。

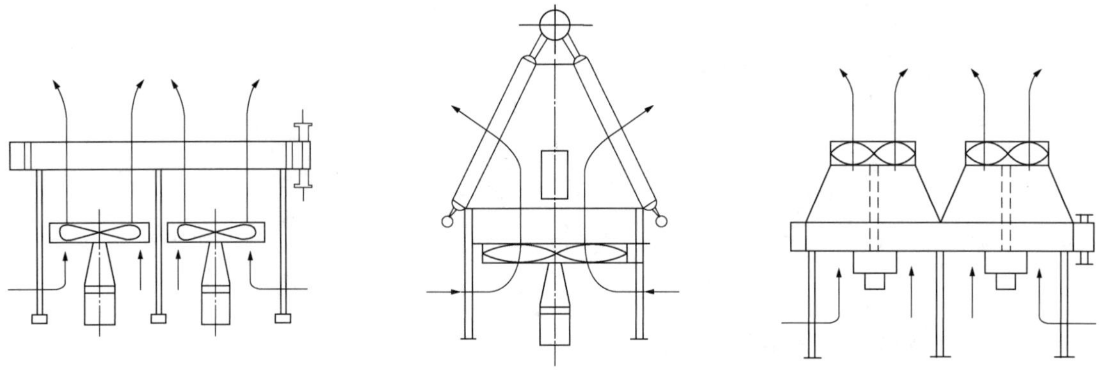

(a)鼓风式　(b)斜顶鼓风式　(c)引风式

图 3-5-2　不同通风方式空冷器

(二) 空冷器的基本结构

空冷器主要由管束、支架和风机组成，具体包括：

① 管束：包括管箱、换热管、管束侧梁及支撑梁等；

② 风机：通常采用轴流风机，包括轮毂、叶片、支架及驱动机构等；

③ 百叶窗：包括窗叶、调节机构及百叶窗侧梁等；

④ 构架：用于支撑管束、风机、百叶窗及其附属件的钢结构；

⑤ 风箱：用于导流空气的组装件；

⑥ 附件：如蒸汽盘管、梯子、平台等。

典型空冷器基本结构如图 3-5-3 所示。

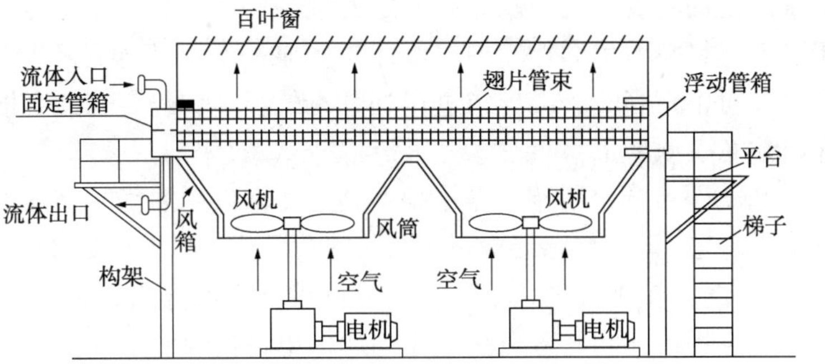

图 3-5-3　空冷器的基本结构

（三）空冷器的主要优缺点

空冷器应用较为广泛，与水冷器相比，优点包括：环保且能耗低，使用地点不受气源限制；冷却介质无腐蚀，不需要防垢和清扫；维修费是水冷器的 20%~30%。采用空冷器可节省大量工业用水，减少环境污染，降低基建费用，特别在缺水地区，以空冷代替水冷，可以缓解水源不足的矛盾。

由于空气侧的传热分系数很小，空冷器通常对温度的调整范围较窄，主要缺点包括：由于空气比热小，要求换热面积大；热流体出口温度较高；受天气影响波动较大；运转时有噪声并产生振动。

四、机泵

酸性水汽提装置机泵主要有原料水泵、原料水增压泵、净化水泵、污油泵、塔顶回流泵等，一般采用离心泵。

（一）原料水泵与原料水增压泵

由于原料水中 H_2S 含量较高，机泵一般采用串联式机械密封，常采用 PLAN53 密封冲洗方案，以提高机泵运行可靠性。在 PLAN53 中，使用一个带压的外部隔离液储箱向密封室供送清洁液体，依靠一个内部的泵送环（或热虹吸罐）来循环液体，储箱内压力大于被密封的介质压力。根据外部压力源的不同，PLAN53 方案可分为 PLAN53A、PLAN53B、PLAN53C 三种形式。

（二）塔顶回流泵

塔顶回流泵多采用磁力泵。磁力泵通常由电动机、强力磁耦合器和离心泵组成。其主要特点是利用磁力耦合器传递动力，当电动机带动磁力耦合器外磁转子旋转时，磁力线穿过间隙和隔离套，作用于内磁转子上，使泵转子与电动机同步旋转，实现无机械接触的传动扭矩。由于液体被封闭在静止的隔离套内，在泵轴的动力输入端没有动密封，因而完全无泄漏。

优点：由于传动轴不需要穿入泵壳，而是利用磁场透过空气间隙和隔离套传动扭矩，带动内转子，因此从根本上消除了轴封的泄漏通道，实现了完全密封。传递动力时有过载保护作用。除磁性材料与磁路设计有较高要求外，其余部分技术要求不高。磁力泵的维护和检修工作量小。

缺点：磁力泵的效率比普通离心泵低。隔离套的材料及制造要求较高。受材料与磁性传动的影响，磁力泵的使用温度和使用压力有一定的限制，使用温度过高容易造成磁性材料退磁和消磁。由于隔离套材料的耐磨性较差，因此磁力泵一般用于输送不含固体颗粒的介质。联轴器对中要求高，对中不当时，会导致进口处轴承的损坏和隔离套的磨损。

磁力泵操作时注意事项如下：

① 防止退磁。磁力泵过载、堵转或操作温度高于磁钢许用温度时会发生退磁。可在磁力泵隔离套外表面装设铂电阻温度传感器检测环隙区域的温升，以便温度超限时报警或停机。

② 严禁空转。因磁力泵轴承的冷却和润滑是靠被输送的介质，为避免滑动轴承和隔离套烧坏，故绝对禁止空运转，同时避免在工作中途停电再启动时造成空载运转。

③ 防止颗粒进入。不允许有铁磁杂质、颗粒进入磁力传动器和轴承摩擦副，输送易结晶或沉淀的介质后要及时冲洗，以保障滑动轴承的使用寿命。

④ 磁力泵应水平安装，不宜垂直安装，塑料泵体不得承受管路重量，对于特殊要求垂直安装的场合，电机务必朝上。

五、酸性水除油器

酸性水除油器主要由旋流油水分离器和聚结斜板分离器两部分组成。

油水混合液先进入旋流油水分离器，在旋流管作用下实现油水分离。旋流管由进口、旋流腔、收缩腔、尾锥、尾管、底流口、溢流口等部分组成。油水混合液由旋流腔上部的进口进入旋流油水分离器，形成螺旋流动。经收缩腔、尾锥两级收缩，使流体增速并在旋流油水分离器的内部形成一个稳定的离心力场。该离心力场产生离心加速度为2000g，因此油水在几秒内可实现分离。油水混合液通过进水口进入斜板后，受到重力的作用，油和水开始在斜板上运动，油逐渐浮向斜板上方，水则向下流动。由于斜板的倾斜度和间距一定，所以油和水被逐渐分离并聚集到斜板的两侧，最终实现油水分离的目的。

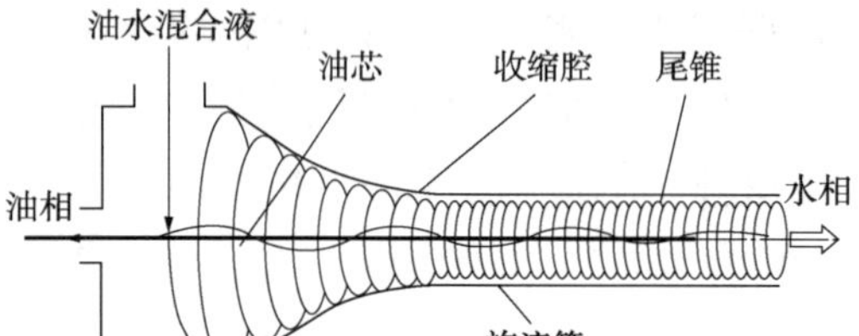

图 3-5-4　旋流油水分离器工作原理

旋流油水分离器的工作原理如图 3-5-4 所示。在旋流油水分离器中，油的密度较小，离心力较小，在分离器中心轴向流动，通过左侧的油口排出；水的密度较大，离心力较大，在分离器内壁周向流动，通过右侧的水口排出。

罐中罐除油器通常为专利产品，典型罐中罐除油器结构如图 3-5-5 所示。

（一）操作原理

如图 3-5-5 所示，含油污水从 A 管切线进入内罐。经旋流和沉降初步分离油相、水相、污泥；油相在内罐中靠重力与水相进一步分离后，经浮油自动收油器 5 进入锥形污油收集罐，然后从排油口 Y 排出。水相靠附在内罐内外壁上的连通通道，从内罐排到外罐；含油污水内的污泥经旋流和沉降分离后沉积在内罐下部，从排泥口 D 排出。

正常情况下内罐的液位高于外罐，浮油自动收油器 5 正常收油，当外罐液位升高且大于内罐正常液位时，由于内罐内外壁上的连通通道使得内罐液位随着外罐的液位升高而升高，此时浮油自动收油器 5 在浮球的带动下随之升高，避免水相由于液位的升高大量进入污油收集罐。

（二）注意事项

① 首次内罐进水前，先将内外罐连通阀（回流阀）全开。进水采用排放污水，以避免对内、外罐壁的油污染。待大罐液位指标上升至3m以上时，再将回流阀关闭（切记）。

② 内罐首次进水时，要适当控制进水量，宜控制小于$50m^3/h$。打开进水阀门的操作动作要缓慢。

③ 大罐液位超过3m后，可以缓慢关闭回流阀。稍打开排泥阀，见水后关闭排泥阀。

④ 关闭回流阀后稍打开排油阀，待排油阀出水时，关闭排油阀。

⑤ 污水调节罐需要进行排空操作时，先进行一次正常的排油、排泥操作，将内罐的污油和污泥排尽，关闭排油阀门、排泥阀门之后方可关闭进水阀门。当污水调节罐处于最低液位时（4m左右），打开回流阀门，内外罐连通后，方可以打开污水调节罐排空阀门进行排空操作。

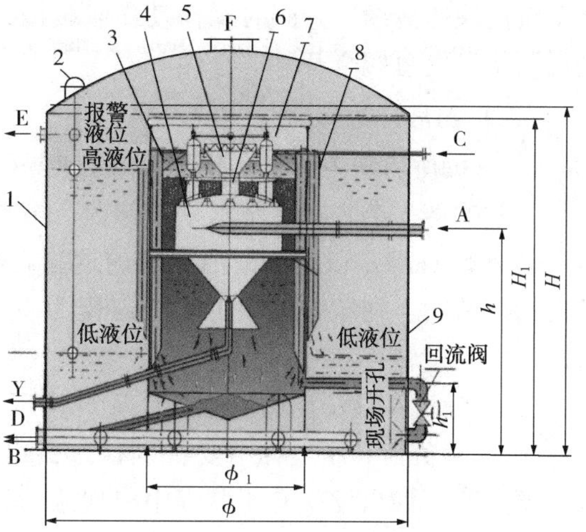

图3-5-5　罐中罐除油器简图

A—进水口；B—出水口；C—蒸汽管口；D—排泥口；E—溢流口；F—人孔；Y—排油口；1—收集管；2—液位控制器；3—虹吸布水管；4—水力旋流分离器；5—浮油自动收油器；6—伸缩套管；7—调节罐；8—旋流分离器支架；9—外罐

六、活塞式压缩机

活塞式压缩机是一种依靠活塞往复运动使气体增压和输送气体的压缩机，属容积型压缩机，又称“往复活塞式压缩机”或“往复式压缩机”。主要由工作腔、传动部件、机身及辅助部件组成。工作腔直接用来压缩气体，由气缸、气缸套、气阀、填料、活塞及活塞杆组成。活塞由活塞杆带动在气缸内做往复运动，活塞两侧的工作腔容积大小轮流做相反变化，容积减小一侧气体因压力增高通过气阀排出，容积增大一侧因气压减小通过气阀吸进气体。传动部件用以实现往复运动，由曲轴连杆、偏心滑块、斜盘等组成，其中以曲轴连杆机构使用最为普遍，它由十字头、连杆和曲轴等组成。

（一）开机前检查和准备

① 检查新安装或大修的机组是否经过试运，确保合格。

② 检查所有的保护装置是否正常。确认机组所属所有仪表投用并完好。

③ 检查所有的管线连接是否松动，阀门是否按要求开启或关闭，盲板是否按要求复位。

④ 联系电工检查电机绝缘电阻并送电，更换开、停牌，确认电机及各项电气设备处于良好状态，接地良好。电机转动正常。

⑤ 检查压缩机气阀安装的位置是否正确，吸气阀应装在吸入阀腔内，排气阀应装在排出阀腔内。

⑥ 确认曲轴箱油箱已清洗干净，并加入规定的压缩机油至规定油位。

⑦ 排净管线、各级入口分液罐及缓冲罐和出口缓冲罐的存液，关闭各排凝阀，然后慢慢地引氨气入系统，注意观察各入口分液罐的液位并及时排凝。系统引氨气时一定要先将机

组系统内液体排净，开阀时操作动作应缓慢，防止引起液击而损坏管线、机组，待到压力平稳后再将氨气总阀全开。

（二）正常开机步骤

① 空负荷启动主电机，使压缩机在空负荷情况下运转 10~15min。检查机组各部件运转有无异常响声、杂音，冷却水是否畅通，电流值是否正常。如果是第一次开机，必须让压缩机空转大约 1min，以便润滑油能均匀地涂在各个滑动接触表面。然后逐步关闭气路系统中的压力调节阀，在压缩机的 1/4 额定压力下运转 1min，在 1/2 额定压力下运转 2h，在 3/4 额定压力下运转 4~8h。

② 压缩机在最小压力下运转，无异常现象后，方可将压力逐步升高。

③ 提高负荷升压过程中要特别检查机组运转情况，电流、振动、流量、各级压力及温度分配情况，如果发现升压过程中出现振动、噪声或其他异常，应立即采取措施降低负荷或停机处理。

（三）正常停机

① 进行停机前的检查和必要的记录。

② 与有关岗位联系好，将负荷降至零。

③ 切断电源，停机。

④ 关闭进出口阀门，打开各级放空阀泄压，打开各级气液分离器排凝阀排凝，打开各级进出口缓冲排凝阀。

⑤ 机组停运后，油泵应继续运转一段时间，直至轴承温度降至常温后停泵。

⑥ 待各点温度降至常温后关闭冷却水进口阀。

（四）紧急停机

1）机组在运行中遇下列情况之一，应按紧急停机处理：

① 润滑油压力下降至联锁值。

② 润滑油管破裂或某部位严重堵塞使油路中断或油压迅速下降。

③ 电机定子绕组温度大于 130℃。

④ 电机电流超过额定值，调节无效。

⑤ 压缩机或电机发出严重的撞击声或摩擦声，某部件损坏。

⑥ 机体、氨气系统容器、工艺管线破裂或严重泄漏，无法修复或发生着火爆炸。

⑦ 装置发生重大事故。

⑧ 工艺要求紧急停机。

2）停机步骤：

① 负荷卸至零。

② 迅速切断电源。

③ 关闭进出口阀，打开放空阀泄压。

④ 其余步骤与正常停机相同。

（五）正常切换

① 按“开机前检查和准备”和“正常开机步骤”的要求将备用机组启动到空载运行。

② 将负荷增至与原运行机组相同，同时将原机组的负荷降为零。

③ 确认新启动的机组运行正常后，按正常停机步骤停运原运行机组。

（六）正常维护

① 严格执行巡回检查制度，定时对机组进行全面检查并做好记录。

② 检查电流、电机外轴承温度、压缩机主轴承温度及一、二级排气温度是否正常。

③ 电机及其轴承运行无杂音；汽缸、曲轴箱无异常撞击声，转动部件无杂音，气阀无窜气。

④ 确保压缩机冷却系统畅通。

⑤ 确保曲轴箱的润滑油液面高度、润滑油过滤器压差、润滑油压、润滑油温在正常范围内。

⑥ 检查各级出入口缓冲罐、分液罐液位，及时排凝。

⑦ 检查管线各连接部位有无泄漏，检查各安全阀是否内漏，检查机体管线是否振动。

（七）活塞式氨压缩机异常现象分析及处理

活塞式氨压缩机异常现象分析及处理见表3-5-1。

表3-5-1　活塞式氨压缩机异常现象分析及处理

故障现象	可能原因	排除方法
气量不足	气阀的阻力损失过大	检修或更换气阀弹簧
	汽缸与缸盖、缸座连接螺母松动，填料筒和安全阀密封不严等故障，气体外漏	上紧螺母，检修研磨
	气阀磨损或受阻，气体内漏	检查清洗或更换
	电机转速下降	检查电机或电网电压
排气温度过高	进气温度过高	降低进气温度
	冷却水供应不足	检修管路调节水量
	水垢过多，影响冷却效率	清除水垢
	活塞环破损或精度不高，使汽缸两端互相串气	检修或更换活塞环
	进气压力降低，压缩比增大	调整系统压力，改善压缩机工作条件
	中间冷却器效率低，二级进气温度高	加大中间冷却器进水量，清洗冷却管内外壁及散热片，检查冷却器隔板是否损坏
	汽缸壁有油垢及浮沫	清洗汽缸壁
润滑油压不足	曲轴箱内润滑油不足	加注润滑油
	粗滤油器被污染或堵塞	清洗
	旋转式机油滤油器堵塞	更换
	油压表失灵	更换油压表
	管路堵塞或破裂	检修或更换油泵管路
	齿轮泵失去作用	检查齿轮泵进、排油口密封情况
	润滑油质量不符合规定，黏度过小	更换质量符合规定的润滑油

续表

故障现象	可能原因	排除方法
压缩机有异常响声	缸盖与活塞间落入金属块(如阀片或弹簧等破碎片)发出撞击声	及时停车取出金属块
	活塞、汽缸镜面的粗糙度损坏，互相粘连	拆下检修
	汽缸内有积水	检修油路、清除积水
	气阀松动	检查并上紧气阀
	活塞杆与活塞连接螺母松动	检查螺母并按规定拧紧
	连杆大、小头轴瓦间隙过大	修复或更换大、小头轴瓦
	连杆螺栓的螺母松动	锁紧螺母
	进、排气阀在缸头孔内松动，气体冲击，产生响声	上紧气阀
	轴承盖松动	拧紧轴承盖螺母
	润滑油过多	调节油量
	轴瓦、轴径磨损，椭圆度过大	修磨或更换
冷却水排放时有气泡	冷却器内橡胶石棉垫破裂窜气	更换垫片
	冷却管破裂与管板未胀牢窜气	更换管子或重新胀管
	汽缸垫片破裂窜气	更换垫片
中间压力异常	中间压力表损坏或仪表管道堵塞	清洗管道或更换压力表
	一级进、排气阀漏气或损坏(压力过低)	研磨或更换一级进、排气阀阀座或垫片
	二级进、排气阀漏气或损坏(压力过高)	研磨或更换二级进、排气阀阀座或垫片
排气压力不符合规定	压力表失灵	检修或更换压力表
	气阀工作不良，产生漏气	检修或更换零件
	管道漏气	查明原因，并排除
	阀片损坏，弹簧断裂	更换阀片或弹簧
	安全阀定压不合适	调整安全阀开启压力
	活塞环与汽缸磨损漏气	检查活塞环与汽缸磨损情况，必要时予以更换

七、螺杆式氨压缩机

螺杆式氨压缩机的工作原理属于容积式压缩机的范畴。与活塞式压缩机一样，气体也是依靠容积的减少来实现压力的提高。螺杆式氨压缩机内的气流方向，在压缩机腔内是沿入口到出口的对角线方向流动的，和活塞式压缩机一样，它的工作过程也分为吸气、压缩、排气三个过程。压缩机在吸气结束、压缩过程开始之时，向汽缸内喷入冷冻油，以降低压缩机过程的温升。在压缩气氨达到额定排压时，排气温度应控制在85℃以下。

压缩机由于配置了精度较高的同步齿轮和滚动轴承，因此其啮合间隙以及转子和缸体之间间隙得到了可靠保障，完全被控制在一个理想的数量范围内。从而保证机组获得较好的横向气密性和轴向气密性，使机组具有较高的容积效率和绝热效率。

(一) 螺杆式氨压缩机的开停机操作

初次开机，宜用空气试运，空负荷运行8h。压缩机在用空气介质进行试运转时，压缩机的入口压力、排气压力、排气温度和电机功率都必须严格控制，不得大于额定工况的规定值。

1. 开机前准备

① 操作人员在开机前必须熟悉操作规程，密切配合，认真负责。

② 开机前确保设备连接面完好，各阀门处在相应位置，电机接地良好。

③ 确认仪表及 DCS 控制系统正常。

④ 分液罐内加入冷冻油至规定液位，油箱内加入冷冻机油至规定液位。

⑤ 启动润滑油泵，保持出口压力正常，从回油窥镜中检查回油是否通畅，密封泄漏窥镜是否有泄漏，将油泵联锁开关置于联锁位置。

⑥ 打开各冷却器的冷却水，并检查是否通畅。

⑦ 打开主机后端盖上的小门盖，按箭头方向用专用工具盘动转子，要求在不施加强力下能盘动，无轻重不均匀的感觉，无摩擦撞击声，表明主机转动部位正常，盖上门板。

⑧ 确认电机转向正确。

2. 启动机组

1）启动加油泵，向压缩机入口注入少量冷却油，然后关闭注油阀，手动盘车将所注冷却油全部排出机外。允许启动灯亮后，启动主机，同时打开注油阀逐渐增加冷却油量，控制进液量，防止主机呛死，进液量多少由排气温度决定。

2）在开机时，先稍开入口阀、出口旁路阀，用工艺气建立循环。待机组正常运转后，缓慢关闭旁路阀，打开出口阀，将压缩 NH_3并入系统，调节排气温度。

3）如果机组电机配有变频调速器，启运机组时，变频器应置于 70%的位置。待机组运转平稳后，逐渐增加变频器的频率，同时增加进油量。

4）开机时应确保：①起运电流不超过额定值；②各压力、温度表指示正常；③转动部位无杂音或振动；④各管路、接头无漏气、漏油等现象；⑤如机组运行正常，根据生产状况引入工艺气，转入正常操作程序，同时调节油压、冷冻油喷液量，使排气温度、压力正常。

3. 机组停机

① 切断主机电源。

② 关闭注油阀、出入口阀门。

③ 压缩机停止后，泄压至常压，手动盘车。

④ 主机停运 20min，机内泄压后停润滑油泵。

⑤ 机组长时间不用或检修，应放掉系统中所有冷却液或保持其适当流量，以防止沉积物积聚或冬天结冰。

4. 机组的日常维护

① 机组正常运行过程中，应定期测定进气温度、排气温度、供油温度、排油温度、油压、冷却液温度、冷却水温度，做好详细记录。

② 严格控制排气温度不得大于 85℃，也不能低于 50℃。

③ 使用变频调速器时，冷却油喷入量应与电机转速成正比调节。

④ 如出现异常杂音，应立即停车检查是否有机械杂质落入机内。

⑤ 定期检查安全设备。

⑥ 油箱液位低于规定液位时系统报警，要定期检查油箱液位，判断密封系统有无泄漏，

跟踪分析油箱中油的使用状况。定期清洁、检查油过滤器。

⑦ 备用机组应定期进行盘车。

5. 安全注意事项及事故处理

① NH_3具有危险性，机组在运转时，不要松动螺栓、螺母和接头，不要拆卸任何盖板，否则带压介质易从松动处冲出机外，引发事故。

② 压缩机的驱动电机、启动装置和控制柜内电气元件通有高压电，电气设备维修前应切断电源。压缩机的电源线上须装有断路器或熔丝安全开关。

③ 压缩机的操作压力和压缩介质应符合设计规定，超压运行会造成电机过载以至停车，介质成分变化太大时需谨慎处理。

④ 须用安全清洗剂清洗压缩机及其附属设备。

⑤ 安全报警停车装置发出信号和停车，操作人员应查明原因，排除故障后才能重新启动机组。安全阀安装前要进行定压检验，一旦启跳，说明系统中压力过高，应停车查明原因。

（二）螺杆式氨压缩机异常现象分析及处理

螺杆式氨压缩机异常现象分析及处理见表3-5-2。

表3-5-2　螺杆式氨压缩机异常现象分析及处理

故障现象	故障原因	排除方法
压缩机不能启动	电气故障	检查电器
	压缩机腔里冷却油过多	盘车数圈，将冷却油压出机外
压缩机达不到额定压力	不工作阀门未关，管道漏气	关闭不工作阀门，堵漏
	进气压力过低	打开回路旁通阀
压缩机达不到额定气量	进气过滤器阻塞	更换滤芯或清洗滤芯
	正常运行时，进气阀门没有完全打开	开大进气阀门
压缩机排温过高	喷油不足或喷入的油温过高	增大喷油量或降低喷油温度
	排气压力超过额定压力	调整排气压力
电流过载	电网电压过低	检查电网供电线路，并排除异常故障
	排气压力超过额定压力	调整排气压力
压缩机排压过高	阀门操作不恰当	把阀门调节到正确位置
	压力控制器调整不当	调整压力控制器

第六节　开工准备

一、开工前检查

（一）工艺管线检查

1）核查设计的PID图及施工图。检查管线的尺寸、配置、材质以及具有特殊作用的配管是否符合设计要求。检查装置与公用工程系统的配管是否配备齐全，符合要求。检查管线规格、材质、厚度及工艺走向是否正确。检查管线、管件安装是否符合工艺要求，管线有无接错。

2）检查管线焊缝质量，保证无漏焊、脱焊、欠焊等缺陷存在，使用的焊条符合设计规范。

3）管道法兰连接部位的检查：

① 保证法兰的规格等级、法兰面、材质类型符合设计要求，确保法兰安装对正，无偏位、张口、法兰面损坏等不良现象。

② 检查垫片的规格、材质、型号是否符合配管图要求。垫片的安装准确，无漏装现象。垫片应放正压紧，材质应符合要求。

③ 连接用的螺栓、螺母的规格、材质、型号符合设计要求，螺栓配备齐全，对称上紧，上紧后两头均应有2~3丝扣的余量。

4）检查管道丝扣连接，要求连接、上足丝扣，不得有滑扣或螺纹损伤现象。

5）管道使用阀门的检查：

① 阀门的规格、选型、等级、材质、盘根、压盖、手轮、阀座与阀杆、单向阀的流向等安装正确，阀门的盘根压满，阀门安装位置满足开关方便、灵活好用、方便操作与维修的要求。

② 阀座垫圈、阀盖、阀片等符合要求，阀门的手轮及辅助操作设施灵活好用，阀门的限位设施齐全。

③ 阀体、阀盖等不得有裂缝、砂眼和其他影响强度的缺陷。

④ 安全阀按设计要求定压，其铅封完好，现场安装位置准确。

6）管道上的"8"字盲板严格按设计要求配管，安装位置及规格材质准确，按开工要求进行调向安装。

7）管线上的限流孔板(RO)、流量孔板(FO)、测压点以及温度计的设置(包括压力表、热电偶)符合设计要求和设计规范，现场按要求配置齐全(吹扫、冲洗之前，孔板暂不安装)。

8）检查各放空、排凝点的设置是否符合设计要求，排凝口应设置漏斗，做到密闭排放，排放管线畅通。

9）检查管线、支座、管托、管吊等的设置是否符合设计要求，管线安装紧固适中，不得随意晃动。

10）受热管线能够自由膨胀，设有足够的温度补偿管线。

11）管线的伴热、保温施工完毕，保温材质及厚度符合设计规范要求，疏水器安装齐全好用。

12）检查埋地管线的材质、规格走向以及防腐措施是否符合设计规范。

13）燃料气管线的法兰、阀门的防静电接地良好，无漏接、松脱。

14）管线刷漆符合规范、保温质量符合要求，并按名称介质方向进行标识；管线试压合格。

15）管线的流程走向与阀门安装符合工艺实际操作要求，检修方便、安全。

16）与设备本体相连的管线，其重量不得由设备承担。

17）检查易凝管线的伴热线是否满足要求，热力管线的热补偿措施应适应生产要求。

18）所属的单向阀、截止阀、疏水器的安装方向正确；压力表、温度计配齐，量程合适，温度计尾长合适，方便操作。所属的放空、排污和扫线设施符合生产要求，符合防烫、防火的安全原则。

19）固定支架及活动支架牢固或移动灵活，管架基础无倾斜、下陷。对于振动大的管线，应支撑牢靠，跨度合适。

20）检查管线布局的合理性，防止在开停工过程中管线出现存液。

21）各点的氮气、蒸汽、非净化风、新鲜水及生活水齐全，使用方便。

22）消防胶管齐全，安装牢固，使用方便。

23）检查电器照明配管的防静电副线有无漏接、松脱。

24）全面检查与系统相连的有关管线，解决存在的问题和隐患。

（二）静设备检查

1. 塔和容器检查

1）塔及容器的设计压力和温度、操作压力和温度以及设计处理能力符合工艺要求。

2）塔及容器的铭牌完好。设计介质、材质、厚度、腐蚀裕度符合设计要求。

3）塔及容器的开口方位、法兰等级及材质型式符合设计要求，法兰螺栓把紧满帽，垫片材质合适，无偏斜、松弛。

4）塔及容器的基础符合设计要求，设备基础无下沉、倾斜、裂缝，地脚螺栓符合规范，无变形、松脱。

5）容器的内构件符合设计要求。塔盘开孔率、孔中心距、孔径符合设计要求，塔盘安装的水平度应符合设计规范。

6）检查塔盘安装质量，塔盘各支撑结构与塔的本体连接焊缝符合要求，塔盘安装平整，浮阀灵活，无卡涩、缺失，塔盘与支梁的螺栓无松缺。

7）塔及容器内附件的螺栓符合要求，螺栓已上紧。

8）塔和容器的附件(压力表、温度计、液位计、安全阀、放空阀、单向阀及消防系统等)齐全好用。安全阀按要求定压、加铅封，各压力表、温度计选型正确，安装符合设计要求，量程合适。

9）塔及容器的测温热偶及测压设施齐全好用，现场压力表经校验检查合格。

10）与塔及容器相连的管线阀门灵活好用。所属阀门规格、型号符合工艺要求。阀盖垫片合适，盘根材质正确、压满，开关灵活。

11）所属支、吊、托架、梯子、平台、栏杆等符合设计要求，牢固、可靠，符合操作和安全要求。受热管线能够自由膨胀，设有足够的温度补偿管线。

12）油漆、保温质量符合要求，并按介质名称及方向张贴管道标识。保温层的规格、厚度、外包铝皮美观规范。

13）与塔及容器相连的工艺管线齐全，符合工艺要求。

14）塔及容器的液位测量设施好用，玻璃板液位计干净，便于现场观察。

15）检查焊缝质量，肉眼观察有疑问时，应申请相应无损检测。

16）塔及容器的抽出口位置及流程连接符合工艺要求。

17）塔及容器、液位仪表的安装位置符合设计、工艺要求。

18）塔、容器内的杂物清理干净。

19）设备静电接地符合要求，无松脱及缺失情况。

2. 冷换设备检查

1）铭牌检查。设计温度、温差、压力、流量、程数、换热面积、热负荷、流体介质符合要求。

2）冷换设备的基础牢固，安装正确，鞍座一侧紧固一侧只作滑动支撑，留有热胀冷缩的余地。

3）冷换设备的头盖垫片、螺栓正确安装并紧固，材质符合要求。

4）冷换设备的进出口法兰与工艺管线的法兰对正，垫片安装正确，螺栓紧固，相连的管线符合工艺要求。

5）冷换设备进出口管线上的温度计、压力表、热电偶配备齐全，符合设计要求。

6）空冷器翅片完好，变形的要及时修复，风机叶片安装正确，风扇叶片角度依据设计能够调整。

7）风机与电机的安装对正，皮带联动适宜，螺栓齐全紧固。

8）风机、电机的转动方向符合设计要求，运转轻快自如。

9）空冷器安全罩安装良好、牢固。

10）冷换设备保温施工达到设计要求，保温的厚度、材质符合要求。

11）冷换设备的静电接地线齐全符合规格，无松脱及缺少情况。

12）检查所属的温度计或测温管嘴、压力表安装，并经校验合格。所有的放空、扫线、排污、取样等阀门和单向阀齐全好用，单向阀安装方向正确。

13）各法兰螺栓把紧满帽，垫片材质合适，无偏斜、松弛，堵头上紧。

14）所属阀门规格型号符合工艺要求，阀盖垫片合适，盘根材质合适、压满，开关灵活。

15）各进出口、副线、吹扫蒸汽线、阀门连接合理，方便操作和检修。

16）设备基础和地脚螺栓牢固。

17）所属支架、梯子、平台、栏杆牢固、安全，并符合要求。

18）空冷风机安装符合要求，风扇紧固，风扇转动不碰及风筒。风机、马达转动时无异常声响。

19）空冷表面散热片应平整无缺损。

20）油漆、保温质量符合要求。

3. 阀门检查

1）带有方向性的阀门(针形阀、单向阀、截止阀等)安装符合流程走向要求。

2）阀门的盘根压满，开关灵活，便于操作与维修。

3）根据工艺特点，检查阀门的型号(压力等级、材质等)是否符合工艺要求。

4）阀门的试压孔、丝堵带垫片上紧或焊死；阀体、阀盖无裂缝、砂眼等明显缺陷。

5）阀门手轮配齐，对外露丝杆进行上油保养并加保护套。

（三）动设备检查

1. 泵的检查

1）铭牌检查。泵的扬程、流量、操作温度和压力等满足工艺要求。

2）泵的型号、材质、法兰及密封、轴承、泵的级数、润滑油和冷却系统符合设计要求。

3）与泵相匹配的电机电压、电流、功率、转速符合设计要求。

4）泵体、电机各连接螺栓及地脚螺栓上好。机泵找正完毕并验收合格，盘车轻快自如。

5）与泵连接的工艺管线配备齐全，法兰对正，螺栓按规范上紧，机泵无应力检查完毕并验收合格。

6）泵相关就地表、远传表安装齐全、调校完毕，出口单向阀的方向准确。

7）泵配置的冷却水管线安装正确。

8）泵体机械密封及附属管线完好。

9）泵电机的运转方向正确。

10）泵基础完好。

11）润滑油、封油、冷却水系统畅通、无泄漏，清洁完整。

12）联轴器安装符合要求，油杯、安全阀等附件安全、牢固；盘车时，无卡涩现象，并画好盘车线，轴承箱按规定加注润滑油，油雾润滑系统运行正常。

13）所选用的温度计、压力表量程合适，贴好上下限。放空、扫线、排污等阀门齐全好用。

14）机泵试车前检查泵出入口连接法兰力矩情况，保证无外应力作用下螺栓顺畅通过螺栓孔。

15）法兰、螺栓把紧满帽，露出至少3丝扣，垫片材质合适、无偏斜和松弛。

16）管线阀门的安装便于操作、检修，出口单向阀安装方向正确。

17）基础及地脚螺栓完好、紧固、有垫圈且满帽，进、出口阀门吊挂、支架符合要求。

18）油漆、保温质量符合要求。

19）电机电流表符合生产要求，并画好警戒红线。

2. 氨气压缩机的检查

1）检查铭牌。类型、操作条件、设计能力、活塞行程和速度、压缩比等参数符合设计要求。

2）十字头、吸排气阀、汽缸、填料等主要部件完好。

3）润滑油系统完好。

4）卸荷器、余隙调节器好用，余隙设计符合规范。

5）超压安全保护设施良好，安全阀的铅封完好无损。

6）仪表安装符合要求。

7）电机系统良好，电机功率匹配，电机与压缩机的连接方式正确，电机转向正确。

8）与机体相连的工艺管线齐全正确，压力等级一致。

9）机体出、入口阀阀盖螺栓齐全，已按要求把紧。

10）电机联锁系统正常。

（四）仪表检查

1）检查中控室计算机、程序控制器各电源信号源，输出输入线路应准确无误，符合设计要求。

2）各液位计、孔板、热电偶等信号源管线连接齐全、准确。

3）调节阀安装符合设计要求，流向与工艺介质流向一致。

4）调节阀定位器的校验与调节阀行程一致，信号最大最小时调节阀处于全开或全关状态。

5）调节阀的选型及作用方向（风开、风关）符合工艺要求。

6）检查DCS的控制对象是否符合设计要求，灵敏度如何，切换操作（手动改自动、自动改手动）、串级调节、设定参数等功能是否可以实现。

7）各测量、控制仪表经过专业校验，误差在规定范围之内。各测量点、就地显示调节仪表符合设计要求。

8）DCS中能准确显示流量、液面、压力、温度值。

9）各特殊仪表、在线分析仪、联锁控制等已调试完毕，其功能达到设计要求。

10）各仪表接头连接良好，无漏风、漏电等不良现象。

11）控制系统能确保仪表准确动作。

12）调节阀无砂眼，调节阀与管线连接的法兰、垫片、螺栓的材质符合设计要求，施工质量良好。

13）调节阀的开度与输出信号一致。

14）调节阀动作过程中阀杆无卡涩、弯曲等情况。

15）仪表测量孔板及其他测量元件，其孔径大小或测量灵敏度符合设计规格要求。

（五）公用工程系统、劳动保护检查

公用工程系统包括：新鲜水、循环水、除氧水、除盐水、净化水、低温热水、中压蒸汽、低压蒸汽、净化风、非净化风、氮气、火炬线、蒸汽伴热管线、消防蒸汽（水）、雨水、含油污水、轻污油、凝结水等系统。

1）公用工程系统的边界阀、计量孔板、计量仪表的配置符合设计要求，数量齐全。

2）公用工程系统的安装布置符合装置的总体设计要求。

3）装置公用工程系统各低点放空的设置符合设计要求。

4）蒸汽各低点排凝、放空疏水器的设置安装符合设计要求。

5）装置各公用工程系统的法兰、阀门走向、螺栓装配齐全并符合工艺要求。

6）装置蒸汽伴热管线、阀门的流向符合设计要求。

7）装置公用工程系统的保温良好并符合施工质量要求。

8）装置吹扫蒸汽、灭火蒸汽、消防蒸汽的设置符合设计规定。

9）净化风管线的设置齐全。检查有无漏风现象，阀门流向是否装配正确。

10）非净化风管线的设置齐全，无漏风现象，阀门流向装配正确符合要求。

11）新鲜水管线的设置齐全，阀门流向装配正确。

12）氮气系统良好。

13）联系有关单位检查装置外水、电、蒸汽、原料、产品、半成品等管线装配是否齐全，保证介质能送入或送出。

14）装置内明沟、暗沟清理干净，雨水排放畅通。

15）装置消防设施的存放符合安全规定，消防通道畅通，可燃气体及H_2S气体报警仪好用。

16）装置平台、梯子的设置符合设计要求和安全规定。

17）装置所有的供电系统，包括照明、停电应急照明等设施齐全完好。

18）与装置开工有关的工程已竣工，满足装置开工的需要。

19）联系化验做好分析准备，确保能够随时投入配合生产。

20）仪表经校验检查合格后可投入使用，联系电仪中心做好配合生产的准备工作。

21）做好其他的检查工作：

① 装置内的计量器具(流量计、温度计、压力表)全部校验符合要求，布置合理，使用方便。

② 装置内的给排水、蒸汽、净化风、非净化风等管网满足生产要求，其所属的测控仪表齐全好用。

③ 注剂系统满足生产要求，其所属的测控仪表齐全好用。

④ 装置内的管沟、水封井、阀门井等清洁畅通、盖板盖好，装置内卫生符合要求，易燃物、障碍物清除。

⑤ 消防道路畅通，各种警示牌按要求悬挂。

⑥ 个人防护设备齐全可靠。

⑦ 物资配备、润滑油及三级过滤系统所需的桶、壶、漏斗齐全，配备足量的大、小“F”扳手及管钳、活动扳手等日常开关阀门的工作器具。

（六）现场安全环保消防检查

1）检查装置道路是否通畅，各种施工器具是否全部撤离现场，脚手架、钢丝绳是否拆除，地面是否平整，各种警示牌是否按要求悬挂。

2）检查装置内的紧急放空线、污水系统是否畅通，管沟、水封井、阀门井等是否清洁畅通、盖板是否盖好，装置内卫生是否符合要求，无关的易燃物、障碍物是否清除。

3）检查装置消防设施的存放是否符合安全规定，检查可燃气体(烃类、H_2)报警系统是否齐全好用、符合设计要求，检查有毒气体(H_2S)报警系统是否齐全好用、符合设计要求。

4）检查个人防护设备是否齐全可靠，操作人员是否按规定穿戴好劳动防护用品。

5）照明是否好用，设备附件、防护设施、竖梯护栏是否完好，安全阀铅封是否完好。

6）塔、容器等设备封闭前是否有专人检查，内部清扫并是否有记录。塔、容器等设备封人孔时，必须确认内部无人方可进行，严禁敷衍了事。

7）各设备是否按相关要求接地，确保齐全备用。

8）电流表、压力表等标注最高负荷是否有红色界限。

9）压力容器安全附件是否齐全并经校验合格，铅封安装到位，记录在案。

10）内外部隔离措施是否明确，是否有专人负责，记录在册；设备、阀门等操作标识，管线、容器、泵等介质流向标志是否醒目清晰。

二、仪表及联锁调试

1. 仪表及联锁调试

1）从现场到控制室的所有仪表信号必须按照回路图予以验证，所有报警和联锁值必须按照联锁逻辑图表中数据设定，必须模拟所有信号对报警和联锁系统进行测试。同时检查DCS中是否能准确显示流量、液位、压力、温度值，试验切换操作(手动改自动、自动改手动)、设定参数等功能是否能良好实现。

2）在所有操作期间，安全保护系统必须启动，控制阀的动作必须校核，电路必须经过试验，必须检查所有的控制阀是否易于操作，确定控制阀轴的运转无摩擦。

3）DCS仪表联校和联锁系统测试由仪表、电气和施工单位共同进行，装置操作人员配合做好控制阀组、联锁系统测试。

2. 调节阀联校

调节阀联校内容包括：

1）气密性试验：将相当于调节阀输入量程上限的气源压力送到薄膜气室，切断气源后5min，气室压力应不下降。

2）强度试验：在阀门全开状态下用洁净的水进行试验。

3）行程试验：根据阀的输入信号要求，分别输入0、25%、50%、75%、100%阀位设定值。现场观察阀位是否执行到位，允许偏差±2.5%（不带定位器）或±1%（带定位器）。

4）灵敏度试验：分别使阀停留在15%、50%、85%的位置上，增加或减小信号压力，测量使阀杆开始移动的压力变化值，不得超过信号压力的1.5%。

5）行程时间测定：事故切断阀和设计明确规定的全行程时间的调节阀，必须进行全行程时间试验。在阀全开（或全关）状态下，使阀动作并走完全行程趋于全关（或全开）。用秒表测定从阀开始动作到动作完成的时间，应符合设计要求。

3. 联锁调试

按照硫黄回收装置联锁一览表对联锁系统进行测试，确认联锁逻辑、联锁动作正常，联锁涉及阀门开关灵活，仪表指示灵敏。联锁试验完成后，电仪维护单位、生产车间在《联锁确认表》上签字确认。

三、管线设备试压

试压的目的是检查漏点，消除隐患，确保装置安全开工及长周期运转。试压原则上按照GB 50235—2010《工业金属管道工程施工规范》执行。

四、机泵和压缩机单试

单机试运目的是考核机组的技术性能、安装质量，保证投产后能正常可靠运行。试车时要测定机组的温度、压力及振动值等各种参数，并进行机组和管道的严密性检查，检验机组电气、仪表、控制系统及其附属装置工作的正确性、灵敏性及可靠性等。

五、水联运

引入除盐水，建立水系统循环，水联运的主要目的如下：

1）考察各设备能否达到使用要求。

2）考察仪表能否达到使用要求。

3）检查流程是否畅通。

4）各调节阀、控制仪表、液位计安装就位，达到使用要求。

5）转动设备达到使用条件。

第七节 开工操作

一、双塔加压汽提开工操作

1）建立原料污水进塔流程。启用原料污水泵引原料污水进硫化氢汽提塔，同时投用相应的流量调节仪表。关闭硫化氢汽提塔塔底液相排出阀，关闭酸性气排放控制阀及上下游阀门。

2）当硫化氢汽提塔塔底液位达80%时，停原料水泵，缓慢调节重沸器蒸汽流量。硫化氢汽提塔的升温速度不能过快，及时启用相应液位与温度调节仪表。

3）当硫化氢汽提塔液位下降到30%时，连续向硫化氢汽提塔塔内送入热进料，并控制好流量。当硫化氢汽提塔塔顶压力达到0.5MPa(表)或顶温达80℃以上时，向硫化氢汽提塔塔顶连续送入吸收水，吸收水量控制为热进料量的8%~12%。

4）当硫化氢汽提塔压力达0.5MPa(表)，硫化氢汽提塔塔顶温度小于50℃时，启用填料层温度控制阀，开始外排酸性气至硫黄回收装置。

5）全面调节硫化氢汽提塔的工艺参数，塔顶压力控制在0.6MPa(表)左右，塔顶温度控制小于50℃，塔底温度控制在165℃左右。

6）当硫化氢汽提塔液位达80%时，启动硫化氢汽提塔液控阀，控制硫化氢汽提塔液位，液相自压排入氨汽提塔作为氨汽提塔的进料。关闭氨汽提塔塔底液控阀和氨汽提塔塔顶氨气排放控制阀及上下游阀。

7）当氨汽提塔塔底液位达80%时，缓慢调节重沸器蒸汽流量。氨汽提塔的升温速度不能过快，及时启用相应液位与温度调节仪表。调节好氨汽提塔工艺参数，塔顶压力控制在0.32MPa(表)左右，塔顶温度控制在135℃左右，塔底温度控制在150℃左右。

8）通知化验采样分析，根据化验分析结果调整操作。采用氨氮快速检测试纸检测净化水水质或通知化验采样分析，净化水质量合格后改排至净化水管网，通知有关装置人员回用净化水。若不合格，则应将不合格净化水返回原料污水罐。

9）当氨汽提塔压力达0.35MPa(表)时，开始将一级分凝罐内含硫氨气排入二级分凝罐。氨汽提塔塔顶气相经冷却器冷却后进入一级分凝罐，并投用一级分凝罐温度控制阀，控制其温度在120~125℃范围，一级分凝罐液位达40%后，一级分凝罐液相经冷却器冷却到80℃，打入氨汽提塔塔顶做回流，控制一级分凝罐液位在50%左右。

10）当二级分凝罐气相压力达0.25MPa(表)时，将二级分凝罐氨气经冷却器冷却后排入三级分凝罐，并投用二级分凝罐温度控制阀，控制其温度在60~70℃。二级分凝罐液位达40%后，将一级分凝罐液相与二级分凝罐液相混合，打入氨汽提塔塔顶做回流。

11）当三级分凝罐气相达0.2MPa(表)时，控制三级分凝罐的温度在40℃以下，将气氨引至氨精制系统。

二、单塔加压侧线抽出汽提开工操作

1）建立原料污水进塔流程。启用原料污水泵引原料污水经原料水换热器进酸性水汽提塔，同时投用相应的流量调节仪表。关闭汽提塔塔底液相排出阀，关闭塔顶酸性气抽出与侧线控制阀及上下游阀。

2）当汽提塔塔底液位达80%时，停原料水泵，缓慢调节重沸器蒸汽流量。汽提塔的升温速度不能过快，及时启用相应液位与温度调节仪表。

3）当汽提塔液位下降到30%时，连续向汽提塔塔内送入热进料，并控制好流量。当汽提塔塔顶温度达80℃以上时，向汽提塔塔顶连续打入回流，回流量控制为热进料的15%~18%。当汽提塔塔底液位达75%时，启动汽提塔液控阀，控制塔液位，并将不合格净化水返回原料污水罐。

4）当汽提塔压力达0.45MPa(表)，汽提塔塔顶温度小于50℃时，开始外排酸性气至硫黄回收装置，同时注意控制塔顶回流罐液位不大于70%，严防液相带至硫黄回收装置。塔顶温度控制小于50℃，塔底温度控制在160℃左右。

5）当汽提塔压力达0.5MPa(表)，侧线抽出口温度大于138℃，塔顶温度有上升较快趋势时，投用汽提塔侧线抽出控制阀抽出含硫氨气，经换热器冷却后进入一级分凝罐，并投用一级分凝罐温度控制阀，控制其温度在110~130℃范围。一级分凝罐液位达50%，一级分凝罐液相经冷却器冷却到40℃后，排至原料水泵入口作进料或排回原料污水罐，控制一级分凝罐液位在50%左右。

6）当二级分凝罐气相压力达0.25MPa(表)时，开始将二级分凝罐氨气经冷却器冷却后排入三级分凝罐。投用二级分凝罐温度控制阀，控制其温度在70~90℃范围，二级分凝罐液位达40%后，将一级分凝罐液相与二级分凝罐液相混合经冷却器冷却到40℃后，排入原料水泵入口作进料或排回原料污水罐。

7）当三级分凝罐气相达0.2MPa(表)时，控制三级分凝罐的温度在40℃以下，将气氨引至氨精制系统。

8）全面调整汽提塔参数，塔顶压力控制在0.55MPa(表)左右，塔顶温度控制在50℃以下，塔底温度控制在160℃左右。采用氨氮快速试纸检测净化水水质或通知化验采样分析，根据化验分析结果调整操作。净化水质量合格后改排至净化水管网，通知有关装置回用净化水。若不合格，则将不合格净化水返回原料污水罐。

三、氨精制系统开工操作

（一）氨精制与精馏制取液氨系统开工

1. 氨水的制取

向氨水储罐内补充15%~20%(质量分数)的氨水至60%的高度，或补充除盐水，用精制系统来的气氨制取氨水。

2. 氨水储罐充装液氨

氨水储罐经过试压后，关闭所有出入口阀门。打开液氨出口阀，往液氨储罐充装液氨至60%的高度。

3. 氨精馏塔的开工

1）关闭吸附罐的气氨出入口阀，建立氨精馏塔制取液氨系统的开工吹扫流程，对氨精馏塔制取液氨系统进行吹扫，吹扫完毕关闭所有排凝阀。

2）启用氨精制系统的氨水冷却器、循环氨水冷却器、气氨冷却器。

3）启动氨水进料泵将氨水储罐的氨水送往氨精馏塔。当氨精馏塔底液位达70%后，停氨水进料泵。氨精馏塔塔底重沸器引入蒸汽，向氨精馏塔塔底重沸器供热，当氨精馏塔塔底液位达30%后，向氨精馏塔连续进料，并启用相应的温度、液位控制仪表，控制氨精馏塔的顶温为(55±2)℃。当氨精馏塔的压力达到1.3MPa(表)时，打开液氨储罐的液氨入口阀。

4）氨精馏塔塔底的稀氨水经混合器、氨水冷却器送入氨水中间罐，当氨水中间罐内的液位达到80%时，停止抽氨水储罐内的氨水，改抽氨水中间罐内的氨水。此时，氨精馏塔制取液氨系统转为自循环操作。

5）按照工艺指标要求，全面调节氨精馏塔各工艺参数。

6）根据生产需要及氨水中间罐罐位情况，适当往氨水中间罐内补充氨水储罐内的氨水。

4. 结晶罐及吸附罐的投用

1）确认结晶罐入口阀与吸附罐出口阀均已关闭。打通结晶罐至吸附罐的气氨流程。

2）打开液氨入结晶罐的入口阀，向结晶罐内补充液氨，使其液位达到70%。

3）当结晶罐的压力达到0.2MPa(表)时，打开吸附罐气相出口阀，使氨气排入混合器，经氨精馏塔制取液氨。

5. 浓氨水循环洗涤塔的自循环

1）关闭结晶罐的气相入口阀。向浓氨水循环洗涤塔内补入20%(质量分数)浓度的氨水至其液位达到80%，并启动精制循环泵进行氨水循环，维持浓氨水循环洗涤塔的液位在60%左右，并从精制循环泵出口混合器处适当补充液氨进行降温，使浓氨水循环洗涤塔的底温达到10℃以下。此时，浓氨水循环洗涤塔已进行自身循环。若浓氨水循环洗涤塔的压力达到0.3MPa(表)，打开结晶罐的气相入口阀，使浓氨水循环洗涤塔中的气相排入结晶罐。

2）启动精制循环泵进行浓氨水循环洗涤。

3）当三级分凝器气氨进入浓氨水循环洗涤塔后，系统充压至0.15MPa(表)时，引少量除盐水向浓氨水循环洗涤塔上部补水，并适当补充液氨进行降温。

4）适量连续补充液氨入浓氨水循环洗涤塔，控制浓氨水循环洗涤塔塔顶温度小于7℃。

5）根据浓氨水循环洗涤塔液位调整操作，塔底液相经排液混合管排入原料污水罐。

6）严格按照工艺指标，调整系统操作。

6. 制氨水系统开工步骤

1）向氨水罐内加除盐水至液位达到60%~80%。

2）检查氨水输送泵是否处于备用状态。

3）建立氨水生产流程。

4）投运氨水冷却器循环冷却水。

5）启动氨水输送泵利用氨水罐除盐水建立循环。

6）打开三级分凝器气氨入混合器阀，与氨水输送泵除盐水进行混合循环吸收提浓。

7）当生产氨水作产品时，氨水合格后用氨水输送泵送出装置。

8）当生产氨水再回炼时，用氨水输送泵将部分氨水送回氨水罐。

9）生产中，氨水罐液位控制在最低限和最高限范围内。

（二）氨压缩机制液氨系统开工步骤

1）从液氨储罐引液氨去结晶罐，使其液位不超过50%，建立结晶罐顶至吸附罐流程，气氨去吸附罐。

2）从液氨储罐补液氨至氨精制塔，启动氨水循环泵进行循环，将塔内温度降至7℃，循环液的氨浓度提高至35%(质量分数)左右。

3）待结晶罐温度降至0℃和吸附罐床层温度降至不大于30℃时，开吸附罐出口阀引气氨入氨压缩机入口，缓慢将氨压缩机入口压力调至0.05~0.1MPa(表)。

4）启动氨压缩机，运行正常后将能量调节器逐步调大，建立液氨储罐→结晶罐→吸附罐→氨压缩机→氨冷却冷凝器→液氨储罐循环。

5）氨压缩机油压稳定，轴承温度不大于70℃，出口温度不大于145℃。

6）引氨精制塔气氨至结晶罐，建立氨精制系统循环，流程为：液氨储罐→氨精制塔→

结晶罐→吸附罐→氨压缩机→氨冷却冷凝器→液氨储罐。

7）连续运转1~2h后，待三级分凝气氨分析合格，塔系统压力稳定后，逐渐从三级分凝罐引气氨入氨精制塔，并先后经结晶罐、吸附罐、氨压机，最终得到液氨产品。

8）三级分凝罐入氨精制塔的气氨流量应据氨精制塔的温度降低幅度逐步增加，同时逐步减少液氨储罐至氨压缩机的循环气氨量。

9）待三级分凝罐气氨全部改入氨精制塔后，停止生产氨水(若三级分凝罐压力仍高，气氨量大，亦可同时生产氨水)，如无生产氨水流程则关死气氨回原料污水罐阀门。

10）液氨生产正常后，液氨储罐每月排油一次。

第八节 停工操作

一、停工准备

（一）停工前准备

1）根据各装置原料污水量的情况，停工方案报公司有关处室或负责人审批。停工人员落实到位。

2）联系硫黄回收装置、仪表等相关部门人员做好停工准备。

3）液氨及合格的氨水全部送出装置。

4）准备好安全、防毒用具和停工必须使用的工具。

（二）停工原则

1）停工过程应严格遵循HSE管理规定。

2）停工降温过程中，应控制降温速度，避免大幅度波动而引起法兰设备等泄漏。

3）停工过程严格控制设备压力、温度等，防止设备超温、超压。

4）停工过程应注意单元、设备流程改动，防止出现“高压窜低压”。

5）防止硫化亚铁自燃。

（三）停工要求与注意事项

1）岗位人员必须清楚掌握停工方案内容，并严格执行；认真细致，阀门的开关一定要保证到位，停工过程要加强与有关装置的联系。

2）停工过程必须做到：不憋压、不负压、不超温、不冒罐、不窜气、不跑油、不中毒、不损坏设备、不着火、不露天堆放硫化亚铁，防止硫化亚铁自燃。

3）停得稳，退得清。严格执行相关规定，要特别注意介质含有H_2S的设备管线的操作，并做好预防H_2S中毒的有关措施。

4）停工过程应按步骤做好记录，对停工过程中的有关操作及出现的情况要详细注明，交班时要把装置的现状及存在的问题认真写清楚，并签名确认；接班人员一定要清楚装置的现状及所要做的工作内容。

5）停工降温过程中，应避免操作大幅度波动而引起法兰设备等泄漏。

6）汽提塔及酸性气管线吹扫必须经调度同意方能进行，防止臭气、污水污染环境。

二、酸性水汽提单元停工操作

1）停工前将各污水罐集油外送，将汽提塔、脱气罐等存油进行集油。

2）接到停工指令后，联系调度，停止接收界区外来污水；联系上游装置用新鲜水冲洗污水进装置流程；净化水停止回用。

3）原料酸性水进料和塔顶吸收水全部改用新鲜水，用新鲜水置换约 24h。置换成新鲜水进料后，加热蒸汽继续将塔内残存的酸性气蒸出并排至硫黄回收装置，直至酸性气全部排完后进入下个阶段。

4）新鲜水置换完毕后，将酸性气改排至火炬线，开始系统降温、降压。

5）提高汽提塔塔顶温度，控制好汽提塔底部温度，逐渐降低重沸器蒸汽流量。

6）分凝器内气相制成氨水返回原料污水罐，同时切断气氨进氨精制塔流程。

7）关闭酸性气压控阀上下游阀及副线阀。

8）塔温降至常温后，开始汽提系统退液。

9）汽提系统退液干净后，交付进行除臭钝化工作。

10）除臭钝化完成后，用新鲜水冲洗汽提系统 1~2 次并将系统内存水全部排净。

11）系统存水排净后，汽提系统引入蒸汽吹扫 24h，打开放空阀检查吹扫质量是否合格。

三、氨精制系统停工

（一）氨压缩机制液氨系统停工

1）污水汽提系统引入新鲜水建立循环，并停止侧线抽出，结晶罐停止补氨。

2）当氨压缩机入口压力降至 0.05MPa(表)时，按停机步骤停氨压缩机，机体泄压后进出口加装盲板，三级分凝罐来的气氨用水吸收后排入原料污水罐。

3）将液氨储罐内液氨排空，结晶罐排尽残液。

4）液氨储罐、精制系统进行除臭钝化，此时应注意隔离吸附罐。

5）吸附罐再生，再生完成后，系统引入蒸汽吹扫，吹扫完后关闭界区阀并加装盲板。

（二）氨精制及精馏制液氨系统停工

1）液氨储罐内液氨全部送出装置。

2）当汽提塔开始降温、降压时，切断氨精制塔进料，关闭氨精制塔、结晶罐补液氨线阀门，将氨精制塔、结晶罐内液相全部送回原料污水罐。

3）将氨精制塔、结晶罐、吸附罐内气氨制成氨水，当压力降至 0.05MPa(表)时，关闭气氨去氨精馏流程，氨精制塔、结晶罐引入除盐水冲洗 16h，液相排至原料污水罐。

4）冲洗结束后，排净系统内存水，系统交付进行除臭钝化工作。除臭钝化完成后，塔底引入适量蒸汽吹扫 4h。

5）结晶罐、吸附罐分别引入适量蒸汽吹扫。

6）在吸附罐停止排出气氨时，加大氨水中间罐氨水循环量，循环 3~4h，然后逐渐降低氨精馏塔塔底重沸器蒸汽量，当循环氨水中间罐内氨水浓度小于 5%(质量分数)时，停止氨精馏塔氨水进料。

7）关闭氨精馏塔塔顶气相出口阀。

8）引除盐水至氨精馏塔进行冲洗，煮塔12h，当系统压力小于0.1MPa(表)时，切断氨精馏塔塔底重沸器蒸汽。

9）切断蒸汽后排净系统内存水，经停工条件确认后，交付实施除臭钝化作业。

10）除臭钝化完成后，按吹扫流程打开氨精馏塔塔顶气相入气氨冷却器阀门，打开系统相应阀门进行吹扫。

四、化学清洗

1）污水汽提系统物料中H_2S、NH_3浓度过高，装置停工检修时存在极大的安全风险。因此，装置在停工时应按照化学清洗公司制定的清洗方案开展全部流程化学清洗。

2）根据装置流程，对原料水系统、汽提塔酸性气系统、侧线系统、氨精制系统及液氨罐等进行化学清洗。

3）建立清洗循环后，由化学清洗公司监控清洗效果。

4）清洗完后，对清洗液进行采样分析，排净系统内清洗液。

五、酸性水罐停工处理

1）停原料水入装置后，继续处理酸性水罐内污水，将其液位降低至20%~30%。用新鲜水置换罐内污水，置换时间为24h。

2）在酸性水罐置换期间，通入氮气对罐内气体进行置换。

3）酸性水罐内气体分析合格，罐内污水置换合格后，经停工交付条件确认，方允许实施化学清洗。

4）化学清洗过程按照化学清洗公司的清洗方案进行，装置人员做好配合及监护工作。

六、停工后处理原则

系统吹扫是为了彻底吹扫干净塔内及容器内有毒有害易燃物质，以便动火或进行检修。因此，在进行系统吹扫时，应做到：

1）每条管线均要贯通吹扫，不留死角。

2）各冷却器上下水阀关闭，放净存水。

3）引汽要缓慢，及时打开排凝，防止水击。

4）吹扫完毕后，放净各低点凝结水。

5）汽提塔、氨精制塔、氨精馏塔先进行吹扫，检查无臭味后顶部放空。

系统吹扫完毕后，必须经检测合格后方可进入检修。在整个检修过程中，严密监控各设备、管线的温度是否上升，现场是否出现冒烟现象，做好随时向系统通入新鲜水冲洗的准备工作，严防硫化亚铁自燃。

第九节 常见问题与对策

当装置发生重大事故无法维持生产或影响安全时，应做紧急停工处理。紧急停工处理后，装置仍无法恢复生产，应按正常停工处理。当事故发生时，各岗位人员要沉着冷静，处理果断，控制事故，以防扩大和蔓延。

一、紧急停工处理

（一）酸性水汽提装置紧急停工引发因素

1）发生塔、容器、重沸器、冷却器、换热器、管线等重大故障，装置出现严重泄漏、变形、损坏等危及安全生产的异常情况。

2）关键设备如回流泵、原料水泵、净化水泵发生故障，且备用泵又无法及时投用。

3）发生重大火灾、爆炸事故。

4）长时间停电、水、汽、风。

（二）紧急停工步骤

1）及时向相关人员汇报，联系相关装置人员进行相应处理。

2）停止汽提塔重沸器供热蒸汽。

3）停止汽提塔原料水进料和塔顶吸收水进料。

4）关闭汽提塔塔底净化水排出阀和侧线抽出控制阀，控制好塔液位。

5）关闭汽提塔塔顶酸性气抽出阀，关闭氨精制塔塔顶气氨排出阀，维持塔及系统内压力，防止塔内抽负压(负压时，用氮气补充或开少量蒸汽入塔，以维持塔内正压为准)。

6）液氨储罐补充液氨至结晶罐，维持氨压缩机低负荷循环。

（三）紧急停工的注意事项

1）紧急停工处理过程中，应做到不跑、不冒、不窜、不漏、不超温、不超压、不串压、不损坏设备以及不发生人身事故。

2）在紧急停工处理过程中，在事故允许的条件下，尽量维持局部循环，各产品停止出装置，或尽量按正常停工方法处理，三级分凝系统应保持一定液位，各塔尽量维持塔压。

3）如果有着火或形成火灾的危险，应派专人监护，报火警并通知有关部门。

4）在紧急停工处理过程中，各岗位人员应坚守岗位，严密监视温度、压力、液面的变化情况，发现异常尽快处理。

二、装置停电

1. 现象

1）照明灯、指示灯全部熄灭。

2）机泵停止运转。

3）电动仪表失灵。

2. 装置瞬间停电处理

应及时启动备用泵，调整操作，恢复生产，并向调度或值班人员汇报处理情况。

3. 装置长时间停电处理

1）关闭各泵出口阀，按停止电钮。

2）关闭氨压缩机吸气和排气阀，按停止电钮。

3）关停蒸汽，关闭塔底、塔顶排出阀，关闭塔与容器连通阀，维持各塔及容器液位，防止塔内负压(塔内负压时，用氮气补充)。

4）联系调度，通知硫黄岗位停送原料。

5）电力恢复后，按正常开工方案开工，并及时调整操作，稳定生产。

三、循环水中断

1. 现象

1）各冷却器、机泵冷却水中断。

2）三级分凝系统温度升高、压力增大。

3）氨精制高压系统温度升高。

4）净化水冷后温度升高。

2. 处理方法

1）向给排水装置了解停水原因。

2）关闭循环水总阀，改用新鲜水维持生产，循环水系统恢复正常后，改用循环水冷却。

3）在短时间内能够恢复供水的，适当降温降量，维持较低负荷运作，如温度可有效控制，则继续生产，否则按紧急停工处理。

4）长时间停循环水，不能用新鲜水维持正常生产时，做紧急停工处理。

5）循环水系统恢复正常后，按正常开工方案进行开工，并及时调整操作，稳定生产。

四、仪表风中断

1. 现象及原因分析

1）仪表风压力下降，仪表控制失灵。

2）控制阀操作参数大幅波动。

3）供风系统出现故障、中断仪表风供应。

4）入装置工业风总阀误操作关闭。

2. 处理方法

1）根据现场仪表指示，控制流量、温度、压力和液位。

2）若调节失常，无法维持正常生产时，则按紧急停工步骤处理。

3）供风正常后，启动控制阀，按正常开工及时调整操作，稳定生产。

五、原料酸性水中断

1. 原料酸性水中断的现象

1）流量指示下降。

2）进料不正常，汽提塔液位下降。

3）塔顶温度升高，压力增大。

2. 处理方法

1）关停塔底重沸器蒸汽，维持系统的温度和压力。

2）待原料酸性水恢复正常时，及时调整操作，稳定生产。

3）短时间内无法恢复正常，则做紧急停工处理。

六、DCS 故障

1. 常见的故障现象

1）操作站死机的现象为操作站无法与控制站通信，操作员无法通过已经死机的操作站进行操作，但是控制站仍处于正常工作状态。此刻只是不能监视现场数据，但还是能对现场进行控制。

2）停电时，UPS 启动，UPS 能保持供电一段时间。一旦完全断电，控制站无法与现场进行数据通信，所有阀位保持在断电前的阀位值。操作站也没有任何显示。整个 DCS 系统处于一种不工作状态，操作人员无法通过 DCS 对现场进行监控、管理。

3）控制站死机后没有数据到操作站来，系统检测到控制站有故障，同时在控制系统现场元件显示为红色的故障状态。操作站无法与控制站进行数据通信，控制站无法监控现场，现场阀位保持控制站死机前最后的输出值。控制站无法与现场进行数据通信，且在自动状态下，无法改写其阀位值。如果处理不好则有可能引起停工。

2. 处理方法

1）操作站死机处理：如果一台操作站死机，其余完好，用剩下的正常机器进行操作，同时联系计算机有关人员，进行操作站复位等相关处理。如果全部死机，班长应立即汇报调度，请求临时使用工程师站进行操作，如果工程师站也无法进行操作，班长应立即指挥班组人员到现场将控制阀改副线控制，密切关注流量、压力与温度的变化，根据变化情况进行现场调整，同时立即联系计算机有关人员进行相关处理。

2）在 UPS 供电期间将所有控制回路改手动，现场有副线的回路改走副线。同时立即联系计算机有关人员进行紧急处理。

3）向调度和装置主管进行汇报，做好紧急停工的准备工作，在无法确保安全生产的情况下按紧急停工处理。

七、酸性水大量泄漏事故处理

1）酸性水中含有高浓度的氨氮、硫化物、酚、氰化物等有毒有害介质，它不仅污染环境，妨害人体健康，破坏生态平衡，还影响污水处理场的正常运转。

2）当发生污水大量泄漏时，当事人或发现人应立即报告。

3）指派专人设立临时警戒线，防止无关人员和车辆进入。

4）停止装置内及附近区域的一切明火，疏散现场所有施工作业人员至上风向。

5）穿好防护衣服，佩戴好空气呼吸器，迅速查明泄漏点，关闭与泄漏有关的阀门，切断泄漏源。

6）如果 NH_3、H_2S 浓度过大，接近泄漏源有困难，要采取水喷淋稀释，在水枪掩护下关闭有关阀门。

7）如果是污水罐体与相连短节腐蚀穿孔泄漏，应立即进行倒罐，防止污水直接进入明沟。

8）输送污水时，管线、法兰腐蚀穿孔泄漏，要立即停止作业，关闭有关阀门，用水冲洗泄漏现场。

9）污水冒罐时，要立即停止接收污水或改进其他罐，关闭入口阀门。

10）将现场中毒人员抬到空气新鲜处进行急救，中毒轻者使其吸入新鲜空气，重者进行人工呼吸抢救，并立即送医院急救。

11）当无法控制事态发展时，可降温降压，直至按紧急停工处理。

12）污水罐泄漏时，如果没有阀门紧急控制，则要用大量水进行稀释，尽量避免扩散，同时还要采取以下措施：紧急换罐，切断来水；泄漏罐内污水转移，采取堵漏措施。

八、蒸汽中断

1. 现象

1）蒸汽流量及压力表指示下降。

2）汽提塔温度及压力下降。

2. 处理方法

1）关停原料污水进料。

2）关闭侧线抽出阀和塔底排液阀。

3）关闭塔顶 H_2S 排出阀。

4）维持汽提塔及三级分凝罐的液位、压力，防止塔内抽负压(负压时，用氮气保压)。

5）氨系统打循环，联系厂调度，通知硫黄回收装置，停送酸性气。

6）待蒸汽恢复供应，按正常开工进行。

九、塔顶安全阀起跳

1. 现象

1）塔内超压，仪表指示突然下降。

2）安全阀起跳时，产生气流冲击声。

2. 原因

1）操作不当，流程不畅通。

2）超压时间长。

3. 处理方法

1）减少塔内加热蒸汽，降低处理量。

2）增大塔顶排出量。

3）塔内压力下降后，仔细检查安全阀起跳后能否复位。安全阀起跳后能完全复位的，继续使用。安全阀起跳后不能复位、泄漏严重的，迅速关闭手动阀，维持生产，将安全阀拆下更换或检修。

十、冲塔

1. 现象

1）塔内压力突然增大，塔顶温度升高，管线充水，甚至安全阀起跳。

2）一级分凝罐液位、温度突然上升。

2. 原因
1）塔底加热蒸汽量太大。
2）热进料突然增大，气体流量突然增加。
3）塔中部温度太低，塔顶压力突然下降。
4）塔憋压，而泄压时速度太快。
5）塔盘堵塞。
3. 处理方法
1）减小塔底加热蒸汽量。
2）稳定进料量，适当增大吸收水量。
3）控制好塔内温度、压力。
4）塔中部温度太低时，适当增加蒸汽量，逐步提高温度。
5）憋压时，泄压要缓慢。
6）切断进料进行在线塔盘清堵，如清理不通则停工开塔处理。

十一、淹塔

1. 现象
1）塔内温度、压力下降。
2）塔底液位升高。
3）三级分凝罐液位升高。
2. 原因
1）塔的进料及吸收水量过大。
2）净化水排量太小。
3）仪表指示不准或失灵。
3. 处理方法
1）减少塔进料及吸收水量。
2）控制好塔底净化水排出量。
3）控制好塔内温度、压力。
4）适当增加塔的加热蒸汽量。

十二、干塔

1. 现象
1）塔顶温度偏高，塔体各点温度相差小，塔内压力逐渐减小。
2）塔底液位指示为零。
3）重沸器用汽量减小。
2. 原因
1）塔内液相物料不平衡，进料量少，净化水排出量大。
2）进料泵或进料调节阀故障，使进料不正常或不进料。
3. 处理方法
1）暂停或减少净化水排出。

2）进料泵故障时，切换泵或将泵尽快处理好，然后适当加大进料量。

3）调节阀故障时，改走副线，手动操作，然后适当加大进料量。

4）适当减小蒸汽量。

5）控制好塔内温度、压力及液位。

十三、原料水带气或大量轻组分进装置

1. 异常现象

1）原料水进装置流量表显示值大幅波动。

2）脱气罐压控阀阀位快速变大，严重时压力升高。

3）脱气罐液控阀阀位波动大，严重时液位波动增大。

4）原料水罐压力快速升高，甚至冲破水封。

2. 影响因素

1）上游装置原料水液位或界位压空，气相或轻组分大量窜进装置。

2）上游装置原料水乳化，带轻组分增多。

3）上游装置生产波动，气相或轻组分窜入装置。

3. 调节方法

1）DCS 系统中设置脱气罐、原料水罐压力高压报警，报警信息发送至技术员、技术主管，提醒操作人员和技术人员、管理人员跟进处理。

2）手动快速开大脱气罐阀位，严重时打开副线手阀，控制气相或可挥发轻组分在脱气罐内快速排至火炬系统；液控波动大影响液位时，手动控制，确保液位正常，防止气相穿透脱气罐，进入原料水罐。

3）视原料水罐情况，手动开大抽射器蒸汽量，增大罐顶尾气去火炬系统流量。

4）通知调度，安排上游装置检查、紧急处理。

5）若原料水带气或轻组分影响装置安全，联系调度，立即切断装置进料。

十四、原料水罐负压

1. 影响因素

1）天气骤变、突降暴雨等引起原料水罐温差变化大，造成压力变化大。

2）补氮控制阀故障，无法补入氮气。

3）汽抽调节阀故障，罐顶尾气抽出量过大。

2. 调节方法

1）DCS 系统中设置脱气罐、原料水罐压力低报警，报警信息发送至技术员、技术主管，提醒操作人员和技术人员、管理人员跟进处理。

2）天气变化引起原料水罐压力下降时，提前适当高控原料水罐内压力，压力突降时紧急手动开大补氮控制阀（补充不及时，现场打开控制阀副线阀）；手动快速关闭抽射器蒸汽，停止抽出罐顶尾气。

3）补氮控制阀打开副线阀，手动补氮，切出调节阀，联系仪表专业人员处理故障调节阀。

4）打开抽射器蒸汽控制阀副线阀，手动控制，切出调节阀，联系仪表专业人员处理故障调节阀。

第十节　岗位风险辨识与防控

一、主要危险物料及危险特性

（一）H_2S

（1）理化性质

相对分子质量34，H_2S是一种无色、具有臭鸡蛋气味的可燃性剧毒气体，比空气稍重（相对密度为1.1906）；熔点为-85.6℃，沸点为-60.75℃，临界温度为100.4℃，密度（沸点时）为0.993g/mL，自燃点为246℃（空气中）、220℃（氧气中），与空气混合爆炸极限为4.30%～45.5%（体积分数）。

在空气中燃烧带有淡蓝色火焰，在供氧量不同的情况下，燃烧后会得到不同产物。H_2S具有较强的还原能力，在常温下，H_2S也能在空气中发生氧化反应。

H_2S溶于水，1体积水可以溶解4.65体积H_2S，水溶液呈弱酸性（氢硫酸），氢硫酸是不稳定的，易被水溶液中的氧进行氧化，而使其H_2S溶液呈混浊状（单质硫易析出）。

H_2S能与大多数金属反应生成硫化物，特别是在加热或水蒸气存在的情况下，也能和其他氧化物质生成硫化物。H_2S能严重腐蚀钢材（设备、管道等），因此在停工吹扫过程中，一般选用氮气作为吹扫介质，其目的就是防止蒸汽、H_2S加速与金属作用产生腐蚀。

（2）H_2S的危害

H_2S属Ⅱ级毒物，是强烈的神经毒物，对黏膜有明显的刺激作用。低浓度时，对呼吸道及眼的局部刺激作用明显；浓度越高，全身性作用越明显，表现为中枢神经系统症状和窒息症状。人的嗅觉阈值为0.012～0.03mg/m^3，起初臭味的增强与浓度的升高成正比，但当浓度超过10mg/m^{3}之后，浓度继续升高臭味反而减弱。在高浓度时，很快引起嗅觉疲劳而不能察觉H_2S的存在，故不能依靠其臭味强弱来判断H_2S浓度的高低。

H_2S的局部刺激作用，是由接触湿润黏膜与钠离子形成的硫化钠引起的。当游离的H_2S在血液中来不及氧化时，则引起全身中毒反应。目前认为，H_2S在全身作用是通过与细胞色素氧化酶中三价铁及这一类酶中的二硫键起作用，使酶失去活性，影响细胞氧化过程，造成细胞组织缺氧。由于中枢神经系统对缺氧最为敏感，因此首先受害。高浓度时则引起颈动脉窦的反射作用使呼吸停止；更高浓度也可直接麻痹呼吸中枢而立即引起窒息，造成“电击样”中毒。车间空气最高允许浓度为10mg/m^3。H_2S对人体的危害见表3-10-1。

表3-10-1　H_2S对人体的危害

浓度/(mg/m^3)	接触时间	毒性反应	危害等级
1400	顷刻	嗅觉立即疲劳，昏迷并呼吸麻痹而死亡	重度
1000	数秒钟	很快引起急性中毒，出现明显的全身症状，呼吸加快，很快因呼吸麻痹而死亡	
760	15～60min	可引起生命危险，发生肺水肿、支气管炎及肺炎、头痛、头晕、激动、呕吐、咳嗽、喉痛、排尿困难等症状	

续表

浓度/(mg/m³)	接触时间	毒性反应	危害等级
300	1h	出现眼和呼吸道刺激症状，能引起神经抑制，长时间接触可引起肺水肿	中度
50~70	1~2h	眼睛及呼吸道出现刺激症状，吸入 2~2.5min，即发生嗅觉疲劳，不再嗅到气味，长期接触可引起亚急性和慢性结膜炎	轻度
30~40	—	虽臭味强烈，仍能忍耐，这是引起局部刺激和全身性症状的阈浓度	
4~7	—	中等强度的臭味	无危害
0.4	—	明显嗅出	
0.035	—	嗅觉阈	

(3) 中毒表现

轻度中毒：接触较低浓度的 H_2S 时引起眼结膜及上呼吸道刺激症状。患者首先出现头晕、心悸、呼吸困难、行动迟钝症状，如继续接触则出现畏光流泪、眼刺痛、流涕、鼻及咽喉灼热感等症状，数小时或数天后自愈。

中度中毒：接触浓度在 200~300mg/m³时出现中枢神经系统症状，有头痛、头晕、乏力、呕吐、运动失调，同时出现喉痒、咳嗽、视觉模糊、角膜水肿等刺激症状。经治疗很快痊愈。

重度中毒：表现为骚动、抽搐、意识模糊、腹泻、腹痛，迅速陷入昏迷状态，可因呼吸麻痹而死亡，即在数秒钟内突然倒下，瞬间停止呼吸，立即进行人工呼吸尚可望获救。

亚急性中毒：一般将经常接触而发生的局部刺激表现列为亚急性中毒，常见刺激症状为发痒、异物感、流泪、畏明，甚至视力模糊。检查有结膜充血和角膜混浊等变化。长时间暴露在较高浓度(100mg/m³以上)，可能引起肺水肿或支气管肺炎。

慢性中毒：慢性接触低浓度 H_2S 可致嗅觉减退，出现神经衰弱症状及植物神经功能障碍，如反射增强，多汗、手掌潮湿、持久的红色皮肤划痕等，偶尔可引起多发性神经炎。

(二) NH_3

(1) 理化性质

相对分子质量为 17，NH_3为无色具有强烈刺激性气味的气体，俗称阿莫尼亚，相对密度 0.5971。NH_3易溶于水，在常温下加压即可使其液化(临界温度为 132.4℃，临界压力为 112.2 个大气压)，沸点-33.5℃，其水溶液称为氨水，呈碱性。还可溶于乙醇、乙醚，在高温下会分解成氮和氢，有还原作用，在催化剂作用下被氧化为一氧化氮。高温分解成氮和氢。

(2) 毒性及对人的危害

NH_3属Ⅳ级毒物，主要是对呼吸道有刺激和腐蚀作用。NH_3与人体潮湿部位的水分作用生成高浓度氨水，可导致皮肤碱性灼伤，如溅到眼睛可致失明。浓度过高时可使中枢神经系统兴奋性增强，引起痉挛，通过三叉神经末梢的反射作用引起心脏停搏和呼吸停止。

人对 NH_3的嗅觉阈值为 0.5~1mg/m³。人在 NH_3 浓度大于 350mg/m³的场所无法工作。车间空气最高允许浓度为 10mg/m³。NH_3对人的危害见表 3-10-2。

表 3-10-2 NH_3对人的危害

浓度/(mg/m^3)	接触时间 /min	人体反应	危害程度
3500~7000 1750~3500 700 553	30	即刻死亡; 危及生命; 立即咳嗽; 强烈刺激，可耐受 1.25min	重度
175~350 140~210	20	鼻眼刺激，呼吸和脉搏加速; 有明显不适，但尚可工作	中等
140 70 67.2	30 30 45	鼻和上呼吸道不适，恶心、头痛、呼吸变慢; 鼻、咽有刺激感，眼有灼痛感	—
9.8 0.7	—	无刺激作用; 感觉到气味	无

（3）中毒表现

急性NH_3中毒发生于意外事故。接触NH_3后，中毒者眼和鼻有辛辣和刺激感，流泪，咳嗽，喉痛，出现头痛、头晕、无力等全身症状。重度中毒时会引起中毒性肺水肿和脑水肿，可引起喉头水肿、喉痉挛，发生窒息如抢救不及时，会有生命危险。NH_3中毒严重损害呼吸道和肺组织，抢救时严禁使用压迫式人工呼吸法。液氨溅入眼内，应立即拉开眼睑，使氨水流出，并立即用水冲洗。

（4）急救措施

急性中毒应立即脱离现场，吸氧，控制肺水肿发生，保持呼吸道畅通。治疗过程要防止喉头水肿或喉痉挛，防止溃烂的气管黏膜脱落而造成窒息(这种情况容易在中毒后 24~48h内发生)。皮肤污染和灼伤，可用大量水及时冲洗，再用硼酸溶液洗涤，此后按一般灼伤处理。眼灼伤应及早用水冲洗，然后滴入橄榄油，也可用油膏防止粘连，注意改善局部循环和使用激素。

二、风险因素辨识及防控措施

（一）开工过程

1）封闭塔、容器的人孔时，要认真检查，保证设备内不留任何杂物；未经检查表确认的设备，已封人孔必须打开进行检查。

2）塔、管线开工吹扫、试压要严格执行贯通、吹扫、试压方案。

3）开工吹扫前要及时、正确投用安全阀、压力表、液位计等一次检测、测量仪表。

4）引汽、引水要先检查管路，引汽要缓慢进行，防止水击。

5）设备升温、升压要严格按操作规程进行，防止损坏设备。

6）转动设备运行要按照设备操作规程进行，在启动过程中做到及时检查、发现问题及时解决。

7）在开工过程中，严防各设备抽负压，严禁设备超温、超压，防止损坏设备管线。

（二）生产运行过程

1）注意检查，发现跑、冒、滴、漏现象要及时处理。

2）开蒸汽吹扫时首先排净管线内积水，给汽量由小到大防止出现水击损坏设备。

3）建立流程后，要坚持操作员、班长、技术人员三级复查制度，防止发生误操作。

（三）停工过程

1）停工过程中，各生产单元要密切配合，保证停工顺利进行。

2）及时联系化验采样分析，并根据分析结果及时调节操作，争取加快停工进度。

3）在出现异常情况下，尽可能保证环境不受重大影响，保证现场人员安全。

4）密切配合相关职能科室工作，共同协调保证现场装置安全停工。

5）严格执行 HSE 设备检查表制度，逐项确认签字。

6）打开塔的人孔时，要认真检查，保证打开设备安全。

7）塔、管线停工吹扫要严格执行吹扫方案。

8）停工吹扫前要及时、正确停用安全阀、压力表、液位计等一次检测、测量仪表。

酸性水汽提装置风险管控措施见表 3-10-3，酸性水罐停工与检维修过程风险及管控措施见表 3-10-4。

表 3-10-3　酸性水汽提装置风险管控措施

管控措施分类			管控措施	检查内容
工程技术	关键设备部件	酸性水脱气罐	对酸性水脱气罐进出口法兰、接口、液位计、压力表等进行巡检	（1）检查酸性水脱气罐进出口法兰、接口等是否泄漏； （2）外操巡检脱气罐液位、压力是否在正常范围，并与主操核对现场指示是否与 DCS 画面一致
		酸性水储罐	对酸性水储罐进出口法兰、接口及储罐本体、液位计、压力表、阻火器、水封等进行巡检	（1）检查酸性水储罐进出口法兰、接口、储罐本体等是否泄漏； （2）外操巡检储罐液位、压力是否在正常范围，并与主操核对现场指示是否与 DCS 画面一致； （3）检查储罐阻火器、水封是否正常
		酸性水汽提塔	对汽提塔进出口法兰、接口、液位计、压力表等进行巡检	（1）检查汽提塔进出口法兰、接口等是否泄漏； （2）外操巡检汽提塔液位、压力是否在正常范围，并与主操核对现场指示是否与 DCS 画面一致
		氨气分液罐	对氨气分液罐进出口法兰、接口、液位计、压力表等进行巡检	（1）检查氨气分液罐进出口法兰、接口等是否泄漏； （2）外操巡检氨气分液罐液位、压力是否在正常范围，并与主操核对现场指示是否与 DCS 画面一致
		氨精制塔	对氨精制塔进出口法兰、接口、液位计、压力表等进行巡检	（1）检查氨精制塔进出口法兰、接口等是否泄漏； （2）外操巡检氨精制塔液位、压力是否在正常范围，并与主操核对现场指示是否与 DCS 画面一致

续表

管控措施分类			管控措施	检查内容
工程技术	关键设备部件	换热设备	对各换热器进出口法兰、压力表进行巡检	(1)检查各换热器进出口法兰、接口等是否泄漏； (2)外操巡检换热器压力、温度是否在正常范围，并与主操核对现场指示是否与DCS画面一致
	安全附件	安全阀	安全阀定期校验，确保正常投用并打铅封	(1)安全阀是否每年进行校验； (2)安全阀是否出现故障； (3)安全阀校验后是否铅封
		压力表	压力表定期校验，确保正常投用	(1)压力表是否在合格期内； (2)压力表是否损坏； (3)压力表引出阀是否打开
	工艺控制	压力	压力控制在指标范围内，并设置高、低限报警	(1)检查核对各压力指示是否在指标范围内； (2)是否正确设置高高限、高限、低限、低低限报警值； (3)工艺报警是否投用
		液位	液位控制在指标范围内，并设置高、低限报警	(1)检查核对各液位指示是否在指标范围内； (2)是否正确设置高高限、高限、低限、低低限报警值； (3)工艺报警是否投用
	安全仪表	联锁仪表	联锁仪表设置报警值、联锁值	(1)检查酸性水罐是否设置液位高低联锁； (2)检查氨压缩机是否设置联锁； (3)检查各联锁是否投用
		可燃气报警仪	可燃气报警仪定期校验，确保正常投用	(1)H_2S、氨气、可燃气等报警仪是否按规定进行布置； (2)检查报警仪是否故障； (3)检查报警仪是否投用
	其他	防火防静电	钢结构涂敷防火涂料；平台楼梯入口设置静电消除器；设备本体设置静电接地装置，管线法兰按规定设置静电跨接，对防雷接地定期检查，确保完好投用	(1)设备钢结构防火涂料是否损坏； (2)装置入口静电消除器是否定期进行电阻测量； (3)平台楼梯入口处静电消除器是否故障； (4)设备本体静电接地是否损坏； (5)管线法兰静电跨接是否损坏
维护保养	静设备		压力容器按时进行检测校验；制订检维修计划定期进行检维修	(1)压力容器等是否在检测检验有效期内； (2)设备是否按照计划进行检维修

续表

管控措施分类		管控措施	检查内容
维护保养	动设备	泵、空冷等设备检查或盘车，定期进行计划性维护保养	(1)在运设备是否按时进行测温、测振检查，并记录；对备用设备按时进行盘车； (2)机泵是否定期进行切换； (3)机泵是否定期加换润滑油； (4)机泵是否按照计划进行检维修
人员操作	人员资质	特种设备安全管理人员持证上岗；操作人员经过培训取得上岗证	(1)是否配备特种设备管理、安全管理人员； (2)操作人员是否按照规定进行培训并取得上岗作业证； (3)证件是否在有效期内
	操作记录	内操对操作参数进行监控，并按时记录操作参数；外操按时巡检，检查各设备运行情况，并进行参数记录	(1)内操人员是否实时监控参数运行情况； (2)外操是否按时巡检； (3)内外操是否进行数据记录
	交接班	按照规定进行交接班日志记录，交接班内容包括生产状况、设备状况、产品质量等	(1)交接班内容是否符合要求； (2)交接班日志是否按时进行记录
应急措施	应急设施	现场配备有空气正压式呼吸器、过滤器防毒面具、防爆应急灯、对讲机等应急器材，定期检验确保完好	(1)现场应急器材是否完好； (2)现场应急器材是否定期校验； (3)现场应急器材是否过期
	个体防护	岗位人员按要求佩戴安全帽、劳保手套、便携式气体检测仪等个人安全防护用品	(1)岗位人员进入现场是否正确佩戴安全防护用品； (2)个人安全防护用品是否损坏、过期
	消防设施	装置周边设置消火栓，配备灭火器材等，并保证完好	(1)消防设施是否定期检查； (2)消防设施是否完好； (3)灭火器材是否过期，压力是否正常，数量是否满足要求
	应急预案	编制综合应急预案、专项应急预案和现场处置方案，定期进行现场处置方案演练	(1)应急预案是否放在现场，并组织人员学习； (2)是否定期组织演练； (3)是否对演练进行总结并完善现场处置方案

表 3-10-4 酸性水罐停工与检维修过程风险及管控措施

工作内容	危害、潜在事件	风险后果	管控措施
酸性水罐水冲洗，氮气置换	罐体相连流程管线未处理，存在残余物料	管线内存有有毒介质或存油，处理不合格，施工过程造成人员中毒，酸性水罐发生闪爆、着火	(1)将与罐相连的污水线、退油线、氨气线等逐条处理干净，并做好记录； (2)酸性水罐采取单罐隔离措施，隔离阀门挂禁动牌并上锁； (3)酸性水隔离盲板安装在罐壁法兰，不留盲端位置

续表

工作内容	危害、潜在事件	风险后果	管控措施
酸性水罐内油泥清理	清罐过程油泥中残余有毒气体、可燃气体	人员中毒，酸性水罐发生闪爆、着火	(1)对酸性水罐进行置换处理，并采取化学清洗钝化除臭； (2)对酸性水罐进行采样分析，样品要具有代表性； (3)严格执行受限空间作业管理规定，施工人员需佩戴正压式长管呼吸器，作业过程专人监护； (4)采用防爆工具
动火作业	罐内存在可燃气体	闪爆、着火	(1)对污水罐进行置换处理，并采取化学清洗钝化除臭； (2)清罐合格，污水罐交出后，打开顶部透光口、底部人孔进行通风； (3)对酸性水罐进行采样分析，样品要具有代表性，确定分析合格； (4)动火作业前必须进行明火试验

第四章　硫黄回收系统

第一节　硫黄回收流程与特点

硫黄回收流程主要分为制硫单元和尾气处理单元。制硫单元流程是以 Claus 工艺为主，在此基础上，还开发出富氧工艺、超级 Claus 工艺、Sulfreen 低温工艺等，但其主体基本都是通过高温燃烧+两级低温催化转化的方式获取硫黄。尾气处理单元流程相对形式多样，除了常规的 SCOT 加氢还原工艺，还有钠法脱硫工艺、氨法脱硫工艺、Cansolv 脱硫工艺等，工艺不同其流程不尽相同。

一、制硫单元流程

（一）硫黄回收原料

硫黄回收原料主要源于溶剂再生装置及污水汽提装置酸性气，其中尾气处理单元产生的酸性气同属于溶剂再生装置酸性气。部分企业将煤制氢装置酸性气及液化气脱臭废气也作为硫黄回收原料，其中，煤制氢装置酸性气主要是指甲醇洗单元甲醇溶剂再生的酸性气及污水汽提单元产生的汽提酸性气。

（二）制硫单元流程

自上游装置来的酸性气进入酸性气分液罐脱液，脱除的含硫污水自流至地下酸性水罐或经提升泵送至污水汽提装置处理。分液后的酸性气经过蒸汽预热器提温至 150℃左右进入酸性气燃烧炉，燃烧所需空气由燃烧炉鼓风机供给，配风量按照烃类完全燃烧、1/3H_2S 燃烧生成 SO_2来控制，如液硫池采用空气鼓泡工艺，则液硫池废气从空气线进入燃烧炉。

燃烧产生的高温过程气经余热锅炉冷却至 300℃左右进入一级硫冷器，过程气经一级硫冷器冷却后温度降至 160℃左右，气态硫凝结成液硫小液滴在硫冷器出口丝网捕集，从底部自流至一级硫封罐进入液硫池。一级硫冷器出口过程气经加热至适当温度进入一级反应器，在催化剂的作用下 H_2S 与 SO_2发生歧化反应生成单质硫。反应后的过程气经二级硫冷器冷却后，液硫从底部自流至二级硫封罐进入液硫池，过程气再经加热后进入二级反应器，进一步发生 Claus 反应生成单质硫。二级反应器出口过程气经三级硫冷器冷却后，液硫自流至三级硫封罐进入液硫池，尾气再经捕集器进一步脱除硫雾后，进入尾气处理单元。

燃烧炉余热锅炉产出 3.5MPa(表)饱和蒸汽，一、二级反应器入口可直接利用余热锅炉产出的饱和蒸汽进行加热，剩余部分进入尾气处理单元焚烧炉过热后并入蒸汽管网。硫冷器产出 0.45MPa(表)饱和蒸汽，主要供装置液硫夹套伴热、管线伴热及溶剂再生使用。

制硫单元产出的液硫自流至液硫池，经空气或净化尾气鼓泡脱气，脱气后的液硫直接出厂或经液硫泵提升送至成型机造粒包装。脱气产生的废气可引入酸性气燃烧炉或加氢反应器入口处理。

二、制硫单元特点

（一）流程特点

硫黄回收装置的原料是炼油过程中产生的含 H_2S 气体。硫黄回收装置属于炼油工艺尾气处理装置，是炼油工艺中重要的环保装置。为确保任一套硫黄回收装置异常情况下含 H_2S 气体能正常处理，要求硫黄回收装置采取“$N+1$”配置，在总流程上具有无可替代的意义。因为其不可替代性，决定了硫黄回收装置在检修过程中“后停先开”，往往在停工及开工过程中装置负荷较低，运行难度大。

（二）原料特点

硫黄回收装置原料是含 H_2S 气体，一般炼油工艺产出的含 H_2S 气体浓度在70%（体积分数）以上，而 H_2S 属于剧毒性物质，当空气中浓度达到0.1%（体积分数）以上时人员会出现“电击样”瞬间死亡，故硫黄回收装置防泄漏安全等级高，气密要求高。含 H_2S 气体属于易燃易爆物质，其火灾危害性属于甲类。装置一般配有固定式 H_2S 气体报警仪，实时监测装置泄漏情况。

（三）工艺特点

制硫单元一般采用高温热反应与低温催化转化组合工艺，分为高温转化段和低温催化转化段。高温转化段设燃烧炉，温度通常控制在1000℃以上，以确保 H_2S 的高效转化和杂质的完全燃烧。在燃烧炉中，酸性气中部分 H_2S 与氧气反应生成 SO_2 和单质硫，剩余 H_2S 与生成的 SO_2 进入催化转化段继续反应。原料气中的烃类（如 CH_4）和 NH_3 等杂质在高温下充分燃烧，生成 CO_2、H_2O 和 N_2，避免对后续工艺造成干扰。

低温催化转化段设反应器，通常设置2级或3级，H_2S 与 SO_2 在催化剂作用下进一步反应生成单质硫。低温有利于提高硫的转化率，但温度不能过低，需考虑以下两个因素：

1）硫露点限制。温度低于硫露点时，硫蒸气会凝结成液硫，沉积在催化剂表面，堵塞活性孔道，导致催化剂失活。

2）有机硫水解。在高温转化段会生成少量有机硫（如 COS、CS_2），这些有机硫需要在低温催化段水解为 H_2S 和 CO_2。有机硫水解是吸热反应，温度较高有利于转化。

因此，低温催化段反应器床层温度通常控制在300~310℃，既能避免硫沉积，又能促进有机硫水解。

（四）设备安装特点

Claus 反应产生的液硫需及时从系统中分离，否则液硫在管线内的聚集会引起转化率下降、压降增大、腐蚀加剧等问题。一是装置设备布置紧凑，管线尽可能短，从而避免长距离运输导致温度下降至硫露点温度以下而积硫；二是液硫管线采用夹套管形式，伴热蒸汽使用0.35~0.45MPa（表）压力等级蒸汽，确保液硫温度在130~160℃，保持较好的流动性；三是液硫管线及相关阀门等均设置1°左右的斜度，使得液硫自流入硫封罐；四是液硫管线转角或弯头采用十字头形式连接，避免转角或弯头塞堵。

（五）设备选型特点

硫黄回收装置系统压力是关键指标，主要受制于鼓风机喘振及硫封高度，一般要求系统压力越低越好。一是装置管道负荷设计按120%设计，确保管道不超负荷憋压；二是反应器采用卧式反应器，降低径向压降；三是塔盘设计优先选择压降偏低的填料塔，降低压降。

(六) 腐蚀特点

硫黄回收装置的腐蚀主要是低温露点腐蚀和高温硫腐蚀两种形式。在进吸收塔之前，设备始终处于 H_2S 湿润环境。由于急冷塔之前过程气温度高于水的露点温度，过程气中不存在明水，因此低温露点腐蚀发生的概率低；急冷塔之后过程气温度降低，存在水析出和低温露点腐蚀风险，因此急冷塔至吸收塔管道应尽可能短，并应加强日常腐蚀监测。一般低温腐蚀加剧发生在两种情况下：一是停开工过程系统温度未达到正常生产温度，此时应重点注意余热锅炉、硫冷器蒸汽保护提温，各夹套提前投用保温；二是余热锅炉、硫冷器等出现泄漏导致明水进入系统，加剧腐蚀，如泄漏量不大可考虑退尽存水改通入蒸汽保护进行短时间维持，泄漏量偏大则需及时安排停工避免引起系统压力异常。

高温硫腐蚀是指 240℃以上部位的硫、H_2S 形成的腐蚀。酸性气燃烧炉、催化反应器和尾气焚烧炉等关键设备都设计成带衬里的结构。容易造成衬里材料损坏的原因有两种：一是热冲击造成的损坏；二是衬里材料超温带来的材料结构破坏。热冲击又分为两种情况：一种是不同材料的膨胀系数不同而产生的热应力冲击；另一种为衬里材料内所含水分的急剧汽化所带来的压力冲击。故对于有内衬结构的设备，应该注意保持预热升温过程的平稳(应严格遵守衬里生产厂商提供的升温曲线)、防止超温，且保持正常生产原料性质的稳定，尽可能避免携带明水、烃、胺等物质。

第二节 工艺控制参数

一、关键控制参数

制硫单元工艺控制参数见表 4-2-1。

表 4-2-1 制硫单元工艺控制参数

序号	工艺控制参数	一般控制范围或值
1	Claus 系统压力/MPa(表)	≤0.065
2	Claus 尾气 H_2S-2SO_2/%(体积分数)	0
3	一级反应器入口温度/℃	≥220
4	二级反应器入口温度/℃	≥210
5	一级冷凝器出口温度/℃	155~170
6	二级冷凝器出口温度/℃	155~170
7	三级冷凝器出口温度/℃	135~140
8	液硫 H_2S 浓度/%(质量分数)	0.0015

二、Claus 系统压力控制

通常将 Claus 燃烧炉炉头压力作为控制指标，用于反映制硫工艺过程总压降，是表征系统是否畅通的关键参数。

燃烧炉炉头压力一般控制在 0.065MPa(表)以内，停机联锁值设置为 0.070MPa(表)，为操作提供一定的缓冲空间，避免压力进一步升高导致设备设施损坏和有毒有害气体外逸。

Claus 系统压力主要受六方面因素影响：一是装置负荷越高，系统压力越高。主要因为负荷上升后管道压降上升，使得系统压力上升。二是余热锅炉积灰加重，系统压力升高。一般在加工煤化工酸性气时表现比较明显，炉管积灰后造成通径缩小引起系统压力上升。三是液硫线堵塞，液硫在硫冷器内积存缩小硫冷器流通面积，系统压力升高。四是反应器积硫、积炭，导致反应器压降上升，系统压力升高。反应器积硫主要受反应器床层温度影响，当出现偏流或沟流导致床层温度低于硫露点温度时，硫在催化剂表面冷凝；反应器积炭主要是因为酸性气原料带烃，未完全燃烧形成炭黑，炭黑在催化剂表面沉积。五是加氢反应器 SO_2 穿透，在急冷塔内形成硫黄单质，造成急冷塔填料堵塞，导致系统压力升高。六是管路关键调节阀异常关闭导致后路不畅，系统压力升高。

三、Claus 尾气 H_2S/SO_2 比值控制

Claus 尾气 H_2S/SO_2 比值主要是反映酸性气燃烧炉配风是否合适，也就是传统意义上的气风比。结合 Claus 反应原理，Claus 反应分为高温 Claus 和低温催化 Claus。高温 Claus 反应原理是 H_2S 与 O_2 发生氧化反应生成单质硫和 SO_2，为提高生成单质硫的转化率，通过控制高温 Claus 尾气中 H_2S 浓度是 SO_2 浓度的 2 倍，提供最佳的 H_2S 与 SO_2 歧化反应物质的量比，最大化提高硫转化率，硫转化率与 H_2S/SO_2 比值关联关系如图 4-2-1 所示。Claus 反应的 H_2S/SO_2 化学当量比值是 2∶1，但实际操作中将 H_2S/SO_2 比值定为 4∶1，以防止发生 SO_2 从加氢反应器中穿透而进入急冷水系统回路。在工业中普遍将硫回收装置出口尾气的 H_2S/SO_2 控制为 4∶1，可以防止 SRU 的操作波动对下游尾气处理单元的正常运转造成影响。

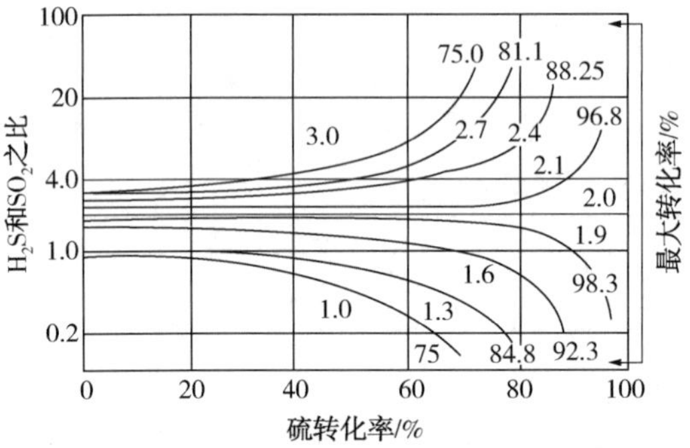

图 4-2-1　硫转化率与 H_2S/SO_2 比值关联关系

一般在尾气捕集器后配置 H_2S/SO_2 在线比值分析仪，实时分析 Claus 尾气中 H_2S/SO_2 含量用于调整酸性气燃烧炉配风，使得 H_2S-2SO_2 等于 0，从而达到最佳反应配比。此时得到的硫回收率最高，且加氢反应器入口总硫含量最低，不论是 H_2S-2SO_2 大于 0 或小于 0，都会引起加氢反应器入口总硫含量上升，绝对值越大上升幅度越大，对后续硫黄烟气 SO_2 控制难度越大。

要达到预定的 H_2S/SO_2 比值，酸性气和燃烧空气的流量必须控制在能够正常运转的程度，并调节到适当的比值。通过微调空气流量可以对 H_2S/SO_2 比值进行精细调节，微调空气调节阀的设定值由安装在末级硫冷凝器出口的 H_2S/SO_2 比值分析仪给定，可以保证酸性气组成或流量的微小变化不会对正常操作造成影响。为达到满足要求的操作状况，必须定期进行尾气取样分析来校准分析仪。

H_2S/SO_2 比值的微小波动是不可避免的。空气流量太高时 H_2S/SO_2 比值将低于 4∶1，生成过量的 SO_2，导致硫回收装置硫回收率的降低及尾气处理装置操作负荷的增高。在极端情况下，尾气处理装置无法将所有的 SO_2 转化为 H_2S，将导致 SO_2 进入急冷塔甚至胺液系统，能够在极短的时间内引起急冷系统和胺液系统的严重腐蚀。将微调空气量减少几个百分点就能防止 SO_2 穿透的发生。空气流量太低时 H_2S/SO_2 比值将高于 4∶1，SO_2 生成量降低，同样

会导致硫黄回收装置硫回收率的降低及尾气处理装置操作负荷的增高。但是在这种情况下，由于过多的 H_2S 会循环回到硫黄回收装置，因此不会造成严重的后果，将微调空气量增加几个百分点可以降低 H_2S/SO_2 比值。

四、Claus 反应器入口温度控制

一般来说，硫回收率随着转化器温度的降低而增加，但必须将温度维持在硫蒸气的露点以上。理想的一级转化器出口温度是 280~330℃，可以通过调整进入第一级反应进料加热器的蒸汽流量来间接进行控制，打开蒸汽流量调节阀可以提高出口温度，反之可以降低出口温度。如果转化器温度过低，发生热分解的 COS 和 CS_2 量将会减少，这些硫化物如果不能被脱除，将会进入尾气处理装置，无法彻底回收，导致 SO_2 排放量的增加及总硫回收率的降低。如果转化器温度过高，超过转化器壳体的设计温度，将导致壳体脆化且更容易发生腐蚀，并有可能导致壳体损坏。

二级转化器温度的控制方法与一级转化器相同。一、二级转化器内的整个催化剂床层温度必须始终保持在硫蒸气的露点之上，以防止过多的硫黄沉积在催化剂床层中。硫蒸气的露点是基于设计组成得出的，会随着实际操作条件而改变。提高进入反应进料加热器的蒸汽流量可以提高转化器温度。实际操作温度必须比硫蒸气露点高出一定的安全范围，以适应局部条件以及硫蒸气露点的变化。在低负荷工况下，即使出口温度降低，转化器入口温度也必须与设计工况基本相同，以保证整个催化剂床层的操作温度始终高于硫蒸气露点。如果 O_2 进入转化器，催化剂床层温度将迅速上升，而且很容易达到足以熔化碳钢的温度，因此在日常运行中必须密切监控以尽早发现床层飞温。如果发现床层温度上升，应立即减少空气流量，同时保持酸性气进料量不变。

一般 Claus 一级反应器入口温度控制较二级反应器入口温度高，主要有两方面原因：一是一级反应器入口过程气中 SO_2、H_2O 分压高，露点温度高，需保持较高的温度避免生成亚硫酸等强腐蚀性介质；二是一级反应器主要发生 Claus 反应和有机硫水解反应，有机硫水解反应为吸热反应，温度高有利于反应正向发生。通常一级反应器床层温度控制在 300℃左右，二级反应器床层温度控制在 235℃左右。如采取操作简便的蒸汽加热方式，需保证酸性气燃烧炉余热锅炉产汽温度在 250℃以上，即压力在 3.5MPa(表)以上。很多企业一级反应器温度单纯靠蒸汽加热无法满足转化率要求，可采取蒸汽加热+电加热搭配的方式来实现。

第三节　工艺过程控制方案

一、过程气反应器蒸汽加热入口温度串级控制

过程气进入 Claus 反应器的温度应根据所选催化剂推荐的条件确定，应比硫蒸气露点高 10~30℃。为提高 CS_2、COS 水解率，一级反应器入口温度通常控制在 240~250℃范围，二级反应器入口温度通常控制在 220~230℃范围，需要硫黄回收装置余热锅炉发生 3.5MPa(表)以上中压蒸汽作为一、二级反应器加热器的热源。

在操作中通过调节反应器入口温度来间接地控制床层温度，调节其入口温度的方法主要是通过蒸汽加热器蒸汽流控阀调节自产 4.4MPa(表)饱和蒸汽的流量来控制反应器入口温

度，入口温度低时蒸汽流控阀开大，入口温度高时蒸汽流控阀关小。反应器的入口温度由温度控制器控制，可选择手动控制方式或者自动控制方式，当入口温度稳定时应该选择自动控制方式；当入口温度波动时应该选择手动控制方式。正常生产期间，反应器入口温度采取串级控制方式，将温度控制器投用自动控制，蒸汽流量控制阀投用串级控制，过程气加热控制程序如图 4-3-1 所示。

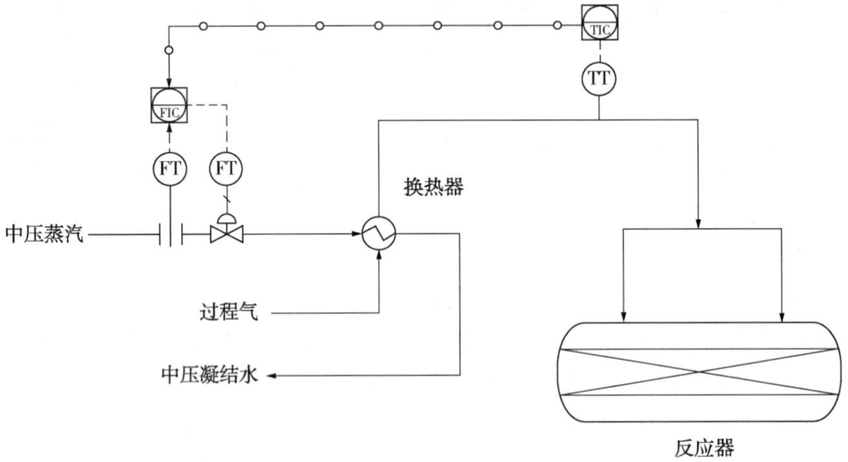

图 4-3-1　Claus 反应器入口过程气加热控制程序

二、酸性气燃烧炉配风前馈-反馈-再反馈控制

空气流量的前馈-反馈-再反馈控制方案，是硫黄回收装置始终保持较高硫转化率和长周期平稳的保证。该控制方案在正常生产时，能适应装置原料酸性气流量和组成的变化，可自动调节主空气和微调空气流量，并能自动修正空气/酸性气比值误差。在装置开停工和低负荷运行时，可确保燃料气入反应炉自动配风，解决硫黄回收装置开停工和低负荷运行困难问题。

（1）工艺要求

Claus 硫黄回收装置生产的原理是使原料气中 H_2S 与空气中的 O_2 反应生成单质硫。O_2 过量会生成 SO_2，O_2 过量严重时会造成反应炉及加氢反应器超温、急冷水 pH 值下降等，危及装置安全；O_2 不足时 H_2S 反应不完全，原料中杂质 NH_3 和烃燃烧不充分，会造成装置停工和硫黄产品不合格。因此 O_2 过多过少都会对装置造成很大的影响，为此必须通过控制空气/酸性气比例，严格控制过程气中 H_2S/SO_2 为一定值。

（2）控制方案说明

1）通过流量计测得进反应炉酸性气流量(如超声波流量计测得酸性气的体积流量和相对分子质量，并经温度和压力补偿计算出酸性气的质量流量)，根据酸性气质量流量和设定的空气与酸性气比值计算出酸性气燃烧所需空气量。

2）通过流量计测得进反应炉燃料气流量(如超声波流量计测得燃烧气体积流量和相对分子质量，并经温度和压力补偿计算出燃料气的质量流量)，根据燃料气的流量(质量流量)、单位燃料气燃烧所需的空气量和设定的空气与燃料气化学配比计算出燃料气燃烧所需空气量。

3）酸性气燃烧所需空气量和燃料气燃烧所需空气量相加后，再减去微调空气流量预设值，所得数据作为主空气流量调节器的设定值，使得主空气流量调节器能随酸性气和燃料气的流量和组分的变化及时调节进反应炉的主空气流量。该控制回路为反应炉前馈控制。

4）通过制硫单元尾气线上的 H_2S/SO_2 在线分析仪测得尾气中 H_2S 和 SO_2 体积浓度，反馈控制器根据实测的 H_2S-2SO_2 的值与设定的值（一般为 0）之间的偏差，作为反应炉微调空气流量调节器的设定值，使得微调空气流量调节器能根据过程气中 H_2S 和 SO_2 的浓度，在微调风预设值的基础上控制微调风流量，以确保反应炉得到准确的配风流量。该控制回路为反应炉的反馈控制。

酸性气燃烧炉配风控制程序如图 4-3-2 所示。

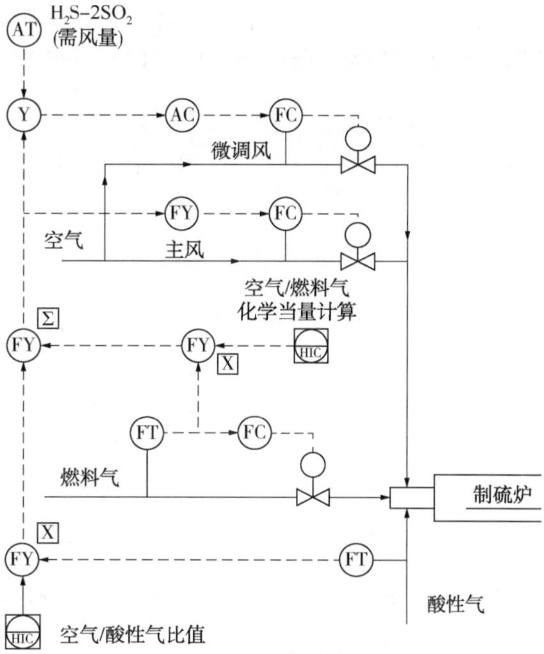

图 4-3-2 酸性气燃烧炉配风控制程序

三、余热锅炉三冲量控制

余热锅炉汽包液位过高会造成带液水击，过低会造成“干锅”。宜采取三冲量控制，即在正常操作期间，汽包的液位与锅炉给水的流量进行串级控制，中压蒸汽的流量作为一个前馈信号对液位进行修正，以避免汽包液位的波动。以汽包液位作为主控目标参数，液位发生变化，上水调节阀输出发生变化，继而改变给水流量，使水位恢复到给定值；蒸汽流量作为前馈信号，防止“假液位”使调节阀产生错误动作；给水流量作为反馈信号，使调节器在液位还未变化时就可根据前馈信号消除干扰，使调节过程稳定，起到稳定液位的作用。

余热锅炉汽包的液位主要由锅炉给水流量调节阀来控制，以维持进入汽包的锅炉给水流量稳定。当锅炉液位高于或低于设定液位点时，由液位控制器将信号传输至流量控制阀的设定点，控制液位恢复正常。液位控制器信号取三个余热锅炉液位变送器信号的中间值。当余热锅炉热负荷突然发生变化时，液位控制器检测到的液位变化可能会引起流量控制阀的误操作。如果热负荷突然增加，首先会导致余热锅炉的锅炉水中出现大量气泡，气泡的出现会降低锅炉水液相密度，造成汽包内的锅炉水量减少，但液位测量显示上升，此时液位控制器会错误地降低锅炉给水量。为防止上述情况下液位控制器的误操作，将高压蒸汽流量信号引入控制系统，当液位和发生蒸汽量同时上升时，液位控制器将增加余热锅炉汽包锅炉给水的补充量。

余热锅炉三冲量控制程序如图 4-3-3 所示。

四、点火程序控制

硫黄回收装置有反应炉、在线炉和焚烧炉，由于炉内含有 H_2S、SO_2、燃料气等有毒有害物质，且炉内有一定的压力，因此这些炉子能否进行安全点火是装置操作的关键。由于人工点火危险性大，因此装置设计必须达到能自动点火的要求。装置共设置了反应炉点火、在线炉点火、焚烧炉点火等程序，以确保装置实现全自动点火开工的目标。

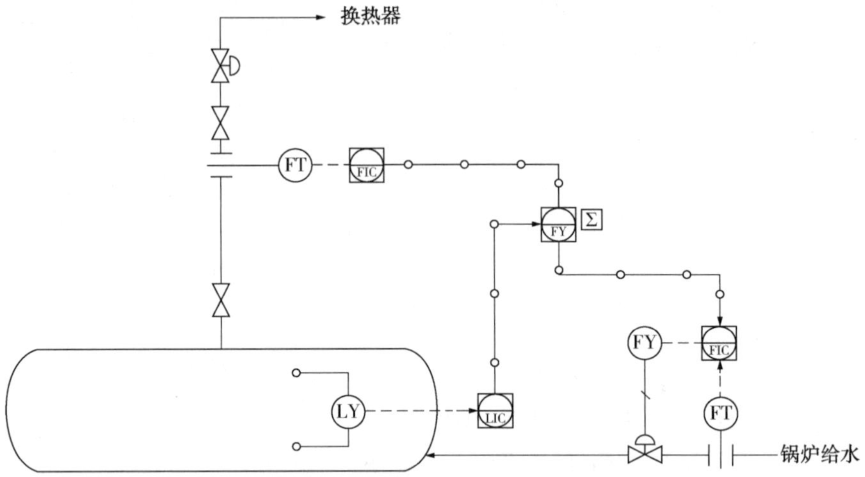

图 4-3-3　余热锅炉三冲量控制程序

（一）点火要求及注意事项

炉内点火器有长明灯式和自动伸缩式两种，由于炉内的温度高（高于燃料气的自燃温度），长明灯固定在炉内容易烧坏，因而自动伸缩式应用广泛。为了确保炉内可燃介质浓度在点火前低于爆炸下限，点火要求：①可燃介质阀关严；②吹扫空气流量和时间足够。

点火注意事项：①点火枪无法打火时，检查保险丝是否熔断，高压变压器是否损坏；②点火枪打火时间控制在 5~10s，时间过长会损坏变压器；③点火时燃料气流量不宜过大，否则点火区缺少空气无法燃烧，燃料气最好设置点火小流量线；④空气流量不宜过大，否则火易被吹灭。

（二）反应炉点火程序

根据装置实际情况，反应炉点火程序分为冷启动、热启动，在 Claus 反应器床层无可燃介质时（主要是指液硫），反应炉采用空气吹扫没有影响，宜采用冷启动；在 Claus 反应器床层有可燃介质时（主要是指液硫），反应炉采用氮气吹扫（空气会引起液硫自燃），宜采用热启动。

反应炉冷启动点火程序如图 4-3-4 所示。

以某企业硫黄回收装置反应炉点火逻辑为例，联锁关断设置如下：

1. 启动前氮气吹扫

（1）中断条件

1）空气流量（主燃烧风+微调）正常（无低低联锁）；

2）酸性气流量正常（无低低联锁）；

3）燃料气流量正常（无低低联锁）；

4）长明灯有火焰显示；

5）主火焰检测有火焰显示（任意一个）；

6）反应炉压力高高；

7）按下辅助操作台反应炉紧急停车按钮；

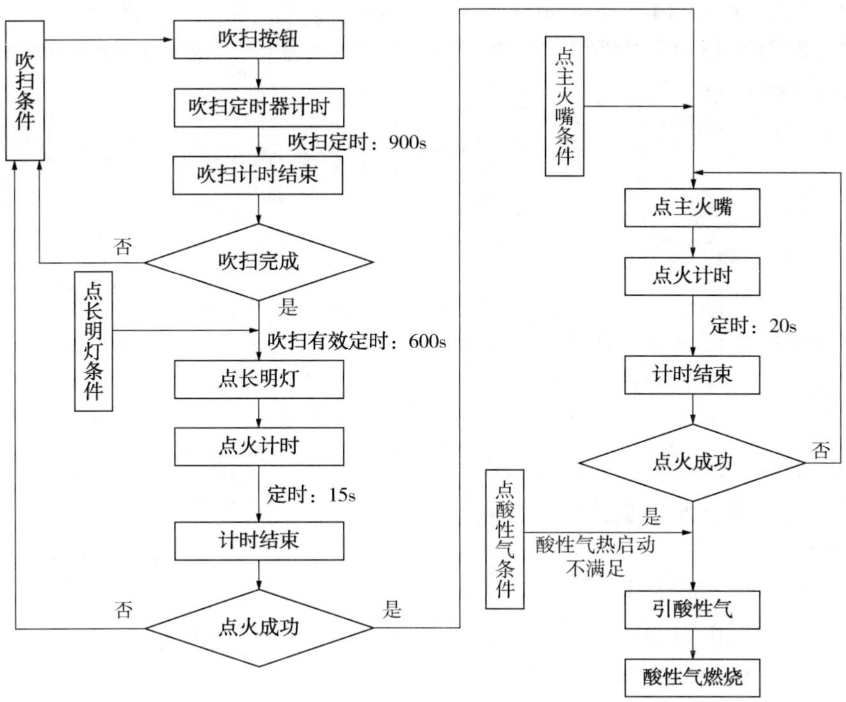

图 4-3-4 反应炉冷启动点火程序

8）按下反应炉就地紧急停车按钮；

9）吹扫时间到，氮气吹扫累计流量未满足要求；

10）所有阀门不在初始条件状态。

（2）阀门动作

关闭氮气吹扫阀门。

2. 长明灯紧急停车

（1）停车条件

1）燃料气低低压力；

2）长明灯无火焰显示；

3）反应炉温度高高；

4）余热锅炉液位低低；

5）反应炉压力高高；

6）按下辅助操作台硫黄回收单元紧急停车按钮；

7）按下现场操作盘长明灯停车开关；

8）按下硫黄回收单元就地紧急停车按钮；

9）长明灯燃料气放空阀打开；

10）由上一级联锁引发的紧急停车。

（2）阀门动作

1）关闭长明灯燃料气第一切断阀、第二切断阀；

2）打开长明灯燃料气放空阀；

3）关闭长明灯净化风第一切断阀、第二切断阀；
4）打开长明灯净化风放空阀。

3. 主燃料气燃烧紧急停车

(1）紧急停车(示例 1)
1）停车条件：
① 空气流量(主燃烧风+微调)低低；
② 反应炉温度高高；
③ 热锅炉液位低低；
④ 按下辅助操作台硫黄回收单元紧急停车按钮；
⑤ 按下硫黄回收单元就地紧急停车按钮；
⑥ 反应炉压力高高；
⑦ 按下反应炉就地停主燃料气按钮；
⑧ 由上一级联锁引发的紧急停车。
2）阀门动作：
① 关闭燃烧空气切断阀；
② 关闭燃烧空气主控制阀；
③ 关闭燃烧空气微调控制阀；
④ 关闭主燃料气第一切断阀、第二切断阀；
⑤ 打开主燃料气放空阀；
⑥ 关闭降温蒸汽切断阀；
⑦ 关闭降温蒸汽调节阀。
(2）紧急停车(示例 2)
1）停车条件：
① 燃料气高高压力；
② 燃料气流量低低；
③ 主火焰检测无火焰；
④ 主燃料气放空阀打开。
2）阀门动作：
A. 酸性气燃烧工况紧急停车的阀门动作：
① 关闭主燃料气第一切断阀、第二切断阀；
② 打开主燃料气放空阀；
③ 关闭降温蒸汽切断阀；
④ 关闭降温蒸汽调节阀；
⑤ 关闭 Claus 风机到液硫池的风量调节阀。
B. 仅燃料气燃烧工况紧急停车的阀门动作：
① 关闭燃烧空气切断阀；
② 关闭燃烧空气主控制阀；
③ 关闭燃烧空气微调控制阀；
④ 关闭主燃料气第一切断阀、第二切断阀；

⑤ 打开主燃料气放空阀；

⑥ 关闭降温蒸汽切断阀；

⑦ 关闭降温蒸汽调节阀。

（3）紧急停车的氮气吹扫

1）打开氮气吹扫阀门条件：

① 燃烧空气阀门关闭，炉膛温度高于500℃；

② 手动打开氮气吹扫阀门。

2）关闭氮气吹扫阀门条件：

① 炉膛温度低于500℃，且不在启动点火程序前的氮气吹扫过程中；

② 手动关闭氮气吹扫阀门；

③ 反应炉压力高高。

4. 点火系统延时设置

（1）吹扫

1）氮气吹扫15min，吹扫氮气累计总流量大于589Nm^3，以上均满足后吹扫结束；

2）氮气吹扫后10min内不点火则将重新吹扫。

（2）点火

1）长明灯火检信号旁路15s，在此时间内点燃长明灯；

2）燃烧空气切断阀打开8s后打开燃料气切断阀；

3）燃料气点燃主火焰时间为10s，主火焰信号旁路18s；

4）点火过程中燃烧空气、主燃料气、仪表风放空阀点火后，旁路阀位回信信号13s；

5）酸性气流量高于最低流量连续30s以上，否则无效；

6）反应炉高高温度联锁触发条件为炉膛温度大于1315℃时，持续5min；

7）燃料气流量高于最低流量连续30s以上，否则无效；

8）火检信号持续消失2s后触发主火嘴紧急停车（烘炉阶段）。

5. Claus反应炉热启动

在硫黄回收单元正常酸性气进料操作过程中，触发装置紧急停车后，反应炉炉温大于800℃，且在停炉15min内（15min为建议时间），下述联锁条件中的①、②项处于低低流量状态，③、④、⑤、⑥、⑦、⑧项触发原因不复存在的情况下，可通过SIS操作站上的“酸性气热启动按钮”（软开关）打开酸性气及空气的联锁切断阀，执行热启动操作。如果在15min内操作人员没有按动“酸性气热启动按钮”，则程序逻辑返回至吹扫状态。

触发原因包括：

① 空气流量低低；

② 酸性气流量低低；

③ 酸性气分液罐高高液位；

④ 反应炉温度高高；

⑤ 余热锅炉液位低低；

⑥ 反应炉压力高高；

⑦ 上一级联锁触发原因；

⑧ 酸性气切断阀触发动作。

第四节　控制指标与分析频次

硫黄回收单元主要工艺控制项目包括原料酸性气组分、过程气组分、末级硫冷器出口过程气 H_2S/SO_2 比值(H_2S-2SO_2 差值)，质量控制项目包括液硫、锅炉水、中低压蒸汽等，关键控制指标及分析频次见表 4-4-1。

表 4-4-1　硫黄回收单元关键控制指标及分析频次

序号	分析项目	分析频次		试验方法	指标
		正常	定期		
1	原料酸性气：				
	H_2S、CO_2、NH_3、烃类	1 次/24h		Q/SH 3215 156	
2	燃烧炉出口过程气：				
	H_2S、SO_2、COS、O_2		按需	Q/SH 3215 155	
3	一级反应器出口过程气：				
	H_2S、SO_2、COS、O_2		按需	Q/SH 3215 155	
4	二级反应器出口过程气：				
	H_2S、SO_2、H_2、COS		按需	Q/SH 3215 155	
5	加氢反应器入口尾气：				
	H_2S、SO_2、H_2、COS		按需	Q/SH 3215 155	
6	加氢反应器出口尾气：				
	H_2S、SO_2、H_2、COS	1 次/24h		Q/SH 3215 155	
7	净化前尾气：				
	H_2S、H_2		按需	Q/SH 3215 96	
8	净化后尾气：				
	H_2S、H_2	1 次/周		Q/SH 3215 96	
9	急冷水：				
	pH 值		按需	Q/J SH 3600 334—2010	6~9
	NH_3 含量		按需	HJ 535—2009	
10	贫胺液：				
	H_2S 含量	3 次/周		Q/SH 3215 83	
	胺液浓度	3 次/周		Q/SH 3215 80	35~45
	热稳定盐(HSS)	1 次/周		Q/J SH 2200 4206	≤1
	pH 值	1 次/周			>9.0
11	半贫胺液：				
	H_2S 含量	1 次/月		Q/SH 3215 83	
	胺液浓度	1 次/月		Q/SH 3215 80	
12	富胺液：				
	H_2S 含量	3 次/周		Q/SH 3215 83	

续表

序号	分析项目	分析频次		试验方法	指标
		正常	定期		
13	再生酸性气分液罐切水：				
	NH_3含量	1次/月		HJ 535—2009	
	pH 值		按需	GB/T 6904	
	铁离子含量		按需	Q/SH 3600 334	
	氯离子含量		按需	Q/SH 3600 334	
14	再生酸性气：				
	H_2S、CO_2、总烃类		按需	Q/SH 3215 156	
15	锅炉给水：				
	pH 值	1次/周		GB/T 6904	
	电导率	1次/周		GB/T 6908	
	二氧化硅	1次/周		Q/SH 3215 271	
	溶解氧	1次/周		Q/SH 3215 180	
16	锅炉炉水：				
	pH 值	1次/12h		GB/T 6904	9~11
	二氧化硅	1次/周		Q/SH 3215 271	
	磷酸根	1次/12h		Q/SH 3215 257	5~15
	电导率	1次/12h		GB/T 6908	
	总碱度	1次/12h		GB/T 15451	0~50
17	锅炉产汽：				
	钠离子	1次/24h		Q/SH 3215 246	0~15
	二氧化硅	1次/周		Q/SH 3215 271	0~20
	电导率	1次/24h		GB/T 6908	
18	低压蒸汽：				
	钠离子	1次/周		Q/SH 3215 246	
	二氧化硅	1次/周		Q/SH 3215 271	
19	低压锅炉排水：				
	钠离子	1次/周		Q/SH 3215 246	
	二氧化硅	1次/周		Q/SH 3215 271	
20	硫黄成品(A级品)：				
	纯度	1次/周		GB/T 2449	≥99.95
	酸度	1次/月		GB/T 2449	≤0.003
	有机物	1次/周		GB/T 2449	≤0.03
	水分	1次/周		GB/T 2449	≤2.0
	砷含量	1次/季		GB/T 2449	≤0.0001
	灰分	1次/月		GB/T 2449	≤0.03
	外观	1次/周		GB/T 2449	
	铁含量	1次/季		GB/T 2449	≤0.003

第五节　主要设备设施

硫黄回收系统是硫黄回收生产反应系统，是硫黄反应发生的主要场所，回收系统的主要设备为制硫炉、余热锅炉、硫冷器、反应器和制硫通风机。

一、制硫炉

酸性气进入制硫炉后，与空气混合，在高温环境下发生部分燃烧反应，形成液硫。炉膛是反应发生的主要场所，其中分布衬里和花墙。衬里主要保护炉壁，防止高温对炉壁灼烧造成炉壁损坏；花墙可以增加反应停留时间，提高硫回收率。

1. 制硫炉主要结构

硫黄回收装置制硫炉为卧式圆筒形结构，燃烧器一般与炉体法兰连接或焊接，后端与余热锅炉焊接(对接或搭接)；支座一般采用两个滚动(或带摩擦副)鞍座，向炉头方向移动壳体外部；壳体外部有防雨罩，分整体圆形可调温式和半圆形不可调式。

典型制硫炉结构如图 4-5-1 所示。

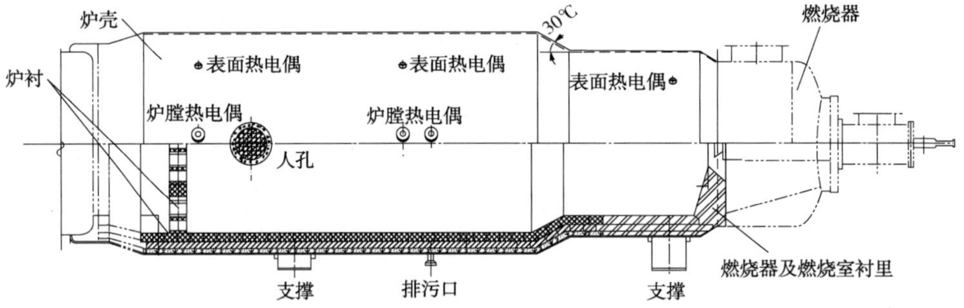

图 4-5-1　典型制硫炉结构

2. 衬里主要结构形式

衬里结构目前采用的主要有浇注料、可塑料、浇注料与砖的复合结构三种。

浇注料和可塑料衬里采用保温钉固定，但存在保温钉耐受温度低、受力不均等问题，易造成衬里的开裂和脱落，随着硫黄回收装置大型化，衬里施工越来越多地采用浇注料与砖的复合结构。

典型制硫炉衬里结构如图 4-5-2 所示。

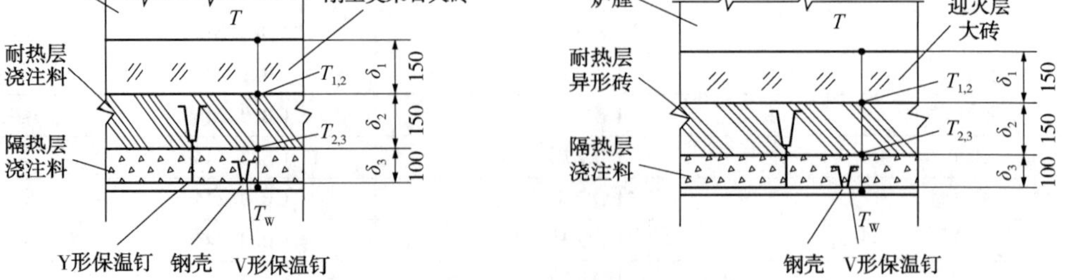

图 4-5-2　典型制硫炉衬里结构(单位：mm)

3. 花墙结构

由于进入制硫炉的酸性气是上游各装置来的气体，经常有波动，因此燃烧不是特别稳定、充分，制硫炉后端连接制硫余热锅炉，为保护制硫余热锅炉炉头不受冲击及燃烧后的气体更加充分和稳定，在制硫炉的中部或中后部位增设了花墙。

典型制硫炉花墙结构如图 4-5-3 所示。

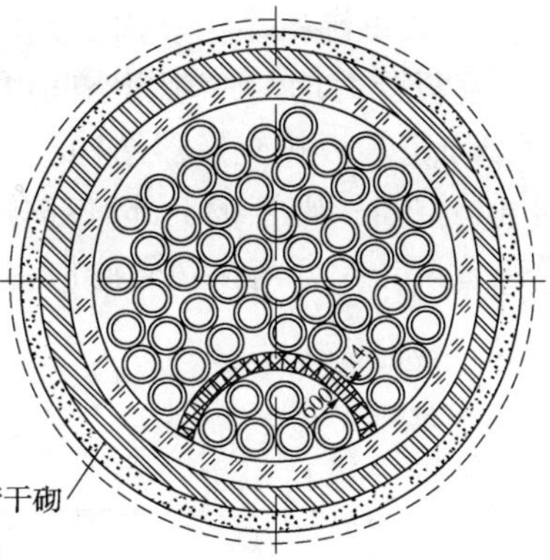

图 4-5-3　典型制硫炉花墙结构

二、余热锅炉

硫黄回收装置余热锅炉是回收热量的重要设备，通过生产中压蒸汽，将制硫反应过程中的热量进行回收，达到节能环保的目的。硫黄回收装置余热锅炉主要形式为管式，通过换热生产中压[4MPa(表)]蒸汽。制硫余热锅炉典型结构如图 4-5-4 所示。

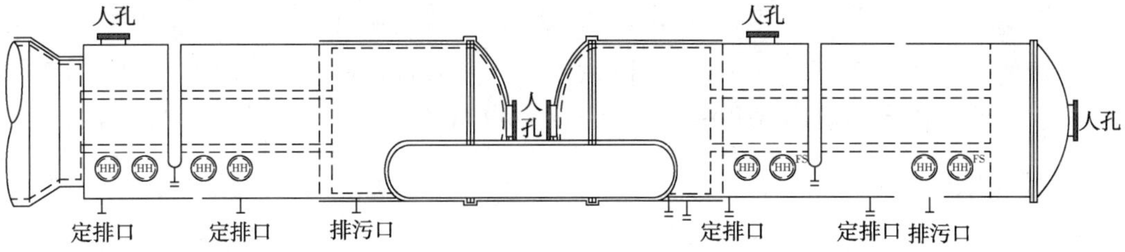

图 4-5-4　制硫余热锅炉典型结构

余热锅炉耐受压力高、温度高，一般锅壳采用 Q345R 或 20G，换热管采用 20G。换热管高温面增加陶瓷套管进行管头保护，并实施衬里防护。

余热锅炉运行过程中出现最多的问题是陶瓷套管开裂，进而影响换热管管头开裂，造成泄漏。运行实践中，陶瓷套管安装以及本身质量问题、换热管制造过程的焊接问题是造成泄漏的主要原因，因此在制造环节增加射线检测，控制施工质量是确保余热锅炉长周期运行的重要条件。

三、硫冷器

硫冷器主要设置在余热锅炉和一级、二级反应器之后位置，主要是将反应过程中产生的硫单质蒸气冷凝为液硫，回收至液硫池。由于介质复杂，腐蚀成分多，温度波动大，硫冷器设计制造要求高于一般冷换设备。

根据在役硫冷器使用情况，一般采用组合式和单体式两种形式。组合式硫冷器有设备设计紧凑，占地面积小，投资少等优点，但设备结构复杂，受温差和换热管数量不同的影响，换热管易疲劳，受力不均，容易造成管头开裂；单体式硫冷器由于分开设计，结构简单，易大型化，对换热管的受力影响小，使用寿命长。目前硫黄回收设计中主要采用单体式硫冷器。

硫冷器主要采用固定管板结构，根据壳体结构不同，目前主要应用两种结构，包括釜式重沸器结构和固定管板热交换器结构。

① 釜式重沸器结构。由于其变径段可以承受部分变形协调，同时其管板上可以布满换热管，管板受力均匀，气相空间可以调整，能够满足操作要求，操作方便。

② 固定管板热交换器结构。典型固定管板式硫冷器结构如图 4-5-5 所示。由于需要一定的气相空间，则管板上部有部分空间不能布置换热管造成管板受力不均。采用拉杆形式固定换热管束。拉杆与换热管膨胀量不一致，因此为防止管板变形，管板厚度相对较大。

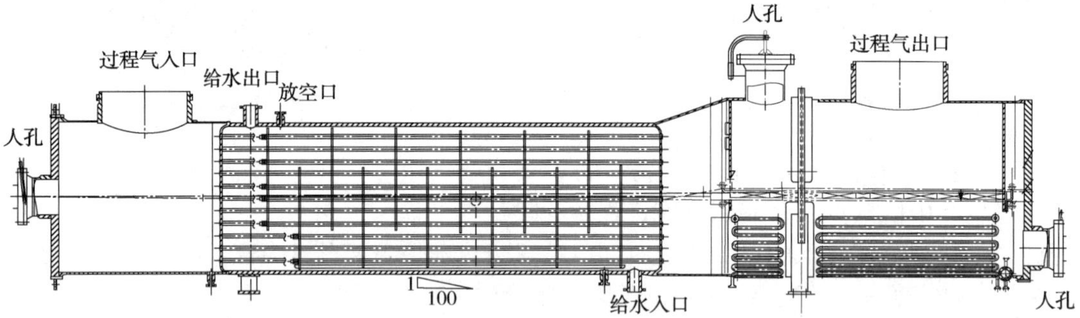

图 4-5-5　固定管板式硫冷器结构

硫冷器的壳体主要采用 Q345R，管板采用 20[#] 和 16Mn 锻件，换热管主要采用 10[#] 和 09CrCuSb，主要考虑高温硫腐蚀和湿 H_2S 及 SO_2 露点腐蚀。

四、反应器

硫黄回收装置的反应器主要为 Claus 反应器，是硫元素进行反应转化的场所。主要结构为反应器外壳、隔热衬里、内部格栅、丝网以及各个开孔，正常生产时内部填充催化剂。

反应器存在高温硫腐蚀及 H_2S、SO_2 露点腐蚀，设备壳体材料选择 Q245R、整体热处理，内衬耐酸浇注料、外保温。内构件采用不锈钢材料，丝网采用 S31603 材料，典型 Claus 反应器结构如图 4-5-6 所示。

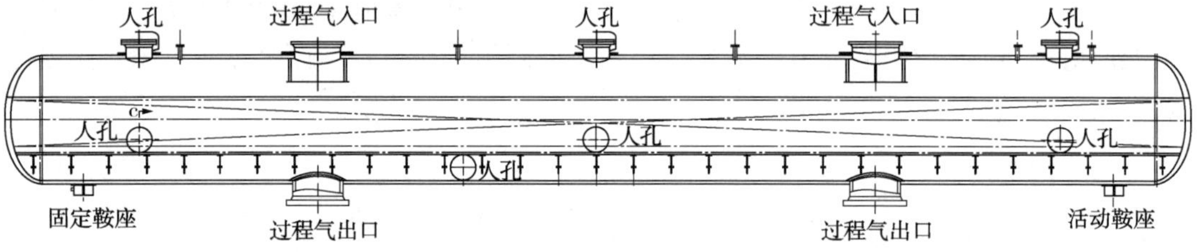

图 4-5-6　Claus 反应器结构

五、制硫通风机

制硫通风机为制硫反应过程中的重要转动设备，为硫黄回收反应提供所需的 O_2，在生产实践中具有十分重要的地位。

以沈阳鼓风机（集团）有限公司生产的 GM55 系列为例，该系列风机的机械部分主要包括鼓风机、齿轮箱、电机、润滑油站（附属油泵）等。流量调节范围为 70%～100%；机械设计温度为 -10～105℃；机械设计压力为 0.096～0.166 MPa（表）。

该机组主要有如下特点：

① 该鼓风机为单级、高速、组装式整体结构离心鼓风机。

② 单台鼓风机由单台二极异步电机驱动。

③ 机组壳体为整体铸造机壳，装配方式为轴向装配。鼓风机与齿轮箱为公共底座，电动机为单独底座。

④ 鼓风机转子的导叶为进口导叶，其叶轮超速试验转速为1.15倍的工作转速。

⑤ 鼓风机密封形式为迷宫密封，迷宫密封是在转轴周围设若干依次排列的环行密封齿，齿与齿之间形成一系列截流间隙与膨胀空腔，被密封介质在通过曲折迷宫的间隙时产生节流效应而达到阻漏的目的。

⑥ 入口过滤器过滤精度达到15mm。

该机组的轴承分为三种形式，大齿轮轴径向轴承为圆瓦，大齿轮轴推力轴承为固定瓦块，小齿轮轴径向轴承为可倾瓦。每一个高速轴承设置两路测振，单台机组共四路；鼓风机径向轴承安装1个Pt100型插入式双支铂热电阻，推力轴承安装1个Pt100型插入式双支铂热电阻；联轴器采用带中间加长节的膜片联轴器，并配置无火花联轴器护罩。传动齿轮采用渐开线斜齿轮。齿轮是通过滚齿、剃齿、表面氮化处理等工艺过程加工而成的，确保了机组的使用寿命。齿轮箱上设有检视窗。齿轮加工精度等级为6级，齿轮箱服务系数为1.4。

第六节　烘炉作业

一、烘炉目的

① 脱除掉炉体、烟道内耐火衬里和耐火材料中的自然水和结晶水，使耐火材料缓慢烧结，增强炉子衬里材料强度和使用寿命；

② 考察制硫炉与焚烧炉的烧嘴、点火枪、火焰监测器等是否灵活好用，探索炉子长明灯和主火嘴点火主要参数；

③ 考察烘炉所涉及工艺流程的仪表、控制系统的运行情况；

④ 考察制硫炉鼓风机、焚烧炉鼓风机的设计、使用情况；

⑤ 考察施工质量、炉体各部件在热态下的性能。

二、烘炉准备

① 确认制硫炉、焚烧炉、烟囱及有关设备已经竣工并验收合格(非新建炉可省略)；

② 确认耐火衬里砌筑工程完毕，经过自然通风及低温预烘阶段；

③ 确认仪表、控制阀及联锁系统已调试完毕、准确好用；

④ 确认瓦斯线界区盲板拆除，瓦斯进炉前盲板拆除，制硫炉仪表保护线贯通备用；

⑤ 确认公用工程系统已经吹扫、贯通、试压合格，投用正常(非新建装置可省略)；

⑥ 确认制硫炉鼓风机、焚烧炉鼓风机试车完毕，达到使用条件；

⑦ 确认现场瓦斯报警仪、现场火灾报警器、消防栓、灭火器、视频监控等安全设备、设施具备使用条件。

三、烘炉注意事项

① 内衬砌筑完毕，全部检验合格，自然干燥完成；

② 烘炉前应将所有开口封闭，并严格按烘炉曲线进行烘炉；

③ 烘炉时应确认好测温点，热电偶端面应与内衬工作面平齐或缩进 5mm 左右，这样测得的温度能真实准确地反映内衬温度；

④ 烘炉初期低温阶段暂不投用热电偶保护风，待温度升至 300℃以上时再投用，控制吹扫风量避免测温失准，长明灯保护风不投用，火焰检测仪等其他保护风全部投用；

⑤ 过程气系统空气吹扫完毕，确认管线干净后，空气吹扫联运 3~4 天，利用鼓风机热空气对炉子进行预烘，其间炉膛温度约为 70℃，之后再用瓦斯按烘炉曲线升温烘炉；

⑥ 烘炉期间制硫余热锅炉、尾气余热锅炉及各级硫冷凝器应正常上水，当尾气焚烧炉炉温达到 400℃时，蒸汽过热器应通入蒸汽保护；

⑦ 在烘炉过程中应测定并绘制实际烘炉曲线，烘炉过程中如发生故障，应按烘炉曲线重新升温，烘炉结束应在封闭状态下自然降至常温；

⑧ 烘炉结束后，对衬里、管板质量进行全面检查，如有损坏应加以修补。

四、烘炉步骤

① 瓦斯管线在界区双阀之间排凝处接临时氮气置换制硫炉内空气，采样分析氧含量小于 0.5%(体积分数)后，引瓦斯至炉子前，从制硫炉长明灯线排凝阀处接临时火炬，点临时火炬，待火焰稳定、燃烧正常后，采样分析瓦斯组分，要求 N_2 含量小于 1%(体积分数)。瓦斯分析合格后，关闭瓦斯排凝阀，灭临时火炬。注意临时火炬必须设置在空旷安全区域，周边不存在或不排放易燃、有毒有害物质，并拉好警戒绳。点临时火炬期间必须有人现场监护，落实防火措施。

② 确认制硫炉长明灯点火器正常，可以点火。

③ 建立烘炉流程，烘炉前期炉内气体主要通过硫冷器现场排放，待温度升高后关闭现场排放阀，过程气通过尾气旁路至焚烧炉、烟囱。启动制硫风机，控制出口压力为 0.055MPa(表)，现场放空。

④ 打开制硫炉主瓦斯氮气切断阀及现场手阀，打开主瓦斯入炉手阀，关闭主瓦斯切断阀、控制阀，引氮气对炉膛进行吹扫置换 15min，吹扫完毕后关闭主瓦斯氮气切断阀及现场手阀，关闭主瓦斯入炉手阀。

⑤ 设置制硫炉长明灯瓦斯线自力式压控阀压力 0.15MPa(表)、净化风线自力式压控阀压力 0.15MPa(表)，打开长明灯瓦斯切断阀，打开长明灯净化风切断阀，打开长明灯瓦斯和净化风管线入炉最后一道手阀，现场按长明灯点火按钮点火。当室外看火窗观察到火焰、室内制硫炉炉温上升，长明灯火焰检测仪检测火焰正常时确认为点火成功，若 30s 内未确认点火成功，则重复步骤③、④，重新点火；若多次不能点火成功，则拆下长明灯进一步检查。点火成功后，投用火焰检测仪、看火窗保护风。

⑥ 为了控制制硫炉起始升温速度，在 120℃以下时，用长明灯进行烘炉，缓慢调整瓦斯和空气量进行升温操作，控制烘炉升温速度为 5~8℃/h。

⑦ 待制硫炉温达到 120℃左右，准备点主火嘴。打开主瓦斯切断阀，打开主瓦斯控制阀，稍开主瓦斯入炉手阀，打开空气切断阀，打开微调风控制阀，按照瓦斯与空气 1∶(14~20)比例点主火嘴，当主火嘴火焰检测仪检测火焰正常时确认主火嘴点火成功。

⑧ 逐渐加大风量及瓦斯量，制硫炉按升温曲线升温，当炉温升至 300℃时，投用热电偶

保护风、脱气废气线保护风及酸性气至二区保护氮气，注意控制风量，避免温度指示失准。

⑨ 内操人员每半小时在曲线图中标出炉温，外操人员及时巡检，通过看火孔观察耐火材料，如果发现破裂、炉体外壁过热等异常情况及时向上级汇报，立即熄火，停止烘炉。

⑩ 升温阶段硫冷器蒸汽改为现场放空，控制硫冷器压力为 0.45MPa(表)，三级硫冷器改为正常流程循环。余热锅炉在 500℃以下时，蒸汽就地放空；待 500℃以上后，改至蒸汽过热器，放空至消音器处，并吹扫装置内部的 4.0MPa(表)蒸汽管网系统。

⑪ 烘炉过程中，升至 350℃、550℃，分别要对高温设备进行热紧。

⑫ 制硫余热锅炉出口温度升至 200℃以上时，打开余热锅炉出口过程气至反应器管线总阀，打开至二级反应器手阀，按照反应器升温曲线可对二级反应器进行烘器。待二级反应器温度升至 200℃以上时，打开至一级反应器手阀，按照反应器升温曲线可对一级反应器进行烘器。

⑬ 外操检查制硫余热锅炉、三级硫冷器、尾气分液罐现场排放无水汽后，可逐个关闭现场排放阀，将烘炉烟气改至烟囱排放。

硫黄回收单元制硫炉烘炉操作工艺流程如图 4-6-1 所示，制硫炉烘炉曲线如图 4-6-2 所示。

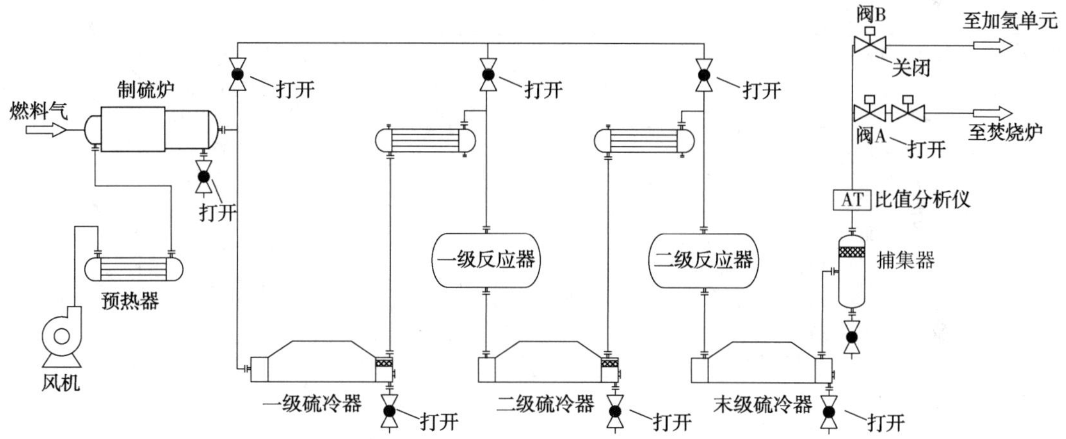

图 4-6-1　制硫炉烘炉操作工艺流程

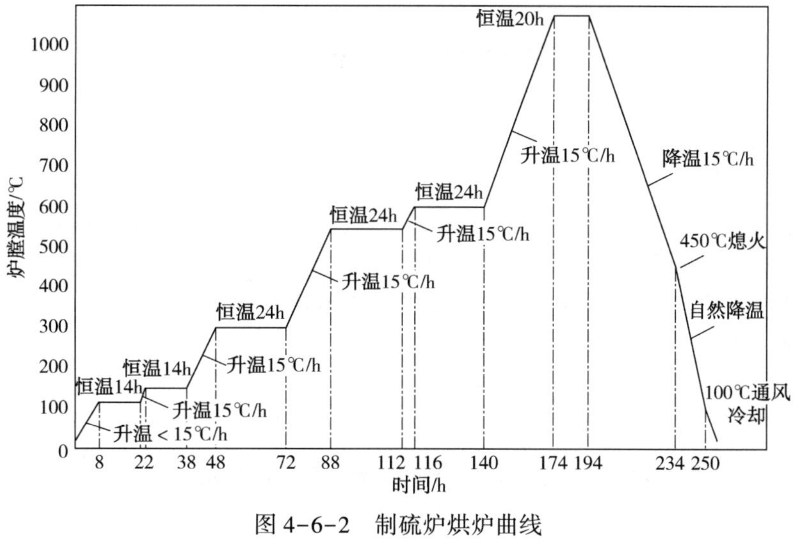

图 4-6-2　制硫炉烘炉曲线

尾气焚烧炉烘炉操作工艺流程如图 4-6-3 所示，焚烧炉烘炉曲线如图 4-6-4 所示。

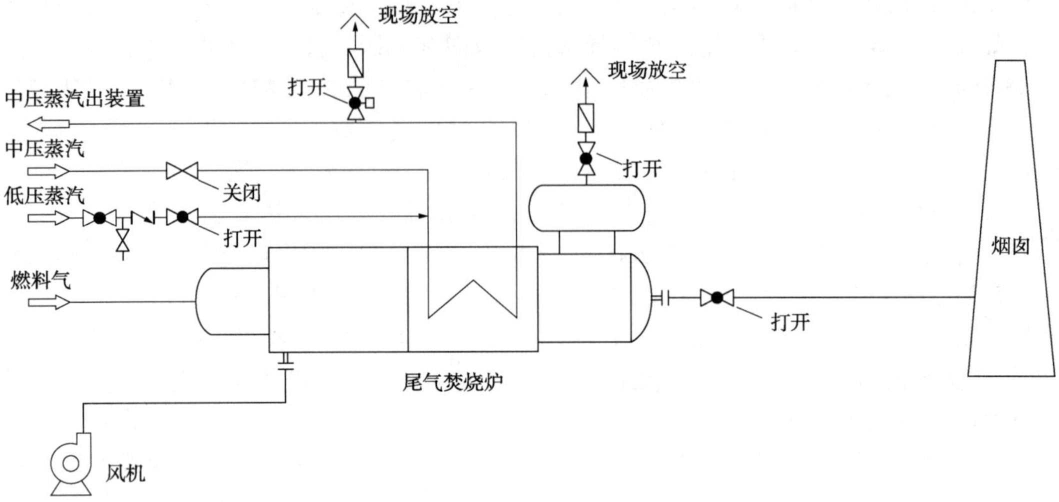

图 4-6-3　焚烧炉烘炉操作工艺流程

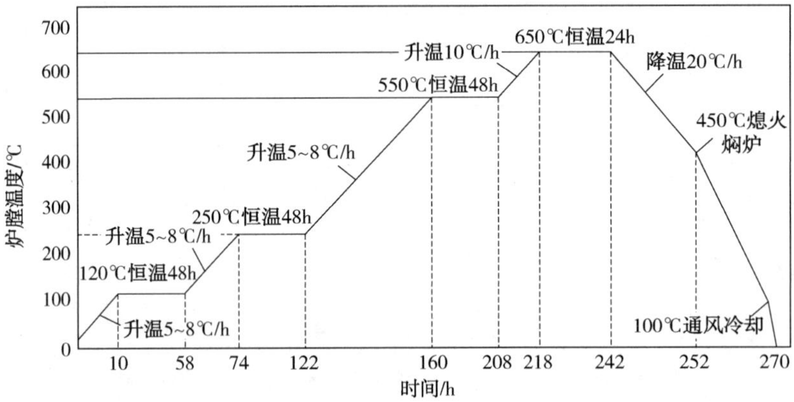

图 4-6-4　焚烧炉烘炉曲线

第七节　烘器作业

一、烘器目的

① 脱除掉反应器内耐火衬里和耐火材料中的自然水和结晶水，使耐火材料缓慢烧结，增强和延长反应器衬里材料强度和使用寿命；

② 考察烘器所涉及工艺流程的仪表、控制系统的运行情况；

③ 考察施工质量、反应器各部件在热态下的性能。

二、烘器准备

烘器操作一般与烘炉同时进行，详见第六节烘炉作业相关说明。

三、烘器步骤

(一) Claus 反应器烘器

烘炉过程中，制硫余热锅炉出口温度升至 200℃以上时，打开余热锅炉出口过程气至反应器管线总阀，打开至二级反应器手阀，按照反应器升温曲线可对二级反应器进行烘器。待二级反应器温度升至 200℃以上时，打开至一级反应器手阀，按照反应器升温曲线对一级反应器进行烘器。

烘器升温按下述温度操作：

① 从环境温度升至 120℃，升温速率不大于 5℃/h。

② 120℃恒温 48h。

③ 120℃升温至 250℃，升温速率不大于 5℃/h。

④ 250℃恒温 48h，热紧作业。

注：先对二级反应器进行烘器，待温度升至 200℃以上时，再对一级反应器进行烘器，避免一级反应器内水汽带入二级反应器中。

(二) 加氢反应器烘器

加氢反应器烘器曲线如图 4-7-1 所示，升温步骤如下：

① 从环境温度升至 120℃，升温速率不大于 5℃/h。

② 120℃恒温 48h。

③ 120℃升温至 250℃，升温速率不大于 5℃/h。

④ 250℃恒温 48h，热紧作业。

⑤ 250℃升温至 350℃，升温速率不大于 5℃/h。

⑥ 350℃恒温 12h，热紧作业。

⑦ 350℃降温，降温速率不大于 15℃/h。

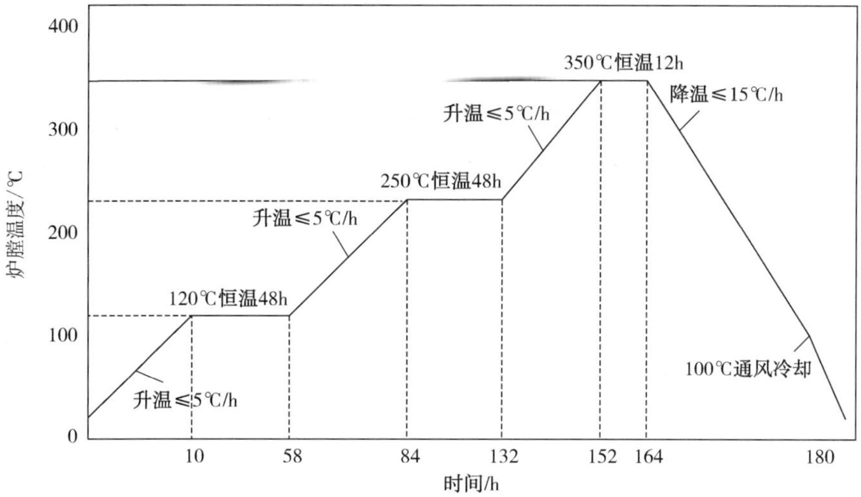

图 4-7-1 加氢反应器烘器曲线

第八节　正常开工准备

一、开工前检查

（一）工艺管线检查

1）核查设计的 PID 图及施工图。检查管线的尺寸、配置、材质以及特殊作用的配管是否符合设计要求。检查装置与公用工程系统的配管是否配备齐全，符合要求。检查管线规格、材质、厚度及工艺走向是否正确。检查管线、管件安装是否符合工艺要求，管线有无接错。

2）检查管线焊缝质量，保证无漏焊、脱焊、欠焊等缺陷存在，使用的焊条符合设计规范。

3）管道法兰连接部位的检查：

① 保证法兰的规格等级、法兰面、材质类型符合设计要求，确保法兰安装对正，无偏位、张口、法兰面损坏等不良现象。

② 检查垫片的规格、材质、型号符合配管图要求。垫片安装准确，无漏装现象。垫片应放正压紧，材质应符合要求。

③ 连接用的螺栓、螺母的规格、材质、型号符合设计要求，螺栓配备齐全，对称上紧，上紧后两头均应有 2~3 丝扣的余量。

4）检查管道丝扣连接，要求连接、上足丝扣，不得有滑扣或螺纹损伤现象。

5）管道使用阀门的检查：

① 检查阀门的规格、选型、等级、材质、盘根、压盖、手轮、阀座与阀杆、单向阀的流向等安装正确，阀门的盘根压满，阀门安装位置满足开关方便、灵活好用的要求，方便操作与维修。

② 检查阀座垫圈、阀盖、阀片等是否符合要求，阀门的手轮及辅助操作设施是否灵活好用，阀门的限位设施是否齐全。

③ 阀体、阀盖等不得有裂缝、砂眼和其他影响强度的缺陷。

④ 安全阀按设计要求定压，其铅封完好，现场安装位置准确。

6）管道上的“8”字盲板严格按设计要求配管，安装位置及规格材质准确，按开工要求进行调向安装。

7）管线上的限流孔板(RO)、流量孔板(FO)、测压点以及温度计的设置(包括压力表、热电偶)符合设计要求和设计规范，现场按要求配置齐全(吹扫、冲洗之前，孔板暂不安装)。

8）检查各放空、排凝点的设置是否符合设计要求，排凝口应设置漏斗，做到密闭排放，排放管线畅通。

9）检查管线、支座、管托、管吊等的设置是否符合设计要求，管线安装紧固适中，不得随意晃动。

10）检查受热管线是否能够自由膨胀，设有足够的温度补偿管线。

11）检查管线的伴热、保温是否施工完毕，保温材质及厚度是否符合设计规范要求，疏水器安装是否齐全好用。

12）检查埋地管线的材质、规格走向以及防腐措施是否符合设计规范。

13）检查燃料气管线的法兰、阀门的防静电接地是否良好，有无漏接、松脱。

14）检查管线刷漆是否符合规范、保温质量是否符合要求，并按名称介质方向进行标识；管线试压合格。

15）检查管线的流程走向与阀门安装是否符合工艺实际操作要求，检修是否方便、安全。

16）检查与设备本体相连的管线，其重量不得由设备承担。

17）检查易凝管线的伴热线是否满足要求，热力管线的热补偿措施是否适应生产要求。

18）所属的单向阀、截止阀、疏水器的安装方向正确；压力表、温度计配齐，量程合适，温度计尾长合适，方便操作。所属的放空、排污和扫线设施符合生产要求，符合防烫、防火的安全原则。

19）固定支架及活动支架牢固或移动灵活，管架基础无倾斜、下陷。对于振动大的管线，应检查其支撑是否牢靠，跨度是否合适。

20）管线布局合理，防止在开停工过程中管线出现存液。

21）各点的氮气、蒸汽、非净化风、新鲜水及生活水齐全，使用方便。

22）消防胶管齐全，安装牢固，使用方便。

23）检查电器照明配管的防静电副线有无漏接、松脱。

24）全面检查与系统相连的有关管线，解决存在的问题和隐患。

（二）静设备检查

1. 塔和容器检查

1）塔及容器的设计压力和温度、操作压力和温度以及设计处理能力符合工艺要求。

2）塔及容器的铭牌完好。设计介质、材质、厚度、腐蚀裕度符合设计要求。

3）塔及容器的开口方位、法兰等级及材质型式符合设计要求，法兰螺栓拧紧满帽，垫片材质合适，无偏斜、松弛。

4）塔及容器的基础符合设计要求，设备基础无下沉、倾斜、裂缝，地脚螺栓符合规范，无变形、松脱。

5）容器的内构件符合设计要求：

塔盘开孔率、孔中心距、孔径符合设计要求，塔盘安装的水平度符合设计规范。

6）检查塔盘安装质量，塔盘各支撑结构与塔的本体连接焊缝是否符合要求，塔盘安装平整，浮阀灵活，无卡涩、缺失，塔盘与支撑梁的螺栓无松缺。

7）塔及容器内附件的螺栓符合要求，螺栓已上紧。

8）塔及容器的附件(压力表、温度计、液位计、安全阀、放空阀、单向阀及消防系统等)齐全好用。安全阀按要求定压、加铅封，各压力表、温度计选型正确，安装按设计要求，量程合适。

9）塔及容器的测温热偶及测压设施齐全好用，现场压力表经校验合格。

10）与塔及容器相连的管线阀门灵活好用。所属阀门规格、型号符合工艺要求。阀盖垫片合适，盘根材质正确、压满，开关灵活。

11）检查所属支架、吊挂、托架、梯子、平台、栏杆等是否符合设计要求，牢固、可靠，是否符合操作和安全要求。受热管线能够自由膨胀，设有足够的温度补偿管线。

12）油漆、保温质量符合要求，并按介质名称及方向张贴管道标识。保温层的规格、厚度、外包铝皮美观规范。

13）与塔及容器相连的工艺管线齐全，符合工艺要求。

14）塔及容器的液位测量设施好用，玻璃板液位计干净，便于现场观察。

15）检查焊缝质量，肉眼观察有疑问时，应申请相应无损检测。

16）塔及容器的抽出口位置及流程连接符合工艺要求。

17）塔及容器、液位仪表的安装位置符合设计、工艺要求。

18）塔及容器内的杂物清理干净。

19）设备静电接地符合要求，无松脱及缺失情况。

2. 冷换设备检查

1）铭牌检查：设计温度、温差、压力、流量、程数、换热面积、热负荷、流体介质符合要求。

2）冷换设备的基础牢固，安装正确，鞍座一侧固定、一侧滑动，留有热胀冷缩的余地。

3）冷换设备的头盖垫片、螺栓正确安装并紧固，材质符合要求。

4）冷换设备的进出口法兰与工艺管线的法兰对正，垫片安装正确，螺栓紧固，相连的管线符合工艺要求。

5）冷换设备进出口管线上的温度计、压力表、热电偶配备齐全，符合设计要求。

6）空冷器翅片完好，变形的要及时修复，风机叶片安装正确，风扇叶片角度依据设计能够调整。

7）风机与电机的安装对正，皮带联动适宜，螺栓齐全紧固。

8）风机、电机的转动方向符合设计要求，运转轻快自如。

9）空冷器安全罩安装良好、牢固。

10）冷换设备保温施工达到设计要求，保温的厚度、材质符合要求。

11）冷换设备的静电接地线齐全符合规格，无松脱及缺少情况。

12）检查所属的温度计或测温管嘴、压力表的安装，并经校验合格。所有的放空、扫线、排污、取样等阀门和单向阀齐全好用，单向阀安装方向正确。

13）各法兰螺栓把紧满帽，垫片材质合适，无偏斜、松弛，堵头上紧。

14）所属阀门规格型号符合工艺要求，阀盖垫片合适，盘根材质合适、压满，开关灵活。

15）各进出口、副线、吹扫蒸汽管线、阀门连接合理，方便操作和检修。

16）设备基础和地脚螺栓牢固。

17）所属支架、梯子、平台、栏杆牢固、安全，并符合要求。

18）空冷风机安装符合要求，风扇紧固，风扇转动不碰及风筒。风机、马达转动时无异常声响。

19）检查空冷表面散热片，应平整无缺损。

20）油漆、保温质量符合要求。

3. 阀门检查

1）检查带有方向性的阀门（针形阀、单向阀、截止阀等）安装是否符合流程走向要求。

2）阀门的盘根应压满，开关灵活，便于操作与维修。

3）根据工艺特点，检查阀门的型号(压力等级、材质等)是否符合工艺要求。

4）检查阀门的试压孔、丝堵是否上紧或焊死；阀体、阀盖无裂缝、砂眼等明显缺陷。

5）阀门手轮配齐，对外露丝杆进行上油保养并加保护套。

（三）动设备检查

1. 泵的检查

1）铭牌检查：泵的扬程、流量、操作温度和压力等满足工艺要求。

2）检查泵的型号、材质、法兰及密封、轴承、泵的级数、润滑油和冷却系统是否符合设计要求。

3）检查与泵相匹配的电机电压、电流、功率、转速是否符合设计要求，与泵相匹配。

4）检查泵体、电机各连接螺栓及地脚螺栓是否上好。机泵经找正完毕并验收合格，盘车轻快自如。

5）与泵连接的工艺管线配备齐全，法兰对正，螺栓按规范上紧，机泵无应力检查完毕并验收合格。

6）泵相关就地表、远传表安装齐全、调校完毕，出口单向阀的方向准确。

7）泵配置的冷却水管线安装正确。

8）泵体机械密封及附属管线完好。

9）泵电机的运转方向正确。

10）泵基础完好。

11）润滑油、封油、冷却水系统畅通、无泄漏，清洁完整。

12）联轴器安装符合要求，油杯、安全阀等附件安全、牢固；盘车时，无卡涩现象，并画好盘车线，轴承箱按规定加注润滑油，油雾润滑系统运行正常。

13）所选用的温度计、压力表量程合适，贴好上下限。放空、扫线、排污等阀门齐全好用。

14）机泵试车前检查泵出入口连接法兰力矩情况，应保证无外应力作用下螺栓顺畅通过螺栓孔。

15）法兰螺栓把紧满帽，露出至少3丝扣，垫片材质合适、无偏斜和松弛。

16）管线阀门的安装便于操作、检修，出口单向阀安装方向正确。

17）基础及地脚螺栓完好、紧固、有垫圈且满帽，进、出口阀门吊挂、支架符合要求。

18）油漆、保温质量符合要求。

19）电机电流表符合生产要求，并画好警戒红线。

2. 风机的检查

1）检查铭牌：类型、操作条件、设计能力、活塞行程和速度、压缩比等参数符合设计要求。

2）十字头、吸排气阀、汽缸、填料等主要部件完好。

3）润滑油系统完好。

4）卸荷器、余隙调节器好用，余隙设计符合规范。

5）超压安全保护设施良好，安全阀的铅封完好无损。

6）仪表安装符合要求。

7）电机系统良好，电机功率匹配，电机与压缩机的连接方式正确，电机转向正确。

8）与机体相连的工艺管线齐全正确，压力等级一致。

9）机体出入口阀阀盖螺栓齐全，已按要求把紧。

10）电机联锁系统正常。

（四）物资检查

物资检查主要包括如下几个方面。

1. 工艺物料检查

在硫黄回收单元开工前，需要确定物料来源，即是否有足够且稳定的酸性气来源，比如需要根据上游溶剂再生系统或污水汽提系统的开工进度，确定酸性气产生的时间节点，决定升温结束后引酸性气开工的时间。

2. 催化剂检查

装置在开工前，催化反应部分的催化剂应按照要求装填完毕。催化剂的装填应按照厂家出具的装填方案进行，在装填催化剂的过程中，应由专人在现场进行监管，确保催化剂的装填符合要求并能够正常使用。对于需要无氧装填的催化剂，需要制定专项方案，确保施工过程中人员的安全。

3. 药剂检查

在开工前，如炉水药剂、碱液等“三剂”应充足，并确定已经加入相关设备中，随时能够使用。尾气部分的胺液已经建立循环，并且尾气吸收与再生部分应在引酸性气进料前达到相应的工艺条件。

（五）仪表检查

1）检查中控室计算机、程序控制器各电源信号源，输出输入线路应准确无误，符合设计要求。

2）各液位计、孔板、热电偶等信号源管线连接齐全、准确。

3）调节阀安装符合设计要求，流向与工艺介质流向一致。

4）调节阀定位器的校验与调节阀行程一致，信号最大最小时调节阀刚好处于全开或全关状态。

5）调节阀的选型及作用方向（风开、风关）符合工艺要求。

6）检查 DCS 的控制对象是否符合设计要求，灵敏度如何，切换操作（手动改自动、自动改手动）、串级调节、设定参数等功能是否可以实现。

7）各测量、控制仪表经过专业校验，误差在规定范围之内。各测量点、就地显示调节仪表符合设计要求。

8）检查 DCS 是否能准确显示流量、液面、压力、温度值。

9）各特殊仪表、在线分析仪，联锁控制等已调试完毕，其功能达到设计要求。

10）各仪表接头连接良好，无漏风、漏电等不良现象。

11）控制系统能确保仪表准确动作。

12）调节阀无砂眼，调节阀与管线连接的法兰、垫片、螺栓的材质符合设计要求，施工质量良好。

13）调节阀的开度与输出信号一致。

14）调节阀动作过程中阀杆无卡涩、弯曲等情况。

15）仪表测量孔板及其他测量元件，其孔径大小或测量灵敏度符合设计规格要求。

(六) 公用工程系统、劳动保护检查

公用工程系统包括：新鲜水、循环水、除氧水、除盐水、净化水、低温热水、中压蒸汽、低压蒸汽、净化风、非净化风、氮气、火炬线、蒸汽伴热管线、消防蒸汽(水)、雨水、含油污水、轻污油、凝结水等系统。

1）公用工程系统的边界阀、计量孔板、计量仪表的配置符合设计要求，数量齐全。

2）公用工程系统的安装布置符合装置的总体设计要求。

3）装置公用工程系统各低点放空的设置符合设计要求。

4）蒸汽各低点排凝、放空疏水器的设置安装符合设计要求。

5）装置各公用工程系统的法兰、阀门走向、螺栓的装配齐全并符合工艺要求。

6）装置蒸汽伴热管线、阀门的流向符合设计要求。

7）装置公用工程系统的保温良好并符合施工质量要求。

8）装置吹扫蒸汽、灭火蒸汽、消防蒸汽的设置符合设计规定。

9）检查净化风管线的设置是否齐全。检查有无漏风现象，阀门流向是否装配正确。

10）非净化风管线的设置齐全，无漏风现象，阀门流向装配符合要求。

11）新鲜水管线的设置齐全，阀门流向装配正确。

12）氮气系统良好。

13）联系有关单位检查装置外水、电、蒸汽、原料、产品、半成品等管线是否装配齐全，保证介质能送入或送出。

14）装置内明沟、暗沟清理干净，雨水排放畅通。

15）装置消防设施的存放符合安全规定，消防通道畅通，可燃气体及 H_2S 气体报警仪好用。

16）装置平台、梯子的设置符合设计要求和安全规定。

17）检查装置所有的供电系统，包括照明、停电应急照明等设施是否齐全完好。

18）检查与装置开工有关的工程是否已竣工，满足装置开工的需要。

19）联系化验部门做好分析准备，确保能够随时投入配合生产。

20）仪表经校验合格后可投入使用，联系电仪中心做好配合生产的准备工作。

21）做好其他的检查工作：

① 装置内的计量器具(流量计、温度计、压力表)全部校验符合要求，布置合理，使用方便。

② 装置内的给排水、蒸汽、净化风、非净化风等管网满足生产要求，其所属的测控仪表齐全好用。

③ 注剂系统满足生产要求，其所属的测控仪表齐全好用。

④ 装置内的管沟、水封井、阀门井等清洁畅通、盖板盖好，装置内卫生符合要求，易燃物、障碍物已清除。

⑤ 消防道路畅通，各种警示牌按要求悬挂。

⑥ 个人防护设备齐全可靠。

⑦ 物资配备、润滑油及三级过滤系统所需的桶、壶、漏斗齐全，配备足量的大、小“F”扳手及管钳、活动扳手等日常开关阀门的工作器具。

（七）现场安全环保消防检查

1）检查装置道路是否通畅，各种施工器具是否全部撤离现场，脚手架、钢丝绳是否拆除，地面是否平整，各种警示牌是否按要求悬挂。

2）检查装置内的紧急放空线、污水系统是否畅通，管沟、水封井、阀门井等是否清洁畅通、盖板是否盖好，装置内卫生是否符合要求，无关的易燃物、障碍物是否清除。

3）检查装置消防设施的存放是否符合安全规定，检查可燃气体（烃类、H_2）报警系统是否齐全好用、符合设计要求，检查有毒气体（H_2S）报警系统是否齐全好用、符合设计要求。

4）检查个人防护设备是否齐全可靠，操作人员是否按规定穿戴好劳动防护用品。

5）检查照明是否好用，设备附件、防护设施、竖梯护栏是否完好，安全阀铅封是否完好。

6）检查塔、容器等设备封闭前是否有专人检查，内部清扫是否有记录。塔、容器等设备封人孔时，必须确认内部无人方可进行，严禁敷衍了事。

7）检查各设备是否按相关要求接地，确保齐全备用。

8）检查电流表、压力表等标注最高负荷是否有红色界限。

9）检查压力容器安全附件是否齐全并经校验合格，铅封是否安装到位、记录在案。

10）检查内外部隔离措施是否明确，是否有专人负责，记录在册；设备、阀门等操作标识，管线、容器、泵等介质流向标志是否醒目清晰。

二、仪表及联锁调试

1. 仪表及联锁调试

从现场到控制室的所有仪表信号必须按照回路图予以验证，所有报警和联锁值必须按照联锁逻辑图表中数据设定，必须模拟所有信号对报警和联锁系统进行测试。同时检查 DCS 中是否能准确显示流量、液位、压力、温度值，试验切换操作（手动改自动、自动改手动）、设定参数等功能是否能良好实现。

在所有操作期间，安全保护系统必须启动，控制阀的动作必须校核，电路必须经过试验，必须检查所有的控制阀是否易于操作，确定控制阀轴的运转无摩擦。

此期间的 DCS 仪表联校和联锁系统测试由仪表、电气和施工单位共同进行。装置操作人员配合控制阀组、联锁系统测试。

2. 调节阀联校

调节阀联校内容包括：

1）气密性试验：将相当于调节阀输入量程上限的气源压力送到薄膜气室，切断气源后 5min，气室压力应不下降。

2）强度试验：在阀门全开状态下用洁净的水进行试验。

3）行程试验：根据阀的输入信号要求，分别输入 0、25%、50%、75%、100%阀位限定值，现场观察阀位是否接联到位。允许偏差±2.5%（不带定位器）或±1%（带定位器）。

4）灵敏度试验：分别使阀停留在 15%、50%、85%的位置上，增加或减小信号压力，测量使阀杆开始移动的压力变化值，不得超过信号压力的 1.5%。

5）行程时间测定：事故切断阀和设计明确规定的全行程时间的调节阀，必须进行全行程时间试验。在阀全开（或全关）状态下，使阀动作并走完全部行程趋于全关（或全开）状态。用秒表测定从阀开始动作到动作完成的时间，应符合设计要求。

3. 联锁调试

按照硫黄回收装置联锁一览表对联锁系统进行测试，确认联锁逻辑、联锁动作正常，联锁涉及阀门开关灵活，仪表指示灵敏。联锁试验完成后，电仪维护单位、生产车间在《联锁确认表》上签字确认。

三、管线设备试压

试压的目的是检查漏点，消除隐患，确保装置安全开工及长周期运转。试压原则上按照 GB 50235—2010《工业金属管道工程施工规范》执行。

四、机泵和压缩机单试

考核调整机组的技术性能，安装质量，保证投产后能正常可靠运行。试车时要测定机组的温度、压力及振动值等各种参数，并进行机组和管道的严密性检查，检验机组电气、仪表、控制系统及其附属装置工作的正确性、灵敏性及可靠性等。

五、水联运

引入除盐水，建立水系统循环，水联运的主要目的如下：

1）考察各设备能否达到使用要求。

2）考察仪表能否达到使用要求。

3）检查流程是否畅通。

4）检查各调节阀、控制仪表、液位计是否安装就位，达到使用要求。

5）检查转动设备是否达到使用条件。

六、设备管线试漏

1. 过程气加热器壳程试漏

1）确认加热器安全阀正常投用。

2）确认蒸汽并网流程关闭。

3）确认定、连排及现场排放流程关闭，确认加药流程关闭。

4）确认硫冷器至加热器流程关闭，确认现场放空流程畅通。

5）联系调度室使用低压锅炉水。导通各汽包锅炉水上水流程，现场顶部放空流程见水后关小上水量；逐步关小放空流程并将汽包压力升至 0.5MPa。检查无漏点后关闭锅炉水上水流程，开大放空流程，导通现场排污流程并将汽包液位降至 80%~90%后，关闭排污流程。

6）加热器壳程安全阀打铅封。

2. 余热锅炉汽包试漏

1）确认余热锅炉汽包安全阀正常投用，确认蒸汽并网流程关闭。

2）确认定、连排及现场排放流程关闭。

3）确认紧急排污流程畅通，确认加药流程关闭，确认现场放空流程畅通。

4）联系调度室使用中压锅炉水，导通各汽包锅炉水上水流程，现场顶部放空流程见水后减少上水量，逐步关小放空流程阀门并将汽包压力升至工作压力。检查无漏点后关闭锅炉水上水流程阀门，开大放空流程阀门，导通现场排污流程并将汽包液位降至 50%~60%后，关闭排污流程。

5）余热锅炉汽包安全阀打铅封。

3. 硫冷器壳程试漏

1）导通硫冷器现场排污流程确认无积水，关闭硫冷器至加热器疏水阀，关闭硫冷器现场放空阀门。

2）将蒸汽引入硫冷器，逐步关小污水排放阀门并对硫冷器升压；检查无漏点后保持加热器热备状态。

4. 夹套管线试漏

1）拆除各夹套管线十字头处盲盖。

2）投用夹套伴热蒸汽，蒸汽压力达到 0.4MPa 后检查夹套管内外无泄漏。

3）恢复十字头盲盖，正常投用夹套伴热，关闭蒸汽喷射器进出口阀。

七、投用伴热

1）打开液硫池伴热盘管、低压蒸汽总管排凝确认无积水，打开各盘管疏水阀前现场排凝，打开伴热盘管凝结水总管排凝，确认凝结水总阀为关闭状态。

2）微开管廊阀对管线进行暖管。

3）低压蒸汽总管排凝见汽后关小排凝阀门。

4）管线压力升至 0.4MPa 后全开管廊阀。

5）按照先疏水、后升温、再升压的原则，依次将蒸汽引入各伴热盘管，投用液硫外输泵、液硫池液位计以及液硫池烟囱伴热。

6）各盘管疏水阀前现场排凝见汽后导通凝结水流程。

7）凝结水并网。

8）检查确认伴热盘管无泄漏。

9）液硫池顶部大盖回装，打开液硫池东侧呼吸阀，监控液硫池温度，定期测量是否有积水。

10）按照先疏水、后升温、再升压的原则，投用硫封本体伴热，必要时打开现场放空加强伴热效果。

11）按照先疏水、后升温、再升压的原则，投用硫冷器本体伴热。

12）按照先疏水、后升温、再升压的原则，投用各中压伴热阀组。

第九节　开工操作

硫黄回收单元主要作用是回收脱硫单元再生酸性气中的硫元素。硫黄回收单元开工的基本步骤包括：进料前检查、气相系统气密、引入液硫、Claus 反应炉点火升温、Claus 反应炉引酸性气等。

一、进料前检查

1）检查各给汽点给汽阀是否关闭。

2）关闭所有排凝阀、放空阀。

3）在 DCS 上将所有控制阀改为手动控制并全部关闭。

4）关闭所有控制阀的副线阀和上、下游阀。

5）打开各水冷器循环水上下水阀，排净换热器内残存空气，关闭联通阀。

6）检查凝结水流程，确保畅通。

7）确认投用蒸汽夹套伴热及硫池系统加热蒸汽。

8）检查确认各汽包与余热锅炉的液位计、压力表、压力变送器、控制阀、流量计等是否安装齐全并投用。

9）余热锅炉引除氧水置换、冲洗，水清后，上水至正常液位。

10）硫冷器正常上水置换、冲洗，水清后，上水至正常液位。

11）中、低压蒸汽系统全部贯通，在焚烧炉低温期间，余热锅炉未产生中压蒸汽前，蒸汽过热器通入适量低压蒸汽保护盘管。自产蒸汽在压力超过 1.5MPa(表)时，引蒸汽进蒸汽过热器，停低压保护蒸汽。

二、气相系统气密

1）关闭硫冷器液硫出口阀，关闭液硫现场排污阀。

2）联系调度室投用低压氮气。

3）导通低压氮气流程。

4）硫黄回收单元压力升至 60kPa 后，关闭氮气充压流程。

5）对系统进行气密，检查系统无漏点后，气密合格。

三、引入液硫

1）确认液硫外输界区阀处于关闭状态，确认液硫外输泵处于正常备用状态。

2）将液硫外输管线盲板倒为开位。

3）确认液硫外输泵出口阀关闭，确认液硫池底部联通阀全部打开，确认液硫池底部温度达到 120℃以上，打开液硫外输泵最小回流阀。

4）打开液硫外输界区阀，通过液硫外输泵最小回流阀控制液硫引入量，检查液硫外输管线是否存在泄漏。

5）当液硫池液位达到 20%~50%时，关闭液硫外输泵最小回流阀。

若现场无液硫，则通过装入固体硫黄并熔化的方式建立硫封。

四、Claus 反应炉点火升温

1）启动风机给焚烧炉供风。

2）焚烧炉已经点火成功并稳定运行，确认尾气焚烧炉已达到 300℃。

3）确认 Claus 反应炉炉头各保护氮气已正常投用，确认红外测温仪已切换为低温热电偶。

4）Claus 反应炉燃料气盲板倒为开位，确认循环水已引入，按照设备操作规程启运 Claus 风机，将燃料气低低流量、燃烧空气低低流量联锁，设置为“旁路”状态。

5）按照点火程序依次复位、吹扫、点长明灯、点主火，投用相关联锁。

6）控制好燃料气与空气量，使燃料气完全燃烧，控制 Claus 反应炉按照升温曲线进行升温，控制 Claus 反应器按照升温曲线进行升温。升温过程中每小时用测温枪测量火嘴、酸性气入口、炉尾及其他部位温度，发现超温及时汇报。

7）Claus 反应炉点火升温后，联系取样分析炉出口氧含量，采样点在炉后过程气采样点处，氧含量控制在 2%~5%(体积分数)。

8）投用反应器入口过程气加热设施，投用相关的温度计、压力表、液位计、调节阀等。

9）引入除氧水进入末级硫冷器，充水至液位 50%~60%，装置反应炉、焚烧炉进行稳定升温操作。定时对锅炉水、除氧水进行取样分析。

10）通过调整反应炉、焚烧炉温度，实现反应炉、焚烧炉升温操作，升温速度严格按升温曲线进行。

11）余热锅炉和硫冷凝器壳程蒸汽放空一段时间后，关闭蒸汽放空阀，引蒸汽进过热段，关闭蒸汽过热段低压保护蒸汽。

12）硫冷器蒸汽达到一定压力后，打开蒸汽出口阀，关闭汽包放空阀，将其蒸汽并入低低压蒸汽管网。

13）待装置余热锅炉温度上升后，逐步提高余热锅炉蒸汽压力。升压步骤为常压→0.3MPa(表)→1.0MPa(表)→2.0MPa(表)→4MPa(表)，升压速度为 0.2MPa(表)/h，每次升到阶梯压力时恒压 2h。

14）每次升压前，安排外操取锅炉水样，内操联系化验部门进行分析。

15）余热锅炉压力达到 3.5MPa(表)，蒸汽过热后温度控制在 400~420℃范围，锅炉水水质及过热蒸汽品质合格后，对蒸汽管线暖管后并汽。

16）检查 3.5MPa(表)蒸汽系统有无泄漏，减温器投用是否正常，高压蒸汽排出装置的温度和压力是否符合要求。

17）投用余热锅炉汽包三冲量控制系统，并加强对现场玻璃板液位计的观察，严防锅炉烧干。

18）引 3.5MPa(表)蒸汽到加热器或投用其他加热设施，使反应器床层按 10~15℃/h 的速度升温预处理催化剂。至床层温度达到 120℃时，恒温 2h 脱水。然后以 10~15℃/h 的速度继续升温至 218℃。

系统升温注意事项：

1）及时联系化验部门分析瓦斯组成，控制好瓦斯配风，防止因瓦斯燃烧不完全而在催化剂表面积炭，影响其活性。

2）管线及设备的螺栓，应在升温过程中进行热紧。在 250~300℃之间进行第一次热紧；在升温过程结束时，进行第二次热紧。

五、Claus 反应炉引酸性气

1. 引酸性气条件确认

1）确认 Claus 反应炉温度达到 1000℃以上热备状态。

2）确认两级 Claus 反应器入口温度分别达到 213℃、212℃热备状态。

3）确认尾气焚烧炉温度达到 600℃以上热备状态。

4）确认酸性气自再生塔至 Claus 反应炉燃烧器现场手动阀流程畅通。

2. 引酸性气操作

1）联系仪表将 Claus 反应炉燃料气(瓦斯)与酸性气低低流量联锁旁路。

2）引酸性气至燃烧炉前，反应炉按照顺序控制程序切换酸性气与燃料气(瓦斯)。切换过程应缓慢，尽量保证酸性气量不发生大幅度波动。

3）内操根据酸性气流量、炉膛温度、比值分析仪的比值及时调整配风。

4）顺序缓慢开启一级、二级、三级及尾气捕集器液硫出口阀门，确认硫黄产出。

5）内操根据酸性气量情况、比值分析仪的比值及系统压力情况，对入炉酸性气量进行调节，调整硫黄回收单元的操作，操作条件按工艺指标执行。

6）当液硫脱气池液位达 20%左右时，引鼓泡空气进液硫池，开启废气增压机或抽射器，投用液硫脱气设施。

7）启动液硫外输泵，液硫外输至液硫罐区，维持液位在 30%~60%。

8）现场按下停主燃料气按钮，同时确认燃料气切断联锁动作是否到位。然后对燃料气管线、减温蒸汽管线通入氮气进行微正压保护，关闭酸性气流程沿途氮气流程并将氮气盲板倒为盲位。

9）引入酸性气后应注意尾气焚烧炉温度控制，避免出现超温情况。控制一、二级 Claus 反应器入口温度分别维持在 213℃、212℃。

第十节　停工操作

硫黄回收单元停工操作主要目的是退净系统内酸性气、液硫，实现硫黄回收单元无物料、无压力、无腐蚀的安全状态。硫黄回收单元停工模式分为两种：一种是使用传统模式，利用酸性气、燃料气(瓦斯)当量燃烧后产生过程气体进行吹硫；另一种是利用加热后的低压氮气进行吹硫。

一、停工准备

1）准备好停工资料，包括停工方案、停工统筹图、吹扫记录表、盲板登记表等。

2）组织职工学习停工方案，做到每个参与停工的职工都掌握停工方案，熟悉停工步骤及特点。

3）准备好停工工具、防毒器具、消防器材等防火防毒器材，确保每个相关人员都能熟练掌握使用方法。

4）检查装置氮气管线、水管线、蒸汽管线等是否完好、畅通。

5）与调度及上游装置加强联系。

6）与安全环保部门对接制定好安全环保措施。

二、催化剂热浸泡

1. 催化剂热浸泡

其他参数不变，将 Claus 反应器入口温度提高至较正常温度高 20~30℃，使反应器床层温度提高 20~30℃(此温度不同企业存在差异)，达到 350℃左右，维持此温度 24h。目的是赶尽反应器内存硫，除去催化剂上的积硫。在此过程中，应注意保持酸性气流量的平稳，同时要加强排污。

2. 催化剂硫酸盐还原

当催化剂使用了较长的一段时间后，由于操作不当或其他方面的原因，造成催化剂的硫酸盐化。所谓的硫酸盐化是 SO_2 和过量 O_2 反应生成三氧化硫，三氧化硫和催化剂中的活性组分三氧化二铝生成硫酸铝。硫酸盐还原就是增大硫黄回收尾气中的 H_2S 和 SO_2 的比值，使硫酸铝和 H_2S 发生还原反应，生成 SO_2 和氧化铝。催化剂热浸泡完成后，其他热浸泡条件不变，调整系统配风，按 H_2S/SO_2 比值为(3～4)：1 配风，维持 24h，目的是使催化剂的硫酸盐还原，减少催化剂上的硫酸盐。

三、系统吹硫钝化

催化剂硫酸盐还原完毕后，可以进行系统吹扫。在进行系统吹扫时，各厂采用的吹扫介质有所区别，主要有酸性气、瓦斯、氮气。介质不同，吹扫方法也不一样。

(一) 用酸性气吹扫

当催化剂处理完后，逐步降低酸性气量，加大配风，按烃类和 H_2S 完全燃烧进行配风。此时应与调度及上游装置协调好，确保酸性气平稳降量，不出现反复。如果无法保证酸性气的平稳降量，则不要采用酸性气吹扫。

在系统降量及加大配风时，应密切关注系统各部位温度的变化，如出现剧烈温升现象，说明吹扫风量过大，可能已引起自燃，此时应立即停止酸性气的进一步降量，并用配风来控制温度。如有必要，还要用氮气或蒸汽降温。根据催化剂的不同，反应器床层温度控制也不一样(一般催化剂温度不超过 400℃)，吹扫中要严格按催化剂使用要求控制床层温度，严禁超温，以免造成催化剂的永久性失活。

当系统各部位温度不继续上升时，可以进一步降量，加大配风吹扫 24h。加大配风过程应缓慢，可按 5%(体积分数)增量递增，在加大配风时也应注意温度的变化，如出现剧烈温升，应立即恢复原来配风量。吹扫过程中，冷却器可视温度用蒸汽保护。系统伴热蒸汽压力不能低于 0. 4MPa(表)，液硫系统温度应不低于 125℃。如自产汽不足时，应引入 1. 0MPa(表)蒸汽伴热。系统 SO_2 吹扫结束后，切断酸性气，即关闭酸性气进炉阀，阻火器的上、下游阀，快速切断阀的上、下游阀。

当加大配风，系统各部位温度继续下降时，表明系统内已基本吹扫干净。系统自后往前拆开液硫线三通盲板，确认已无液硫流出时，可以认为系统已吹扫干净。切断酸性气进料后，仍需密切注意各部位温度的变化，防止床层着火及硫化亚铁自燃。

由于用酸性气吹扫不利于环保，停工时尽量避免酸性气吹扫。

(二) 用燃料气(瓦斯)吹扫

切断酸性气后，燃烧炉炉头改引入燃料气，计算对应实际燃烧空气流量的燃料气量(每立方米燃料气与约 8. 3m^3/h 空气完全燃烧)。如果反应器的温度有升高的趋势，应稍微降低燃烧空气流量，并分析确定 CO 和氧的浓度，调整燃烧空气量使它们处于控制范围内。瓦斯吹硫过程中，必须保证瓦斯当量燃烧，余热锅炉气体出口采样分析氧含量在 1%～2%(体积分数)之间，每半小时分析一次，若发现析炭，自炉前注蒸汽或稍提高风量。

提高 Claus 反应器的入口温度，使催化剂床层温度接近 350℃(对应于不同催化剂，此温度可能有所不同)，保持该温度24h。当所有液硫管线都没有液硫时，说明系统内所存在的硫已经吹扫干净。缓慢降低反应器床层温度至约200℃(降温速度40℃/h)。反应器床层温度稳定后，缓慢地增加进入主燃烧器的空气量，使反应器进口过程气含氧量约为1%(体积分数)。观察床层温度是否升高，如果床层温度有剧烈温升，则立即减少进燃烧炉空气量，恢复燃料气的亚完全燃烧状态，控制温度不得超过400℃。

当床层温度稳定时，再增加反应器进口过程气中的氧含量至2%(体积分数)，观察床层温度是否升高，这时在燃烧炉中燃料气是完全燃烧状态。逐步增加氧含量至3%~5%(体积分数)，观察Claus反应器的温升趋势。床层温度稳定时，增加反应器进口氧含量至8%(体积分数)。如果此时在Claus反应器中已不发生任何反应，床层温度没有温升，可视为吹硫完毕。

当反应器床层温度稳定且无温升时，通过增加空气量来降低燃烧炉温度。同时以不超过40℃/h的速度降低反应器入口温度至150℃。当反应器出口温度低于150℃及燃烧炉温度低于400℃时，关闭至主燃烧器的燃料气和空气阀，然后切断所有进炉阀门，停运风机，引氮气进行置换。关闭酸性气进炉阀和空气进炉阀，停风机，逐渐开启氮气进炉阀，此过程中应避免炉膛温度下降太快。当反应器出口过程气中SO_2接近于0时，关闭氮气进口阀。

(三) 用氮气吹扫

在硫黄回收单元一级硫冷凝器与一级转化器预热器之间的气相流程中注入氮气，通过控制系统后部的阀门开度控制整体系统压力，维持系统压力在0.015~0.020MPa(表)。Claus反应炉炉头保护氮气总量约400Nm^3/h，通过Claus反应炉余热锅炉升温后，进入一级硫冷凝器，温度降至140~150℃。硫蒸气被冷凝、捕集，进入一级硫封罐。从一级硫冷凝器出来的吹硫氮气与低温吹硫氮气混合，经过一级加热器加热至220℃，进入一级转化器，对一级转化器进行吹硫作业。

通过一级转化器的高温氮气带有大量硫蒸气，进入二级硫冷凝器降温，温度降至140~150℃。硫蒸气被冷凝、捕集，流经二级硫封罐进入液硫池。从二级硫冷凝器出来的吹硫氮气进入二级加热器加热，温度达到200~220℃，进入二级转化器，对二级转化器进行吹硫作业。从二级转化器出来的带有硫蒸气的高温氮气随后进入末级硫冷凝器，硫蒸气被捕集下来，流经三级硫封罐进入液硫池，尾气温度降至140~150℃，进入尾气处理单元。自末级硫冷凝器来的吹硫后的氮气，进入加氢进料燃烧器，混合后进入加氢反应器。调整加氢进料燃烧器的操作，保证加氢反应器入口温度在240~250℃范围。

硫黄回收单元吹硫结束后，将加氢反应器切出，自钝化工厂风管线引入工厂风开始钝化，钝化时在线仪表停用。初期引入量应保证一级转化器入口氧含量为0.5%(体积分数)，利用0.5%(体积分数)氧含量的热氮气对系统进行钝化；当转化器内催化剂床层的底层温度升高且顶层温度开始回落时，提高系统注入空气量，注入量应保证一级转化器入口氧含量为1.0%(体积分数)，利用1.0%(体积分数)氧含量的热氮气对系统进行钝化，钝化时间为2~4h；当转化器内催化剂床层的底层温度再次升高且顶层温度开始回落时，提高系统注入空气量，注入量应保证一级转化器入口氧含量为2.0%(体积分数)，利用2.0%(体积分数)氧含量的热氮气对系统进行钝化，钝化时间为2~4h；逐步提高氧含量至3.0%(体积分数)、5.0%(体积分数)、8.0%(体积分数)、10.0%(体积分数)，在10.0%(体积分数)氧含量的情况下，如果床层没有温升，则钝化结束。

在钝化过程中，每阶段钝化时间不少于 2h，如果床层温升过高应及时降低氧含量直至将氧全部关闭，并延长钝化时间。热氮钝化结束标志为：在 10.0%(体积分数)氧含量的基础上继续提高风量，Claus 反应器床层温度不再上升。

四、停工注意事项

(一) 液硫系统处理

当酸性气切断后，从液硫观察口观察液硫颜色，如出现液硫发灰或发黑应及时关闭各液硫管线入池阀；每间隔半小时液硫管线排液硫一次，直至无液硫排出；液硫储罐内液硫全部送出装置或成型处理。

(二) 余热锅炉处理

停用余热锅炉时，先把管束内液硫用酸性气和瓦斯燃烧气吹扫干净。余热锅炉与汽包同步降温，降温速度不大于 30℃/h。密切关注汽包水位和压力，利用压控阀逐步降低余热锅炉压力，根据液位变化及时补水。炉火熄灭后 4~6h，方可停用余热锅炉，关闭蒸汽出口阀和给水阀。若壳程无动火作业，打开锅炉顶部放空阀，泄压后壳程装满除氧水，关严进水阀，防止管束氧腐蚀。若壳程需开展动火作业，则排掉壳程存水，关严所有阀门。汽包保护也可采用干法。即炉温降至 70~80℃时，放尽存水，自然蒸干锅炉，用仪表风吹扫或充入氮气保护。冬季停炉后，还应做好防冻防凝工作。

当余热锅炉停止产汽后，关严蒸汽排出装置阀，打开燃烧炉和焚烧炉余热锅炉汽包蒸汽放空阀，打开硫冷凝器蒸汽放空阀，关中压蒸汽至低压蒸汽管网阀门。

(三) 酸性气线处理

当系统切断酸性气进料后，酸性气系统用氮气进行吹扫。吹扫完后，在酸性气管线进装置处加装盲板。盲板加装完成后，引入蒸汽吹扫至分液罐放火炬。

(四) 系统自然降温

将液硫从系统设备中吹扫干净后，当燃烧炉温度降到 200℃左右时，燃烧炉熄火利用炉头仪表保护氮气进行自然降温。当反应器温度降到 100℃以下时，各处人孔可以打开，自然降温至常温。

第十一节　常见问题与对策

制硫系统在运行过程中，常见问题及解决对策如下。

一、制硫炉炉头压力异常上升

1）现象：制硫炉炉头压力异常上升。

2）原因：

① 制硫炉余热锅炉泄漏，硫黄凝固堵塞。

② 反应器催化剂粉化，床层压降升高。

③ 硫冷凝器管束泄漏，硫黄凝固堵塞。

④ 硫冷凝器或捕集器排硫口、硫封罐堵塞，设备内积液硫形成液封。

⑤ 捕集器出口至尾气净化系统阀门异常关小或关闭，导致系统憋压。

3）处理方法：

① 通过炉后温度、余热锅炉蒸汽量、补水量等来判断是否泄漏，如确认泄漏，尽早停工吹硫，安排检修。

② 先通过现场临时压力表判断是否反应器压降升高导致，如确认，通过降低系统负荷来维持运行，并尽早安排停工更换催化剂。

③ 现场观察排硫口液硫是否带水，出硫是否顺畅，并通过硫冷凝器进出口温度、蒸汽量、补水量等数据来综合判断是否泄漏，如确认泄漏，尽早停工吹硫，安排检修。

④ 判断确定目标设备后，可先检查清洗液硫过滤器，并用蒸汽通过排液硫的管线反吹至硫冷凝器或捕集器中，贯通流程，恢复排硫。

⑤ 现场排查调节阀、切断阀等是否异常关闭或关小，短时间内可降低负荷维持运行。根据实际情况，尽可能在线维修阀门，恢复开度。

二、制硫炉炉膛温度异常上升

1）现象：炉膛某温度计显示异常上升。

2）原因：

① 仪表故障，导致温度显示异常。

② 酸性气带烃，导致温度异常上升。

③ 炉头保护风、保护氮气带烃。

④ 热电偶保护风中断，导致温度显示上升。

3）处理方法：

① 检修仪表，对照其他温度显示，参考酸性气量、燃烧空气量，判断负荷及炉温上升是否异常。

② 制硫炉风气比明显增大，对酸性气采样分析烃含量，并排查上游来酸性气是否存在异常，提高燃烧空气量，避免床层积炭。

③ 制硫炉风气比明显增大，排查是否有烃类物质窜到保护风管线中，切断保护风，排尽烃类后再恢复投用。

④ 现场检查热电偶保护风量是否下降，调整至正常需求量。

三、反应器温度异常上升

1）现象：反应器温度异常上升。

2）原因：

H_2S/SO_2比值仪故障，燃烧空气量过大。

3）处理方法：

降低燃烧空气量，维修比值仪。

四、硫冷凝器温度下降

1）现象：硫冷凝器进出口温度下降。

2）原因：

① 硫冷凝器液位计失灵，液位过高。
② 温度计失灵。
③ 温度计附近管道保温缺损。
④ 硫冷凝器内漏，水和蒸汽进入管程，导致温度下降。
3）处理方法：
① 液位计维修校验，降低液位。
② 温度计维修校验。
③ 现场检查保温缺损情况，尽快修补。
④ 现场检查冷凝器液硫流通情况，如确定内漏，尽早安排停车检修。

五、酸性气带烃

1）现象：反应炉温度大幅波动；系统压力升高；反应炉火焰发暗；硫黄颜色发黑。
2）原因：
① 溶剂再生富液烃含量超标。
② 溶剂再生富液闪蒸罐闪蒸效果不好。
3）处理方法：
① 联系上游装置调整操作，减少烃类带入酸性气。
② 及时提高反应炉风气比，调整焚烧炉温度。
③ 若长时间严重带烃，将酸性气改出硫黄回收装置，改为燃料气燃烧，转为热备用状态。

六、液硫管线堵塞

1）现象：用固硫试验液硫管线温度，固硫不熔化；硫封罐出口排出液硫量减少或无液硫；系统压力缓慢升高。
2）原因：
① 伴热蒸汽温度低，硫黄凝固。
② 液硫管线夹套内管杂物堵塞。
③ 疏水器堵塞。
3）处理方法：
① 提高伴热蒸汽压力。
② 定期清理疏水器，以确保伴热管线畅通。
③ 定期清理液硫硫封罐顶部过滤器，使液硫管线夹套内管保持畅通。

七、液硫池温度升高异常

1）现象：液硫池液硫正常操作温度为130~160℃，若液硫池气相温度达到145℃并继续上升，且液硫池通风口冒烟，说明池内着火，应及时处理。
2）原因：
① 液硫池着火。
② 液硫管线夹套内管杂物堵塞。

③ 疏水器堵塞。
3）处理方法：
① 关闭液硫池蒸汽喷射器。
② 停运液硫产品泵。
③ 通入低压蒸汽降温灭火。

八、液硫硫封突破

1）现象：过程气外逸，周围环境恶化。
2）原因：
① 系统液硫堵塞。
② 床层压降高。
③ 过程气下游堵塞。
3）处理方法：
① 排查流程，确认系统堵塞位置并及时疏通。
② 戴好防毒面具，间断启闭硫封罐入口阀门，使硫封自然形成。

第十二节　岗位风险辨识与防控

硫黄回收系统正常运行过程中，岗位操作人员主要岗位活动包括巡检、监护、工艺流程操作、设备操作等，在岗位活动中存在 H_2S 中毒、火灾、烫伤等风险。

一、H_2S 中毒

硫黄回收系统属于涉 H_2S 区域，H_2S 含量远高于安全临界浓度。随着装置长周期运行，部分管线存在腐蚀减薄现象，一旦发生设备管线腐蚀穿孔泄漏，将会引起含硫过程气泄漏逸散，造成岗位人员中毒。

主要防控措施：

① 装置区现场设置固定式 H_2S 报警仪，定期校验，确保 24h 运行正常。操作人员发现固定式 H_2S 报警仪报警，应立即佩戴空气呼吸器，建立呼吸后到现场确认并处置。

② 操作人员进入装置区域必须随身携带便携式 H_2S 报警仪，佩戴正压式空气呼吸器。

③ 涉 H_2S 介质采样时必须佩戴好空气呼吸器，建立呼吸。

④ 生产过程中定期开展验漏工作。

⑤ 涉 H_2S 介质设备设施在打开前需进行隔离、氮气置换，检测合格后方可开展打开作业；设备设施回装后，氮气气密至合格后方可投用。

⑥ 关键设备、关键管线部位安装腐蚀探针，定期开展腐蚀监测，监控腐蚀情况。

二、火灾

硫黄回收系统工业炉燃料气管线存在泄漏风险，可燃气体逸出，遇明火发生火灾。

主要防控措施：

① 严格动火作业管控。装置区动火必须有安全措施和动火手续，并应通知 HSE 部门及

操作人员，做好检查、配合工作。

② 炉子点火之前燃料气系统必须检漏，并用空气吹扫足够多的时间。如果一次点火不成功，不能继续点火，必须用氮气重新吹扫干净才能点火。

③ 炉子点着之后，温度较低，必须密切监视，不能熄火。一旦熄火而未察觉，必须迅速手动停车，以免燃料气和空气继续进入，引起爆炸。

三、设备超压

当设备操作压力超过其设计压力时，可能造成设备超压损坏，引起有毒及可燃气体的泄漏，导致人员伤亡、火灾及爆炸等事故发生。

主要防控措施：

① 巡检和盯盘时严格按工艺卡片要求控制设备运行压力。

② 设备设施及管线上设置安全阀，并设置火炬放空系统，超压后通过安全阀泄压至火炬放空系统。

③ 装置周围设置环形消防设施、火灾报警按钮等消防设施。

④ 现场操作过程中采用防爆工器具。

四、工业炉爆炸

硫黄回收装置设置有 Claus 反应炉，在点火过程中容易造成工业炉闪爆。

主要防控措施：

① 采用先进燃烧器，实现自动点火并设火焰监测系统和燃烧控制系统等用以监测操作运行状况和防止爆炸。

② 反应炉衬里采用多层复合炉衬结构，由耐火砖、隔热砖和浇注料组成。

③ 定期校验工业炉汽包本体安全阀，确保工业炉汽包安全阀处于投用状态。

④ 严格执行工业炉点火程序，禁止操作人员更改吹扫参数，保证惰性气体吹扫总量达标。

五、噪声污染

硫黄回收系统产生连续噪声的设备有风机、机泵、空冷器、工业炉等，间断噪声源主要有安全阀、调节阀、蒸汽放空等，岗位操作人员长期处于现场噪声环境，容易受到噪声危害。

主要防控措施：

① 在生产允许的条件下，尽可能选用低噪声设备。

② 鼓风机增加隔音罩措施。

③ 蒸汽放空口、空气放空口、引风机入口加设消声器。

④ 现场作业时佩戴耳塞。

六、烫伤

装置内工业炉、反应器等高温设备、管线，虽已采取保温隔热措施，但岗位操作人员也会受到一定程度的高温危害。高温介质(锅炉水等)意外泄漏或高温介质采样时冷却措施不当也会造成烫伤。

主要防范措施：

① 热源设备尽量露天布置，高温设备如工业炉、反应器等均设隔热保温层。

② 现场操作人员和作业人员应正确佩戴防烫手套等个人防护用品。

七、坠落及机械危害

在进行巡检、操作、检修、取样等现场工作时，有时需登高作业，如防护措施不当或个人违规操作，有发生机械伤害和坠落的危险。生产过程中使用转动的机械设备，例如泵、风机等，如操作不当有发生机械伤害的风险。

主要防范措施：

① 装置区的电机等转动设备设置防护罩等保护设施。

② 生产过程中需经常操作和检查的设备和部位，均设置操作平台、梯子和各种保护栏杆。

③ 现场高处作业时应正确系挂安全带。

八、触电危害

用电设备若质量或安装不合格，安全保护装置不齐全、有缺陷或被腐蚀，环境不良，个体防护不当等，可能发生触电伤害。

主要防范措施：

① 设置公共接地系统，保证等电位连接。

② 电气设备设置可靠的保护接地，并配备绝缘棒、绝缘手套和绝缘垫等安全工具。

③ 现场操作和作业人员须穿着绝缘工鞋、佩戴绝缘手套开展电气作业。

第五章　尾气处理系统

尾气处理系统是硫黄回收装置不可或缺的部分。受反应温度下热力学平衡的限制，即使采用高活性催化剂、二级以上 Claus 转化工艺，硫回收率最高只能达到97%左右，尾气中仍有大量 H_2S、液硫和其他含硫化合物，最终经灼烧后以 SO_2形式排入大气，造成严重的大气污染，因此，为提高总硫回收率、减少污染，原则上硫黄回收装置均配套建设尾气处理系统。随着各国对环保问题重视程度的不断提高，尾气处理技术得到快速发展。据不完全统计，目前尾气处理技术种类已多达 100 余种，应用较为广泛的典型技术包括还原吸收尾气处理技术、低温尾气处理技术、催化氧化尾气处理技术、湿法氧化尾气处理技术等，Claus 硫回收系统耦合尾气处理系统后，总硫回收率达到 99. 9%～99. 99%，基本实现了 SO_2零排放。

第一节　尾气处理流程与特点

还原吸收尾气处理技术是应用最为广泛的尾气处理技术，国内已建成工业装置超过 100 套，是当前处理硫黄回收装置尾气最重要的工艺方法。基于钴钼型催化剂，在 H_2、CO 等还原性气体氛围中，将尾气中所有含硫组分 SO_2、S_x、COS 和 CS_2还原为 H_2S，然后用脱硫溶剂在低温工况下进行吸收，吸收饱和或半饱和溶剂在高温工况下解吸再生，释放出 H_2S、CO_2等酸性气体，再循环至 Claus 装置继续回收元素硫。目前还原吸收尾气技术处理典型工艺包括 SCOT 工艺、串级 SCOT 工艺、Super SCOT 工艺、LT-SCOT 工艺、LS-SCOT 工艺等，其中 SCOT 工艺应用最为广泛，其他工艺为 SCOT 改进工艺，故本节以 SCOT 工艺为代表进行尾气处理流程及特点介绍。

一、尾气处理单元典型流程

SCOT 工艺流程包括在线制氢与加热、加氢反应、过程气冷却、溶剂吸收、溶剂再生、尾气焚烧六部分，对于具备外供 H_2能力的企业，则不设置在线制氢流程，而改为设置尾气加热流程，典型尾气处理流程如图 5-1-1 所示。

经捕集器脱除硫雾后的 Claus 尾气，再经尾气加热器换热后与外部补入富 H_2混合进入加氢反应器。如液硫脱气采用 LS-DeGAS 工艺，液硫脱气废气从尾气加热器之前并入系统。在加氢催化剂的作用下，Claus 尾气中的单质硫、SO_2等含硫化合物被还原成 H_2S；COS 等有机硫水解生成 H_2S 和 CO_2。加氢反应为放热反应，离开反应器后的过程气经换热后进入急冷塔。

尾气在急冷塔内利用循环急冷水来降温。急冷水自急冷塔底部流出，经急冷水泵加压后，经冷却器冷却至40℃以内，返回急冷塔顶。尾气中水蒸气冷凝，产生的酸性水由急冷水泵送至污水汽提装置。急冷塔设置有注氨线，用于紧急或异常工况下调节急冷水 pH 值，急冷水置换原则为最好使用除氧水，避免氧进入吸收塔系统。

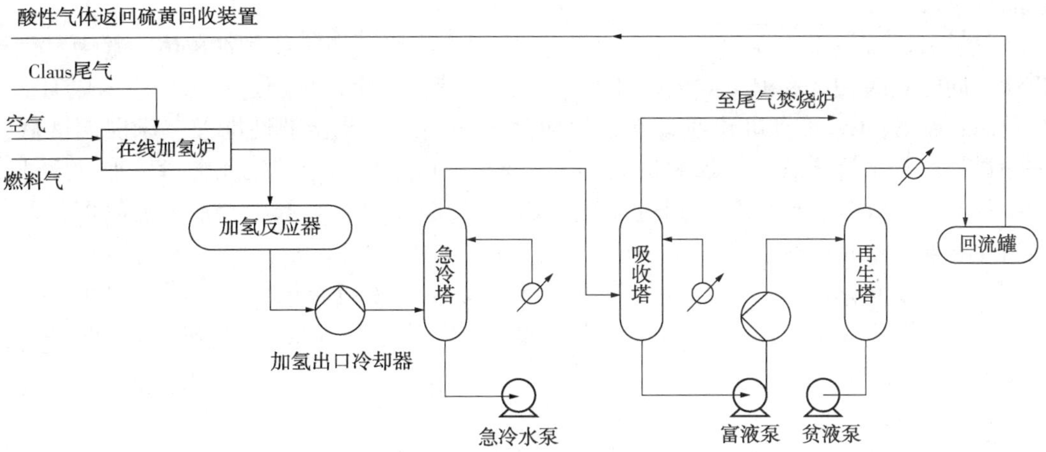

图 5-1-1 典型 SCOT 工艺尾气处理流程

急冷后的尾气离开急冷塔顶进入尾气吸收塔，用溶剂吸收尾气中的 H_2S，同时由于溶剂为弱碱性还会吸收部分 CO_2。吸收塔底富液用富液泵送至溶剂再生装置处理。从尾气吸收塔塔顶出来的净化尾气进入尾气焚烧炉焚烧，由燃料气流量控制炉膛温度为 600~800℃；用焚烧炉鼓风机供给焚烧所需要的空气，尾气中残余的 H_2S 及其他硫化物几乎完全转化为 SO_2。焚烧后的尾气换热后，经烟囱排放。

硫黄回收装置设置有尾气处理单元紧急跨线，当尾气处理单元处于事故状态时，Claus 尾气可通过跨线直接进入尾气焚烧炉焚烧后经烟囱排空。非紧急事故状态不允许启用跨线，否则烟气 SO_2 排放会出现严重超标。

二、尾气处理单元特点

（一）在线制氢与加热

在线制氢与加热流程主要设备为在线制氢炉，由燃烧段和混合段组成，具备制氢和加热功能。在燃烧段内通入天然气或燃料气，CH_4 在炉内发生次化学当量燃烧生成含有 H_2 和 CO 的高温烟气；混合段内，燃烧段生成的高温烟气与 Claus 尾气混合升温，达到加氢反应器要求的入口反应温度，通常要求达到 220℃ 以上。为防止次化学当量燃烧过程中炭生成，燃烧段空气量原则上为理论当量的 75%~95%；考虑燃料气中烃含量高于天然气，通常配风量不低于燃料气量的 85%。

对于具备外供氢源的装置，通常设置蒸汽加热器、管式加热炉或电加热器进行 Claus 尾气升温，加热蒸汽多采用企业自产中压蒸汽。受中压蒸汽温度限制，蒸汽加热器出口温度调整余量较小，尾气出口温度难以提高至 250℃ 以上，相比而言，在线制氢炉、加热炉温度调整较为灵活，能够根据加氢反应器入口需求进行温度调整。

（二）加氢反应

硫回收装置尾气、还原性气体（H_2）混合升温后，进入加氢反应器。反应器内装填钴钼催化剂，过程气中的 SO_2、S_x 等含硫化合物加氢转化为 H_2S，COS、CS_2 等有机硫水解转化为 H_2S。钴钼催化剂装填前为氧化态，投入运行前需进行预硫化作业，转化为具有催化活性的硫化态；为保障施工作业人员安全，催化剂卸载时需先进行钝化操作，使其转化为惰性的氧化态后再自反应器卸出。

尾气加氢反应效率与催化剂性能、反应温度紧密相关。加氢催化剂载体一般为氧化铝或氧化钛，同时具备加氢和 Claus 反应功能。SO_2、S_x等含硫化合物通过加氢反应生成 H_2S，转化率较高；COS、CS_2等有机硫通过水解反应生成 H_2S，若催化剂性能差、床层温度低，则生成的过程产物硫醇无法彻底加氢生成 H_2S，导致出口过程气中有机硫含量增加。此外，过程气中的 CO 不利于 COS 转化，当过程气中 CO 浓度较高时，需选用合适的加氢催化剂，如中国石化齐鲁分公司研究院开发的 LSH-02、LSH-03 催化剂。目前，国内应用较广的国产加氢催化剂主要包括中国石化齐鲁分公司研究院的 LSH 系列催化剂、中国石油西南油气田分公司天然气研究院的 CT6 系列催化剂等，进口催化剂包括 Criterion 公司的 C-234 催化剂、Axens 公司的 TG-107 催化剂。

（三）过程气冷却

过程气冷却包括加氢反应器出口冷却和急冷水冷却两部分，主要目的是降低过程气温度，满足后续溶剂吸收要求，同时将 Claus、加氢反应过程中生成的 H_2O 自反应系统取出，避免降低后续溶剂浓度。加氢反应器出口冷却部分通常设置余热回收冷却器，将尾气温度由 320~350℃降低至 170℃左右，锅炉水加热生成低压蒸汽；急冷水冷却部分设置冷却塔及配套循环系统，将尾气温度由 170℃降低至 40℃左右，循环冷却系统设置空冷器、水冷器；尾气中水含量由 30%(体积分数)降低至 5%(体积分数)，冷却下来的水质较好，一般经汽提处理后进行回用。

由于过程气中含有 H_2S，冷却过程中进入急冷水，上游加氢反应器操作波动时，SO_2可能穿透到急冷塔中与水中的 H_2S 发生反应生成 H_2SO_3，造成急冷水 pH 值降低，因此，需要设置液氨注入设施，以在操作波动时控制急冷水的 pH 值。

（四）溶剂吸收

溶剂吸收是尾气处理系统的关键流程，包括尾气吸收塔、贫液冷却、贫液过滤及配套机泵等。离开加氢反应器的尾气冷却后进入尾气吸收塔，通常采用 MDEA(甲基二乙醇胺)溶剂对尾气中所含的 H_2S 进行选择性吸收。在尾气离开吸收塔时，其所含的大部分 CO_2未被溶剂吸收，共吸率在 10%左右；H_2S 气体脱除率达到 99%以上，尾气吸收塔出口气体中 H_2S 含量通常低于 0.01%(体积分数)。

MDEA 在 CO_2存在下对 H_2S 具有选择性吸收的能力，从而将原料气中的 H_2S 吸收，而对 CO_2的吸收却很少；通常认为醇胺类化合物中的羟基可降低化合物的蒸气压，并增加化合物在水中的溶解度；而胺基则为水溶液提供必要的碱度，促进对酸性组分的吸收。利用 MDEA 溶液[物理化学法(湿法)]在吸收塔内与天然气逆流接触进行脱硫。在 6.8~8.4MPa(表)、35~45℃的条件下，将天然气中的酸性组分、有机硫组分吸收，然后在 0.08~0.1MPa(表)、118~124℃的条件下，将吸收的组分释放出来，溶液循环再利用。

MDEA 水溶液在脱硫系统中的化学反应式如下：

主反应：

$$R2R1N+H_2S \underset{高温低压}{\overset{低温高压}{\rightleftharpoons}} R2R1NH^+ +HS^- +Q（瞬间反应）$$

副反应：

$$R2R1N+CO_2+H_2O \underset{高温低压}{\overset{低温高压}{\rightleftharpoons}} R2R1NH^+ +HCO_3^- +Q（慢反应）$$

其中，$R_2=—C_2H_4HO$，$R_1=—CH_3$。

醇胺与 H_2S、CO_2 的主要反应均为可逆反应，在吸收塔较低温度下反应向右进行，原料气所含酸性气组分被脱除，在再生塔较高温度下反应平衡向左移动，溶剂释放出所吸收的酸性气组分得以再生。此外，在上述条件下，还产生微量的氨基甲酸盐和硫代氨基甲酸盐，是不可逆反应，二者由于分子内部聚合，生成非再生噁唑烷酮，累积起来，在溶液中形成降解产物。

溶剂吸收脱除 H_2S 的效率与溶剂温度、浓度、循环量、种类等密切相关。高压、低温有利于吸收，但液相温度过低，则会导致气相中烃类冷凝析出，诱发溶剂系统发泡等故障，故通常要求液相温度高于气相温度，两者差值不得超过5℃；溶剂浓度控制在30%~50%(质量分数)，不宜高于55%(质量分数)。对于有机硫含量高的尾气，还需结合有机硫类型考虑有机硫脱除问题，COS 可采用固定床水解转化为 H_2S、CO_2，硫醇、硫醚、CS_2 等通常采用物理-化学配方溶剂进行脱除。有机硫脱除与 CO_2 脱除机理相似，故脱除有机硫的过程中也导致 CO_2 被大量吸收，从而导致再生酸性气中 CO_2 浓度增高，酸性气循环至硫回收反应炉后导致系统能耗、有机硫生成量等增加，故有机硫脱除溶剂选择要考虑其选择性。

MDEA 作为脱硫溶剂，特性如下：

1）具有较好的选择吸收性能。在 H_2S、CO_2 共存时，MDEA 溶液与 H_2S 反应比与 CO_2 反应速度快，在同样接触时间的情况下，H_2S 的脱除率远高于 CO_2。此外，通过在吸收塔设置不同进料口，可以调整气液接触时间从而进一步控制 CO_2 的脱除率。但 MDEA 醇胺溶剂与 COS、硫醇等有机硫化物的化学反应速率均较慢，且醇胺溶剂对有机硫化物的物理溶解有限，因而对有机硫的脱除率较低，难以满足高含有机硫的天然气和炼油厂气的净化要求，需增加辅助的工艺过程以进一步降低产品气总硫含量。

2）再生能耗低。首先，MDEA 溶液浓度可以高达55%(质量分数)，高浓度溶液酸性气负载高，从而可降低溶液循环量；其次，溶液吸收 CO_2 量少，解吸热量低，由此，MDEA 溶液再生能耗较其他化学脱硫溶剂低。

3）稳定性能好。与 DEA、MEA 相比，MDEA 不易与 CO_2 反应生成噁唑烷酮类或其他变质产物，也不易与原料气中 CS_2 或 COS 反应产生变质，变质产物少，MDEA 溶液发泡倾向低，装置运行稳定性好。研究表明，温度是影响 MDEA 降解的关键因素，在>120℃条件下，MDEA 因 CO_2 所致的降解实际上可以忽略，但随温度上升，降解加剧，如在140℃时，仅300h，就有约20%的 MDEA 降解。

4）腐蚀性小。MDEA 溶液中最主要的腐蚀剂是酸性组分(H_2S 和 CO_2)本身，其次是溶剂的降解产物，如噁唑烷酮-2 经多步反应而最终生成的 *N*-(2-羟乙基)-乙二胺就是一种腐蚀促进剂。相比其他醇胺溶剂，MDEA 抗变质性能好，腐蚀倾向相对较低。

5）溶剂损失小。MDEA 蒸气压为10.4Pa(50℃)，相对较低，气相损失小，且由于稳定性好，抗变质能力强，整体溶剂损失较小。

(五) 溶剂再生

溶剂再生流程包括溶剂再生塔、塔底重沸器、塔顶冷却器、塔顶回流罐、富液进塔换热器及配套机泵等。吸收 H_2S、CO_2 之后的溶液，经贫富胺液换热器换热温度升高后，进入再生塔，H_2S、CO_2 在低压、高温工况下解吸脱出，再生塔顶酸性气送入 Claus 反应炉进一步回收单质硫，再生后贫胺液送至吸收塔循环使用。

溶剂再生部分可独立设置，也可与其他非硫黄回收装置尾气共用。再生温度是影响溶剂降解速度的主要参数，在温度不高于120℃条件下，MDEA因CO_2所致的降解可以忽略，但随着温度上升，降解速度加快，如在140℃条件下，仅300h就可能导致20%的MDEA降解损失，故通常需控制溶剂再生塔底温度不超过124℃。

(六)尾气焚烧

尾气焚烧是尾气处理系统的末端流程，焚烧炉由一个巨大的衬有耐火材料的炉膛和一个装在炉膛一端的燃烧器组成，尾气进入炉膛并被燃烧器中的高温燃烧产物加热，尾气中剩余的H_2S和COS在炉膛中有充足的停留时间进行燃烧并转化为SO_2，其他可燃物如烃类、氢及CO也同时被烧掉。在尾气焚烧炉内补充燃料气达到适宜的反应温度，将尾气及装置产生的废气中残留的硫化物进一步氧化成SO_2后排放大气以满足环保要求。尾气焚烧部分设置高压蒸汽过热器，回收焚烧炉产生的废热的同时将硫黄回收单元余热锅炉汽包产生的高压蒸汽过热后送至系统管网。

为了避免氮氧化物和CO的生成，尾气焚烧炉通常采用多路配风，炉膛温度通常控制在650~700℃范围内。

第二节　工艺控制参数

一、关键工艺控制参数

尾气处理装置主要分为加氢与焚烧单元、溶剂吸收单元和溶剂再生单元，关键工艺控制参数见表5-2-1。

表5-2-1　尾气处理装置关键工艺控制参数

单元	工艺控制参数	一般控制范围或值
加氢与焚烧单元	加氢反应器入口温度/℃	≥240
	焚烧炉炉膛温度/℃	650
	排烟温度/℃	240~280
	烟气氧含量/%(体积分数)	2.0~3.5
	烟气SO_2排放值/(mg/m^3)	≤50(部分省份) ≤100(特别排放限值区域) ≤400(一般区域)
溶剂吸收单元	急冷水pH值	6~8
	急冷塔出口温度/℃	≤40
	贫液温度/℃	≤42
	尾气出尾气吸收塔温度/℃	≤39
溶剂再生单元	重沸器蒸汽温度/℃	148~152
	再生塔塔顶压力/MPa(表)	0.065~0.085
	再生塔塔顶温度/℃	108~115

二、关键参数控制要求

（一）加氢反应器入口温度控制

加氢反应器的作用是将 Claus 尾气中所有含硫介质全部转化为 H_2S。常规的加氢催化剂需将入口温度提高至 280℃以上，才能保证催化剂的还原活性，需采用还原炉或烟气换热等方式提高入口温度。随着低温催化剂的开发与发展，加氢反应器入口采用蒸汽加热得到广泛应用。采用低温加氢催化剂，加氢反应器入口温度仅需提高至 240℃，床层温度在 260℃左右活性即能满足生产需求。

近几年随着催化剂技术的发展，部分加氢催化剂具备耐低氧能力，通过将液硫脱气废气改入加氢反应器进一步提高反应器床层温度至 320℃左右。主要是将液硫池鼓泡气改为净化尾气，再通过抽射器或风机将废气及少量氧抽至加氢反应器，利用加氢催化剂氧化放热提高加氢反应器床层温度。

（二）急冷水 pH 值控制

急冷水 pH 值是反映加氢反应器转化率的重要指标之一。正常工况下，Claus 反应及加氢反应产生的水汽全部在急冷塔内冷凝后外排，急冷塔内水循环始终处于置换过程，故急冷水 pH 值应保持在中性附近(6~8)，且急冷水外排水量可直接反映酸性气中 H_2S 浓度变化，急冷水颜色可直接反映装置运行情况，正常情况下急冷水为蒸汽冷凝水，呈澄清透明状。

急冷水 pH 值变化以下降居多，正常工况下 pH 值下降说明加氢反应器 H_2不足，导致 SO_2穿透；如装置出现酸性气大量带烃或装置负荷大幅度波动、配风调整不稳定时较容易出现 pH 值下降，及时跟踪调整酸性气燃烧炉配风及 H_2量即可稳定。如出现 pH 值下降主要通过注氨或除氧水置换两种方式缓解，一般情况下，能不注氨尽可能不注氨，主要原因是注氨后加氢尾气易携带 NH_3进入胺液系统，长时间进行此操作易造成溶剂再生塔塔顶酸性气空冷结盐堵塞。但有时也会出现 pH 值上升的情况，此现象多为酸性气带氨或烧氨工艺 NH_3燃烧不完全进入急冷水系统所致。

（三）急冷塔出口温度及贫液温度控制

根据低温有利于吸收的原则，吸收塔温度越低越有利于 H_2S 脱除。一般要求贫液进吸收塔温度不高于 42℃，随着国家对烟气 SO_2排放指标控制日趋严格，在不采用后碱洗的前提下，需尽可能降低吸收塔出口 H_2S 浓度。降低吸收温度是降低吸收塔出口 H_2S 浓度的手段之一，有两种方式：一是降低加氢尾气温度，利用冷媒水或增上制冷机将急冷水温度进一步冷却至 30℃以下；二是将贫液温度降至 30℃以下，由于加氢尾气中烃类物质极少，尤其是不可能存在重烃，可以不遵守气相温度低于贫液温度的准则。但采用单独降低贫液温度的方式会造成加氢尾气中饱和水汽冷凝至胺液系统，造成胺液系统液位上涨，故多采用降尾气温度的方式。

（四）再生塔塔底温度控制

在胺液再生塔内，富胺液含有的 H_2S 和 CO_2被重沸器内产生的汽提气解吸出来并从塔顶流出，塔顶气经胺液再生塔顶空冷器冷却后进入胺液再生塔顶回流罐分液，分离出的酸性水回流至再生塔，过量的酸性水定期送入酸性水汽提塔。分液后的酸性气为水饱和气，送入硫黄回收单元。

胺液再生塔重沸器用低压蒸汽冷凝过程中释放的热量来汽化胺液，蒸汽采用流量控制。在生产过程中，要控制好再生塔塔底温度、再生塔塔顶回流的温度及再生塔压力，保证MDEA再生质量，避免产生热稳定盐，保证酸性气有足够的压力向硫黄回收单元流动，根据对MDEA的化验结果，再生部分的MDEA溶液适当补充部分低压凝结水。

（五）焚烧炉炉膛温度控制

焚烧炉炉膛温度主要是保障净化尾气中含硫物质全部转化为SO_2，一般温度控制在650℃左右。焚烧炉炉膛温度是通过瓦斯或天然气、尾气中H_2完全燃烧产生热量维持。焚烧炉炉膛温度受酸性气燃烧炉配风影响较大，必须在稳定酸性气燃烧炉配风的前提下，焚烧炉炉膛温度方能稳住。

随着很多地方标准及新的国家标准要求，烟气中CO含量及NO_x含量纳入控制监控指标，CO含量及NO_x含量是相互制约的，焚烧炉燃烧室温度越高，CO含量越低，NO_x含量越高；焚烧炉燃烧室温度越低，CO含量越高，NO_x含量越低。

（六）烟气SO_2排放值控制

烟气SO_2排放值是一个最终的结果，主要受Claus单元硫回收率、有机硫转化率、吸收塔H_2S吸收率及碱洗塔吸收率影响。

第三节 工艺过程控制方案

一、加氢反应器外供H_2串级-反馈控制

尾气吸收塔出口过程气线上设有H_2含量在线分析仪，用来实时跟踪检测加氢尾气中的H_2含量，并通过H_2含量在线分析仪设定值反馈给加氢反应器入口H_2流量控制阀自动调节加氢反应器入口H_2流量，保证尾气中其他形态的硫完全转化为H_2S。SCOT尾气H_2含量直接影响SO_2的还原程度和SCOT工段的正常操作，H_2含量不能太小，否则容易使SO_2击穿，导致急冷塔出现腐蚀泄漏和硫堵塞事故，正常操作状态需使H_2处于过量状态。

二、在线制氢炉空气流量/温度控制

以某企业在线制氢装置为例，制氢炉燃烧器空气、燃料气、出口温度控制程序如图5-3-1所示。

（一）控制回路

加氢进料燃烧炉燃烧空气及温度复杂控制回路由单独控制回路构成，主要包括：

1）燃烧空气流量控制（FT/FC/FV-40124）；

2）燃料气流量控制（FT/FC/FV-40104）；

3）加氢进料燃烧炉出口温度控制（TT/TC-40261）；

4）正常工况低压蒸汽流量控制（FT/FC/FV-40102）；

5）烘炉工况蒸汽流量控制（FT/FC/FV-40103）；

6）蒸汽/燃料气比率设定器（HC-40102）；

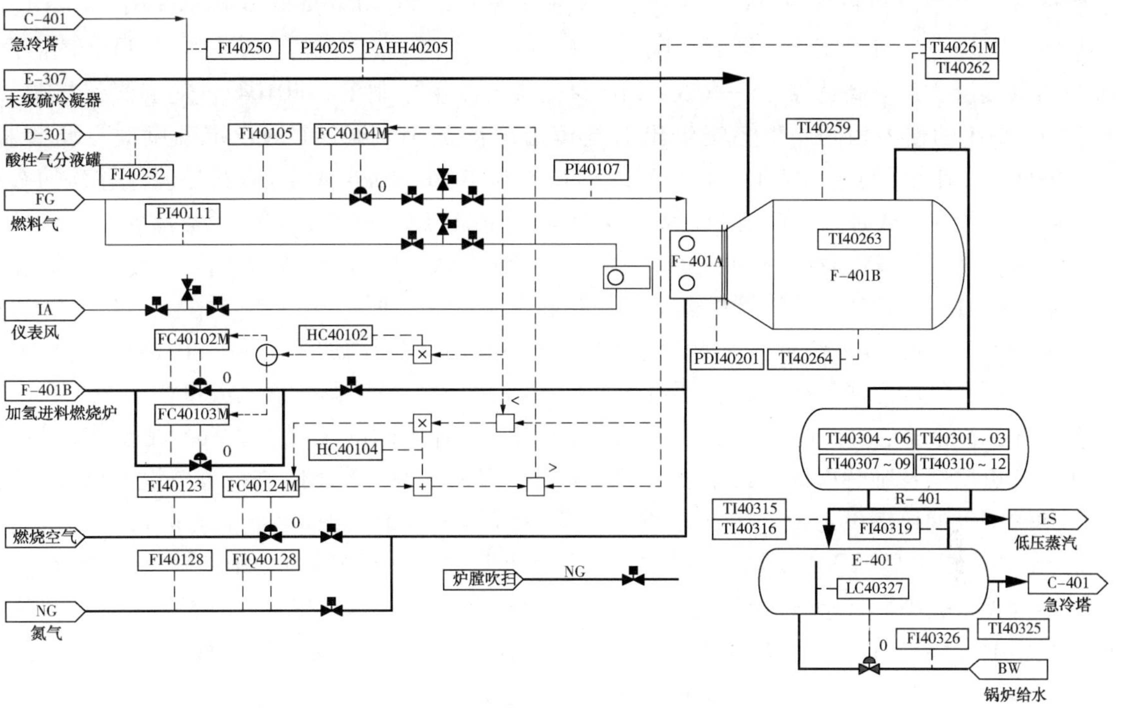

图 5-3-1　在线制氢炉控制流程

7）比率器（FY-40102A）；

8）正常/烘炉选择器（HS-40102）；

9）空气/燃料气比率设定器（HC-40104）；

10）除法器（HY-40104A）；

11）乘法器（HY-40104B）；

12）燃烧空气高选器（TY-40261A）；

13）燃料气低选器（TY-40261B）；

14）H_2在线分析仪（AT/AI-40402）。

（二）控制原理

在尾气处理装置中，正确控制加氢进料燃烧炉燃烧空气的流量及进料燃烧炉的操作温度对于将各种硫化物转化为 H_2S 是至关重要的。加氢进料燃烧炉的主要作用是发生次氧化反应的同时加热进入装置的尾气，使之达到适宜的反应温度，并提供加氢反应所需的足够的 CO 和 H_2等还原气体。另外，燃烧反应中不应产生结焦反应，否则会造成下游催化剂积炭，导致催化剂的表面积减少和装置压降增大等不利影响。

（三）控制说明

加氢进料燃烧炉出口的气体温度由调节器（TC-40261）控制，调节器的输出（0~100%转换为燃料气的量程为 0~1100Nm^3/h）同时送入高选器（TY-40261A）和低选器（TY-40261B）。当燃烧炉出口气体温度高于 TC-40261 的设定温度时，调节器 TC-40261（反作用）的输出减小，低选器 TY-40261B 将调节器 TC-40261 的输出送至乘法器 HY-40104B，控制系统将减少燃烧空气流量控制 FC-40124 的设定值，从而流量控制 FC-40124 将会减小阀门 FV-40124 的开度。燃烧空气流量减少的同时，除法器 HY-40104A 将根据实际的燃烧空气量计算出所需的燃料气量，通过高选器 TY-40261A 减少燃料气流量控制 FC-40104 的设定值到与调节器 TC-40261 的输出相同。当燃烧炉出口气体温度低于 TC-40261 的设定温度时，调节器 TC-40261(反作用)的输出增加，控制系统通过高选器 TY-40261A 增加燃料气流量控制 FC-40104 的设定值，从而流量控制 FC-40104 将会增加阀门 FV-40104 的开度。燃料气流量增加的同时，低选器 TY-40261B 的输出增加至与调节器 TC-40261 的输出相同，低选器的输出送至乘法器 HY-40104B，乘法器根据实际的燃料气量计算出所需的燃烧空气量，增加燃烧空气流量控制 FC-40124 的给定值，从而流量控制 FC-40124 将会增加阀门 FV-40124 的开度。

如果燃料气的组成发生变化，通过比率器 FY-40102A 自动调整蒸汽流量控制 FC-40102 或 FC-40103 的设定值，选择器 HS-40102 的作用是选择不同的工况。蒸汽的主要作用是可以抑制结焦反应及维持火焰正常温度。操作人员可以通过 HC-40104 进行重新设置修改燃烧空气和燃料气的比例设定值。生产过程中，急冷塔顶尾气中的 H_2 含量将会进行持续监控，如果 AI-40402 上显示急冷塔塔顶尾气中 H_2 含量低于 2%(体积分数)，则应对 HC-40104 进行重新设置来调整燃烧空气和燃料气的比例(减小燃烧空气/燃料气的比例将提高急冷塔塔顶尾气中 H_2 含量，而增加燃烧空气/燃料气比例将减少急冷塔塔顶尾气中 H_2 含量)。正常操作中，燃烧空气和燃料气的比例调节范围为理论完全燃烧的 65%~85%。

燃料气中单位摩尔可燃烧物质燃烧所耗空气的摩尔流量乘以进料气中相应摩尔分率，然后相加得到每摩尔燃料气燃烧所需的空气摩尔流量，即所需空气量系数。DCS 被设定用该系数乘以流量计测出的流量，得到燃料气燃烧所需的空气量。

该系数反映了一股燃料气全组分燃烧所需的空气量，其计算基于空气含氧量为 21%(体积分数)，同时满足以下要求：

① H_2 完全燃烧；

② 烃类完全转化为 CO_2 和 H_2O。

根据组成，计算出每 mol 该燃料气燃烧需要 9.259mol 空气。在燃烧条件下体积分率约等于摩尔分率，因此根据该燃料气组成，1 标准立方英尺/小时(Nft^3/h)的酸性气燃烧需要 9.259Nft^3/h 空气。HC-40104 中的比例系数(燃烧空气和燃料气的比例)的设置范围应为 0.62(9.259×0.65)~7.87(9.259×0.85)。

燃料气流量控制 FC-40104 可以同时调节给定低压蒸汽控制 FC-40102，低压蒸汽的主要作用是可以抑制结焦反应及维持火焰正常温度。操作人员可以通过 HC-40102 来设置蒸汽和燃料气的比例。

乘法器 HY-40104B 的作用是将燃料气量乘以空气/燃料气比率计算出燃烧空气量；除法器 HY-40104A 的作用是将空气量除以空气/燃料气比率计算出燃料气量；比率器 FY-40102A 的作用是根据燃料气量计算出所需的蒸汽量。

三、尾气焚烧炉燃烧器空气及炉膛温度控制

以某企业尾气处理装置为例，尾气焚烧炉燃烧器空气、炉膛温度控制程序如图 5-3-2 所示。

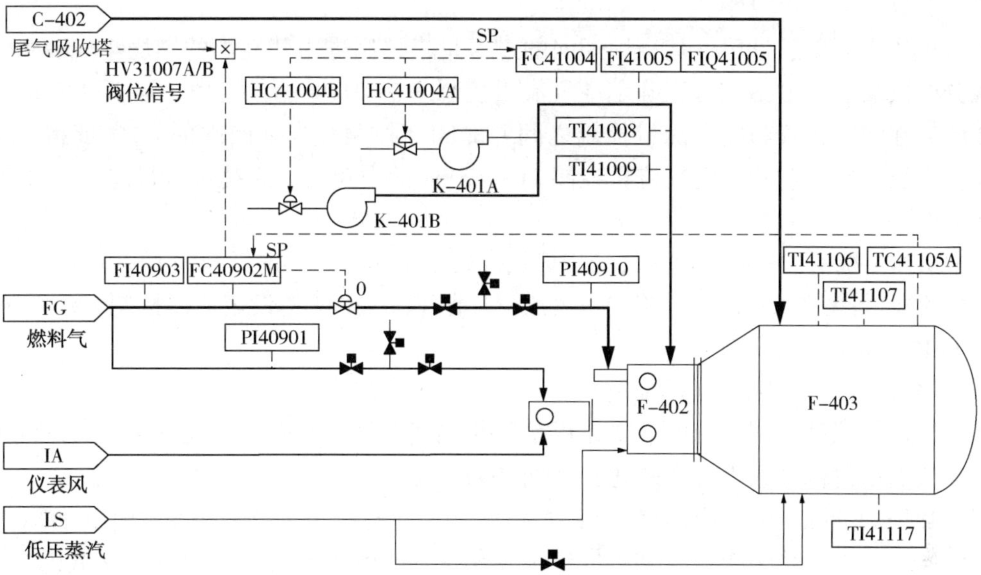

图 5-3-2 尾气焚烧炉控制流程

1. 控制回路

尾气焚烧炉燃烧空气及温度复杂控制回路由以下各个单独控制回路构成，包括：

① 尾气焚烧炉风机 K-101A 进口导向叶片控制（FV-41004A）；

② 尾气焚烧炉风机 K-101B 进口导向叶片控制（FV-41004B）；

③ 助燃空气流量（FT/FC-41004）；

④ 焚烧炉风机选择器开关（HS-41004）；

⑤ 燃料气流量控制（FT/FC/FV-40902）；

⑥ 尾气焚烧炉温度控制（TT/TC-41105）；

⑦ 尾气焚烧炉烟囱含氧检测（AT/AI-41301A）。

2. 控制原理

尾气焚烧炉的主要作用是将尾气及联合装置内各种废气中含有的硫化物完全燃烧达到排放标准后排入大气。尾气焚烧炉的进料包括来自尾气处理装置的尾气、硫黄回收装置的尾气（事故状态）、三甘醇（TEG）再生塔的废气、液硫池的吹扫气、溶剂再生闪蒸罐闪蒸气以及各种回收罐的废气。

控制回路的作用是通过控制尾气焚烧炉操作温度和尾气焚烧炉烟囱的过氧量来保证硫化物在尾气焚烧炉内的充分氧化燃烧。

3. 控制说明

整个控制系统的主要控制目标是采用最小的燃料气消耗以使 H_2S 和其他硫化物尽可能完全转化成 SO_2。整个复杂控制回路可以分为两个系统，分别为尾气焚烧炉过氧量控制系统和尾气焚烧炉温度控制系统。

（1）尾气焚烧炉过氧量控制系统

其主要功能是保证燃烧过程中有足够的过氧量来完全氧化硫化物从而防止 H_2S 排放至大气。同时，也可以防止尾气焚烧炉内过氧量过多，超过需要的过氧量势必需要更多的燃料气来保持焚烧炉的操作温度。

正常操作中可以通过尾气焚烧炉烟囱的过氧量来控制进入焚烧炉的燃烧空气流量。通过氧在线分析仪 AI-41301A，可以确定空气流量控制 FC-41004 的设定值。需要注意的是，烟囱设置的氧在线分析仪与空气流量控制之间并非闭环控制，当烟囱内的 O_2 含量高于期望值时，操作人员必须手动减少空气流量控制 FC-41004 的设定值。系统过氧量应保持在 3%(体积分数)左右。

正常操作情况下，只有一台尾气焚烧炉风机处于工作状态。选择开关 HS-41004 用于确定两台风机的操/备关系，同时用于确定空气流量控制 FC-41004 的设定值以控制 FV-41004A 或 FV-41004B 上的进口导向叶片。

(2) 尾气焚烧炉温度控制系统

尾气焚烧炉温度控制系统的主要作用是防止尾气焚烧炉的操作温度过高导致尾气焚烧炉紧急停车或温度过低导致不完全氧化，从而使 H_2S 排放至大气。

尾气焚烧炉的操作温度由温度控制 TC-41105 来进行控制，当尾气焚烧炉的操作温度高于设定温度时，控制系统将减少燃料气流量控制 FC-40902 的设定，同时 FC-40902 将开始关闭阀门 FV-40902。当焚烧炉操作温度低于设定温度时，调节步骤与上述过程相反。

四、尾气焚烧炉余热锅炉三冲量液位控制

以某企业尾气焚烧炉余热锅炉液位控制为例，锅炉汽包液位、蒸汽流量、给水流量控制流程如图 5-3-3 所示。

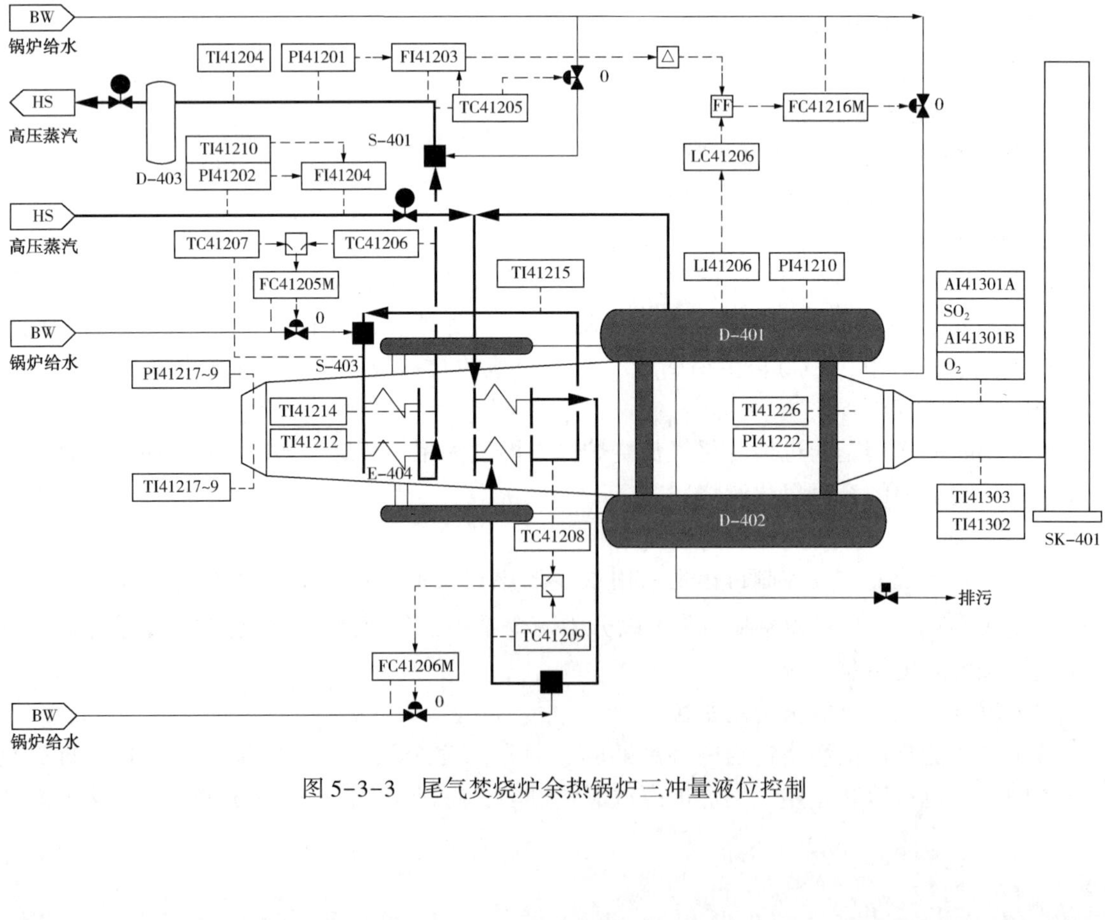

图 5-3-3 尾气焚烧炉余热锅炉三冲量液位控制

1. 控制回路

余热锅炉汽包的液位采用三冲量液位复杂控制回路，由各个单独控制回路构成，包括：

① 尾气焚烧炉余热锅炉液位变送器(LT-41206A/B/C)；

② 尾气焚烧炉余热锅炉液位控制器(LC-41206)；

③ 锅炉给水流量控制(FT/FC/FV-41216)；

④ 高压蒸汽流量测量(FT/FI-41203)。

2. 控制原理

控制尾气焚烧炉余热锅炉汽包液位。

3. 控制说明

余热锅炉汽包的液位主要由流量控制 FC-41216 来控制，以维持进入汽包的锅炉给水流量稳定。当锅炉液位高于或低于设定液位点时，液位控制器 LC-41206 将会调整流量控制 FC-41216 的设定点，使液位恢复正常。

当余热锅炉热负荷突然发生变化时，液位控制器检测到的液位变化可能会引起流量控制 FC-41216 的误操作。如果热负荷突然增加，首先会导致余热锅炉锅炉水中出现大量气泡，气泡的出现会降低锅炉水液相密度，将会造成即使汽包内的锅炉水量实际上减少了，但液位测量却显示液位上升，此时液位控制器会错误地降低锅炉给水量。为防止上述情况下 LC-41206 的误操作，将高压蒸汽流量测量(FI-41203)引入控制系统，当液位和发生蒸汽量同时上升时，LC-41206 将增加余热锅炉汽包锅炉给水的补充量。

第四节 控制指标与分析频率

尾气处理单元主要控制环保项目为外排烟气，过程质量控制项目包括急冷水、贫胺液、过程气等，外供产品质量控制项目包括锅炉水、中低压蒸汽等，关键控制项目及分析频次见表 5-4-1。

表 5-4-1 尾气处理单元关键控制项目与分析频次

序号	分析介质	分析项目	控制指标	分析频次	
				开车	正常
1	开工循环气	H_2S 含量/%(体积分数)	—	3 次/d	
		CO_2 含量/%(体积分数)	—	3 次/d	
		O_2 含量/%(体积分数)	—	3 次/d	
2	加氢尾气	O_2 含量/%(体积分数)	—	3 次/d	1 次/d
		烃含量/%(体积分数)	—	3 次/d	需要时
		H_2 含量/%(体积分数)	—	3 次/d	1 次/d
		CO 含量/%(体积分数)	—	3 次/d	1 次/d
		H_2S 含量/%(体积分数)	—	3 次/d	1 次/d
3	加氢后尾气	O_2 含量/%(体积分数)	—	3 次/d	需要时
		烃含量/%(体积分数)	—	3 次/d	需要时
		H_2 含量/%(体积分数)	—	3 次/d	1 次/d
		SO_2 含量/%(体积分数)	—	3 次/d	1 次/d
		H_2S 含量/%(体积分数)	—	3 次/d	1 次/d

续表

序号	分析介质	分析项目	控制指标	分析频次	
				开车	正常
4	急冷水	pH 值	6~8	1 次/d	1 次/周
		透明度	—	1 次/d	1 次/周
5	尾气自急冷塔	H_2S 含量/(mmol/mol)	—	1 次/d	需要时
		H_2 含量/%(体积分数)	—	1 次/d	需要时
		CO_2、N_2 含量/%(体积分数)	—	1 次/d	需要时
		总硫含量/(mmol/mol)	—	1 次/d	需要时
6	贫胺液至尾气吸收塔	MDEA 浓度/%(质量分数)	25~50	需要时	1 次/d
		H_2S 含量/(g/L)	0.5	需要时	1 次/d
		CO_2 含量/(g/L)	3	需要时	1 次/d
		热稳定盐含量/%(质量分数)	1.5		
7	半富胺液出尾气吸收塔	H_2S 含量/(g/L)	—	需要时	1 次/d
		CO_2 含量/(g/L)	—		
		酸性气总量/(g/L)	—		
8	烟气	SO_2 含量/(mg/Nm^3)	≤400	需要时	1 次/周
		H_2S 含量/(mg/Nm^3)	未检出	需要时	1 次/周
		O_2 含量/%(体积分数)	2.0~3.5	需要时	1 次/周
		NO_x 含量/(mg/Nm^3)	100	需要时	1 次/周
9	高压饱和蒸汽	钠/(μg/kg)	≤15		1 次/2d
		二氧化硅/(μg/kg)	≤20		1 次/2d
		电导率(25℃)/(μS/cm)	≤0.3		1 次/2d
		铁/(μg/kg)	≤20		1 次/2d
		铜/(μg/kg)	≤5		1 次/2d
10	中压锅炉水	PO_4^{3-}/(mg/L)	5~15		1 次/d
		Cl^-/(mg/L)	≤4		1 次/d
		pH 值	9~11		1 次/d
		二氧化硅/(mg/L)	≤2		1 次/d
		电导率(25℃)/(μS/cm)	<150		1 次/d
11	中压过热蒸汽	钠/(μg/kg)	≤15		1 次/2d
		二氧化硅/(μg/kg)	≤20		1 次/2d
		电导率(25℃)/(μS/cm)	≤0.3		1 次/2d
		铁/(μg/kg)	≤20		1 次/2d
		铜/(μg/kg)	≤5		1 次/2d
12	低压饱和蒸汽	钠/(μg/kg)	≤15		1 次/2d
		二氧化硅/(μg/kg)	≤20		1 次/2d
		电导率(25℃)/(μS/cm)	≤0.3		1 次/2d
		铁/(μg/kg)	≤20		1 次/2d
		铜/(μg/kg)	≤5		1 次/2d

第五节 主要设备设施

尾气系统是硫黄回收装置进一步回收硫元素的配套生产系统，主要设备为焚烧炉、在线加氢炉、塔器、板式换热器、反应器。

一、焚烧炉

硫黄焚烧炉系尾气处理后，通过焚烧炉对残存尾气燃烧，将硫元素转化为SO_2形式，排放出去。焚烧炉也采用卧式结构，瓦斯作为燃料伴烧，保证焚烧效果的同时，利用热量提高中压蒸汽温度，新设计中则进一步利用了焚烧温度，设置了低压蒸汽发生器。

焚烧炉中同样采用衬里或者砖结构进行耐火处理，同时设置花墙，保护炉体和提高焚烧的效率和精度。焚烧炉的基本材质与制硫炉一致，整体温度低于制硫炉。

典型焚烧炉结构如图 5-5-1 所示。

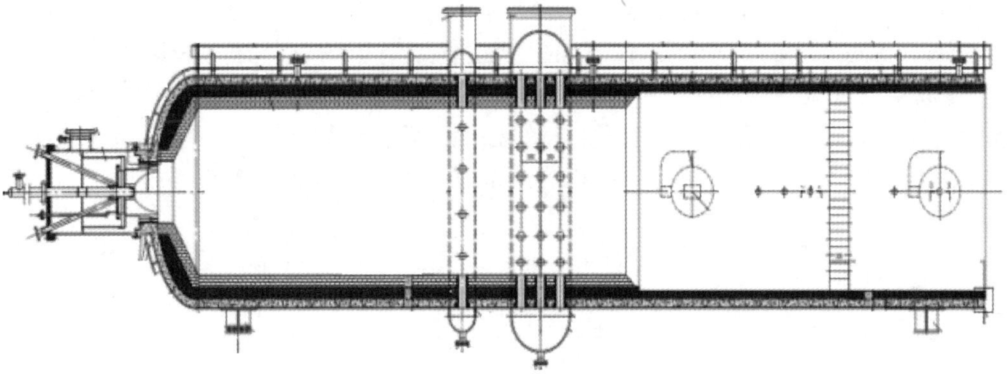

图 5-5-1　焚烧炉结构

二、在线加氢炉

硫黄尾气在尾气处理单元需要进行加氢处理，当工厂内没有外供H_2时，通常设置在线加氢炉，一是加热过程气体，二是产生加氢反应需要消耗的H_2。来自硫黄回收单元的 Claus 尾气进入在线加氢炉，与在线加氢炉燃烧器CH_4亚当量燃烧产生的还原性烟气混合，温度升至 250℃，然后进入加氢反应器，还原性烟气中含有反应所需的还原性气体(H_2+CO)。

在线加氢炉采用衬里或者砖结构进行耐火处理，在线加氢炉的基本材质与制硫炉一致，整体温度低于制硫炉。

典型在线加氢炉结构如图 5-5-2 所示。

三、塔器

尾气部分主要设置了急冷塔、吸收塔和再生塔，采用形式为填料和板式两种。根据设计的不同，吸收塔有板式塔设计，也有填料塔设计，一般再生塔采用板式塔形式，急冷塔采用填料塔形式。

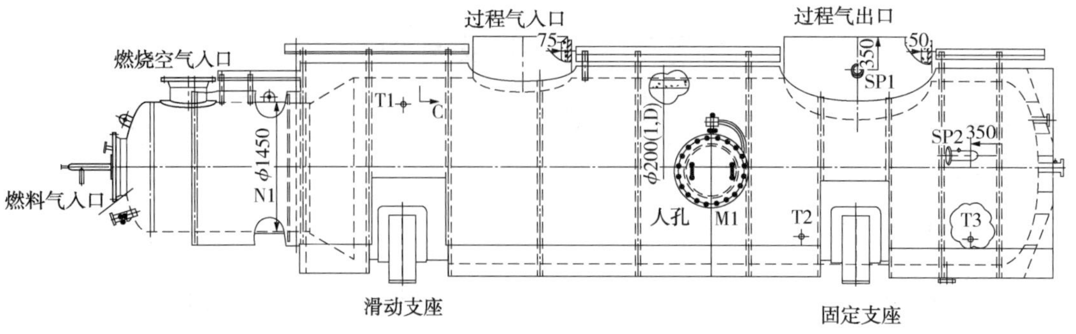

图 5-5-2　在线加氢炉结构(单位：mm)

1. 板式塔

板式塔为逐级接触式气液传质设备，它主要由圆柱形壳体、塔板、溢流堰、降液管及受液盘等部件构成。

操作时，塔内液体依靠重力作用，由上层塔板的降液管流到下层塔板的受液盘，然后横向流过塔板，从另一侧的降液管流至下一层塔板。溢流堰的作用是使塔板上保持一定厚度的液层。气体则在压力差的推动下，自下而上穿过各层塔板的气体通道(泡罩、筛孔或浮阀等)，分散成小股气流，鼓泡通过各层塔板的液层。在塔板上，气液两相密切接触，进行热量和质量的交换。在板式塔中，气液两相逐级接触，两相的组成沿塔高呈阶梯式变化，在正常操作下，液相为连续相，气相为分散相。典型板式塔通道型式如图 5-5-3 所示。

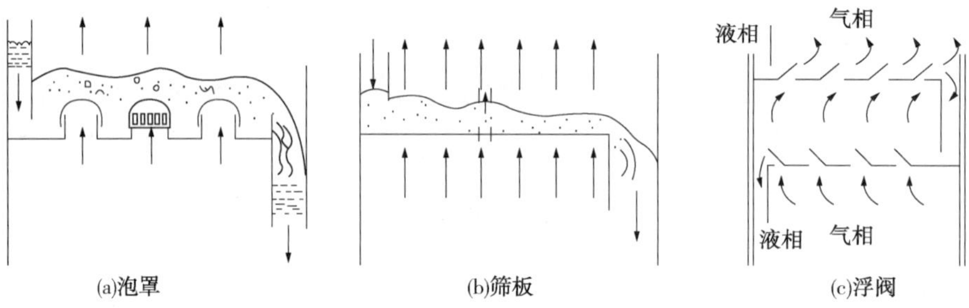

图 5-5-3　板式塔通道型式

一般而言，板式塔的空塔速度较高，因而生产能力较大，塔板效率稳定，操作弹性大，且造价低，检修、清洗方便，故工业上应用较为广泛。

2. 填料塔

填料塔由壳体及内件组成，填料塔的内件主要有填料支撑装置、填料压紧装置、液体分布装置、液体收集再分布装置等。填料塔是以塔内的填料作为气液两相间接触构件的传质设备。填料塔的塔身是一直立式圆筒，底部装有填料支撑板，填料以乱堆或整砌的方式放置在支撑板上。填料的上方安装填料压板，以防被上升气流吹动。液体从塔顶经液体分布器喷淋到填料上，并沿填料表面流下。气体从塔底送入，经气体分布装置(小直径塔一般不设气体分布装置)分布后，与液体呈逆流连续通过填料层的空隙，在填料表面上，气液两相密切接触进行传质。填料塔属于连续接触式气液传质设备，两相组成沿塔高连续变化，在正常操作状态下，气相为连续相，液相为分散相。

急冷塔存在湿 H_2S 的应力腐蚀，可以采用 Q245R 材料，国外工艺包有要求使用 Q345R(HIC)材料的，均需热处理。吸收塔由于 H_2S 被胺液吸收，腐蚀轻微，可以选用 Q245R 材料加热处理，也可选用奥氏体不锈钢或复合钢板；再生塔存在 H_2S、CO_2、胺液的应力腐蚀，材质选用超低碳奥氏体不锈钢或复合钢板。

四、板式换热器

板式换热器主要有板片式和板框式两种。在硫黄回收装置现场两种换热器同时使用，一般板片式换热器用在循环水冷却方面，板框式换热器用在其他介质换热方面。

1. 板片式换热器

板片式换热器是由一系列具有一定波纹形状的金属片叠装而成的一种高效换热器。各种板片之间形成薄矩形通道，通过板片进行热量交换。板片式换热器是液-液、液-气进行热交换的理想设备。它具有换热效率高、热损失小、结构紧凑轻巧、占地面积小、应用广泛、使用寿命长等特点。

2. 板框式换热器

板框式换热器表面光滑不易结垢。其独特的波纹设计使流体在较低的流速下也能产生湍流，传热效率高。整个板片束全部采用本体材料由氩弧焊焊接而成，不采用任何非金属密封材料，因而有较高的耐温、耐压性能。

五、反应器

尾气部分反应器为加氢反应器，是硫化物加氢转化为 H_2S 的场所。主要结构为反应器外壳、隔热衬里、内部格栅、丝网以及各个开孔，正常生产时内部填充加氢催化剂和瓷球。

反应器有高温硫腐蚀及 H_2S、SO_2 露点腐蚀，设备壳体材料选择 Q245R、整体热处理，内衬耐酸浇注料、外保温。内构件采用不锈钢材料，丝网采用 S31603 材料。

典型加氢反应器结构如图 5-5-4 所示。

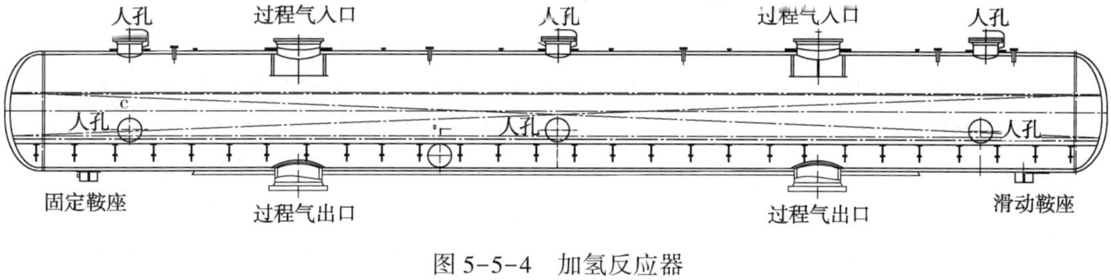

图 5-5-4　加氢反应器

第六节　溶剂系统化学清洗作业

吸收塔、再生塔及配套工艺管路在装入胺液前应进行彻底的化学清洗，清除设备、塔内件、管路等系统内存留的油、润滑脂和其他外部杂质，避免引起脱硫溶液在使用中发泡。化学清洗方式包括碱洗和低浓度脱硫溶液清洗，鉴于低浓度脱硫溶液清洗后废液处理难度大，故通常只开展碱洗。企业可结合自身废液处理能力确定是否进行低浓度脱硫溶液清洗。

一、清洗前具备条件

1）胺液系统水联运已完成。

2）经水联运后各机泵已可保证正常运行。

3）各容器化学排污管线及含油污水管线已冲洗完毕。

4）碱洗前排放含油污水及化学排放管线畅通。

5）低压蒸汽已引至再生塔重沸器。

6）循环水换热器冷却水预膜完毕，冷却水上水及回水阀关闭。

7）清洗药剂已运抵现场指定位置。

二、清洗步骤

溶剂系统化学清洗步骤包括水冲洗、碱液清洗、碱洗后水冲洗、低浓度脱硫溶液清洗。

（一）水冲洗

1）设备水冲洗。打开可进入容器的人孔，用消防水管彻底将脏物以及松动的水垢清除。消防水在用于清洁容器前必须冲洗干净。

2）管道水冲洗。拆除管路上孔板，堵住差压变送器，接入消防水进行管道冲洗。注意：不要安装胺过滤器以及胺后过滤器的过滤元件，不要填充贫液过滤器的炭床层。

3）设备冷循环。用蒸汽冷凝水或软化水充填胺系统，到再生塔的冷凝水可以利用胺液系统的各个排污阀用软管充装。胺液系统必须用氮气吹扫并充压到一定压力，能够将胺液排出。建立设备液位开始循环。在冷凝水填充并循环的过程中，利用高点排泄口将所有设备中的空气排出。注意：不要用锅炉排污水填充系统。锅炉排污水中的痕量化学物质会导致胺系统在后面的运行过程中起泡。另外锅炉排污水中的化学物质会使胺变质。蒸汽冷凝水和软化水在整个过程中可交互使用。

4）观察排出水外观，当外排冲洗水清澈、无明显杂质后停止循环，转入下一步骤。

（二）碱液清洗

1）通过再生塔再沸器的蒸汽流量来缓慢升高循环水的温度至大约60℃，将蒸汽流量设为自动控制。

2）用临时的混合罐（包括罐、混合器和转移泵）在冷凝水或软化水中溶解碳酸钾或碳酸钠，使溶液浓度达到要求的循环浓度即3%（质量分数）。胺液罐可以被用作临时混合罐。在这种情况下，水可以从系统中排放，混合过程可以通过胺池泵将混合液从胺池中泵出经过过滤器，通过排放管线再进入胺池来完成。

3）溶液被充分混合后，将临时混合罐或者胺池中的溶液通过临时的管道或软管转入胺系统。

4）持续将碱溶液在胺系统中循环最少8h并保持在60℃。每台泵大约运行2h然后切换泵。必要时清洁吸入口滤网。

5）使清洗液流过胺储罐和胺补充泵。使清洗液流过控制阀的旁通、过滤器以及其他的正常的非循环管线（即旁通管线和胺排放管线等），可通过手动方式进行。

6）经过大约5h的循环后，用软化水稀释溶液。当加入软化水后，将稀释后的溶液缓慢排入溶液排放罐。

7）将碱液自系统排出，排放至指定位置。

（三）碱洗后水冲洗

1）用冷凝水或者软化水重新充装胺液系统，至少循环 2h，排出清洗液至指定位置。

2）碱洗后应至少进行 4 次水冲洗。

3）在首次的漂洗水排出后，安装贫液过滤器和贫液后过滤器上的过滤精度为 50μm 的临时过滤器。不要在贫液过滤器的床层中装填活性炭填料。将漂洗液循环通过过滤器从而将系统中的微粒过滤掉，可根据通过过滤器的压力降来更换过滤器。注意：常规的过滤精度为 10μm 和 5μm 的过滤器也可在清洗过程中使用。在最终的漂洗前，将贫液过滤器和贫液后过滤器上的 50μm 过滤器更换成 10μm 的临时过滤器。

4）再次用软化漂洗水填充胺液系统。开始循环并将温度升至 70℃。在此方式下循环至少 5h。每台泵运行大约 2. 5h。

5）排净最后的漂洗液并用氮气吹扫系统，确认管线上所有的死弯都被吹扫到。

6）在进行下一步之前，取冲洗水样并检测碳酸盐的浓度。如果碳酸盐依然存在，重复漂洗过程直到检测不出碳酸盐。

（四）低浓度脱硫溶液清洗

1）用 3%（质量分数）的 MDEA 溶液填充胺液系统至正常工作液位。注意：用 3%（质量分数）的 MDEA 溶液冲洗将会在碳钢表面形成一层惰性膜。

2）再生塔底重沸器投入蒸汽，使 MDEA 溶液循环并将其温度升高至正常运行温度。

3）启动再生塔塔顶空冷器，将再生器回流罐液位设为液位控制，当有足够的液位时开启再生器回流泵。

4）使溶液在正常工作流程下循环 6h。必要时冲洗非循环管线。

5）停止循环并排净稀 MDEA 溶液。取样分析，如果 MDEA 溶液看上去非常脏，重复用 3%（质量分数）MDEA 溶液冲洗整个系统。与污染全部浓度的胺溶液的风险相比，用 3%（质量分数）溶液的好处是胺的损失是最低的。

6）降低系统压力，重新安装孔板以及差压变送器。控制阀和泵的过滤器必须拆除并与直接相连的管线一样进行清洗。

7）安装所有正常的过滤器元件，并用活性炭填充过滤器床层。所有的活性炭灰尘和微粒都必须从系统中清除掉。注意：正常情况下填充活性炭时要加入少量水以控制灰尘和微粒的产生。

8）在活性炭装填完毕后，容器必须用软化水或冷凝水充满并排放掉。此过程必须重复进行直至排出水中没有活性炭的粉末。清洗完成后，需用水浸泡。

9）在典型的首次填充活性炭的未经使用的床层中，活性炭缝隙的体积约占整个床层体积的 40%。运来的干燥活性炭的缝隙中含有空气。因此，活性炭在投入生产之前必须正确浸湿。如果不进行此步骤，这些缝隙中的空气在正常运行过程中将在活性炭颗粒之间的空间内产生一个很高的压力降，并在活性炭过滤器内造成沟槽现象。这些问题将导致污染物过早地穿透。在正常流量下操作时床层中的空气将不会消除。在活性炭装填完后，用水浸泡床层以除去携带的空气。

10）经过 24~72h 的水浸泡后，活性炭床层在投入正常运行前用干净的冷凝水进行反冲洗。

11）再次用正常生产浓度的脱硫溶液填充系统。将系统投入正常的工作状态下，准备重新建立循环。

第七节　加氢催化剂预硫化作业

新鲜的加氢催化剂通常以氧化态形式进行运输、储存，在装入反应器投入运行前需通过预硫化作业，将氧化态转化为硫化态，以恢复催化剂的反应活性。催化剂预硫化作业与加氢反应活性、稳定性、选择性等息息相关，是影响尾气加氢反应和有机硫转化效率的关键步骤之一。

一、预硫化作业步骤

1）启动蒸汽喷射器，建立氮气最大量循环(注意切除尾气吸收塔)。

2）投用急冷水循环系统，以降低循环系统温度。

3）点燃加氢炉，并尽快以亚当量燃烧条件调节燃烧工况，以减少过量氧进入反应器中下部硫化态催化剂床层(注意火焰颜色，防止结炭)。

4）以小于30℃/h的升温速度，将催化剂床层温度升至180~200℃。

5）确认催化剂床层出口气体中O_2含量不超过0.5%(体积分数)。

6）确定预硫化流程准备就绪，否则在没有H_2S存在的情况下，氧化态催化剂在200℃、H_2还原环境中，会造成催化剂活性的永久损失；同样，在没有H_2存在的情况下，催化剂长时间暴露在H_2S中也会造成催化剂活性的损失。

7）调整加氢炉配风比，控制急冷塔出口气体中H_2含量在3%(体积分数)以上。当催化剂床层温度达到180~200℃时，准备引入酸性气，酸性气流量控制范围宜为50~100Nm^3/h。

8）开始阶段，每小时检测一次反应器入口气体和出口气体H_2S浓度，任何时候反应器入口H_2S浓度都要在0.1%(体积分数)以上。

9）当H_2S穿透反应器后，并且出口的H_2S浓度达到了0.1%(体积分数)以上时，开始升温。由于床层底部为硫化态催化剂，H_2S穿透速度较首次开工时快。

10）以10℃/h的速度将加氢炉出口温度升至250℃后，停止升温。

11）当反应器最底部床层热电偶温度达到240℃后，继续以10℃/h的速度将加氢炉出口温度升至300℃。

12）维持加氢炉出口温度为300℃，直到催化剂床层的温度分布均匀，且催化剂床层最底部温度达到290℃，开始恒温。

13）在催化剂床层温度为300℃时，应至少恒温4h，且维持H_2浓度在3%(体积分数)以上。

14）分析反应器入口和出口H_2S浓度，直到入口和出口H_2S浓度相同，催化剂预硫化结束。

15）降低加氢炉出口温度至240℃，调整急冷塔出口气体中H_2浓度在3%(体积分数)左右，引进硫黄回收单元尾气。注意：预硫化结束后，如不能马上引进尾气，要持续注入少量酸性气，直到引进尾气。

二、预硫化过程记录

预硫化作业过程中，需严格监控过程温度、气体组分及相关运行参数，取样分析及数据录取频次具体如下：

1. 温度

1）反应器入口温度，1次/60min；

2）所有床层温度，1次/60min；

3）反应器出口温度，1次/60min。

2. 分析化验

1）开工之前和点加热炉之后反应器出口 O_2 含量，开工前取样分析一次，开工后取样分析频次为1h/次；

2）反应器入口 H_2S 含量，1次/60min；

3）反应器出口 H_2S 含量，1次/60min；

4）急冷塔出口气体 H_2 含量，1次/30min；

5）急冷水pH值，1次/30min。

3. 运行参数

1）预硫化酸性气流量；

2）加氢炉炉头压力；

3）急冷塔出口气体压力。

三、引尾气操作步骤

1）调整反应器入口温度至240℃。

2）调整加氢炉配风，避免加氢炉出口气体中有过剩的 O_2，并密切监测催化剂床层温度。

① 床层最高允许温升：50℃；

② 床层温升：15~30℃。

温升主要由以下因素引起，需密切关注相关运行参数：

① 尾气流量；

② 硫黄回收装置的尾气含有非常高的 SO_x，或燃料气造成的 SO_x 含量高；

③ 从加氢炉或硫黄回收装置出来的气体含过剩的 O_2。

3）尾气引进装置后，尾气吸收塔投入运行。

4）密切监视加氢炉火焰颜色。

四、注意事项

1）如若反应器内催化剂为氧化态和硫化态混装存在，床层温度较高时（>170℃），催化剂易发生还原反应，因此，硫化酸性气引入前，须严格控制床层温度在170℃以下。

2）在线加氢炉点火后，严格控制亚当量燃烧状态，避免过氧和积炭。

3）为了防止急冷塔 SO_2 穿透，严格控制反应炉的配风比和尾气处理部分的氢含量。

第八节　正常开工准备

一、尾气处理单元开工前条件确认

1）装置内场地是否清理干净，和开工无关的杂物、工具、脚手架、设备应予搬迁清除。

2）检查所有检维修项目、设计变更均已实施，完工验收，验收问题是否按要求进行整改。

3）检查工艺/仪表阀门的盘根、压盖，法兰的垫片、螺栓是否紧固。

4）检查设备内有无杂物，有无遗忘的工具，各设备人孔是否封闭。

5）检查设备附件是否齐全好用，安全阀、压力表、温度计、液位计等安全附件及连接件等有关配件是否齐全，安全阀定压是否符合标准。

6）检查确认各机泵盘车是否完成检修，设备是否清洁。

7）检查压力、流量、温度变送器是否已校核。

8）检查所有安全防护设备、消防设施、有毒、可燃气体检测仪是否按规定配备、安装及投用。

9）检查空气呼吸器是否正常备用。

10）检查现场安全标志及指示是否完好。

11）检查各仪表控制阀是否完成调试，正常投用。

12）检查装置照明是否完好，通信系统是否运行正常。

13）检查工业炉各烧嘴是否符合要求，点火枪、火检等设备安装是否符合要求。

14）检查装置边界盲板是否状态正确，公用介质是否正常引入。

15）工艺联锁和设备联锁已进行调试和确认。

16）通知各专业、相关车间及部门进行开工准备。

17）装置内安全附件运行正常，安全阀按检查表检查正常投用并加有铅封。

18）各服务站公用工程介质正常投用。

二、系统氮气置换

1）尾气处理系统检修完成后，按照装置盲板管理台账，逐项将尾气处理单元各点隔离盲板抽出，使用与法兰规格一致、材质满足需求的垫片将法兰复位。

2）投用硫黄回收单元至尾气处理单元切断阀后氮气流程，缓慢引氮气入尾气处理单元，进行尾气系统氮气置换，经尾气吸收塔顶部进入尾气焚烧炉，经烟囱排放至大气。

3）尾气吸收塔塔顶出口预留口使用检测仪或取样进行氧含量分析，氧含量小于 0.5%（体积分数）时，氮气置换结束。

4）置换合格后，关小尾气吸收塔至尾气焚烧炉工艺/仪表阀，打开急冷塔、尾气吸收塔塔底至急冷水泵、半富胺液泵入口阀，进行泵入口管线置换，经急冷水、半富胺液泵入口放空阀放空；引氮气入半富液泵最小循环线和出口管线，进行泵最小循环线和出口管线置换，经泵出口放空阀放空。

5）间断打开塔底排污阀门进行置换排放。

三、尾气处理单元系统气密

1）关闭 Claus 尾气入加氢在线燃烧器工艺/仪表阀，关闭尾气吸收塔出口过程气至尾气焚烧炉工艺/仪表阀。

2）投用急冷塔塔顶出口过程气入尾气焚烧炉压力控制阀流程，并对压力控制阀进行调试。

3）打开急冷塔至尾气吸收塔工艺/仪表切断阀。

4）打开气相循环线入加氢在线燃烧炉流程阀门。

5）关闭半富胺液泵入尾气吸收塔流程阀门。

6）使用低压氮气作为气密介质，气密压力为 1.5 倍设计压力；打开硫黄回收单元至尾气处理单元切断阀后氮气阀，缓慢进行尾气系统升压，通过尾气处理单元压力控制调节阀控制系统压力，利用中性发泡液对系统所有密封点检漏。

7）建立尾气吸收单元气密泄漏点统计台账，对气密泄漏点进行逐点处理。

8）气密合格后，通过压力控制流程控制尾气处理单元为正压保护状态，系统压力高于硫黄回收单元系统压力，防止空气进入系统内；需特别关注加氢反应器床层各点温升。

四、急冷水系统建立循环

1）导通急冷水循环流程，将急冷塔底部除盐水盲板倒为开位。

2）导通上水流程对急冷塔进行上水。

3）待急冷塔除盐水液位升至 80%，按照设备操作规程启运急冷水泵（装置首次开工或检修后首次启泵，需对急冷水泵进行试机）。

4）微开急冷水泵出口阀，控制急冷水循环调节阀/急冷水泵最小回流阀阀位 50%，对急冷水系统进行排气。

5）排气过程中急冷塔液位若低于 20%时，停急冷水泵，待急冷塔液位升至 80%后再进行排气。

6）排气完成后建立急冷水水洗循环，控制急冷塔液位到 50%左右后关闭除盐水流程。

7）循环 2~4h 后按操作规程停用急冷水泵，将系统内除盐水退至装置污水系统。

8）按照上述步骤重复上水、排气、循环，待急冷水系统内排出水质澄清、pH 值大于 6 时，系统水洗合格，重新建立急冷水循环。

第九节　开工操作

一、进料前条件确认

1）循环水、蒸汽、净化风、非净化风、氮气、燃料气、除盐水、新鲜水及除氧水引入尾气处理单元。

2）Claus 风机、尾气焚烧炉风机正常备用。

3）烘炉、烘器、煮炉完毕，催化剂装填完毕。

4）加氢在线燃烧炉及尾气焚烧炉点炉程序测试完毕。

5）各点蒸汽伴热效果良好。

6）加氢在线燃烧炉、尾气焚烧炉火焰检测器及各保护吹扫风阀正常。

7）工艺联锁和设备联锁状态正常。

8）各流量、温度、压力、液位仪表及控制阀正常投用。

9）盲板状态正确。

10）安全阀按工艺要求正常投用。

11）系统泄漏性试验、置换合格。

12）通信系统畅通。

13）安全卫生、消防设施、气防器材、有毒有害可燃气体报警、防雷防静电、电视监控系统处于完好备用状态。

14）按照规范、标准应设置的标识牌和警示标志到位。

二、建立加氢开工循环

1）确认酸性水汽提单元已达到热备，确认急冷水循环正常运行，确认加氢反应器后冷却器液位正常且放空流程打开。

2）尾气处理单元开停工抽射器暖管至球阀前伴热管线完成暖管，导通急冷水至酸性水汽提单元流程，打开急冷塔出口至加氢进料加热炉相关蝶阀，打开开停工抽射器进出口蝶阀，关闭开停工抽射器跨线阀。

3）确认硫黄回收单元至尾气处理单元气相流程工艺/仪表阀关闭，确认急冷塔至尾气吸收塔气相流程工艺/仪表阀关闭，确认开工循环管线流程投用畅通，关闭加氢单元开停工抽射器副线，投用加氢单元开停工抽射器气相进、出口流程，抽射器低压蒸汽管线完成暖管。

4）投用加氢反应器后冷却器管程下游排污至酸性水地下回收罐流程（或使用软管连接），导通硫黄回收单元尾气入加氢反应器前氮气流程。

5）调整氮气量，通过压力控制阀控制尾气处理单元系统压力为20～25kPa，根据开停工抽射器入口蝶阀手动控制抽射蒸汽量，建立加氢开工循环。

三、加氢炉点火及升温

1）确认加氢炉供风风机正常运行，检查Claus尾气入加氢炉阀门、Claus尾气入加氢炉切断阀、急冷塔入尾气吸收塔切断阀、尾气吸收塔气相出口切断阀关闭，急冷塔、尾气吸收塔塔顶及其他安全阀副线阀关闭，前后手阀打开并加铅封。加氢系统压力控制阀设定压力为20～25kPa，并投自动控制。

2）旁路燃料气低低流量、燃烧空气低低流量联锁，将加氢炉燃料气盲板倒为开位，打开进加氢炉切断阀，投用进加氢炉各氮气保护点。

3）控制急冷塔液位在正常范围，防止液位过高导致液体倒窜入加氢反应器后冷却器管束等次生事故发生。

4）对加氢反应器出口过程气采样，分析确认氧含量小于0.5%（体积分数）为合格。

5）按照点火程序依次复位、吹扫、点长明灯、点主火，内操同步调整燃料气量和风量，加氢炉达到正常燃烧状态，运行30min无异常后投用相关联锁。

6）加氢炉按照升温曲线并利用蒸汽抽射器循环来对加氢反应器升温操作：从环境温度

升至 180℃(升温速度不大于 25℃/h)。180℃恒温等待预硫化。

7)加氢反应器催化剂预硫化作业完成后，加氢炉出口及加氢反应器床层各点温度控制在 240~260℃，待尾气吸收塔胺液热循环建立后，尾气处理单元达到热备状态。

8)降低燃料气配风比，按照 8.5∶1 的配比进行配风调整，进行预产还原气体测试并联系仪表人员调试投用各在线仪表。

四、引 Claus 尾气至尾气处理单元

1)检查加氢反应器，床层温度控制在 240℃，尾气中 H_2浓度在 3%~5%(体积分数)，急冷水 pH 值在 7~9，尾气吸收塔液相温度控制在 40℃以下。

2)硫黄回收单元及脱硫单元生产平稳，Claus 尾气温度控制在 135~140℃，控制尾气中 H_2S/SO_2的值大于 4。

3)打开 Claus 尾气入加氢炉切断阀，确认流程畅通。

4)缓慢减小 Claus 尾气入焚烧炉控制阀的设定值，使旁路阀逐渐关闭；适当增大 Claus 尾气入加氢炉控制阀的输出，使尾气缓慢引入加氢炉，密切监控 Claus 反应炉炉头压力及急冷塔塔顶压力变化。

5)在引尾气入加氢炉过程中，Claus 尾气入焚烧炉控制阀的关小、Claus 尾气入加氢炉控制阀的开大要平稳进行，且要保持 Claus 尾气入加氢炉控制阀前后差压为正压，避免倒流。

6)急冷塔顶部加氢系统压力控制阀自动控制压力为 25kPa，当尾气缓慢引入加氢炉过程中急冷塔压力上升，加氢系统压力控制阀打开，尾气自动进入尾气焚烧炉焚烧。

7)继续增大 Claus 尾气入加氢进料炉控制阀的输出、减小 Claus 尾气入焚烧炉控制阀的输出，尾气流量达到较高负荷后，停用开停工抽射器，加氢炉并入尾气的过程中逐步投用减温蒸汽。

8)打开抽射器旁通阀，关闭进出口阀，切除抽射器低压蒸汽，打开现场疏水排凝阀。

9)使用低压氮气对开停工抽射器充氮气至 25kPa 后，打开开停工抽射器至火炬系统阀门进行泄压，当压力降为 0 后关闭入火炬系统阀门。重复此项操作 4 次，将开停工抽射器系统吹扫干净后停止氮气吹扫，关闭去火炬阀门，维持微正压氮气保护状态。

10)关闭开工循环管线入加氢炉阀门，使用氮气对开工循环线充压至 25kPa，缓慢打开开工循环管线入加氢炉阀门进行泄压，当压力降为 0 后关闭开工循环管线入加氢炉阀门。重复此项操作 4 次，将循环系统吹扫干净后停止氮气吹扫，关闭急冷塔顶部开工循环管线入加氢炉的两道阀门，维持开工循环管线氮气微正压保护状态。

11)对加氢预硫化管线进行置换，打开加氢预硫化管线靠加氢炉侧流程，打开 Claus 反应炉侧吹扫置换氮气阀，对预硫化管线进行吹扫 10min，吹扫完毕后关闭吹扫氮气阀及预硫化管线加氢炉侧手阀，预硫化管线"8"字盲板倒为盲位。

12)在尾气进行切换的过程中，要及时调节在线燃烧炉空气/燃料气比值，确保急冷塔出口 H_2浓度范围在 3%~5%(体积分数)，确保加氢反应器入口温度在 240℃左右。

13)当尾气全部进入加氢炉后及时调整操作，控制好反应器温度、还原气体浓度、急冷塔 pH 值、急冷塔出口气体温度在正确范围之内。

14）打开尾气吸收塔气相出口切断阀。

15）逐渐减小急冷塔出口加氢系统压力控制阀的输出，阀门逐渐关小的同时打开急冷塔入尾气吸收塔切断阀，将尾气全部引入尾气吸收塔，脱硫尾气经尾气吸收塔气相出口切断阀进入尾气焚烧炉焚烧，控制尾气吸收塔压力稳定后停用加氢系统压力控制流程。

16）及时调整焚烧炉燃料气及风气比，保证烟囱尾气氧含量在2%~3.5%(体积分数)，保证焚烧炉温度稳定。

17）通过尾气吸收塔顶部在线分析仪及化验数据及时调整贫液循环量在合适范围。

18）优化操作，及时调整，确保硫黄回收、尾气处理单元平稳运行。

第十节　停工操作

一、尾气处理单元停工前准备

1）待脱硫单元原料气切出系统后，在硫黄回收单元酸性气量逐步降低过程中，及时手动调整Claus反应炉配风，控制尾气中H_2S与SO_2的比值在工艺卡片范围内。注意，尾气氢含量维持在2.5%~3.5%(体积分数)。

2）现场确认Claus尾气入焚烧炉控制阀并正常投用，在DCS界面将Claus尾气出口调节阀改为手动状态，对Claus尾气入焚烧炉控制阀阀位进行小阀位动作测试，确认控制阀动作正常后恢复原阀位，在DCS观察回信到位情况。

3）尾气切出选择时机为进入Claus反应炉酸性气负荷下降至30%负荷，此负荷已无法维持尾气处理单元的稳定运行。

4）接到加氢单元停工指令后，调试Claus尾气入加氢进料加热炉控制阀，做加氢单元停工准备。

二、尾气处理单元停工操作

1）将Claus尾气入加氢炉/尾气焚烧炉的相关联锁摘除，手动操作Claus尾气入加氢炉控制阀，Claus尾气入焚烧炉控制阀打开50%后，Claus尾气入加氢炉控制阀开始关闭，直至Claus尾气入焚烧炉控制阀全部打开，Claus尾气入加氢炉控制阀全部关闭。

2）现场手动停加氢炉，关闭减温蒸汽调节阀、燃料气调节阀、燃烧空气调节阀，现场关闭各流程炉头工艺阀，打开现场减温蒸汽排凝阀，并将燃料气、减温蒸汽盲板倒为盲位，关闭加氢炉吹扫氮气切断阀。

3）现场关闭Claus尾气入加氢炉控制阀后工艺/仪表阀，停Claus尾气入焚烧炉控制阀入口侧氮气保护，Claus尾气入加氢炉控制阀入口侧给氮气保护，防止吹硫过程中的硫蒸气冷凝导致阀门积硫卡涩；投用Claus尾气入加氢炉控制阀后气动阀保护氮气，调整氮气吹扫量。

4）切出酸性水汽提塔塔顶汽提气至急冷塔气相流程，关闭靠酸性水汽提塔侧阀门。

5）通知停用在线仪表，氢含量分析仪、尾气吸收塔塔顶尾气分析仪及焚烧炉尾气分析仪停运。

三、投用开停工循环管线流程进行系统降温

1）投用尾气处理单元开工循环流程，进行加氢反应器降温，打开开停工抽射器进、出口阀门、急冷塔顶至加氢进料燃烧炉的开工循环管线隔断阀、加氢系统压力控制阀上游阀；关闭急冷塔至尾气吸收塔阀、急冷塔入尾气吸收塔切断阀，及尾气吸收塔出口阀、尾气吸收塔气相出口切断阀，确认开停工抽射器旁通阀为关位。

2）导通加氢单元开工循环管线流程，投用压力控制调节阀流程，设定加氢系统压力控制阀压力为25kPa，开停工抽射器入口蒸汽管线进行暖管，确认具备投用条件。

3）系统进行充压至25kPa，加氢系统压力控制阀自动控制系统压力，过量气体排至焚烧炉处理，注意压力设定值需高于Claus反应炉炉头压力，防止Claus反应炉尾气窜入加氢系统。

4）控制将Claus尾气入加氢进料加热炉切断阀后氮气阀流量，进行加氢系统氮气置换。

5）引蒸汽入开停工抽射器，启动开停工抽射器后，控制蒸汽流量，控制过程气循环量，反应器以不大于25℃/h的速度降温，急冷水系统正常运行。

6）将加氢反应器后冷却器管程出口侧底部排污阀后路流程改接临时胶皮管至酸性水地下罐，每2h开关一次排污阀，检查酸性水地下罐是否有液位上涨。反应器后冷却器管程内冷凝水排完后及时关闭排污阀。防止空气进入系统，造成系统内硫化亚铁自燃。

7）加氢反应器后冷却器蒸汽切出系统，打开加氢反应器后冷却器壳程放空阀，关闭蒸汽入汇管的管廊根部阀门，蒸汽改现场放空。控制加氢反应器后冷却器锅炉给水，保证加氢反应器后冷却器液位在正常范围内。

8）运行开停工抽射器，使循环气流内的H_2含量降到1%（体积分数）以下，循环气取样化验H_2S降至0.001%（体积分数），此过程中，对系统持续补充循环氮气，防止某一部分出现负压，而使空气漏入系统，造成系统内硫化亚铁自燃。

9）待加氢反应器最下层温度降至40~50℃范围后，停运开停工抽射器，关闭开停工抽射器进、出口阀及蒸汽管廊阀，打开排凝阀，排出抽射器及管道中残存的凝结水，防止凝结水进入加氢反应器后冷却器。

10）停空冷器风机，配电室切断电源。

四、停用开停工循环管线流程

1）开停工循环管线停运后，关闭循环管线各阀，使用氮气置换开停工抽射器内气相，置换气进入低压火炬管线放空。

2）使用氮气置换管线置换急冷塔出口至加氢进料加热炉入口开停工循环管线内气相，置换气通过加氢系统压力控制阀放空，置换完毕后关闭加氢系统压力控制阀手阀并停用控制阀。

3）加氢系统维持5~10kPa氮气正压保护，急冷水系统进行排液及置换，控制急冷水系统至酸性水汽提单元酸水量，待急冷塔液位下降至20%以下时停运急冷水泵，装置进入退液置换程序。

第十一节　溶剂系统除臭钝化作业

一、除臭钝化目的及方法

（一）除臭钝化目的

去除尾气处理溶剂系统中所有设备管线内的 H_2S、小分子硫醇、氨氮等有毒有害物质，防止人员中毒；去除设备管线内的硫化亚铁，消除硫化亚铁自燃风险。

（二）除臭钝化方法

H_2S 是一种弱酸性气体，硫化亚铁具有较强的活性和被螯合能力。使用专用除臭钝化药剂可对 H_2S、硫醇等进行有效的快速反应脱除，对硫化亚铁进行钝化作用，可以有效地消除 H_2S 中毒和硫化亚铁自燃风险，同时确保清洗过程对被清洗设备无腐蚀，对人体无害。

尾气处理溶剂系统物料退尽、水洗合格后，加入专用除臭钝化药剂，建立溶剂系统清洗循环，采用循环的方式除臭钝化，清洗后金属表面形成保护膜，设备内 H_2S 小于 0.001%（体积分数），硫化亚铁脱除率在 98%以上。

二、除臭钝化程序

（一）前期准备

1）水、电、汽、风等管线配接到位，除臭钝化药剂加注临时流程配接完成，满足加注除臭钝化药剂需求。

2）做好现场人员劳动防护，在清洗现场备好应急防护用品，设置安全保护措施。

3）尾气处理溶剂系统管网退液完成，水洗合格。

4）检查、确认清洗流程和隔离流程，以防清洗液跑、冒、窜。

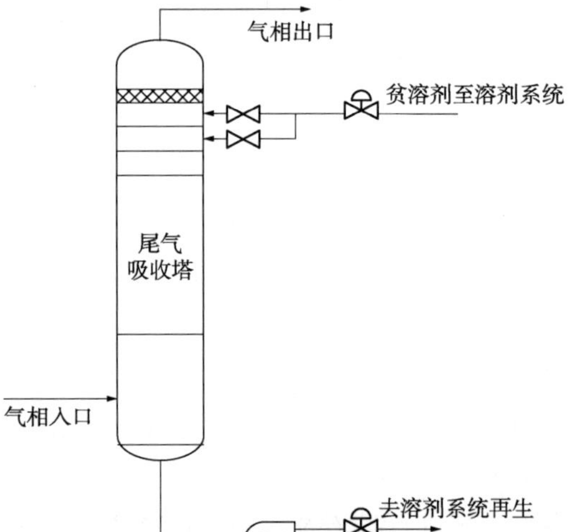

图 5-11-1　尾气处理溶剂系统典型流程

（二）建立清洗流程

尾气处理溶剂系统典型流程如图 5-11-1 所示，配制的除臭钝化药剂通过临时流程打入溶剂系统，由溶剂系统泵送至尾气处理系统尾气吸收塔，清洗后的药剂通过尾气吸收塔塔底泵被送至溶剂系统循环使用。

三、清洗质量检验

（一）清洗终点确定

在除臭钝化清洗过程中每小时采一次样，进行 pH 值、温度测定和比色试验。

通常循环清洗时间为 10～12h，当清洗液颜色由紫红变为暗红或土黄色（如果变化为无色，则硫化亚铁含量较高）、pH 值在 7～9 之间、清洗过程中温度变化 2～10℃（天气较冷温度变化不明显)时，除臭钝化清洗结束。

(二) 清洗质量检验标准

当清洗质量达到清洗终点要求，可认为清洗结束。设备人孔打开后，设备内部表面清洁无腐蚀，设备内部 H_2S 含量小于 0.001%(体积分数)，打开设备后暴露于空气中无硫化亚铁自燃现象，则表明清洗质量满足要求。

四、清洗废液处理

除臭钝化结束后，将系统清洗液排放，溶剂系统再次上水低液位(约为 30%)进行水洗。除臭钝化及水洗后排放的废液禁止随意排放，需交由专业废水处理公司处理。

第十二节　常见问题与对策

尾气处理系统在运行过程中，存在以下常见问题。

一、加氢反应器床层温度异常上升

1) 现象：加氢反应器床层温度快速上升。

2) 原因：

① Claus 尾气 H_2S 含量偏高。

② 加氢炉燃烧空气过量，造成硫化亚铁自燃。

3) 处理方法：

① 平稳操作 Claus 反应炉，严格控制 Claus 尾气 H_2S/SO_2 比值。

② 加氢炉按照燃料气和燃烧空气配比控制，确保欠氧燃烧。

二、急冷塔顶 H_2 含量异常下降

1) 现象：急冷塔顶 H_2 含量异常下降。

2) 原因：

① Claus 尾气中 SO_2 含量偏高。

② 加氢进料燃烧炉燃料气/空气比值不合适，还原气体不足。

3) 处理方法：

① 平稳 Claus 单元操作，严格控制 Claus 尾气 H_2S/SO_2 比值。

② 调整加氢进料燃烧炉的配风比，加强次氧化反应。

三、急冷水 pH 值异常下降

1) 现象：急冷水 pH 值异常下降。

2) 原因：

① Claus 尾气中 SO_2 含量偏高。

② 加氢进料燃烧炉燃料气/空气比值不合适，还原气体不足。

③ 加氢反应器入口温度低或催化剂活性下降，造成 SO_2 穿透。

3）处理方法：
① 平稳 Claus 单元操作，严格控制 Claus 尾气 H_2S/SO_2 比值。
② 调整加氢进料燃烧炉的配风比，加强次氧化反应。
③ 调整控制加氢反应器入口温度在正常范围。
④ 通过补充除盐水，增加急冷水换水量。
⑤ 启动注氨设施对急冷塔进行注氨，控制 pH 值为 7~9。

四、尾气焚烧炉出口烟气 SO_2 异常升高

1）现象：尾气焚烧炉出口烟气 SO_2 异常升高。
2）原因：
① 尾气吸收塔塔底泵异常停泵。
② 加氢炉异常停炉。
③ Claus 尾气中 SO_2 或 H_2S 含量偏高。
④ Claus 尾气至尾气焚烧炉阀门卡涩，造成漏量。
3）处理方法：
① 启动备用尾气吸收塔塔底泵。
② 重点加氢炉，将 Claus 尾气并入加氢单元运行。
③ 平稳 Claus 单元操作，严格控制 Claus 尾气 H_2S/SO_2 比值。
④ 检查 Claus 尾气至尾气焚烧炉阀门伴热，处理后将阀门关闭。

五、尾气焚烧炉出口烟气氮氧化物升高

1）现象：尾气焚烧炉出口烟气氮氧化物升高。
2）原因：
① 烟气氧含量偏高。
② 尾气焚烧炉燃烧空气一、二次风门开度不合适。
3）处理方法：
① 调整燃烧空气量，确保烟气氧含量在 2%~4%（体积分数）。
② 缓慢调整关小一次风门，同步开大二次风门。

六、加氢炉异常振动

1）现象：加氢炉炉头、炉体振动。
2）原因：
① Claus 液硫捕集器气相出口压力偏低。
② 加氢炉蒸汽量偏高。
③ Claus 风机压力偏高。
3）处理方法：
① 调整 Claus 液硫捕集器压力，使其高于加氢炉炉头压力。
② 按燃料气和蒸汽比例调整控制蒸汽流量。
③ 适当降低 Claus 风机出口压力。

第十三节 岗位风险辨识与防控

尾气处理系统正常运行过程中，岗位操作人员主要岗位活动包括巡检、监护、工艺流程操作、设备操作等，在岗位活动中存在 H_2S 中毒、NH_3 中毒、工业炉爆炸等风险。

一、H_2S 中毒

尾气处理系统属于涉 H_2S 区域，H_2S 含量远高于安全临界浓度。随着装置长周期运行，部分管线存在腐蚀减薄现象，一旦发生设备管线腐蚀穿孔泄漏，将会引起含硫过程气泄漏逸散，造成岗位人员中毒。

主要防控措施：

1）装置区现场设置固定式 H_2S 报警仪，定期校验，确保 24h 运行正常。操作人员发现固定式 H_2S 报警仪报警，应立即佩戴正压式空气呼吸器，建立呼吸后到现场确认并处置。

2）操作人员进入装置区域必须随身携带便携式 H_2S 报警仪，佩戴正压式空气呼吸器。

3）涉及 H_2S 介质采样时必须佩戴好空气呼吸器，建立呼吸。

4）生产过程中定期开展验漏工作。

5）涉及 H_2S 介质的设备设施在打开前需进行隔离、氮气置换，检测合格后方可开展打开作业；设备设施回装后，用氮气气密至合格后方可投用。

6）关键设备、关键管线部位安装腐蚀探针，对腐蚀情况进行定期监测。

二、NH_3中毒

尾气处理系统急冷塔塔底注氨装置在加注氨的过程中存在 NH_3泄漏中毒风险。

主要防控措施：

1）现场设置 NH_3报警仪。

2）注氨过程中佩戴正压式空气呼吸器，建立呼吸。

三、设备超压

当设备操作压力超过其设计压力时，可能造成设备超压损坏，引起有毒及可燃气体的泄漏，导致人员伤亡、火灾及爆炸的事故发生。

主要防控措施：

1）巡检和盯盘时严格按工艺卡片要求控制设备运行压力。

2）设备设施及管线上设置安全阀，并设置火炬放空系统，超压后通过安全阀泄压至火炬放空系统。

3）装置周围设置环形消防设施、火灾报警按钮等消防设施。

4）现场操作过程中采用防爆工器具。

四、工业炉爆炸

尾气处理装置设置有加氢进料反应炉和尾气焚烧炉，为了维持高温，需要利用大量的燃料气进行燃烧反应，在点炉过程中容易造成工业炉闪爆。

主要防控措施：

1）采用先进燃烧器，实现自动点火并设火焰监测系统和燃烧控制系统等用以监测操作运行状况和防止爆炸。

2）反应炉衬里采用多层复合炉衬结构，由耐火砖、隔热砖和浇筑料组成。

3）定期校验工业炉汽包本体安全阀，确保其处于投用状态。

4）严格执行工业炉点炉程序，禁止操作人员更改吹扫参数，保证惰性气体吹扫总量达标。

五、噪声污染

尾气处理系统产生连续噪声的设备有机泵、空冷器、工业炉、鼓风机等；间断噪声源主要有安全阀、调节阀、蒸汽放空等，岗位操作人员长期处于现场噪声环境，容易受到噪声损害。

主要防控措施：

1）在生产允许的条件下，尽可能选用低噪声设备。

2）鼓风机增加隔音罩措施。

3）蒸汽放空口、空气放空口、引风机入口加设消声器。

4）现场作业时佩戴耳塞。

六、烫伤

装置内工业炉、反应器等高温设备、管线，虽已采取保温隔热措施，但岗位操作人员也会受到一定程度的高温危害。高温介质(锅炉水等)意外泄漏或高温介质采样时冷却措施不当也会造成烫伤。

主要防范措施：

1）热源设备尽量露天布置，高温设备如工业炉、反应器等均设隔热保温层。

2）现场操作人员和作业人员应正确佩戴防烫手套等个人防护用品。

七、坠落及机械危害

在进行巡检、操作、检修、取样等现场工作时，有时需登高作业，如防护措施不当或个人违规操作，有发生机械伤害和坠落的危险。生产过程中使用转动的机械设备，例如泵、风机等，如操作不当有机械伤害的风险。

主要防范措施：

1）装置区的电机等转动设备设置防护罩等保护设施。

2）生产过程中需经常操作和检查的设备和部位，均设置操作平台、梯子和各种保护栏杆。

3）现场高处作业时应正确系挂安全带。

八、触电危害

用电设备若质量或安装不合格、安全保护装置不齐全、有缺陷或被腐蚀、环境不良、个体防护不当等，可能发生触电伤害。

主要防范措施：

1）应设计有公共接地系统，保证等电位连接。

2）电气设备应有可靠的保护接地，并配有绝缘棒、绝缘手套和绝缘垫等安全工具。

3）现场操作和作业人员须穿着绝缘工鞋、佩戴绝缘手套开展电气作业。

第六章　专用设施

第一节　胺液净化设备操作要点

胺液净化是降低胺液系统中热稳定盐和其他固体杂质含量以维持胺液系统洁净、减缓腐蚀、提升脱硫效率的有效途径。常规的胺液净化设施包括胺液过滤系统和胺液净化系统。来自系统的贫胺液经过三级过滤除去固体杂质及悬浮物后，进入由 PLC 自动控制的胺液净化设备除去热稳定盐后，再返回至贫胺液储罐中。胺液净化的过滤设备一般包括滤袋或金属丝网过滤器、活性炭等。净化设备一般包括浅层床离子交换成套技术或电渗析成套技术的撬装设备，碱液、含盐碱渣、净化废水回收等辅助系统设备。

一、胺液过滤设备操作法

1）检查滤袋过滤器或金属过滤器、活性炭过滤器密封是否完好，确认所有放空阀均已关闭。确认进出过滤器出入口阀门已打开，过滤器副线阀门打开。

2）打通贫胺液进出过滤器流程，入口采用流量控制阀，控制流量在 3~5t/h。

3）观察一级过滤器出入口压差表，逐渐关闭一级过滤器跨线阀，防止过滤器超压。依次逐渐关闭二级活性炭过滤器副线、三级过滤器副线。

4）控制各级过滤器压差不大于 200kPa，如大于 200kPa 时，将对应过滤器切出，采用除盐水冲洗置换后，更换滤袋或清理滤芯，或更换活性炭。

5）胺液过滤设备应保持长期投用，入口流量避免过高，防止过滤设备超压泄漏。

6）一级过滤器应选用 20μm 精度以内的滤袋，三级过滤器应选用 10μm 精度以内的滤袋。

7）胺液过滤设备如不能稳定运行，严禁胺液直接进入净化设备。

二、胺液净化设备操作法

（一）胺液净化的主要过程

胺液净化设备由保安过滤器(保护树脂)、树脂床、配碱系统、淋洗水系统以及 PLC 控制系统等组成。其中，胺液净化设备中的配碱系统，用于配制再生树脂所用碱液的同时，回收再生过程残留于树脂床的碱液，可减少碱液用量和废液的排放；设置淋洗水是为了进一步降低树脂床层和废水中胺和碱的含量，提高净化效率并减少污染物排放。设备的关键操作为胺液净化和树脂再生。整个过程由胺液净化、胺回收、树脂再生、碱回收、淋洗、配碱等步骤组成。净化过程由 PLC 程序控制，而且可根据实际情况对操作参数在触摸屏上进行适当修正和优化。净化设备简易工作流程示意如图 6-1-1 所示。

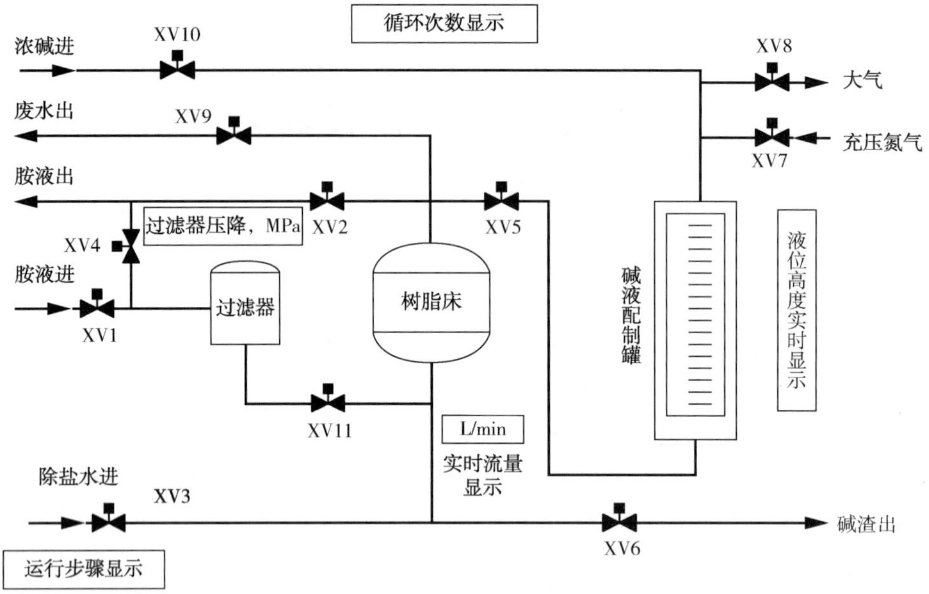

图 6-1-1　胺液净化设备工作流程示意

以图 6-1-1 所示装置流程为例，胺液净化过程如下。

1. 胺液净化

此时阀 XV1、阀 XV2、阀 XV11 打开，阀 XV4 关闭，胺液进入树脂床，PLC 系统设定累计流量为 300L 时结束该步骤。如胺液流量为 60L/min，净化时间约为 5min，该步骤结束后，阀 XV1、阀 XV2、阀 XV11 关闭，阀 XV4 打开，完成一个循环。系统暂停 2s 后自动进行下一个循环。

2. 胺液回收

净化结束后开始进行胺液回收步骤，即使除盐水进入树脂床，将胺液置换出来。PLC 系统设置累计流量为 60L，阀 XV3、阀 XV2 打开。如进水量为 60L/min，时间约为 1min，除盐水达到累计流量后，阀 XV2、阀 XV3 关闭，阀 XV4 胺液旁路保持打开状态，再进行下一个步骤。

3. 树脂再生

该步骤完成碱液对树脂床层的再生，即碱液从碱液配制罐到树脂床进行反冲洗，阀 XV7、阀 XV6、阀 XV5 打开。碱液配制罐液位实时变化，PLC 系统设置液位从 1300mm 下降到 100mm 时，再生停止。碱渣从阀 XV6 进入碱渣回收罐。该步骤结束后阀 XV7、阀 XV6、阀 XV5 关闭，阀 XV4 胺液旁路仍保持打开状态，再进行下一个步骤。

4. 碱液回收

碱液回收即完成树脂床层中的碱液回收，阀 XV3、阀 XV5、阀 XV8 打开，阀 XV8 进行泄压，除盐水冲洗树脂床及管线内碱液进入碱液配制罐，系统设置碱液配制罐实时液位从 100mm 上升到 1230mm 后，碱回收停止，完成后阀 XV3、阀 XV5、阀 XV8 关闭，阀 XV4 胺液旁路仍保持打开状态。

5. 淋洗+配碱

淋洗和配碱这两个过程独立进行，淋洗时阀 XV3、阀 XV9 打开，淋洗水排入淋洗水回收罐，系统设定累计流量为 120L 时结束该步骤。与此同时，阀 XV10 打开，浓碱进入碱液配制罐，配制浓度为5%（质量分数）的碱液，系统设置碱液配制罐液位上升到1300mm时停止该步骤。全部结束后阀XV3、阀XV9、阀XV10关闭，阀XV4胺液旁路仍保持打开状态，自动进行下一步。淋洗、配碱结束后，按步骤开始下个周期胺液净化，如此反复循环。

6. 胺液净化设备的报警说明

一般PLC系统报警用红色“警报”字样灯在控制面板上闪烁提示，用“调用”键可切换到报警显示页面，查看报警内容，可以根据内容提示做相应处理。PLC控制每个步骤的启停主要依靠流量或液位作为触发条件，但同时也设置了每步操作阀门的开启或关闭时间的上限，防止因介质压力不足或仪表故障导致程序失控。如果流量、液位条件没有触发，最后会采用时间条件触发，继续完成循环控制步骤或终止。报警有两种情况：一种是只有报警但不停运，一种是报警后急停。

只报警不停运的情况有：①净化步骤中胺液流量低；②净化步骤中胺液流量高；③注碱故障；④碱回收或淋洗时除盐水流量低。出现以上情况时净化设备仍然运转，此时需要先跟班长汇报，针对报警内容采取处理措施后，方可按下操作面板上的“报警确认”按钮，解除报警信号。

报警并会急停的情况有以下几种：①撬装设备入口过滤器堵塞压差高；②碱液配制罐液位低；③碱液配制罐液位高；④除盐水温度过高；⑤胺液温度过高。一旦出现报警急停时，设备将停止运行，胺液自动切换至设备的旁路上运行。此时必须将情况汇报当班班长和工艺员，针对报警内容采取相应处理措施，并确认问题已得到解决后，方可按下操作面板上的“报警确认”按钮，之后设备自动从停止时的步骤向下继续运行。

（二）胺液净化设备启停步骤

1. 确认公用工程条件满足

1）胺液进料温度小于50℃，压力大于1MPa（表），流量控制在3～5t/h，过滤设施已提前投用。

2）除盐水温度小于50℃，压力在0.5～0.7MPa（表），电导率小于20μs/cm。

3）仪表风、氮气系统已具备使用条件。

4）撬装设备已送电。

5）碱液已准备好，碱液质量浓度为25%～30%（质量分数），压力不小于0.4MPa（表）。

6）淋洗水回收罐流程已打通，可以回收淋洗水。

7）碱渣罐流程已打通，可以回收碱渣。

2. 设备启动操作

1）打开胺液进出撬装设备的出入口阀门。

2）旋转PLC控制面板上的开关按钮，转到自动挡后，再点击“运行”按钮，设备即进入自动运行。

3）撬装设备设有自动模式、运行模式1、运行模式2等功能选择。自动模式即每一轮循环结束暂停2h后，自动进行下一轮循环；运行模式1即每一轮结束暂停1h后，再自动进行下一轮循环；运行模式2即每一轮结束暂停24h后，再自动进行下一轮循环。用户可以根据实际胺液净化的需求选择运行模式。

3. 设备停机操作

1）正常情况下，胺液不需要再净化时，可以点击PLC控制面板上的“停止”按钮，设备在完成一轮循环后将自动停止运行，胺液进树脂床层的跨线阀门自动打开。

2）需要临时中断胺液净化时，可以点击 PLC 控制面板上的“紧急停车”按钮，净化设备会立即停止运行。

（三）胺液净化的操作注意事项

1. 设备的异常操作处置

1）过滤器压差高。原因有胺液杂质多、三级过滤器未正常运行、胺液流量过大等。处置措施有更换滤袋、投用三级过滤器、降低胺液流量等。

2）胺液流量低。原因有程控阀故障、胺液流程走旁路等。处置措施有检查程控阀执行机构有无异常，控制程序有无报警，胺液进出流程旁路阀门有无异常打开。

3）胺液温度高。原因有系统胺液温度高、伴热影响等。处置措施有增加贫胺液冷却水流量、关停伴热等。

4）碱液罐液位高或低。原因有碱液罐液位计卡涩、注碱或退碱阀门故障等。处置措施有维修液位计，检查注碱、退碱程控阀门和浓碱系统压力是否正常。

5）除盐水温度高。原因有除盐水供水温度高、伴热影响。处置措施有联系公用系统部门降低除盐水温度、关停伴热。

2. 设备的优化操作

1）胺液净化期间，在每轮循环的胺液回收环节中均有少量除盐水进入胺液系统，会导致胺液储罐液位逐渐升高，因此需要采取如再生塔顶酸性水外甩等措施保持整个胺液系统的液位平衡。

2）胺液净化期间，产生的淋洗水和碱渣的总量与胺液中热稳定盐的含量有关，但产生的速度与净化设备设置的运行模式有关，循环频次越高、间隔时间越短，产生废水和碱渣的速度就越快，需要及时外送废水和碱渣。

3）在净化环节，可以调整优化设置进胺液的累计量来改变净化的效果，一般而言，树脂床层的体积一定，离子交换能力一定，延长胺液在床层的停留时间可以提升净化效果。新鲜的树脂床层，净化的累计量可以设置得较高，但净化到后期，树脂床层效率下降，净化的累计量就应设置得更低。树脂床层最大处理能力为单次循环 500L 胺液（不同设备处理能力不一样，以此为例）。一般可根据胺液进料在 0~150L、150~300L、300~500L 三个阶段采样跟踪，观察一次循环下来胺液的热稳定盐变化，可看出单次循环的脱除率。若最后一次热稳定盐偏高（接近系统胺液的热稳定盐），则说明设置 500L 的负荷已经偏大，需要降低负荷，以提高单次脱除效率。

4）在胺回收和碱回收环节，可以优化调整除盐水的累计量。注意，增加除盐水的累计量，可以减少胺液损失，但也会增加废水和碱渣的排放总量。

第二节　酸性气火炬系统操作要点

酸性气火炬系统是炼油生产中重要的安全设施之一，它既是保证装置生产的安全设施，也是减少大气污染、改善周围环境的环保设施。酸性气火炬是对排放的酸性气进行燃烧处理的主要设施，酸性气来源主要为硫黄回收装置酸性气、胺液再生装置酸性气和酸性水汽提装置的含 NH_3 酸性气。

一、酸性气火炬系统组成

酸性气火炬系统包括气液分离罐、集液罐、酸性气水封罐、阻火器、点火系统、长明灯、火炬筒、温度检测仪表等。火炬筒是高架火炬的主体，它为整体钢架结构，火炬筒体直径一般在600~1000mm。火炬顶端有不锈钢火炬头，其上有保证炼油厂气充分燃烧的消烟设施、防止下火雨设施(分子密封器)、消声器以及蒸汽助燃设施。酸性气火炬系统结构形式为捆绑可拆卸式火炬，在一个火炬塔架上一般同时设置烃类火炬和酸性气火炬。酸性气火炬头为扩散燃烧型，设有长明灯。典型酸性气火炬头结构如图6-2-1所示。

流程为酸性气管网→酸性气气液分离罐→酸性气水封罐→火炬筒。

(一) 火炬助燃燃料气

酸性气火炬采用高压燃料气，主要供火炬长明灯、点火系统和酸性气火炬伴烧使用。

(二) 火炬调温蒸汽

火炬蒸汽系统由一条1.0MPa(表)蒸汽主管线供汽，蒸汽的主要作用是消烟和降低火炬头顶部的温度。当有放空气排放时，操作人员根据实际燃烧情况手动控制蒸汽调节阀的开度，蒸汽的用量以火炬头上恰好无黑烟冒出为宜。当火炬放空燃烧时，应密切注意蒸汽的匹配情况，切勿让火炬头在无蒸汽的情况下燃烧，同时也应注意节约蒸汽的用量。每个蒸汽调节阀均设有孔板旁路，用以维持一定量的保护蒸汽。巡检人员应定期打开蒸汽管线上的排凝阀，将蒸汽管线内的凝结水排空。

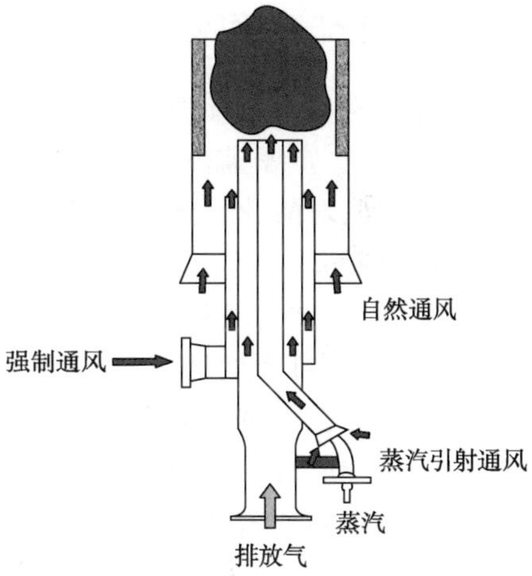

图6-2-1 酸性气火炬头结构

火炬燃烧后，一般视火炬的状况调节三路雾化蒸汽：外沿、内沿、助燃。采用DCS手动设置调节阀门的开度从而调节蒸汽量的大小，蒸汽量过大雾化效果好，但易吹灭火炬，蒸汽量过小易冒黑烟。

(三) 火炬密封氮气

酸性气火炬均在火炬头内部设有动态密封装置，密封介质为氮气。动态密封装置用以防止空气倒流入火炬筒体内。氮气吹扫作为防止回火的措施，设有常量吹扫和紧急吹扫两种方式。

常量吹扫氮气管道接至水封罐，作为火炬头动态密封气源。常量吹扫氮气采用固定流量控制，其管道上设有自力式调压阀和限流孔板，在日常操作中应注意氮气流量是否正常，现场巡检时应注意孔板前后氮气压力是否正常。

紧急吹扫氮气管道同样接至水封罐。紧急吹扫氮气采用自动控制，其管道上设有自动开关阀，在火炬气大量放空结束后自动对火炬气管道及火炬筒体内氮气吹扫20min，防止温度降低出现负压现象。

(四) 火炬点火装置

酸性气火炬设有两种点火方式，分别是DCS自动点火和手动点火。

DCS 自动点火装置为高空电点火系统，由高能点火发生器、高压电缆、抗蚀电极发弧装置及高空点火枪组成。高空点火枪安装在相对应的火炬头长明灯旁以便引燃长明灯，同时也可引燃自火炬头排出的火炬气，可在 DCS 操作系统中进行点火操作引燃火炬头上长明灯。

手动点火装置为地面内传焰点火系统，由管线、阀组、燃料气-空气混合器、点火控制箱、支撑框架等组成。点火发生器是将 220V 交流电置换成 2500V 直流电的一个装置，点火电嘴是在高压直流电的作用下产生电火花的装置。点火时打开空气阀和燃料气阀，仪表净化风和燃料气混合，在内传焰引火管内形成可燃性混合气体。按动点火按钮，在点火电嘴的端部产生电火花，引燃可燃性混合气，引燃后的火球在引火管内以爆燃形式被输送到要求点燃的长明灯上(可通过点火控制箱内的窥镜观察引火管内介质是否被点燃)。

二、运行与操作要点

1）要定期对水封罐进行检查，酸性气水封罐设有现场液位计、远传液位计以及现场水封罐溢流阀门，严密监控水封罐内水封高度，避免水封压力过低而失去水封作用。

2）应定期对酸性气分液罐进行检查，到达规定液位后及时联系相关人员开泵，将罐内污水排入含硫污水罐。

3）火炬点火时，应先将长明灯灯管下部脱水，火炬筒底部脱水，防止点燃火炬时，油水被瓦斯携至顶部而四处溅落。

4）冬季要认真对火炬系统进行检查，及时对水封罐、酸性气罐等加温、切水，确保火炬正常运行，切水时严禁将凝缩油排入下水系统，同时注意风向，防止 H_2S 中毒。

5）火炬凝缩油罐及酸性水罐液位每天巡检，液位超过满罐的 1/3 时，要立即联系倒油处理。

6）火炬点火系统必须处于完好状态，任何时候出现问题都应立即联系处理，不得拖延。

7）加强火炬长明灯检查，确保长明灯管线畅通；高瓦助燃、酸性气伴烧电磁阀在长时间未开启的情况下，每周试点火炬时一并开启试验一次。

8）对于火炬出现问题后的联系维修情况，岗位应做好记录，备查。按照要求，每年联系火炬维保厂家进行两次全面检查并进行维保，发现问题及时处理。

9）为火炬点火系统及计算机配备的 UPS 电源，每周必须试验一次，确保好用，当班人员做好试验记录。

10）若需外排酸性气，在接到通知后应第一时间开启高瓦助燃和酸性气伴烧电磁阀，同时视火炬燃烧情况调节雾化蒸汽并做好记录。

11）检查酸性气管线伴热管线情况，确保伴热管线情况良好。

第三节　在线炉操作要点

硫黄回收装置使用的在线炉主要用于加热过程气或尾气，使介质进入反应器前达到所要求的温度。其主要作用是通过燃料气在欠氧条件下的燃烧，产生热烟气与过程气或尾气混合从而进行加热。其中，在加热尾气时通常会调整燃料气与空气的燃烧配比，使之发生次化学反应产生还原气，因此也叫加氢炉。

在线炉(加氢炉)由燃烧器和炉体组成，燃烧器的结构、原理与反应炉类似，而且燃烧空气配比也是欠氧配风。但其不同于反应炉的地方在于其是通过空气与燃料气的欠氧配风来进行燃烧的，燃烧产生的热量与过程气或尾气混合进行加热。

一、主要操作要点

1）根据燃料气的组分、流量，按照欠氧原则控制好空气流量确保燃烧即能够产生足够的热量，同时又不积炭。

2）燃烧器需要有很强的混合燃烧能力，防止 O_2过剩。

3）操作过程中要注意燃料气的组分波动，如果波动较大，就会对在线炉的运行效果造成不利影响。

4）确保过程气或尾气的注入角度不会对燃烧器的火焰造成干扰，防止炉体产生异常噪声或振动。

二、烘炉操作

在线炉(加氢炉)的内衬多处由耐火保温材料构成，并大量采用了耐火耐磨浇注料、保温浇注料。这些内衬不可避免地存有游离水、结晶水等不同形态的水。在受热升温过程中，如果水分迅速蒸发，产生的压力容易使炉墙爆裂损坏，甚至可能造成大面积炉壁倒塌。如果烘炉初期升温过快或不均匀，也会由于热应力而使炉墙受到损坏。因此内衬材料的干燥(烘炉)是新施工后的在线炉启动运行前的一项重要工作，烘炉质量直接影响耐火耐磨内衬正常使用的寿命和在线炉运行的可靠性。烘炉要实现的目标是：

1）为避免水分快速蒸发而导致炉墙损坏，必须使耐火耐磨材料内的水分缓慢蒸发析出，而且材料得到充分的干燥。

2）干燥后，继续加热到一定温度，使耐火耐磨内衬材料充分固化，提高耐火耐磨层的高温强度和稳定性。

3）使耐火耐磨层缓慢、充分而又均匀地膨胀，避免耐火耐磨层由于热应力集中或耐火耐磨材料晶格转变时膨胀不均匀造成耐火耐磨层损坏等。总之，耐火耐磨内衬的干燥要点是缓慢和均匀地可控加热。

（一）烘炉准备和要求

1）正式操作的烘炉、烘器升温曲线须由设计单位、材料生产厂家、施工单位联合审查。

2）前期的蒸汽吹扫、水冲洗、空气吹扫、空气联运、水联运、试压和气密性试验，暴露了设备和管线存在的问题，这些问题应由安装单位处理，对于中间交接时遗留下来的尾项，在点火前应全部整改。

3）所有动设备经单机试运符合要求。

4）仪表齐全，现场控制阀灵活好用，仪表联校完毕。

5）装置安全联锁校验合格，联锁值设置确认科学合理。

6）装置自动开工程序调试合格。

7）炉子和反应器衬里自然干燥结束。

8）检查各烧嘴点火器的伸缩和点火情况良好。

9）急冷塔加水至正常液位。

10）装置的所有动火项目结束。

11）操作人员完成现场培训，掌握装置开停工、事故处理、正常调节及岗位操作。

12）确认装置达到烘炉、烘器要求。

13）装置烘炉烘器曲线上墙，岗位人员了解烘炉、烘器的要求和操作方法。

14）引燃料气前做好工作安全分析(JSA)，并经采样分析确认合格。

15）装置烟气 CEMS 表、VOCs 分析仪调试完成，达到备用状态。

（二）烧嘴点火

在线炉(加氢炉)内含有 H_2S、SO_2、燃料气等有毒有害、易燃易爆物质，且炉内有一定压力，因此在线炉安全点火是操作的关键。

人工点火难以控制吹扫时间、流量，危险性大，因此装置设计必须设置在线炉点火程序，达到能自动点火的要求，以确保装置实现全自动开工的目标。

炉内点火器有长明灯式和自动伸缩式两种，由于炉内的温度高(高于燃料气的自燃温度)，长明灯没有必要，且固定在炉内容易烧坏，故自动伸缩式应用更加广泛。

为了确保炉内可燃介质浓度在点火前低于爆炸下限，有以下点火要求：①可燃介质阀关严；②吹扫空气或氮气流量和时间足够。

点火注意事项：①点火枪如若无法打火，检查保险丝是否断开，高压变压器是否损坏；②点火枪点火时间控制在 5~10s，时间过长会损坏变压器；③点火时燃料气流量不宜过大，否则点火区会因缺少空气无法燃烧，燃料气最好设点火小流量管线，即燃料气小跨线；④点火后空气流量不宜过大，否则火会被吹灭。

（三）炉子升温干燥

在线炉烘炉主要分为三种类型，分别为工厂预烘炉(电烘)、首次烘炉、正式开工烘炉。工厂预烘炉(电烘)通常使用电加热设备，为了控制干燥过程，需要监测沿耐火衬里的烟气温度。首次烘炉是指在燃烧器、炉体施工完成后进行的操作，通常将燃料气燃烧到一定温度进行烘炉。正式开工烘炉则是在前一步骤完成后进行的升温，此过程的升温应控制其升温速度不超过 60℃/h，如果衬里材料进水，则必须重复此前步骤。

所有类型的烘炉操作都须严格按照升温曲线进行。

典型工厂预烘炉(电烘)曲线如图 6-3-1 所示。

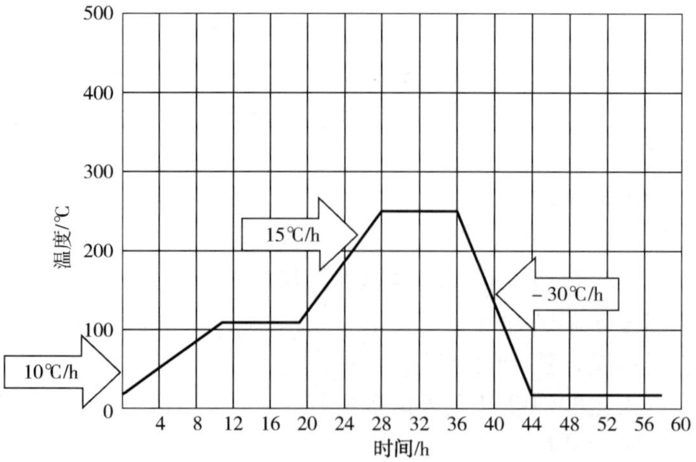

图 6-3-1　工厂预烘炉(电烘)曲线

首次烘炉作业时，应注意以下事项：

1）炉子点火操作必须按操作法进行，一次点火不成，必须按点火程序用足够的空气或氮气吹扫，防止点火时发生爆炸。

2）炉子点着后，确保安全联锁系统能在紧急情况下自动关闭空气和燃料气阀。

3）炉子和反应器升温必须严格按烘炉曲线操作，并在图上绘制实际升温曲线。

4）烘炉期间，外操按规定用测温枪监测炉子外壁温度，检测炉子位移情况，并做好记录。

5）烘炉起始阶段，炉膛安装使用低温热电偶，当该点温度达到500℃左右时，联系仪表更换高温热电偶。

6）为便于升温过程控制，减少瓦斯组分波动的影响，烘炉期间应尽量使用天然气。

（四）烘炉后检查

在线炉首次烘炉完成，待设备自然降温结束后，需要打开人孔对烘炉的结果进行检查，及时对裂缝、开裂、变形等情况做出修补，避免出现正式运行时炉体烧穿、仪表测量失灵等异常现象。烘炉之后的检查内容主要包括：

1）燃烧炉的火嘴是否烧坏、变形，喷火孔是否堵塞；

2）衬里是否有变形、裂纹、塌陷现象；

3）热电偶是否变形、烧坏；

4）点火枪是否烧坏。

在线炉内部检查内容主要包括：

1）直通段耐火材料顶部是否有塌落、缝隙；

2）喉口耐火材料的固定锚是否有损坏；

3）喉口耐火材料孔内是否有坍塌物、孔径有无变形；

4）喉口处是否有大的缝隙；

5）燃烧器和炉体连接法兰处的高温陶瓷纤维是否固定完好；

6）燃烧器整体直通段耐火材料的情况；

7）炉体耐火砖、浇注料是否有塌落、缝隙。

在线炉燃烧器喉口细节检查内容包括：

1）耐火锥耐火材料是否有脱落、裂纹，耐火锥的金属体是否有损坏；

2）金属气鼻的整体边缘是否因烧蚀变色，蜷曲、变形；

3）点火枪的头部与耐火锥面的距离是否合适，点火枪的头部枪筒及内部放电棒是否有烧蚀、损坏。

三、运行过程控制

（一）控制方案

对于以在线炉（加氢炉）加热作为过程气（尾气）再热方式的硫黄回收装置，工艺上通常有以下几点要求：

1）燃料气充分燃烧（没有 O_2 残余、积炭）；

2）控制配风比，产生还原气体（主要为 H_2、CO）；

3）燃烧器处理能力/调节比；

4）火焰稳定；

5）运行安全可靠，平稳。

（二）控制要求

1. 在线炉

按照生产工艺要求，使用在线炉加热过程气要进行燃料气化学计量反应燃烧，燃烧产生的高温燃烧气和过程气混合，以提高过程气温度，使进入反应器的过程气满足低温 Claus 反应温度要求。同时考虑到在线炉燃料气燃烧反应有比较严格的配风要求，如配风过多，即空气过量，多余的 O_2进入反应器，易使氧化铝基催化剂硫酸盐化而降低活性；如配风过少，燃料气燃烧不充分，会产生炭黑而使反应器床层积炭、压差增加，甚至使液硫碳含量增加，影响硫黄产品质量。

2. 加氢炉

除使用加氢炉加热尾气外，通常还利用其产生还原气，使进入反应器的尾气满足加氢反应器的还原要求，获得最大的单质硫和 SO_2的转化率。加氢炉的燃烧需维持空气和燃料气的不足配比，避免燃料气的超配比燃烧。燃料气的超配比燃烧会使加氢反应器中的催化剂和溶剂系统的脱硫溶剂失去活性，造成催化剂严重温升，还会引起急冷水系统的额外腐蚀，造成急冷塔硫堵塞。空气与燃料气按轻度不充分燃烧进行配比控制，在炉内形成还原环境，可以防止炉内输入富 H_2气体时存在 O_2。当加氢炉不输入含 H_2的气体时，这个配比应该更低，以在炉内形成一个还原环境。

（三）控制方案说明

为了满足上述控制要求，设计了扩展双比率交叉限位的控制方案。以某硫黄回收装置加氢炉扩展双比率交叉限位控制为例，如图 6-3-2 所示，加氢反应器入口温度（TIC4005A）的控制通过调节空气流量控制器（FIC4006）和燃料气流量控制器（FIC4007）的设定值来实现。该控制方案可以防止燃烧配比低于设定的低限值，或高于设定的高限值。

在交叉限位系统中，将所有控制器的控制运算量都转化为“空气需要量”来参与比较和运算。这个“空气需要量”表示按完全燃烧配比燃烧燃料气所需的空气量。燃料气控制器的单位是每小时燃烧单位质量燃料气所需空气量的质量。在加氢炉的入口燃料气线上通过测量燃料气体积流量及相同的温压补偿运算，可以得到尾气净化炉的燃料气质量流量。交叉限位方案的理想配比值（HIC4004）决定了燃料气控制器的设定值或空气流量控制器的设定值是单独变化还是两者同时变化。

当交叉限位系统检测到设定配比在最大配比值（HIC4005）和最小配比值（HIC4006）之间移动时，燃料气控制器和空气流量控制器的设定值同时变化，空气流量控制器的设定值按配比随燃料气控制器的设定值改变。交叉限位系统通过允许设定配比在最大配比值和最小配比值间变化，获得快速的控制动作。

当加氢反应器入口温度控制器（空气需要量）的输出下降到一个较低值时，交叉控制系统会限制燃料气控制器的设定值，使其不至于太低，以免燃料气流量设定值与空气流量实测值之比大于操作人员设定的最大配比值，该限制动作在高选块（FY4006C）中进行。同时，不允许空气流量控制器的设定值太低，以免空气流量设定值与燃料气流量实测值之比小于操作人员设定的最低配比值，该限制动作在高选块（FY4008E）中进行。

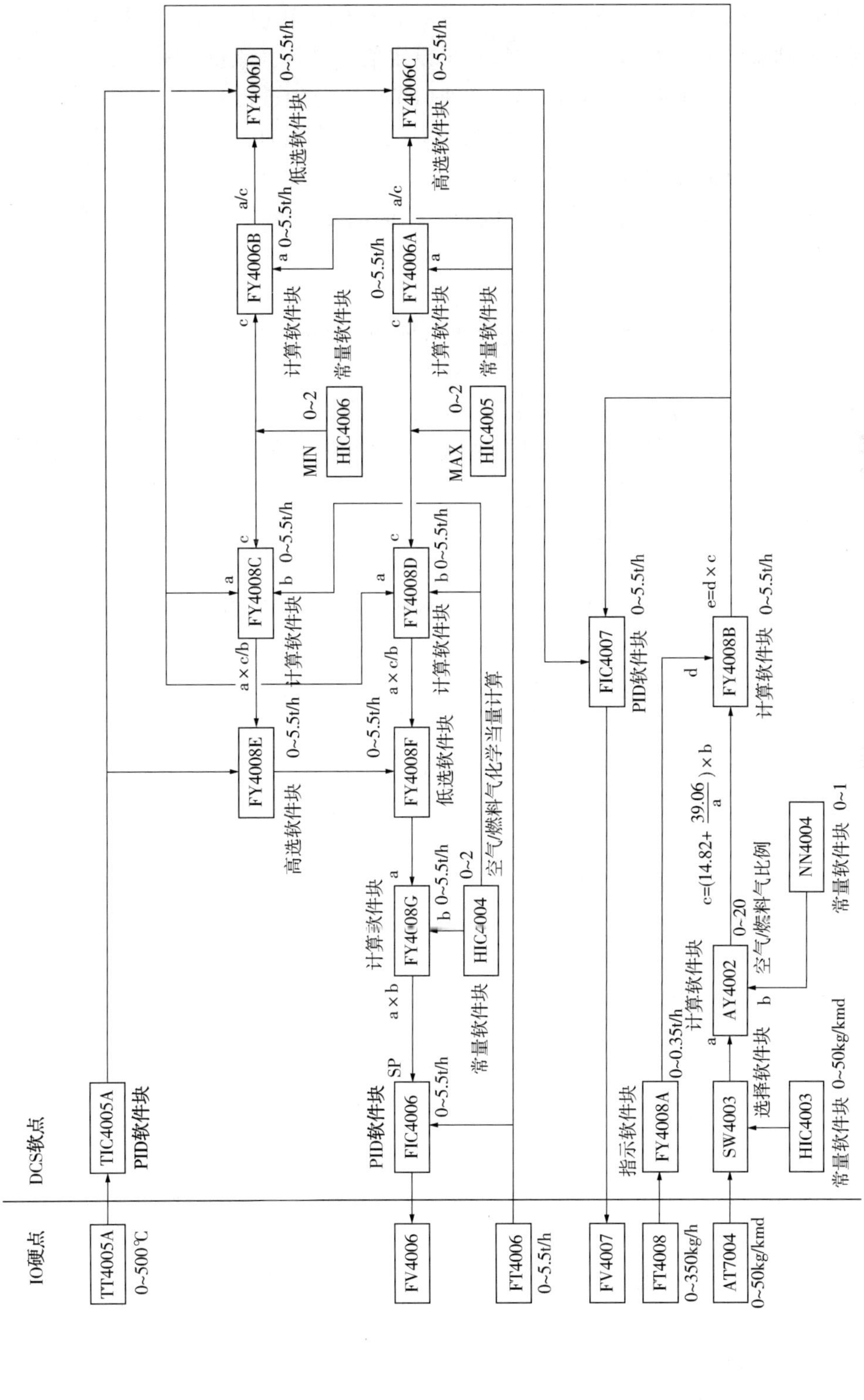

图6-3-2 加氢炉扩展双比率交叉限位控制原理

当加氢反应器入口温度控制器(空气需要量)输出上升到一个较高值时，交叉控制系统会限制燃料气控制器的设定值，使其不至于太高，以免燃料气流量设定值与空气流量实测值之比小于操作人员设定的最低配比值，该限制操作在低选软件块(FY4006D)中进行。同时，不允许空气流量控制器设定值太高，以免空气流量设定值与燃料气流量实测值之比大于操作人员设定的最高配比值，该限制动作在低选软件块(FY4008F)中进行。

当空气控制器或燃料气控制器的设定值被某一个选择器限制时，限制值会不断地变化以适应实际测量的空气流量值和所需的空气量。这样就构成一个动态系统，保持设定配比在操作人员设定的最大配比值和最小配比值之间移动，并稳定地向操作人员设定的理想配比值靠拢。

第四节　高温掺和阀操作要点

硫黄回收装置高温掺和阀是一种特殊阀门，作用是将从酸性气燃烧炉引出的高温热气流与来自硫冷却器的低温过程气进行混合，使过程气温度达到反应器的入口温度要求，满足反应需要。

一、结构特点

高温掺和阀依硫黄回收再热方式的不同分为内掺阀和外掺阀。内掺阀的调节是靠现场冷热掺和阀的开度来实现的，受硫冷气冷凝的影响。外掺阀是将高温烟气掺和到过程气中，启闭操作方法有现场手动和气动两种，一般手动开关选用开合螺母式手动机构；气动开关选用活塞式执行机构。

高温掺和阀的工作条件十分苛刻，阀芯处在高温环境及 H_2S、SO_2 等腐蚀介质中，降低阀芯的使用温度是关键。采用除氧水对阀芯进行冷却，可以确保阀芯在安全温度范围内。阀芯材料为高温特种合金，能耐高温。

典型高温掺和阀结构如图 6-4-1 所示。

二、操作要点

1）采用双作用气动执行机构的高温掺和阀操作方便、灵活、可靠，以净化风为动力，调节用输入电信号，使活塞上下活动，以实现阀门开启关闭目的。

2）当阀门定位器或供风系统发生故障时，不需其他辅助工具即可将转换操作手柄转到手动位置，进行手动操作，避免事故。

3）高温掺和阀投用前检查管线、阀门、法兰是否安装完好；各接口必须密封。

4）投运掺和阀时，打开冷却水对阀芯进行冷却，先引入硫冷凝器出口过程气，再引入高温热流气体。

5）当阀门定位器或供气系统发生故障时，转换操作手柄转到手动位置，打开汽缸上下室之间小球阀，即可进行手动操作，避免事故。

6）管路停风后，阀芯保持原位。

7）阀门投运期间不可关闭冷却水，停机更换阀芯时方可关闭冷却水。

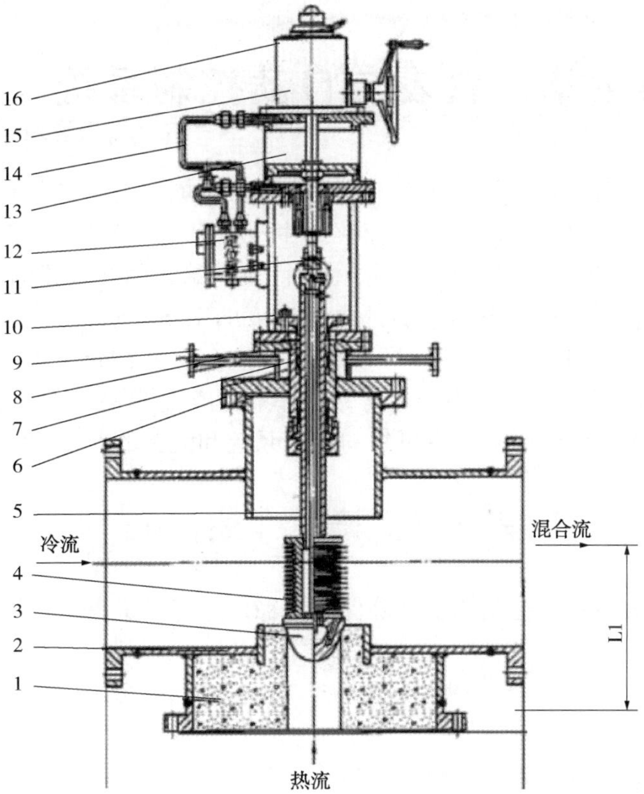

图 6-4-1　高温掺和阀结构图

1—保温隔热材料；2—阀体；3—阀芯；4—散热器；5—阀杆组件；6—中盖；7—蒸汽室；8—蒸汽管；9—填料；10—填料压盖；11—连接螺母；12—定位器；13—汽缸；14—气管；15—手动机构；16—手动气动切换手柄

8）因阀芯经常开启关闭，故应保持阀杆的润滑。

9）使用过程应经常保持清洁，传动件必须定期润滑。

第七章　仪表与自动控制系统

硫黄回收装置在整个炼油总流程中处于末端，主要处理炼油过程中产生的酸性气体。原料来源涉及装置多，流量和组成波动大，而硫黄的生成依靠 H_2S 化学反应，为了确保高的硫转化率，必须对参与反应的另一物料(O_2)按化学计量供给，因此装置的设计必须采用先进合理的控制方案。装置的原料、中间产物都含高浓度的 H_2S、SO_2、CS_2和 COS 等有毒有害物质，一旦泄漏，就会发生人身伤亡和环境污染事故；此外，介质含有燃料气、硫黄、H_2等易燃易爆物质，同时还有多台不同压力等级的蒸汽锅炉，装置运行危险性大。为了保证装置的安全运行，要求其设计必须具有可靠的控制系统和完善的安全联锁系统。

第一节　概　　述

硫黄回收装置的仪表与自动控制系统是确保装置稳定运行、提高生产效率、降低能耗以及保护环境的重要部分。

一、仪表系统

硫黄回收装置的仪表系统主要包括温度、压力、流量、液位等测量仪表，以及安全阀、调节阀等控制仪表。这些仪表对装置的运行状态进行实时监测，为操作人员提供必要的数据支持，以便及时调整工艺参数，确保装置安全、稳定运行。

二、自动控制系统

硫黄回收装置的自动控制系统是实现装置自动化运行的关键。该系统通常采用集散控制系统(DCS)、可编程逻辑控制器(PLC)、安全仪表系统(SIS)等技术，对装置进行全面、精确的监测和控制。自动控制系统的主要功能包括：

1）数据采集与处理。实时采集装置运行过程中的各种数据，进行处理并显示在操作界面上，为操作人员提供决策依据。

2）回路控制。对装置中的温度、压力、流量等关键参数进行闭环控制，通过调节阀等执行机构，使这些参数稳定在设定值范围内，确保装置运行平稳。

3）顺序控制。根据工艺流程的要求，对装置中的设备、阀门等执行机构进行顺序控制，确保装置按照设定的程序自动运行。

4）联锁保护。在装置出现异常情况时，自动控制系统能够及时触发联锁保护系统，切断危险源，保护设备和人员的安全。

5）报警与故障诊断。当装置出现故障或异常时，自动控制系统能够及时发出报警信号，并提供故障诊断信息，帮助操作人员快速定位并解决问题。

总的来说，硫黄回收装置仪表与自动控制系统是一种复杂、高效、安全的控制系统，能够提高硫黄回收装置的运行效率和安全性，降低能耗和环境污染。

第二节 常用测量仪表

一、概况

在石油加工过程中，为了有效地进行生产操作和优化控制，需要对工艺过程中的压力、流量、液位、温度、产品组成等基本工艺参数进行测量、调节，这些功能均通过仪表来实现。

硫黄回收装置常用的仪表从功能上可分为测量仪表、显示仪表、调节仪表、组成分析仪表等。硫黄回收测量仪表有在线分析仪表、温度测量仪表、压力测量仪表、流量测量仪表、液位测量仪表等。

二、主要仪表及其原理

（一）在线分析仪表

在线分析仪表又称过程分析仪表，是一类直接安装在工艺流程中，对物料的组成成分或物性参数进行自动连续分析的仪表。

1. 分类

在流程工业的过程分析中，在线分析仪表大致分为两类：一类是直接安装在流程工艺管线的在线分析仪表，仪器传感器直接安装在工艺管道或设备中，也称为原位式在线分析仪表；另一类是通过简单地取样预处理，将样品气体从工艺管线取出，送到安装在现场的过程分析仪表检测，也称为取样式在线分析仪表。取样式在线分析仪表通常配置简单的取样预处理装置，被称为分析仪表的取样预处理部件。

在线分析仪表按被测介质的相态，可分为气体分析仪和液体分析仪两大类。

在线分析仪表按测量成分或参数，可分为氢分析仪、氧分析仪、pH 值测定仪、电导率测定仪等。

在线分析仪表按测量方法，可分为光学分析仪、电化学分析仪、色谱分析仪、物性分析仪等。

在线气体分析仪表按照分析的原理，可分为以下几类。

1）光学式气体分析仪。主要包括红外线气体分析仪、紫外光谱气体分析仪、激光光谱气体分析仪、傅里叶变换红外光谱仪、化学发光气体分析仪、紫外荧光气体分析仪等。

2）顺磁式氧分析仪。主要包括热磁对流式氧分析仪、磁力机械式氧分析仪、磁压式氧分析仪。

3）热学式气体分析仪。主要包括热导式气体分析仪、热化学气体分析仪、催化燃烧式可燃气体分析仪、热值仪等。

4）电化学式气体分析仪。主要包括固体电解质氧化锆氧分析仪、燃料电池式氧分析仪、电解池式氧分析仪、定电位电解式有毒气体检测仪等。

5）在线气相色谱仪。工业色谱仪常用检测器分类有：热导检测器（TCD）、氢火焰检测器（FID）、火焰光度检测器（FPD）等。

6）在线质谱仪。主要分为四极质谱仪和磁质谱仪等。

7）其他专用在线气体分析仪。包括在线 H_2S 分析仪、总硫分析仪、在线总碳氢分析仪等。

2. 硫黄回收装置的应用

硫黄回收装置主要配置有 H_2 分析仪、H_2S/SO_2 比值分析仪、O_2 分析仪等，常用在线分析仪见表 7-2-1。

表 7-2-1 硫黄回收装置在线分析仪

序号	仪表名称	安装位置	主要功能
1	酸性气分析仪(色谱分析仪、激光分析仪、紫外分析仪)	Claus 反应炉酸性气进料管线	分析原料酸性气中 H_2S、CH_4 等的含量，用于 Claus 反应炉配风量的精准调整
2	H_2S/SO_2 比值分析仪（紫外分析仪、激光分析仪）	末级硫冷器过程气出口管线	分析末级硫冷器出口过程气中 H_2S、SO_2 的浓度，用于 Claus 反应炉配风量调整
3	H_2 分析仪(色谱分析仪、热导分析仪)	急冷塔塔顶出口气相管线	分析急冷塔塔顶出口过程气中 H_2 含量，用于调整在线加氢炉配风或外供 H_2 流量
4	pH 分析仪	急冷塔塔底出口急冷水管线	测定急冷塔塔底出口急冷水的 pH 值，用于调整 Claus 反应炉配风、在线加氢炉配风或外供 H_2 流量，以及 NH_3 的加入量
5	O_2 分析仪(氧化锆分析仪、激光分析仪、磁氧分析仪)	尾气焚烧炉外排烟气管线	分析尾气焚烧炉外排烟气 O_2 含量，用于调整尾气焚烧炉配风
6	CEMS 系统	尾气焚烧炉外排烟气管线	分析尾气焚烧炉外排烟气 SO_2、NO_x、VOCs 等含量，用于调整尾气焚烧炉配风及上游装置操作

（1）H_2S/SO_2 比值分析仪

在 Claus 和超级 Claus 硫黄回收工艺中，Claus 尾气中的 H_2S/SO_2 含量的比值控制直接影响整个 Claus 硫黄回收装置硫回收率。当前硫黄回收装置应用较多的 H_2S/SO_2 比值分析仪有以下公司产品：

1）美国 Ametek 公司 880NSL 型比值分析仪；

2）加拿大 Galvanic 公司 943-TGX 型比值分析仪；

3）美国 AAI 公司 TLG837 型比值分析仪；

4）中国聚光科技 OMA-3510 型比值分析仪。

880NSL 型比值分析仪采用一组多波长、无散射的紫外光光谱，它测量四路互不干涉的紫外光吸收率，其中三路分别测量 H_2S、SO_2 和硫蒸气浓度，第四路波长作为参比基准，以补偿和修正石英窗不干净、光强度和其他干扰对测量精度的影响。在该比值分析仪中，由氙灯发出一束紫外光，通过测量池后进入检测器，然后分析仪检测控制单元完成一系列检测和计算，输出 H_2S、SO_2 浓度和 H_2S 与 SO_2 的比值。Ametek 880NSL 型比值分析仪是由电脑控制箱、加热箱、光度计(包括标准组件的光学系统)组成的。这些部件都集成安装在公共基板上，整体直接安装在工艺管道上，样品气通过采样探针直接从工艺管道中提取，并通过同一采样探管返回工艺管道中，如图 7-2-1 所示。

880NSL 型比值分析仪工作过程：仪器直接安装在工艺管道上，采样探针插在工艺管道内，正常采样时，样品在抽吸器的引力下，经进样阀和除雾器到测量池，然后再由抽吸器经样品返回阀返回到工艺管道中。

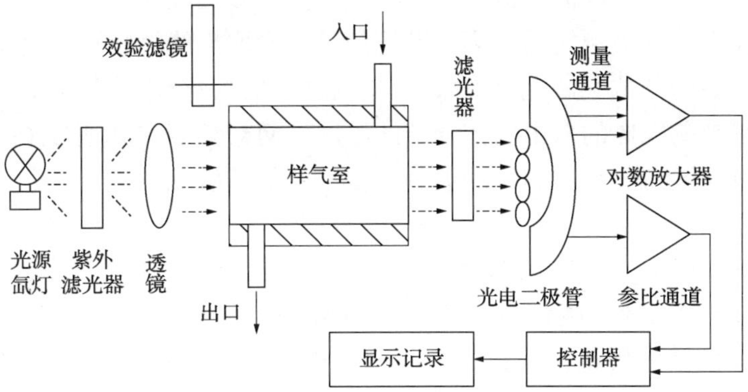

图 7-2-1　Ametek 880NSL 型比值分析仪分析原理

(2) H_2S 分析仪

在硫黄回收装置中，H_2S 分析仪通常用于分析酸性气中 H_2S 的浓度，主要安装在进硫黄回收装置酸性气总管上，能有效监控酸性气浓度，在一定程度上反映出酸性气组成上的变化，便于硫黄回收装置根据酸性气浓度变化及时进行工艺调整，提高了装置的运行稳定性和调节性能。

LaserGasTMⅡ SP 激光气体分析仪采用近红外光谱范围内的单线光谱技术(TDLAS)。工作原理是，安装在过程管道一侧的激光发射器发射出在近红外波段内的激光，并被安装在管道另一侧的激光接收器所接收。接收器接收到的激光强度与发射器发射的激光强度存在明显的不同。这个不同是由管道中存在的被检测气体对激光的吸收而产生的。大多数气体只吸收特定波长的光，产生吸收线即吸收光谱。不同气体吸收不同波长的近红外光，有不同的吸收线即吸收光谱不同。

NEO Monitors 公司的 LaserGasTMⅡSP 分析仪是一款专为危险场所设计的仪器，如图 7-2-2 所示。分析仪由发射单元和接收单元组成，相对安装在烟囱、管道、反应器或者抽取式系统中测量池两侧。发射单元发射出的激光穿过工艺气体，现场原位实时检测气体浓度的变化。LaserGasTMⅡSP 分析仪为快速、可靠的可调谐二极管激光光谱学分析设立了新的标准。激光器以毫秒为单位扫描吸收线。

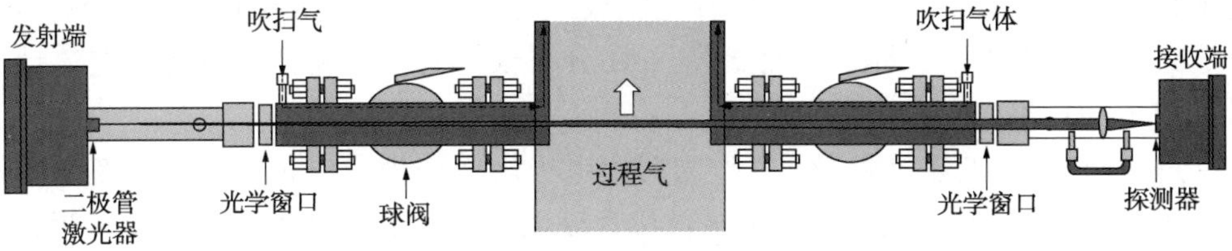

图 7-2-2　激光 H_2S 分析仪安装图

在压力和温度不变的条件下，激光强度的衰减与在光路中被测成分气体的浓度成比例。为了增强敏感性，采用了波长调制技术，即在被测成分气体吸收线的附近对所发射激光的波长进行调节，发射的激光成为波长在一定范围内连续变化的光波。被测气体的浓度与气体的吸收线的振幅是成比例的。还存在着另一种类型的干扰，就是来自气体分子的碰撞扩大了吸收线的宽度，激光气体分析仪能够自动补偿其他气体导致的吸收线变宽，补偿的方法是使用先进的数字滤波技术，从被测气体的第二谐波信号中提取出线宽信息。这使得激光气体分析仪对测量区域中存在的其他气体完全不敏感，也就是说，完全不受任何类似的干扰。激光气体分析仪测量的是被测气体的自由气体分子的浓度，而对绑定在其他分子上成为复合体的分子和附着在或溶解在微粒和小液滴中的被测气体分子是不敏感的。

（3）H_2分析仪

在硫黄回收装置中 H_2分析仪主要用于测量尾气净化单元加氢还原反应器后尾气氢含量，反映反应器内 SO_2和单质硫等硫化物加氢还原情况。

H_2分析仪采用色谱分析法，是将工艺品取出进行分离，然后再进行测量的方法，常用于工业流程的在线监测，自动循环分析不但可以实现自动化控制，而且可同时测量多种成分。过程气相色谱分析仪可用于分离和测量几乎所有的气体混合物，或可以汽化的液体混合物的成分。使样品分离后的单个组分以不同的速度经过检测器，然后连续地测量并输出数据。介质从进样到流出检测器的时间叫作保留时间，是介质的重要特性参数，色谱通过保留时间来识别不同的介质。通过检测器信号的强弱来测量介质的体积浓度。

（4）pH 分析仪

在硫黄回收装置中 pH 分析仪主要用于急冷塔急冷水、烟气脱硫单元循环碱液 pH 测量。

pH 值用来表征水溶液的酸度或碱度。水溶液的 pH 值由溶液中的 H^+和 OH^-浓度决定。pH 值是 H^+以 10 为底的对数的负数：$pH=-\log[H^+]$。pH 分析仪由三大核心部件构成：一个参比电极、一个玻璃电极和一个电流计。

参比电极：其基本功能是维持一个恒定的电位，作为测量各种偏离电位的对照。银-氧化银电极是目前 pH 分析仪中最常用的参比电极。

玻璃电极：玻璃电极对溶液内的氢离子敏感，其功能是建立一个对所测量溶液的氢离子活度发生变化作出反应的电位差。把对 pH 敏感的电极和参比电极放在同一溶液中，就组成一个原电池，该电池的电位是玻璃电极和参比电极电位的代数和。$E_{电池}=E_{参比}+E_{玻璃}$，如果温度恒定，这个电池的电位随待测溶液的 pH 值变化而变化，而测量因 pH 值波动产生的电位较为困难，因其电动势非常小，且电路的阻抗又非常大（1～100MΩ）；因此，必须把信号放大，使其足以推动标准毫伏表或毫安表。

电流计：用于测量整体电位，它能在电阻极大的电路中捕捉到微小的电位变化，并将这个变化通过电表表现出来。为了方便读数，pH 分析仪都有显示功能，就是将电流计的输出信号转换成了 pH 值读数。

pH 分析仪将待测液体氢离子活性作为两根电极之间产生的电位差，通过变送器得到传输信号，测量出 pH 值。成为基准的电极被称为玻璃电极，从外观来看与玻璃试管相似。但是前端为特殊玻璃制成的数十纳米的薄膜玻璃，有内部缓冲液和内部电极。内部电极与待测液体之间有玻璃薄膜，基本上是绝缘状态。另一端的电极称为比较电极（或参比电极），结构与玻璃电极类似，但前端有液接界，内部液体与待测液体通过缝隙接触。液接界形态多样，包括玻璃纤维形、小孔形、陶瓷形、套管形等，根据具体的用途进行选择。检测部分的阻抗由于隔着玻璃膜，阻抗大于 10MΩ，所以变送部分需要更高的阻抗，必须在 1GΩ 以上，放大器与电极之间也使用绝缘性高的导线和端子。测量液的氢离子活性会使玻璃电极的薄膜玻璃两侧之间产生电位差。玻璃电极的薄膜玻璃内侧电位经过内部缓冲液，通过内电极导出；而外侧电位经过待测液体-参比电极液接界-内部液体，通过参比电极的内部电极导出。两电极的内部电极与内部液体之间产生的电位，大体相互抵消，所以能测量薄膜玻璃两侧的电位。

（5）O_2分析仪

在硫黄回收装置中氧分析仪主要用于测量焚烧炉后部烟气氧含量，保证含硫尾气过氧全部燃烧。O_2 分析仪在原理上普遍采用激光分析或磁氧分析。

任何物质在外界磁场作用下都会被磁化，呈现出一定的磁特性。会被外磁场吸引的物质叫顺磁性物质，会被外磁场排斥的物质叫逆磁性物质。气体介质处于磁场中也会被磁化，而且根据气体的不同也分别表现出顺磁性或逆磁性。O_2、NO、NO_2 等是顺磁性气体；H_2、N_2、CO、CH_4 等是逆磁性气体。O_2 的体积磁化率为+146。

O_2体积磁化率远远高于其他常见气体，利用 O_2这一特性，设计了顺磁式 O_2 分析仪，有热磁对流式 O_2 分析仪、磁力机械式 O_2 分析仪、磁压力式 O_2 分析仪三种。

磁力机械式 O_2 分析仪工作原理：在一个密闭的气室中，装有两对不均匀磁场的磁极，它们磁强梯度正好相反，两个空心球（哑铃）置于两对磁极的间隙中，哑铃固定在弹性金属带上，可以设置为轴转动，中间装有一平面反射镜。当气室中氧含量为零时，光源发出光束，经镜子平均反射到两片光电池上，使光电组件输出为零。当含有 O_2时，沿磁强梯度方向形成氧分压差，使空心球带动镜子偏转，反射光随之偏移，两个光电池上的光量出现差值，光电组件输出与氧含量对应的毫伏电压信号。

磁氧分析仪优缺点：不受被测气体导热性变化、密度变化等影响，测量精度较高、测量误差低、灵敏度高，测量稳定性强。如果样品气体中存在强逆磁性组分，会引起较大的测量误差；对样品气体压力温度变化敏感，会对测量结果产生一些影响，测量时需要稳定样品气体的压力和温度；对振动敏感，磁氧分析仪安装位置需采取防振避振措施；对电磁干扰敏感，任何电气线路不允许穿过检测器等敏感单元。

激光氧含量在线分析仪的优缺点：不受背景气体的影响，对粉尘和视窗污染的耐受性更强，可以自动修正压力、温度变化对测量的影响，适用于恶劣工业环境，支持工业过程和气体排放的连续监测，测量精度高，响应速度快。高粉尘环境中，需要设置吹扫单元，对发射和接收单元的光学视窗进行吹扫，保持视窗清洁。

磁氧分析仪对预处理要求较高，特别是对样品气体压力、流量要求较高。而激光氧含量在线分析仪响应速度极快，对预处理要求很低，耐腐蚀、抗干扰性强，对样品气体压力和流量要求一般。总体来看，激光氧含量在线分析仪比磁氧分析仪的优势更大，并且激光氧含量在线分析仪可以完成更多工艺点的测量。

（6）CEMS 系统

CEMS（烟气排放连续监测系统）是硫黄回收装置重要的环保仪表，主要用于检测烟气脱硫单元烟囱出口烟气中 SO_2、NO_x、O_2、CO 等含量，颗粒物、粉尘的浓度以及湿度、温度、流量等参数。根据烟气中所需测量组分的不同，分析方法存在差异，各子系统不同组分测量方法见表 7-2-2。

表 7-2-2 CEMS 各子系统不同组分测量方法

序号	测量物质/参数	测量方法
1	SO_2	非分散紫外法
2	NO	非分散红外法
3	NO_2	非分散紫外法
4	O_2	点化学法
5	粉尘	激光散射法
6	流速	皮托管法
7	压力	隔离膜压力传感器
8	温度	铂电阻温度传感器
9	湿度	阻容法

CEMS 系统组成如图 7-2-3 所示，主要有：

1）颗粒物排入浓度监测子系统。

2）气态污染物排放浓度监测子系统（SO_2、NO_2、VOCs）。

3）烟气参数监测子系统（温度、流速、氧含量、湿度）。

4）数据采集与处理子系统（显示、存储、打印、传输）。

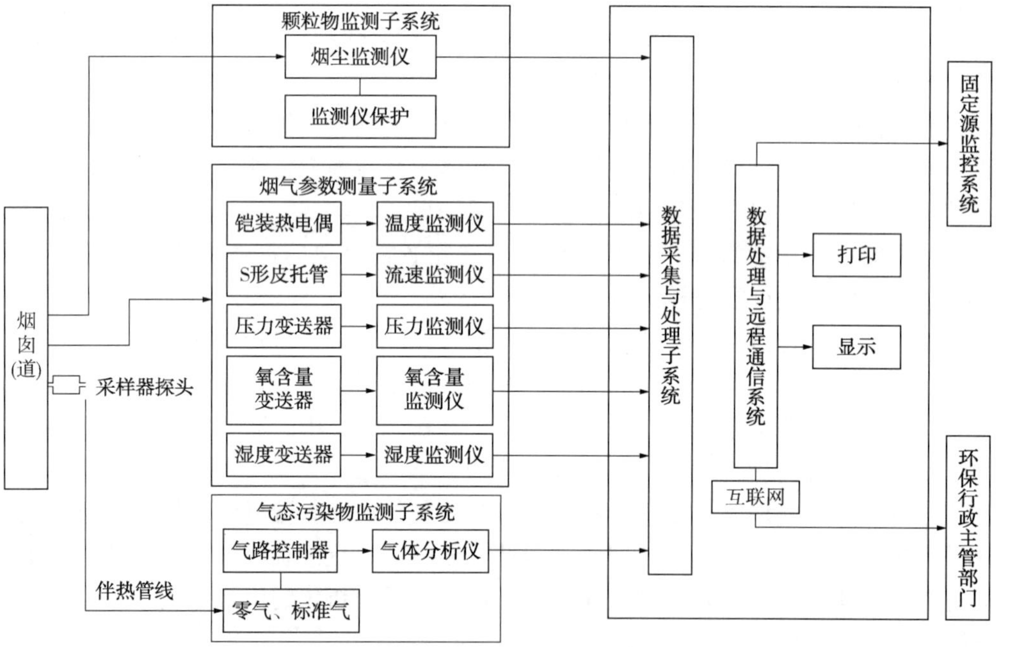

图 7-2-3 CEMS 系统组成

（7）VOCs 分析仪

VOCs 分析仪是硫黄回收装置重要的环境检测分析仪表，主要用于检测烟气脱硫单元烟囱出口烟气中非 CH_4 总烃含量。

检测环境空气和工业废气中的非 CH_4 总烃含量有许多方法，但多数国家采用气相色谱法。用双柱双氢火焰离子化检测器气相色谱法分别测出总烃和 CH_4 的含量，两者之差为非

CH_4总烃的含量。在规定的条件下所测得的非 CH_4总烃含量，是与气相色谱氢火焰离子化检测器有明显响应的除 CH_4外碳氢化合物总量(以碳计)。

火焰电离检测器(FID 法)工作原理：气体样本通过火焰后产生一个复杂的离子化过程，产生大量的离子。火焰喷嘴两端的高电压电极产生一个静电场，离子化产生的正负离子分别向正负电极移动，从而在两个电极之间产生电极电流。电流的强度和燃烧气体样本中烃的浓度是呈比例关系的，从而根据电流强度测出气体样本中烃的含量。

3. 在线气体分析系统组成及分析小屋

（1）在线气体分析系统组成

在线气体分析系统的基本组成按照取样式和非取样式分类。取样式分析系统的基本组成主要包括样品取样处理系统、在线分析仪表、数据采集处理传输以及分析小屋或分析柜等。

（2）取样及样品处理系统要求

1）取样系统：

① 由取样点取出的试样应有代表性，当通过取样系统后不应引起组分和含量的变化。

② 取样口应设置在维护人员易接近之处，并应兼顾到试样的温度、压力和滞后时间；取样口不应设置在流体呈层流的低流速区及节流件下游的涡流区和死角。

③ 气体试样应避免液体混入，液体试样应避免夹带气体。当工艺管线管壁易附着脏物时，应将取样探头插入管线中心(1/3~1/2)；当试样中有固体颗粒时，应在取样处安装过滤器，并备有反吹接口。

④ 根据取样的工艺状况，取样系统应具备相应的减压稳流、冷凝液排放、超压放空、负压抽吸、故障报警或耐高温等功能。

⑤ 在取样过程中如出现凝结物时，应采取保温伴热措施，但应避免过热引起试样组成变化。

2）取样及样品处理系统要求：

① 取样管路应尽量短，使滞后时间最短，样品输送系统的滞后时间不宜大于 60s，取样管管径宜为 $DN6 \sim DN15$。

② 取样管材质宜采用不锈钢，当试样中含有可腐蚀不锈钢的组分时，可采用聚乙烯、聚四氟乙烯等其他合适的材质。

③ 预处理装置：

a）预处理装置一般包括样品净化、汽化、稳压稳流、恒温等部分，应根据待分析试样组分、温度、压力等具体的条件和分析仪表的技术要求确定；

b）预处理装置应靠近分析取样点设置，并由分析仪制造厂成套配置；

c）试样通过预处理装置后，应符合分析仪表检测器对试样的技术要求；

d）经过预处理装置后的试样，其待测组分的浓度应不受影响。

3）在线分析小屋：

在线分析仪安装在现场，因而需要不同程度的气候和环境保护，以确保仪表的使用性能并利于维护。在线分析仪表相对集中且都处于爆炸危险区域，应考虑采用分析小屋，它为需要高等级防护、用途重要且需要经常维护的分析仪提供了一个可控制的操作和维护环境，并可降低因长期维护产生的费用。

分析小屋配置要求：

a）结构形式：钢焊接框架式结构，一般净深为 2500mm，高度为 3000mm，小屋内部净高不低于 2700mm，小屋门的数量根据长度确定，≤4m 设一个门，>4m 设两个门，门为外开单扇形，带有推杆式逃生锁。

b）空调通风系统：配置防爆冷暖变频空调或空气调节系统，在环境极限温度下室内温度保持在 22℃±2.5℃。此外，分析小屋还应配置两台排风扇，保证小屋每小时至少 6 次的换气频次。

c）配管：包括样品管线，快速回路管线，公用工程管线(蒸汽、仪表风、工业氮、冷却水等)。

d）配线：仪表信号、供电(照明、空调、采样泵等供电使用 GPS、仪表供电用 UPS)、接地等。

e）安全报警系统：小屋根据安全要求配置可燃气体、H_2、O_2、有毒气体报警仪。

正常工作时，分析小屋内风机连续运转，保证每小时 6 次的换气频次。当分析屋内任一检测器达到预报警限时，室内预警灯、室外警灯、警笛工作，并输出信号到 DCS；直到信号达到预报警限以下，待操作人员确认后，方能停止。

f）照明系统：配有防爆荧光灯，其中一个为应急灯，保证小屋内的照度不低于 300lx，预处理箱和接线箱侧分别设置照明灯。

g）载气和标气：小屋内有色谱分析仪，需配置载气系统。

（二）温度测量仪表

温度是表征物体冷热程度的物理量，是工业生产和科学实验中最普遍、最重要的参数之一。物体的许多物理现象和化学性质都与温度有关，而且许多生产过程均是在一定的温度范围内进行的。因此，温度的测量是保证生产正常进行、确保产品质量合格和安全生产的前提。

不同的测温仪表有不同的测温原理，见表 7-2-3。

表 7-2-3　不同测温仪表的测温原理

测量方式	仪表名称	测温原理	精度范围/℃	特点
接触式	双金属温度计	金属热膨胀变形量随温度变化	1~2.5	结构简单、读数方便，但精度差、不能远传
	压力式温度计	气体、液体在定容下压力随温度变化	1~2.5	结构简单、精度差、能远传，但受环境温度影响大
	玻璃管温度计	液体热膨胀体积量随温度变化	0.1~2.5	结构简单、精度高，但读数不便、不能远传
	热电阻温度计	金属或半导体电阻随温度变化	0.5~3.0	精度高、能远传，但需外加电源
	热电偶温度计	热电效应	0.5~1.0	测温范围大、精度高、能远传，但低温精度差
非接触式	光学温度计	物体单色辐射强度及亮度随温度变化	1~1.5	结构简单、携带方便，反射辐射会引起测量误差
	辐射温度计	物体辐射随温度变化	1.5	结构简单、稳定性好，但易产生测量误差

硫黄回收装置常用的测温仪表为热电偶温度计和双金属温度计，特殊测温仪表为红外温度测量系统及火焰检测仪。其中双金属温度计主要用于塔和容器，换热器、冷却器的附属管线上，属现场检测仪表。

热电偶温度计是以热电效应为基础，将温度变化转换为热电势变化进行温度测量的仪表，是目前应用最为广泛的温度传感器。

在生产中常用来测量炉壁温度、换热器出入口温度的红外线温度计属于辐射温度计。使用红外线温度计时要注意金属外表面对温度计测量精度的影响。

1. 热电偶温度计

硫黄回收单元反应炉内压力低[<0.04MPa(表)]，但炉内温度高(1200~1450℃)，含有高浓度的 H_2S 气体，对热电偶保护套管的耐温耐腐蚀要求较高，套管材料不适、制作质量差会导致套管开裂或泄漏，轻则导致温度测点无法使用，重则 H_2S 气体外漏，危及现场人员安全。

热电偶的基本工作原理是，当有两种不同的导体或半导体 A 和 B 组成一个回路，其两端相互连接时，只要两接点处的温度不同，一端温度为 T，称为工作端或热端，另一端温度为 T_0，称为自由端(也称参考端)或冷端，回路中将产生一个电动势，该电动势的方向和大小与导体的材料及两接点的温度有关。这种现象称为热电效应，两种导体组成的回路称为热电偶，这两种导体称为热电极，产生的电动势则称为热电动势。热电动势由两部分电动势组成：一部分是两种导体的接触电动势，另一部分是单一导体的温差电动势。热电偶回路中热电动势的大小，只与组成热电偶的导体材料和两接点的温度有关，而与热电偶的形状尺寸无关。当热电偶两电极材料固定后，热电动势便是两接点温度 T 和 T_0 的函数差。我国有 S、B、E、K、R、J、T 七种标准热电偶，见表 7-2-4。

表 7-2-4　标准热电偶产品分类

类型/极性	分度号	使用测温范围/℃
铂铑 30(+)-铂铑(-)	B	600~1700
铂铑 13(+)-铂(-)	R	0~1600
铂铑 10(+)-铂(-)	S	0~1600
镍铬(+)-铜镍(-)	E	-200~900
铁(+)-铜镍(-)	J	-40~750
镍铬(+)-镍硅(-)	K	-200~1200
铜(+)-铜镍(-)	T	-200~350

硫黄回收装置中常用 K 型、B 型热电偶，B 型热电偶具有准确度高、测温上限高、不需用补偿导线进行补偿等优点；但不足之处是热电势率较小，选用的贵金属材料比较昂贵。K 型热电偶一般用在低温段。

2. 双金属温度计

双金属温度计的工作原理：根据两种金属片受热后膨胀系数不同，从而产生膨胀差，使固定在双金属片末端的指针发生偏转，在表盘上指示出相应的温度。双金属温度计可用来直接测量气体、液体和蒸汽的温度，具有易读数、坚固和耐振等优点。双金属温度计结构示意

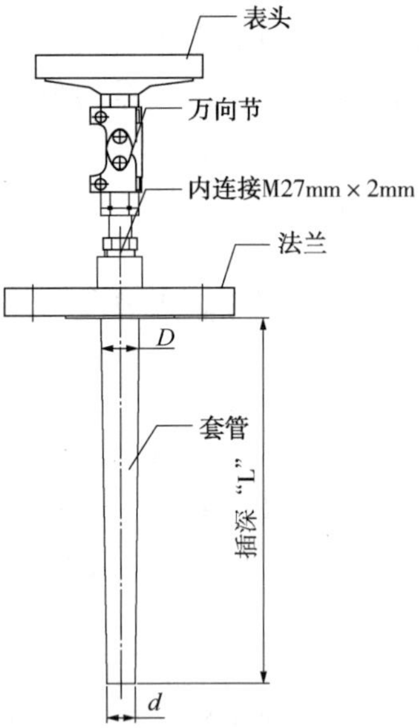

图 7-2-4　双金属温度计结构示意

如图 7-2-4 所示。

3. 红外温度测量系统

一切温度高于绝对零度的物体都辐射红外光，红外辐射强度(热辐射)随材料本身的特性而变化，对许多物质来说，这个常数是已知的，它就是发射率，也与辐射源的温度有关。

发射率是为了衡量物体的辐射能力而定义的，它与材料性质及表面状态有关，其值等于真实物体的辐射能量与同温度下的黑体的辐射能量之比(黑体是一种理想化的辐射体，它吸收所有波长的辐射能量，没有能量的反射和透射，其表面的发射率为 1)，表示实际物体的热辐射与黑体辐射的接近程度，不同物体的发射率不尽相同，其值在 0~1 之间。根据辐射定律，只要知道了材料的发射率，就知道了任何物体的红外辐射特性。

红外测温仪是一种光电传感器，它由镜头、滤光片、传感器和电信号处理单元等组成，滤光片的作用是选择合适的光谱波长，传感器将接收到的红外辐射能转换为电参量，连接的电路处理单元产生电信号，进而转化为温度信号。红外温度仪在出厂时使用了几乎真正的黑体辐射源进行标定，在实际使用时，还要利用温度已知的参照物对发射率参数进行修正。

测温范围是测温仪最重要的一个性能指标。有些测温仪产品量程可达到-50~3000℃，但这不能由一种型号的红外测温仪来完成。每种型号的测温仪都有自己特定的测温范围。因此，被测温度范围一定要考虑准确、周全，既不要过窄，也不要过宽。一般来说，测温范围越窄，监控温度的输出信号分辨率越高，精度越高。测温范围过宽，会降低测温精度。目前用在硫黄反应炉上的典型产品有美国 Raytek 公司的 2001L 系列产品及美国 LumaSense 技术公司的 E^2T 产品。

4. 火焰检测仪

反应炉、在线炉、焚烧炉的燃烧器均配置有火焰检测仪，燃料燃烧时火焰放出大量的能量，这些能量主要包括光能(紫外光、可见光、红外光等)、热能和声波。

燃烧火焰的辐射具有强度和脉动频率两个特点，出于可靠性考虑，一般是通过同时设定一个强度及脉动频率阈值来判断火焰是否存在，当辐射强度超过此阈值时认为火焰存在，当检测到的脉动频率在 15~50Hz 范围内，也认为火焰正常。实验表明，存在三个火焰基础闪烁频率的范围，其中：①15~50Hz 火焰正常；②7~15Hz 火焰不稳定；③低于 7Hz 火焰熄灭。

硫黄回收装置中使用的火焰监测器有光电管式和光敏电阻式，光电管元件是在抽真空的玻璃泡内放置两个电极，即阳极和具有光敏面的阴极，当光电管接收到火焰信号后，内阻降低，电压升高，升高后的电压经过功率放大而输出信号；光敏电阻则由铊、镉、铅等的硒化物制成，在红外线或紫外线的辐射下，光敏电阻感应发生变化而转变成电信号。

火焰检测仪包括一体化式和分体式两种。其中一体化式是火检探头和放大器集成在一起、安装在燃烧器上的结构；分体式则是火检探头安装在燃烧器上，放大器安装在机柜间内或室外遮阴处。目前，硫黄回收装置中使用的火焰检测器进口产品主要有Duiker(红外原理，光谱范围1050~2700mm)及德国Durag(紫外原理，波长范围190~520nm)等。

(三) 压力测量仪表

在压力测量中，常有大气压力、绝对压力、表压、真空度之分。工业上所用的压力仪表指示值多为表压，即绝对压力和大气压力之差，绝对压力为表压和大气压力之和，当绝对压力大于大气压力时称其为表压或正压，当绝对压力小于大气压力时称其为真空度或负压。

常用的压力测量仪表有：弹簧管压力表，膜盒压力表，电动、气动压力变送器，法兰压力变送器。其中前两种为现场仪表，后两种为远传用压力表。弹簧管压力表是装置上应用最多的测压仪表，其原理是利用单圈或多圈圆弧形弹簧管在压力作用下发生位移，其位移的相对变化量和被测压力成正比。这种压力表结构简单、安装方便，使用可靠，精确度也比较高。弹簧管压力表在机泵出口使用时，应选用抗振型的，它的表体里装有抗振油，可以使表针稳定在一个数值上。

测量压力或真空度的仪表按照其转换原理的不同，分为四类：

1) 液柱式：($p=\rho gh$)根据流体静力学原理，把被测压力转换成液柱高度。如U形管、单管压力计(水柱式、水银柱式)，适用于测量低压力或压力差。

2) 活塞式：根据水压机液体传送压力的原理，将被测压力转换成活塞面积上所加平衡砝码的质量。

3) 机械式：根据弹性元件受力变形的原理，将被测压力转换成位移。如弹簧管压力表、波纹管压力计、膜盒压力计。

4) 电气式：将被测压力转换成各种电量。如电感、电容、电阻、电位差等，依据电量的大小实现压力的间接测量，包括各种压力传感器、压力变送器。

1. *弹簧管压力表*

弹簧管压力表测量原理：一根弯成270°的圆弧状弹簧管，在介质压力作用下，向外扩张变形，使弹簧管的自由端产生位移，经过传动放大，指示出被测介质的压力大小。在一定的压力下位移取决于弹簧管材料(弹性模量E和泊松系数ν)、壁厚、截面半径及圈径，如图7-2-5所示。

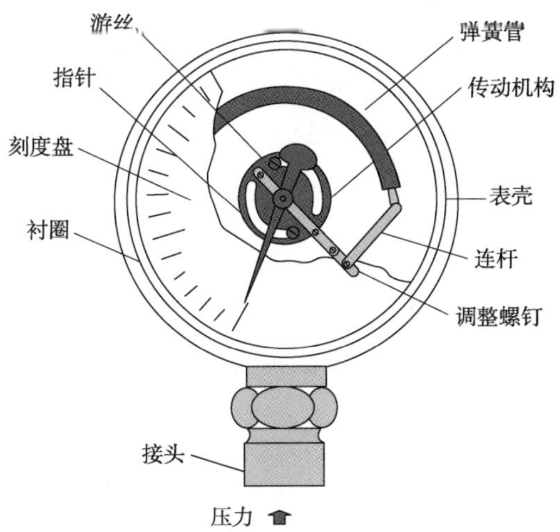

图7-2-5　弹簧管压力表结构

弹簧管压力表具有结构简单、读数清晰、牢固可靠、价格低廉、测量范围宽以及有足够高的精度等优点。可用来测量几百帕到数千兆帕范围内的压力。可测负压、微压、低压、中压和高压，精度有0.5级、1.0级、1.5级、2.5级等不同等级。

2. *压力(差压)变送器*

(1) 电容(差)压力变送器

电容(差)压力变送器测量原理是被测介质的不同压力通入高、低测量室，作用在敏感元件的隔离膜片上，通过填充液传到预张紧的测量膜片两侧。测量膜片与两侧绝缘体上的电极各组成一个电容器，当两侧压力不一致时，测量膜片产生位移，其位移量和压力差成正比，故两侧电容量变化，通过检测、放大，转换成4~20mA标准的二线制电流信号。

(2) 电气式压力变送器

电气式压力变送器是一种能将压力转换成电信号进行传输及显示的仪表。一般由压力传感器、测量电路和信号处理装置组成。常用的信号处理装置有指示仪、记录仪以及控制器、微处理机等。

(四) 流量测量仪表

单位时间内通过管道横截面的流量称为瞬时量；一段时间内通过的总流量称为累计量。流量以质量表示时称为质量流量，以体积表示时称为体积流量。在工业生产过程中，流量是指导操作、监视设备运行情况和进行物料平衡核算的一个重要参数和依据。

流体的密度是随工况参数变化的。对于液体，由于压力的变化对密度的影响非常小，一般可以忽略不计，但是温度变化所产生的影响应引起注意，不过一般温度变化10℃时，液体的密度仅变化1%，故除去温度变化较大、测量精确度要求较高的场合外，温度的变化也可以忽略不计。对于气体，密度受温度、压力变化影响很大，例如，在常温附近，温度每变化10℃，密度变化约3%；在常压附近，压力每变化10kPa，密度差不多变化3%。因此在测量气体流量时，必须同时测量流体的温度和压力，并将不同工况下的体积流量换算成标准体积流量。

常用的流量测量仪表可以分为五种：

1) 差压式：主要由文丘里管、孔板、喷嘴等组成。

2) 容积式：如椭圆齿轮流量计、腰轮流量计(罗茨表)。

3) 面积式：如转子流量计。

4) 自然振荡式：如涡街流量计。

5) 力平衡式：如靶式流量计。

1. 超声波流量计

设静止流体中的声速为c，流体流动的速度为u，传播距离为L，当声波与流体流动方向一致时(即顺流方向)，其传播速度为$c+u$，反之，传播速度为$c-u$。在相距为L的两处分别放置两组超声波发生器和接收器(T_1，R_1)和(T_2，R_2)，当T_1顺方向、T_2逆方向发射超声波时，超声波到达接收器R_1和R_2所需要的时间分别为t_1和t_2，则：

$$t_1=L/(c+u)$$

$$t_2=L/(c-u)$$

由于在工业管道中流体的流速比声速小得多，即$c\gg u$，因此两者的时间差为$\Delta t=t_2-t_1=2Lu/(c^2-u^2)$，由此可知，当超声波在流体中的传播速度$c$已知时，只要测出时间差$\Delta t$即可求出流速$u$，进而可求出流量$Q$。利用这个原理进行流量测量的方法称为时差法，此外还可用相差法、频差法等原理的超声波流量计。

2. 科里奥利质量流量计

科里奥利质量流量计(简称科氏力流量计)是一种利用流体在振动管中流动而产生与质量流量成正比的科里奥利力的原理来直接测量质量流量的仪表。

科氏力流量计结构有多种形式，一般由振动管与转换器组成。振动管(测量管道)是敏感器件，有 U 形、Ω 形、环形、直管形及螺旋形等几种形状，也有用双管等的方式，但基本原理相同，下面以 U 形管式的质量流量计为例进行介绍。

U 形管的两个开口端固定，流体由此流入和流出，U 形管顶端装有电磁激振装置，用于驱动 U 形管，使其垂直于 U 形管所在平面的方向以两个开口端连线为轴按固有频率振动。U 形管的振动迫使管中流体在沿管道流动的同时又随管道做垂直运动，此时流体将受到科氏力的作用，同时流体以反作用力作用于 U 形管。由于流体在 U 形管两侧的流动方向相反，所以作用于 U 形管两侧的科氏力大小相等方向相反，从而使 U 形管受到一个力矩的作用，管端绕开口端中心线转而产生扭转变形，该变形量的大小与通过流量计的质量流量具有确定的关系。因此，测得这个变形量，即可测得管内流体的质量流量。科氏力流量计能直接测得气体、液体和浆液的质量流量，也可以用于多相流测量，且不受被测介质物理参数的影响。测量精度较高，量程比可达 100∶1。

热式质量流量计的基本原理是利用外部热源对管道内的被测流体加热，热能随流体一起流动，通过测量因流体流动而造成的热量(温度)变化来反映流体的质量流量。

在管道中安装一个加热器对流体加热，并在加热器前后的对称点上检测温度。设 c_p 为流体的定压比热容，ΔT 为测得的两点温度差，则根据传热规律，对流体的加热功率 P 与两点间温差的关系可表示为：$P=q_{\mathrm{m}}c_p\Delta T$

由上式可写出质量流量的方程式：$q_{\mathrm{m}}=P/(c_p\Delta T)$

当流体成分确定时，流体的定压比热容为已知常数。因此由上式可知，若保持加热功率 P 恒定，则测出温差 ΔT 便可求出质量流量。若采用恒定温差法，即保持两点温差 ΔT 不变，则通过测量加热功率 P 也可以求出质量流量。由于恒定温差法较为简单、易实现，所以实际应用较多。这种流量计多用于气体流量较大的测量。

3. 阿牛巴流量计

阿牛巴流量计(又称笛形均速管流量计)属于差压式流量计，它的输出为差压信号，与测量差压的变送器配套使用，利用高低压的差压测量原理测量流体上游的动压力与下游的静压力之间形成的压差，从而达到测量流量的目的，均速流量探头不同截面形状如图 7-2-6 所示。

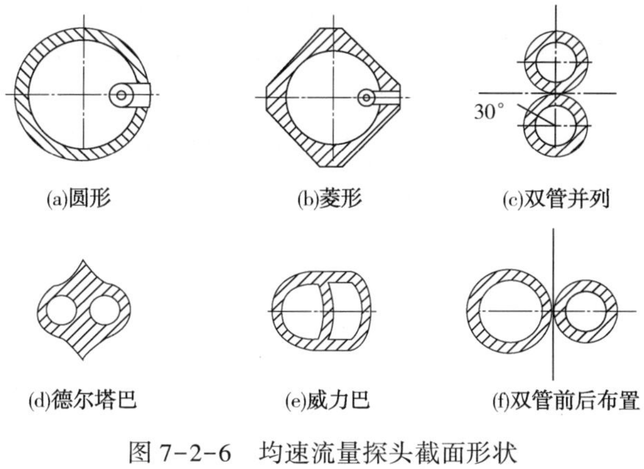

图 7-2-6　均速流量探头截面形状

传感器的检测杆是一根中空的金属管，其迎流面钻有多对总压孔，当流体流过探头时，在其前部产生一个高压分布区，高压分布区的压力略高于管道的静压，由于各总压孔是相通的，传至检测杆中的各点总压值平均后，由总压引出管引至高压接头，送到传感器的正压室；当传感器正确安装在足够长的直管段的工艺管道上时，流量截面上应没有旋涡，整个截面的静压可认为是常数，在传感器的背面或侧面设有检测孔，代表了整个截面的静压，经静压引出管由低压接头引至传感器的负压室，正、负压室压差的平方与流量截面的平均流速成正比，从而获得压差与流量成正比的关系。

4. 威力巴流量计

当充满管道的流体流经威力巴流量传感器的检测杆时，检测杆迎流面的全压孔感测到流体的全压平均值，其背流面的静压孔感测到流体的静压值，这两个值与流体流量的关系由以下公式确定：

质量流量公式：

$$M=0.12645KD\sqrt[2]{\Delta p\rho}$$

体积流量公式：

$$Q=0.01134KF_{g}\sqrt[2]{\Delta p\rho}$$

气体标准体积流量：

$$Q_{s}=0.12645KD\sqrt[2]{\Delta p/\rho}$$

式中 M——质量流量，kg/h；

Q——体积流量，m^3/h；

Q_s——气体的标准体积流量，Nm^3/h；

K——流量系数；

F_g——密度系数；

D——管道内径，mm；

Δp——压差，kPa；

ρ——被测介质密度，kg/m^3。

5. 涡街流量计

涡街流量计是根据卡门涡街原理(Kármán Vortex Street)测量气体、蒸气或液体的体积流量、标况的体积流量或质量流量的体积流量计。涡街流量计是应用流体振荡原理来测量流量的。

流体在管道中经过涡街流量变送器时，在三角柱的旋涡发生体后上下交替产生正比于流速的两列旋涡，旋涡的释放频率与流过旋涡发生体的流体平均速度及旋涡发生体特征宽度有关，可表示为：

$$f=\frac{Stv}{d}$$

式中 f——旋涡的释放频率，Hz；

v——流过旋涡发生体的流体平均速度，m/s；

d——旋涡发生体特征宽度，m；

St——斯特劳哈尔数(Strouhal number)。

通过测量旋涡释放频率就可以计算出流过旋涡发生体的流体平均速度 v。

6. 差压式(平衡)流量计

差压式流量计是基于流体流动的节流原理，利用流体流经节流装置(孔板、喷嘴、文氏管等)时产生的压力差，实现流量测量的，结构及原理如图 7-2-7 所示。连续流动的流体，当遇到装在管道内的节流装置时，由于节流孔的截面积比管道的截面积小，流体流通面积突然缩小，使流体的流速增大，形成收缩的流体通过节流孔。根据伯努利定律，任何一流体所包含能量不变。因此，在流体流速加快的地方动能增大，位能(静压头)降低，在节流孔前后就产生了压差，流体的流量越大，压差越大，因此，用差压计测出此压差就能测知流量的大小。差压式流量计由于使用历史长久，积累了丰富的实践经验和完整的实验资料，在生产中应用最广泛。平衡流量计对传统节流装置进行了极大改进，且该流量计具有平衡整流等显著特点，传统节流装置只有一个流通孔径，节流后使流体失去了理想状态，其工作原理与其他差压式流量计相同。

7. 转子流量计

转子流量计是定压降式流量计。所谓定压降，就是不管流量多大，流体流过流量计的压降都是不变的。其由一段向上逐渐扩大的圆锥形管子和管子中的转子组成。当流体流过锥形管和转子之间的环形缝隙时，由于节流作用，在转子上下产生的压力差，使转子上移，直到作用在转子上的向上的力与转子在流体内的重力相平衡为止。流量增大，压差增大，当大于转子的重力时，转子上升，环形缝隙增大，节流作用减少，压差减少，直到压差又等于转子在流体内的重力时，转子停止上移。同理，流量降低，转子下降，因此，可以通过转子平衡位置的高低，来测知流量的大小。对于传送转子流量计，则要把转子的位移量转换成气压或电流信号送二次表进行显示。

它的特点是有效测量范围即最大流量与最小流量之比(亦即量程比)大，为 10：1，压力损失小，反应快，适用于洁净流体的小流量测定。安装时应保持设备垂直，确保流体流向自下而上，转子流量计结构如图 7-2-8 所示。

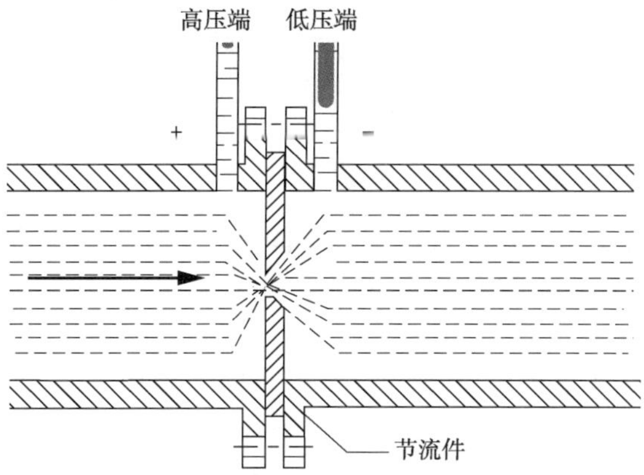

图 7-2-7　差压式流量计结构及原理

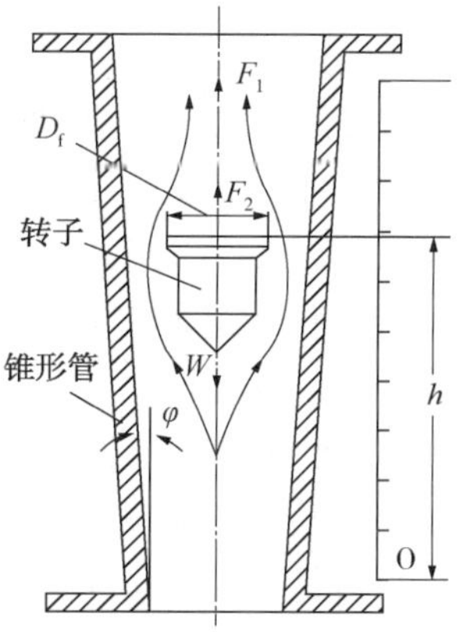

图 7-2-8　转子流量计结构

8. 文丘里流量计

文丘里流量计是以能量守恒定律——伯努利方程和流动连续性方程为基础的流量测量方法。文丘里管由一圆形测量管和置入测量管内并与测量管同轴的特型芯体构成，如图 7-2-9所示。特型芯体的径向外表面具有与经典文丘里管内表面相似的几何廓形，并与测量管内表面之间构成一个异径环形过流间隙。流体流经文丘里管的节流过程同流体流经经典文丘里管、环形孔板的节流过程基本相似。

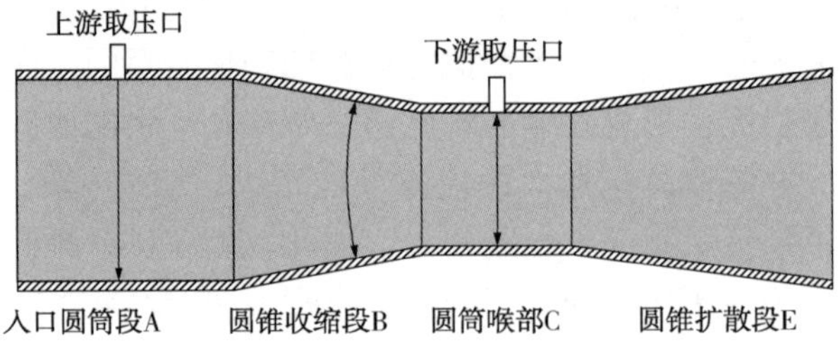

图 7-2-9　文丘里管结构

9. 电磁流量计

电磁流量计是基于法拉第电磁感应原理制成的一种流量计。当被测导电流体在磁场中沿垂直磁力线方向流动而切割磁力线时，在对称安装在流通管道两侧的电极上将产生感应电势，此电势与流速成正比。流体流量方程式如下：

$$q_v = \frac{1}{4}\pi D^2 u = \frac{\pi D}{4B}E = \frac{E}{k}$$

式中　B——磁感应强度，T；

D——管道内径，mm；

u——流体平均流速，m/s；

E——感应电势，V；

k——仪表常数；

q_v——流量，m^3/s。

（五）液位测量仪表

液位测量的目的在于正确地测知容器或设备中储藏物料的容量或质量。它不仅要满足工业生产过程中生产规模大、反应速度快的要求，而且生产中常会遇到高温、高压、易燃易爆、强腐蚀性或黏度较大等多种情况，液位的自动检测和控制更是至关重要的。

根据测量原理，液位测量仪表可分为以下几类。

1. 浮筒液(界)位变送器

浮筒液(界)位变送器由检测、转换、变送三部分组成。检测部分由浮筒室、浮筒、连杆组成；转换部分由杠杆、扭力管组件、磁铁、霍尔传感器组成；变送部分由 CPU、A/D、D/A、MODEM 及 LCD 显示器组成。

浮筒液(界)位变送器测量原理是浮筒浸没在测量室内的液体中，扭力管扭转一定角度。杠杆所承受的力是浮筒自重减去浮筒所受的浮力的值，在这种合力作用下的扭力管组件，使扭力管产生旋转。扭力管的旋转运动传递到智能液位控制器杠杆上，使固定在杠杆组件上的磁铁发生位移，改变了由霍尔效应传感器检测的磁场。该传感器将磁场信号转换为电信号。

2. 差压式液位计

差压式液位计是利用容器内液位改变时，液柱产生静压也相应变化的原理而工作，其采样系统采用引压管取样和双法兰(毛细管)采样两种方式。测量有腐蚀性或黏度大、含有颗粒、易凝固等液体液位时，双法兰采样可避免引压管被腐蚀和被堵塞。

$$\Delta P = H\rho g$$

式中　H——液位，m；

ΔP——压差，kPa；

ρ——介质密度，kg/m^3；

g——重力加速度，m/s^2。

当 $H>0$ 时，$\Delta P>0$，正迁移；当 $H<0$ 时，$\Delta P<0$，负迁移；当 $H=0$ 时，$\Delta P=0$，无迁移。

3. 雷达液位计

雷达液位计测量原理是采用 FMCW 方法(调频连续波)。利用超高频电磁波经天线向被测容器的液面发射，当电磁波到达液面后反射回来，通过测出发射波和反射波的时间差，计算出液面高度。计算方法主要分为两类：一类是发射频率固定不变，测量发射波与反射波的运行时间；另一类是发射频率固定可调，测量发射波与反射波之间的频率差。

$$t = 2D/c$$

式中　D——被测介质液位和探头的距离，mm；

c——电磁波传播速度，一般为 300000km/s；

t——探头从发射电磁波至接收反射电磁波的时间，s。

这种液位计为非接触式液位计，可测压力容器的液位。适用于高温、高压及黏度较大的易燃、易爆液态物质的液位测量，比如液化石油气、沥青、高度污染性的化工产品液态物质等。雷达波还能穿透许多泡沫或烟雾、蒸气介质，而不受环境、介质等因素的影响，能可靠地测量液位的精确值。

4. 导波雷达液位计

导波雷达液位计是一种基于时域反射测量(TDR)原理的智能型、两线制连续液位变送器。液位计沿着浸入过程介质的探杆发射低功率的纳秒级脉冲信号，信号沿着探杆向下传播，直至遇到被测物料表面，部分能量被反射回变送器。变送器记录发射脉冲与反射脉冲之间的时间差，根据时间差和脉冲在介质中的传播速度，计算确定液位或界面位置。

5. 反吹式液位计

在敞口容器中插入一根吹气管，作为气源的空气或者惰性气体(如氮气)经过滤器过滤，可调减压器(其作用是将供气压力减至某一恒定值，恒定压力的大小根据被测液位高度而定)减压，保证吹气入口压力恒定。洁净的空气再经浮子流量计、恒流阀和吹气管路进入被测液体中，吹气流量由浮子流量计指示，流量大小由浮子流量计上的流量调节阀设定，恒定流量的气体从插入液体的吹气管下端口逸出，鼓泡并通过液体排入大气。当吹气管下端有微量气泡(约为 150 个/min)排出时，因气泡微量且气体流速较低，可忽略空气在吹气管中的沿程损失，这样吹气管内的气压几乎与液位静压相等，因此由差压变送器指示的压力值即可反映出液位高度。反吹式液位计除了能测量洁净液体的液位，特别适用于有腐蚀性的酸碱盐液体，黏度较大的液体，易结晶液体，高温、含有固体颗粒液体的液位以及一些流化床料位的测量。

反吹式液位计测量原理如图 7-2-10 所示。

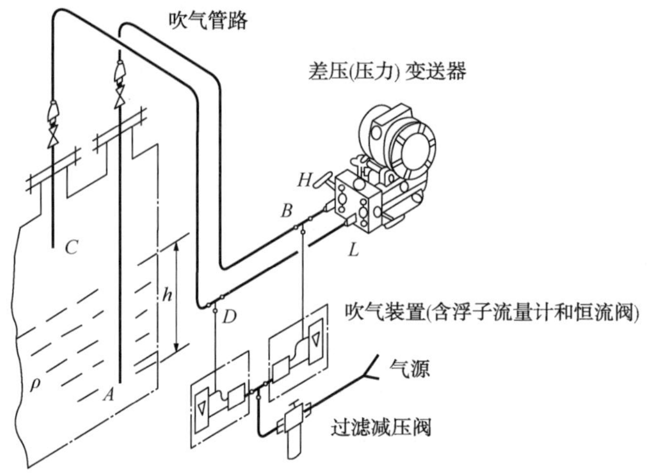

图 7-2-10　反吹式液位计测量原理

6. 超声波液位计

超声波液位计是利用声波碰到液面时，产生反射波的原理，通过测出发射波和反射波的时间差，计算出液面高度。这种液位计为非接触式液位计，不可测带压或蒸发性很强的介质。

$$h=ct/2$$

式中　h——距离或高度，m；

c——声波速度，m/s；

t——正反行程的传播时间，s。

第三节　自动控制系统

一、概况

硫黄回收装置是石油炼制、含硫天然气处理及化工生产中的关键环保设施，自动控制方案是保障装置高效、安全、环保运行的核心。随着环保法规的日趋严格，企业对总硫回收率的提升和 SO_2 排放的精细管控需求越来越高，自动控制系统越发重要。硫黄回收装置自动控制系统主要实现三种功能：一是精准控制 Claus 反应，最大化提升总硫回收率，避免 SO_2 超标排放；二是及时响应原料气流量或浓度波动变化，实现装置快速调节，避免因人工操作滞后导致总硫回收率下降或排放超标；三是降低燃料消耗，通过自动控制燃烧器负荷、余热锅炉参数等，实现燃料气消耗的最佳控制，避免能源浪费。

二、主要控制方案

(一) 反应炉酸性气配风控制回路

1. 控制方案的作用

空气流量的前馈-反馈-再反馈控制方案，是硫黄回收装置始终保持高的硫转化率和长周期平稳运行的保证。该控制方案在正常生产时，能适应装置原料酸性气流量和组成的变化，可自动调节主空气和微调空气流量，并能自动修正空气/酸性气比值误差。在装置开停工和低负荷运行时，可确保燃料气入反应炉自动配风，解决硫黄回收装置开停工和低负荷运行困难的问题。

2. 工艺要求

硫黄生产的原理是使原料气中 H_2S 与空气中的 O_2 反应生成元素硫。O_2 过量会生成 SO_2，O_2 过量严重时造成反应炉及加氢反应器超温、急冷水 pH 值下降等危及装置安全；O_2 不足时 H_2S 反应不完全，原料中杂质 NH_3 和烃燃烧不充分，造成装置停工和硫黄产品不合格。O_2 过多和过少都会对装置造成很大的影响，为此必须通过严格控制空气/酸性气比例，来控制过程气中 $H_2S/2SO_2$ 为一定值。

3. 控制方案说明

主燃烧室空气流量控制采用前馈-反馈-再反馈控制方案。所谓前馈是指通过测量酸性气和燃料气流量，计算出燃烧所需的空气量，把两物料或多物料需要的空气量相加作为主调空气量的设定值；所谓反馈是指测量过程气中 $H_2S/2SO_2$ 的值，将其作为微调空气量的设定值；所谓再反馈是指把微调空气量调节情况再传递给主调空气量，通过调节主调空气量确保微调空气量正常。

空气流量的前馈控制如下：酸性气体积流量(FT/A)先进行温压补偿转换为质量流量，在主燃烧室的入口燃料气管线上测量得到主燃烧室燃料气(FT/D1)的质量流量。通过测量燃料气的相对分子质量，计算块(AY/D)计算出燃烧空气对燃料气的完全燃烧质量流量的比值。通过燃料气质量流量与空气/燃料气完全燃烧比的相乘(FY/D2)，得到完全燃烧测量燃料气所需的空气的计算质量流量，这个数值与操作人员设定的期望燃烧比值(FIC/D)相乘得到期望的燃料气的所需空气流量(FY/D3)。同时酸性气流量乘以操作人员设定的空气/酸性气燃烧比值(HIC/C)，得到期望的燃烧酸性气效果的空气流量(FY/A1)。两者相加得到期望的燃烧效果的所需空气总量，空气总量作为空气主调控制器(FIC/B)的设定值。

在上述设定的期望的空气/酸性气燃烧比值和实际的空气/酸性气比值之间存在偏差，同样对燃料气而言，计算得到的完全燃烧空气/燃料气比值和实际的完全燃烧空气/燃料气比值之间也存在偏差。为了消除这些偏差，实现准确控制，又引入了反馈控制。把末级硫冷器后管线中过程气的 $H_2S/2SO_2$ 测量值作为被控变量，$H_2S/2SO_2$ 质量控制器(AIC/C)的输出值通过调整微调空气流量控制器(FIC/C)设定值的方式加以反馈控制。当实际 $H_2S/2SO_2$ 含量与 0 之间有偏差时，控制系统会调整微调风线的空气流量控制器(FIC/C)的设定点使 $H_2S/2SO_2$ 含量为 0(体积分数)。反馈控制可进行正常微调回路和低负荷微调回路的选择(HS/C)。

在上述空气前馈和反馈控制时，如果操作人员设定的空气/酸性气燃烧比值(HIC/C)或燃料气期望燃烧比值(HIC/D)不当，微调空气流量可能太大或太少，影响前馈和反馈控制的正常运行。再反馈的作用是，把微调空气调节情况再传递给主调空气，使主调空气的设定发生改变，从而使微调空气得到有效调节。微调空气流量控制器(FIC/C)的输出通过平衡调整回路，用特殊的运算块(FY/B2)通过选择器(HS/B)去修正主空气量(FY/B1)，防止微调风线空气流量过大或过小。

反应炉前馈-反馈控制方案如图 7-3-1 所示。

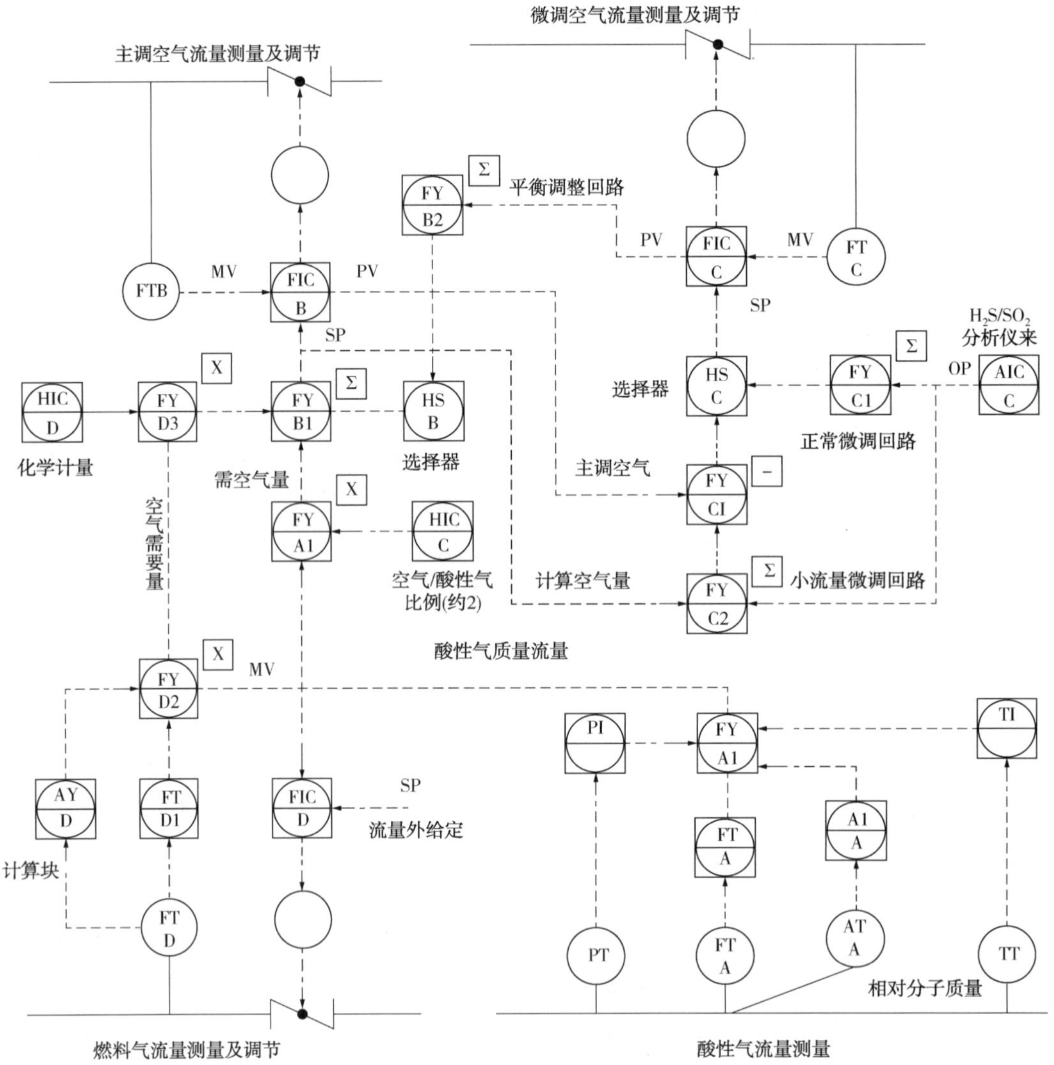

图 7-3-1　反应炉前馈-反馈控制方案

4. 应用实例

某硫黄回收装置反应炉酸性气配风控制 DCS 组态如图 7-3-2 所示。

5. 控制回路投用

首先，调整好主调空气流量调节器(FIC/B)、微调空气流量调节器(FIC/C)、燃料气流量调节器(FIC/D)的 PID 参数，调节器投“自动”。其次，把空气/酸性气燃烧比值(HIC/C)或燃料气期望燃烧比值(HIC/D)设定为合适的值，调整主调空气流量调节器(FIC/B)的设定值与计算值(FY/B1)相近，主调空气流量调节器投“串级”，装置前馈控制投用。接着，微调空气流量调节器(FIC/C)的设定值与计算值(FY/C1)相近，微调空气流量调节器投“串级”，装置反馈控制投用。最后，如果有必要投用再反馈，则把选择器(HS/B)切至平衡调整回路，再反馈系统投用。如果装置负荷低，主调空气调整困难，把选择器(HS/C)切至小流量微调回路，把前馈和反馈全部引入微调空气流量调节器。当微调空气流量过大(过小)，通过调大(调小)主调空气配比确保微调空气有一定的调节余量。

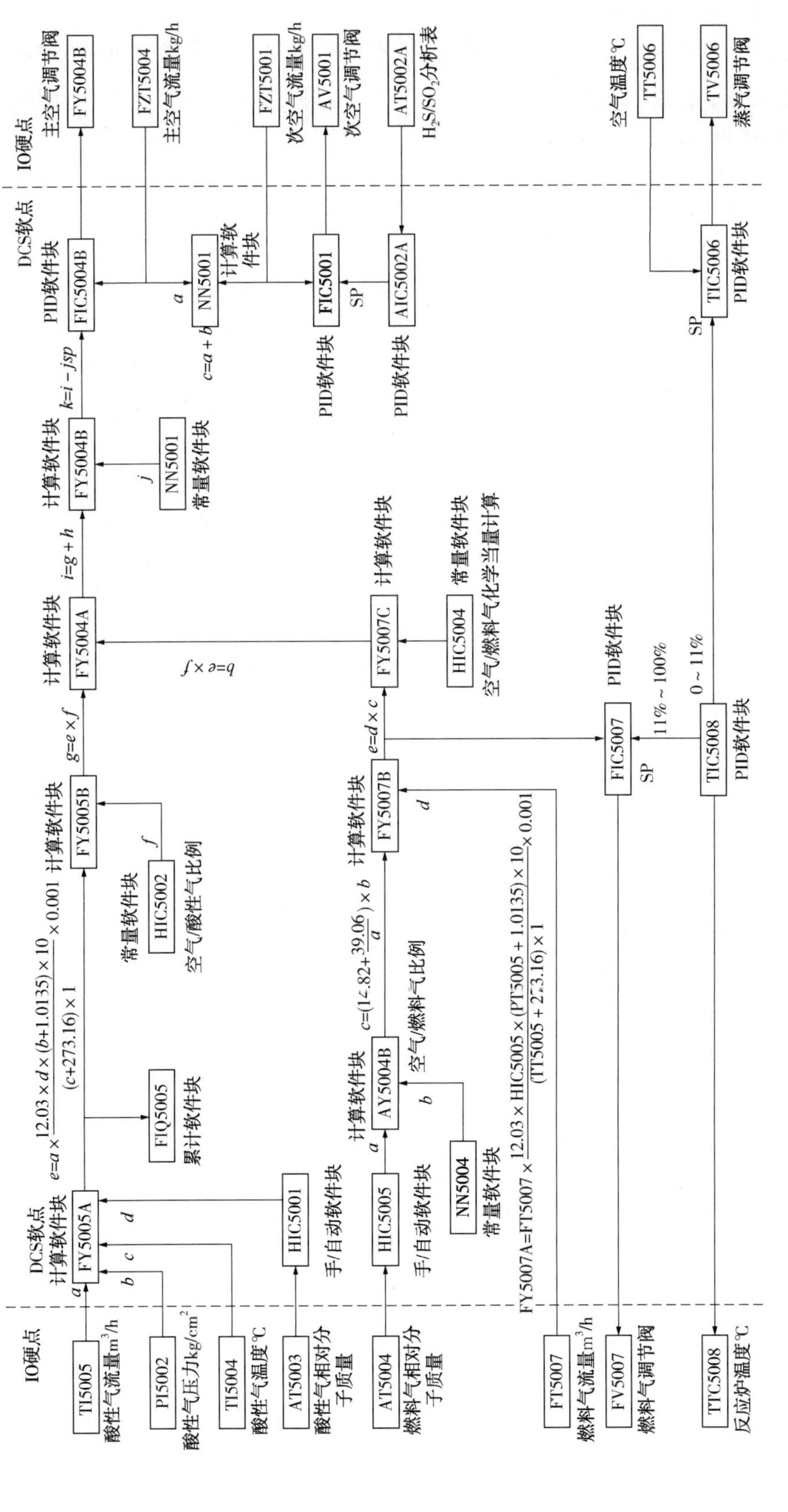

图7-3-2　某硫黄回收装置DCS组态

（二）反应器入口温度控制回路

Claus 硫黄回收工艺中的过程气再热的目的是提高第一、二级反应器的入口温度，使 Claus 反应在要求的床层温度下进行。过程气加热方式主要有高温掺和、气/气换热、在线炉加热、气/汽换热(蒸汽加热)等形式。

(1) 气/汽换热法

一般采用余热锅炉产生的中压蒸汽[3.5~4.5MPa(表)]作热源，操作和控制简单，反应器入口温度与蒸汽阀位构成单回路控制，或者反应器入口温度与蒸汽流量构成串级控制回路，图 7-3-3 为典型的蒸汽加热控制回路，投用前应先将蒸汽流量和温度控制器手动控制，凝结水后路打通，排净冷凝水，缓慢引蒸汽进入加热器，防止水击，待温度和蒸汽流量稳定后，将蒸汽流量投自动，整定调节器 PID，蒸汽流量平稳后投串级，温度调节器投自动。日常操作中如果发现蒸汽流量波动，应立即将控制器手动控制，并加强蒸汽线脱水，同时检查凝结水后路是否畅通。

(2) 在线炉交叉限位控制

在线炉加热是通过燃料气在略低于化学计量下燃烧，给反应器入口过程气或尾气提供热量，温度调节灵活，燃料气和空气流量比例控制严格，操作难度大，由于在燃料气组分发生变化、燃料气和空气调节系统发生故障、在线炉出口温度波动大等情况时，容易发生燃料气和空气调整不同步而出现燃烧气体中过氧和产生炭黑。为此在线炉工艺一般配套使用双比例交叉限位控制回路，使空气和燃料气流量在最大配比和最小配比之间操作。

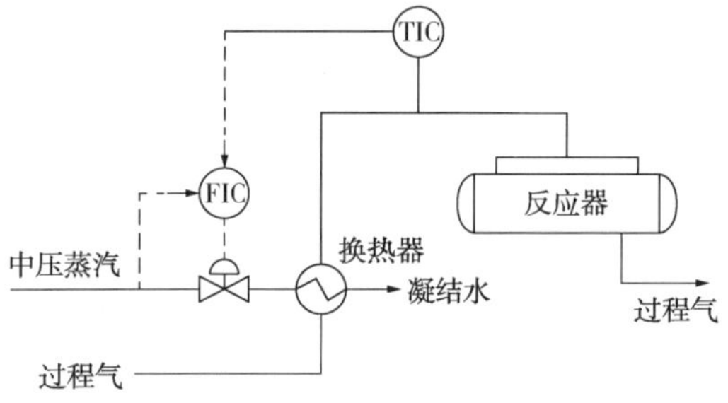

图 7-3-3　典型的反应器入口蒸汽加热控制回路

双比例交叉限位控制方案：反应器入口温度输出分两路，一路输出进入空气选择器，经过高选器和低选器的比较选择后，与正常配比值的乘积得到的数值作为空气流量调节器的给定值来调节空气流量。另一路输出进入燃料气选择器，经过低选器和高选器的比较选择后，其输出作为燃料气流量调节器的给定值来调节燃料气流量。经过这样的选择输出后，空气流量和燃料气流量就形成相互克制的关系。

控制回路投用，首先将温度调节器自动、燃料气和空气流量调节器手动控制，手动改变燃料气和空气的阀位，根据现场火焰颜色、温度变化判断配风的大小，直至当量燃烧，然后输入最大配比、最小配比、理想配比值，一般分别取 0.7、1.0、0.95，通过估算，使配比接近理想配比值，同时确认温度控制器的输出值与燃料气和空气流量接近，然后将燃料气和空气流量投串级，温度调节器投自动。通过调整反应器入口温度控制器的设定值，控制系统自动调节达到目标值。

交叉限位控制系统在温度调节器自动、燃料气和空气流量调节器串级时才起作用，当出现阀门或流量计故障时，应先将控制回路手动控制，可以先保持燃料气调节器阀位不变，加大风量，当温度上升说明配风不足，当温度上升到最高值开始下降时，说明配风过大，观察温度和氢含量变化，结合炉子火焰颜色判断配风大小，燃料气在空气 90%化学计量燃烧时火焰为红色，在空气 95%化学计量燃烧时火焰为淡黄色，在空气 98%化学计量燃烧时火焰为淡蓝色。如果配风过大，也会导致反应器床层温度升高，配风过小可能引起床层积炭，因此应联系外操加强液硫颜色的检查。

1. 控制方案的作用

该控制方案很好地解决了燃料气和空气调整不同步导致的燃烧气体中过氧和产生炭黑的问题。

2. 工艺要求

在线炉的作用是通过燃料气在低于化学计量下燃烧，给反应器入口过程气或尾气提供热量，使反应器获得最大的硫转化率，同时为反应提供一定量的还原气体（H_2、CO）。重点避免：在燃料气组分发生变化、燃料气和空气调节系统发生故障、在线炉出口温度波动大等情况下，出现燃料气和空气调整不同步导致的燃烧气体中过氧和产生炭黑。

3. 控制方案说明

为了达到上述目的，设计了一个扩展双比率交叉限位控制方案，该控制方案完全可满足工艺的要求。该方案中通过反应器入口温度调节器（TIC）来控制空气流量控制器（FIC/B1）和燃料气流量控制器（FIC/A4）的设定值的方法来实现。这个控制方案可以防止燃烧配比低于一个设定的低配比限（HC1 可能产生炭黑的化学计量）以下，或燃烧配比高于一个设定的高配比限（HC2 可能产生漏氧的化学计量）以上。在这个控制方案中有 3 个控制器，每个都有各自的作用。主控制器是反应器入口温度控制器（TIC），它通过交叉系统给出空气流量控制器（FIC/B1）和燃料气流量控制器（FIC/A4）的设定值。在交叉限位系统中，将所有控制器的控制运算量都转化为“空气需要量”来参与比较和运算，这个“空气需要量”表示按完全燃烧配比烧掉燃料气所需的空气量。燃料气流量控制器（FIC/A4）的测量值和设定值也是燃烧燃料气所需空气量的千克数。交叉限位方案的理想配比（HC3）决定了燃料气流量控制器（FIC/A4）与空气流量控制器（FIC/B1）的设定值的差。

当交叉限位系统（FY/B3、FY/B4、FY/C3、FY/C4）检测到设定配比在最高配比（HC2）和最低配比（HC1）之间移动时，燃料气控制器和空气流量控制器的设定值同时变化不受交叉限位的制约。交叉限位系统通过允许设定配比在最高配比（HC2）和最低配比（HC1）间变化，可以获得快速的控制动作。

当反应器入口温度控制器（空气需要量）的输出下降时，交叉控制系统会限制燃料气控制器的设定值，使其不至于太低，以免燃料气流量设定值与空气流量实测值之比大于操作人员设定的最高配比值（HC2），这个限制动作在高选块（FY/A5）中进行。与此同时，当反应器入口温度控制器（空气需要量）的输出下降时，交叉控制系统会限制空气流量控制器的设定值，使其不至于太低，以免空气流量设定值与燃料气流量实测值之比小于操作人员设定的最低配比值（HC1），这个限制动作在高选块（FY/B4）中进行。

当反应器入口温度控制器（空气需要量）的输出上升时，交叉控制系统会限制燃料气控制器的设定值，使其不至于太高，以免燃料气流量设定值与空气流量实测值之比小于操作人员设定的最低配比值（HC1），这个限制操作在低选块（FY/A6）中进行。与此同时，当反应器入口温度控制器（空气需要量）的输出上升时，交叉控制系统会限制空气流量控制器的设定值，使其不至于太高，以免空气流量设定值与燃料气流量实测值之比大于操作人员设定的最高配比值（HC2）。这个限制动作在低选块（FY/B3）中进行。

当空气或燃料气流量控制器的设定值被某一个选择器限制时，限制值在不断地变化以适应当时实际测量的空气流量值和所需的空气量。这样就构成一个动态系统，保持设定配比在操作人员设定的最高配比值(HC2)和最低配比值(HC1)之间移动并稳定地向操作人员设定的理想配比(HC3)靠拢。

典型在线炉交叉限位控制如图 7-3-4 所示。

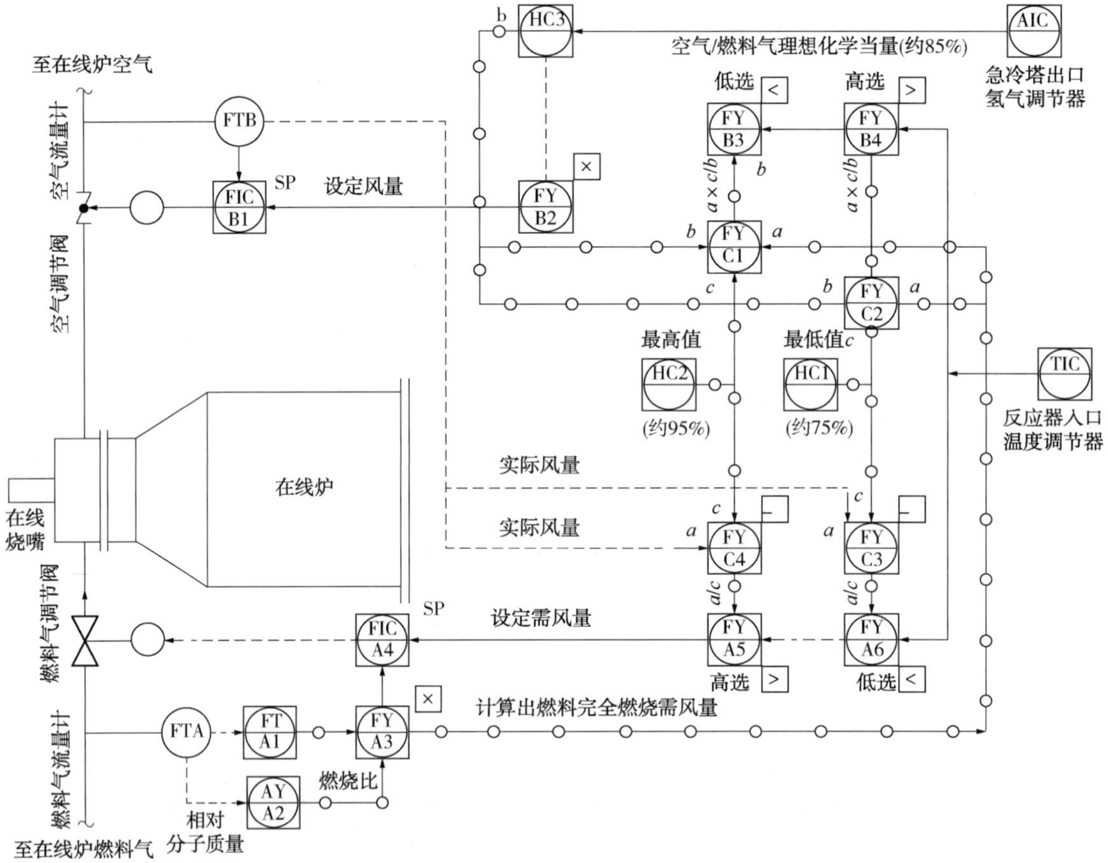

图 7-3-4　在线炉交叉限位控制

4. 应用实例

某硫黄回收装置在线炉交叉限位控制 DCS 组态如图 7-3-5 所示。

(三)加氢反应器入口温度控制回路

加氢反应器的温升反映出硫黄回收装置配风的好坏，以及运行是否平稳。如果硫黄回收部分配风量偏低，则硫黄回收尾气中 H_2S 浓度高，而 SO_2 浓度低，加氢反应器温升将减小。反之，当硫黄回收部分配风量偏高，则硫黄回收尾气中 H_2S 浓度低，而 SO_2 浓度高，加氢反应器温升将增大。当反应器温度过高达到 400℃时，将会对催化剂活性、使用寿命等产生不利影响，还有可能烧坏反应器内支撑件、测温元件等，而加氢反应器床层温度直接关系到有机硫的水解深度，因此加氢反应器入口温度的控制是非常重要的。对于不同的尾气处理工艺，加氢反应器入口温度的调节控制方案是不同的，主要有气气换热、加热炉、蒸汽加热和电加热等方式，而大型硫黄回收装置采用在线炉加热居多，下面就典型的加热炉方案进行介绍。

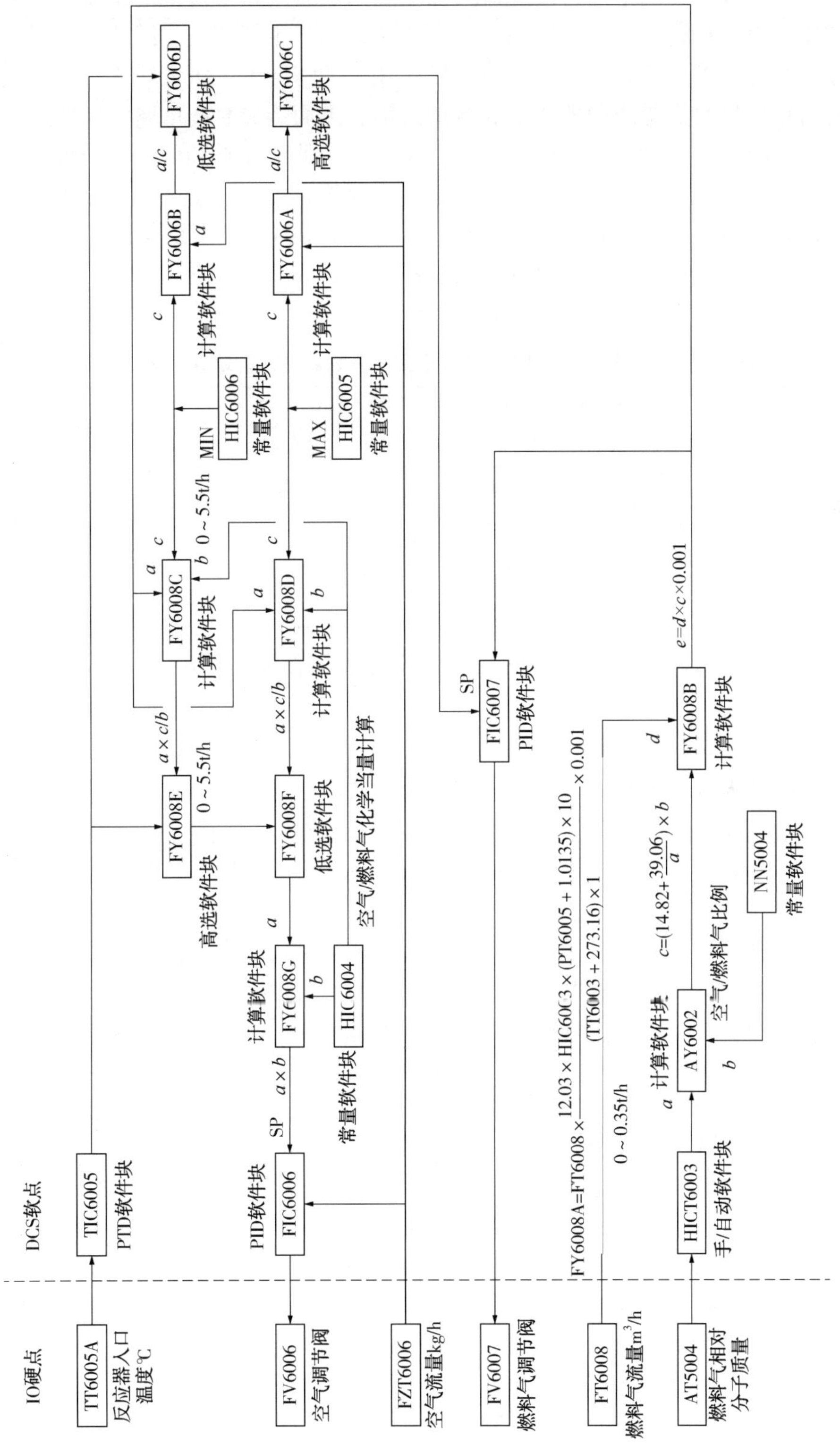

图7-3-5 在线炉交叉限位控制DCS组态

加氢反应器入口温度控制是通过改变流入加氢炉的燃料气量来实现的，反应炉内燃料气和空气按一定比例以实现轻度的完全燃烧，既产生热量又产生还原气，因此对燃料气和空气的配比有十分严格的要求。尤其在燃料气组分发生变化的情况下，既要防止不足空气燃烧产生炭黑，又要防止过量空气燃烧使催化剂和溶剂失活，进而造成急冷塔腐蚀和堵塞，为此采用扩展双比率交叉限制控制可以使燃烧点高于一个设定的低配比限和低于一个设定的高配比限，燃料气在空气70%化学计量以下燃烧时可能产生炭黑，95%化学计量以上燃烧时可能产生游离氧，建议以85%~90%的化学计量空气操作，主控制器是温度控制器，温度控制器通过交叉系统给出空气流量控制器和燃料气流量控制器的设定值。不同化学计量燃烧空气下，燃料气燃烧产生的还原气量见表7-3-1。

表7-3-1　燃料气在不同化学计量空气下燃烧产生的还原气量

空气化学计量	1mol燃料气燃烧后的生成气中 $CO+H_2$ 的物质的量浓度/(mol/L)			
	CH_4	C_2H_6	C_3H_8	C_4H_{10}
计量100%	0.5	0.4	0.4	0.3
计量90%	1.5	1.3	1.2	1.0
计量80%	3.7	3.2	2.8	2.7
计量70%	6.9	5.8	5.6	5.4

交叉限位控制方案与在线炉控制方案相同，实际配比控制在85%左右，以保证产生一定浓度的还原气。

（四）焚烧炉后部温度控制回路

焚烧炉是对经过吸收塔吸收后的尾气进行焚烧，使尾气中的 H_2S 充分燃烧生成 SO_2，以达到尾气排放标准。而 H_2S 是否被充分燃烧与焚烧炉后部的温度有密切关系，而且焚烧炉后部温度还直接影响着炉后蒸汽过热器的运行安全以及产生的中压蒸汽的质量，因此对焚烧炉温度的控制还是比较严格的。为达到上述目标，要求把尾气加热至足够高的温度且尾气中有一定的残余氧，另外还要求烟道气不产生炭黑，燃料气燃烧时产生的 NO_x 尽可能低，燃料气消耗尽可能低。同时由于焚烧后的尾气温度较高，能避免低温排放尾气时酸性物质对设备管线的腐蚀。低于500℃时 H_2S 和有机硫不能完全焚烧，高于800℃对焚烧完全影响不大，但燃料气用量却大幅度增加。因此，综合各方面考虑，焚烧温度一般控制在500~800℃。尾气氧含量也影响烟气排放和装置能耗，所以焚烧炉一般设置后部温度控制和烟气氧含量控制两个控制回路，或者整合为一个控制系统。

目前在役硫黄回收装置焚烧炉烧嘴主要有两种形式：一种是普通烧嘴，空气和燃料气全部进入主烧嘴过氧燃烧，空气线上设置2台调节阀，一台主风调节阀和燃料气调节阀与焚烧炉后部温度构成串级控制回路，通过一定配比燃烧控制焚烧炉后部温度在工艺指标范围内，另一台微调风调节阀与烟气氧含量构成串级控制回路，主要控制氧含量，这两个控制回路独立运行。该控制方案操作简单，投用前将燃料气和主空气调节阀手动控制，确保燃料气过氧燃烧，根据火焰颜色、氧分析仪指示判断配风大小，待温度稳定后，燃料气和主空气流量控制器投自动，并将配比调节至实际配比，然后调节控制器PID，流量稳定后，燃料气和主空气流量控制器投串级，温度控制器投自动，缓慢改变温度控制器设定值，回路投用正常。根据氧分析仪调节微调风流量，尽量使阀位保持在50%左右，氧分析仪指示稳定后微调风控制器投自动，整定 PID，流量稳定后投串级，氧分析仪控制器投自动。

另一种烧嘴是低 NO_x 烧嘴，为了使烟气 NO_x 的排放量最小，低 NO_x 烧嘴的火焰区分为前区和后区，前区燃烧空气叫一段空气，后区燃烧空气叫二段空气，一段空气流量为总空气流量的 85%，二段空气流量为总空气流量的 35%，这样燃料气燃烧后保证还有 20%的残余量。另外，通过一个低限位（HC1）控制方案来改变一段空气流量调节器（FIC/B）和燃料气流量控制器（FIC/A）的设定值，防止燃料气由于空气不足产生炭黑。

焚烧炉温度控制器（TIC）的输出采用分程控制方案。当焚烧炉温度控制器（TIC）的输出较大时，通过高分程（$A\%\sim100\%$）使输出值作为燃料气流量调节器（FIC/A）和一段空气流量调节器（FIC/B）设定值，此时焚烧炉温度由燃料气和一段空气来控制；当焚烧炉温度控制器（TIC）的输出较小时，通过低分程（$0\sim A\%$）使输出值作为三段空气流量调节器（FIC/D）设定值，此时燃料气和一段空气流量控制阀已关至最小位置。在这种情况下，焚烧炉温度控制器（TIC）输出通过分程控制系统进入高选器（FY/D），由于它是一个高选器，通过比较使三段空气流量调节器（FIC/D）有可能被焚烧炉温度控制器所控制，结果三段空气流量增加，焚烧炉被冷却下来。另外，如果氧含量控制器（AIC）输出值比焚烧炉温度控制器（TIC）的大，则氧含量控制器（AIC）就取得了三段空气流量调节器（FIC/D）的控制权。

典型焚烧炉控制方案如图 7-3-6 所示，典型焚烧炉氧含量控制方案如图 7-3-7 所示。

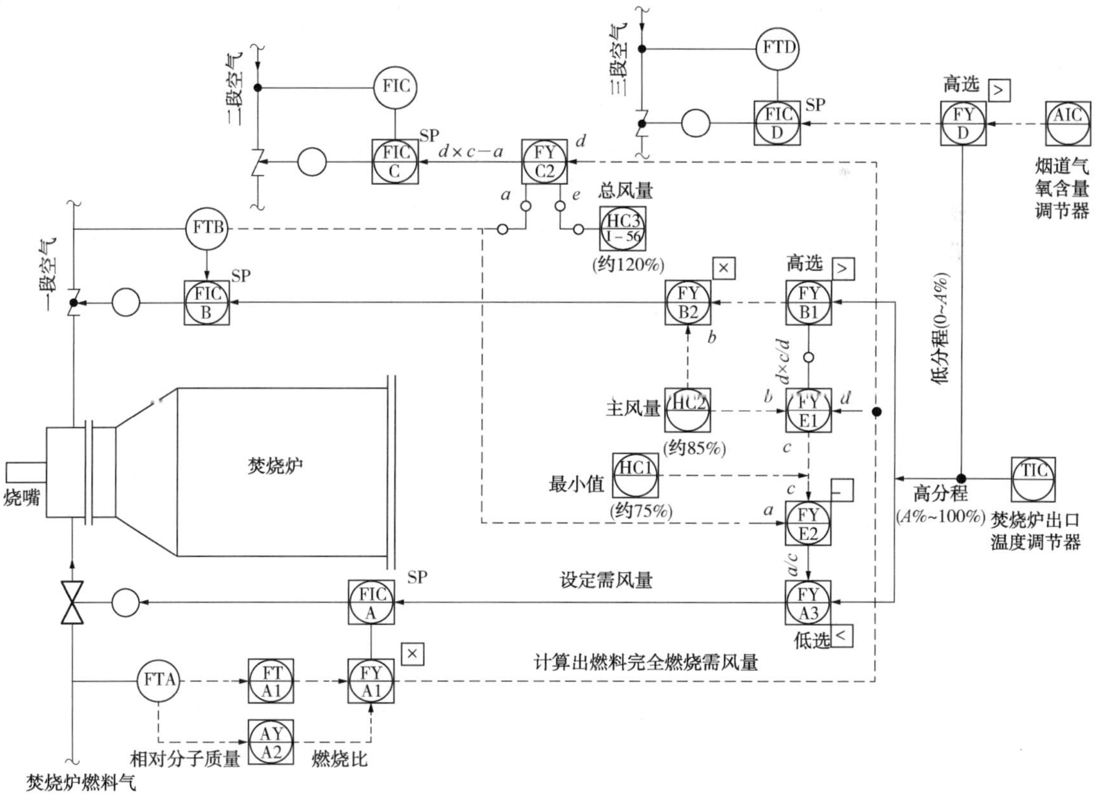

图 7-3-6 典型焚烧炉控制方案

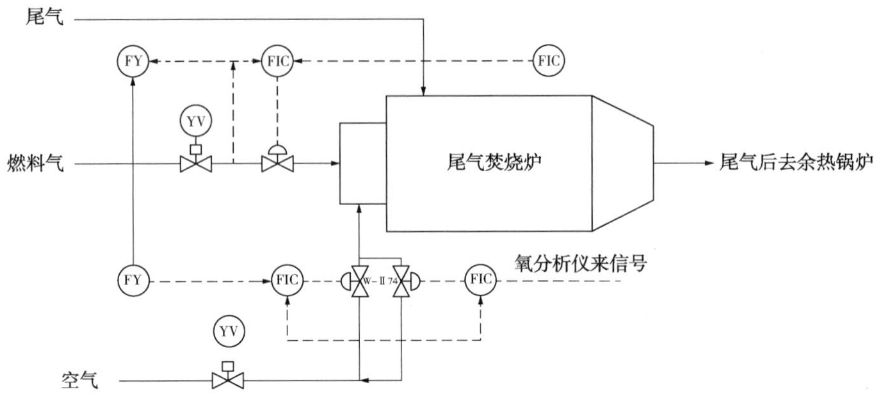

图 7-3-7　典型焚烧炉氧含量控制方案

某硫黄回收装置焚烧炉燃烧控制 DCS 组态如图 7-3-8 所示。

（五）余热锅炉液位控制回路

大型硫黄回收装置反应炉后部和焚烧炉后部一般都设置余热锅炉，将从反应炉过来的高温过程气从 1000℃以上冷却到 300℃左右，通过产生蒸汽回收余热，余热锅炉主要由蒸汽汽包和蒸发器组成，一般采用热虹式循环，除氧水直接进入汽包，再进入蒸发器壳程内，3.5~4.4MPa（表）蒸汽从汽包的顶部出来经过过热、减温调压后并入中压蒸汽管网。

余热锅炉液位是硫黄回收装置的重要工艺指标，余热锅炉液位过高，汽包出口蒸汽带液严重，液态水进入蒸汽过热器或下游蒸汽透平机组造成事故，若余热锅炉液位过低，管束温度上升，管束变形，将损坏余热锅炉。如果余热锅炉采用单冲量调节系统，当负荷突然增大，出现“虚假液位”时，调节器就误以为液位升高而错误地关小给水阀门，可能造成锅炉烧干。大型硫黄回收装置酸性气燃烧炉余热锅炉汽包液位控制一般采用三冲量控制系统，三冲量是指汽包液位、蒸汽流量和给水流量三个测量信号，汽包液位是主冲量。为了避免余热锅炉烧干或脱氧水的中断以及蒸汽带液，余热锅炉中的水位设计为由液位控制器控制，并通过产生蒸汽流量前馈来调整锅炉供水流量控制器给定值来控制锅炉给水阀门的开关。蒸汽流量作为余热锅炉给水量的补充信号使锅炉水位不变，在前馈流量基础上加入液位控制器的输出，使前馈流量得到校正，作为余热锅炉给水流量控制器的给定值，消除了动态特性和流量测量误差引起的余热锅炉水位误差。

控制回路投用前应调节好控制器的 PID，液位控制器 LIC 和上水流量调节器 FIC 均投手动，根据发汽量和液位趋势手动调节上水量，待液位和上水量稳定后，将流量调节器投串级控制，然后将液位控制器投自动。在日常操作中，应经常检查锅炉液位，一、二次表是否相符，严防干锅。定期对壳程排污，防止管束结垢。投用好液位、流量调节系统，确保液位稳定。调节好锅炉的压力，严防设备憋压。

在正常操作时，若发现余热锅炉汽包液位 DCS 和现场指示为零，出口流量指示为零，余热锅炉出口过程气温度超高，则可判断余热锅炉烧干。发现余热锅炉烧干后，不可盲目操作，烧干后如果立即加水，容易引起设备损坏甚至爆炸。此时，装置应做紧急停工处理，迅速报告相关人员，打开蒸汽发生器壳程蒸汽放空阀泄压，并根据余热锅炉烧干程度做相应处理。若壳程蒸汽泄至常压后，打开排污阀确认壳程存有大量脱氧水，则可缓慢加入脱氧水冷却，然后才能恢复生产。若壳程蒸汽泄压至常压后，打开排污阀确认无脱氧水，则缓慢通入蒸汽冷却，然后再加入脱氧水。

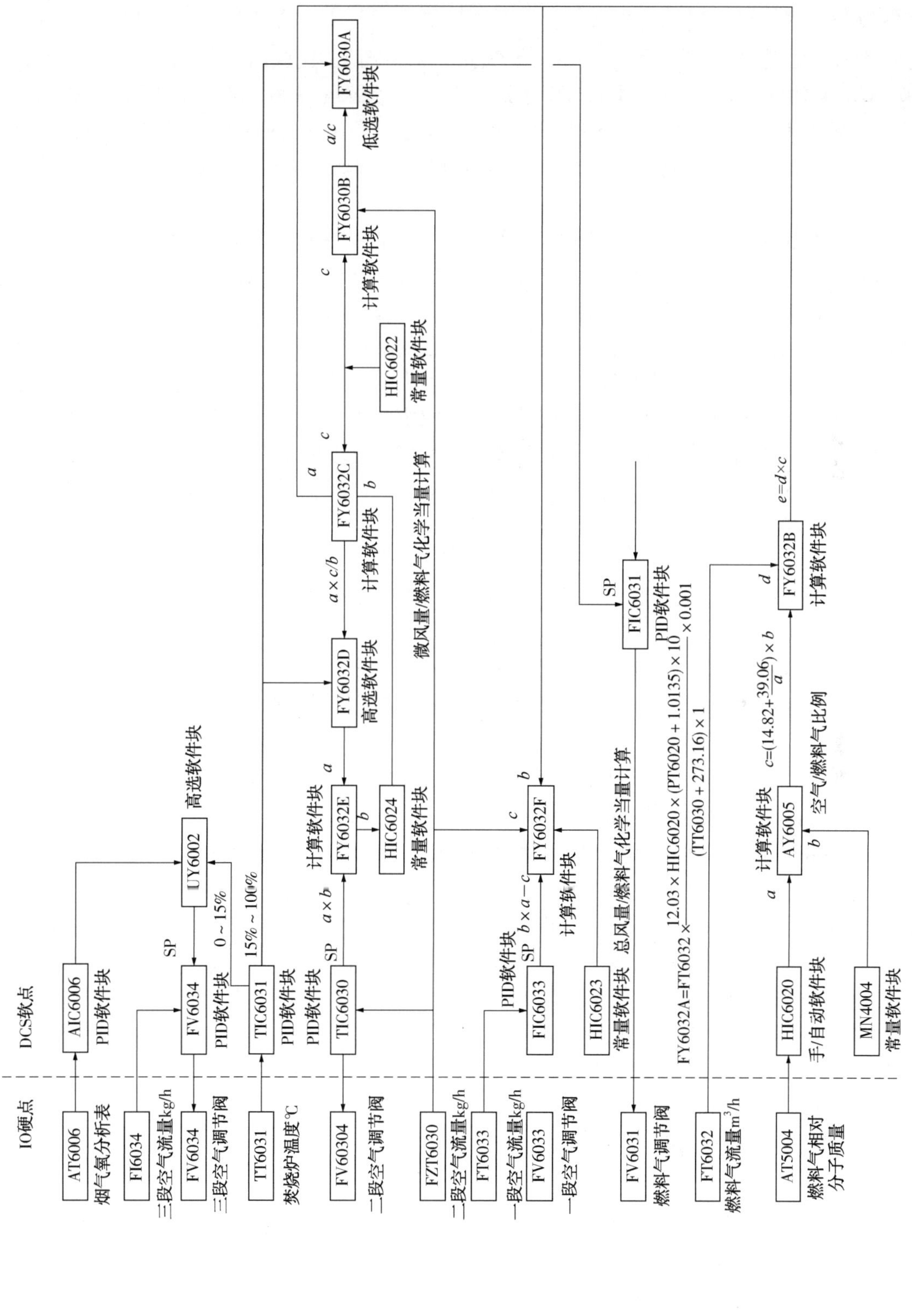

图7-3-8　焚烧炉燃烧控制DCS组态

（六）溶剂循环系统控制回路

溶剂循环系统由吸收塔和再生塔组成，急冷塔塔顶尾气进入吸收塔与贫溶剂逆向接触，净化后至焚烧炉，吸收了 H_2S 和部分 CO_2 等气体的富溶剂从吸收塔底进入富液泵，升压后经贫液-富液换热器进入再生塔再生，再生后的贫液由泵送至贫液-富液换热器、空冷器、水冷器冷却后进入吸收塔上部，溶剂循环使用。再生塔塔顶出来的酸性气经再生塔塔顶空冷器冷却后进入回流罐，经分离后气相返回至 Claus 单元。回流罐底的凝液经回流泵升压后返回再生塔上部回流。

溶剂循环系统主要有两个控制回路：一个是吸收塔贫液的单回路控制，贫液流量控制阀投自动状态，保持进塔贫液流量的稳定，根据装置负荷变化，可以改变流量控制器的设定值，进塔贫液流量通过自动调节达到目标值；另一个是吸收塔液位与富液流量控制构成的串级控制回路，该回路中，吸收塔液位是主控制器，它的输出作为富液流量的设定值，当吸收塔液位升高时，输出增加，富液流量控制器设定值增大，液位下降，从而保持了吸收塔液位的稳定。因此，溶剂循环系统控制的目的是保证吸收塔的平稳运行。该系统中水汽进出不平衡，会导致系统中水含量增加或减少，从而导致再生塔液位缓慢上升或下降。当再生塔液位过低时，可以通过补充除氧水方式补液；当再生塔液位过高时，可以将回流罐内的酸性水部分外排，以保证液位稳定。

操作要点如下：

① 控制好尾气和贫液入吸收塔温度，尽量减小尾气出入吸收塔的温度差，保持尾气中水蒸气含量的平衡。

② 做好急冷塔的操作，防止入吸收塔的尾气带液。

③ 投运好再生塔塔顶空冷器，控制好酸性气冷后温度，同时防止再生塔发生冲塔或淹塔事故。

④ 若再生塔液位过高，从酸性水回流泵出口退出部分酸性水，使再生塔液位符合要求。

（七）再生塔蒸汽流量控制回路

再生塔塔底重沸器以 0.35MPa(表)蒸汽作为热源，为了再生塔的溶剂得到有效的再生，蒸汽流量与富液流量采用比值控制方案。富液流量乘以蒸汽与富液的设定比值，计算得出所需要的蒸汽流量作为重沸器蒸汽流量调节器的设定值，控制重沸器蒸汽流量。这样控制系统根据人为设定的蒸汽与富液的比值，自动调节重沸器的蒸汽流量，消除了溶剂流量波动时蒸汽流量没有及时跟上使溶剂再生效果下降的不利影响，确保溶剂再生塔长期处于最佳操作状态。通过该控制回路，使重沸器的蒸汽流量随富液的流量改变而改变，保证了重沸器的气相返塔温度，从而确保溶剂的再生效果，也避免了溶剂的损耗。

蒸汽流量控制方案如图 7-3-9 所示。

（八）烟气脱硫洗涤水 pH 值控制回路

后碱洗工艺烟气中 SO_2 被吸收液吸收以后，吸收液 pH 值降低，不利于脱除烟气中的 SO_2，故而需要向塔底循环吸收液中补充碱液，使脱硫塔中吸收液 pH 值维持在 7～8，如果吸收液 pH 值过低，可能造成烟气中 SO_2 不能被完全吸收，导致烟气超标排放。如果吸收液 pH 值过高，可能引起脱硫塔填料碳酸盐结晶，系统压力上升。烟气脱硫设施一般设置吸收液 pH 分析仪与注碱流量控制阀构成的串级控制回路，如果 pH 值低于设定值，pH 值控制器输出增大，注碱流量控制器给定值增大，注碱量自动调节加大，达到稳定吸收液 pH 值的目的。正常生产时，注碱泵一般采用计量泵，可以通过调节回流阀开度控制压力，达到控制注碱流量的目的。

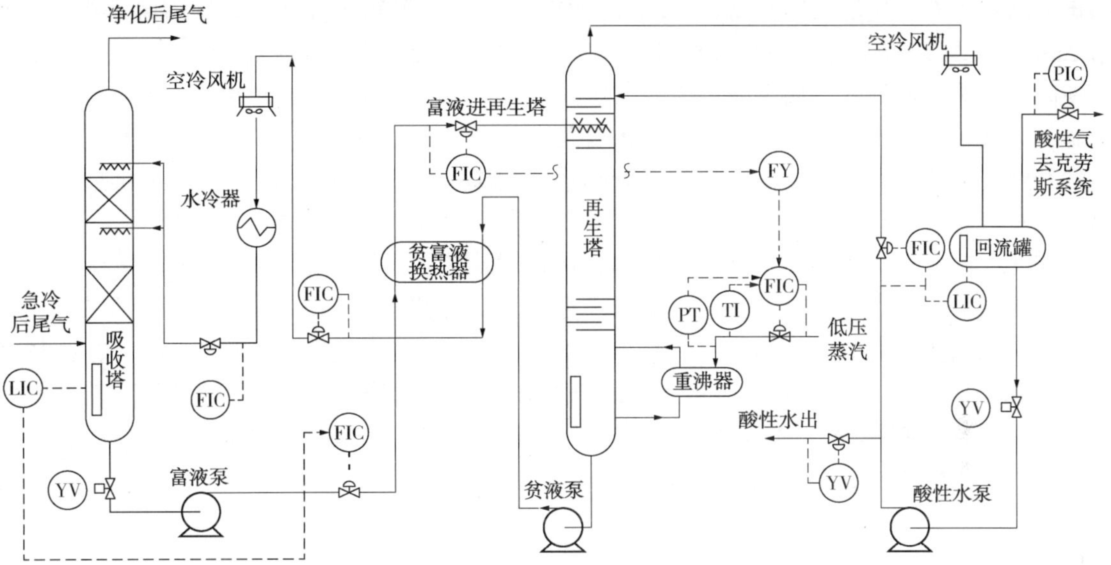

图 7-3-9　再生塔蒸汽流量控制方案

（九）主风机防喘振控制回路

硫黄回收装置空气主风机一般为离心式鼓风机，当管网阻力增大到某值时，鼓风机流量下降很快，当下降到一定程度时，就会出现整个鼓风机管网的气流周期性振荡现象，压力和流量发生脉动，同时发出异常声音，即发生喘振，整个鼓风机组受到严重损坏，因此鼓风机严禁在喘振区运行。为了防止喘振发生，机组设有防喘振控制回路。

空气鼓风机的防喘振控制一般由制造厂家提供，防喘振控制要求保护鼓风机防止不稳定特性而造成损坏。如果压缩机流量减少到要接近喘振线的一个值时，防喘振控制器会打开通大气的排放阀，从而达到防喘振的目的。喘振参数应根据制造厂家提供的喘振曲线，结合鼓风机实际安装情况而确定，喘振点一旦设定，不可随意变更。空气鼓风机防喘振控制方式主要有两种：一是固定极限流量防喘振控制，即把压缩机最大转速下喘振点的流量作为极限值，使压缩机运行时的流量始终大于该极限值；二是可变极限流量防喘振控制，即在喘振边界线右侧做一条安全操作线，使防喘振调节器沿着安全线工作，就是使压缩机在不同转速下运行时，其流量均不小于该转速下的喘振点流量。

入口导叶调节：离心式鼓风机通过连接不同吸入口导叶开度下的喘振起始点得到喘振边界线，喘振边界线左侧区域便是此风机的喘振区。

防喘振控制回路由入口流量测量元件、差压变送器、进气温度测量元件、出口压力变送器、控制室调节器和防喘振调节阀组成。

防喘振控制线：

$$P_d = a \times \Delta p + b$$

式中　P_d——鼓风机出口压力，kPa；

Δp——鼓风机入口气体差压，kPa；

a，b——根据鼓风机性能曲线确定的常数。

差压变送器将测得的入口流量差压信号送至控制柜，作为测量值 $\Delta p_{测}$；压力变送器将测得的出口压力信号送至控制柜，按照防喘振控制公式计算得出差压值，作为调节器的设定值 $\Delta p_{设}$。当 $\Delta p_{测}>\Delta p_{设}$时，调节器输出信号使防喘振阀关闭，当 $\Delta p_{测}<\Delta p_{设}$时，调节器输出信号使防喘振阀迅速打开。如果鼓风机的工作点快速接近喘振线，则必须启动大幅度快速反应设施，为鼓风机提供有效保护。为此，在喘振线和控制线之间设置了安全线；如果工作点到达安全线，防喘振电磁阀失电，瞬间全开，俗称“阀跳变”。这样会造成反应炉供风严重不足，甚至可能由于空气低流量联锁造成装置停车。

因此，离心式鼓风机应在远离喘振边界线的状态下工作。国产风机防喘振系统与风机入口流量有直接关系，一般选用均速管流量计，如果流量计管腔或引压管积灰积液，很可能会引起测量不准、防喘振阀跳开，因此应加强入口流量计的定期维护，确保其完好。实际操作中为避免喘振，一般采取以下措施：将防喘振系统引入 DCS，设置工作点报警，一旦接近喘振线，内操立即采取有效措施。入口导叶和防喘振阀由 DCS 控制，一般保持防喘振阀有一定的开度，并保持风机入口流量在安全的范围内，使工作点远离喘振线。

第四节　先进控制系统

一、先进控制

先进控制(Advanced Process Control，APC)是不同于常规单回路 PID 控制，并具有比常规 PID 控制更好控制效果的控制策略的统称，而非专指某种计算机控制算法。由于先进控制的内涵丰富，同时带有较好的时代特征，因此用来处理那些采用常规控制效果不好，甚至无法控制的复杂工业过程控制的问题。

整个先进控制系统可设计多个子控制器。子控制器是将大型单一控制器分割为逻辑过程部分，可以同时从控制器中开启或者关闭一组有关的操作变量和被控变量。因此，子控制器可以让操作更简单，但又不会改变控制器内在的总体协调优化的真正结构。因此先进控制系统将装置的经济目标通过大控制器统筹考虑和优化，再将实现经济目标的调节手段分解给子控制器来实现。

先进控制系统将多变量预测控制技术、软测量技术和优化技术有机结合起来，在硫黄回收装置上进行整体应用。各控制器相互独立，但有一定的内在联系，共同保证装置生产的稳定运行。

(一) 先进控制算法

先进控制算法是基于计算机的各种控制算法。其中在工业界已有应用的算法包括模型预测控制、内模控制、自适应控制、推断控制、非线性过程控制以及智能控制方法等，见表 7-4-1。控制的目的是通过某一性能指标的最优确定未来的控制作用。优化过程随时间推移在线优化，反复进行，每一步实现的是静态优化，全局看却是动态优化。

表 7-4-1 不同类型先进控制策略

序号	类别	主要特征
1	经典先进控制	变增益控制、时滞补偿、改进 PID 算法
2	流行的先进控制	模型预测控制、统计质量控制、内模控制、自适应控制
3	正在试用的先进控制	专家系统、模糊控制、神经元控制、最优控制(LQG)、非线性过程控制
4	正在研究的先进控制	鲁棒控制、H_∞ 和 μ 综合

先进控制是一个复杂的系统工程，涉及通信技术、仪表技术、系统辨识技术、化工工艺、优化技术，实施过程通常涉及先进控制实现技术、先进控制实施平台、数据收集、模型辨识和控制器设计。

先进控制系统根据装置的生产特点建立装置内各个单元之间诸多变量的协调控制，降低关键被控变量的波动，实现生产操作的长期、安全、卡边控制。先进控制系统有效地处理各生产单元相关变量之间的多变量控制，综合考虑上下游操纵变量与被控变量之间的关系，更好地处理多个不断变换的工艺约束条件及各种干扰因素，保证装置的整体、长期稳定运行。

(二) 先进控制器设计

多变量预测控制器首先通过合理有效的实验设计和实验测试，得到真实有效的实验数据，再利用多变量预测控制软件包中的辨识软件进行数据处理并辨识得到过程的脉冲响应矩阵形式的动态模型。然后，利用多变量预测控制软件包中的辅助设计软件包，根据实际工艺特点、工艺指标和要求选取合理的参考轨迹、操纵变量约束、被控变量约束及控制结构以得到控制器。最后利用多变量预测控制软件包的在线运行软件构成闭环的多变量预测控制系统运行。

控制结构是指被控变量和操作变量关于控制要求的完整描述。APC 采用的控制结构可以是固定的，也可以由用户在线修改，控制器结构如图 7-4-1 所示。

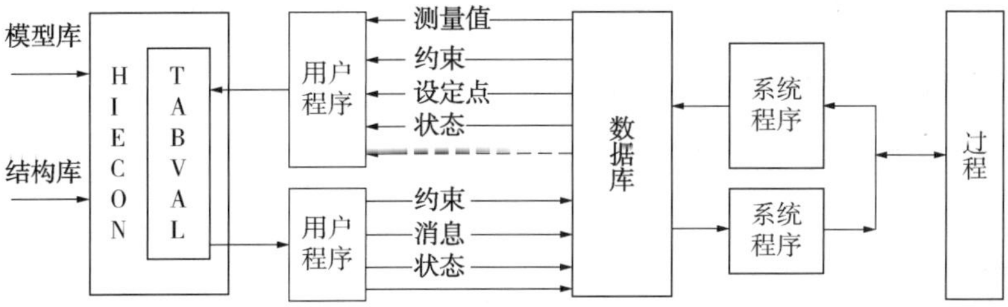

图 7-4-1 APC 控制器结构

(三) 先进控制功能设计

通过建立数学模型，推算工艺过程中难以测量或无法实时在线测量的关键工艺变量，计算结果用化验室分析结果校正，校正后的结果可作为 APC 的控制目标。

多变量预测控制器则根据硫黄回收装置的工艺特点，实现相关生产单元的多变量协调优化控制，达到稳定操作、“卡边”生产等目的，同时满足安全控制要求：

1) 整个的先进控制器切换不会造成额外的扰动；

2) 单个的 CV(被控变量)或 MV(操纵变量)的切换不会造成额外的扰动；

3) 关键的 CV 或 MV 从某个先进控制器切除时，该先进控制器将自动切除并恢复到常规控制状态，而此时将有诊断或报警信息提示给操作人员；

4）在仪表维护时，先进控制器允许维护工程师暂时从控制器中切除某个变量。

二、硫黄回收装置APC技术应用目标

（一）降低操作人员劳动强度

硫黄回收装置的APC技术应用，一般覆盖Claus反应、还原吸收、溶剂再生三个过程单元。通过各APC控制器的多变量预测协调控制、质量指标直接闭环控制，及时消除进料干扰、前后相互耦合、延迟时间长等因素的影响，协调管理约束条件和各调节回路，降低各被控参数的运行波动，提高装置运行平稳性，降低操作人员劳动强度。

（二）提高过程控制平稳性

基于化学工程原理、工艺机理分析推导和历史数据回归分析，建立软仪表模型，建设表征溶剂再生塔脱硫效果、还原吸收效果的在线预测软仪表，这些关键指标包括再生塔塔底H_2S含量、再生塔塔顶MDEA含量、净化尾气H_2S含量；通过APC模型预测协调控制，实现吸收净化尾气H_2S含量、溶剂再生分离精度等指标的直接闭环控制，提高净化尾气、再生溶剂质量控制的平稳性，进一步降低操作员劳动强度；为防止H_2S/SO_2比值分析仪校准期间或偶然故障导致其值出现脉冲对平稳控制造成冲击，建立该比值的软仪表，以分析仪数据在线实时校正。提高酸性气燃烧炉和转化反应过程控制的平稳性。

（三）提高生产装置经济效益

在装置运行平稳性提高、产品质量实现直接闭环控制的基础上，通过在APC控制器内设置参数控制范围，对关键被控指标进行实时卡边控制。在平稳控制转化反应器床层温度和H_2S/SO_2比值的基础上，通过实时卡边控制，降低反应器加热蒸汽消耗；在提高尾气处理过程、溶剂再生过程分离精度平稳性的基础上，遵守质量、安全、设备等控制条件的约束，卡边控制净化尾气质量、再生溶剂质量，降低再沸蒸汽消耗，从而提高装置运行的经济效益。

三、硫黄回收装置APC应用案例

以某企业硫黄回收装置APC技术应用为例，选取气体脱硫、硫黄回收和尾气处理模块先进控制进行说明。

（一）技术路线

1. 气体脱硫模块控制策略

气体脱硫模块选择胺液再生塔、富液闪蒸罐、凝结水罐等设备液位、温度、压力等控制回路进行先进控制提升，控制回路不同变量模型关系见表7-4-2。

1）通过缓慢调整闪蒸罐采出流量，以平稳控制闪蒸罐液位在较小范围内波动，保证闪蒸效果。

2）通过调整凝结水采出阀，克服蒸汽流量波动引起的凝结水量波动，稳定回收罐液位，以免回收罐全满或全空，影响换热效果。

3）以蒸汽压力为前馈变量，通过调整再生塔塔釜蒸汽阀位，稳定塔釜蒸汽流量，平稳控制再生塔塔顶温度和压力。

表 7-4-2　气体脱硫模块不同变量模型关系

操纵/干扰变量		被控变量						
		再生塔塔顶压力 PI11302	胺液闪蒸罐液位 LC11110	凝结水回收罐液位 LC11412A	凝结水回收罐液位 LC11511A	蒸汽流量 FC11403	蒸汽流量 FC11503	再生塔塔顶温度 TI11302
操纵变量	富胺液闪蒸罐采出 FC11112		模型					
	凝结水采出 LC11412A			模型				
	凝结水采出 LC11511A				模型			
	E-104A 的再生蒸汽 FC11403	模型				模型		模型
	E-104B 的再生蒸汽 FC11503	模型					模型	模型
干扰变量	低压蒸汽压力 PI11401			模型	模型	模型	模型	模型
	高压蒸汽压力 PC70101							

2. 硫黄回收模块控制策略

硫黄回收模块选择反应炉空气、燃料气等流量，H_2S/SO_2比值等控制回路进行先进控制提升，控制回路不同变量模型关系见表 7-4-3。

表 7-4-3　硫黄回收模块不同变量模型关系

操纵/干扰变量		被控变量	
		H_2S/SO_2比值 AI31001D	H_2S-2SO_2差值 AC31001
操纵变量	主风量 FC30410	模型	模型
	副风量 FC30416	模型	模型
干扰变量	酸性气压力 PC30405	模型	模型
	酸性气量 FC30413	模型	模型

1）Claus 炉反应尾气含量检测在二级反应器之后，用以调整配风相当滞后，通过大量历史数据分析，建立 H_2S-2SO_2差值和主风、副风预测模型，尽量降低时滞影响，平稳控制 H_2S-2SO_2差值，提高硫黄在 Claus 炉中的产率，降低 SO_2在加氢部分的处理负荷，同时保证尾气排放达标。

2）H_2S/SO_2比值在 H_2S 和 SO_2含量波动较大的时候，数值的波动比 H_2S-2SO_2差值要大些，调整配风更为频繁。考虑建立 H_2S/SO_2比值和主副风模型关系，克服酸性气组成波动，及时调整副风，提高 Claus 炉反应效率。

3. 尾气处理模块控制策略

尾气处理模块选择在线炉、焚烧炉空气、燃料气、蒸汽等流量、压力控制回路进行先进控制提升，控制回路不同变量模型关系见表 7-4-4。

1）燃烧炉的燃料气阀门 FC40104 卡滞，通过燃料气与空气比值及时调整空气量，以保证燃烧炉出口温度。

2）通过调整燃料气阀门，平稳控制燃烧炉出口温度，优化燃料气使用量。

3）通过及时调整燃料气量，克服尾气可燃烧物质含量波动问题，平稳控制尾气焚烧炉温度，优化燃料气使用量。

4）通过调整尾气焚烧炉空气手操器，稳定烟气氧含量，在平稳控制的基础上卡边控制烟气氧含量，提高焚烧炉燃烧效率。

表 7-4-4 尾气处理模块不同变量模型关系

操纵/干扰变量		被控变量			
		燃烧炉燃料气与空气比值 HC40104A	燃烧炉出口温度 TC40261	F403 炉温度 TC41105	烟气氧含量 AI41301F
操纵变量	燃烧炉空气 FC40124	模型	模型		
	燃烧炉燃料气 FC40104		模型		
	焚烧炉燃料气量 FC40902			模型	
	空气调节手操器 HC41004A				模型
干扰变量	燃料气压力	模型	模型	模型	模型

（二）安全切换设计

为保障系统安全，在先进控制上位机和 DCS 之间发生通信中断、上位机发生死机等异常状况时，需要切除先进控制系统，并给出报警提示以便于操作工进行处理。这些功能是通过在 DCS 上建立通信监控程序来实现的。其通信监控程序的机理如下：

先进控制上位机定时(30s)向 DCS 中的通信检测位号置 0，而 DCS 系统则对该位号每秒累计加 1，通信监控程序定时巡查该位号，检查该位号值。若该位号值小于 120(DCS 设置的定时器，单位为 s)，则说明通信正常，并输出通信正常信息，若大于 120(即 2min 未接到上位机信号)，则说明通信中断或者上位机出现故障，自动输出通信异常报警，同时切除整个先进控制系统(将所有控制器开关位号置 0)。为了让先进控制系统具有良好的灵活性，先进控制系统中每一回路均可以在先进控制与常规控制之间自由切换，并且由安全切换程序保证这一切换工作的无扰动进行。安全切换程序包含五个方面：先进控制回路的投运、先进控制回路的切除、先进控制系统与常规控制系统之间的无扰切换、先进控制计算值校验及先进控制切换报警。

1. 先进控制回路投运

当把某个相应回路的开关位号置为投用状态时，该回路的控制模式自动变更到先进控制模式。

2. 先进控制回路切除

1）当通信出现故障时，切除所有先进控制开关；

2）某个子控制器先进控制开关切除时，将该控制器所有先进控制回路开关切除；

3）当某个回路的先进控制投运条件不具备时，切除该回路的先进控制回路；

4）针对某些重点控制回路进行判断，当该回路发生堵塞或执行不到位时，切除该回路先进控制，并报警提示。

3. 无扰切换

未投运先进控制系统时，先进控制设定值自动跟踪自动回路的 SV 值或手动回路的 MV 值，当先进控制投运时实现无扰切换；先进控制系统投运时，实时判断先进控制计算值的好坏，当判断为好值时将其赋给基础回路的 SV 值或 MV 值，当先进控制系统切除时实现无扰切换至常规控制。

4. 先进控制计算值校验

为避免上位机意外出错，或通信过程中出现错误，先进控制计算值在写入对应基础回路的 SV 值或 MV 值之前，必须进行校验。校验包括速率校验、上下限校验等。

（三）优化控制效果

1. 效果表征方法

APC 系统稳定投运一个月后，当装置处于正常生产时，常规控制与 APC 控制分别操作 72h，并统计 APC 控制器中每个已投运 CV 的标准偏差。

标准偏差计算公式如下：

$$S = \sqrt{\frac{\sum_{i=1}^{n}(x_i - \bar{x})^2}{n-1}}$$

式中　x_i——化验分析或过程变量值的样本；

$\bar{x}$——样本的平均值；

n——样本数。

过程变量样本数规模在 24h 样本以上，每分钟一个样本点。

波动幅度减小量=[（常规控制变量标准偏差-先进控制变量标准偏差）/常规控制变量标准偏差]×100%。

2. 先进控制结果

（1）气体脱硫模块

气体脱硫模块胺液再生塔、闪蒸罐等设备先进控制系统投用后，提高了装置的平稳性，关键被控变量的标准偏差明显降低，见表 7-4-5，最高降幅达到 66.9%。

表 7-4-5　气体脱硫模块先进控制系统投运前后对比

位号名	最大值	最小值	平均值	标准差	投运	偏差降幅/%
121LC11110. PV	60. 73	40. 11	44. 39	3. 69	投运前	66. 9
	64. 17	55. 88	58. 44	1. 22	投运后	
121TI11302. PV	100. 57	92. 88	96. 58	1. 23	投运前	33. 7
	96. 19	91. 20	93. 05	0. 81	投运后	
121PI11302. PV	88. 37	73. 07	80. 86	3. 10	投运前	57. 3
	83. 88	75. 23	78. 44	1. 32	投运后	
121TI11306. PV	123. 30	120. 45	121. 86	0. 54	投运前	61. 0
	122. 19	120. 86	121. 36	0. 21	投运后	
121LC11412. PV	103. 84	-0. 99	30. 66	24. 91	投运前	25. 1
	97. 76	0. 90	40. 34	18. 63	投运后	

（2）硫黄回收模块

硫黄回收模块克劳斯反应炉先进控制系统投用后，提高了装置的平稳性，关键被控变量的标准偏差明显降低，见表 7-4-6，最高降幅达到 45.0%。

表 7-4-6　硫黄回收模块先进控制投运前后对比

位号名	最大值	最小值	平均值	标准差	投运	偏差降幅/%
121AC31001. PV	1. 80	−1. 76	0. 52	0. 26	投运前	32. 0
	1. 16	−0. 37	0. 47	0. 18	投运后	
121AI31001D. PV	30. 45	1. 15	7. 22	3. 66	投运前	45. 0
	15. 85	2. 01	6. 51	2. 01	投运后	

（3）尾气处理模块

尾气处理控制器主要控制焚烧炉炉膛温度，先进控制系统投用后，提高了装置的平稳性，关键被控变量的标准偏差明显降低，见表 7-4-7，降幅达到 31. 1%。

表 7-4-7　尾气处理模块先进控制系统投运前后对比

位号名	最大值	最小值	平均值	标准差	投运	偏差降幅/%
121TC41105. PV	670. 36	615. 97	650. 03	3. 49	投运前	31. 1
	666. 08	639. 24	650. 16	2. 41	投运后	

第五节　安全仪表系统

一、安全仪表系统概述

安全仪表系统（Safety Instrumented System，SIS）作为维护安全生产、保护人身安全、防止重大事故发生的重要设施，在石油化工领域得到广泛应用。

硫黄回收装置反应复杂，属于高温（高温 Claus 反应温度 1000～1350℃，低温 Claus 反应温度 210～260℃）、低压（系统压力 8～50kPa）操作，物料大都含有 H_2S，从 0. 001%（体积分数）至 95%（体积分数）不等；产品液硫一般采用蒸汽夹套管输送，内管易出现冲刷腐蚀；设备设施为固定管板式，不设跨线；过程气及液硫管线设置一定坡度。硫黄回收装置有其独特的工艺特点，在炼油厂中属于事故易发装置。近年来，随着装置日趋大型化，安全问题日益凸显。SIS 作为安全保护层中的重要一环，在硫黄回收装置中已被普遍应用，发挥着越来越重要的作用。

（一）SIS 技术特点

SIS 主要用于监视生产装置的操作，当过程变量或设备状态参数超过预设定的限值时，执行预先设定的相应控制动作，使生产过程和设备停车，或自动转移到安全运行状态，防止或减少危险事件发生，实现防灾减灾的目的。

SIS 是由测量仪表、（逻辑）控制器、执行器及相关软件组成的仪表控制系统，比传统的紧急停车系统（Emergency Shutdown Device，ESD）在功能安全性上更为完整，系统的实施贯穿整个安全生命周期，从初期的设计、中期的施工和调试，到末期的试运行、评估、验证和后续的维护，直至安全生命周期到限前的拆除。SIS 的发展经历了继电器系统、固态逻辑电路系统和可编程逻辑控制器（PLC）系统三个阶段。当前主流的 SIS 均采用可编程逻辑控制器，通过微处理器和编程软件来执行逻辑，具备灵活方便编程、自测试和自诊断功能，并配置双重或三重冗余、容错结构的设备和部件。

鉴于 SIS 的重要性和特殊性，一般与过程控制系统(Process Control Systems，PCS)分开独立设置。

1. 系统可靠性和可用性

SIS 的可靠性目前广泛使用的参数是平均无故障时间(Mean Time Between Failures，MTBF)和平均故障修复时间(Mean Time to Restoration，MTTR)。MTBF 又称平均故障间隔时间，指相邻两次故障之间的平均工作时间，它反映产品在规定时间内保持功能的能力。MTTR 源于 IEC61508 中的平均维护时间，是随机变量恢复时间的期望值，它包括获得备件的时间、维修团队的响应时间、投用设备的时间。拥有成熟可靠产品的 SIS 集成商一般都应能提供其产品 MTBF 和 MTTR 的计算、依据和分析数据。

SIS 为故障安全型设计，系统内发生故障时能够按照故障安全的方式停机。具备完善的硬件软件故障诊断及自诊断功能，自动记录故障报警并能提示维护人员。诊断测试能在系统运行的全部周期内进行，一旦检测出故障，即开始报警及显示。

2. 冗余原则

SIS 系统具有完备的冗余和容错技术，所有种类的板卡配置能够实现无差错在线热备和更换，各级网络通信设备、部件和总线功能卡件、电源设备为 1∶1 或重化冗余配置，可编程逻辑控制器普遍采用由 TUV 安全认证的三重化或四重化结构。

3. 系统各级负荷要求

SIS 系统控制站 CPU 应不超过 50%。在满负荷工作情况下，系统的电源、软件的负荷不超过 50%，各级通信负荷应不超过 50%，一般要求各种负载应具有至少 40%的工作裕量。

(二) 安全完整性等级

安全完整性等级(Safety Integrity Level，SIL)用于描述 SIS 的运行安全性能，在一定时间、一定条件下 SIS 能成功地执行其安全功能的概率，其数值代表着 SIS 能够使风险降低的数量级。在欧美等发达国家，SIL 评估技术得到广泛应用，成为提高装置安全水平、降低误操作风险及控制联锁系统投资成本的重要手段。中国起步稍晚，自 2004 年以来，SIL 技术已先后在镇海炼化、茂名石化、天津石化、兰州石化等大型石化装置上得到应用。安全完整性等级，是衡量安全相关系统执行安全功能可靠性的国际标准等级，其核心目标是降低系统危险失效概率，确保“失效安全”能力的可靠性，共有 SIL1、SIL2、SIL3、SIL4 四个等级，SIL4 表示最高的完整性程度，SIL1 表示最低级。对于石油化工行业最高取 SIL3 级。

SIL 定量评估过程是通过对受控单元进行危险与后果分析，确定安全系统或设备在特定时间内能否成功执行其安全功能。选择恰当的目标 SIL，设计满足目标 SIL 的安全联锁功能。

SIL 评估的依据来自危险与可操作性分析及风险矩阵，识别潜在危险与可操作性问题目前有很多工具和技术，如检查(Cheeklis)、故障模式和影响分析(FMEA)、故障树分析(FTA)、HAZOP 分析等。其中，HAZOP 分析法因最初就是为化学工业流体介质处理或物料输送而开发的技术，所以非常适合石化行业工艺流程安全性的分析与评估，虽然 HAZOP 分析需要大量详细信息，过程费时费力，但能更加全面地识别给定系统的危险和设计缺陷，近年来得到行业认可开始广泛应用。

一个 SIS 由多个 SIF(安全仪表功能)构成，各安全功能针对的危险情况不同，所执行的动作也不同。经过危险和风险分析，SIS 中每个 SIF 的组成和安全水平得到识别，接下来就是对每个 SIF 进行计算，进而确定合适的 SIL 等级。常见的 SIL 等级计算方法包括简化方程法、故障分析、马尔可夫模型分析、可靠性方图等。技术实力比较强的 SIS 系统集成商都掌握了特定的 SIL 等级计算方法，并使用专用的计算软件，但由于不同的国家、地区对风险矩阵的划分存在差异，使得 SIL 等级的计算结果有所差异，相同条件下国外计算出的 SIL 等级相对偏高。

（三）测量仪表与执行元件的设置

SIS 系统的现场测量仪表，是用于检测过程变量或设备状态的仪表，测量仪表有模拟量和开关量两类。其中开关量类测量仪表包括过程变量开关、手动开关、按钮、阀门回信、继电器触点等，其性能和设置均需满足安全完整性等级的要求。对于 SIL2、SIL3 等级，测量仪表推荐与基本过程控制系统分开，并采用冗余设置。联锁保护系统设计时，应严格控制单点联锁的应用。当联锁测量仪表故障强度等级为 1~4 级时，测量仪表应设计为“三取二”或“二取二”冗余配置，冗余表决应在(逻辑)控制器中实现，以提高联锁保护功能的可用性，降低误动作概率。由于“2oo2”(“二取二”)冗余配置只能实现“安全性”和“可用性”二者其一，当系统需要二者兼顾的高可靠性时需采用“2oo3”(“三取二”)逻辑结构。考虑到开关量仪表在长期不动作的情况下，可能出现触点黏合或接触不良，导致不动作或误动作，故在非特殊情况下应避免采用。

设备故障强度分级见表 7-5-1。

表 7-5-1　设备故障强度分级

故障强度等级	后果严重程度	对生产主要影响描述
1 级	严重故障	全厂生产波动，2 套以上生产装置非计划停工或全厂生产降量
2 级	严重故障	单套装置非计划停工或 2 套以上装置异常波动
3 级	严重故障	系统或装置局部停工，大机组急停，单套装置有 5 台及以上 A 类设备停运
4 级	严重故障	单套装置异常波动，未引起装置异常波动的大机组停机，或单套装置有 2~4 台 A 类设备停运
5 级	一般故障	单台设备停运
6 级	一般故障	无影响

SIS 系统的执行元件指维持安全状态所需物理动作的设备，包括阀门(气动、电动、液动执行机构的调节阀和切断阀)和附件(定位器、电磁阀、限位开关等)。宜采用气动控制阀，不宜采用电动控制阀。对于 SIL2、SIL3 等级，需采用冗余控制阀，比如 1 台调节阀和 1 台切断阀，或者采用 2 台切断阀。某些场合会采用单一控制阀配套冗余电磁阀的方式，冗余电磁阀只能有限提高电磁阀组的安全完整性等级，并不能提高控制阀的安全指标。

二、硫黄回收装置的安全联锁保护

硫黄回收装置的 SIS 系统包括在停工和生产过程中可能危及生产安全、造成重大设备事故、重大经济损失和人身安全的紧急自动保护。除此之外，装置还设置了工艺变量超限报警、可燃有毒气体报警、火灾报警和消防等。

（一）酸性气进料与酸性液排出系统

1. 功能描述

上游来的酸性气（主要来源有酸性水汽提装置酸性气/含 NH_3酸性气、溶剂再生装置酸性气及煤制氢装置酸性气）在进入酸性气燃烧炉之前需经酸性气分液罐分液，防止酸性气带液进入酸性气燃烧炉。

2. 风险分析

酸性气分液罐高液位，使酸性气携带液体进入酸性气燃烧炉造成炉膛温度大幅波动，影响正常生产。严重时造成燃烧炉火嘴、炉体损坏，甚至造成事故。

3. 逻辑关系及处理

酸性气分液罐应设置液位高高联锁、Claus 单元停车联锁。

酸性气分液罐应设置液位高高“三取二”或“二取二”联锁，且液位联锁仪表的上引出点不得设置在分液包处，而应该设置在酸性气分液罐筒体的上部。下引出点应设在分液包处。

Claus 单元联锁停车时，以下阀门需要动作：

1）上游来的酸性气（主要来源有酸性水汽提装置酸性气/含 NH_3酸性气、溶剂再生装置酸性气及煤制氢装置酸性气）进料切断阀关闭，至酸性气火炬阀门打开。

2）液硫脱气废气、液化气脱硫醇尾气进酸性气燃烧炉阀门关闭，液化气脱硫醇进其他环保设施阀门打开。

3）S Zorb 烟气进加氢反应器阀门关闭，至其他环保设施（如催化脱硫脱硝设置）阀门打开。

4）制硫风机压缩空气进酸性气燃烧炉阀门关闭，风机防喘振阀门打开。

5）燃料气进酸性气燃烧炉阀门关闭。

（二）燃烧炉鼓风机及配风系统

1. 功能描述

风机提供酸性气燃烧所需风量，一般一开一备，对于多系列硫黄回收装置，可以二开一备。

2. 风险分析

风机故障停机或反转引起过程气倒窜入鼓风机，在风机处发生 H_2S 泄漏；风机阀门误关或风机故障等原因导致空气无流量或流量低，燃烧炉配风不足，反应不完全。

3. 逻辑关系及处理

酸性气燃烧炉入口空气管道应设置空气流量低低联锁，或同时设置空气压力低低联锁，Claus 单元停车。

酸性气燃烧炉应设置炉膛熄火联锁，Claus 单元停车。

酸性气燃烧炉鼓风机应设置停机联锁（轴承温度、电机温度、振动或油压等分别设置“二取二”或“三取二”联锁），Claus 单元停车。

Claus 单元联锁停车时，阀门动作情况见“酸性气进料与酸性液排出系统”小节相关内容。

（三）酸性气燃烧炉及余热锅炉发生蒸汽系统

1. 功能描述

自酸性气燃烧炉鼓风机来的适量空气（可经空气预热器加热），进入酸性气燃烧炉火嘴与混合酸性气(可经酸性气预热器加热)在燃烧室进行反应，生产的过程气进入酸性气燃烧炉余热锅炉。余热锅炉回收酸性气燃烧产生的热量，发生中压(或低压)蒸汽，同时降低过程气温度。

2. 风险分析

1）空气流量过大，造成炉膛温度过高，损坏燃烧炉炉膛衬里，导致燃烧炉炉壁烧穿，造成事故。流量过大，配风不合适，制硫单元硫回收率低，尾气负荷过大，造成 SO_2 排放超标，环境污染。

2）酸性气流量大或压力高，装置长期高负荷运行，系统压力高，当过程气达到一定压力时，过程气冲破硫封进入液硫池，从而扩散至装置区，造成操作人员 H_2S 中毒。

3）酸性气流量过低，燃烧器有回火风险；或装置长期低负荷运行，酸性气燃烧炉炉膛温度较低，易造成高温 Claus 反应不彻底，燃烧 NH_3 不完全，形成铵盐堵塞炉膛，装置停工。

4）余热锅炉液位低时，可能导致余热锅炉干锅，炉管爆裂，损坏设备，干锅时向余热锅炉盲目直接加水，导致爆炸。

3. 逻辑关系及处理

酸性气燃烧炉应设置炉膛压力高高联锁，Claus 单元停车。

酸性气燃烧炉应设置炉膛熄火联锁，Claus 单元停车。

进入酸性气燃烧炉的酸性气管道应设置酸性气流量低低联锁，Claus 单元停车。

余热锅炉应设置液位低低联锁，Claus 单元停车。

Claus 单元联锁停车时，阀门动作情况见“酸性气进料与酸性液排出系统”小节相关内容。

(四) 一级反应加热器及一级反应器部分(在线加热炉工艺)

1. 功能描述

过程气采用在线加热炉加热至合适温度后进入一级反应器。

2. 风险分析

燃料气流量低，会导致炉膛温度低，燃烧不完全，也会引起炉子回火，还会造成炉膛熄火；炉膛温度过高，会导致床层超温，有损坏催化剂甚至着火的风险。

3. 逻辑关系及处理

在线加热炉应设置炉膛压力高高联锁；

在线加热炉应设置熄火联锁。

(五) 液硫脱气罐/液硫池及蒸汽抽空器部分

1. 功能描述

暂时储存液硫，并为液硫脱气提供场所。

2. 风险分析

蒸汽中断，液硫脱气罐/液硫池内废气逸出，或含高 H_2S 浓度过程气倒窜至液硫脱气罐/液硫池，逸出并积聚，当达到 H_2S 的爆炸极限时，易引起爆炸。同时，逸出的 H_2S 也会造成人员中毒。

3. 逻辑关系及处理

蒸汽抽空器入口蒸汽流量应设置流量低低联锁。

联锁启动后，蒸汽抽空器出口管线阀门关闭。

（六）尾气加热及加氢反应器系统

1. 功能描述

Claus 单元出口的尾气再热后与 H_2混合进入加氢反应器；加热尾气的方法有多种：中压蒸汽加热、在线炉加热、管式加热炉加热、与加氢反应器出口尾气换热以及与尾气焚烧炉烟气换热等。

2. 风险分析

配风失调不能制取具有还原性的 H_2，导致 SO_2不能还原成 H_2S，设备严重腐蚀，排放超标。

燃料气流量低，会导致炉膛温度低，燃烧不完全，也会引起炉子回火，还会造成炉膛熄火；炉膛温度过高，会导致床层超温，有损坏催化剂甚至着火的风险。

3. 逻辑关系及处理

尾气加热炉应设置炉膛压力高高联锁；

尾气加热炉应设置熄火联锁；

燃料气管线应设置燃料气压力低低联锁。

（七）尾气焚烧炉及鼓风机系统

1. 功能描述

尾气吸收塔塔顶尾气或 Claus 尾气进尾气焚烧炉焚烧，尾气中的硫化物全部转化为 SO_2。焚烧后的高温尾气经随后的蒸汽过热器加热产生过热蒸汽，再经废气锅炉汽包发生中压或低压蒸汽，冷却后的尾气至烟气脱硫系统。

2. 风险分析

燃烧空气流量低或无，导致燃烧不完全，烟囱冒黑烟，部分 H_2S 直接外排，还会导致尾气焚烧炉熄火；焚烧炉炉膛温度高会导致超温损坏设备；燃料气流量低，也会引起炉子回火。

3. 逻辑关系及处理

尾气焚烧炉应设置空气流量低低联锁；

尾气焚烧炉应设置炉膛熄火联锁；

尾气焚烧炉鼓风机应设有停机联锁（轴承温度、电机温度、振动或油压等分别设置“二取二”或“三取二”联锁），停尾气焚烧单元。

尾气焚烧炉停车后，以下阀门需要动作：

燃料气进尾气焚烧炉阀门关闭；

空气进尾气焚烧炉阀门关闭。

（八）中压蒸汽过热器系统

1. 功能描述

利用尾气焚烧炉产生的高温烟气将装置的中压蒸汽加热至过热状态，便于长距离输送，同时降低烟气温度。

2. 风险分析

进入中压蒸汽过热器的蒸汽流量过低等因素使过热器蒸汽出口温度过高，导致中压蒸汽过热器损坏，造成事故。

3. 逻辑关系及处理

中压蒸汽过热器出口蒸汽管道上应设置温度高高联锁(“三取二”)，联锁启动后，停尾气焚烧单元。

尾气焚烧炉停车后，以下阀门需要动作：

燃料气进尾气焚烧炉阀门关闭；

空气进尾气焚烧炉阀门关闭。

(九) 焚烧炉余热锅炉汽包及产汽系统

1. 功能描述

回收烟气中的热量，产生中压(或低压)蒸汽，同时降低烟气温度。

2. 风险分析

余热锅炉液位低时，可能导致余热锅炉干锅、炉管爆裂，损坏设备，干锅时向余热锅炉直接加水，导致爆炸。

3. 逻辑关系及处理

余热锅炉应设置液位低低联锁，尾气焚烧炉停车。

尾气焚烧炉停车时，以下阀门需要动作：

燃料气进尾气焚烧炉阀门关闭；

空气进尾气焚烧炉阀门关闭。

(十) 燃料气分液罐

1. 功能描述

上游来的燃料气在进炉子前需经燃料气分液罐分液，防止过量的水或油进入炉子。

2. 风险分析

燃料气突然中断，会使尾气焚烧炉、在线加热炉火焰熄灭，影响正常生产，SO_2排放超标，甚至 H_2S 泄漏。

3. 逻辑关系及处理

燃料气管道应设置压力低低联锁，停尾气焚烧单元和在线加热炉单元。

燃料气管道压力低低联锁时，以下阀门需要动作：

进尾气焚烧炉和在线加热炉燃料气管线阀门关闭；

进尾气焚烧炉和在线加热炉空气管线阀门关闭。

(十一) 动设备联锁

根据设备厂家要求或者公司动设备管理规定，设置电机/轴承温度、振动，或者油压联锁(“二取二”或“三取二”)。

联锁条件满足后，动设备停机，触发其他联锁条件，相关工艺联锁启动。

第八章　腐蚀防护与控制

对设备的全面腐蚀控制，不仅要对设备的技术数据、工艺及操作情况掌握，同时也应建立起设备腐蚀与防护技术档案。腐蚀与防护技术档案应包括对设备重点腐蚀部位、腐蚀机理的归纳，通过监检测手段对设备重点腐蚀部位测厚结果、腐蚀速率的整理归档，对设备材质适用情况的分析，通过现场腐蚀检查对典型腐蚀部位采集垢样进行腐蚀形貌、腐蚀原因的分析，及制定防腐蚀建议等。通过对腐蚀与防护技术档案内容的不断完善，能有效实施对设备腐蚀防护的各种手段，腐蚀与防护技术档案又是下一步腐蚀防护、风险分析的有效依据，随着腐蚀管理的不断完善逐渐达到设备腐蚀全面控制的目的。

第一节　酸性水汽提装置

酸性水汽提装置是将炼油厂内各装置产生的含硫、NH_3污水，进行脱气、除油处理后，再进行加热汽提，脱除其中的 H_2S 及游离 NH_3，使水质得到净化的装置。装置生产的净化水一部分作为上游装置的注水及洗罐水等进行回用，剩余的排至污水处理场所，处理合格后排放。运行过程中腐蚀性介质覆盖全流程，因此，其腐蚀的分布也覆盖全流程。

一、腐蚀体系

（一）湿 H_2S 腐蚀

主要部位是汽提塔塔顶酸性气系统、回流系统、原料污水罐和酸性水进汽提塔的管线。表现为均匀腐蚀与垢下腐蚀，氢致开裂(HIC)与应力导向氢致开裂(SOHIC)，设备和管线的壁厚均匀减薄或局部腐蚀穿孔。酸性水中的 H_2S、氰化物等可能引起某些钢材的应力腐蚀开裂和氢鼓包，如碳钢设备的焊缝开裂、脱氨汽提塔泡帽塔盘不锈钢固定螺栓的断裂、汽提塔塔顶回流罐和进料缓冲罐等部位可能产生氢鼓包等。

（二）铵盐冲蚀与堵塞

在酸性水进料系统、汽提塔塔顶酸性气系统和回流系统普遍存在。由于 NH_4HS、NH_4HCO_3 或氨基甲酸铵结晶而造成对管道和设备的冲蚀、堵塞。当 NH_4HS 浓度高、流体流速也高时，即使是较为耐蚀的材料也会发生冲蚀。一般塔顶部位的堵塞是由 NH_4HS 等盐类、多硫化物以及腐蚀产物的沉积造成的。塔底的堵塞主要是由于碳酸盐结晶析出沉积，特别是当酸性水与脱盐水或者钙、镁含量高的新鲜水混合时容易产生。

（三）单质硫结垢堵塞

双塔汽提流程净化水外输及下游单质硫结垢堵塞严重，原因是进入脱氨塔后随着 NH_3的逐渐脱出，水质逐渐呈酸性，$S_2O_3^{2-}$和多硫化物在酸性条件下会分解生成硫黄。另外，当脱硫化氢汽提塔塔顶温度过低(低于 19℃)时，H_2S 与水生成水合物 $H_2S \cdot 6H_2O$，容易造成管线堵塞。结晶温度与 NH_3的含量有关，为避免在低的温度下结晶，设备与管道应保温。

（四）氯离子腐蚀

双塔汽提工艺中，氨汽提塔再沸器介质为净化水，其含有 SO_3^{2-}、Cl^-、NH_4^+以及微量 NH_3、H_2S。换热管束的受热面由于蒸发，在换热管束中易形成硫酸盐等酸碱盐沉积物，结垢后会发生氯离子腐蚀，造成换热管束腐蚀。

（五）含酚酸性污水

含酚酸性污水，对常温固化的环氧、呋喃、酚醛类涂层的溶解，加上水的渗透性，使有机涂层的分子结构发生溶胀、断裂。腐蚀的主要部位为罐底与罐壁，表面形态主要是靠近焊缝附近出现穿透性裂纹。因此涂料的选择与施工质量十分关键。

二、易腐蚀部位腐蚀机理

酸性水中一般含有硫化物、NH_3、CO_2、酚、硫醇、氰化物、有机酸、无机盐及油类。其腐蚀介质主要是 H_2S、CO_2、NH_3和 CN^-等，以及由它们之间反应生成的 NH_4HS 和 NH_4HCO_3。

（一）酸性水储罐

酸性水中氯离子半径较小且穿透性较强，容易穿透涂层到达金属基体表面。此外，酚与酸性水中的 NH_3、水等小分子介质相互作用，也具有很强的穿透性。氯离子、酚共同作用使涂层与金属基体脱离，在金属基体和涂层间形成缝隙。酸性水中的腐蚀介质开始渗透到金属表面，H_2S 与金属中的铁反应生成 FeS。

酸性水中溶解的 NH_3含量较高，FeS 再与 NH_3反应生成腐蚀产物 NH_4HS 附着于金属表面，在 NH_4HS 覆盖的金属表面形成垢下腐蚀，在一些应力集中的部位还会产生硫化物应力腐蚀开裂。当 NH_4HS 与 NH_3反应时生成$(NH_4)_2S$时，$(NH_4)_2S$能极大提高 H_2S 在水中的溶解度，提高了 HS^-的含量，使得酸性水的腐蚀加剧，造成缝隙内金属基体的严重腐蚀，进而导致涂层出现鼓泡和脱落。随着腐蚀的不断发展，涂层失效面积增大，最终导致储罐内壁发生大面积的涂层失效。此外，从涂层本身的防腐质量来分析，涂料防腐施工过程中储罐内壁的金属基体处理质量、涂膜厚度、涂膜针孔率等都是导致涂层短时间内发生鼓泡或脱落的重要因素。

（二）汽提塔及换热区域

1. NH_3-HCl-H_2S 腐蚀

酸性水汽提装置内多组分流体流动过程中，气相中的 NH_3和 HCl、H_2S 发生可逆反应，生成的铵盐结晶颗粒会沉积在塔盘及塔壁表面，随着结晶颗粒的不断堆积，会阻碍多相流介质的流动及热传递，铵盐结晶平衡受温度和各组分分压影响。在汽提塔内部随着温度的降低，液态水会吸附在塔盘表面，NH_3和 HCl 溶于液态水中，形成局部高浓度的腐蚀性溶液，环境 pH 值迅速降低，并与金属表面保护膜发生反应，破坏壁面保护膜。在流体冲刷的共同作用下壁面保护膜逐渐疏松脱落，露出基材。酸性溶液进一步的腐蚀，加剧了壁面的破损，从而导致了设备的腐蚀减薄。铵盐溶液腐蚀主要发生在酸性水汽提塔塔顶系统、换热器的管程等，铵盐结晶后会留在管线阀门或设备的低点、死角，进而造成堵塞。

2. 冲刷腐蚀

NH_4HS 的结晶温度一般在水的露点温度以下，在水量较大时，NH_4HS 也开始大量溶解于水中。随着空冷器温度的降低，特别是一些局部冷态区，NH_4HS 结晶析出，造成液态水

相携带 NH_4HS 盐固体颗粒，进一步造成冲刷腐蚀。冲刷造成腐蚀产物脱落，冲刷越大，脱落的越多，露出新鲜的活性表面后又促进了新的腐蚀，循环交替，加快了设备腐蚀，使设备不断腐蚀、脱落、壁厚变薄，最后穿孔破坏。

3. H_2S-H_2O 腐蚀

汽提塔内由下向上水溶液中的 H_2S、NH_3 和 Cl^- 等酸性成分浓度逐渐增加，塔顶部因温度较低而凝聚大量水分，大量 H_2S 溶于水使得塔顶湿 H_2S 腐蚀加重。在塔顶酸性气分液罐生成硫化铁，从而引起金属的均匀腐蚀。它可以将金属均匀减薄，也可以将金属表面腐蚀得凹凸不平，即形成坑蚀(点蚀)。

在与湿 H_2S 接触的构件中大致可发生两种类型的断裂：一种是氢诱发的断裂；另一种是 H_2S 应力腐蚀开裂。氢诱发的断裂又可分为氢鼓泡、氢致开裂、应力导向氢致开裂。H_2S 应力腐蚀开裂是指湿 H_2S 环境中腐蚀产生的氢原子渗入钢的内部，因溶于晶体中，使钢的脆性增加，在外加拉应力或残余应力的作用下形成的开裂，即发生 H_2S 应力腐蚀开裂。

4. 电化学腐蚀

塔顶到热进料部分属于 H_2S 精馏段，温度较低，易发生低温湿 H_2S 腐蚀。塔壁的腐蚀以密集的点状或蜂窝状腐蚀为主，这是明显的电化学腐蚀，与湿 H_2S 有关。

5. 垢下腐蚀

由于循环水和蒸汽溶解的各种盐类中重碳酸盐是引起成垢的主要物质，因此，在其经过换热器的传热表面时，随着水温升高，会发生如下反应：

$$Ca(HCO_3)_2 = CaCO_3 + CO_2 + H_2O$$

$CaCO_3$ 属于难溶性盐类，饱和状态下的 $CaCO_3$ 从水中结晶析出，在介质流速较低部位沉积成垢。循环水与冷却塔内空气充分接触，水中溶解氧得到补充，致使换热器碳钢材质在循环水作用下发生一系列化学和电化学反应。在富氧条件下，循环水中的少量异养菌在金属表面滋生，形成的生物膜逐渐长大成瘤，引发微生物腐蚀并加重垢下腐蚀。

垢下腐蚀也由铵盐结垢及凝液沉积引起。

腐蚀随 NH_4HS 溶液浓度增大和速度加快而增加。当 NH_4HS 的浓度增加到一定程度时，会形成氨离子络合物，使金属表面的 FeS 保护层剥离，加快腐蚀速率。

(三) 汽提塔塔顶酸性气管线

汽提塔塔顶酸性气管线腐蚀形式主要为 H_2S+H_2O 的腐蚀，即湿 H_2S 腐蚀。管线内腐蚀介质 H_2S 与金属发生氢的去极化反应，生成 FeS 腐蚀产物膜。该产物膜致密性较高，对管道内壁起到一定的保护作用。但由于管线介质中 NH_3、H_2S 的质量浓度较高，即水相中 NH_4HS 的浓度也偏高，致使腐蚀产物 FeS 保护膜与 NH_4HS 发生反应，腐蚀产物 $Fe(NH_3)_6^{2+}$ 结构与 FeS 相比较为疏松，且管线内工艺物料流速较快，对管线内壁造成一定的冲刷磨损，特别是在管道弯头部位，流体流向及形态发生变化，导致弯头部位冲刷磨损最为严重，弯头部位的腐蚀产物 $Fe(NH_3)_6^{2+}$ 受流体冲刷磨损剥离，导致金属表面重新裸露于腐蚀介质中。H_2S 再与金属发生反应生成 FeS 腐蚀产物膜，继而与 NH_4HS 发生反应生成 $Fe(NH_3)_6^{2+}$，再被物料冲刷磨损剥离，如此反复地对弯头部位冲刷磨损腐蚀，导致弯头部位快速腐蚀减薄，甚至穿孔泄漏。

有文献报道加氢型酸性水汽提装置的硫化物质量浓度、氨氮质量浓度是非加氢型酸性水汽提装置的 3 倍多，介质腐蚀性明显较强。

（四）侧线抽氨系统

1. 冲刷腐蚀

侧线抽氨系统汽提一、二、三级冷却器及下游分液罐底部管线减薄的主要原因是 NH_4HS 的冲刷腐蚀。金属材料在 NH_4HS 存在的酸性水中会发生腐蚀，腐蚀速率随 NH_4HS 浓度的升高、流速的增加而提高。

2. 铵盐腐蚀

各级分凝器对侧线抽出的含 H_2S 富氨气分凝脱水，得到高浓度粗氨气。含 H_2S 富氨气中主要腐蚀介质有 NH_3、H_2S、CO_2、NH_4HS 和 NH_4HCO_3，因此罐内壁容易发生以 NH_4HS 和 NH_4HCO_3 为主的铵盐腐蚀并形成麻面蚀坑。

3. 垢下腐蚀

与净化水冷却器相似，$CaCO_3$ 等难溶性盐类达到饱和状态后会在管板以及浮头处结晶成垢，发生垢下腐蚀。

（五）再沸器

氨汽提塔塔底再沸器管程中物料为汽提后酸性水，其中含有 NH_4^+、Cl^-、SO_3^{2-}、微量 H_2S 及 NH_3。在 140℃时，再沸器换热管内受热面因蒸发会形成碱的浓缩，一段时间后硫酸盐就在换热管内沉积结垢，因结垢物中除硫酸盐外还含有较高浓度的 Cl^-，而 Cl^- 对碳钢表面钝化膜的破坏性很大，常常是点腐蚀反应过程中的腐蚀促进剂，因此，点腐蚀在含氯离子较高的环境氛围内更容易产生。

（六）保温层下腐蚀

操作温度低于 150℃的设备和管线，尤其是温度反复变化的部位容易出现保温层下腐蚀。造成保温层下腐蚀的主要因素是保温层受潮污染后，在潮湿环境中对设备造成的腐蚀。空气中的氯化物、硫化物等物质进入保温层也会促使保温层下腐蚀的发生。在腐蚀检查中发现装置中大多设备和管线存在不同程度的保温层下腐蚀，个别设备的腐蚀较严重，这是因为酸性水汽提装置的腐蚀性介质主要为 H_2S 等，H_2S 逸出进入保温层促进了腐蚀发生。

三、防腐措施

（一）工艺防腐措施

1）冲刷腐蚀如果是由相变引起的，汽提塔塔顶内循环冷却流程可以有效解决腐蚀问题。采用酸性气与酸性水换热改造方案，不仅解决了酸性气空冷器管束的腐蚀问题，还利用了酸性气的低温热，增加了酸性水的入塔温度，从而降低了装置能耗。

2）控制塔顶回流进料量，减小或者延缓冲刷腐蚀。

3）为避免汽提装置酸性水腐蚀物持续富集，净化水不再回用，改去污水处理厂处理。

4）腐蚀介质采取加注水、抑制剂以及缓蚀剂等措施从而减缓腐蚀。国内某些装置在设计中采用加入缓蚀剂的措施，但是还没有成熟的使用经验，国外某炼油厂为了防止酸性水中 CN^- 产生腐蚀，在系统中加入四硫化钠，使酸性水中的 CN^- 变成 SCN^-，减轻了腐蚀。

5）合理控制装置内介质流速或改变原料水-净化水换热器原有结构，能有效减缓冲刷腐蚀。有资料推荐酸性水进料管道和回流液管道线速度宜控制在 0.9～1.8m/s，汽提塔塔顶气管道线速度应低于 15.2m/s，当塔顶冷凝器采用铝管束时，流速应控制在 12.2m/s 以下。

6）针对循环水垢下腐蚀，在冷却水处理时添加合适浓度的除菌除氧剂，加强对循环水的过滤处理，防止添加药剂产生的沉淀以及自然环境中的杂质进入循环水系统，从而加重设备的垢下腐蚀。

7）为防止塔顶冷凝器由于盐类结晶引起的堵塞和腐蚀，可采取间断注水或蒸汽加热的措施去除结晶物。

（二）设备防腐措施

1）在管线安装焊接时，通过焊前预热、焊后热处理、严格执行焊接工艺程序和控制碳当量，把焊缝和热影响区的硬度控制在 200HB 以内，能有效防止 H_2S 应力腐蚀开裂。同时，通过焊后热处理，有助于降低热影响区的残余应力和强度水平，降低应力定向氢致开裂的敏感性。

2）鉴于腐蚀生成了大量铁的硫化物，依据 NH_4HS 浓度，当流速过高时，使用耐腐蚀材料，将管道及换热器材质升级成 304L。

3）对于易发生 H_2S 应力腐蚀、氢鼓包等湿 H_2S 腐蚀问题的部位，可选用 0Cr18Ni9Ti 或 1Cr18Ni9Ti 等材质。

4）在碳钢材料表面喷涂环氧树脂玻璃钢、环氧树脂涂层、酚醛耐水耐温涂料等以达到减轻设备腐蚀的目的。如常压储罐也可使用碳钢+防腐涂层（如环氧树脂玻璃钢、环氧树脂涂层、酚醛耐水耐温涂层），或在金属表面喷涂不锈钢或惰性材料来达到防腐蚀的目的。原料水罐中所来酸性水的腐蚀性介质含量波动较大，对原料水罐的腐蚀影响也较大。腐蚀性介质包括 H_2S、NH_3 和杂酚，其中杂酚对原料水罐防腐涂层局部的破坏作用较强。原料水罐在电解质条件下运行，一旦防腐涂层局部发生破坏，就会形成大阴极小阳极的腐蚀体系，加重对防腐涂层破损部位的腐蚀，会导致罐体的局部开裂或穿孔，严重时会造成储罐的报废。

5）为了避免钢管表面受到外界湿 H_2S 环境的损害，可对钢管表面进行喷砂除锈、涂防锈漆处理，形成一道有效的屏障。

6）采用超声波技术对重沸器除垢。采用超声波防除垢技术，可以避免重沸器内部结垢，保持换热表面清洁，避免了因结垢导致的蒸汽用量增长和泄漏损耗。此外，大检修期间无需开展设备化学清洗，减少了清洗剂的排放，有利于环境保护。

7）在管束出口端风机上方搭设挡雨棚，防止暴雨直接冲淋管束，造成温度剧降，因为暴雨时管束低温段会有铵盐结晶析出。

8）对于酸性水的酸性冷凝液产生严重电化学腐蚀的部位，当工艺防腐措施无法实施或无可靠保证时，可选用 Cr18-Ni18 型奥氏体不锈钢。

四、腐蚀检测方面

1）装置运行期间，通过安装腐蚀挂片、腐蚀探针或测厚等措施，实现对关键流程或设备部位的腐蚀速率监测。

2）确定检测重点部位：保温层损坏的管道部位；发生泄漏部位；振动较大管线、设备出入口附近焊接接头；长期承受明显交变载荷的管道；支吊架损坏部位附近的管道焊接接头。采用的无损检测技术有磁粉检测（MT）、渗透检测（PT）、射线检测（RT）、超声波检测（UT）、涡流检测（ET）等，其中 MT、PT 检测工件表面缺陷，MT 对于铁磁性材料表面缺陷具有较高的检出率，PT 对于奥氏体不锈钢材料表面缺陷具有较高的检出率。对于埋深裂纹通常采用 UT、RT 等无损检测技术。

3）根据现场的实际情况，定期对物料进行取样分析，监测介质中成分的变化。

4）pH 值接近中性或偏碱性时钢中的氢溶解量最低，pH 值较低或较高时氢溶解量都较高，所以最好在塔顶系统设置 pH 探针，对 pH 值进行监测。

5）通过超声波定期定点测厚、远场涡流、导波技术等实现设备腐蚀状态的监检测，通过监检测结果分析腐蚀速率并预测腐蚀趋势。

第二节　溶剂再生装置腐蚀机理及防护措施

溶剂再生装置一般采用蒸汽汽提再生工艺，通过再生塔，将富溶剂中的 H_2S 汽提出来，经塔顶冷却器冷却，酸性气与酸性液经酸性气分液罐分离，酸性气送至硫黄回收部分，酸性液作为再生塔顶部回流。

一、腐蚀体系

1）再生塔塔顶冷凝系统的 $CO_2-H_2S-H_2O$ 腐蚀环境，主要产生由 H_2S-H_2O 引起的均匀腐蚀、氢鼓泡、氢脆和应力腐蚀开裂。

2）再生塔、富液管线、再生塔底重沸器等部位的 $RNH_2-CO_2-H_2S-H_2O$ 腐蚀环境，主要产生由 CO_2 引起的均匀腐蚀，由 CO_2、胺、H_2S 引起的应力腐蚀开裂等。

3）胺液污染物腐蚀环境，污染物主要有胺生成物 NH_4HS、胺降解产物、热稳定盐、烃类物质、氧和硫化亚铁的固体物等，除本身会造成均匀腐蚀和冲刷腐蚀外，还会促进 CO_2 的腐蚀，这些腐蚀存在于整个脱硫装置，是脱硫装置的主要腐蚀原因。

影响胺液脱硫系统腐蚀程度的主要因素有胺液降解、冲刷、设备结构或材料选型不当等。

（1）胺液降解（氧降解、热降解）的影响

胺液储罐若没有采取惰性气体密封，且整个系统没有采取过滤沉降措施，会造成胺液降解严重，胺液中杂质多，热稳定盐的浓度增加。胺液再生系统再生塔塔底重沸器采用的蒸汽温度过高，容易造成胺液的热降解，MDEA 胺液主要发生氧降解和热降解，一般不发生化学降解。热稳定盐主要是进入系统中的氧或其他杂质与醇胺反应生成的一系列酸性盐。当任何一种热稳定盐或其总量超标时，溶液中会出现悬浮硫化亚铁或其他固体，胺液颜色变深，并容易发泡。

（2）冲刷和紊流

流速过高也是管线腐蚀严重的主要原因之一。如胺液再生塔塔顶出口管线和循环系统，当装置负荷增大，或阀门勒量时，造成局部流速过高，导致阀门及后部管线发生冲刷腐蚀减薄或穿孔。

（3）设备结构选型不当

再生塔塔底腐蚀比较严重的重沸器都为虹吸式重沸器，由于其蒸发空间较小，管束上部和壳体出口管线容易发生空泡腐蚀，此外，重沸器管束上的折流板会造成紊流现象，导致溶液中动静压力的变化，使更多的酸性气被释放，造成该部位产生严重的泡蚀。对于釜式重沸器，虽然胺液腐蚀性杂质含量很高，但由于蒸发空间大，腐蚀比较轻微。

二、易腐蚀部位腐蚀机理

(一) 胺液系统

胺液系统包括贫、富胺液泵进、出口弯头，泵出口闸阀阀体，贫、富液换热器进、出口弯头及管道。

1. $CO_2-H_2S-H_2O$ 腐蚀

贫、富胺液管道均采用碳钢材质，碳钢材质在 $CO_2-H_2S-H_2O$ 环境下腐蚀较快，可引起氢鼓泡、氢脆和应力腐蚀开裂。贫胺液的高流速和紊流释放的酸性气，使碳钢表面的硫化物保护层破裂，$CO_2-H_2S-H_2O$ 腐蚀环境在 H_2S 和 CO_2溶液中含有 H^+、S^{2-}和 HS^-离子，对金属腐蚀为氢去极化作用，其反应如下：

阳极反应：

$$Fe = Fe^{2+} + 2e^-$$

$$Fe^{2+} + S^{2-} = FeS$$

$$Fe + HS^- = FeS + H^+ + 2e^-$$

阴极反应：

$$H^+ + e^- = H$$

在有水存在的条件下，H_2S 与金属作用生成了硫化物和氢，除产生一般腐蚀外，还会发生原子氢渗入金属内部，继而发生氢鼓泡。腐蚀反应进行时，H_2S 阻碍了原子氢集合成氢的过程，引起原子氢在碳钢中扩散，正常情况下，这种腐蚀是均匀的，但这种腐蚀的发生会随着温度的升高而加剧。所以腐蚀往往发生在高温段。

2. $RNH_2-CO_2-H_2S-H_2O$ 介质腐蚀

贫胺液使用的是常规 *N*-甲基二乙醇胺，对 H_2S 和 CO_2的选择性差异较小，贫胺液在循环过程中吸收大量 CO_2。再生过程仍有部分 CO_2未被解吸出来，在高温环境下贫胺液碱性较弱，溶解在胺溶液中的 CO_2以分子状态存在，在贫胺液流动过程中 CO_2气体不断释放，同时塔底贫胺液温度较高，伴有大量水蒸气释放。气液混合相流体在流动过程中冲击设备，于弯头、变径头、泵壳等流向转变、流速变化位置表现更为明显，形成气、液冲刷腐蚀，进而在弯头处形成坑蚀。

CO_2-H_2O 系统的腐蚀：CO_2是主要的腐蚀因素，在 H_2S 浓度小于 1%(体积分数)时，视为 CO_2环境。游离的或化合的 CO_2均能引起腐蚀，有均匀腐蚀、局部腐蚀，腐蚀机理如下。

CO_2的腐蚀反应式为：

$$Fe + 2CO_2 + 2H_2O = Fe(HCO_3)_2 + H_2$$

$$Fe(HCO_3)_2 = FeCO_3 + CO_2 + H_2O$$

CO_2生成碳酸可直接腐蚀设备，其反应式为：

$$Fe + H_2CO_3 = FeCO_3 + H_2$$

腐蚀速度随温度升高而加快，温度在 80～120℃时腐蚀加剧，温度高于 120℃时，腐蚀速度减缓。

3. 热稳定盐腐蚀

胺液在脱硫工艺中，因贫溶剂本身降解、原料气中杂质、物料带入等原因，各种离子在系统内积聚，与醇胺结合形成醇胺盐，这些盐在高温再生过程中除不掉，稳定存在于胺液系统，被称为热稳定盐。热稳定盐主要为阴离子类型，如氯离子、硫酸根、甲酸根、乙酸根、草酸根、碳酸根、硫氰酸根和硫代硫酸根等。形成热稳定盐的阴离子很容易取代硫化亚铁上的硫离子，与铁离子结合，从而破坏致密的硫化亚铁保护层，造成设备腐蚀。腐蚀机理如下：

$$FeS+2SCN^- = Fe(SCN)_2+S^{2-}$$

$$FeS+2CH_3COO^- = Fe(CH_3COO)_2+S^{2-}$$

这样，通过破坏FeS钝化层，金属表面重新暴露于H_2S环境中，热稳定盐在胺液中积聚加速了胺液腐蚀。

4. 固体物过滤系统运行的影响

胺液中的污染物有热稳定盐、乙醇胺分解的产物、烃类、氧化铁、硫化铁等，这些物质对胺液中发生的热稳定盐腐蚀、湿H_2S腐蚀等反应有显著的促进作用。同时这些物质相互结合，形成大小不一的不溶固体颗粒，其对设备表面有很大的冲蚀作用，导致了装置设备和管线的冲刷腐蚀问题。

5. 氯离子腐蚀

溶剂再生系统运行过程中，除盐水中的氯盐与各用胺装置原料中的有机氯会带入溶剂再生系统，使氯离子逐渐增加，在系统内胺液没有置换的情况下，氯离子将会不断富集，会给现有的不锈钢材质带来离子腐蚀，由其产生的氢原子也会给设备带来发生氢脆和鼓泡的风险。

（二）再生塔与重沸器

与再生塔接触的工作介质是酸性气、水及乙醇胺的混合物。再生塔内的主要反应为：

$$(RNH_3)_2S = 2RNH_2+H_2S \qquad (116\sim120℃)$$

$$(RNH_3)_2CO_3 = 2RNH_2+CO_2+H_2O \qquad (118\sim123℃)$$

富液中的$(RNH_3)_2CO_3$和$(RNH_3)_2S$复合物在升温降压下分解，释放出CO_2和H_2S等酸性气，复原成RNH_2，成为贫液。

1. $CO_2-H_2S-H_2O$腐蚀

在$CO_2-H_2S-H_2O$介质中，能引起碳钢应力腐蚀的主要是H_2S-H_2O，而原料中含有的HCN又加速了H_2S-H_2O对碳钢的应力腐蚀。碳钢在$CO_2-H_2S-H_2O$介质中，不仅能导致Fe元素不断溶解生成FeS，而FeS又能不断地被溶解，形成恶性循环，从而使腐蚀速度大大加快，造成应力腐蚀开裂；且阴极反应生成的氢还能向钢中渗入并扩散，加速裂纹的扩展，进而导致硫化物的应力腐蚀开裂。

2. 缝隙腐蚀和腐蚀疲劳

金属表面上由于存在异物或因结构上的原因而形成缝隙，使缝隙内溶液中与腐蚀有关的物质迁移困难所引起的缝隙内金属的腐蚀叫缝隙腐蚀。几乎所有金属都有可能产生缝隙腐蚀，但以依靠钝化而耐蚀的金属最容易产生这种腐蚀。0Cr18Ni9Ti是典型的依靠钝化而获得耐蚀能力的金属材料。几乎所有的腐蚀性介质都能引起金属缝隙腐蚀，但以含Cl^-的溶液最容易引起该类腐蚀。换热管与管板胀接的部位可能存在缝隙，而且由于老化溶剂中固体杂质的含量较高，很容易在介质流动较缓的位置，如管板的根部沉积，使沉积物与管板、管子之间形成缝隙。同样由于管子的振动，使管子与支持板之间持续撞击也会造成裂纹(缝隙)的产生。

在交变应力和腐蚀介质的共同作用下，金属的疲劳强度或疲劳寿命较无腐蚀作用时有所降低，这种现象叫作腐蚀疲劳。由于管子的振动，使管子在管子与管板、管子与支持板结合部位产生周期性的弯曲应力(交变应力)，管子与支持板接触部位由于周期性的撞击，使管子产生周期性的压应力和剪切应力。在交变应力的作用下金属材料产生滑移变形，并且在腐蚀介质的作用下产生腐蚀疲劳裂纹。由于缝隙腐蚀和腐蚀疲劳，一旦重沸器管束产生贯穿性裂纹，在蒸汽的冲刷作用下裂纹将迅速扩展，从而发生管束的泄漏。

3. RNH_2-H_2S-H_2O 腐蚀

MDEA 贫液中热稳定盐的 Cl^- 含量超标，会导致换热管束发生热稳定盐腐蚀。热稳定盐的阴离子很容易取代 FeS 上的 S^{2-}，并与 Fe^{2+} 结合成可溶性盐，从而破坏 FeS 保护膜的致密性，造成管束点蚀即破坏表面腐蚀产物保护层，同时露出的基体金属与周围的腐蚀产物构成小阳极大阴极的自腐蚀微电池，加剧点蚀，最终导致穿孔泄漏。半富胺液从下部进入壳体中，加热后从上部分两路出来，因此，导致壳体的下部成为温度相对较低的区域，半富胺液中会有部分水分冷凝在管束外壁，H_2S 溶解并产生氢去极化的电化学腐蚀过程，腐蚀形态为管壁均匀减薄或局部减薄。同时壳体的两侧区域也成为部分杂质的死区，溶解于半富胺液部分冷凝水中的 H_2S 所形成的溶液和杂质在此发生浓缩，H_2S 浓度增大，形成同样的腐蚀环境。

4. 冲刷腐蚀+RNH_2-CO_2-H_2S-H_2O 介质腐蚀

RNH_2-CO_2-H_2S-H_2O 系统对碳钢的腐蚀由 CO_2 引起，并随着干气中 CO_2 含量的增加而加剧对设备的腐蚀。同时，由 RNH_2 与 CO_2 反应生成的降解产物——聚胺型物质也可促进设备的腐蚀。

重沸器酸性气返回接管中的介质对塔体的冲刷是局部严重腐蚀的主要原因。由于返回介质除酸性气外还含部分液体介质，介质从重沸器酸性气返回接管中冲出，对管口对面的塔壁进行冲刷。$FeCO_3$ 和 $Fe(HCO_3)_2$ 是 O_2 腐蚀后的主要产物，这些腐蚀产物以疏松状附着在容器内表面，形成保护膜。当存在气、液流冲刷时，作为保护膜的腐蚀产物很容易脱落，露出金属表面重新被腐蚀。在两者的共同作用下，塔体的局部腐蚀速度加快，造成了严重的局部腐蚀。

(三) 塔顶气相冷却系统

1. 塔顶空冷器出口管线的腐蚀

国内某炼油厂酸性气空冷器出口管线有明显的冲刷坑和沟槽，穿孔也发生在该部位。溶剂再生塔酸性气自再生塔塔顶出来后，先经空冷器冷却，然后经水冷器冷却进入酸性气分液罐。溶剂再生装置塔顶酸性气冷却系统采用的材质一般为 20 号钢。正常运行状况下，管线中为水蒸气、H_2S、CO_2 和烃类物质的混合气体。由于大量水蒸气存在，水蒸气经空冷器冷却后产生大量液态水，吸收溶解混合气体中 H_2S 后形成饱和 H_2S 溶液，构成了低温(不超过120℃)的 H_2S-CO_2-H_2O 腐蚀体系。该腐蚀环境为酸性环境，低温下腐蚀速度加快，碳钢在该环境下易发生析氢腐蚀。生成腐蚀产物 FeS。

FeS 不稳定，易溶解于酸性溶液，无法牢固黏附于管道表面，脱落后导致新的金属表面暴露在酸性环境中而形成持续腐蚀。同时 H_2 的产生导致氢原子渗入碳钢，引起碳钢表面氢鼓泡，加剧了弯头的腐蚀，在腐蚀加冲蚀的作用下，氢鼓泡很快腐蚀穿孔并更易被液相冲刷带走，加速了腐蚀。空冷器出口弯头外侧正对气液混合物流向，产生的部分酸性水在原有流速的基础上，又以自由落体的形式直接冲刷到弯头外侧表面，加剧了冲刷腐蚀。

2. 塔顶回流管线的腐蚀

酸性气分液罐的酸性水经酸性水泵输送至再生塔塔顶作为冷回流。酸性水回流管线的腐蚀问题出现在酸性水回流泵出口至进塔的各弯头部位，以及节流控制阀阀芯。

某炼油厂酸性水泵出口管线及介质相关参数见表 8-2-1。压力为 0.8MPa(表)，流量为 15t/h，管径为 *DN*50，可以算出管线内酸性水流速约为 2.12m/s，流速较大，流体的冲刷腐蚀影响严重。同时，酸性水中含有高浓度 H_2S，形成湿 H_2S 腐蚀环境。管线采用 20 号碳钢，对低温下的湿 H_2S 腐蚀耐受性差，且腐蚀后铁锈易脱落，在高流速酸性水的冲刷下很快暴露出新的金属表面，发生新的腐蚀，加快了腐蚀速度。腐蚀产物部分在控制阀处积聚导致控制阀堵塞，同时该杂质也造成控制阀的阀芯磨蚀。由于控制阀后压力降低，酸性水中的部分 H_2S 析出产生气泡，使阀芯部位存在气蚀，加速了阀芯的腐蚀，以致阀芯起不到节流作用。

表 8-2-1 某炼油厂酸性水泵出口管线及介质参数

项目	硫离子浓度/(mg/L)	温度/℃	压力/MPa(表)	流量/(t/h)	出口管径	材质
酸性水	75000	≤45	0.8	15	*DN*50	20 号钢

三、防腐措施

1. 工艺防腐措施

1) 防止原料中 H_2S 超过设计值，原料发生变化时应适时调整工艺操作，或进行材质升级。要注意对 MDEA 中酸性气负荷进行核算，保证其在控制指标内。过滤器应经常清洗，在选型时要注意其易清扫和易操作性。此外，再生塔进料温度不应过高，应控制在 90～95℃，防止 H_2S 释放量增多。

2) 加强胺液质量的监控。应定期检查贫胺液 pH 值，观察胺液颜色、气味及固体颗粒含量。使用一段时间后，胺液由淡黄色逐渐变成黑色带褐色，并有强烈的氨味，同时胺液的 pH 值也逐步降低，说明胺已经发生了比较严重的降解。

3) 控制重沸器用蒸汽压力。建议采用 0.3MPa(表)左右的低压蒸汽，再生塔塔底温度维持在 120℃左右，控制重沸器操作温度不高于 149℃，防止胺液发生热降解。溶剂罐应使用惰性气体覆盖，以防胺液污染。

4) 杜绝氧进入系统。由 MDEA 降解反应机理得知，若体系中无氧存在，其降解反应发生的程度将大大降低。要隔绝氧的进入，首先应加强胺液储罐的氮封、水封管理，同时维持泵入口正压操作，防止空气从溶液泵填料进入系统。此外，配制胺液应采用除氧水，防止配制水带入氧。若系统不可避免与空气接触，可以考虑加入适量的脱氧剂如 $NaSO_3$ 或 $NH_2 \cdot NH_2$。

5) 确保胺液能够有效沉降，可以通过增加沉降时间或增加沉降罐等方式实现。同时采取有效过滤措施如二级机械过滤、活性炭过滤、布袋式过滤等方法来去除系统内的烃类、降解产物及粒度在 5μm 以上的机械杂质。此外还可以采用离子交换树脂系统去除系统内生成的热稳定盐。

6）要密切关注富胺液和再生塔塔顶酸性水的流速。对于碳钢来说，富胺液在管道内的流速应不高于1.8m/s，在换热器管程中的流速不应超过0.9m/s，富胺液进再生塔流速不应高于1.2m/s。再生塔塔顶酸性水系统碳钢管线控制流速不超过5m/s，管线控制流速小于15m/s。应尽量避免超负荷运行，同时要注意阀门开度，防止勒量造成流速加大。

7）开停工保护：装置停工后，应用惰性气体吹扫设备和管线，保持干燥。

8）优选脱硫溶剂，在胺液系统加注复合型溶剂，以提高胺液的脱硫活性及酸性气负荷。利用活化剂与H_2S和CO_2反应的活性以及液相中“穿梭传递”的机理，大幅提高MDEA脱硫的化学增强因子，同时提高H_2S和CO_2的选择性，还能有效抑制胺液发泡。在保证产品质量合格的前提下，降低胺液循环量，降低冲刷腐蚀速度。同时还能降低能耗，并缓解胺液系统腐蚀现象，实现装置操作良性循环。

9）加强胺液过滤。过滤掉胺液中的固体悬浮物烃类或者降解物可以减少设备遭受CO_2腐蚀的危害。

10）采用电渗析技术使胺液在线净化，降低热稳定盐腐蚀，通过严格控制胺液再生温度及采用在线胺液净化技术，从而降低热稳定盐对系统的腐蚀。

11）降低去离子水中的Cl^-含量，减小Cl^-对不锈钢的点蚀。

2. 设备防腐措施

1）外部保温。做好设备外部保温确保温度高于露点腐蚀温度，防止低温露点腐蚀。

2）设备选材。选用合适的设备材质为一切的根本，溶剂再生塔塔顶内构件采用0Cr18Ni9Ti，塔顶筒体采用复合材料Q235+0Cr13。贫富液换热器管束选用1Cr18Ni9Ti材质。再生塔塔体下部、重沸器壳体选用321复合板，不能选用铜、黄铜或其他铜合金。

3）设备管理。对操作温度高于90℃的碳钢设备(如胺再生塔、胺重沸器等)和管线要进行焊接后消除应力热处理，控制焊缝和热影响区的硬度小于200HB，防止碱性条件下由胺盐引起的应力腐蚀开裂。

4）$RNH_2-CO_2-H_2S-H_2O$介质腐蚀和冲刷是再生塔产生严重局部腐蚀的主要原因。通过改造加装挡流板可有效防止容器的严重局部腐蚀。

5）严格控制设备钢材的S、P含量，降低材料、焊缝的残余应力是避免溶剂再生塔内表面产生裂纹的关键措施。

6）组织专业人员对空冷器出口弯头进行测厚，厚度未达到焊接作业要求的出口弯头处，采取贴补钢板的方式加强弯头的厚度，增加管线的腐蚀裕量。水冷器出口也采用“包盒子”的方式对漏点进行暂时处理。

四、腐蚀监测

对于胺液脱硫系统，可以采取的腐蚀监测方法有定点测厚、腐蚀挂片探针或电阻探针、腐蚀介质分析、腐蚀产物分析等。定点测厚和探针的监测位置应优先考虑系统腐蚀严重的部位，包括再生塔顶部循环系统、再生塔塔底重沸器出口部位壳体和返塔线。腐蚀介质分析主要包括原料气和贫、富胺液中的H_2S和CO_2分析，再生塔塔顶酸性水介质分析，胺液热稳定盐分析等。

溶剂再生塔的检验以资料审查，宏观检验，隔热层、衬里和堆焊层检验，壁厚测定，表面缺陷检测，埋藏缺陷检测，硬度检测，强度校核，安全附件检验和泄漏试验检查为主。检验时应注意以下检验部位和检验方法。

1）宏观检验时需特别检查堆焊层或复合板的机械损伤、介质腐蚀和冲刷(重点检测进料口正对部位)、焊缝接头部位的弧坑裂纹及针孔腐蚀情况。

2）复合层测厚时应尽量包括基层和复合层厚度两个记录值，若只能测出基层厚度，应增加测厚点，必要时使用超声波检测仪查明脱层程度及范围。

3）对容器贫胺液介质部分的焊缝进行荧光磁粉检测，检验比例应大于50%。检验部位重点抽查设备接管角焊缝或凸缘焊缝、焊缝丁字口等应力较大的位置。

4）对容器富胺液介质部分的复合板堆焊层焊缝进行渗透检测，检验比例应大于50%。重点检测针孔腐蚀情况。

5）对容器焊缝进行A型超声检测(对单层、复合层部分焊缝分别进行抽查)，检验比例应大于50%，并对有埋藏缺陷及怀疑部位用超声衍射时差法(TOFD)检测。必要时对容器采用相控阵C扫描腐蚀检测。

第三节　硫黄回收装置腐蚀原因及防护措施

由于硫黄回收装置的原料气为酸性气，酸性气中的主要成分为H_2S，通过反应炉的燃烧、Claus反应器的转化和加氢还原反应器的还原，整个流程产生的过程气中含有H_2S、CO_2、SO_2、COS及硫蒸气等高温气体，这些气体将会对装置设备产生不同程度的腐蚀。硫黄回收装置腐蚀主要包括湿H_2S腐蚀、高温硫化腐蚀以及SO_2、CO_2的露点腐蚀。

一、腐蚀体系

1. H_2S-CO_2-H_2O腐蚀

硫黄回收装置的进料系统酸性气中的主要成分为H_2S，其余为CO_2和水等。在管路的低点容易积存酸性水，发生局部穿孔。而且阴极反应生成的氢还能向钢中渗入并扩散，一旦遇到夹层缺陷，渗入钢材中的氢分子会聚集产生较高的氢分压，导致钢材鼓包甚至开裂，引起气液分离器等设备的氢脆和氢鼓包。工艺管线和设备的焊缝还可能发生硫化物应力腐蚀开裂。末级硫冷器出口管道，由于介质温度较低，也易发生湿H_2S腐蚀。

2. 高温硫化腐蚀

高温环境下(一般在240℃以上)活性硫即H_2S对钢材产生腐蚀。同时，当有H_2存在时会大大增加活性硫的腐蚀性能。原因在于金属具有一定的催化活性，尤其在H_2作用下，会在金属表面形成浓度较高的H_2S，使得腐蚀加剧。高温硫化腐蚀主要存在于反应燃烧炉的内构件如燃料气喷嘴、酸性气喷嘴等；余热锅炉进口管箱与传热管前端；采用外掺和工艺的掺和管、高温掺和阀以及转化器的内构件等。

3. SO_2-O_2-H_2O露点腐蚀

SO_2存在于硫黄回收装置很多部位，SO_2可能被氧化生成SO_3。在燃烧炉和转化器耐热衬里完好的情况下，过程气对衬里没有腐蚀作用。燃烧炉和转化器耐热衬里损坏后，过程气窜入内衬，当温度低于露点时，SO_2和SO_3溶解于水生成亚硫酸及硫酸腐蚀设备管道。露点腐蚀主要存在于以下部位：

① 一级、二级和三级冷却器冷凝产生露点腐蚀。

② 过程气和硫黄回收装置出口尾气管道的波形补偿器夹层内窜入过程气和尾气并冷凝使补偿器夹层腐蚀穿孔。

③ 吹扫接管、采样接管、膨胀节底部出现露点腐蚀的概率较高。

④ 在停工期间，大量空气进入系统后，产生凝结水吸附在设备管线表面，与残存在系统内的 SO_2反应生成亚硫酸、硫酸，腐蚀设备，其腐蚀较装置运行过程中严重得多。过程气管道、液硫脱气管道、硫冷凝器的出口、捕集器以及与过程气相连的接管等易冷凝部位，均容易发生 SO_2露点腐蚀。

二、腐蚀机理

（一）工业炉与余热锅炉

1. 高温硫腐蚀

酸性气和空气在制硫炉内燃烧，温度通常在 1100~1300℃，燃烧后的高温气体中含有大量的 H_2S 和 SO_2、H_2O、CO_2以及硫蒸气等介质。当碳钢设备金属温度超过 310℃时，将会使炉内的碳钢材料产生高温硫化腐蚀，其腐蚀随温度的升高而迅速加剧。金属材料受到高温硫化腐蚀后，硫化变脆，肉眼看见的是材料厚度增加。

2. 氧化腐蚀

高温条件下，金属材料会与气体中的氧发生反应，生成金属氧化物。一般情况下不锈钢和镍基合金腐蚀后，会形成一层很薄的暗色氧化皮，温度极高时，腐蚀会更严重。温度在 538℃以上时，碳钢材质的氧化腐蚀会非常明显，且随着温度升高，腐蚀加剧。

3. CO_2腐蚀

由于来自上游的原料气中含有大量的 CO_2，而处于游离状态或化合态的 CO_2都可能发生腐蚀，尤其在高温或水环境中。CO_2和铁在有水的情况下发生反应，生成较为疏松的腐蚀产物 $FeCO_3$和 $Fe(HCO_3)_2$，在工艺气不断冲刷的作用下逐渐脱落，露出新的部位继续腐蚀，形成恶性循环，直到把设备腐蚀穿孔或者泄漏。

4. 应力腐蚀

如果炉内的部分花墙存在塌陷，那么管板就会受热不均匀，从而产生热应力。再加上管板在高温度、高负荷、高浓度的酸性工况下长时间运行使其更易发生腐蚀。

5. 高温冲刷腐蚀

由于高温掺和阀用于混合 1200℃的高温烟气，工作温度很高，烟气中含有 H_2S 和 SO_2等腐蚀性介质，所以在长周期使用中阀芯会受到冲蚀。

6. 露点腐蚀

在制硫炉内存在以下反应：

$$2H_2S+3O_2 = 2SO_2+2H_2O$$

但当配风不当导致 O_2过量时存在以下反应：

$$2SO_2+O_2 = 2SO_3$$

高温时 SO_3不腐蚀设备，但在 380℃以下，SO_3与水蒸气会生成稀硫酸。在换热过程中，锅筒壳程的水质也是影响传热的重要因素。按照余热锅炉炉水管理要求，锅炉应当使用稍高温度的除氧软化水以避免炉管发生析氧腐蚀。装置锅炉进水温度低于控制指标时，会增大炉管传热速率，降低过程气出口温度，加剧露点腐蚀。

（二）硫冷凝器与尾气捕集器

1. H_2S 腐蚀

干燥的 H_2S 对金属材料无腐蚀破坏作用，但在有水存在的条件下，碳钢设备发生两种腐蚀：均匀腐蚀和湿 H_2S 应力腐蚀开裂。开裂的形式包括氢鼓泡、氢致开裂、硫化物应力腐蚀开裂和应力导向氢致开裂。钢在湿 H_2S 环境中发生的电化学反应如下：

$$H_2S = H^+ + HS^-$$

$$HS^- = H^+ + S^{2-}$$

阳极反应：

$$Fe - 2e^- = Fe^{2+}$$

阴极反应：

$$H^+ + e^- = H$$

由于硫黄回收单元过程气含有 H_2S、CO_2 等酸性物质，在低温情况下，易与气相中的水生成具有腐蚀性的物质。腐蚀所生成的氢渗入钢材中，将引起钢材氢脆和氢鼓泡，严重时会导致硫化物应力腐蚀开裂。

2. 应力腐蚀

湿 H_2S 的应力腐蚀也是硫黄回收装置常见的腐蚀形式。受应力作用的钢或其他高强度合金钢，在湿 H_2S 环境中以裂纹形式出现脆性破坏。

在操作条件下由于管板两面受热不均匀，因此产生了温差且温差随着管板厚度的增加而增大，由此而产生的热应力非常明显。管板除接受过程气体的辐射热外，还要吸收换热管对流交换来的热量，管子与管板接合部所受的热负荷是辐射和对流两部分热量的叠加，因而受热不均匀时产生的热应力也最大。管子与管板焊接时焊缝及热影响区对管子与管板接合部的破坏倾向大于其他部位。

3. 露点腐蚀

由于 Claus 硫黄回收工艺是通过降低过程气中硫蒸气分压来提高硫回收率的，因此过程气经硫冷凝器降温后的温度与露点温度接近。因此，硫冷凝器管程出口端是露点腐蚀的高风险区域，尤其当硫黄回收装置实际处理量低于设计值时，可能造成实际温度低于露点温度。有关研究表明，当硫冷凝器管程出口温度低于 150℃时，过程气将会发生明显的露点腐蚀。

4. 孔蚀

如果冷却水的硬度过大，就有可能使换热管壁结垢，造成局部过热，引起水中氯离子富集。当氯离子浓度达到一定值时，极易在结垢处引发孔蚀，造成管束穿孔泄漏。孔蚀的发生往往会诱发应力腐蚀开裂。

5. 腐蚀疲劳

在换热管出口管端冷却水的停滞区，由于金属局部过热，使水中溶解氧浓缩并析出，降低了金属的抗疲劳强度。随着水温的升高，产生交变热应力，导致金属滑移带穿透表面膜，形成无保护膜的台阶，从而使该处成为活化态，引起裂纹成核形成腐蚀疲劳。

6. 缝隙腐蚀

在焊胀连接时，如果胀接质量存在问题，就会使管与管板之间存在微间隙，为缝隙腐蚀创造了必要条件。缝隙腐蚀的初期阶段，缝隙内外发生的是氧去极化的均匀腐蚀。但由于缝隙内介质(冷却水)是停滞的，氧的扩散补充困难，氧还原反应逐步停止。随后就构成了宏观的氧浓差电池，缺氧的缝内为阳极，缝外为阴极。阴、阳极的腐蚀产物在缝口相遇形成二次产物而沉积，逐步发展为闭塞电池，腐蚀进入发展阶段。此时，缝隙里的金属离子因难以向外扩散而使缝内正电荷增加，为了维持电荷平衡，必然有带负电荷的阴离子特别是 Cl^- 的移入。结果缝内的金属氯化物(MCl)浓度不断增加，MCl 进一步水解成氢氧化物和游离酸，缝隙中酸度增大导致不锈钢钝化膜破裂。

(三) 急冷系统设备管线

1. H_2S-H_2O 腐蚀

制硫尾气中仍含有少量的 H_2S、SO_2 和 COS 等有害物质。尾气通过换热后，在催化剂作用下，硫及硫化物和 H_2 发生加氢反应，还原成 H_2S。反应后的高温气体通过换热进入尾气急冷塔，与急冷水逆流接触，形成 H_2S-H_2O 型腐蚀环境。H_2S 在水中发生电离：

$$H_2S \xlongequal{} H^+ + HS^- \xlongequal{} 2H^+ + S^{2-}$$

钢在 H_2S 的水溶液中发生电化学反应：

阳极过程：

$$Fe \xlongequal{} Fe^{2+} + 2e^-$$

$$Fe^{2+} + HS^- \xlongequal{} FeS \downarrow + H^+$$

阴极过程：

$$2H^+ + 2e^- \xlongequal{} H_2 \uparrow$$

H_2S 与金属发生腐蚀产生大量的腐蚀产物 FeS，这些腐蚀产物将在金属表面形成具有一定保护作用的膜。由于膜的脆性，随着厚度增加和流体冲刷，腐蚀产物膜可能会脱落，新的金属表面暴露在腐蚀介质中将加剧腐蚀。在腐蚀的最初阶段，生成的少量 FeS 将沉积在金属表面，一定程度上可以延缓腐蚀进行，但由于流体不断冲刷，脆性的 FeS 膜会不断脱落，金属表面又重新暴露在 H_2S-H_2O 介质中，引起新一轮腐蚀。经过这样不断循环，设备的壁厚逐渐减薄，最终可引起设备腐蚀穿孔。

2. 冲刷腐蚀

在正常生产中，急冷水应为无色透明的。然而在加氢反应的过程中，如果加入的 H_2 量不足，在反应器中出来的气体就会含有较多的 SO_2、硫蒸气和炭粉等物质。这些物质进入急冷塔之后会影响急冷水的品质，产生一些硫粉、炭粉等固体小颗粒。该系统后路的板式换热器及入口过滤器会出现堵塞的情况，其主要成分为硫化亚铁、硫粉、炭粉等颗粒。在整个循环系统中，这些颗粒物带入泵体内，会对泵不间断地冲击和冲刷，形成冲刷腐蚀。

(四) 液硫脱气设备

1. 湿 H_2S 腐蚀

溶于金属内部的氢原子会降低金属原子间的结合力，使材料变脆；当氢原子结合成氢分子并在金属内部缺陷(夹杂物)等周围聚集时，在气体自身压力和材料内部应力的作用下会使材料开裂。碳钢在湿 H_2S 环境中的主要腐蚀形式包括硫化物应力腐蚀开裂、氢致开裂、氢鼓泡和应力导向氢致开裂。

2. 酸腐蚀

液硫的酸腐蚀包括硫酸、亚硫酸的露点腐蚀和连多硫酸应力腐蚀。

液硫中的 SO_2、SO_3 溶于水形成亚硫酸、硫酸。

硫酸和亚硫酸对钢材产生强烈的氢去极化腐蚀，其反应如下：

$$Fe+H_2SO_3 = FeSO_3+H_2$$

$$Fe+H_2SO_4 = FeSO_4+H_2$$

液硫池中会产生腐蚀产物 FeS，环境中也往往存在水、空气、H_2S、SO_2 及 SO_3 等，因此极易形成连多硫酸腐蚀环境。在此环境下，碳钢极易发生严重的均匀腐蚀，304、321、316 等奥氏体不锈钢易出现沿晶应力腐蚀开裂。

3. 单质硫腐蚀

通常认为，单质硫在温度低于 310℃时对碳钢的腐蚀并不明显，而且生成的是保护性较好的 $Fe_{(1-x)}S$ 和 FeS_2 保护膜，能阻止或减缓后续的腐蚀，这也是碳钢材质硫冷器、转化器及其管线在温度接近 300℃时能长周期安全使用的原因。研究发现，碳钢液硫罐发生硫腐蚀和液硫环境中难以避免的水蒸气相关：水蒸气存在时，单质硫能迅速与碳钢反应生成硫化物，而且往往是保护性较差的 FeS 膜，反应式如下：

$$Fe+S_x = FeS_x$$

（五）碱洗塔

焚烧后尾气中有少量的 SO_2，SO_2 遇水后形成亚硫酸，亚硫酸与亚铁离子反应生成 $FeSO_3$，然后与碱洗液中的 NaOH 反应生成 $Fe(OH)_2$，焚烧后的尾气中含有一定数量的 O_2，因此 $Fe(OH)_2$ 被进一步氧化成 $Fe(OH)_3$。由于塔底浆液反复循环，造成浆液中 $Fe(OH)_3$ 的量不断增加，从而形成红褐色絮状沉淀。

三、防腐及建议措施

（一）工艺方面

1）温度是影响腐蚀的主要因素。一方面，主燃烧炉余热锅炉管程出口温度在 250～320℃，焚烧炉蒸汽过热器管程出口温度在 280～350℃，该温度受工艺条件所限，无法控制，只是尽可能将这一温度在工艺条件下控制在下限，减轻高温硫腐蚀，但在这一温度下高温硫腐蚀不可避免。但可避免低温 SO_2 露点腐蚀，也几乎不存在低温 SO_3 露点腐蚀。一级、二级、三级冷却器管程出口温度控制在 150～170℃，其他温度控制在指标范围内，在这一条件下，基本不存在严重的高温硫腐蚀和低温露点腐蚀。另一方面，制硫装置设备正常生产时由于温度变化及管束与壳体膨胀系数不同引起焊缝处应力变化，与焊接应力共同作用在内表面形成应力腐蚀裂纹与疲劳裂纹，当裂纹沿管壁扩展到外表面时就产生泄漏。因此操作温度的平稳对延长设备使用寿命非常有益。

2）严格按照工艺指标进行精心操作。做好仪表维护，保证 H_2S/SO_2 在线分析仪正常运行，合理配风，提高硫转化率，防止产生过多的 SO_2；减少低温 SO_2 露点腐蚀和低温 SO_3 露点腐蚀；为确保尾气系统安全运行，须加氨水确保急冷水 pH 值在 7～8，可有效防止腐蚀的发生；根据尾气停工情况注氮气保护，系统保持微正压，并且与开工设备隔离好，防止 O_2、水、过程气窜入，造成腐蚀。

3）对于接触酸性气的管道、设备(如硫冷器、转化器、加热器等)，应严格按照工艺卡片进行操作，稳定各项参数，避免由于温度过高或流速过高造成高温硫腐蚀或冲刷腐蚀加重，同时也应避免由于温度过低发生 SO_2露点腐蚀。

4）在停工时，系统保持较高的温度可以防止冷凝水的存在而减少腐蚀，因而系统内保证较高的温度有利于防腐。

5）装置停工除硫时，应严格控制给氧量，控制燃料气处于化学当量燃烧，控制一级转化器出口温度，避免系统温度过高，导致催化剂损坏及高温硫腐蚀。

6）装置停工后，应在系统内充入氮气进行微正压保护，防止空气进入，造成腐蚀。

7）锅炉的结垢现象是不可避免的，只有加强定期排污，以及对除氧水水质指标的检测，及时根据锅炉炉水及蒸汽的采样结果对锅炉炉水进行调节，减少锅炉结垢的范围，从而增加换热面积，提高锅炉工作效率，降低管板焊接处泄漏的可能性。此外，要在检修期间及时清除积灰，防止积灰对设备造成腐蚀。

8）加强水质管理，严格控制有关指标，尤其是氯离子含量，以符合工艺规定要求。装置停工后，设备管线内不应有任何酸性介质(残硫、过程气)存在。

9）液硫脱气装置运行过程中，应避免水进入液硫池，包括加强伴热、保温功能，避免出现冷凝水；严密监测末级硫冷器的运行，一旦发现泄漏及时采取应对措施；控制鼓入空气的质量和温度，避免游离态水的混入；停工过程中应做好保护措施，避免液态水和空气的进入。

（二）设备方面

1）对硫黄回收装置来说，进行设备外部保温是必要的，这是由于整个生产过程存在 SO_2、SO_3、H_2S、CS_2、水蒸气、硫蒸气等气体，设备壳体内部衬里可以降低设备壁温，减少高温硫腐蚀，但设备壁温也不能过低，必须高于露点腐蚀温度，硫黄回收装置设备的外壳温度一般要求在150~250℃，否则就会导致严重的低温露点腐蚀，影响设备的使用寿命。一些管线及设备使用蒸汽伴热也可起到提高壁温、减缓露点腐蚀的作用。

2）为避免耐火衬里被损坏，应保证内部温度场和流场的均匀分布，避免局部温度过高或温度变化太大。通常情况下，装置的开停工越频繁，反应器、焚烧炉内壁的耐火衬里受到的热冲击次数越多，发生失效破损的可能性也越大。另外，应控制反应器的外壁温度大于150℃，避免发生露点腐蚀。

3）如液硫池脱气装置的腐蚀多发生在加热盘管竖管处，尤其是气液界面附近，对此部分管道应重点考虑，通过材质升级或表面处理等措施强化其抗酸腐蚀能力。脱气塔腐蚀较轻，使用碳钢即可，为避免 FeS 自燃风险，应增加表面防腐层，比如喷铝。液硫池腐蚀较为严重，而且由于液硫池是地下池，难以实时监测其腐蚀情况，因此，液硫池材质不宜选用碳钢，应使用316L复合板，气液界面处需涂表面防腐涂料或采用20号合金、C-276合金贴板，提高其耐蚀性。

4）设备存在应力腐蚀问题，对设备换热管与管板连接结构形式进行优化，对管板进行重新设计，以柔性薄管板代替原刚性管板，用以吸收热膨胀，减小温差应力，避免应力腐蚀开裂。

5）加大对硫冷凝器的实时监控和巡检力度，开展有计划、周期性的腐蚀状态检测，通过硫冷凝器的工艺数据采集和物料采样化验的分析结果，掌握设备整体的使用状态、腐蚀情况和有可能发生腐蚀的可疑部位，达到对设备预知性维护管理的目的。

6）在脱硫装置设计时，应选择好设备和管线的材质。脱硫设备常用的钢材有 304SS、304LSS、316SS 和 316LSS，而不能选用铜、黄铜或其他铜合金。

7）选用优良的脱硫溶剂，可以提高溶剂对 H_2S 的选择性吸收效率，从而降低脱硫溶剂的使用量和循环量。$Fe(HCO_3)_2$和 $FeCO_3$是疏松的腐蚀产物，当溶液循环量加大时，溶液流速则会显著加快，于是腐蚀产物可能因冲刷而脱落，从而导致金属表面又重新裸露在腐蚀介质中，形成新的腐蚀。降低溶液循环量可以显著减少设备遭受 CO_2腐蚀的机会。

（三）腐蚀监测方面

1）可采用目视检查、超声检查、渗透探伤和磁粉探伤等手段进行腐蚀情况检测。

2）通过利用脉冲涡流检测技术，对硫黄回收装置设备和工艺管线进行大范围的扫描检查，其探头使用灵活，适用于环境复杂的装置检测，可有效避免漏检，也可发现设备和管道存在的腐蚀减薄问题，及时消除存在严重的安全隐患。

第九章　装置操作优化

第一节　操作优化的目的

随着现代石油化工技术的不断发展，装置生产的规模和复杂度越来越高。生产过程的控制和优化对提高生产效率、保证产品质量、降低生产成本等，具有重要的意义。硫黄回收装置作为炼油装置的尾部装置，自身的优化稳定运行影响所有上游装置，其装置原料也变化多端，因此要求装置必须进行持续不断优化，适应各种变化的因素，实现装置的优化稳定运行。

1. 应对原料的变化

硫黄回收装置也称为酸性气回收装置。在石油化工行业，酸性气是指气体脱硫(包括干气脱硫、液态烃脱硫、焦化富气脱硫、循环氢脱硫)、硫黄回收尾气处理以及含硫污水汽提所产生的 H_2S、CO_2等气体，这些气体的湿气体呈酸性。因此，硫黄回收装置对原料性质有较高的要求：首先，炼油厂硫黄回收装置使用的工艺大多是部分燃烧法，因此按照硫黄回收方法选用原则，要求酸性气中的 H_2S 含量在 50%(体积分数)以上；其次，为保证产品质量、保护催化剂、防止堵塞、提高转化率、维持装置的正常生产，要求原料气中的烃含量不得高于 2%(体积分数)、含 NH_3不得高于 3%(体积分数)。当酸性气质量达不到上述要求时，将引发一系列问题。

2. 企业内部生产变化

企业的生产运行是一个动态而非静态的过程，加工原油的负荷和种类的变化、上下游装置生产状况等都是时刻变化的，装置工程师和操作员始终面临操作优化的挑战。对于硫黄回收装置而言，不同的装置再生出来的酸性气的组成不同，因此，上游装置负荷的高低、原油中硫含量的高低、馏分油加工路线的调整不仅会使原料气流量变化，还会导致组成不同，甚至会夹带其他杂质影响硫黄回收装置运行。硫黄回收装置设计生产负荷一般在30%~110%，甚至在正常生产期间会遇到低于 30%的突发情况，这时如何提高过程气量，保证正常的反应温度和液硫良好的流动性，就需要对装置开展优化操作。

3. 装置自身变化

近年来，国内对各炼化装置运行周期提出了更高的要求。随着新型催化剂的开发及应用，装置检修间隔周期长达 4 年甚至 6 年。从装置开工到检修，硫黄回收装置的工艺和设备在不断变化。如装置催化剂性能的持续下降影响烟气达标排放，因此装置操作参数要适应催化剂的变化。设备性能的下降，固定管板换热器、液硫夹套线的泄漏等，均影响装置安全环保长周期的运行。

第二节　优化指标与策略

一、优化目标

硫黄回收装置操作优化的目标主要分为以下几大类：

1）Claus 反应优化运行。按照 GB 31570—2015《石油炼制工业污染物排放标准》5.4.5 中的规定，酸性气回收装置的加工能力应保证在加工最大硫含量原油及加工装置最大负荷情况下，能完全处理产生的酸性气。脱硫溶剂再生、酸性水处理系统和硫黄回收装置的能力配置应保证在单套硫黄回收装置出现故障时不向酸性气火炬排放酸性气。该要求决定了企业硫黄回收装置配置要符合 $N+1$ 标准，因此加工负荷不会对全厂加工量产生影响，但硫黄回收装置优化稳定运行却是核实企业硫黄回收装置是否满足 $N+1$ 配置标准的判定因素。装置的优化运行最重要就是高、低温 Claus 反应的优化运行，也就是酸性气燃烧炉和制硫反应器的操作优化。

2）降本增效。降低各种剂耗，如催化剂、化工辅材的消耗；降低各种蒸汽消耗以及损耗，降低水耗；加强设备监控的维护，减少设备维修成本。优化装置运行，运用各种新技术，提高硫回收率，多产高附加值产品，如食品级硫黄或不溶性硫黄，实现效益最大化。

3）降低能耗。对于硫黄回收装置而言，燃料气消耗量、低压蒸汽补入量、凝结水回收利用是影响能耗的重点。尾气焚烧炉燃料气消耗、加氢反应器 H_2 消耗、再生塔重沸器蒸汽消耗、管线伴热蒸汽消耗、3.5MPa(表)蒸汽优化增产、凝结水回用就成了硫黄回收装置节能优化的关键。

4）污染物减排。硫黄回收装置是炼化企业最大的环保设施。由于原料气含硫，装置若操作不当，极易引起烟气中 SO_2 排放超标。不同地区环保标准要求不同，政府的监管越来越严格，部分硫黄回收装置已增设 NO_x、颗粒物、CO 在线分析仪。受地方环境容量等因素影响，装置污染物排放达标只是废气排放的基本要求，污染物彻底有效减排甚至零排放才是环保管控的终极目标。

5）消除瓶颈。消除瓶颈是最常见的优化目标之一。装置生产是动态过程，在不同阶段可能面临各种各样的瓶颈，包括工艺、设备方面等。瓶颈问题给装置安全、环保、质量、加工负荷等带来了很大的影响，往往造成效益的流失。

二、优化策略

1）最佳实践(Best Practice)。最佳实践是国外咨询公司和各大石化公司常用的优化策略，与国内行业所用的领先指标比较相似，主要是比对行业领先的技术指标和经验，研究自身装置的差距，不断调整优化操作，或通过技术改造，吸收引进先进的技术，优化装置运行。如吸收塔塔顶净化气中 H_2S 含量降低，最佳实践是 Claus 反应最大化，最大限度提高制硫单元硫回收率，降低还原吸收单元负荷。同时，使用高效脱硫剂，贫液吸收温度控制在 35℃以下，贫液中 H_2S 含量控制在 0.3g/L 以下。

2）离线流程模拟。2014 年，Aspen 公司收购了由加拿大 Sulphur Experts 公司开发的全流程硫回收模拟软件 Sulsim，经过提升和改进后完全整合到 Aspen HYSYS 流程模拟软件当中，将 Aspen HYSYS 流程模拟软件的优势和 Sulsim 软件的功能融合在一起，成为硫黄回收装置模拟和优化的新一代软件产品。Aspen HYSYS 中的 Sulfur Recovery Unit 模拟硫黄回收装置，可根据原料进料组成模拟 Claus 反应的最佳温度，指导装置操作，提高制硫单元硫回收率；同时，Aspen HYSYS 软件本身还可以模拟脱硫系统胺液循环量、吸收温度、贫液中 H_2S

含量、再生蒸汽量等众多参数对节能降耗和吸收效果的影响程度。

3）先进控制系统。与其他炼油工艺装置相比，硫黄回收装置的操作变量和约束变量较少，但相对复杂，简单依靠操作人员的经验判断很难同时完成对多个变量调优的任务，难以满足现代化工厂的需求。先进控制系统（APC）通过建立装置的模型，利用多变量预估、协同优化，实现装置最优化的操作目标。

第三节　装置操作优化案例

一、降低烟气中CO含量

（1）酸性气组分

在整个制硫系统中有机硫的水解和生成是随时在进行的，进行的快慢受温度、压力和有机硫浓度的影响，因此只要是进入制硫系统中的碳元素，无论是什么形态，在尾气焚烧炉出口都会有CO，但是原料气中轻烃和CO_2含量升高，会导致制硫系统的有机硫或CO含量增加。

烃类在自由火焰区由于受到酸性气与空气的混合强度的影响，可能有少量的CH_4被氧化为CO和H_2，还有部分发生水煤气反应。性能优良的火嘴则可将烃类完全燃烧，全部转化为CO_2，从而降低CO浓度。

针对酸性气组分，可采取以下措施降低烟气中CO的浓度：①上游装置优化操作和流程，最大限度减少硫黄回收装置酸性气中碳元素的带入。②尽可能提高制硫炉温度，降低烃类的影响，减少CS_2的生成量。③适当加大装置配风，提高装置有机硫水解率。④更换高混合强度燃烧器，尽可能保证烃类完全燃烧。

（2）催化剂与脱硫剂

某炼化企业4#硫黄回收装置两级Claus反应器和加氢反应器均采用中国石化齐鲁分公司研究院自主研发的低温高性能催化剂，一级反应器选择的级配方式为上层1/3体积采用具有脱漏氧保护功能的铁剂催化剂，剩余2/3采用具有高水解性能的钛基催化剂，二级反应器全部采用高比表面积的氧化铝基催化剂，加氢反应器选择低温多功能转换催化剂，有CO转换功能，可将部分CO转化为CO_2。

4#硫黄回收装置采用的脱硫剂为高纯度MDEA，对有机硫几乎无吸收能力，对加氢尾气中的CO_2选择性较高，不易变质，热稳定盐含量在1.5%（质量分数）以下。

4#硫黄回收装置2022年5月开工正常后，稳定运行一年，有机硫的水解率可达97.2%，未能水解的有机硫进入尾气焚烧炉焚烧成SO_2和CO_2。需要注意的是，COS在一级反应器和加氢反应器催化剂床层上的氢解是不容忽视的，反应方程式如下：

$$COS+H_2 = CO+H_2O$$

这是整个过程气中生成CO的主要反应。

经过对一级反应器和加氢反应器床层温度长时间的优化调整，以及脱硫系统长期观察运行，可通过以下几项措施降低烟气中CO的浓度：

① 合理控制制硫炉配风，不宜过小，H_2S-2SO_2控制在-0.4~0，提高一级反应器床层温度至315℃以上，催化剂保持在较高的水解活性温度范围内，尽可能将有机硫水解在一级反应器床层之内。

② 加氢反应器入口可稍注非净化风或者调整液硫池汽抽量的大小改变液硫池内含硫单质空气（LS-DeGAS尾气处理液硫脱气工艺）流量进入加氢反应器，提高床层温度至300℃以上，在提高有机硫水解的同时，又能将CO尽可能多地转换为CO_2。

③ 控制胺液浓度在35%~40%（质量分数），吸收温度控制在25~35℃之间，胺液循环量与加氢尾气液气比控制在0.12~0.15，减少胺液对CO_2的脱除率，降低CO_2在硫黄回收系统内的循环。

（3）H_2组分

4#硫黄回收装置尾气处理技术采用SSR工艺，进入加氢反应器内的H_2纯度受上游制氢装置的影响较大，目前装置使用的管网H_2纯度在99%（体积分数）以上，其余组分为烃类（CH_4为主），加氢反应器H_2用量约200m^3/h。H_2直接随吸收塔尾气进入焚烧炉，破坏了焚烧炉原本设定的配风关系，燃烧效率下降，可能会导致CO排放浓度上升。急冷塔出口氢含量过高，未参与加氢反应的H_2进入焚烧炉燃烧，与燃料气相比H_2更容易抢夺空气中的氧实现完全燃烧，使得燃料气因空速、炉温、混合程度、氧含量、火嘴等原因无法完全燃烧。管网H_2中每增加1%的烃类，大约会使得烟气中CO浓度增加40mg/m^3。

以2023年3月27日4#硫黄回收装置生产情况为例，9：00上游苯乙烯装置开始停工，管网中H_2纯度下降，停工前采样分析H_2纯度为99.87%（体积分数），其余为CH_4，占0.12%（体积分数），9：22分H_2管网内的高纯度H_2被消耗殆尽，纯度为96.88%（体积分数）的H_2、3.12%（体积分数）的CH_4补充进入管网，组分分析结果见表9-3-1。H_2平均流量控制在129m^3/h，此时CO排放均值浓度为132mg/m^3，且两项参数相对平稳。9：22分以后随着H_2中CH_4组分增加CO浓度开始上升（烟气中CO浓度趋势相较于H_2流量趋势滞后约3min），当H_2流量再次增加至峰值140m^3/h时，CO浓度也达到峰值220mg/m^3。

表9-3-1　4#硫黄回收装置2023年3月27日不同H_2浓度采样分析数据

取样时间	H_2/%（体积分数）	CH_4/%（体积分数）
8：35	99.87	0.12
10：55	96.88	3.12

当硫黄回收装置出现烟气CO排放浓度持续上升的情况时，可采取以下措施进行调整：①对于H_2纯度较低的装置，降低H_2流量，控制急冷塔出口氢含量在1%~3%（体积分数），可有效降低CO浓度。②对于有高纯H_2管网的装置，应更改流程更换为高纯度H_2，减少烃含量。③当无高纯度H_2使用时，短时间可停止使用外供H_2，通过降低装置配风，减少加氢反应器H_2消耗。

（4）尾气焚烧炉

为了使尾气中的含硫化合物全部燃烧转化为SO_2，焚烧炉的温度一般控制在600~800℃，温度过低时，对CO和H_2的焚烧不利，一般认为烟道气中有2.0%（体积分数）的游离氧时对焚烧最有利，这时 H_2能完全燃烧。但只有当焚烧炉后部温度控制在 700℃以上时，才能有效地焚烧尾气中的硫化物和 CO，炉膛温度在 870℃时，硫化物和 CO 转化率达到 90%，但对于焚烧炉后部设有过热器和余热锅炉等设备的装置，过高的温度会损坏后续的设备。目前很多装置采用了低氨火嘴和炉头的两级配风形式，为了降低烟气中 NO_x排放，低氨火嘴的火焰区分为前区和后区，前区的一级空气流量为总空气流量的 85%，后区空气流量占总空气流量的 15%，前区引入一次净化气流量与一次空气流量之比在 0. 16~0. 27。这种配风方式不利于 CO 的焚烧，加氢尾气中的硫化物和 H_2以及少量的烃类不经过焚烧炉前区高温火焰区燃烧，进入炉膛后区，炉膛温度下降幅度较大，空速增加，会加剧不充分燃烧，从而增加烟气中 CO 含量。

目前 4#硫黄回收装置焚烧炉出口氧含量控制在 4. 5%(体积分数)以上，充足的游离氧可以尽可能地避免 CO 的生成。结合长时间的调整经验，可采取以下措施降低尾气焚烧炉出口 CO 含量：一是采用高性能燃烧火嘴，增加燃料气与空气的混合，提高与尾气的燃烧效果。二是尽可能提高尾气焚烧炉炉膛温度，提高 CO 的转化率。三是适当降低一级配风流量，降低焚烧炉后氧含量，控制在 3%~6%(体积分数)，减少焚烧炉热量携带，减少燃烧不充分的概率。四是适当提高一次净化气进尾气焚烧炉量，使得更多的尾气在高温燃烧区焚烧，提高反应速率，减少尾气中的 H_2和烃对焚烧效果的影响。

（5）先进控制方面

先进控制，实现了标准化控制、“专家”控制、自修正，避免了因操作人员技能水平差异而造成的效益差异。基于此，将其引入硫黄回收联合装置，从全局性、整体上来解决问题。对制硫燃烧炉和尾气焚烧炉采取先进控制，控制好酸性气与空气、燃料气与空气的燃烧配比，实现炉膛温度的精准控制。

硫黄回收装置烟气中影响 CO 浓度的因素很多，最关键的是尽可能地减少碳元素的引入，良好的操作条件和优秀的操作人员也同样重要。要想降低硫黄回收装置烟气中 CO 的排放量，需要加强对原料气的管理，减少酸性气中烃类和 CO_2的含量，适当加大装置配风，控制制硫炉温度在 1250℃以上，选用高水解性能的催化剂和高选择性能的脱硫剂，减少有机硫和 CO_2在硫黄回收系统中的循环，合理控制氢含量，尽可能提升 H_2纯度，提高尾气焚烧炉炉膛温度，适当增加一次净化气进焚烧炉风量，对炉子燃烧进行精准控制等，不断进行优化与调整，寻找适合装置的操作条件，将硫黄回收装置烟气中的 CO 含量控制在较低的范围。

二、提升系统总硫转化率

（1）限制硫黄装置操作的“跷跷板”

在炼油厂其他装置里，一般限制操作的往往是设备负荷，或者是能耗。而硫黄回收装置则不同，许多操作条件呈“跷跷板”效应，操作参数过高或过低均会造成不利影响，这就对装置的精细化操作有了更高的要求，精细化有助于找到每个“跷跷板”的平衡点，使装置处于最优工况运行。

硫黄回收装置部分“跷跷板”效应见表 9-3-2。

表 9-3-2　硫黄回收装置部分“跷跷板”效应汇总

“跷跷板”名称	过高的影响	过低的影响
配风比	SO_2生成多； 对加氢和溶剂系统冲击大	H_2S转化率低； 影响加氢反应器有机硫水解； 对溶剂系统冲击大
三级冷凝器内质量流速	已冷凝在管壁上的液硫会被过程气带进反应器	三级冷凝器内有形成硫雾的潜在风险
催化剂中氧化钠含量	增加催化剂硫酸盐化可能	影响有机硫水解能力
溶剂循环量	影响进吸收塔贫液温度； 增加装置能耗	影响吸收效率； 精、贫液中H_2S含量升高
吸收塔理论板数	二氧化碳吸收量剧增进而影响H_2S吸收率	H_2S吸收率不足

（2）提高比值回路投用率

1）比值回路管理方面：

控制是 Claus 工艺硫黄回收装置平稳运行的关键，如果能在 Claus 反应阶段提高 1%的转化率，那么对应的进入溶剂吸收塔前过程气中 H_2S 含量将降低 0.1%(体积分数)，这对降低加氢和溶剂负荷有很大好处，自动控制系统的投用，有助于提升装置抗波动的能力，同时加氢和溶剂系统的低负荷运转使装置抵御波动能力进一步加强，对维持排放稳定达标很有好处。

在装置进料前仪表调试阶段，应该完成比值回路中各控制阀的调试和控制器的正反作用检验；在风机开启后系统吹扫阶段，整定好比值回路中主调风流量调节器和微调风流量调节器的 PID 参数，并尽量使两个控制器处于单流量回路控制状态；在实际运行中检验主调风流量控制回路和微调风流量控制回路的稳定性。进料前可以结合原料气预估流量和实验室分析数据，计算出所需设置的比例，并在 DCS 系统中进行预设，配风比计算公式如下：

$$\frac{Q_{风}}{Q_{酸}}=\frac{1/2\times V_{H_2S}+(3n+1)/2\times V_{C_nH_{2n+2}}+3/4V_{NH_3}}{0.21}$$

式中　$Q_{酸}$——进炉酸性气量，m^3/h；

$Q_{风}$——进风量，m^3/h；

V_{H_2S}——酸性气中 H_2S 浓度，%(体积分数)；

V_{NH_3}——酸性气中 NH_3 浓度，%(体积分数)；

$V_{C_nH_{2n+2}}$——酸性气中 C_nH_{2n+2}浓度，%(体积分数)。

式中，0.21 为空气中氧的体积含量，如果采用富氧工艺那么按实际氧浓度计算；所需风量为 Claus 系统全部需风量总和，在计算比值回路中配风比时，应该将其他干扰项剔除。如：反应炉炉头仪表视镜等保护风如果使用的是压缩空气，那么应该查明总量并从总需风量中剔除；液硫脱气介质如果使用空气且脱气后废气进反应炉，那么也应该查明脱气用空气流量，并从总需风量中剔除。

装置进料后应该尽快投用比值回路串级控制，通过观察进料后系统实际需风量和原料酸气量对 DCS 中预设的配风比进行计算校准，校准后主调风控制回路投用串级控制，比值回路前馈控制系统投用。然后通过观察比值分析仪实际分析情况，对 DCS 中设置的配风比继续进行调整，通过调整优化，使微调风控制阀在 20%～80%开度范围内进行调节。接下来，投用微调风调节器和比值分析仪串级控制，并继续观察微调风控制阀开度，如果微调风控制阀长时间处于开足或者关闭的状态，那么需要操作人员及时调高或降低 DCS 中配风比设置。完成以上工作后比值回路前馈和反馈系统均投用完毕，装置还需在实际运行过程中对微调风串级回路控制器进行 PID 整定，使回路稳定运行。

2）比值回路中重要仪表比值分析仪管理方面：

向仪表专业人员阐明在线分析仪表的重要性，与仪表专业人员协同制定管理办法。在线分析仪表故障超过 24h 未消除，生产管理人员需向仪表管理对口人员进行汇报，由仪表管理对口人员进行协调解决，必要时对运保单位进行考核。

运保单位提供《在线分析仪表定期检查及维护保养相关规定》，具体落实到同类型仪表，随后组织抽查相应维护记录。若达不到相关要求，将考虑部分在线分析仪表进行委外维护保养。

（3）提高总硫收率，充分发挥新型催化剂作用

1）当排放指标降低时，建议引入有机硫水解催化剂，提高总硫收率：

通过 DCS 中酸性气流量显示结合实验室分析酸性气浓度和液硫实时产率，在 DCS 中增加 Claus 总硫收率显示，使 Claus 转化率保持在催化剂厂家要求的转化率以上。

2）对 Claus 催化剂转化率进行在线评定，找出问题，尽量提高转化率：

根据 DCS 显示 Claus 一级和二级反应器温升的比例（70∶15）可以初步判断出一级和二级反应器的转化率之比，同时通过查询资料找到温升对应的转化率，在知道 Claus 总转化率的前提下即可计算出反应炉、Claus 一级反应器和二级反应器的转化率之比，大致比例是65∶26∶6。

为了对以上结果进行验证，装置在一至三级硫封处同时放置三个杯子收集液硫，然后同时取出，冷却后进行称重。三个杯子内硫黄质量的比例基本与以上比例相同。

3）对加氢催化剂进行在线评定，找出问题，尽量提高转化率：

对于加氢反应器来说，按照经验值，过程气中 1%（体积分数）的 SO_2 对应 60～70℃ 的温升。本装置由在线分析仪分析所得数据表明，进入加氢反应器 SO_2 正常浓度在 0.27%（体积分数）左右，加氢反应器温升对应为 30℃。通过加氢反应器温升经验依据，并简单地运用线性关系计算可得出，在进入加氢反应器 SO_2 浓度为 0.27%（体积分数）时，对应的加氢反应器温升应该为 17℃。但实际的加氢反应器温升为 30℃，也就是说剩余的 13℃ 温升全部由有机硫水解和单质硫加氢产生，也从侧面体现出加氢催化剂转化率和有机硫水解效果较好。

三、提升溶剂系统运行效率

1. 建立并完善急冷水、溶剂质量监控和管理规范

建立急冷水及溶剂清洁度管理和考核措施，管理人员每天对急冷水和溶剂样品进行初步观察，确认溶剂和急冷水样品清洁无杂质，如有杂质立刻进行分析，并采取应对措施。

通过实际操作发现急冷水质量应该作为加氢系统日常监控的核心，通过监控急冷水质量可以监控 Claus 系统运行情况，出现问题能及时判断并调节；通过保证急冷水质量可以有效保障溶剂质量，急冷水一旦异常要及时调节 Claus 系统操作，并加大急冷水置换量和循环量。因为急冷水一旦脏了可以置换，而溶剂系统受污染后造成的影响短时间难以恢复。建议急冷水全部进行过滤处理。

制定急冷水和富液过滤器压差控制指标，提高管理人员和操作人员对急冷水和富液过滤器重要性的认识程度，急冷水和贫液一直处于洁净的状态可以表明 Claus 反应器处于优良的运行状态，同时使溶剂系统处于良好的运行环境，可以充分发挥高效脱硫剂的作用。

2. 优化溶剂系统补水和排水操作，降低溶剂损失和污染

因为急冷塔和吸收塔存在温差，过程气会因为温度不同而造成其中饱和水含量不同，造成过程气中的水分冷凝进入溶剂系统或者过程气将溶剂系统的水分带走，产生的影响是溶剂系统储量变化。4#硫黄回收装置总结的操作经验是能排水尽量不要补水，原因是目前溶剂系统补水是用系统内除氧水，但是系统内除氧水由两部分组成：①管网除盐水热力除氧；②系统凝结水回用。循环的凝结水会携带过多的杂质和系统加的药剂，影响溶剂质量。

3. 掌握溶剂系统负荷及余量情况

各岗位应该清楚溶剂系统的能力和受限情况，溶剂系统抗干扰能力是否充足，限制溶剂吸收的到底是温度、循环量、贫液精度、吸收塔效率还是溶剂浓度。以上问题都了解后，才能在尾气排放超标时采取有效的、有针对性的措施，更有助于装置在降低排放方面挖掘潜力。如果有条件的话可以进行溶剂系统抗干扰实验和溶剂系统模拟计算，对溶剂系统能力有清楚的认识。

（1）溶剂系统抗干扰实验

在装置处理量维持 5800Nm^3/h 不变的情况下，手动提高比值回路 AIC1501（H_2S-2SO_2）的设定值，溶剂循环量维持 83t/h 不变，对溶剂系统固定循环量下的抗干扰能力进行考察。在比值回路设定值 AIC1501 由 0 增加至 4.5 的情况下，过程气中 H_2S 含量迅速上升，溶剂再生产酸性气量 FI2502 由 400Nm^3/h 增加至 750Nm^3/h，尾气 SO_2 含量 AI2702A 由 45mg/m^3 增加至 65mg/m^3。抗干扰实验说明，在维持溶剂循环量不变的情况下，溶剂系统吸收 H_2S 能力存在一定裕量，在吸收塔进料酸性气量快速增长时，溶剂能够吸收脱除 H_2S 从而满足外排烟气 SO_2 达标排放的要求。

（2）利用 Aspen Plus 建立稳态模型，优化再生塔操作

用 Aspen Plus 建立溶剂再生装置的 Aspen Plus 工艺稳态模型，利用严格的机理模型，更好地模拟工艺过程，量化装置操作条件与蒸汽消耗和贫液质量的关系，进而指导装置操作优化和改造优化，使贫液质量最优化，增加装置效益。

模型采用 MDEA 与 H_2S 的可逆反应，热再生工艺流程，具体模拟流程如图 9-3-1 所示，其中再生塔(T103)采用 RadFrac 模型，塔底为热虹吸式重沸器；泵采用 Pump 模型；换热器用 Heater 模型(方便收敛)；塔顶回流罐用 Flash2 模型。

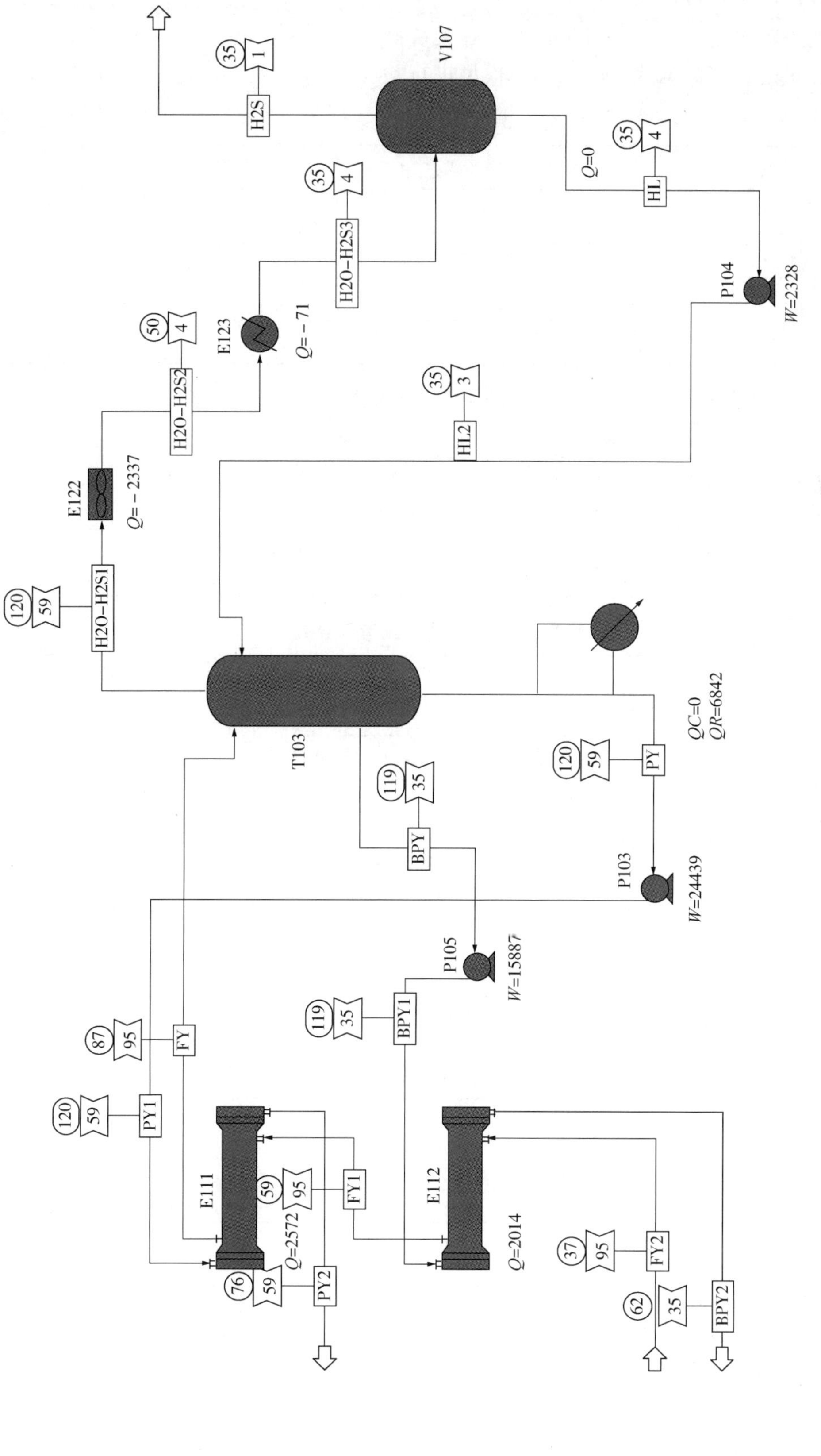

图9-3-1 溶剂再生装置流程图

以企业提供的实际数据为依据进行建模，无法提供的数据以设计数据为参考，这些数据包括各装置的进料温度、压力、流量，各装置模块操作条件等，见表9-3-3～表9-3-6。模型建成后以提供的标定数据或实际数据对模型进行验证。

表9-3-3 富液组成表

组分名称	分子式	进料组成/%(质量分数)
MDEA	$C_3H_{13}O_2N$	39.05
H_2O	H_2O	60
H_2S	H_2S	0.5
CO_2	CO_2	0.45

表9-3-4 溶剂再生装置物料平衡表

进出装置	产品名称	实际计量/(kg/h)	模拟量/(kg/h)
进	富液	95000	95000
出	半贫液	35100	35000
	贫液	60050	59272

表9-3-5 溶剂再生系统运行参数

项目		实际	模拟
再生塔(T103)	回流温度/℃	35.36	35
	顶温/℃	111.0	112.1
	进料温度/℃	88.3	87.7
	顶压/MPa(表)	0.075	0.075
	底温/℃	121.9	121.9
	底压/MPa(表)	0.122	0.12
	塔顶 H_2S 含量/(m^3/h)	414.9	438.9
	塔底 H_2S 含量/(g/L)	0.37	0.37

表9-3-6 溶剂再生系统物流参数

项目		实际	模拟
再生塔(T103)	塔底流量/(t/h)	95.02	95
	回流量/(t/h)	3.54	3.35

1）进料量对重沸器负荷的影响分析：

以T103进料量为变量，贫液中 H_2S 含量0.4g/L、再生塔塔顶压力0.075MPa(表)、胺液浓度40%(质量分数)为固定量，考察重沸器负荷含量的变化情况，见表9-3-7。随着进料量的增加，重沸器热负荷增加。胺液循环量每降低5t，再生塔蒸汽耗量节省1t左右。

表 9-3-7　进料量对重沸器负荷的影响

胺液循环量/(t/h)	重沸器蒸汽量/(t/h)	回流量/(t/h)	再生塔塔底温度/℃
75	8.49	1.74	122.10
80	9.43	2.16	122.08
85	10.38	2.57	122.03
90	11.33	2.96	122.00
95	12.28	3.33	121.98
100	13.22	3.69	121.96
105	14.17	4.03	121.94
110	15.17	4.36	121.92
115	16.05	4.68	121.91

2）回流量对贫液中 H_2S 含量及再生塔塔底温度的影响分析：

以回流量为变量，胺液浓度 40%(质量分数)、再生塔塔顶压力 0.075MPa(表)、进料量 95t/h、塔顶冷凝温度 35℃为固定量，对塔底贫液中 H_2S 含量与塔底再沸器热负荷做灵敏度分析，结果见表 9-3-8。随着回流量的增加，再沸器热负荷增加，但贫液中 H_2S 含量降低。因此需要平衡两者之间的关系，找出其中的平衡点，保证最佳的节能效果。

表 9-3-8　回流量对贫液中 H_2S 含量及再生塔塔底温度的影响

回流量/(t/h)	重沸器蒸汽量/(t/h)	再生塔塔底温度/℃	贫液中 H_2S 含量/(g/L)
2.00	10.21	109.72	0.46
3.00	11.26	112.02	0.41
4.00	12.29	113.03	0.37
5.00	13.32	113.61	0.34
6.00	14.35	113.98	0.31
7.00	15.40	114.24	0.29
8.00	16.44	114.44	0.27

3）塔顶压力对重沸器负荷及再生塔塔底温度的影响分析：

以再生塔塔顶压力为变量，胺液浓度 40%(质量分数)、胺液循环量 95t/h、贫液中 H_2S 含量 0.4g/L、回流量 3.4t/h、塔顶冷凝温度 35℃为固定量，对塔底贫液中 H_2S 含量与再生塔塔底温度做灵敏度分析，结果见表 9-3-9。随着再生塔塔顶压力的增加，再生塔塔底温度增加，蒸汽耗量增加。同时贫液中 H_2S 含量降低。考虑到节约蒸汽用量，在贫液质量允许的范围内，可以适当降低塔顶压力，减少装置能耗。

表 9-3-9　再生塔塔顶压力对贫液中 H_2S 含量及再生塔塔底温度的影响

再生塔塔顶压力/MPa(表)	重沸器蒸汽量/(t/h)	回流量/(t/h)	再生塔塔底温度/℃	贫液中 H_2S 含量/(g/L)
0.03	10.91	3.55	113.78	0.64
0.035	11.02	3.55	114.79	0.60
0.04	11.05	3.54	115.77	0.56

续表

再生塔塔顶压力/MPa(表)	重沸器蒸汽量/(t/h)	回流量/(t/h)	再生塔塔底温度/℃	贫液中 H_2S 含量/(g/L)
0.045	11.09	3.54	116.72	0.53
0.05	11.13	3.54	117.65	0.49
0.055	11.17	3.53	118.56	0.46
0.06	11.22	3.53	119.45	0.44
0.065	11.26	3.53	120.31	0.41
0.07	11.30	3.52	121.16	0.39
0.075	11.35	3.52	121.99	0.36
0.08	11.44	3.52	122.80	0.34
0.085	11.48	3.52	123.59	0.33
0.09	11.53	3.51	124.37	0.31
0.095	11.58	3.51	125.14	0.29
0.1	11.52	3.51	125.88	0.28
0.105	11.63	3.51	126.62	0.26
0.11	11.67	3.51	127.34	0.25
0.115	11.72	3.51	128.05	0.24
0.12	11.77	3.51	128.74	0.23

4）再生塔富液进料温度的影响分析：

以再生塔富液进料温度为变量，胺液浓度40%(质量分数)、胺液循环量95t/h、贫液中 H_2S 含量0.4g/L、回流量3.4t/h、塔顶冷凝温度35℃为固定量，对塔底贫液中 H_2S 含量与再生塔塔底温度做灵敏度分析，结果见表9-3-10。随着富液进料温度的上升，再生塔塔底温度下降，重沸器蒸汽用量减少，贫液中 H_2S 含量增加。考虑到当前装置贫液质量较好，且进料温度对贫液质量影响较小，提高富液进塔温度可以显著降低蒸汽耗量，因此提升富液进塔温度对减少能耗有利。

表9-3-10　再生塔富液进料温度对贫液中 H_2S 含量及再生塔塔底温度的影响

富液进料温度/℃	重沸器蒸汽量/(t/h)	回流量/(t/h)	再生塔塔底温度/℃	贫液中 H_2S 含量/(g/L)
85.00	11.85	3.51	122.00	0.35
86.00	11.72	3.51	122.00	0.35
87.00	11.59	3.52	122.00	0.36
88.00	11.46	3.52	121.99	0.36
89.00	11.33	3.52	121.99	0.36
90.00	11.19	3.52	121.98	0.37
91.00	11.06	3.52	121.98	0.37
92.00	10.93	3.53	121.98	0.38
93.00	10.80	3.53	121.97	0.38
94.00	10.67	3.53	121.97	0.39

续表

富液进料温度/℃	重沸器蒸汽量/(t/h)	回流量/(t/h)	再生塔塔底温度/℃	贫液中 H_2S 含量/(g/L)
95.00	10.54	3.53	121.97	0.39
96.00	10.41	3.53	121.96	0.40
97.00	10.27	3.54	121.96	0.40
98.00	10.14	3.54	121.96	0.40

5）结论：

以实际数据搭建的基准模型与实际装置基本吻合，误差均在可允许范围之内，由模型得到了再生塔的温度、压力分布，供实际操作参考。

通过对再生塔灵敏度分析后发现，提高再生塔回流量、提高再生塔塔压均对提高贫液质量有利，但会增加重沸器蒸汽耗量，增加装置能耗。提高富液进料温度，可以显著降低重沸器蒸汽用量，同时对贫液质量影响甚微。而降低胺液循环量，也可降低再生蒸汽消耗，但会对吸收塔吸收效果产生影响。

由于本装置再生贫液质量较好，贫液浓度40%(质量分数)，平均 H_2S 含量0.4g/L左右。考虑到降低装置能耗，可以适当提高回流量和塔压，取得贫液质量和能耗方面的平衡，在不影响尾气吸收的前提下，尽可能减少装置能耗。同时根据尾气吸收效果，可降低胺液循环量，减少能耗。

四、提升能源利用效率

某炼油厂一集中再生装置，主要处理上游催化裂化装置和延迟焦化装置干气、液化气，蜡油加氢装置循环氢、低分气及常减压常减顶瓦斯气脱硫装置富液。贫液换热后采用循环水冷却至40℃，再生酸性气采用空冷+水冷模式运行，冷后温度40℃。装置循环量260t/h，采用35%～40%(质量分数)MDEA复配溶剂，混合富液 H_2S 含量约16g/L。

蒸汽能耗约占装置能耗的90%以上，因此能耗分析和节能措施的重点是减少蒸汽用量和优化好凝结水的用途，可以说减少蒸汽用量是降低装置能耗的关键。

1. 减少蒸汽用量的途径

(1) 优化脱硫剂选型和使用，降低蒸汽用量

目前，国内炼油厂脱硫装置普遍采用MDEA溶剂，但在使用浓度上还存在较大差异。部分装置溶剂浓度高达35%～50%(质量分数)，也有些装置浓度不足20%(质量分数)。低浓度、大循环量的粗犷模式导致了蒸汽消耗的增加。

(2) 降低循环量(富液量)

据统计，综合富液酸性气载荷、浓度等因素，再生1t富液需消耗低压蒸汽80～120kg，可见，减少富液量可以极大地减少蒸汽耗量和操作费用。实际生产中通过严格控制产品气脱后质量，杜绝质量过剩或采用串级吸收等措施提高胺液的酸性气负荷，减少富液量，降低蒸汽耗量是一个有效的途径。

(3) 根据净化度的要求，控制合适的贫液质量

在满足产品质量的前提下，控制合适的贫液质量，以减少蒸汽耗量。

(4) 提高富液进料温度，降低回流比，减少加热富液和回流液汽化所需热量

装置蒸汽除很少部分用于管道的加热和伴热外，绝大部分用于重沸器为溶剂再生塔提供热量。重沸器的热负荷包括：①富液加热至塔底温度所需热量；②回流液汽化所需热量；③酸性组分与醇胺反应生成的化合物所需的分解热；④重沸器和再生塔的热损失。

加热补充水(如果有的话)所需热量占总热负荷比例很小；化合物所需的分解热，随富液中 H_2S 和 CO_2 含量的增加而增加，而当富液组成一定时，化合物所需的分解热也相对固定，因此减少蒸汽用量和热负荷的主要措施是：提高富液进料温度，减少加热富液所需热量。

加热富液所需热量占总热量的35%～65%(质量分数)。要减少加热富液所需热量，首先，就要尽量提高富液进料温度。可采取以下具体措施：

① 确保富液-贫液换热器有足够的换热面积。

② 应定期对换热器进行清洗，防止结垢影响换热效果。

③ 做好设备和管道保温，减少由于热损失而降低进塔温度。通常富液进料温度为95～100℃，再生塔塔底温度和富液进料温度的温差要小于30℃。

其次，降低回流比，减少蒸汽用量。回流液汽化所需热量占总热量的15%～50%(质量分数)，差别较大。回流比是指再生塔塔顶排出气体中水蒸气物质的量和酸性气物质的量之比，其值随溶剂种类、富液组成和贫液质量而异。当溶剂种类和富液组成都固定时，则回流比随贫液质量的提高而增加。

2. 减少循环水量

(1) 尽量采用空冷

贫液冷却及酸性气冷却尽量采用空冷+水冷的冷却方式，尤其是装置规模较大时，不能采用单独水冷的冷却方式。

(2) 控制合适的贫液出装置温度

可根据上游脱硫塔的具体情况，确定合适的贫液出装置温度。如某厂有两套溶剂集中再生装置，其中一套贫液至催化裂化、延迟焦化等装置液化石油气脱硫塔和干气脱硫塔，贫液出装置温度为40℃；另一套贫液至加氢处理装置循环氢脱硫塔和柴油加氢精制装置循环氢脱硫塔，贫液出装置温度为60℃。

3. 减少电耗量

1) 采用高效节能机泵+空冷变频电机，减少电的消耗。

2) 控制合适的贫液出装置压力，以减少电耗量。

当再生后贫液直接送至上游装置脱硫塔时，宜根据脱硫塔操作压力选择不同流量和不同扬程的输送泵，尤其是装置规模较大时，节电量会更显著。以某厂为例，送至干气脱硫塔的贫液输送泵参数为：流量182.6m^3/h、扬程167m、电动机轴功率132kW；送至液化石油气脱硫塔的贫液输送泵参数为：流量136m^3/h、扬程257m、电动机轴功率159kW。

4. 充分回收及利用凝结水

溶剂再生以及设备、管道伴热所产生的凝结水都应回收并利用，常见的回用方式是凝结水余热回收。如与除盐水换热提高除氧器入水温度，减少蒸汽消耗，作为办公楼取暖介质，余热发电等。

5. 其他节能措施

1）利用1.0MPa（表）蒸汽压差发电，取消减温减压器。

2）再生塔再生蒸汽控制方案优化。由传统的控制塔底温度改为蒸汽量与富液进料流量串级。

3）重沸器疏水形式由疏水器改为凝结水闪蒸罐疏水。

五、液硫池防腐与安全运行控制

某天然气净化厂液硫池分布在净化装置以及硫黄储运单元，其中：净化装置中共设置液硫池12座，硫黄储运单元设置液硫池2座。硫黄回收装置液硫池为地下全钢筋混凝土结构，内衬为特种耐酸砖，采用"一底、三布、四涂"防腐工艺。液硫池内部用墙间隔，将液硫池纵向分为一级脱气区、二级脱气区以及产品区三个区，具备液硫储存、脱气及外输等主要功能。液硫池液硫脱气采用MAG^{R}技术，将产品区液硫用泵送至硫黄冷却器冷却后，送至一级脱气区、二级脱气区搅拌，加速脱气，两个脱气区中提供16h左右的搅动和停留时间（每个脱气区8h），可脱出液硫中大部分H_2S，产品区液硫经循环脱气直至检测合格后，再泵送至成型装置或储罐。单座液硫池设计容积436.1m^3，设计最大储存能力784.98t。

硫黄储运单元液硫池也采用地下全钢筋混凝土结构和"一底、三布、四涂"防腐工艺。液硫池内部用墙间隔，将液硫池横向分为来料区和产品区，具备液硫存储、外输功能。单座液硫池设计容积约为607m^3，可最大存储液硫1092.6t。

（一）液硫池主要设备及工艺

主要包括液硫循环泵和液硫外输泵、硫黄冷却器、伴热盘管、烟囱等附属设备，其主要设备及数量见表9-3-11。

表9-3-11 单座液硫池附属设备及数量

装置分类	液硫外输泵/台	液硫循环泵/台	硫黄冷却器/台	空气抽射器/台	液硫喷射器/台	烟囱/座	硫封罐/台	过滤器/台
净化装置	2	2	1	2	10	2	3	
硫黄储运单元	3					1		2

主要防腐工艺如下。

1. 净化装置液硫池

主要包括以下四个部分：第一，液硫脱气系统；第二，液硫池废气回收系统；第三，液硫外输系统；第四，伴热和消防系统。

① 液硫脱气：来自各级硫冷凝器的液硫依靠重力自流至硫封罐，经硫封罐自流至液硫池，通过一级脱气区末端隔墙与池顶之间300mm的空隙溢流至二级脱气区，再通过二级脱气区末端隔墙与池顶之间400mm的空隙溢流至产品区，产品区的部分液硫通过液硫循环泵送至硫黄冷却器；冷却至138℃后，经一级、二级脱气喷射器送入一级、二级脱气区内，使液硫在液硫池中循环流动，从而使溶解在液硫中的H_2S释放到气相中。

Claus风机的热空气通过设置在一级、二级脱气区和产品区的空气鼓泡系统进入液硫池，将液硫中的H_2S气提出来，降低液硫中H_2S含量；脱气后的液硫被泵送至液硫储罐或者硫黄成型装置。

② 废气回收：液硫脱气系统脱出的气体汇集于液硫池气相空间，由抽射器送入 Claus 反应炉风线内，与被空气加热器加热的 Claus 燃烧空气混合，进入 Claus 反应炉回收利用。

③ 液硫外输：液硫池液硫脱出 H_2S 后，经设置在液硫产品区的液硫外输泵送至硫黄储罐或成型装置。

④ 伴热和消防系统：液硫池底部设置了伴热盘管，防止液硫凝固；同时为防止液硫自燃，在液硫池中产品区设置了消防系统，消防系统使用低压蒸汽。

2. 硫黄储运单元液硫池

来自硫黄回收单元或液硫罐区单元的液硫，通过蒸汽夹套管道，经过滤后进入液硫池，来料区的液硫从隔墙绕过，进入产品区，然后被垂直液硫泵送入成型装置，液硫池中液硫由设置在底部的伴热蒸汽管维持温度。

液硫池在来料区和产品区均使用工厂风强制吹扫，将气相强制置换后经烟囱排入大气。

（二）工况条件及参数

液硫中约含有 250~300μg/g 的 H_2S，进入液硫池的液硫温度最高可达 170℃，其主要工艺参数见表 9-3-12、表 9-3-13。

表 9-3-12　净化装置液硫池工艺控制参数

项　目	工艺参数	项　目	工艺参数
液硫池气相温度/℃	115~140	产品区空气鼓泡量/(kg/h)	50
液硫池液相温度/℃	137~155	外输液硫中 H_2S 含量/(μg/g)	15
蒸汽抽射器蒸汽量/(kg/h)	500~1500	液硫池产品区液位/%	30~60
一级、二级脱气区空气鼓泡量/(kg/h)	200		

表 9-3-13　储运单元液硫池工艺控制参数

项　目	工艺参数	项　目	工艺参数
液硫池液相温度/℃	140~148	通风管温度/℃	80~135
液硫池液位/%	20~80	液硫泵出口压力/MPa(表)	0.2~0.7
过滤器压差/kPa	0~50		

（三）技术研究和改造

2017 年，考虑液硫池气相空间存在 H_2S 燃爆的风险，立项开展液硫池 H_2S 燃爆风险安全防控技术研究，使用 Fluent 软件和液硫池缩微装置模拟液硫池中的气相空间；依据 DIN EN 1839—2017《爆炸极限、燃烧气体和蒸汽极限氧含量(LOC)的测定》，在北京的爆炸科学与技术国家重点实验室内测定硫蒸气存在工况下的 H_2S 爆炸极限。

1）据 Q/SYDL 7201—2011《防止硫化亚铁自燃及安全作业技术指导书》可知：在 350~400℃下，单质硫易与铁直接化合形成硫化亚铁；在此温度下，H_2S 分解出活性极强的硫单质也易与铁结合成硫化亚铁，这些硫化亚铁可在硫黄单元一、二级转化器及进出口管线上产生，并随冷凝器冷凝出的液硫进入硫封罐，大部分硫化亚铁在硫封罐内沉淀，少部分硫化亚铁随液硫进入液硫池。

2）随着液硫循环搅拌脱气装置的运行，硫化亚铁随之从底部来到液硫上方，与水蒸气和 O_2 接触，急剧氧化，温度甚至达到硫黄的燃点 250℃，从而引燃硫黄。

3）据 AQ 2018—2008《含硫化氢天然气井公众安全防护距离》数据，H_2S 最小点火能 0.077mJ，若液硫池气相空间中 H_2S 浓度在爆炸极限范围内，由于处于密闭空间，故液硫池存在足够多的 O_2时［9%（体积分数）以上］，硫化亚铁自燃甚至会导致液硫池气相爆炸。

4）液硫池内 H_2S 爆炸极限。

没有硫蒸气工况下，在自然通风条件下，140℃时，H_2S 爆炸极限为 4.11%～58.01%（体积分数）；160℃时，H_2S 爆炸极限为 4.09%～58.15%（体积分数）。

存在硫蒸气工况下，在自然通风条件下，140℃时，H_2S 爆炸下限为 4.17%（体积分数）；160℃时，爆炸下限为 4.23%（体积分数）。

可见硫蒸气对 H_2S 爆炸下限的影响不显著。

空气鼓泡系统对气相空间中 H_2S 浓度控制效果：

经专业软件模拟，当一级、二级脱气区鼓泡量在 200kg/h、产品区空气鼓泡量为 100kg/h 时，液硫池气相空间中 H_2S 含量可从 5%（体积分数）下降至 0.5%（体积分数）以下。

后通过液硫池等比例缩微装置验证，在此鼓泡量下，其气相空间中 H_2S 浓度降低 58%（体积分数），气相空间中 H_2S 浓度低于爆炸下限。经过软件模拟和缩微装置验证：产品区增加空气鼓泡工艺可将液硫池气相空间中 H_2S 含量控制在爆炸极限范围外，避免液硫池燃爆事件的发生。2018 年，组织首先在单个系列液硫池开展三区增加空气鼓泡工艺先导性试验，目前已在全厂完成技术推广，改造后的液硫池运行平稳。

（四）安全现状评估

从工艺、设备、操作三个方面进行系统评估，评估情况如下。

1. 工艺方面

工艺方面的风险主要来自液硫析出的 H_2S 聚集达到爆炸极限、空气鼓泡系统导致的氧含量高、硫化亚铁自燃、液硫池气相空间中 H_2S 和硫蒸气增多导致的烟气排放超标风险、液硫冷却导致的管线堵塞风险、液硫池废气入 Claus 反应炉导致的堵塞风险。采取控制措施如下：

（1）净化装置液硫池

1）设置了脱气区、产品区、空气鼓泡设施及空气抽射器，防止 H_2S 聚集到达爆炸极限；在液硫池有意外情况发生时，抽射器可关闭出口流程，将蒸气送入液硫池，隔绝液硫与 O_2 的接触，自投用产品区脱气系统以来，液硫池气相温度控制在 140℃、液相温度控制在 160℃以下，未发生燃爆事件。

2）设置温度联锁，在气相空间温度达到 175℃后，关闭液硫池空气鼓泡系统和停止液硫外输。设置了液硫池液位联锁，当液位低于 10%时，联锁停运液硫泵。

3）在液硫池发生意外的情况下，可打开消防蒸汽管线，使用低压蒸汽隔绝液硫、H_2S 和硫化亚铁与 O_2的接触。

4）进行液硫池废气入 Claus 反应炉技术改造，改造后，液硫池废气进入 Claus 反应炉内，回收其中的 H_2S 和硫蒸气。

5）在液硫管线设计时采用夹套伴热方式，使用 145℃的低压蒸汽进行伴热，防止液硫凝固。

6）在液硫池废气入 Claus 反应炉流程上和液硫池废气入尾气焚烧炉流程上设置切断阀，若液硫池废气入 Claus 反应炉流程堵塞，则直接打开液硫池废气入尾气焚烧炉流程。

（2）储运系统液硫池

1）在来料区和产品区设置不间断强制通风流程，置换出的液硫池废气直接排入大气，杜绝了其中 H_2S 聚集现象的出现。

2）由于强制通风置换，即使存在小部分硫化亚铁也将被直接氧化，其产生的热量被带走，保证了液硫池的运行安全。

3）设置了液硫池液位联锁，当液位低于 13.3%时，联锁停运液硫泵。

4）设置温度联锁：当液硫池温度低于 120℃时，联锁停运液硫泵；当液硫池气相温度达到 150℃后，关闭液硫外输泵。

2. 设备方面

液硫池设备方面的风险主要有管线设备腐蚀导致的液硫泄漏风险、H_2S 泄漏风险、高温烫伤风险、液硫冷却导致的管线堵塞风险、液硫池废气入 Claus 反应炉导致的堵塞风险及液硫池坍塌风险。针对以上风险，可采取以下控制措施：

（1）净化装置液硫池

1）在硫冷器后设置硫封罐，液硫在硫封罐内形成“液硫封”，防止硫黄回收单元的过程气进入液硫池。

2）附属设备中硫黄冷却器已停用，液硫侧已使用盲板隔离，液硫循环喷射流程继续使用。

3）在液硫池处设置了 3 台固定式 H_2S 气体检测仪，并在 DCS 上设置在线显示，当 H_2S 浓度超过 20μL/L 时，检测仪联动现场声光报警器及应急广播扩音器。

4）在液硫池周围设置了 2 套远程高清视频监控，可实时传播现场图像；同时在液硫池周边设置了水服务站和消防炮，若观测到现场因液硫泄漏导致保温材料着火，可使用此设施直接灭火。

5）液硫池使用微负压设计，并在脱气区、产品区设置了 3 块混凝土盖板，若液硫池内发生燃爆事件，可从薄弱处——即盖板处泄压，防止现场其他设备损伤。

6）在液硫池上面使用钢结构设置了巡检通道，保障液硫池出现坍塌时巡检人员的安全。

（2）储运系统液硫池

1）在液硫进料处设置了过滤器，防止硫化亚铁和其他腐蚀产物进入。

2）在液硫池顶部设置了红外视频监控，可实时传播现场图像和观察现场设施的温度变化情况；同时在液硫池多个接口处接入了消防蒸汽，若观测到液硫池着火，可使用此设施进行灭火。

3）在液硫池上面使用钢结构设置了巡检通道，保障液硫池出现坍塌时巡检人员的安全。

3. 操作方面

操作方面主要的风险主要体现在误操作导致液硫池中氧含量超标，从而造成 H_2S 自燃；误操作导致液硫池液位过低，造成气相空间中 H_2S 聚集。可采取以下控制措施：

1）规范装置开停工步骤，制定液硫池安全运行措施，配备灭火设施。

2）储运系统液硫池不间断通入工程风，使用小管径管线送风，防止因送风过大而导致的过氧情况。

3）净化装置液硫池设置空气鼓泡量报警值（高报：350kg/h；高高报：500kg/h），防止误操作引起液硫池中氧含量超标。

4）储运系统液硫池对来料过滤器的压差进行监控，使用时压差不高于50kPa，防止因过滤失效导致的液硫池低液位情况。

5）净化装置液硫池加强液硫池温度监控和烟气SO_2浓度监控，每2h记录一次数据，若烟气排放异常，则排查液硫池运行情况。

6）严格落实巡检制度，每4h巡检一次，巡检内容为观察泵、液硫池烟囱运行状态、现场管线有无硫黄泄漏等。

7）制定专项应急预案，制做并下发岗位风险告知卡，将风险情况告知每位员工；加强应急培训和演练，提高应急处置能力，防止事件扩大。

8）每周抽查员工风险掌握情况，确保熟练掌握；风险目录更新后，全员宣贯，组织专项培训；严格规范员工作业巡检过程中的穿戴，应穿防静电工作服、劳保鞋，确保人身安全。

六、循环水节能降耗运行控制

某天然气净化厂循环水按其保供的联合装置区域分为两套循环水系统，采用包括新鲜水、汽提净化水、锅炉排污水等多种水源作补水，两套循环水系统采用不同的药剂控制体系。循环水系统投运后，受主体生产装置运行负荷不同影响，循环水消耗量存在较大波动，存在一定节能空间。

（一）低阻力优化供水技术

通过对循环水系统整体的分析，计算循环水系统整体管网的阻力损失，重点对机泵、节流阀等高阻力设备采取降阻提效措施，减少循环水系统管网损失，优化供水管网压力，达到节能降耗的目的。

流体在输送过程中的阻力包括摩擦阻力和局部阻力。管路中增加了各种附件，经过这些装置时，流体运动受到扰乱，造成局部能量损失，更换整个系统供水管网内的各种附件对于正在运行的循环水系统不现实。

通过软件模拟循环水供水泵出口止回阀处流体状态，流速在满足工艺要求时，前后压差在4mH_2O左右，约为0.038MPa（表），水力损失较大。通过管径调整，应用新型低阻缓开缓闭阀，将出口阀压差从0.038MPa（表）降低至0.004MPa（表），大大降低了循环水系统局部阻力，现场更换低流阻水力阀16台，供水压力上涨0.034MPa（表），现场调整机泵运行台数，停运2台循环水泵。

循环水泵的水力效率受叶轮的进出口轮径、叶轮中心线、安装角、出口角、工作流量等多因素影响。根据“射流-尾迹三元流动”理论，以遗传算法为优化工具，以叶片形状参数为优化目标建立了“基于三维CAD-CFD联合的叶片泵整体优化技术”，完成了高效三元叶轮的更换，机泵运行效率由原来的80%提高至85%。应用该技术完成了低阻力大流量循环水泵的设计与应用，更换新型水泵11台，改造更换5台泵的叶轮。

（二）永磁调速节能技术

通过应用成熟的永磁调速节能技术，对长周期耗能设备进行现场改造，一方面完成对风机的自动调节节能，在夏季极限条件下，供水温度下降1℃，能耗下降2%～6%。另一方面克服叶轮更换后带来的效率降低问题，优化水泵级配，方便循环水流量调节。

永磁调速系统根据导磁体和永磁体之间的相互磁力耦合作用来传递扭矩，实现设备的软启动、隔离振动，传递效率达到 95%，循环水系统共计完成 2 台循环水泵、4 台风机永磁改造，形成了外界温度变化情况下的循环水温度恒定控制，增加了系统的可靠性。

（三）换热效果与机泵集配运行优化技术

通过压力、温度远程传感器采集换热器参数，预测污垢系数变化情况，揭示冷却水流量与换热量之间的规律，确定系统最优运行方式和调配方案，有效解决了污垢系数难以预测的难题，创新了一种循环水节能与节水联动优化技术，极大地节约了能源的消耗，其关键技术水冷换热器的建模参数计算如图 9-3-2 所示。

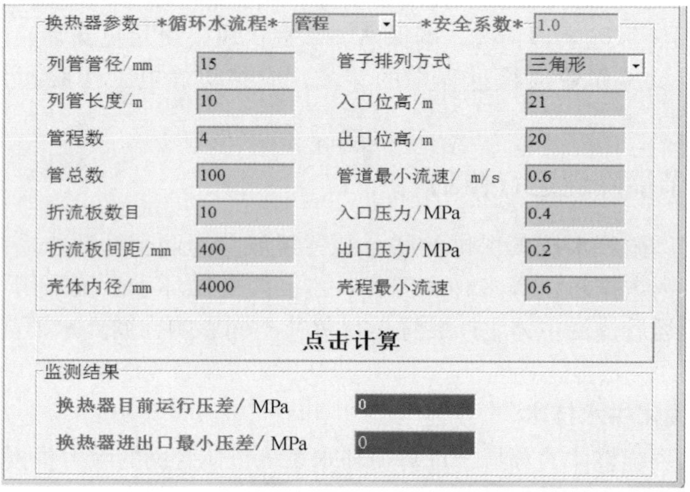

图 9-3-2　水冷换热器的建模参数计算

循环水系统在运行过程中，水冷换热器的管理是一项很重要的工作，对于换热器的结垢监控主要是通过统计水冷换热器设备的端差（趋近温度）来进行分析的，其值越小，换热效果越好。当换热面积趋于无穷大时，趋近温度应接近 0℃，端差 DT（趋近温度）= 介质出口温度-循环水进水温度。

通过实时监测各水冷换热器的运行工况，对循环水换热系统进行全面的优化，合理控制温差，优化换热器循环水流量。建立换热网络优化和管网水力优化数学模型，根据现场实际工况对泵站控制进行优化和管理，提出供水泵站最佳运行配置方案。技术应用以来，循环水系统水冷换热器的趋近温度保持在 4~6℃，换热效率保持在 90%。

通过应用循环水低阻力大流量泵、低阻力止回阀及永磁调速等系列节能措施后，循环水场电耗量大幅度降低，平均节能率达到 32%。

七、液硫密闭定量自动装车优化应用

为解决传统液体硫黄装车存在计量不准和含硫废气外溢污染环境的问题，对液硫装车系统进行了优化，将液硫储罐改造为密闭储罐，在原放空口增设切断阀，设置液硫储罐压力高高联锁。装车台设置双鹤位，采用密闭型可自由伸缩活动鹤管。鹤管液硫出口和装车废气回收口一体式设计，通过气动快速连接装置与槽车装车口自动连接，由互成 120° 角的 3 个夹钳封闭，鹤管接口内安装液位报警装置，鹤管废气回收口与液硫储罐顶气相空间采用夹套伴热管线相连。液硫储罐罐顶气相增设罗茨风机，该风机有变频功能，风机出口至两套硫黄回收装置的液硫池内。通过风机变频调整向液硫储罐内补入的氮气量，控制液硫储罐和槽车罐始终处于微负压状态。液硫储罐设有溢流线和氮气充压线。液硫储罐罐底装车线增设质量流量计和切断阀。液硫线、气相回收线、仪表、切断阀、罗茨风机和质量流量计均采用0.35MPa(表)蒸汽夹套伴热。

液硫密闭装车流程如图9-3-3所示，运行控制参数见表9-3-14。

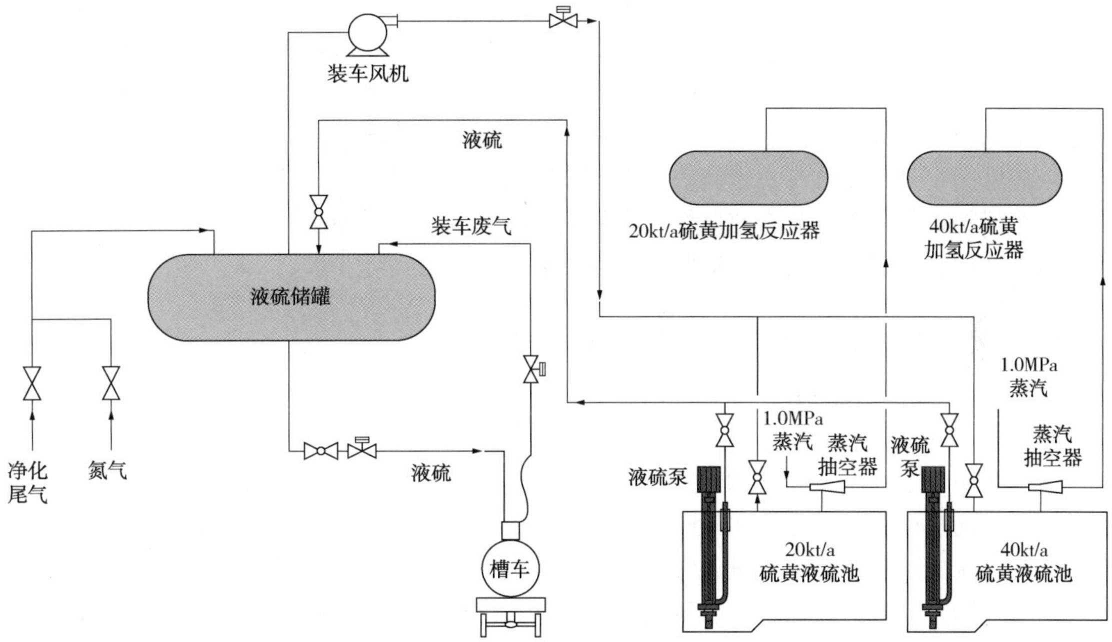

图9-3-3 液硫密闭装车流程

表9-3-14 液硫装车废气治理控制参数一览表

序号	项目	数值
1	液硫罐氮气补入量/(Nm^3/h)	30
2	液硫罐压力/kPa	-0.5
3	液硫池压力/kPa	-0.7
4	加氢反应器温升/℃	7.5
5	液硫装车量/(t/h)	60~80

装车时，打开槽车前端的液位观察口封盖卡扣，使封盖依靠自身重力关闭，装车人员可根据观察口掌握装车情况，避免气相回收线堵塞导致槽罐的压力急速上升，发生超压爆裂事故。液硫装车量依靠联锁实现定量控制，设定装车量后开始自动装车。液硫装至距设定值1t左右时，人为适当降低装车速度，防止液硫进料管线联锁切断阀关闭太快，致使管道内的液硫流速产生剧烈变化而形成冲击，其产生的剧烈振动会破坏阀门和管线。待联锁关闭液硫进料管线切断阀和鹤管气相回收线切断阀，再等待2~3min后将鹤管卸开，使管线内残留的液硫排空，避免硫黄凝固在鹤管旋转机构等部位。

液硫储罐作为液体硫黄装车前的临时存储设施，其压力控制主要受液硫输送、装车操作过程及温度影响，通过对氮封和风机风量的控制，运行期间始终稳定在低压或微负压状态，未出现过超压。

对于罐容量为32t的槽车，装车时长为20min，由于定量装车联锁触发到阀门完全关闭有一定的时间差，一般实际装车量会大于设定装车量100kg左右，偏差为0.3%，运行非常稳定，同时废气回收效果非常好，周围环境得到了极大改善。装车废气被装车风机送入液硫池后，通过开大蒸汽抽空器的蒸汽量，能够保持液硫池在-0.7kPa压力下运行，装车废气随着液硫池脱气废气一起送入加氢反应器内回收处理，加氢反应器床层温度上升约7.5℃。另外，装车废气引入前后加氢反应器注H_2量、急冷塔急冷水pH值和吸收塔出口总硫含量变化不大，说明废气对系统SO_2、有机硫的加氢水解反应影响不大，未出现SO_2穿透床层和有机硫水解不完全的问题，总体上装车废气对加氢反应器的影响在可接受范围内。

液硫密闭定量自动装车技术解决了液硫装车过程中计量不准、环境污染和职业卫生的问题。装车设施操作简单、装车速度快、定量偏差小，装车风机和联锁仪表运行稳定，装车废气引进硫黄回收装置加氢反应器回收处理后影响小，满足实际要求。

八、酸性水汽提装置模拟优化

（一）模拟装置与流程

1. 装置简介

某炼化企业200t/h污水汽提装置于2009年4月建成投产，主要处理来自常减压、催化、焦化、硫黄回收及油品罐区等装置的含硫含氨污水，装置采用单塔常压汽提工艺，原料污水与净化水换热后，原料水进入常压汽提塔。经汽提后产生的含氨酸性气经过空气冷却器冷却、分液罐分液后送至硫黄回收装置进行处理，汽提塔汽提后塔底得到合格净化水，经泵外送至上游一次及二级加工装置回用或排放至污水处理厂处理。

2. 流程简述

自含硫污水罐区来的酸性水，经净化水-原料水换热器(E501/A~D)与汽提塔(T501)底来的净化水换热至100℃，进入T501上部。塔底用1.0MPa(表)低压蒸汽通过重沸器(E503)间接加热汽提，以保证塔底温度在129℃，冷凝后的凝结水经凝结水罐(V502)缓冲后，自压出装置并入系统低温回水管网。

T501塔底净化水经E501/A~D与原料水换热至67℃，通过汽提塔底泵(P501/A，B)加压，送至净化水缓冲罐(V503)，部分由V503经净化水泵(P503B)加压后，送至上游装置回用，另外部分则经净化水冷却器(E502/A，B)冷却到40℃，送到公司污水处理厂处理。

T501塔顶酸性气经酸性气空冷器(AC501/A~D)冷凝冷却至85℃，进入塔顶回流罐(V501)，分凝后的酸性气送至Ⅱ、Ⅲ硫黄回收装置回收硫黄，凝液经塔顶回流泵(P502/A，B)返塔作为回流。

（二）模型建立

1. 模型与物性确定

应用Aspen Plus绘制出200t/h污水汽提装置操作流程图。汽提塔T501采用RADFRAC模块，换热器E501采用HEATX模块，空冷器AC501采用Heater模块，闪蒸罐V501采用FLASH2模块，模拟流程如图9-3-4所示。

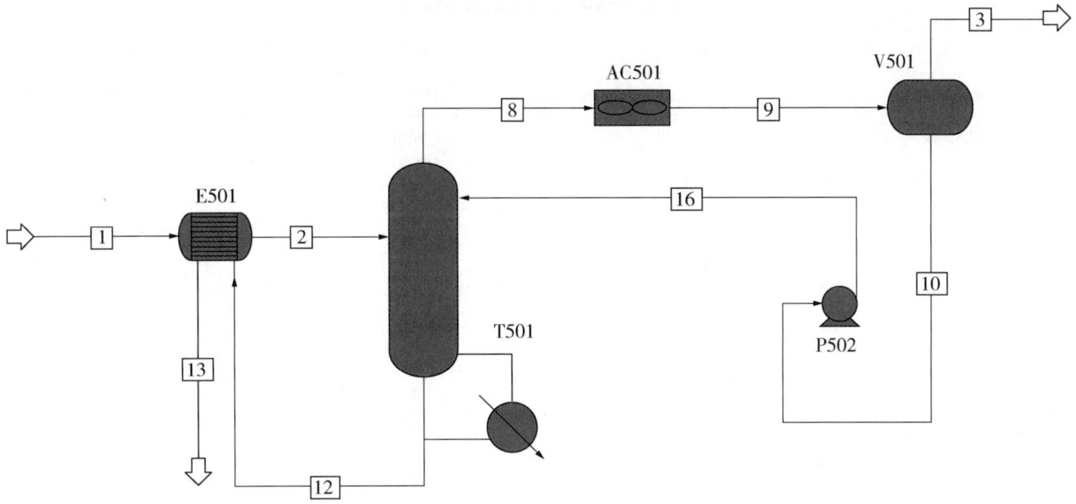

图 9-3-4 200t/h 污水汽提装置模拟流程

污水汽提装置的模拟选用专用于电解质系统的 ELECNRTL 物性方法，应用电解质向导自动生成电解质组分，选取数据库中的亨利常数表征 H_2S、NH_3 在水中的溶解度，数据库中自带有 H_2S 和 NH_3 在水中的电离平衡常数，结合输入的实际数据，可对污水汽提装置进行严格模拟计算。

2. 模型验证

模型验证即将装置实际操作值与模型计算值作对比，查看误差是否在可允许范围之内，以保证模型能够反映装置的实际情况。

（1）物料平衡

将模型计算的净化水、酸性气与实际值对比来查看装置的物料平衡情况，对比情况见表 9-3-15。

表 9-3-15 装置物料平衡情况

项目	实际值	模拟值
输入		
原料水/(t/h)	155.5	155
合计/(t/h)	155.5	155
输出		
净化水/(t/h)	152	151.6
酸性气/(Nm^3/h)	3648	3552
合计/(t/h)	155.5	155

（2）汽提塔参数对比

将模型计算的汽提塔操作数据与实际值进行对比，查看模型与实际情况的接近程度，结果见表 9-3-16，模型计算的汽提塔温度、压力、流量等数值与实际值接近。

表 9-3-16 汽提塔数据对比

项目	模型值	实际值	误差
进料流量/(t/h)	155	155.5	0.32%
塔顶产出/(Nm^3/h)	3552	3648	2.6%
塔底产出/(t/h)	151.6	152	0.26%
塔顶温度/℃	110.3	112	1.5%
塔顶压力/MPa(表)	0.10	—	—
塔底温度/℃	124.9	124	-0.72%
塔底压力/MPa(表)	0.13		
进料温度/℃	101	100.5	-0.50%
回流罐入口温度/℃	92	93	1.08%
回流罐压力/MPa(表)	0.08	0.08	0
蒸汽消耗量/(t/h)	26.36	25.6	-2.97%

（3）分析数据对比

将模型计算的净化水硫化物、氨氮含量与实际分析值进行对比，结果见表 9-3-17，模型计算的净化水氨氮含量与实际值接近。

表 9-3-17 净化水分析值对比

净化水	工艺指标	模型值	实际值
油含量/(mg/L)	≤5		
氨氮/(mg/L)	≤50	10	6.9
硫化物/(mg/L)	≤20	5.1	3.5

综上所述，当前建立的污水汽提装置模型，模拟计算结果均满足设计指标，能够反映装置的实际运行情况，可以用于指导生产，开展下一步的优化分析。

（三）结果分析

1. 塔顶采出量的分析

模型中分析塔顶回流量对净化水 NH_3 含量、净化水硫含量、塔底温度和汽提蒸汽量的影响，结果见表 9-3-18。

表 9-3-18 塔顶回流量的影响分析

塔顶采出量/(t/h)	塔顶回流量/(t/h)	净化水 NH_3 含量/(μg/g)	净化水硫含量/(μg/g)	塔底温度/℃	汽提蒸汽量/(t/h)
14	10.6	157.2	5.1	124.8	21.7
15	11.6	78.1	5.1	124.9	22.8
16	12.6	39.9	5.1	124.9	23.9
17	13.6	21.1	5.1	124.9	25.0
18	14.6	11.6	5.1	124.9	26.1
19	15.6	6.7	5.1	124.9	27.1

续表

塔顶采出量/(t/h)	塔顶回流量/(t/h)	净化水 NH_3 含量/(μg/g)	净化水硫含量/(μg/g)	塔底温度/℃	汽提蒸汽量/(t/h)
20	16.6	4.1	5.1	124.9	28.2
21	17.6	2.6	5.1	124.9	29.3
22	18.6	1.7	5.1	124.9	30.4

随着塔顶回流增加，净化水 NH_3 含量降低，净化水硫含量基本不变，汽提蒸汽量呈直线上升。在保证质量指标 NH_3 含量≤50mg/L、硫含量≤20mg/L 的条件下，塔顶回流量需大于 12.6t/h。因此在保证净化水质量指标的情况下，可对塔顶回流量进行卡边操作，节省汽提蒸汽消耗。当前塔顶回流量为 15t/h，将其减小 2t/h，可在保证净化水 NH_3、H_2S 含量的情况下，节省汽提蒸汽 2.2t/h 左右。

2. 回流罐温度的影响分析

模型中通过塔顶馏出量控制净化水 NH_3 含量、H_2S 含量不变，分析回流罐温度对汽提蒸汽量及回流量的影响，结果见表 9-3-19。

表 9-3-19 回流罐温度的影响分析

回流罐温度/℃	汽提蒸汽量/(t/h)	汽提塔回流量/(t/h)	净化水 NH_3 含量/(t/h)	净化水 H_2S 含量/(μg/g)
85	26.43	15.4	10.00	5.10
86	26.42	15.3	10.00	5.10
87	26.41	15.2	10.00	5.10
88	26.40	15.2	10.00	5.10
89	26.39	15.1	10.00	5.11
90	26.38	15.0	10.00	5.11
91	26.37	14.9	10.00	5.11
92	26.36	14.8	10.00	5.11
93	26.34	14.7	10.00	5.12
94	26.33	14.6	10.00	5.12
95	26.31	14.5	10.00	5.12
96	26.29	14.4	10.00	5.13
97	26.27	14.3	10.00	5.13
98	26.25	14.1	10.00	5.13

在保证净化水 NH_3 含量、硫含量不变的情况下，随着回流罐温度上升汽提蒸汽量下降，不过回流罐温度升高，酸性气带水会增加，会增加污水量，当前操作回流罐温度 93℃左右，将回流罐温度增加至 98℃，仅可节省 0.1t/h 蒸汽，因此建议维持现状。

3. 进料塔板位置的影响分析

模型中在保证塔顶压力、塔顶馏出量、塔顶回流罐温度等操作条件不变的情况下，分析进料位置对净化水 NH_3 含量的影响。随着塔板进料位置向下，净化水 NH_3 含量变少，当塔板进料位置在第 3 块板时，净化水 NH_3 含量达到最小，为 7.78mg/L。当进料塔板位置继续向下，净化水 NH_3 含量逐渐增加。因此，第 3 块板为较佳的进料位置，本装置的进料位置为第 5 块塔板，因装置无第三块塔板进料口，因此该优化无实施条件。

4. 其他优化分析

1）当前汽提塔塔底温度 125℃，0.35MPa（表）蒸汽饱和温度 148℃，能够满足换热温差的要求，因此建议将 1.0MPa（表）汽提蒸汽改为 0.35MPa（表）蒸汽，降低装置操作成本。

2）汽提塔塔顶温度约 110℃，18t/h 左右的塔顶馏出气相直接进空冷，空冷负荷 9MW 左右，可考虑这部分低温热的回收利用。在无法通过清洗换热器、增加污水进塔温度的情况下，可考虑增加换热器，将塔顶馏出气相与污水进料换热，可回收 1.5MW 左右的低温热，污水进塔温度可提高至 105℃左右，节省 0.5t/h 左右的蒸汽，塔顶空冷负荷大大减小，净化水空冷负荷增加。

九、酸性水汽提塔塔盘改造优化

（一）改造前装置简介

某炼化企业 100t/h 污水汽提装置采用双塔加压汽提工艺，硫化氢汽提塔（T601）汽提出的酸性气供硫黄回收装置生产硫黄，氨汽提塔（T602）汽提出的氨经结晶、吸附精制后生产液氨或制成氨水，T602 塔底净化水供上游装置回用或至污水处理厂。

（二）改造内容及方案

1. 项目实施背景

针对 100t/h 污水汽提装置存在因塔盘堵塞造成装置运行周期短、运行末期净化水指标下降的问题，寻找一种容垢能力强的新型高效抗堵塔盘技术，来延长装置的运行周期，保证净化水达标排放。2021 年 12 月，对装置汽提塔 T601、T602 的塔内件进行升级改造。

2. 塔盘数量及规格

本次塔盘改造采用立式喷射态塔盘，塔盘参数见表 9-3-20。

表 9-3-20 新型高效塔盘基本参数

序号	名称	规格/mm	材质	单位	数量	备注
1	新型高效抗堵塔盘 SDMP-3 型	脱硫塔 T601 *DN*1800	304	层	30	公称厚度 4mm
2	新型高效抗堵塔盘 SDMP-3 型	脱氨塔 T602 *DN*2200	304	层	46	公称厚度 4mm
3	卡子及连接件	/	304	/	配套	/

3. 塔盘改造前后数据

T601 塔盘改造前后塔内件结构见表 9-3-21。

表 9-3-21 T601 塔盘结构数据

项目	塔板层号	溢流形式	塔径/mm	板间距/mm	开孔率/%	出口堰高/mm	底隙/mm
改造前	1~30	双	1800	500	3.53	50	50
改造后	1~30	双	1800	500	5.83	7（1 层） 18（2~29 层偶数层） 7（2~29 层奇数层） 18（30 层）	50

T602 塔盘改造前后塔内件结构见表 9-3-22。

表 9-3-22　T602 塔盘结构数据

项目	塔板层号	溢流形式	塔径/mm	板间距/mm	开孔率/%	出口堰高/mm	底隙/mm
改造前	1~32	双	2200	500	8.6	50	50
改造后	1~32	双	2200	800(7/13、19、25/31 层) 500(其他层)	6.3	10(1 层) 19(2~31 层偶数层) 10(2~31 层奇数层) 19(32 层)	50
改造前	33~46	单	2200	500	10	50	50
改造后	33~46	单	2200	800(37/41 层) 500(其他层)	6.2	32	50

(三) 改造效果分析

1. 工艺指标控制

装置塔盘改造后 2022 年 6 月投产运行，汽提塔 T601、T602 操作平稳，满负荷工况下各参数控制在工艺指标范围内，见表 9-3-23。

表 9-3-23　T601、T602 主要工艺参数

设备	项目	工况 1	工况 2	工艺卡片
硫化氢汽提塔 T601	进料量/(t/h)	110	100	100t/h(厂家提供数据最大为 130t/h)
	塔顶温度/℃	52.7	49.5	≤55
	填料温度/℃	135.7	132.6	100~140
	塔底温度/℃	160.9	154.9	145~165
	塔底压力/MPa(表)	0.58	0.55	0.43~0.60
	塔底液位/%	49.9	52.3	30~80
	塔底蒸汽用量/(t/h)	5.2	6.6	/
氨汽提塔 T602	塔顶温度/℃	138.2	137.3	130~140
	30 层塔板温度/℃	141.3	140.4	135~145
	塔底温度/℃	144.9	146.1	140~150
	塔底压力/MPa(表)	0.31	0.32	0.25~0.40
	塔底液位/%	59.9	57.7	30~80
	塔底蒸汽用量/(t/h)	14.6	14.3	/

2. 原料及产品分析

塔盘改造后投产运行期间，满负荷工况下 T602 塔底净化水氨氮含量≤45mg/L，硫化物含量≤18mg/L，满足净化水外排指标，见表 9-3-24。

表 9-3-24　原料污水及净化水分析

分析项目		工况 1	工况 2	工艺指标
原料污水	硫化物/(mg/L)	8791	9301	/
	氨氮/(mg/L)	6864	7279	/
净化水	硫化物/(mg/L)	6.1	3.6	≤18
	氨氮/(mg/L)	15.8	4.9	≤45

参 考 文 献

[1] 赵日峰．硫黄回收技术进展与应用[M]．北京：中国石化出版社，2019：23-29.

[2] 陈赓良，肖学兰，杨仲熙，等．克劳斯法硫磺回收工艺技术[M]．北京：石油工业出版社，2007：3-17.

[3] 王开岳．天然气净化工艺：脱硫脱碳、脱水、硫磺回收及尾气处理[M]．北京：石油工业出版社，2005：43-56.

[4] 段林峰，张志宇．化工腐蚀与防护[M]．3 版，北京：化学工业出版社，2015：6-29.

[5] 朱立凯．天然气处理与加工[M]．北京：石油工业出版社，1997：159-209.

[6] 李菁菁，闫振乾．硫黄回收技术与工程[M]．石油工业出版社，2010：32.

[7] 陈赓良．克劳斯法硫磺回收工艺技术发展评述[J]．天然气与石油，2013，31(14)：23-28，7

[8] 裴爱霞，张立胜，丁鸿．液硫废气处理与耐氧型加氢催化剂耦合技术应用总结[J]．炼油技术与工程，2023，53(8)：53-56，64.

[9] 刘爱华，刘剑利，刘增让，等．LS-DeGAS 降低装置烟气 SO_2 排放成套技术工业应用[J]．齐鲁石油化工，2016，44(3)：167-171.

[10] 方向晨，刘忠生，郭兵兵．炼油厂酸性水罐区气体减排与治理新技术[J]．炼油技术与工程，2012，42(3)：58-62.

[11] 彭传波．大型硫磺回收装置热氮吹硫新技术应用分析[J]．石油与天然气化工，2018，47(6)：27-32.

[12] 徐长香，傅国光．氨法烟气脱硫技术综述[J]．电力环境保护，2005，21(2)：17-20.

[13] 史永永，李海洋，张慧，等．氨法烟气脱硫技术研究进展[J]．磷肥与复肥，2012，27(5)：6-9.

高职高专财经类职业实践型系列规划教材

编委会名单

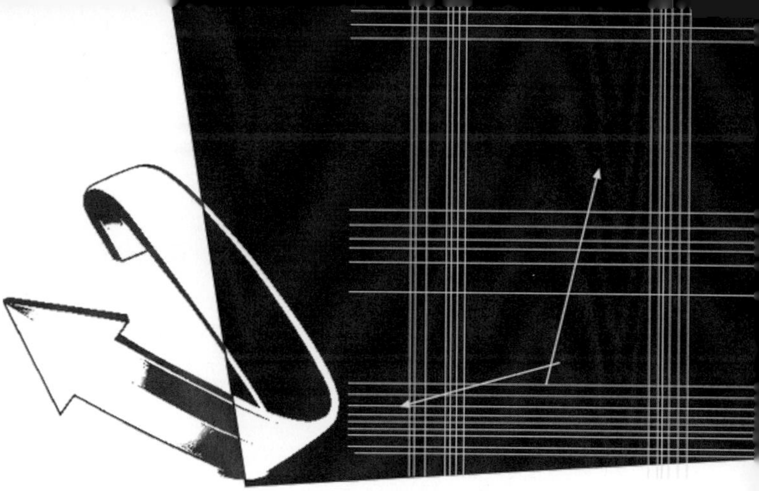

高职高专财经类职业实践型系列规划教材

应用写作

Applied Writing

富 伟　崔小云 主编

暨南大學出版社
JINAN UNIVERSITY PRESS

中国·广州

图书在版编目（CIP）数据

应用写作/富伟，崔小云主编．—广州：暨南大学出版社，2011.8
（高职高专财经类职业实践型系列规划教材）
ISBN 978－7－81135－945－9

Ⅰ.①应…　Ⅱ.①富…②崔…　Ⅲ.①汉语—应用文—写作—高等职业教育—教材　Ⅳ.①H152.3

中国版本图书馆 CIP 数据核字(2011)第 158986 号

出版发行：暨南大学出版社

地　　址：中国广州暨南大学
电　　话：总编室（8620）85221601
　　　　　营销部（8620）85225284　85228291　85228292（邮购）
传　　真：（8620）85221583（办公室）　85223774（营销部）
邮　　编：510630
网　　址：http：//www.jnupress.com　http：//press.jnu.edu.cn

排　　版：广州市天河星辰文化发展部照排中心
印　　刷：广东省农垦总局印刷厂

开　　本：787mm×960mm　1/16
印　　张：20.75
字　　数：360 千
版　　次：2011 年 8 月第 1 版
印　　次：2011 年 8 月第 1 次
印　　数：1—3000 册

定　　价：38.00 元

总 序

《国家中长期教育改革和发展规划纲要（2010—2020年）》指出："职业教育要面向人人、面向社会，着力培养学生的职业道德、职业技能和就业创业能力。"作为职业教育重要组成部分的高职高专教育，其培养目标也应符合这一根本要求。要适应上述高职高专教育人才培养的要求，教材的建设是个关键。目前，有些高职高专教材基本上是普通本科教材的"简化版"或"缩小版"，在一定程度上影响了高职高专教育目标的实现。因此，教材改革势在必行。

为适应高职高专教育教学改革与发展的要求，广州大学纺织服装学院、广州工程技术职业学院、广州城建学院、广州工商职业技术学院、广州现代信息工程职业技术学院、私立华联学院等相关院校的教师们，在深入实际充分调查研究的基础上，结合高职高专教育的规律和特点，共同编写了"高职高专财经类职业实践型系列规划教材"，并由暨南大学出版社出版。这一系列教科书包括《经济学基础》、《基础会计》、《市场营销》、《国际金融实务》、《国际贸易实务》、《应用写作》和《微积分》等10本。这套教材具有以下特点：

1. 理论与实践紧密结合

本系列教材之所以称为"职业实践型教材"，是因为该教材充分体现了高职高专教育的基本特点和教育规律，打破了传统的教材构建逻辑和方式。教材以培养学生能力为基本目标，在简述"必需、够用"基本理论知识的同时，充实和强化实务性强、与现实经济生活联系密切及可操作性强的内容。同时，参加本教材编写的人员均为长期从事高职高专教育的第一线教师，其中不乏"双师型"教师，他们除了具有较深的理论修养之外，也具有丰富的实际工作经验。教材中不少内容本身就是他们实际工作的体会与经验总结，具有很强的实践性。

2. 体例结构的实用性

高等职业教育属于大众化教育，学生毕业后绝大多数要直接进入工作岗位就业或自主创业。同时，高职高专学生的一般逻辑思维能力相对较差，而形象思维能力相对较强，所以，教材的编写应符合高职高专学生的特点。为此，编者对教材体例结构进行了认真的设计，在各章内容中设置了能力目标、导入案例、习题和职业训练等。通过这种体例结构，学生能够很快地将理论知识与实务知识相结合，较快掌握教材内容，提高学习效率，并增强分析问题和解决问题的能力。同时，在系列教材中，各书根据其自身内容的特点，采取更加适合学生学习的体例结构，不强求各书体例上的完全一致。

3. 内容的新颖性与前沿性

进入21世纪，国际国内经济环境发生了非常重大的变化，特别是2008年全球金融危机以来，企业面临的生存与发展环境更加复杂、多变，面对这些变化，企业的经营方针、经营策略、理财策略等必定要做出重大调整。本套教材在讲述基本原理的基础上，将理论方面的前沿信息、最新成果和企业实务中的先进理念、方法等引入其中，使其内容更加贴近经济生活、贴近现实，从而能够不断地激发学生的学习兴趣，培养学生的学习能力和创新能力。

建设适合新形势下高职高专教育教学特点的教材，对我们来说是一个不断探索、创新的过程。为此，我们付出了大量的时间、精力和心血。呈现在读者面前的这套教材，既是我们辛勤劳动的结晶，也是我们对高职高专教育教学改革探索的初步成果。由于我们编写水平有限，研究、探索尚不够深入，本系列教材可能存在不足甚至错误，诚恳希望同行和读者批评指正。

郭银华

2011年1月

前　言

著名教育家叶圣陶先生说过："大学毕业生不一定要能写小说、诗歌，但是，一定要能写工作和生活中实用的文章，而且非写得既通顺又扎实不可。"叶老的这句话十分中肯，也真实地反映了现实的需要。

"应用文写作"既是一门文化基础课，也是一门职业能力训练课，更是一门人文素质课。对于高职院校的学生而言，能否掌握必要的应用文写作技巧和方法，对其求职、工作乃至生活都将产生重要的影响。

从对我国高职教育的现状调查及实践教学来看，学生在具备一定阅读理解能力的基础上，既需对立足社会需求的应用写作知识进行一定程度的学习，也需对基本写作能力展开一定量的训练。广大学生迫切希望在有限的时间内，掌握更多的应用写作技能，尽快提高写作能力，以便走向社会时能更好更快地适应岗位的需要。

目前，有关应用文写作的书颇多，且各具特色，但也存在体例陈旧、例文过时、理论过多、实例太少、实用性不强等弊端，为此，我们编纂了《应用写作》这本教材。本教材打破了传统教材理论过多、理论形式僵化的模式，重在利用案例引导、案例分析、病文诊治来建构知识体系，使学生们能够灵活地掌握知识点，再通过一道道实训题来消化理解知识点的内容，只有这样才能使学生真正灵活地掌握所学知识，并在实践中应用。

按照高职院校"工学结合"人才培养模式的要求，本教材在文种的选择与分类上具有以下几个特点：

（1）注重从学生自身的实际需要出发，突显知识性、实用性、专业性、时代性的结合。

（2）在体例上，删减了传统写作理论教材的个别知识内容，结合社会实际的需要，对教材内容进行了适当的编排。

（3）在内容上，融入了新信息，适用、实用，因而能够充分体现时代气息，既适应了大学生择业的需求，又满足了其工作生活的需要。

本教材由富伟、崔小云担任主编，王磊、马临漪、李丹霞担任副主编，由富伟统稿。具体编写分工如下：富伟老师负责前言、第一章、附录三部分；崔小云老师负责第六章第五节、第六节，第三章第一节、第四节、第五节及第五章等部分；马临漪老师负责第八章和第九章两部分；王磊老师负责第三章第二节、第三节，第六章第一节、第二节、第三节及第七章等部分；李丹霞老师负责第二章和第四章两部分。

在编写过程中，我们参阅了大量书刊和相关论著，并吸取了其中的最新教学成果和有益经验，恕不一一注释，在此谨向原作者致以衷心感谢！由于写作时间仓促，加上编者水平有限，教材中难免会有许多不足之处，恳请广大读者不吝批评指正，以便再版修订，使之日臻完善！

富伟

2011 年 5 月

目 录

《应用写作》习题答案详见暨南大学出版社网站 http：//www. jnupress. com/

第一章 绪 论

【知识目标】

1. 了解应用文的性质、特点和作用等方面的知识
2. 了解应用文与其他文体的区别
3. 了解应用文的主题、材料、结构及语言的特点

【技能目标】

正确理解应用写作知识，并会运用具体写作知识指导写作实践

【案例引导】

观众文明守则

灯光华照，锣鼓喧天，天鹅绒的屏幕徐徐拉开，精彩的节目即将开演，如果这时场内杂乱，有人喧哗，有人打闹，难道能演好吗？不，必须要有文明规则，才能保证演出成功。为此，特制定观众文明守则如下：

1. 这么大的场馆多不容易打扫，保持清洁卫生很难做到，要在场内不吸烟，不随地吐痰和乱扔废弃物。

2. 爱护公共设施，不蹬踩坐椅，不涂写刻画东西。

3. 自觉遵守影剧院、体育场（馆）规定，凭票按时顺序，对号入座。

4. 衣着整洁，举止文明。室内观看演出、比赛时不戴帽，不把衣物垫在座位上。

5. 观看演出和比赛时要有礼貌，尊重演员、运动员和裁判员，不无故提前退场。

6. 自觉维护公共秩序，不喧闹起哄，不向演出、比赛场地投掷物品，或其他的不文明行为。

【评析】

该文在用词、句法、逻辑与写作格式等方面都有问题，我们要通过学习应用

文写作，来解决这些问题。那么，什么是应用文？应用文具备什么样的性质和特点呢？

第一节　应用文写作概述

现在，我们已经进入了信息化社会。美国未来学家阿尔温·托夫勒指出，信息时代家庭工作的任务是编制电脑程序、写作、远距离监测生产过程。信息时代社会家庭化，作为三项家庭工作任务之一的写作，自然不是指文学写作，而是文章写作，特别是应用文写作。因为与社会发展关系直接而密切的是文章，而不是文学。从预见变化、促成变化这个角度来说，社会越是进步，应用文在社会发展中的地位越是重要。因此，我们要认真学习应用文写作知识。

在现代信息化社会中，应用写作已经逐渐被纳入人才评定标准的视野。应用写作能力不仅是当今社会高素质人才的重要内涵，而且还是企业所要求的八大职业核心能力之一。因此，“应用文写作”既是一门公共必修的文化基础课，也是一门职业核心能力训练课。这使得许多大专院校都不约而同地开设了应用文写作这门课。叶圣陶先生说过：“大学毕业生不一定要能写小说、诗歌，但是，一定要能写工作和生活中实用的文章，而且非写得既通顺又扎实不可。”

在日常生活中，人们经常看到贴在大街小巷的告示、招聘启事、寻人启事、广告等，收到过亲朋好友的贺卡、请柬，也给亲朋好友写过信，甚至还悄悄地写过情书，其实这些文体都属于应用文的范畴。因此，学好应用文对我们的学习、工作和生活具有十分重要的意义。

一、应用文的含义

应用文是国家机关、社会团体、企事业单位以及人民群众在处理公私事务、交流信息、表达意愿时所使用的具有直接实用价值和惯用格式的文体。这个定义既规定了应用文的本质特征，使它明显区别于其他文体，又涵盖了应用文的基本特性。应用文写作就是研究应用文写作规律、特点、要求、方法、技巧等的一门实用学科。

二、应用文的特点

1. 实用性

实用性是指应用文无论是在处理公共事务时，还是在处理私人事务时，都具有实际应用价值。“实用”是应用文最重要的特点，是应用文的根本属性，是应用文与其他文体最本质的区别。文中不仅要摆出这个问题是什么，而且要明确提出解决这个问题的具体意见、办法，是直接为解决现实问题而写。因此，实用性是判断应用文好坏的价值尺度。

2. 真实性

真实性是指应用文的内容必须真实确凿、实事求是，必须符合生活的真实，不能有半点虚假。应用文是顺利开展管理工作的工具，要为解决实际问题、指导实际工作服务，因而它完全排斥虚构和杜撰——包括时间、地点、人物、数据等都必须有根有据。因为应用文是为解决其需要而写作，所以，如果失去了真实性，其解决问题的功效就会大大降低，甚至误事。

3. 规范性

应用文体式的规范性主要表现在三个方面：一是文种的规范，即办什么事用什么文种，都有大体上的规定，不能乱用；二是格式的规范，即每一文种在写法上有大体的格式规范，不能随意变更；三是处理程序的规范，即特定文种在收发、办理、归档时有处理部门和先后程序的严格规定。

4. 简明性

由于应用文的写作目的是为了处理或解决实际问题，所以，应用文的简明性是指应用文在语言上要尽量做到简洁明确、通俗易懂，不能堆砌辞藻、滥用修辞。从实用方面考虑，应用文要求用最少的文字和最小的篇幅，将要表达的内容表述得最准确、明白。

5. 时效性

应用文不同于一般文章，它是服务于生活或工作实际需要的，是为了某项具体事务而写作的，所以，应用文要写得及时，发得及时，办得及时，否则贻误时机，错过解决问题的最佳时间，将会给学习、工作和生活带来诸多不利。例如，会议通知就一定要在开会之前发出，否则就会打乱正常的会议进程。又如，计划、合同都有阶段性，当其执行期限一过，就立即失去了效力。

三、应用文的作用

应用文作为一种交际工具，在国家行政机关的管理工作、工商企业的生产经营活动、公共事业单位和社会中介机构的服务活动，以及人民群众个人的社会交往中，都发挥着十分重要的作用。

1. 宣传教育作用

国家机关可以通过应用文来宣传和贯彻党和国家的路线、方针、政策。例如，行政公文绝大多数是向人民群众宣传党和国家的方针、政策，宣传单位的典型经验和个人的先进事迹；法律文书则警示、规范着人们的行为，起着宣传、教育人民、打击罪犯的作用。

2. 沟通协调作用

由于机关、团体、企事业单位之间通过应用文来协调、联系工作，所以，应用文在沟通上下左右关系、交流信息、联系情感、协商事宜等方面起着重要的作用，如报告、合同等。

3. 权威规范作用

在应用文中，机关应用文的许多种类都不同程度地规定了人们的行动准则和行为方向，特别是法规性和政令性文件，在维护社会秩序、安定社会生活、保障公民合法权益等方面均有重要作用。

4. 依据和凭证作用

应用文是一种确定的文字记录，记载着各个时期社会生活方方面面的情况，它一方面可以作为今后检查和监督的依据，另一方面也可以为制定新的方针、政策提供重要依据和参考。

四、应用文的种类

我国的应用文发展至今已有三千多年的历史，它种类繁多，分类复杂，目前常用的应用文就有两百种。随着社会的发展和科学技术的进步，人们的社会活动领域不断拓宽，应用文的使用范围日益广泛，新的文体不断涌现。到目前为止，应用文还没有权威的分类体系，各种划分方法标准不一，类别相殊。为了方便学习，本书选择了当今社会使用频率较高的一些应用文体，将其编为绪论、公务文书写作、事务文书写作、经济文书写作、诉讼文书写作、日常应用文书写作、科技文书写作、礼仪文书写作、传播文书写作，共九章。

第一章绪论：应用文写作概述、应用文主题、材料、结构、语言。

第二章公务文书写作：通知、通报、报告、请示、批复。

第三章事务文书写作：计划、总结、述职报告、演讲稿。

第四章经济文书写作：合同、市场调查报告、市场预测报告、策划书、招标书与投标书。

第五章诉讼文书写作：起诉状、上诉状、申诉状、答辩状。

第六章日常文书写作：启事、申请书、求职信、个人简历。

第七章科技文书写作：学术论文、毕业论文、毕业设计报告。

第八章礼仪文书写作：欢迎词、欢送词、答谢词、开幕词、闭幕词、请柬、邀请书、慰问信、感谢信。

第九章传播文书写作：消息、通讯、新闻。

第二节 应用文的主题

一、应用文主题的含义

主题又称主旨，是作者通过文章的具体材料所表达的中心思想或基本观点，是作者意图、主张或看法在文章中的体现。

二、应用文主题的作用

主题是文章的灵魂和统帅，是决定着文章的质量高低、价值大小、成功与失败的关键。首先，主题决定着材料的取舍和使用；其次，主题统领文章的结构；最后，主题制约着语言的运用。

三、应用文主题的要求

应用文的主题要求正确、鲜明、深刻、集中。

（一）正确

正确是指应用文的政治性与政策性很强，主题必须符合客观事物的实际，反映出客观事物的本质和规律，必须符合党和国家的方针政策和法规。

（二）鲜明

鲜明是指主题观点要明确。对问题的认识，对事物的评价，主张什么，反对什么；应该怎样做，不应该怎样做；解决什么问题，达到什么目的，都要鲜明地表达出来，直截了当，不能模棱两可、莫衷一是。

（三）深刻

深刻是指文章要揭示事物的本质及客观规律，提出富有创造性的办法和主张。主题不能停留在表面事实的罗列上，要从事实中归纳出观点，提炼出思想。一般来说，这些都是针对那些思想内容比较复杂、篇幅较大的应用文而言，如总结、调查报告、市场预测等。

（四）集中

集中是指应用文的主题要单一、重点要突出，即“一意贯底”，把文章的基本观点集中、突出地表现出来，把中心思想写深、写透。对于篇幅短的文章，如请示，要一文一事一意；而篇幅长的文章，如总结，也要围绕一个中心展开，而不能面面俱到，意多则文乱。应用文应集中表述一个事件，围绕一个主题，否则将不知所云。

第三节　应用文的材料

一、应用文材料的含义

应用文中凡是用来表现主题的事实和道理均可称为材料。材料可分为两个层面：一是作者写前收集和积累的原始材料；二是指经过筛选写到文章中的内容。材料有事实材料和理论材料之分。事件、实物、数字等属于事实材料；方针、政策、科学原理、上级指示、名言、俗谚等（观念）材料，以及概念、学说等属于理论材料。只有交错运用感性形态的事实材料和理性形态的理论材料，文章才具体而不空洞，厚实而不单薄。

二、应用文材料的作用

材料是应用文的基本要素之一，是主题形成的基础。应用文的主题来自社会工作实践或上级文件和领导指示，但这些都是建立在大量的实践活动的基础上的。人的大脑只不过是各种信息的加工厂，只有对社会生活的各种现象进行分析研究，才能形成看法和观点。材料是第一位的，具有客观性，材料出观点。如果是观点出材料，那就变成“主题先行”了。

材料是表现主题的支柱，材料与主题的关系是辩证的。“夫立言之要在于有物”（章学诚），“作文须是靠实……不可驾空纤巧。大要七分实，只二三分文”（朱熹）。应用文的主题一旦形成后，就需要各种材料来表现，形成一条“材料链”或“信息链”，否则就只有干巴巴的几条筋，“材料是文章的血肉”，说的就是这个道理。

三、应用文材料选择的要求

应用文的内容是由主题和材料组成的。主题统率材料，而主题又依靠材料来表现。因此，在应用文写作中，如何选择材料，就显得十分重要。

应用文的材料要求切题、真实、典型和新颖。

（一）切题

切题即要选择最能说明主题的材料，根据主题的需要来决定材料的取舍。材料选择与否，要以能否表现主题为依据。凡是和主题无关的材料，不管它本身有多么生动，都应该毫不犹豫地舍弃。

（二）真实

真实是应用文的生命。应用文的材料必须真实，有可靠性和可信度。也就是说，应用文所涉及的人和事物必须确有其人、真有其事，这些都是由应用文的真实性的特点所决定的。

（三）典型

典型是指表现主题的那些材料最具有特征、最具有代表性、最能揭示事物的本质和规律。应用文中所选择的材料，不在于多，而在于精。抓住了典型，就抓住了事物的本质和主流，就能揭示出事物的本质和规律。

（四）新颖

新颖主要指材料新、角度新。所谓材料新，是指文中所使用的是最近发生的新事物、新情况、新问题、新观念，是别人未曾使用过的、鲜为人知的材料。所谓角度新，是指虽为人知，但作者能变换角度，从而发掘出新的内涵，令人耳目一新。

第四节　应用文的结构

一、应用文结构的含义

结构，原是建筑学中的词语，指建筑的骨架或内部构造，后借用到文章学上，指文章的组织方式和内部构造，是对观点与材料、内容与形式进行组织安排的具体形式。主题和材料，主要解决写什么的问题。结构主要解决安排材料以及如何写的问题。

结构，通常被称为谋篇布局，是指文章内部的组织和结构，是作者按照主题的需要，对材料进行的有机组合和编排。文章的结构体现在两个方面：一是内在联系，即材料与观点、部分与整体间的条理和脉络；二是外部形式，即标题、开头、主体、段落、结尾等外在要素的安排。

一篇应用文采用什么样的结构，是由主题和文种特点决定的，如果说主题是文章的灵魂，材料是文章的血肉，那么，结构便是文章的骨骼。只有具备了坚实、匀称的骨骼，灵魂才有所寄托，血肉才有所依附。

二、应用文结构的原则和要求

（一）应用文结构的原则

1. 要服从主题的需要

主题是文章的灵魂，结构要为表现主题服务。如果离开了主题，结构安排就没有了依据和准绳。因此，应从表现主题出发，既要注重每篇文章整体上的篇章结构，又要注重正文的逻辑结构。

2. 要体现文体的特点

应用文的种类不同，结构各异。正文一般都具有开头、主体、结尾等部分，但在具体安排结构时，还要根据不同的文体特点安排不同的结构层次形式。应用文体常见的层次安排有总分式、并列式、递进式三种。

（1）总分式。文章开头先对全文的内容作简要概述，然后依次分别对其展开叙述。总分式结构可分为先总后分式和先分后总式。总分式通常适用于篇幅较长的应用文，如调查报告、经济活动分析报告、科技论文等。

（2）并列式。并列式亦称横式结构。文章中几个层次之间是平行的。这样的结构方式通常在以上三种情形下使用：①按空间或场面的转换安排层次，如综合简报、事件通讯，常把不同地区、不同部门的动态情况，按同一主题，采用并列结构方式进行综合报道；②按材料的性质归类安排层次，在计划、规划、合同等文体的写作中，多采用此种类型；③按中心论点的若干侧面，提炼各个分论点，从不同的角度共同论证论点，许多说理性文体常采用此种方式。

（3）递进式。递进式也叫纵式结构。文章是以时间为推移或从因到果等逻辑关系逐层深入展开的结构形式，情况通报、事件通讯、经济诉讼等文体常用此种方式。

（二）应用文结构的要求

1. 完整

完整是指文章有头、有尾、有中段，没有残缺不全的情况。这既能使文章篇段合一，也能使文章有内在的层次和逻辑。

2. 清晰

清晰是指根据主题的需要，安排好层次段落，清楚明白地显示作者的思路，做到言之有序。由开头到结尾，由原因到结果，由正面到反面，由主体到从属，要有条不紊，脉络清晰。例如，写总结，在概述基本情况、肯定成绩的基础上，要把问题说清楚，并能提出相应的解决办法。

3. 严密

严密是指结构严丝合缝、细致紧凑，没有多余的字、句、段，没有顾此失彼或颠三倒四的情形。观点与材料相统一，各部分之间联系紧密。

4. 匀称

匀称是指繁简适宜，详略得当，各部分和谐统一，浑然一体。既不要面面俱到，也不要比例失调，要做到元人所说的“凤头、猪肚、豹尾”。

三、应用文结构的内容

结构的内容，也称结构要素，主要有段落和层次、过渡和照应、开头、主体和结尾。

（一）段落和层次

1. 段落

段落也叫自然段，是组成文章层次最基本的构成单位，具有明显的换行标志，在形式上是文章最基本的组织单位。

段落的设置要注意单一性、联系性和适度性。

（1）单一性。单一性是指一段只表达一个中心意思（段旨），不要把两个以上的意思硬塞进一个段落。同时，要将一个意思在一个段落中完整地表述，不要将一个意思写到两个段落中去。

（2）联系性。联系性是指各个段落之间的意思要有内在联系，做到分之为一段，合之则为一篇。

（3）适度性。适度性是指段落可长可短，但要防止过长或过短。过长，可能内容繁杂，形成多中心，破坏段落的单一性，使读者抓不住要点；过短，不易把意思说透，还可能模糊文章的层次，在视觉上造成七零八碎的感觉。

2. 层次

层次也叫意义段、大段或部分，是文章内容表达的次序，体现作者思路的走向和文章内容展开的逻辑顺序。层次通过段落表现出来。大多数情况下，层次大于段落，一个层次可以包含一个至几个段落，也有层次小于段落的情况，一个较长的自然段，可以分成几个小层次。还有篇段合一的情况，即层次等于段落。

（二）过渡和照应

1. 过渡

过渡是指段落与段落、层次与层次之间的衔接与转折。过渡可强化文章的逻辑性和层次感，使结构更为严谨。常见的过渡形式主要有三种：用关联词过渡、用过渡句过渡和用过渡段过渡。

2. 照应

照应是指文章的前后相互关照、呼应。照应一般有以下几种方式。

(1) 首尾照应。首尾照应即开头与结尾相呼应。应用文常通过一些前后搭配的习惯用语来照应。

(2) 内容前后照应。内容前后照应是指文章前后的内容相互照应。应用文在行文中要围绕主题，各层次之间的内容要相互呼应，保持一致。

(3) 文题照应。文题照应是指在行文中照应标题，对主题加以揭示。

（三）开头、主体和结尾

1. 开头

开头是指文章从什么问题写起，从哪里下笔。由于写作文种、目的、内容等不同，应用文的开头方式常见的有以下几种。

(1) 概括式。它是在开头部分用叙述的方法，概括地叙述基本情况、基本问题或工作的过程。这种情况多用于总结、调查报告、通知等。

(2) 目的式。它是在开头就开宗明义，说明写文章的目的。通知、通告、意见、情况通报等文种多用这种方法开头。

(3) 根据式。它是根据法律、法令、文件精神、领导指示、对方来文、存在的问题、突发事件等行文。这种方式多用于决定、调查报告、市场预测报告、合同等。

(4) 提问式。它是在开头就开门见山地提出问题、制造一个悬念，发人深省，然后引出正文。情况通报、调查报告、会议纪要、学术论文、新闻等，有时用这种方式开头。

(5) 说明式。它是在开头先对要写对象的背景、情况作一些说明，在此基础上引出正文。这种情况多用于调查报告、新闻、通讯、广告等。

2. 主体

主体是应用文的主干所在。这部分的结构安排，要根据行文的目的，紧扣主题，条理清晰地逐层展开述说，把有关事项的内容、情况、过程、要求、措施、办法、结果、成效、问题、经验、教训等叙述清楚。应用文主体部分的写法没有固定的模式，可以灵活多变，量体裁衣。但也不是无规律可循，常见的结构方式有以下几种。

（1）时序式。时序式是按时间的推移或按事物发展演变的过程来安排结构。各层次之间为“先后”关系。总结、调查报告、情况通报等常用此种方式。

（2）递进式。递进式是指内容之间的意思层层推进，其顺序不可颠倒。经济活动分析报告、意见、议案等常用这种方式。

（3）总分式。总分式是总述与分述的层次关系。具体运用此方式时，可以采用以下两种方法：①先总后分，即先总提，后分述的“首扩式”安排；②先分后总，即先从几个方面分述，最后总括的方式。简报、调查报告、总结、述职报告等常用这种方式。

（4）并列式。并列式是指文章各层意思无主从关系，并列而有联系，共同表达主题或论点，具体运用此方式时，可以按以下方式安排层次。

① 空间的分布或场面的转换安排层次，如综合性简报、调查报告、情况通报等，常把不同地区、不同部门的动态情况，按同一主题，采用并列结构方式进行综合报道。

② 材料的性质归类安排层次，如经验类调查报告、总结、经济活动分析报告等，常按材料的性质分为几个层次。

③ 按中心论点的若干侧面，提炼各个分论点，从不同的角度共同论证论点。学术论文等常采用此方式。

3. 结尾

结尾是文章的总收束。应用文常见的结尾方式有以下几种。

（1）总结式。在结尾部分对全文进行归纳，概括基本观点，再次点明主题，以加强读者的印象。总结、报告类文书多用此方法。

（2）号召式。在结尾处提出要求，表示希望或发出号召。请示、报告、总结多用此法结尾。

（3）说明式。主要对主体部分的未尽事宜作一些补充说明，或者对与内容有关的问题作一些必要交代。这多用于公告、通报、通告、规章制度等。如“本通告自公布之日起生效”、“这个通知精神，适用于机关和事业单位”之类的结尾语句，都是对有关事项的补充说明。

（4）惯用式。惯用式多用于公文的结尾。它是指某些文种结尾比较模式化，经常使用惯用语。如“特此通知”、“特此通告”、“特此报告”、“特此函复”等。

四、应用文结构的种类

应用文种类很多，结构也不尽相同，其中以下几种使用频率高而且实用的结构类型，是必须重点掌握的。

（一）总分式结构

总分式结构既可先总说，后分说；也可先分说，后总说；还可先总说，后分说，再总说。报告类文书、经济活动分析、学术论文等文种多用这种结构。

（二）递进式结构

文章几个部分之间是纵贯的，也叫纵式结构。或以时间先后为序，或由现象到本质，或由原因到结果，层层深入。如在写反商业贿赂的文章时，可采用从商业贿赂的发现、危害、原因到根除的办法，逐层深入。

（三）并列式结构

文章几个主要层次之间是平行的，也叫横式结构。如写财务分析报告，可从资产、成本、费用、利润、负债等方面展开论述，这几个方面其实是平行并列的。

（四）综合式结构

综合式结构即把纵式结构与横式结构结合起来用。可纵中有横，也可横中有纵。大型的应用文多用纵横交错式结构。

（五）章条式结构

内容多、篇幅长的行政法规和规章，可用章、条、款、项式结构。全文分若干章，章下分条，章断条连，条下分款，款下有项。内容不多、篇幅不长的行政法规和规章，常用条文式结构，逐条罗列。

（六）篇段合一式结构

全篇只有一个自然段，内容不多，不需分段，但可分层。如告启类日常应用文及公文中的命令、函、批复、简单的通知、通告等，经常使用这种结构。

（七）小标题式结构

除开头和结尾外，在中间部分设置几个小标题，或并列或纵贯，形成若干层次，而这些小标题也有彰显层旨的作用。如大型的工作报告和重要的决定、意见等多用这种结构。

（八）图表式结构

图表式结构即内容图像或表格化。将内容分成若干项，逐项填写。直观醒目，节省文字。例如，个人简历、经济合同和日常报表等常用此结构。但单独使用的不多，通常将图表与文字结合使用。

第五节　应用文的语言

一、应用文语言的表述要求

语言是人类的思维工具和最重要的交际工具，也是进行写作、表达内容、构成文章的物质手段。应用文的语言，明显地不同于文学作品的语言，由于应用文功能的特殊性，决定了其在语言上有着特殊的规定与要求。应用文的语言强调准确、简明、朴实和庄重。

（一）准确

准确是指用词要切合语体，语言要准确、连贯，逻辑性要强，概念要恰当、明确，不产生歧义，不引起误会，造句要合乎语法。具体要求如下：

（1）在应用文写作中，经常会出现一些数字、概念，在运用时不能含混不清，一定要准确、恰当，切忌使用“可能”、“差不多”、“大概”等含混字眼。

（2）要注意区分词语在意义上和用法上的差别。一件事情不允许做，可用“不能”、“不准”、“严禁”等词，但表意程度上有很大差别。

（3）词语按感情色彩可分为褒义、贬义、中性，在应用文写作中，应尽量多用中性词，使写作对象保持其原本的真实状态，不要过多地掺杂作者的感情。

（二）简明

简明是指语言的简洁和精练，用最少的文字表达最丰富的内容。加快阅文办事的节奏，提高办事效率。明白晓畅，不呆板，使人一目了然，容易理解、使用或办理。要做到简明，就要努力做到以下几点：

（1）认识问题，抓住实质。

（2）陈述事实，抓住事物关键。

（3）提出意见和办法，抓住要点。

（4）善于概括，删繁就简。

（三）朴实

朴实就是不用夸饰性的语言，杜绝不实之词，保持写作的严肃性。要做到朴实，就要多讲实事，少说空话；直接表述，直言其事；不用或少用形容和描写，不作过多的语言修饰。但是，朴实并不是不生动，平淡乏味。

（四）庄重

庄重是指应用文语言应适应不同文体的需要，说话讲究分寸、用词准确。这一点也是公文写作中最为明显的特点。因为公文具有法定的权威性，所以，要相对地表现出庄重性。具体要求有以下两点：

1. 使用规范的书面语

不用口语，更不用土语、方言。书面语词义严谨周密，正确使用它既能使读者正确理解公文，又能使读者认真执行而不会产生歧义。书面语不但可以使语言简洁明快，而且还能增强语言的庄重色彩。例如，在公文写作中，经常使用“拟”、“商榷”、“业经”等书面语，而不用“打算”、“商量”、“早已经过”等口语；其次，不使用生造的、晦涩难懂的词语和不规范的方言和简称。如“散步”不能写为“遛弯儿”，“中国人民银行”不能简称为“中人”。

2. 选用含义明确而且具有限定性的词语

撰写公文一定要避免使用不确切的词语，如“最近×××表现不好”，其中的“最近”一词指代不明；而“表现不好”又缺乏明确而具体的衡量标准。在公文写作中，尤其在表述状态时，宜用含义单一、确定的数量词、名词、动词和代词，不用或少用副词与形容词。

二、应用文的表达方式

表达方式是作者运用语言叙事说理的方法和手段。它主要有五种表达方式：叙述、描写、抒情、议论和说明。应用文的实用性特点决定了它的表达方式要以叙述、说明为主，兼有议论，少用或不用描写和抒情。

（一）叙述

叙述也叫记叙，主要是对人物的经历和事件发展变化的过程作出介绍和交代。完整的叙述包括时间、地点、人物、事件、原因、结果六要素。常见于新闻、报告类文体。

1. 叙述的要求

应用文的叙述，除了要符合一般文体的叙述要求，如交代明白、线索清楚、详略得当外，最主要的是多用直叙、概叙，且须简要概述。

2. 叙述的方式

叙述的方式主要包括顺叙和倒叙、插叙和补叙、总叙和分叙、详叙和略叙。一般多用顺叙、总叙（总括性的叙述）、略叙（概叙），有时也用详叙。

3. 叙述的人称

叙述的人称主要用第一人称和第三人称，没有第二人称。第一人称是指作者以当事人、见证人的身份进行叙述，如我、我们、笔者、本局（部门）等。第一人称的叙述，常见于书信、报告、总结、计划等文体。第三人称的叙述是指作者在文章中以局外人的身份进行叙述，如他（她）、他们等。第三人称常见于通讯、报道、会议纪要等文体。

（二）说明

说明即阐述和解说，是用简洁的语言将被说明对象的形态、性质、特征、构成、成因、关系、功能等说清楚的一种表达方式。常见于公告、通告、通报、规章制度、解说词、说明书、行政公文等。常见的说明方法有：

1. 定义说明

定义说明就是下定义，它用简练的语言对某一事物的本质属性或某一概念的内涵和外延作出确切的说明。这种方法常见于科技说明书、新产品介绍等。定义说明揭示事物本质，前后内容可以互换。

2. 分类说明

分类说明就是将被说明的对象按照一定的标准划分成不同的类型，根据其类别进行分门别类说明的方法。

3. 举例说明

举例说明就是用具体事例来说明事物特点、本质及其规律。所有事例必须有代表性、典型，能体现事物的本质特征，便于读者理解和接受。

4. 引用说明

引用说明就是引用有关文献资料或作品片段来说明事理。它引用的是文献或他人原话。

5. 比较说明

比较说明就是把两种或两种以上的事物放在一起对照，以突出说明对象的特质和构造等。

6. 数字说明

数字说明就是用数字来说明事物的特点和性质等。这种定量描述的方法，能使行文表述大大简化，从而使立意更加清晰。

7. 图表说明

图表说明就是用图像或表格来说明事物。表格能显示事物的某种体系，图像能辅助文字说明并使之形象化，使行文大大简化。

以上所述的是应用文常用的说明方法。在具体写作中，要根据文种的需要选择合适的方法加以运用。

（三）议论

议论是指对客观事物进行分析，作出评价或判断，表明立场、观点和态度。议论有“三要素”，即论点、论据和论证。议论要言之有理，以理服人，就必须做到论点正确，论据充分，论证严密。在应用文写作中，除了学术论文要以议论为主要表达方式外，决定、意见、通报、会议纪要等均可能用到议论，作为叙述、说明的补充，议论常常与叙述结合起来使用。

1. 议论的要素

完整的议论由论点、论据、论证三要素构成。论点是作者对事物或问题的看法、主张和态度；论据是证明论点的依据；论证是用论据证明论点的过程。

论点是作者议论的出发点和归宿，是议论的核心。在应用文中，论点可以在开头出现，开宗明义，让读者先明确议论的中心；也可以在结尾点明，即开头提出问题，然后分析问题，最后得出结论，顺理成章。

论据是证明论点的根据，也是议论的基础。在应用文中，论据有事实论据和理论论据两种。事实论据包括作者调查研究得到的事实，文献检索获得的事实、数据等；理论论据包括已被证实和公认的原理、定律、结论和观点等，在某些应用文中，也包括已被公布、实施的法律和法规。

论证是连接论点与论据之间的逻辑关系，即用论据证明论点的过程和方法。论点和论据本是各自独立存在的，只有通过论证的过程，才能将两者联系起来，构成一段完整的议论。

2. 议论的种类

议论主要有两类：一类是正面阐述自己的见解和主张，证明自己观点的正确性，以立为主，称为立论；一类是驳斥对方论点，证明对方观点的谬误性，以破为主，称为驳论。立论和驳论不能截然分开，它们往往交替使用，只不过在文中各有侧重。应用文书中立论比较常见，驳论有时也用。

3. 议论的方法

（1）例证法。例证法是指运用具体事例或统计数据作为论据证明论点的方法。

（2）引证法。引证法是指引用名人名言、权威性的论述、科学上的公理和定律、生活中的道理以及国家公布的权威性统计数据等文字资料等作为论据证明论点的方法。

（3）对比法。对比法是把两个截然相反的事物或观点进行横向对比，辨明是非、优劣，或进行过去与现在的纵向对比。

（4）反证法。反证法是从相反的角度分析问题，假设一个与正面论点相反的观点，并通过议论推翻该观点，从而肯定正面论点的方法。

（5）喻证法。喻证法是通过打比方讲道理来证明论点的方法。

（6）因果法。因果法是分析事物的前因后果，并以此证明论点的方法。可由因及果，也可由果溯因。

（7）归谬法。归谬法是把错误的观点进行合乎逻辑的推理，因其荒谬的结论，从而间接证明论点的方法。

【本章小结】

应用文是一种实用文体，是人类创造性的社会实践活动，它伴随着人类的文明，记载、传承、促进着人类文明。在人们日常工作、学习、生活中起着重要的作用。美国教育家威斯特说，在信息社会，“写作，包围着你”。写作，是现代人必备的素质和能力。作为沟通、传播、交流的工具和手段，应用写作不断发展，不仅出现了大量的经典之作，而且形成了系统的写作理论。本章作为应用写作的入门导向，对应用文的基本构成要素及应用文的主题、材料、结构和语言等，分别作了介绍和详细的阐述。

【本章实训】

【模块一　知识理解】

一、填空题

1. 应用文的特点有________、________、________、________、________。

2. 依据功能，应用文可分为__________和__________两大类。

3. 应用文对语言的基本要求是__________、__________、__________和__________。

4. 应用文常用的说明方法有__________、__________、__________、__________、__________、__________、__________七种。

5. 应用文书常用的论证方法有__________、__________、__________、__________、__________、__________、__________七种。

6. 应用文是指国家机关、社会团体、企事业单位以及人民群众在处理公私事务、交流信息、表达意愿时所使用的具有直接__________和__________的文体。

7. 应用文对主题的要求是__________、__________、鲜明、__________。

8. 应用文材料选择的要求是__________、真实、__________及新颖。

二、简答题

1. 怎样理解“应用文”这一概念？

2. 应用文与文学作品的区别有哪些？

3. 应用文格式的规范性体现在哪些方面？

4. 应用文常用的结构类型有哪几种？

5. 怎样理解应用文的实用性和真实性？

三、判断题

1. 应用文同文学作品一样，可以进行艺术加工，可以虚构和夸张。(　　)

2. 应用文的写作与文学作品完全不同。(　　)

3. 应用文写作应注重文采。(　　)

4. 应用文一般采用插叙、补叙和分叙，少用顺叙、总叙、略叙。(　　)

5. 一切文章都是实用的，应用文的实用性更为直接。(　　)

6. 为使文章上下文之间衔接、贯通，可使用过渡与照应的方法。(　　)

7. 应用文写作中叙述的人称，常用第一人称和第二人称。(　　)

8. 应用文中的材料应充分，材料使用得越多越好。(　　)

9. 应用文是国家机关、企事业单位、社会团体、人民群众在日常生活、学习、工作中处理公私事务所使用的文书。(　　)

10. 应用文写作中常用的表达方式有叙述、说明、抒情、议论。(　　)

四、分析题

请认真阅读下面这则故事，分析这则故事出现的问题。谈谈如何学习应用文写作。

博士寻驴

从前，有位老先生，学富五车，才高八斗，人称“博士”。一天，家人告诉他，家里一头黑驴丢了，请他写个寻驴启事。博士磨墨铺纸，提笔运腕，很快，一篇题为“博士寻驴”的启事就被贴在了闹市口。但几天过去了，一点消息反馈也没有，博士便来到闹市口一探究竟。只见启事前，有人正摇头晃脑地给大家念着：“……我中华古国、历史悠久、文化灿烂、民风淳朴、教化文明……盘古开天……，唐宗……宋祖……”一个寻驴启事洋洋洒洒写了几千字，却还没提到一个驴字，更别提寻驴了。围观的人没等念完，就四下散去。博士羞愧难当。

【模块二 技能训练】

写作题

就如何学好应用文写作给任课老师写一封信，把你的愿望、要求、建议提出来，要求主题鲜明，要求具体，建议明确。字数在600字以上。

【模块三 思维拓展】

讨论题

你喜欢应用文写作吗？请说说理由。

第二章　公务文书写作

【知识目标】

1. 了解公务文书的基本格式
2. 掌握通知、通报、报告、请示、批复等公务文书的文体知识和写作要领

【技能目标】

能够掌握通知、通报、报告、请示、批复等公务文书的写作要领

第一节　公务文书写作概述

一、公务文书的含义

公务文书简称“公文”，是指各级社会组织在公务管理过程中形成的一切文字材料。

二、公务文书的种类

（一）按公文应用领域的大小划分

1. 通用公文

通用公文是指各级各类机关和组织在公务活动中普遍使用的公文，包括正式（法定）公文和非正式（非法定）公文。

正式（法定）公文，是指国家机关在公务管理过程中形成和使用的具有法定效力和规范体式的文书。

《国家行政机关公文处理办法》中规定的十三种公文有：

命令（令）、批复、决定、公告、通告、意见、议案、通知、通报、报告、请示、函、会议纪要。

《中国共产党各级领导机关文件处理条例》中规定的十三种公文，去掉了《国家行政机关公文处理办法》中的四种：命令（令）、公告、通告、议案，换上了四种，即“公报、决议、条例、规定”。

非正式（非法定）公文是指社会各行各业共同使用，但又非法定的公文。

非正式（非法定）公文种类繁多，例如：计划、总结、调查报告、会议、电话记录、合同、协议书、介绍信、证明信、法规、规章（守则、细则、办法）等。

2. 专用公文

专用公文是指某些专业机关和组织因自身公务活动的特殊需要而专门制定和使用的公文。如司法公文：诉状、审讯笔录等。科技公文：成果申报书、专利申请文件等。财务公文：审计报告、查账报告等。

注意：下面介绍的公文格式指的是正式公文的格式。

（二）按公文内容性质划分

（1）规范类公文（用来规范行为的公文）：办法、规定、条例。

（2）领导、指导类公文（用来颁布、发布方针政策、法规规章、指导布置工作）：命令（令）、批复、决定、通知、通报、意见。

（3）公布性公文（直接向国内外公布事项）：公告、通告。

（4）呈请性公文（指向所属上级机关陈述情况、汇报工作、提出建议、请求指示）：报告、请示。

（5）商洽性公文（用于同无隶属关系的单位商洽工作、询问和答复问题）：函、议案。

（三）按公文行文方向划分

（1）上行公文（上行文）。上行公文是指向具有隶属关系的上级机关报送的公文：报告、请示。

（2）平行公文（平行文）。平行公文是指向无隶属关系的任何单位发送的公文：函、议案。

（3）下行公文（下行文）。下行公文是指向所属下级机关发送的公文：除报告、请示、函、议案外，其余都是。

三、公务文书的结构与写法

（一）公务文书的结构

公务文书的结构是指务公务文书正文内容的结构。它主要由“公文主旨、发文依据、采取的办法”三部分组成。

（1）公文主旨。公文主旨是指发文机关的主要意图、基本观点和意见，即公文中最主要的目的和意义。常用的提示性词语有：为、为了、必须、应当、请、要求、希望。

（2）发文依据。发文依据是指一篇公文主旨提出和确立的根据。它分为理论依据和事实依据。①理论依据是指方针政策、法律法规、往来文件精神等。常用的提示性词语有：根据（据）、遵照、按照等。②事实依据是指现实情况、以往事迹、经过等。常用的提示性词语有：目前、随着、以前（……以来）、业经、由于、鉴于等。

（3）采取的办法。采取的办法指一篇公文中为实现公文主旨所采取的具体措施。凡是为保证主旨实现的具体方式方法、措施、分工、期限等，均可视为办法。

（二）公务文书中的引用方法

引用公文应当先引公文标题，再引发文字号；如果文内使用简称，一般先用全称，并注明简称。

（三）公务文书写作的应命性

“应命性”也叫“受命性”，是指公文写作的内容必须忠实于机关、单位领导的“制文意图”。这是公文写作有别于其他文体写作的一个最基本的特点。这种“应命性”的特点是由公文的“公务性”和“法定性”决定的。

“应命性”写作有三种方法：

1. 微观控制层次的“直接转换式”写作方式

微观控制是指领导对公文写作的内容作全面、具体的叙述，作者则严格按领导的叙述，直接将口语准确地转换成书面语即可，无须撰稿人加以发挥。

常写的文体如公告、通告、命令、会议通知等。

“直接转换式”写作方式的自由度相当小，要求也最低。

2. 中观控制层次的“有限扩展式”写作方式

有些公文，领导只叙述公文的要点，并不交代公文的全部内容（不可能也没必要交代）。公文写作者在起草时必须以要点为纲，并在这一前提下凭借自己的学识、经验和能力适当扩展内容。这就是“有限扩展式”。诸如，部署性的通知、报告、总结、答复性的公函等都需要采用此种写作方式。

其实，从根本上说，这仍然是直接转换式、受控创作式。因为任何公文内容都是由领导决定的。

从“结构模式的规范性”来说，所有公文写作都是“有限扩展式”写作。

有限扩展式写作是最常见的。较之直接转换式复杂一些，其写作的自由度也明显多一些，对作者的能力要求自然也高一些。

采用此法，作者除了要具备前者的能力之外，还应具备思想、内容的扩展能力，即目的、意义，事实、数据，政策形势的分析、现状的评价，执行任务的要求、希望、展望等。同时还要突出“有限”二字，即要“适度”。

3. 宏观控制层次的“受控创作式”写作方式

宏观控制是指领导只交代写作任务，或只确定一个范围，或只提出一个问题，很少涉及甚至完全不涉及写作的具体内容。

第二节　通　知

【知识目标】

1. 了解通知的基本格式
2. 掌握通知的写作要领

【技能目标】

能够掌握通知的写作要领

【案例引导】

国务院办公厅关于印发2011年
食品安全重点工作安排的通知

国办发〔2011〕12号

各省、自治区、直辖市人民政府，国务院各部委、各直属机构：

《2011年食品安全重点工作安排》已经国务院同意，现印发给你们，请认真贯彻执行。

各地区、各有关部门要根据《2011年食品安全重点工作安排》，抓紧制订本地区、本部门的具体工作方案，分解细化任务，明确工作要求，落实责任分工。地方各级政府要加强统一领导、组织和协调，切实抓好本行政区域的食品安全工作；各有关部门要认真履行职责，强化协作配合，提高监管水平；国务院食品安全委员会办公室要加强统筹协调，加大督促指导力度，确保各项工作扎实推进。

国务院办公厅

二〇一一年三月十五日

（资料来源：中央政府门户网站 http：//www.gov.cn/）

【评析】

这份为指示性通知，标题显得庄重、严肃，与正文内容相适应。主送机关按级别高低依次排列，之间用逗号隔开。正文第一段只有一句话，但却概述了转发对象、转发决定与转发意见，言简意赅。由于通知事项重大，所以，又另加了第二段，提出执行要求，并作出指示意见。此通知全文主旨明确，重点突出，层次清晰，内容简洁、明白。

一、通知的含义

通知适用于批转下级机关的公文，转发上级机关和不相隶属机关的公文，传达要求下级机关办理和需要有关单位周知或者执行的事项，人员的任免。

通知是某一机关将某一问题或者某一事项告知其他机关和人员用的，用途比较广，但一般不用于上行。

二、通知的种类和结构

通知是一种作用非常广泛的公文，主要作下行文，也可作平行文。根据作用的不同，通知可分为如下三类七种。

第一类，印发类通知。这类通知用于批转、转发和发布文件，包括批转性通知、转发性通知和发布性通知三种。

第二类，应办事项类通知。这类通知用于传达要求下级机关或有关部门应当办理或共同执行的事项，主要有工作通知和会议通知两种。

第三类，应知事项类通知。这类通知用于传达需要下级机关或有关部门周知的事项或人员的任免，包括知照性通知和任免通知两种。

不同种类的通知，其写法差别较大。

（一）印发类通知

这类通知是专门用来印发文件的。根据所发文件性质的不同，可分为批转性通知、转发性通知和发布性通知三种。批转性通知用于印发下级机关的公文；转发性通知用于印发上级或不相隶属机关的公文；发布性通知用于印发本机关的文件。这类通知写法大致相同。

1. 标题

印发类通知的标题应写明所发文件的制发机关名称和文件名称（或事由），并标明“批转”、“转发”、“发布”（或“印发”）等字样。标题的注意事项有如下几点。

（1）只有被发文件是法规或规章时，才能使用书名号并写明文件名称；如果被发文件不是法规性文件，则不用书名号，而且只写被发文件的事由。

（2）当被发文件也是通知时，要注意避免双书名号套单书名号以及“的通知”连“的通知”的重复累赘写法。如“中国人民银行××分行关于转发总行《关于印发〈中国人民银行分行管辖区内会计财务工作的规定〉的通知》的通知”，可写为：“中国人民银行××分行关于转发总行印发《中国人民银行分行管辖区内会计财务工作的规定》有关文件的通知。”

（3）正确使用“批转”、“转发”、“发布”等词语，不可混淆。

2. 正文

正文应写明所发文件的制发机关名称和文件名称，并提出相应的要求；如果是批转性通知，还要表明对所发文件的态度等。正文的具体结构形式可分为如下两种。

（1）单纯地发文件，没有具体的发文要求。这种情况正文非常简短，只用一两句话写明所发文件的制发机关名称和文件名称等内容即可。

（2）在发文件的同时，提出具体的贯彻要求。在这种情况下，正文要分为开头和主体两部分，开头写明所发文件的制发机关名称和文件名称，主体分条罗列具体的贯彻要求。

3. 结尾

结尾多用省略式，自然收尾。

4. 附件

印发性通知都有附件，但大都不需要说明。

（二）工作通知

工作通知是用于布置任务或指导工作的通知，一般篇幅较长，多首尾分明，其格式如下。

（1）标题。标题用完全式或常用式，事由直接概括工作名称。

（2）开头。开头一般有三个要点，首先写明发文缘由，如行文的目的、意义、原因、依据等，然后写明工作名称，最后用过渡句引起下文。

（3）主体。主体写明要布置的具体工作或对工作的指导意见，如具体的工作任务，开展工作的措施、方法、步骤，对工作的相关要求等。一般要分条罗列，以求条目清楚。

（4）结尾。结尾可用专用结语，如“特此通知，请遵照办理”等；也可省略不用。

（三）会议通知

会议通知是专门用于告知参加会议有关事项的通知，其写法与工作通知类似。

（1）标题。标题多用常用式，写明会议名称和文种名称。

（2）开头。开头有三个要点，一是交代召开会议的目的、意义、原因、依据等；二是写明会议名称；三是用过渡句引起下文。

（3）主体。主体写明参加会议的有关事项，包括会议的议题，开会的时间、地点、出席人，以及其他注意事项。

（4）结尾。结尾多用省略式，也可用结语“特此通知”等。

（四）知照性通知

知照性通知是告知收文机关应当知晓或应当遵守的事项的通知。这种通知所联系的事项一般无须收文机关办理。如机构的设立与撤销、印章的起用、单位更名以及需要遵守的规定等。其格式如下。

（1）标题。标题多用常用式，写明告知事项。

（2）开头。开头有三个要点，一是交代告知事项的目的、意义、原因、依据等；二是写明告知事项；三是用过渡句引起下文。

（3）主体。主体写明告知的具体事项，包括庆祝节日，成立、调整、合并、撤销机构，启用新印章，更改电话，更正文件差错等。

（4）结尾。结尾多用省略式，也可用结语“特此通知”等。

（五）任免通知

任免通知是专门用于干部职务任命或免除的通知。从性质上看，任免通知也是一种告知应知事项的通知，其核心内容是将任免决定通知收文者。其格式如下。

（1）标题。标题可用完全式或常用式，写明被任免人员的姓名。

（2）开头。开头可写明任免决定产生的途径或依据，有时也可直接写任免决定，不另写开头。

（3）主体。主体写明被任命或免除人员的姓名和职务。有时既有任命，同时也有相应的免除；有时只有任命或免除；有时任命或免除一人一职，有时会同时任命或免除多人多职。

（4）结尾。结尾多用省略式，也可用结语“特此通知”等。

三、通知的写作注意事项

（1）内容准确，措施具体。

（2）讲求实效和时效。

（3）语言简洁、明了。

【本节实训】

改错题（修改下面这则通知的格式及正文内容）

××厂文件

××〔2010〕×号

关于召开厂部工作会议的通知

厂属各单位：

为了进一步完善厂长责任制。切实抓好今年下半年生产和各项工作，根据我厂实际情况，经厂部研究决定，于6月中旬召开厂部工作会议，现将有关事项通知如下，请遵照执行。

一、参加人员：各单位党支部委员、副科级以上干部、厂级领导。具体安排见附表。

二、时间：2010年6月12日到15日。

三、地点：办公楼8楼会议室。

四、各车间、科室接本通知后，安排好会议期间的生产任务和工作，并请各党支部通知有关人员。携带好笔记本，于6月12日上午8点准时参加会议。

厂部办公室（盖章）

2010年6月4日

附表：会议分两段时间，6月12日、13日为第一批，参加人员名单（略）；6月14日至15日为第二批，参加人员名单（略）

第三节　通　报

【知识目标】

1. 了解通报的基本格式

2. 掌握通报的写作方法

【技能目标】

能够掌握通报的写作方法

【案例引导】

关于对吉林省梅河口市“8·16”施工升降机坠落事故的通报

建办质电〔2010〕40号

各省、自治区住房城乡建设厅，直辖市建委（建交委），新疆生产建设兵团建设局：

2010年8月16日6时30分左右，吉林省梅河口市爱民医院住院部综合楼工程发生一起施工升降机坠落事故，造成11人死亡。据查，该工程建设单位为梅河口市爱民医院；施工总承包单位为东北金城建设股份有限公司（企业法人：王××，项目负责人：姜××）；装饰装修分包单位为北京扶桑建筑装饰有限公司；监理单位为白山市建设工程监理中心（企业法人：崔××，总监：纪××）；发生事故的施工升降机租赁单位为梅河口市中兴建筑有限责任公司（企业法人：张××）；安装单位为梅河口市嘉恒起重设备安装有限公司（企业法人：曲××，项目负责人：张××）。目前，事故原因和有关责任正在调查中。

事故发生后，国务院领导同志高度重视并作出重要批示。为贯彻落实国务院领导同志的批示精神，认真吸取事故教训，防止类似事故的再次发生，现提出如下要求：

一、进一步加强建筑安全生产工作

各地要按照《国务院关于进一步加强企业安全生产工作的通知》（国发〔2010〕23号）要求，认真落实政府部门的安全监管责任和企业的安全生产主体责任。要督促建筑施工企业进一步建立完善安全生产责任制，规范安全生产经营行为，建立健全安全教育培训制度、应急救援制度及安全技术管理制度，加大安全生产投入，加强安全生产长效机制建设，切实提高建筑安全生产管理水平。

二、认真做好建筑安全专项治理工作

各地要根据《关于住房城乡建设系统继续深入开展“安全生产年”活动的实施意见》（建质〔2010〕32 号）的工作部署和《关于印发 <2010 年建筑安全专项治理工作方案 > 的通知》（建质安函〔2010〕25 号）`的有关要求，结合本地实际，深入开展建筑安全专项治理工作。特别是要做好建筑起重机械的专项治理工作，加大对建筑起重机械设备的隐患排查治理力度，把起重机械安装拆卸专项施工方案的编审、起重机械设备检测检验和备案登记、起重机械租赁和安装验收、维护保养及特种作业人员持证上岗等作为排查重点，及时消除隐患。

三、切实加强对建筑起重机械设备的安全管理

各地要督促建筑施工单位、建筑起重机械安装单位、检验检测机构和监理单位等各方主体，加强对建筑起重机械设备的安全管理工作。建筑施工单位要把建筑起重机械设备的安装拆除工作交由符合资质要求的安装单位进行；安装单位要严格按照有关要求编制建筑起重机械设备安装拆除专项施工方案，并按照方案实施作业；使用单位要加强对建筑起重机械的定期维护和保养，确保建筑起重机械设备的安全使用；检验检测机构要严把建筑起重机械设备检验关，确保检验检测工作的质量；监理单位要切实加强对建筑起重机械设备的安全监理，发现隐患要立即督促施工企业整改。

四、严厉打击建筑施工非法违法行为

各地要根据《国务院安委会关于集中开展严厉打击非法违法生产经营建设行为专项行动的通知》（安委〔2010〕5 号）和我部《关于集中开展严厉打击建筑施工非法违法行为专项行动的通知》（建办质电〔2010〕37 号）的有关要求，加大对违法、违规行为的查处力度。严厉查处不办理质量安全监督、施工许可等法定建设手续，擅自从事施工活动的行为和责任主体。严厉查处拒不执行政府及建设主管部门下达的停工整改的行为和责任主体，以及其他非法违法行为。要严肃事故和责任追究，依法加大对事故责任单位资质和从业人员执业资格的处罚力度，有效遏制生产安全事故的发生。

五、进一步强化安全教育培训工作

各地要高度重视对施工作业人员、“三类人员”和特种作业人员的安全教育培训。要加强对农民工的安全教育培训，切实提高其安全生产意识和安全操作技能；要加强对“三类人员”的安全教育培训，提高安全管理水平和安全管理能力；要按照《建筑施工特种作业人员管理规定》要求，加强对特种作业人员的培训和考核，促使其熟练掌握关键岗位的安全技能。要充分发挥施工企业的主体作用，督促引导施工企业结合生产实际，通过开展教育培训活动，进一步提高从

业人员的安全生产意识和安全技能水平。

目前，全国仍处于主汛期，抓好建筑安全生产工作尤为重要。各地要针对本地区建筑安全生产实际，加强安全检查及隐患排查治理工作，消除隐患，有效遏制建筑生产安全事故，确保建筑安全生产形势的持续稳定好转。

住房和城乡建设部办公厅

二〇一〇年八月十八日

（资料来源：中央政府门户网站 http：//www. gov. cn/）

【评析】

这是一份情况通报的写作范例。正文分为三部分。第一部分，陈述情况，陈述了事故的过程、责任人等。第二部分，领导作出批示，提出要求，以引起受文者的高度重视。第三部分，要求的内容，这部分是发文的目的所在，也是本文的重点，所以，写得非常详细。文章从五个方面展开阐述，提出了关于加强安全管理方面、强化培训等方面的具体要求。由此看来，情况通报的重点不在于对事故事实的陈述，而在于分析、定性与评价，更在于针对事故的原因，提出切实可行的措施要求，以保证不再犯同类错误。

一、通报的含义

《国家行政机关公文处理办法》规定，通报适用于表彰先进、批评错误、传达重要精神或情况。

通报适用范围较广，机关、团体、企事业单位均可适用。通报除了公布事情外，一般还要对事情的性质、意义等进行分析，让群众不仅知其然，还要知其所以然。

通报具有知晓性和指导性的特点，它对下级和有关方面的指导作用重于指挥作用，主要起倡导、警戒、启发、教育和沟通情况的作用。

二、通报的种类

1. 表彰性通报

这类通报的正文一般包括先进事迹、先进事迹评价、表彰决定、希望和要求四个部分。

（1）先进事迹。先进事迹要具体叙述“时、地、因、果、人、事”六要素；要实事求是，不任意夸大、渲染；要突出重点，即能体现先进的思想境界和突出通报中心的，就写得详细些，无关紧要的可一笔带过或略而不记。

（2）先进事迹评价。这是体现通报主旨的部分，应在介绍先进事迹或经验的基础上分析归纳。评价要客观，文字要简明，不必有过多的议论。

（3）表彰决定。表彰决定是写明领导机关对先进表彰奖励的决定，要写得具体、明确。

（4）希望和要求。希望和要求既包括对被表彰者的勉励和期望，也包括对有关方面和群众的希望和号召。要求切实可行，符合实际。

2. 批评性通报

这类通报的惩戒作用十分突出，除在一定范围内批评处理错误外，着重是要分析原因、总结教训，引起有关方面和干部的警觉，以防类似事件的再次发生。

这类通报的正文包括错误事实、错误原因和教训、处理决定、希望和要求四部分。

（1）错误事实。这部分要围绕通报批评的主要问题，如实反映情况，写明涉及的单位和人员、时间、地点、经过、结果以及产生的后果和影响。

（2）错误原因和教训。这部分一般要针对错误事实分析原因，点明实质，总结教训，指出危害。它一般要写得准确中肯，实事求是，既不可无限上纲，也不可大事化小。分析评议要合情合理，令人信服。

（3）处理决定。这部分要明确写出对错误事实所作的处理决定，也可写在开头。

（4）希望和要求。希望和要求是针对错误及其教训，提出切实可行的改进措施和要求，告诫犯错误人员，教育大家。这部分要写得简略、概括。

3. 情况通报

这类通报内容集中，多为一事一报。写作比较灵活自如，结构因文而定。主要是据实反映情况，分析问题，有的还要针对通报的情况提出希望和要求。行文要突出重点、抓住本质。无论陈述情况的始末、发展过程，还是分析问题，都要不蔓不枝，语言要简洁、得体。

这类通报的结构可采用分类叙述或自然分段式。

三、通报的结构与写法

（一）标题

通报的标题大多采用公文的常规写法，即三要素齐全的完整标题或省略发文机关的标题，如《关于我市近期几起重大交通事故的通报》。如果是张贴的通报可只写文种。

(二) 主送机关

通报大都有主送机关，少数普发性的和有执行要求内容的通报，可以不标明主送机关。

(三) 正文

通报的正文一般包括三部分内容。

1. 主要事实。

表彰性通报要突出主要先进事迹，包括时间、地点、人物、事件、经过、结果；批评性通报要抓住主要错误事实，即将事故或错误事实的经过情况、时间、地点、后果等交代清楚；情况通报叙述基本事实，阐明发布通报的根据、目的、原因等。

2. 对事件的简要评析。

表彰性通报要指出其典型意义，或概括其主要经验；批评性通报要分析错误的性质、原因，指出危害及应吸取的主要教训等；情况通报是叙述有关情况，并对情况作必要的阐述、评价，有时还可针对具体问题提出一些指导性的看法。

3. 希望与要求。

表彰性和批评性的通报，一般应写明组织结论与予以表彰或处理的决定（有的把这一内容写在对事件进行评析的部分），同时提出对表彰或批评对象与读者的希望和要求。情况通报，在明确情况的基础上，对受文机关提出一些希望和要求。

尽管不同类型的通报，其正文各有不同的写法，但却有其基本格式，即介绍情况、分析定性、提出要求。而要想写好这三点，最关键的是要看对事件或问题进行怎样的分析。分析恰如其分，恰到好处，才能令人信服，才能达到教育有关人员、改进工作的目的。分析首先要找准分析点，也就是，分别从事件的性质、原因、后果等方面分析，还是从其中的两个方面或者三个方面来分析。一般来说，事件的性质和后果严重的，就从性质和后果两方面来进行分析；性质和后果不太严重的，可以原因为分析点进行分析。如果分析恰当而中肯，那么，前面的情况或介绍就因为有“纲”可依而容易多了，这也为后面作出处理和提出要求指明了方向。

在通报的写作中，需要注意的是：

(1) 要紧紧围绕分析点进行写作，既不能离题，也不能偏题。

(2) 分析着墨的多少要以通报具体内容来定，如果通报的事件比较简略，应多加分析；如果事件写得比较具体、详细，分析就可以少些。

(3) 分析与事件的介绍可以合在一起写，也可以分开写。

(4）分析定性要注意分寸，不能任意提高或降低。

四、通报的写作注意事项

（一）选材要典型，要具有普遍意义

无论是表彰先进、批评错误，还是传达重要精神或情况都要求有代表性，都要是重大的、有意义、有价值的；都要是典型人物、典型事件和典型情况。以典型引路，激励先进，惩戒错误，传达情况，推动工作。

（二）内容要真实、准确

表彰性与批评性通报要作决定、处理，情况通报要提出对策与做法，这些措施应准确、真实。

（三）语言平实、严谨

表彰性通报要注意不浮夸，批评性通报要注意不过激，情况通报要实事求是。因此，通报的语言要平实、严谨。

【本节实训】

判断题

1. ××总公司拟用通报形式宣传奋不顾身抢救落水儿童的青年工人的事迹。（　　）

2. ×厂拟用通报形式向市工业局汇报本厂遭受火灾的情况。（　　）

3. ×市安全办公室拟用通报形式向各有关单位知照全市安全大检查的情况。（　　）

4. ×县县政府拟用通报形式公布加强机关廉政建设的几条规定。（　　）

5. ×县纪委拟用通报形式批评×局×××等干部玩忽职守、造成国家经济损失的错误。（　　）

第四节　报　告

【知识目标】

1. 了解报告的特点
2. 掌握报告的写作方法

【技能目标】

能够掌握报告的写作方法

【案例引导】

关于中国电信国际及港澳台地区漫游服务资费标准备案的报告

国电信〔2010〕774 号

工业和信息化部：

为改善客户感知，使客户享受到“更优惠的资费，更广泛的覆盖”，中国电信集团公司决定自 2010 年 12 月 1 日起，推出与沃达丰公司合作的天翼国际卡（新），按“新卡新资费、老卡老资费”的原则，我公司对天翼国际卡（新）、原天翼国际卡、＊＊133 业务、国际及港澳台地区呼叫转移业务制定了如下资费标准：

一、C—G 国际及港澳台地区漫游资费标准

（一）与沃达丰公司合作推出的天翼国际卡（新）执行新的 C—G 资费标准，具体资费标准详见附件 1。

（二）原与香港和记公司合作推出的天翼国际卡维持原有 C—G 资费标准不变，具体见中国电信〔2010〕210 号文件。

二、C—C 国际及港澳台地区漫游资费标准

所有天翼用户的 C—C 漫游资费标准从 2010 年 12 月 1 日起按新的 C—C 国际及港、澳、台资费标准执行，具体资费标准详见附件 2。

三、＊＊133 业务标准资费

天翼国际卡（新）的＊＊133 业务资费按照所在漫游国家和地区接听标准执行，具体资费标准详见附件 3。

原天翼国际卡的＊＊133 业务资费仍按原有资费标准执行，具体见中国电信

〔2009〕38 号文件。

四、国际及港澳台地区呼叫转移业务资费标准

所有天翼用户在国际及港澳台地区发生的呼叫转移通话均按照本次制定的呼叫转移资费标准执行，具体资费标准详见附件 4。

以上资费标准的执行时间为 2010 年 12 月 1 日。

特此报告。

二〇一〇年十月十四日

附件：

1. 中国电信天翼国际卡（新）国际及港澳台地区漫游开通范围及资费标准（C—G）
2. 中国电信移动业务国际及港澳台地区漫游开通范围及资费标准（C—C）
3. 中国电信＊＊133 业务开通范围及资费对照表（C—G）
4. 中国电信移动业务国际及港澳台地区漫游呼叫转移服务资费标准

（资料来源：中央政府门户网站 http：//www. gov. cn/）

【评析】

这份报告正文开头简述了情况，指明了具体问题及解决问题的必要性。报告缘由：改善电信对消费的服务感知，概括相关的资费及服务范畴，然后用“制定了如下的资费标准”过渡到下文。报告事项：对不同地区、不同标准进行阐述，内容翔实而概括。结语用“特此报告”符合规范的格式。

一、报告的含义

报告是一种作用广泛的上行文，用来向上级机关汇报工作、反映情况和答复上级的询问。报告的主要作用是如实汇报，因此，陈述性是报告的主要特征，其重点是向上级机关讲清相关情况，一般不作过多阐发议论。从行文规则看，报告是单向行文，不需要上级答复。《国家行政机关公文处理办法》中明确规定，“报告中不得夹带请示事项”，就是说，报告只用于汇报，不用于请示，上级机关不对下级的报告作答复。除上述作用外，报告也可用来向上级报送有关文字材料。

二、报告的结构与写法

（一）标题

报告的标题大多采用公文的常规写法，既可以是由发文机关 ＋ 主要内容 ＋

文种构成的完整标题，如《 ×× 学院关于招生情况的报告》；也可以是由主要内容 + 文种构成，如《关于粮食政策性财务挂账停息的报告》。

（二）正文

1. 缘由

报告的缘由一般交代报告的起因或说明报告的目的、主旨、意义。缘由要能概括说明全文主旨，开门见山，起名立意。一般用“现将有关情况报告如下”承启下文。答复报告开头要先引述来函文号及询问的问题，然后过渡到下文，答复上级的询问。

2. 事项

报告的事项是正文的核心。应将工作的主要情况、措施与结果，成效与存在的问题等分段加以表述，要以数据和材料说话，内容力求既翔实又概括。

3. 结束语

报告的结束语应另起一行，空两个格来写。根据报告种类的不同一般都有不同的程式化用语，工作报告和情况报告的结束语常用“特此报告”、“请审阅”、“以上报告，请审查”；答复报告多用“专此报告”。因报告是单向性公文，所以，类似“以上报告当否，请批示”的结束语是不妥当的。

（三）落款

落款要写明发文机关和日期，如标题中已有发文机关，落款处可只写发文时间。

三、报告的种类以及对应的具体写法

根据作用的不同，报告可分为工作报告、情况报告和答复报告三种。

（一）工作报告

工作报告是向上级机关汇报工作的开展和完成情况的报告。从汇报的时间看，报告可分为定期汇报常规工作的例行性报告和不定期汇报临时工作的临时性报告；从内容上看，报告可分为汇报一定时期各项工作的综合性报告和汇报某项专门工作的专题性报告。

在写法上，工作报告类似于工作总结。一方面要全面反映工作开展的情况，另一方面又要做到重点突出，既要写明工作中取得的成绩和存在的问题，又要写明经验和教训，有时还要交代今后的工作打算和努力方向。

工作报告的写法如下。

（1）标题。标题多用常用式，事由概括工作开展的时间、工作名称或统称。

专题性报告标题的事由概括工作名称，综合性报告标题的事由概括工作统称。

（2）开头。开头概述工作开展的总体情况或行文的目的、根据、原因等。

（3）主体。工作报告的主体一般包括基本情况、主要成绩、经验体会、存在问题、基本教训、今后意见等几部分。这类报告篇幅较其他类型报告长，可标出序数分条、分项陈述，也可列小标题分部分或分问题写。

基本情况，可简要交代时间、背景和工作条件；主要成绩，应把工作的过程、措施、结果和成绩叙述清楚；经验体会，是对工作实践的理性认识，要从实际工作中概括出规律性的东西，以便指导工作；存在问题，是写出工作中的缺点与不足；基本教训，是分析工作失误的原因和反思值得吸取的教训；今后意见，是提出改进工作的意见，或者提出今后开展工作的建议。

主体的内容一般较多，结构上多分列小标题，以求条理清晰。

（4）结尾。结尾可用结语，也可省略。结语有“特此报告”等。

（二）情况报告

情况报告是向上级机关汇报工作中出现的重大问题或突发性情况的报告。这种报告重点在于讲明情况，即将突发性事件或问题的前因后果、来龙去脉写清楚即可，必要时也可作适当分析，或说明对问题的处理措施等。

情况报告的格式如下。

（1）标题。标题多用常用式，事由直接概括所报告的情况。

（2）开头。开头一般简要概述基本情况。

（3）主体。主体一般叙述情况，分析原因，说明处理措施。内容复杂时要分列小标题以求条理清楚。

（4）结尾。结尾用结语式或省略。结语有“特将情况报告如上”等。

情况报告一般以“情况——原因——教训——措施”的结构来写。先将情况叙述清楚，然后分析情况产生的原因，接着总结经验教训，最后提出下一步的行动措施。

情况报告多数写成专题报告，其写法不强求一律，但都要力求做到：

第一，内容集中、单一，突出重点，抓住事物本质，实事求是地反映情况。

第二，把情况和问题讲明白，把事情的经过、原委、结果、性质写清楚。

第三，若要提出处理意见和建议，要写得具体、明确、简要，尤其是注意提出意见、建议的写作角度，不能在报告中夹带请示事项。

第四，情况报告写作要及时，以便让上级机关和有关领导尽快了解重大、特殊、突发的种种新情况。

（三）答复报告

答复报告是用以答复上级机关对于某些问题的询问的报告。这种报告内容比较单一，针对性强，直接回答上级的问题即可。

从发文的起因看，公文可分为主动行文的主发性公文和被动行文的回复性公文两大类。其中，回复性公文是专门用来答复对方来文的公文，答复报告就是这类公文之一。回复性公文有着大体一致的结构形式。

（1）标题。标题一般用常用式，事由概括答复的问题。

（2）开头。开头引述来文，即摘引上级来文的有关内容，作为全文的引起。这是回复性公文开头的特有内容，作用是构成回文与来文的对应关系，使上级机关明确本文所答复的是什么问题。摘引的内容通常是来文的标题和发文字号，有时也可摘引来文的日期和文种名称或发文字号，如“省政府《关于×××的函》（×政函〔××××〕×号）收悉”。引述来文后用过渡句引起下文。

（3）主体。答复报告一般写答复的意见或处理结果，是依据上级要求回答的问题进行写作，所以，要写得既周全，又有针对性。这种报告的内容针对性最强，上级询问什么，就答复什么，有问必答，答其所问，不能答非所问。表述要明确、具体，语言要准确、得体，不可含糊其辞、模棱两可。

答复上级要求回答的问题时，要写得十分简要，有时仅作一两句话的说明即可。答复事项只针对所提问题答复的意见或处理结果，既要写得周全，又不要节外生枝，答非所问。正文写法比较灵活，或先写依据，后一并答复，或边写依据，边逐一答复。

意见措施部分是此类报告的写作重点，要求切合实际地提出做好某项工作的意见、措施和建议。这部分往往采取条文式写法，并且每条开头常有一个提示句。

多数建议报告是有待上级机关批转的。

（4）结尾。结尾可用常用结语收尾，也可省略。常用结语有：“特此报告”、“专此报告”等。

四、报告的写作注意事项

1. 要正确使用文种

对于报告，受文机关不用答复，因此，报告与请示不能混用。报告事项不得夹带请示事项，否则会因报告不需批复而影响请示事项的处理和解决。

2. 要重点突出

报告的内容要根据主题的要求来安排，分清主次、轻重，不要面面俱到。要注意处理好点和面的关系，既要有典型的事例，又要有面上的综合性的情况，条理清楚，逻辑严密。

3. 材料要真实

向上级机关汇报工作应该本着实事求是的态度，如实汇报，不能夸大和虚构成绩或情况，欺骗上级。所以，起草报告的人员，应该在调查研究、全面掌握本单位情况的基础上撰写。

【本节实训】

一、判断题

1. 在工作报告中可提出有关工作建议，要求上级机关认可。(　　)

2. 有的工作报告在提出工作建议的同时，还要求上级机关将此报告批转给下级机关执行，这种报告的结尾通常用“如无不妥，请批转有关部门执行”。(　　)

3. 报告的行文方式主要以概括叙述和说明为主。(　　)

二、多选题

1. 适用于报告写作的事项有（　　）。

A. 向上级汇报工作，反映情况

B. 向下级或有关方面介绍工作情况

C. 向上级提出工作建议

D. 答复群众的查询、提问

E. 答复上级机关的查询、提问

2. 工作报告的内容包括（　　）。

A. 经常性的工作情况

B. 偶发性的特殊情况

C. 向上级汇报今后工作的打算

D. 对上级机关的查问作出答复

E. 向上级汇报工作经验

第五节 请 示

【知识目标】

1. 了解请示的格式、种类
2. 掌握请示的写作方法

【技能目标】

能够掌握请示的写作方法

【案例引导】

关于定刺网作业不列入应休范围的紧急请示

江苏省海洋与渔业局：

定刺网作业为我县沿海渔民传统的近海捕捞作业方式，目前，全县捕捞许可证核定的定刺网作业渔船共有224艘，其生产作业时间为每年4—6月份，网目尺寸在12 cm左右，主要捕捞品种为银鲳、燕尾鲳、马鲛、梭子蟹。由于其作业方式较为特殊，为固定位置作业，多年来一直将定刺网作业渔船纳入定置作业类执行伏休规定。根据农业部《渔业捕捞许可管理规定》第十八条规定，作业类型分为刺网、围网、拖网、张网、钓具、耙刺、陷阱、笼壶和杂鱼具，共9种，定刺网渔船捕捞许可证核定的作业类型为刺网，并且为单层，我们认为定刺网作业类型应属单层刺网。加之，定刺网网目尺寸远大于流刺网网目尺寸，对幼小渔业资源的损害远小于流刺网。今年，我省规定定置作业休渔提前15天，如果将定刺网作为定置作业，定刺网作业渔民将失去有效作业时间，该传统作业将无法生存，渔民生计将受到极大影响，对此渔民反映强烈，多次到我局群访，并认为定刺网作业类型为单层刺网。为有效保护和利用渔业资源，维护渔民群众根本利益，确保渔区社会稳定，加之伏休时间将至，现特具紧急请示，明确定刺网属单层刺网，不列入应休范围。

以上请示，望速批复为感。

如东县海洋与渔业局

二〇〇九年五月二十四日

抄送：江苏省渔政总队、南通市海洋与渔业局

（资料来源：中国如东政府网 http：//www. rudong. gov. cn/）

【评析】

这是一份请求帮助的请示。标题准确概括出请示的主要问题；正文部分开头对定刺网作业进行介绍分析。接着说明本部门针对农业部的相关规定打算采取的措施。这些措施需要省海洋与渔业局给予支持和帮助。本请示理由充分，内容明确，语言简洁，逻辑严密，措辞也很得体。

一、请示的含义

请示是下级机关在请求上级机关批示工作、解释问题或批准某种要求时所使用的一种呈请性上行公文。

工作中需要向上级请示的情况主要有以下几种。

（1）对国家或部门政策法规界限把握不准，需要上级予以明确时。

（2）工作中遇到新情况、新问题而无章可循时。

（3）相关部门意见分歧，难以统一时。

（4）虽有统一规定，但因本单位情况特殊难以执行统一规定，需要变通处理时。

（5）本单位的重要公务，按规定需报请上级批准后方可办理时。

（6）所办公务缺乏物力、财力，需要上级支持、帮助时。

（7）需要处理超越本单位职权范围的其他公务时。

凡是下级机关在职权范围内无权、无力、无法解决的问题，均须呈请上级机关予以指示、批准、裁决或帮助，任何超越权限或擅自处理不该由本机关处理之问题的行为，都是不允许的。请示是下级机关开展工作的正常手续和步骤，也是争取上级机关支持、帮助的有效途径。

二、请示的特点

1. 内容的呈请性

请示是向上级机关请求指示和批准的公文，行文内容具有请求性。而报告是向上级机关汇报工作、反映情况、答复上级机关的询问或者要求的公文，具有陈述性。

2. 目的的求复性

请示的行文目的是请求上级批准，解决某个具体问题，要求上级作出明确答

复。否则，就是上级机关不负责，因此，请示具有求复性。

3. 时间的超前性

请示行文的时间具有超前性，必须在事前行文，等上级机关作出答复后才能付诸实施；没有上级的答复，就不能自作主张行事，不能“先斩后奏”。

4. 事项的单一性

请示的事项具有单一性，要求一文一事。

三、请示的种类

请示可分为以下四种。

1. 请求指示的请示

在工作中遇到重大或疑难问题，请求上级机关给予指示，如《关于要求向银行贷款新建实习大楼的请示》。

2. 请求批准的请示

必须经上级批准才能办理或必须处理但本单位又无权处理的事项，请求上级批准，如《关于要求引进外籍教师任教的请示》。

3. 请求帮助的请示

本单位应办或上级交办的事项，办理时有一定的难度，请求上级帮助解决，如《关于追认××同志为革命烈士的请示》。

4. 请求批转的请示

需要办理的重大事项，但工作又牵涉到其他单位，因此，请求上级将意见或建议批转给有关方面，如《关于二〇一〇年举办全市第九届大学生运动会的请示》。

四、请示与报告的区别

请示与报告均属上行文，却是两个不同的文种。其区别是：

1. 行文目的不同

报告的主要目的是下情上达，向上级汇报工作，反映情况，提出意见和建议，是一种呈报性公文，不需要上级机关直接批复；请示的主要目的是为了请上级批准、指示或答复，是呈请性公文，明确要求上级机关的批复。

2. 行文时间不同

报告行文不受时间限制，工作前、工作中、工作后均可向上级机关汇报或反映；请示是在工作或活动开展之前行文，请求上级机关批准、指示或答复，不允许“先斩后奏”。

3. 行文内容不同

报告可以是专题性，也可以是综合性，可以一事一文，也可以数事一文；请示只能一事一文。

4. 收文处理不同

上级机关收到报告，只需了解情况，以作决策参考；收到请示，则要认真研究，尽快给予答复。

五、请示的结构与写法

请示的结构包括标题、主送机关、正文和落款四个部分。

1. 标题

请示的标题一般使用完整式标题：由“发文机关 + 事由 + 文种”构成。事由一般不使用“申请”、“请求”等词语，以免和“请示”二字语义重复，有时可将发文机关省略不写。写请示的标题时要注意不要将文种写成“申请”或“请示报告”。

2. 主送机关

请示一般只写一个主送机关，如需同时报送其他机关，应当用抄送形式；受双重领导的机关向上级机关请示，应当写明主送机关和抄送机关，由主送机关负责答复。

3. 正文

请示的正文包括缘由、事项和结语三个部分。

（1）缘由。请示的缘由比其他公文的缘由显得更为重要。请示主要以写缘由为主。一般的公文，缘由的写作都比较简要概括，没有必要长篇大论；而请示因为有事项要请求，所以，必须把请示的原因详细地写出来。写得越明白和越有迫切性越好。其目的毫无疑问，就是让上级机关明白请示的必要性。请示的缘由是请示事项和要求的理由及依据。要先把缘由部分说明白，然后再写请示的事项和要求。

（2）事项。请示的事项包括办法、措施、主张、看法等。请示的事项要符合法律法规，符合实际，具有可知性和可操作性。请示的事项要写得明白、清楚，以便于上级机关作出明确的答复。如果请示的事项内容比较多，可按主次顺序分条列项来写，以做到条目清楚、重点突出。

(3) 结语。请示的结语有“以上请示，请批复（审批）”、“以上请示如无不妥，请批复”等。结语是请示不可缺少的一项内容，不能遗漏，更不能含糊其辞。要特别注意，请示的结语中绝不能出现“报告”字样，以免造成混乱，甚至延时误事，给工作带来不应有的麻烦。

4. 落款

请示的落款要写明发文机关和成文时间。

六、请示的写作注意事项

1. 不要多头请示

一个请示事项，一般不要同时请示两个以上的领导机关或主管部门，以免出现单位之间互相推诿的情况。受双重领导的单位，应根据具体情况，主送一个上级机关，抄送另一个上级机关。

2. 不要事后请示

请示必须事前行文，绝不能“先斩后奏”。

3. 不要越级请示

除特殊情况外一般不得越级请示，因特殊情况必须越级行文时，一般应抄送直接上级机关。

4. 不要一文多事

请示的主题必须明确、内容必须集中，坚持一文一事，专文专请，不要把几个性质不同的问题、事项同时写在一份请示中，以便于上级领导及时研究批复。

5. 不要向领导个人请示

请示除领导直接交办的事项外，一般不得直接送领导者个人。

6. 请示文件不能抄送下级机关

请示在上级机关没有答复以前，不能抄送给下级机关，以免引起工作上的矛盾和误会。

【本节实训】

写作题

以下面提供的材料为依托，遵循“请示”的写作格式（只要求写明标题、受文单位、正文、行文单位、成文时间），请按照“请示”的写作要求，以广东省人民政府的名义，向国务院起草一份内容先后有序、结构合理的“请示”。

丹霞山风景名胜区位于广东省韶关市仁化、曲江两县境内，面积186平方千米，分丹霞山、韶石山、大石山三个景区。距韶关市区最近处10千米，最远处50千米，柏油公路直达主峰景区，观光旅游的交通十分方便。

根据国务院《风景名胜区管理条例》，我们对丹霞山风景名胜区进行了资源调查、评价，编制了总体规划。现申请把丹霞山风景名胜区列为国家重点名胜区，请审批。

据地质考证，6 500万年前丹霞山所在地是一个大湖泊，由于造山运动，形成红岩峭壁和洞穴，构成奇异自然风景。在全世界同类地形中，以丹霞山最为典型，“丹霞地貌”已成为国际地质学名词。现丹霞山景区已开发接待游人的范围为12平方千米，主要景点有87处，山、瀑、江、湖兼备，绿化良好，兼之摩崖石刻、寺庵、亭台楼阁点缀其间，自然人文景观丰富。靠丹霞山南侧的韶石山景区，依山傍水，是历史上舜帝南巡奏乐之处，内有“三十六石”的奇景；丹霞山两侧的大石山景区，类似丹霞山的奇山异峰，有丹寨幽洞、岩柱等自然景观。在丹霞山风景名胜区附近，有“金鸡岭”、“九龙十八滩”、“古佛岩”、“南华寺”、“马坝人遗址”等风景及名胜古迹，总面积约4万平方千米。目前，粤北地区以丹霞山风景名胜区为中心形成了我省一条重要的旅游线。

该请示的成文时间为：××××年2月11日

第六节 批 复

【知识目标】

1. 了解批复的结构
2. 掌握批复的写作方法
3. 了解并掌握批复的写作要领

【技能目标】

能够掌握批复的写作方法和写作要领

【案例引导】

交通部文件

交公路发〔2007〕244 号

关于采用砖或轮迹路面代替水泥及沥青路面请示的批复

吉林省交通厅：

你厅关于《乡村公路建设采用砖或轮迹路面代替水泥（沥青）路面的请示》（吉交规划〔2007〕71 号）收悉。经研究，批复如下：

一、你厅通过多年实践和论证，在农村公路建设中采用砖路面代替沥青或水泥路面，并已制定了技术规范和施工规程。这种路面结构具有施工简单、便于农民参与、建设和养护成本低等优点，能有效解决无石材地区农村公路建设问题，使用性能基本达到沥青或水泥路通车服务水平，符合部提出的“因地制宜、就地取材，鼓励采用多种路面结构”的要求，同意你厅请示意见。凡已修通砖路面的乡村，只要符合相关技术规范要求，即视为通了沥青或水泥路，并纳入通畅统计范围。

二、鉴于轮迹路面仍处于研究与试验阶段，请你厅进一步总结实践经验，制定相关的技术规范。对轮迹路面中间带采用石质、砖铺或砼预制块等铺面的，可以将该种轮迹路面纳入通畅统计范围，其他结构的轮迹路面可以纳入通达的统计范围。

三、由于砖路面和轮迹路面适用于年降雨量少、交通量小，且重载车辆少的通村公路，请你厅在推广应用该类路面结构时，把握好应用条件，加强质量监管，严格工程验收，确保建设质量，同时，注重环境保护与土地资源的综合开发利用。

希望你厅结合本省实际，进一步研究适合农村公路特点的路面结构形式，完善相关技术标准和规范，加强管理养护，推进农村公路又好又快地发展。

中华人民共和国交通部（章）

二○○七年五月十七日

（资料来源：中央政府门户网站 http：//www. gov. cn/）

【评析】

这份批复是针对请求批准的请示所作出的答复，内容较细致。本批复的最大特点是在表态之后的阐发意见，前部分是对所请示的可行性加以强调，进而对涉及采用砖或轮迹路面代替水泥及沥青路面存在的问题作出了较为详尽的指示。

一、批复的含义

批复适用于答复下级机关的请示事项，是一种回复性下行公文。

请示和批复紧密结合，有一份请示，也就相应地有一份批复。上级机关对下级机关单位的请示，要作出明确具体的批示和答复。首先是批，即批示，是对下级机关的请示表示态度，或肯定，或否定；然后是复，即答复，回复，是对下级机关请示事项提出具体意见。

二、批复的特点

1. 政策性

政策性即要以国家有关的政策法规为依据来答复下级的请示事项，不能想当然或以领导者的个人意志为依据。

2. 权威性

请示的事项一般是发文机关无权或无法解决的问题，需要上级机关表态并回复。因此，批复具有权威性。

3. 针对性

批复是针对请示而作出的，批复的内容是由请示的内容来决定的。请示什么事项就批复什么事项，不能离开请示内容来批复。

三、批复的种类

根据所批复问题性质的不同，批复可分为指示性批复和审批性批复两种。

（1）指示性批复是对请示帮助解决问题的批复。这类批复，针对下级机关提出的难以解决的政策界限和没有明文规定的疑难问题，作出具体的指示，表明意见和态度。

（2）审批性批复是对请示批准事项的批复。这类批复主要针对下级机关请求批准的事项，进行认可或审批。

四、批复的结构与写法

（一）批复的结构

批复的结构比较固定，一般包括如下四个层次。

1. 引述来文

引述来文即摘引下级请示的有关内容，告诉下级关于某事的请示已收到。其作用是构成批复与请示的对应关系，使下级准确地知道此批复是针对哪个请示而作的答复。

引述来文的内容主要是下级请示的标题和发文字号，有时也可摘引来文的时间和文种，如“你局《关于×××的请示》（×发〔2009〕×号）收悉”、“你行××××年×月×日×银〔20××〕×号请示收悉”等。

2. 批复依据

批复依据即批复意见提出的根据。依据可有多种，或据政策法规，或据实际情况等。如无必要，也可无此内容。结构上，批复依据大都作为一个过渡句，以引起下文。

3. 批复意见

批复意见为批复的核心部分。根据批复种类的不同，具体内容也有所不同。指示性批复，要对下级请示的问题作出明确的答复；审批性批复，则要表明态度（是否批准下级的请求）并提出相应要求或说明理由。

4. 结尾

结尾多采用结语式，如“特此批复”、“此复，希遵照执行”等，也可省略不写。

（二）批复的写作格式

批复由标题、主送机关、正文和落款四个部分构成。

1. 标题

批复的标题一般由“发文机关 +事由+文种”三要素构成。如有文头，可省略发文机关名称，必要时还需在标题中表明发文机关的态度，如“同意”、“批准”等。

2. 主送机关

批复的主送机关即发出请示的机关。如是联合请示的，要统一答复。

3. 正文

批复的正文内容比较简单，层次构成相对固定，一般由引语、批复事项和结语构成。

（1）引语。引语即引述请示日期、标题、发文字号，或引述来文请示的主要事项作为批复的依据，一般写成“你×月×日《关于×××的请示》××〔2010〕×号文收悉”。另也有些不是很重要的批复仅写上“来文收悉”即可。

（2）批复事项。批复事项即根据有关政策、法令、规章制度和实际情况，对请示中所提出的问题作出恰当的、明确的答复。如果全部同意，就写上肯定的意见；如果不予批准，需在否定意见后面写上理由；如果只同意请示中的部分事项，需分别写明理由，尽可能令下级心服口服。批复事项必须紧扣请示事项，有问有答，回复清楚，不能回避不复。

（3）结语。结语一般要写上“此复”、“特此批复”等语。

4. 落款

批复的落款要写明发文机关和成文时间。

五、批复的写作注意事项

1. 观点要明确

对请示事项无论同意、不同意，还是部分同意，批复中都要旗帜鲜明地表明。如果同意执行要求，那就应直截了当地指出，切忌含糊其辞，模棱两可，不能回避请示内容，答非所问。在表达部分同意或不同意的态度时，要作简要地说明分析。

2. 表达要准确

批复是上级机关制发的指挥性公文。答复下级机关的请示事项，要准确地把握其实质，作出明确指示或解释。语言要简明扼要，表达要准确。

3. 批复要及时

请示行文讲究时效性，批复相应也应该及时迅速，以免贻误工作，造成损失。

【本节实训】

写作题

某研究所筹建生物工程实验室，但资金尚缺100万元，拟向省科技厅请示拨款。请代该研究所拟定这份请示，再代该省科技厅拟写同意该研究所拨款请示的批复。

××研究所文件

×研×〔××××〕×号

关于筹建生物工程实验室要求拨款的请示

省科技厅：

目前国际国内生物工程的研究进入一个崭新的阶段，生物工程对……有着极为重要的作用。我研究所在生物工程研究方面已有相当的成果（详见《××研究所生物工程科技成果一览表》）。为此，我研究所拟筹建一个生物工程实验室，建设生物工程实验室需要资金×××万元，目前尚缺100万元。为此向省科技厅请求拨款100万元，用于建设生物工程实验室。

特此报请核批。

××研究所（公章）

××××年×月×日

【本章小结】

公文按照发送对象，可分为上行文、平行文、下行文三种。不同种类的公文有不同的写法，我们学习写公文，既要了解它们的共性，又要了解它们的个性；既要掌握规律，又要分别按不同种类公文的特点来学习它的写法。

公文的种类虽然很多，但有一些共同的要求：简练、明确、严谨、周密，条理清楚，层次分明，合乎语法、修辞、逻辑，正确使用标点符号，切忌冗长杂乱，语义不明。

写公文需要特别注意以下几点：一是话要说得明白，没有歧义，要让受文单位看得懂，不致产生误解；二是要把应该说的事情都交代清楚，不要丢三落四，尤其是上级对下级布置工作的公文更要这样，免得下面收到公文时难于执行；三是要根据公文的目的来确定写什么和怎么写，务必使对方乐于接受，以便达到目的。

【本章实训】

一、单选题

1. 转发上级机关和不相隶属机关的公文应使用的文种是（　　）。

A. 通知　　B. 报告　　C. 通报　　D. 公函

2. 联合行文的成文时间，以（　　）为准。

A. 领导人签发的日期　　B. 最后签发机关领导人签发的日期

C. 发出的日期　　D. 会商的日期

3. 抄送机关指（　　）。

A. 收文机关　　B. 办理或答复收文的机关

C. 需要了解收文内容的机关　　D. 必须送达的机关

4. 对重要事项或重大行动作出安排，应使用的文种是（　　）。

A. 公告　　B. 通告　　C. 决定　　D. 命令

5. 向下级机关的重要行文，应抄送（　　）。

A. 直接上级机关　　B. 其他下级机关

C. 同级机关　　D. 业务主管机关

6. 发文机关代字是指（　　）。

A. 发文机关名称的号码　　B. 发文机关名称的缩写

C. 发文机关名称的简称　　D. 发文机关名称的别称

7. 请示的正文一般由请示的缘由、请示事项和（　　）三部分组成。

A. 结语　　B. 目的　　C. 意见　　D. 计划

8. 签发人标识用于（　　）。

A. 所有公文　　B. 上行文　　C. 平行文　　D. 下行文

9. 引用公文应当（　　）。

A. 先引发文字号，后引文件标题　B. 先引文件标题，后引发文字号

C. 仅引文件标题　　D. 仅引发文字号

10. 不宜抄送给下级的文件是（　　）。

A. 报告　　B. 请示　　C. 通报　　D. 通知

11. 隶属两个上级机关的单位，写请示应当（　　）。

A. 向负责办理请示事项的上级主送，另一个为抄送单位

B. 不同时向所有上级机关主送

C. 任选一个上级机关主送，另一个为抄送单位

D. 同时向所有上级机关主送

二、改错题（修改下列公文的标题）

1. ××厂向上级的请示报告

2. 扩大经营范围决定的请示

3. ××公司关于开展春季运动会的决定的通知

4. ××公司关于完全彻底地开展增收节支活动的通报

三、分析题

1. 指出下列公文文稿的错误之处，并根据公文写作与处理的要求，改写为一份正确的公文。

××市工业总公司文件

公司发〔200×〕×号

关于加强自检，坚决杀住企业吃喝风的通知

各厂矿、工厂：

总公司财经纪律检查组本次年底大检查，发现各单位年底宴请频繁，名目繁多的请客送礼，导致很大浪费，广大工人同志对企业干部这种腐败现象极为不满，广大党员对此极为不满。各单位要为了加强廉政建设，维护企业利益，所以，总公司办公会议研究决定，各单位必须成立纪检小组。通过加强自检，并在一个月内，将自检报告上报给公司。

特此通知。

××市工业总公司

二〇〇×年×月×日

主题词：×× ×× ×× ××

2. 指出下列公文文稿的错误之处，并根据公文写作与处理的要求，改写为一份正确的公文。

请示

因工作需要，我县急需购买小轿车一辆，请批准调拨经费×××××元。

另：我县尚缺专业对口技术人员××名，请在制定明年人员编制时一并考虑。

上述意见与要求如无不妥，请批复。

此致

敬礼！

××县人民政府

××县财政局

10年6月

第三章　事务文书写作

【知识目标】

1. 掌握并了解事务文书的使用场合、概念、特点和写作要求
2. 掌握各类事务文书的文体结构和内容结构

【技能目标】

1. 能够在了解各类文体特点的基础上，体味例文，模拟写作
2. 能够具备撰写事务文书的能力

【案例引导】

2010—2011 学年度第二学期社团联合会工作计划

科研竞赛部作为我校学生社团联合会中主管学术研究型社团的主要部门，肩负着为学术研究型社团服务，促进学术研究型社团之间的交流与合作，指导学术研究型社团更好地开展学术研究活动，组织学术研究型社团参加各种大型学科竞赛，增强学校整体学术氛围等重任。自部门成立以来，我们积极创新，勇于开拓，通过各种途径，为学术研究型社团提供各种各样的平台，以促进其彼此之间的相互了解与合作，增强其在学校中的整体影响力。在新学期到来之时，为了能更加有序地开展工作，合理安排整个学期的时间，更加合理地利用资源，特制订以下工作计划：

一、规范思想，加强内部自身建设

在开学初期，我们先要进行部门内部的整顿和建设。在现有干事中，挑选优秀的人员，作为我们部门的工作骨干和后备力量。进一步明确各个负责人的分工，以便更好地带领干事开展相关工作。定期召开部门内部例会，及时沟通，群策群力，处理好部门日常的各种工作。对干事进行及时的培训，以便其更加熟悉我们部门，更好地进行相关的工作。

二、加强创新，落实本学期科学技术协会的相关工作

配合大学生竞赛委员会和校团委的工作安排，组织 2011 年“挑战杯”大学生创业计划竞赛的初赛，并开展学术沙龙等活动，为我校学生参加挑战杯等学术

竞赛提供相应的信息服务。配合校团委，完成大学生新苗计划的结题报告，并完成相关的学术科研成果。

三、增进交流，加强学术研究型社团的建设

积极组织全校学术研究型社团之间的交流与合作，督促各个社团加强自身内部的建设，做好各项工作，积极培养接班人。

四、积极开拓，寻找新的服务亮点

部门应该在原有活动和服务的基础上，积极开拓新的领域，更好地体现我们部门的职能，提供更多的措施帮助和扶持学术研究型社团。

具体工作安排如下：

1. 科学技术协会相关工作安排

(1) 3月中旬，做好“挑战杯”创业竞赛参赛作品的收集和整理，协助校团委做好校“挑战杯”创业竞赛的初选。组织相关的辅导讲座，对入围前40名的队伍进行辅导。

(2) 4月中旬，做好校“挑战杯”创业竞赛决赛的相关准备工作，及时收集参赛队伍最新的作品，组织好决赛的相关工作，以便于及时选出优胜的20强，参加省里面的初评选。

(3) 4月中旬到6月中旬，对进入省“挑战杯”创业竞赛决赛的队伍进行更加专业的指导与培训，通过创业沙龙等形式，邀请专家和参赛队伍作及时的沟通与交流。

(4) 6月中旬，组织入围省“挑战杯”创业竞赛决赛的队伍参加省里比赛，对与获胜的队伍进行及时的宣传与表彰。

2. 做好第四届“浙江财经学院学术研究型社团综合力排行榜”的相关工作

在社团文化节期间，通知各个学术研究型社团积极开展相关准备工作的，及时收集相关资料，做好汇报工作。

在社团文化节闭幕以后，及时收集社团的资料，按照《浙江财经学院学术研究型社团综合力排行榜测评办法》及时统计各个学术研究型社团的分数，公布前10名的社团名单，并及时将排行榜结果通知相关主管老师。对优胜社团作相应的表彰。

3. 做好学生社团联合会的其他工作

积极协作办公室和活动组织部，做好干部培训班、社团代表大会、社团文化节的相关工作，争取在其中发挥更加积极的作用。

我们相信，在新的学期，我们部门将更加努力地工作，取得更加优秀的成绩！

浙江财经学院学术研究型社团

二〇一〇年三月一日

（资料来源：http：//www.diyifanwen.com）

第一节　事务文书写作概述

一、事务文书的含义

事务文书是机关、团体、企事业单位在处理日常事务时用来沟通信息、安排工作、总结得失、研究问题的实用文体。它是应用写作的重要组成部分。

事务文书，作为应用文体的一大类别，虽未被列入法定公文之列，但仍是党政机关、社会团体、企事业单位用来交流情况、处理事务的重要工具之一，使用频率很高，它自身的作用和特点也比较突出。同时，在不同的行业和部门中，事务文书具体包括的种类也有所不同。常用的事务文书主要有计划、总结、简报、调查报告、会议记录等。由于这类管理类文体处理的日常事务亦为公务，所以，事务文书属于广义的公文范畴。

它与狭义公文（行政机关 12 类 13 种，党内机关 13 种）的区别在于：一是无统一规定的文本格式；二是不能单独作为文件发文，需要时只能作为公文的附件行文；三是必要时它可公开面向社会，或提供新闻线索（如简报），或通过传媒宣传（如经验性总结、调查报告等）。

二、事务文书的特点

1. 实用性

事务文书的处理是机关的日常公务，它的使用频率往往超过法定公文，涉及面较为广泛。计划、总结、调查报告等事务文书，上至国家机关，下至基层单位都用得到。

2. 灵活性

由于事务文书的内容未被列入法定公文之列，因此，格式上不具备严格、统一的标准。这就决定了事务文书不必像法定文书那样讲究严密的规范性。各类文书根据自身特点而形成相对稳定的格式，但具有灵活性，在谋篇布局上可以根据个体情况而定。另外，不同种类的事务文书，除了必须反映实质性的内容外，在文头标准、正文的分段、文尾的具体写法上，也往往体现出相当的灵活性。

3. 时效性

事务文书是直接用来处理事务工作的，要注意实用，讲求效率。因此，事务文书从主旨的确立到材料的使用都必须切合实际，讲求效率；写作形式也要讲求实际和效率，以便于文书内容的落实和处理。

三、事务文书的作用

事务文书的每一个文种都有它的特殊功用，但综合起来主要有以下三个方面。

1. 贯彻政策

党和国家的法律法规、方针政策通常是通过法定公文（行政公文）发布贯彻的，但是，仅有这些公文还不够，还需要通过事务文书来辅助贯彻政策法规，如制订工作计划就是对上级指示的落实。

2. 实施管理

现代社会的任何一个组织，为了顺利地开展工作并达到预期的目标，都离不开科学而严格的现代化管理。各种事务文书作为重要的管理工具，承担着各自不同的管理任务。

3. 沟通信息

事务文书是沟通信息的重要工具，它在交流情况、联系工作，尤其是沟通单位内部信息中，具有其他传播媒介难以替代的作用。例如，调查报告、简报、总结等便是简捷便利的传播手段，成为联系各机关单位之间的桥梁和纽带。

四、事务文书的种类

事务文书按照不同的标准，可以分为不同的种类。依据其性质与作用的不同，事务文书主要分为以下四类。

（1）计划类文书：包括规划、设想、计划、安排等。

（2）报告类文书：包括总结、调查报告等。

（3）简报类文书：包括简报、大事记等。

（4）会议类文书：包括会议记录等。

五、事务文书的写作要求

（1）以方针政策为指导，以法律规定为依据。

（2）深入调查研究，获得真实材料。

（3）实事求是，切实可行。

（4）格式约定俗成，语言准确简练。

第二节　计　划

【知识目标】

1. 掌握计划的概念和特点

2. 掌握计划的三要素

3. 掌握计划的结构及写法

【技能目标】

能够依据本节所讲的知识撰写计划

【案例引导】

古人云："深计远虑，所以无穷。"有了计划，工作就有了明确的目标，就能统一思想，协调行动，掌握进程。《礼记·中庸》曰："凡事预则立，不预则废。"不论做什么事，都一定要有计划。世界著名投资公司"软银"的创始人孙正义，在年轻的时候曾经花了一年多的时间来考虑，自己究竟要做什么，十年后他在计算机软件批发业做到全日本第一。他将自己想做的事都一一列举出来，并进行详细的市场调查，另外，他还对十年后将会出现的情况作了详细的预想，于是，他在计算机软件批发行业中脱颖而出。正是这样详细的计划，才为孙正义日后的成功奠定了基础。

一、计划的含义

计划是单位或个人为完成某项任务和实现某项目标预先对目标、措施、步骤作出设计安排的事务性文书。计划是计划类文书的统称，也是各种计划最常用的名称。我们通常所说的规划、安排、要点、方案、设想等都属于计划类文书的范畴。

二、计划的种类

计划的种类有多种的划分方法，常见的有以下五种。

（1）按性质划分，有综合性计划、专题性计划。

（2）按内容划分，有工作计划、教学计划、学习计划、科研计划等。

（3）按时限划分，有长期计划、短期计划、年度计划、季度计划、月计划等。

(4) 按范围划分，有国家计划、地区计划、部门计划、单位计划、个人计划等。

(5) 按形式划分，有条文计划、表格计划、条文与表格结合式计划。

三、计划的特点

1. 预见性

科学的预见性是计划的突出特点。计划的制订先于即将展开的实践活动，必须尽可能准确地预测事物的发展趋势，并对可能出现的问题进行分析，提出切实可行的方案，因此，计划具有预见性。

2. 指导性

为了保证目标的顺利实现，任务的顺利完成，计划一经制订，就要对实践活动起到指导作用和约束作用。工作的开展、时间的安排，都必须按计划严格执行，因此，计划具有指导性。

3. 可行性

一个合理的计划是任务目标顺利进行的保障。在制订计划时必须十分重视其可行性，其方法和措施、时间的安排必须切实可行，符合实际情况，因此，计划具有可行性。

四、计划的结构与写法

标题、正文、落款组成了计划的整体结构。

(一) 标题

完整的计划标题由单位名称、时限、内容和文种组成，如《××省 2011—2015 年城市建设规划》。根据实际情况，有时可省略单位名称，如《2011 年“两会”工作要点》；有时可省略时限，如《××公司实行经营责任制计划》；有时还可同时省略单位名称和时限，如《××新产品开发计划》。若计划还不成熟或未给予批准，须在标题后加“草案”或“讨论稿”等字样，如《××学院 2011 年就业工程实施方案（讨论稿）》。

(二) 正文

正文由前言、主体和结尾构成。

1. 前言

前言是计划的总纲，主要点明制订计划的指导思想或背景情况，也可对基本情况进行分析说明，说明为什么制订该计划。本部分应点到即止，不宜作过多阐述。

2. 主体

主体主要回答“做什么”、“怎么做”、“何时做”等问题，即计划的三要素：目标任务、措施方法、步骤和时限。

①目标任务。首先要明确总目标和基本任务，随后应根据实际内容进一步写出具体任务和目标。②措施方法。用什么措施方法确保任务的完成和目标的实现，这是计划可操作性的关键一环。③步骤和时限。由于工作有先有后，有主有次，有急有缓，工作的进程又具有一定的阶段性，所以，应针对具体情况，事先规划好操作步骤、各项工作完成的时限及责任人。

3. 结尾

结尾可写明执行计划时应该注意的事项或需要说明的问题，或提出要求、希望、号召等。

（三）落款

落款要写明计划制订者的名称和成文的日期。有的计划标题已包含制订者的名称，这部分可略去不写。

五、计划的写作注意事项

（1）注重依据。一是政策依据，即党和国家在一定时期内的方针政策、法令法规，上级部门的指示、意见、要求。二是客观依据，即本地区、本部门、本单位或个人的实际情况。

（2）量力而行。制订计划要坚持实事求是的原则，量力而行。计划中所确定的目标，应该是通过努力能够达到的最高目标。

（3）留有余地。计划是对未来的规划，难免有遗漏，因此，计划制订时一定要留有余地，在遇到新情况、新问题时可及时调整。

（4）具体明确。对每一项工作要有完整的具体措施，要根据每一个时期任务的主次、缓急来安排工作，把中心工作和重要工作突显出来。

【本节实训】

一、简答题

1. 计划的特点是什么？并请说明计划具有每一项特点的原因。

2. 计划的完整式标题由哪几个部分组成，可省略哪些部分？请举例说明。

3. 计划的三要素是什么？

4. 写好计划应注意些什么？

二、判断题

1. 完整的计划标题一般包括单位名称和计划内容两项内容。（ ）

2. 计划的写作主要是要安排好目标任务和措施行动。（ ）

3. 计划的目标越高越好，能够让人加倍努力。（ ）

4. 计划总是要求在一段时间内，为完成某项任务而制订的。因此，它的目的是很明确的，计划的内容就是围绕这一目的而写的。（ ）

三、改错题（修改以下标题）

1. ××市国民经济和社会发展十年计划

2. ××职业学院 2010 年招生工作规划

3. ××公司关于第三季度销售计划

四、选择题

1. 计划的主要特点是（ ）。

A. 目的性 B. 预见性 C. 约束性 D. 综合性

2. 规划是指时间较长、范围较广、内容比较（ ）的计划。

A. 具体 B. 概括 C. 详细 D. 集中

3. 下面属于计划的是（ ）。

A. 规划 B. 安排 C. 要点 D. 设想

4. 计划的种类很多，按性质划分，主要有（ ）。

A. 综合性计划 B. 工作计划 C. 长期规划 D. 专题性计划

五、写作题

请就本学期的学习生活安排，写一份计划。

第三节　总　结

【知识目标】

1. 掌握总结的概念和种类
2. 了解总结的特点
3. 掌握总结的结构

【技能目标】

能够按照要求写规范的总结

【案例引导】

刘邦的经验

一日，刘邦问群臣："吾何以得天下，项羽何以失天下?"群臣回答皆不得要领。刘邦说："我之所以有天下，得力于三个人。运筹于帷幄之中，决胜于千里之外，吾不如张良；镇守国家，安抚百姓，不断供给军粮，吾不如萧何；率百万之众，战必胜，攻必取，吾不如韩信。三位皆人杰，吾能用之，此吾所以取天下者也。"

请问，刘邦的经验是总结吗？总结具有哪些特点、种类，总结应该写什么？这就是本节的内容。

一、总结的含义

总结是单位或个人对一定时期的工作、学习、生活等实践活动进行系统的回顾、检查、分析、研究，从中找出经验和教训，得出规律性的认识，以明确努力的方向，指导今后工作的一种事务性文书。

总结是总结类文书最常用的名称，我们通常所说的小结、回顾、体会、经验、做法等，都属于总结的范畴。

总结的作用是多方面的，其主要作用是：总结经验，表彰成绩；反思过去，展望未来；互通信息，共同提高。

二、总结的种类

总结的种类划分与计划对应，可以分为以下几种。

（1）按性质划分，有综合性总结和专题性总结两类。

综合性总结，又称全面总结，是对本地区、本部门、本单位一段时间各项工作的全面总结，如“××公司2010年工作总结”。专题性总结又称单项总结，是对某一项工作或某方面工作的专门总结，如“××职业学院2010年基建工作总结”。

（2）按内容划分，有工作总结、学习总结、思想总结、生产总结、会议总结等。

（3）按范围划分，有国家总结、地区总结、部门总结、个人总结等。

（4）按时间划分，有年度总结、季度总结、月份总结等。

三、总结的特点

1. 回顾性

总结是对一个阶段的工作或完成一项任务后进行的回顾、检查、研究、分析。由于总结是在事后进行的，所以，那些尚未做或未完成的事情，不能成为总结的内容，因此它具有回顾性的特点。

2. 客观性

总结是单位或个人对自身实践活动的客观、真实反映，以用于指导今后的工作，因此，总结应该以客观事实为依据，并真实、客观地分析情况，不允许虚构、编造。

3. 理论性

总结的过程，就是感性认识上升到理性认识的过程，就是在分析事实材料的基础上，比较、归纳、提炼出正确的观点，从而提高认识、发挥成绩、吸取教训，以便更好地指导今后工作的过程。

四、总结的结构与写法

总结的结构由标题、正文和落款组成。

1. 标题

（1）文件式标题。文件式标题一般包含单位名称、时限、事由和文种，如“××厂2010年创先争优活动总结”。根据具体情况，可省略其中部分要素。一是省略时限的标题，如《××公司推行满负荷工作法总结》；二是省略单位名称的标题，如《2010年宣传工作总结》；三是省略单位和时限的标题，如《计划生育工作总结》。

（2）文章式标题。文章式标题以单行标题概括主要内容或基本观点，不出现总结字样，如某专题总结的标题为“我们是如何做好党的廉政建设工作的”。

（3）双行式标题。双行式标题由正副标题组成，正题概括内容或揭示观点，副题点明单位、时限、性质、总结种类，如“坚持党的领导，促进文艺繁荣——××省文艺工作总结”。

2. 正文

总结的正文分为前言、主体、结尾三个部分。

（1）前言。前言部分主要用来概述基本情况，包括单位名称、工作性质、主要任务、时代背景、指导思想、总结目的、主要内容提示等。前言部分应力求简洁、开宗明义，给人总的印象。

（2）主体。主体是总结的核心部分，要回答“做了什么”、“做得怎样”、“为什么会这样”的问题，一般包括以下几个方面：首先是主要成绩、经验和体会。此部分应指出工作中取得的成果，并分析概括成果取得的原因、方法等。升华为规律性的理性认识，是总结的核心所在。此处要写明做了哪些工作，采取了哪些措施，取得了哪些成绩。要求材料翔实，条理清晰。其次，存在的问题和教训。此部分要写出工作中存在的问题，分析其主客观原因，由此得出教训。能发现问题、接受教训，总结才有意义。最后，今后工作和努力的方向。这部分内容是在总结经验教训的基础上，针对工作中的实际情况，提出改进的措施、今后的打算和努力的方向，或者说明工作发展趋势，提出新的目标。

（3）结尾。结尾可以归纳、呼应主题，指出努力方向，表示决心、信心等。

3. 落款

总结的落款一般在正文右下方署名、署时，若是报刊、杂志用来交流经验的专题总结，应在标题下方居中署名。

【本节实训】

一、简答题

1. 总结的主体部分应该怎样写？

2. 总结具有哪些特点？

3. 总结的标题方式有哪几种？请举例说明。

二、判断题

1. 总结的主体是全文的核心部分。具体地介绍了成绩、经验、做法等，并通过分析、归纳，理论联系实际，把感性认识上升到理性认识，从而得出规律性的东西。(　　)

2. 总结的文件标题，由单位、事由、文种组成。(　　)

3. 总结按内容划分，有工作总结、学习总结、思想总结、个人总结等。(　　)

4. 总结的前言部分，应该力求简洁、开宗明义，给人总的印象。(　　)

5. 总结的主要作用是吸取教训，促进发展。(　　)

三、选择题

1. 下列属于总结的是（　　）。

A. 小结　　B. 回顾　　C. 体会　　D. 要点

2. 下列属于总结特点的是（　　）。

A. 回顾性　　B. 客观性　　C. 理论性　　D. 目的性

3. 总结的双行式标题由正题和副题组成，副题主要点明（　　）。

A. 单位　　B. 时限　　C. 性质　　D. 种类

4. 总结一定要回答的问题是（　　）。

A. 做了什么　　B. 怎么做的　　C. 做得怎样　　D. 为什么会这样

四、写作题

请为自己的某项工作或实验（实训）写一篇总结，找出经验和不足。

第四节　述职报告

【知识目标】

1. 了解掌握述职报告的适用范围，述职报告的作用
2. 掌握述职报告的基本格式和写作方法

【技能目标】

1. 能够明晰述职报告的适用范围和述职者的写作思路
2. 能够掌握述职报告的写作技巧和格式要求

【案例引导】

××区长的述职报告

××考核小组：

本人自2010年3月担任××区区长一职以来，工作中兢兢业业，任劳任怨，严格遵守国家的有关规定和公务员的廉洁制度。在实际的工作中，团结带领区全体干部和群众，齐心协力，开拓创新，认真履行职责，采取切实有力的措施，确保近几年来全区各项工作有序、稳定地开展，在经济、市政建设、卫生教育、体育事业等各方面均取得了良好的经济效益和社会效益。现将本人在任职期间履行职责和完成工作任务情况阐述如下：

一、坚持把发展作为第一要素，积极探索和全面发挥经济管理服务的职能作用

（一）全区工业企业在完成年计划的基础上实现了增长。（略）

（二）以重点工业项目建设为突破，培育我区新的工业经济增长点。（略）

（三）加快工业园区建设，发挥园区优势，发展特色经济，增强综合实力。（略）

（四）充分利用中小企业服务体系，积极为企业提供全方位服务。（略）

二、狠抓安全生产，建立健全安全管理机制

（一）加强安全生产监督管理，健全安全生产监督管理组织网络。（略）

（二）加强对全区的高危产业和有关人身安全的企业的重点管理和服务指导工作。（略）

三、以科学发展观和“三个代表”的重要思想为行动指南，从大处着眼，小处着手全面落实各项工作

（一）加强领导班子建设，建设一支高素质的干部队伍。（略）

（二）为确保各项指标的完成，每月坚持经济运行分析，对企业运行进行有效的监控、协调、指导。（略）

（三）进一步发挥产业优势和区位优势，加快商贸经济和服务业的发展。（略）

（四）建立健全安全组织机构，形成层层负责、层层落实的组织网络，抓全区安全生产组织机构的建立和安全生产责任制的落实。

四、优化提升产业结构，稳步加快推进我区经济建设的进程

近年来，为了实现我区经济跨越式发展，我们的总体思路是：

（一）全力抓好生态园区建设，制定优惠政策，吸引外商投资。（略）

（二）全力抓好重点工业建设项目和工业集群的发展。（略）

（三）抓好原有传统产业、工业的升级改造，促进其他体制的创新和发展。（略）

五、以人为本，做好文化、教育、体育等各方面的建设和各相关活动的展开（略）

各位领导、同事们，以上是本人的述职报告。一年来，秉承着一个中共党员严于律己的工作作风，竭尽全力地履行自己的职责，在大家的全力协助下取得了一定的成绩。但也存在一些问题。总的来说，我自认为自己的工作业绩和能力还是称职的。最后，恳请各位领导和同事们严格审查本人的述职报告。

谢谢大家！

述职人：梁××

二〇一一年四月十八日

一、述职报告的含义

述职报告是述职人（指党政机关、社会团体、企事业单位的领导或工作人员）向所在单位的人事部门、主管领导、人民代表以及上级机关陈述自己一定时期内履行岗位工作的成绩和问题的书面报告。

二、述职报告的特点

（一）述职的自我性

述职的自我性即自我评述，是述职报告不同于一般的工作总结、工作报告的显著特点。述职报告首先说的是“述职”，述职就是述职人述说自己在任职的一定期限内履行职责的情况，既要述（检查、总结自己的工作情况），又要评（解剖、评价自己的工作），总是用第一人称单数的口吻。因此，写述职报告首先要把握好述职的自我性特点，不能将其写成回顾整个单位或他人工作情况的工作总结或工作报告。

（二）论述的确定性

写述职报告是对自己在一定任职时期内所做工作的评述，以叙述和真实报告为主，兼对自己的工作进行评议，是对岗位职责和一定时期的任职进行的评议。写述职报告要依据这个标准叙述自己围绕岗位职责、目标任务做了些什么，并且以此评价自己的工作业绩。由于述职报告中叙述的都是述职者本人的工作业绩，所以，论述的语言要真实，确定，不容许有揣测之意。

（三）内容的规定性

述职报告不像一般的总结和报告那样内容涉及面较广，它是根据当前组织人事部门考核领导干部的有关规定，要求任职在一定期限内在德、能、勤、绩四个方面的表现进行阐述，尤其是绩（政绩），它是评价干部称职与否的主要标志。述职报告要充分地将述职人的工作政绩实事求是地反映出来，不能因自满而夸大，也不能因过于谦虚而缩小。

三、述职报告的种类

按述职的目的述职报告可以分为晋升述职报告和例行述职报告。

（一）晋升述职报告

晋升述职报告，即有关领导人或工作人员为晋升更高一级职务时，向主管部门和领导汇报履行岗位工作情况的述职报告。

（二）例行述职报告

例行述职报告，即担任一定岗位职务的人员，在定期向有关组织和群众汇报工作情况，接受组织的考核与监督时所写的述职报告。

另外，按时间述职报告可分为临时述职报告、年度述职报告、任期述职报告。

按内容述职报告可分为单项（专题）述职报告、综合述职报告。

按报告者述职报告可分为个人述职报告、集体述职报告。

四、述职报告的作用

述职报告的作用归纳起来有以下三点。

第一，述职报告有助于组织人事部门和主管部门了解和考核干部。

第二，述职，有利于述职者自我监督，树立职责观念。

第三，述职报告可以方便广大群众对述职者的监督。

五、述职报告与个人总结的异同

述职报告与个人总结的相同之处是：都是对过去工作的回顾，都可以谈经验教训，都要求事实材料与观点的统一。

两者的不同之处在于：

（1）撰写的目的不同。个人总结的目的在于肯定成绩，找出不足，以利于今后工作的开展；述职报告则是通过陈述自己的德、能、勤、绩四个方面的具体材料和数据，为上级有关部门选拔、培养、任用、调配、奖罚干部提供依据。

（2）写作重点不同。个人总结的重点，不受职责范围的限制，凡是做过的工作，取得的成果，都可以写入总结之中；而述职报告则必须以履行职责方面的情况为主，重点展示履行职责的思路、过程和能力。

（3）表达形式不同。述职报告采用“报告”这一形式，有时也采用表格形式，主要运用记叙的方法，叙述成分较多；总结采用的是“总结”这一文章形式，既注重论述，又注重理性分析，总结经验教训。

六、述职报告的结构与写法

述职报告通常由标题、署名、称谓、正文、落款五部分组成。

（一）标题

述职报告的标题有四种形式。

（1）述职人单位＋述职人职务＋述职人＋任职时间＋文种。例如，《×××财政厅厅长×××任职期间的述职报告》。

（2）述职人＋文种。例如，《×××的述职报告》、《我的述职报告》。

（3）直接用文种作标题。例如，《述职报告》，这是最常用的一种标题形式。

（4）新闻式标题。这种标题比较灵活，通常以单行标题出现。例如，《开拓市场，积极进取》；也有的以双行标题出现，例如，《抓住机遇，迎接挑战——×××局长的述职报告》。

（二）署名

述职报告要在标题的下方或右下署述职人的姓名，必要时还可以署上职务或头衔。

（三）称谓

呈送上级的述职报告，应仿照公文的习惯，顶格写收文机关；需要向领导和所属人员面对面宣讲的口头述职报告，应使用“各位领导、同事们”、“董事会”、“组织人事部”之类的一般性称呼。

（四）正文

述职报告的正文结构包括三个部分：开头、主体和结尾。

1. 开头

述职报告的开头一般介绍自己任职的期限、背景、岗位、职责，工作的目标、任务，自我的整体评价，确定述职的范围和基调。这部分内容要写得简而明，不拖沓。

2. 主体

这部分是最主要的，应写得详尽、具体、全面，不要遗漏能说明问题的主要内容。这部分一般从三个方面来写：履行职务的基本情况；所取得的成绩、实践经验及失败的教训；存在的问题和努力的方向。

履行职务的基本情况部分不一定面面俱到，但力争详细具体，应把在任职期间的主要工作的过程表现出来。文中对履行职务的指导思想，对一些问题的处理思路及对所履行的职责的认识，都要一一交代清楚。这一部分主要有两种写法：重点式和分类式。前者即把任职期间最重要的、最关键的几件事作为重点，详细汇报；后者即把述职人的工作成果按性质的不同加以汇报。这两种方法各有长短，应按不同的情况加以选择，也可以将两者结合起来。

履行职责过程中所取得的成绩，实践经验及失败的教训这一部分，是对上文的总结，目的是对履行职责情况进行深层次的思考，从而得出正确的、理性的认识。

述职报告的最后一部分可以说明存在的问题和努力的方向。这部分要对自己所总结的经验和教训提出客观的看法，指出工作中存在的问题和差距，同时要有针对性地提出今后如何发扬优点，克服缺点，做好下一步的工作，并确定好下一步工作努力的方向。

3. 结尾

结尾部分是正文的结束语，一般用“以上报告，请领导和同事们审核并指正”，“以上是本人的述职报告，谢谢各位”等惯用语结束全文。

（五）落款

在述职报告的落款处，写上述职者的姓名及时间即可。

七、述职报告的写作思路

述职报告主要陈述自己的工作实绩，全面评述自己在德、能、勤、绩四个方面的真实情况。在对工作实绩进行评述时，可以采取不同的组织材料的方式，这些方式有：

（1）针对目标评述具体实绩，参照述职时间明确岗位职责和工作目标，分别叙述自己履行职责、完成任务、达到目标的具体过程及实施效果。

（2）以时间为序报告工作情况，以述职时间范围内的工作时间为序进行完整的陈述，但要针对述职范围抓住重点，不可面面俱到。

（3）按逻辑结构组织材料，分清主次，突出重点。一般来说，在述职过程中，述职者把对方需要了解或自己认为必需的报告的内容按材料的性质进行分类，并按要求突出重点，注意材料详略的安排。

八、述职报告的写作注意事项

（一）实事求是

实事求是是述职报告写作的基本要求。述职是民主考评干部的重要一环。述职报告的真实内容，能客观地反映一个干部的德才情况，使上级机关更好地使用干部；述职，也是干部自觉接受群众监督的一种有效形式。陈述工作实绩，材料要准确翔实，具体周全，评价要客观公正。不要把述职报告写成经验总结，对缺点轻描淡写，要真实客观地反映工作情况。

（二）突出重点

述职，并不是说要将做了的事面面俱到地全部写出来，而应抓住重点，精心选择，做到观点鲜明，实绩丰富，充分展示个人的能力和政绩。注意把集体的成绩与个人的贡献区分开来，即在写作时，既不要把个人的述职报告写成是组织的工作报告，也不要把集体领导的成果都归功于个人的成绩。述职者只是领导班子的一员或工作集体的一员，述职时只需讲清个人的实际作用，而不应将集体功绩占为己有。

【本节实训】

一、填空题

1. 述职报告是述职者向所在工作单位的＿＿＿＿＿、＿＿＿＿＿、＿＿＿＿＿以及上级机关陈述自己在一定时期内履行岗位工作的＿＿＿＿＿和＿＿＿＿＿的书面报告。

2. 述职报告有以下几方面的作用，分别是____________、____________和____________。

3. 写述职报告时，一定要注意__________和__________。

二、简答题

1. 什么是述职报告？述职报告与个人总结有什么异同？

2. 述职报告的标题有哪几种写法？

3. 写述职报告的正文时，需要从哪几方面分别阐述？

三、分析题

1. 下面是两份述职报告的开头部分，你觉得其语言表述有什么特点？

（1）我是怀着对教育事业的梦想到××学校任职的，我心中一直在追问自己，什么是真正的教育，办怎样的一所学校才能实现教育的内涵。因为心中存有这些问题，我才感到了工作和生命的意义和价值。在××学校工作两年多的时间，我感到非常的开心，在这里，能将自己所学的知识传授给学生们，我心中倍感开心和快乐。

（2）2010年即将结束，一年来在党委领导的指导和支持下，在同事们的帮助和配合下，通过自己的努力，在思想上、业务工作水平上都有了很大的提高，圆满地完成了全年的工作、学习任务，并取得了一定的成绩。现将一年来的思想、工作情况汇报如下：（略）

2. 下面段落分别选自两份述职报告的结尾，你认为有什么问题？请说明理由。

（1）我不喜欢冬天，因为冬天的寒意让我的手感受不到在键盘上敲击的欢快，因为冬天从不懒床的我也会想在睡意中多眯一会儿，我感觉有点累！好在这寒冷的冬天还有同事们的鼓励！我知道我投入，但不够艺术、高效；我知道我创新，但不够规范、全面。“冬天来了，春天还会远吗”这样的话语总是激励我们奋勇前进。“关注生命，张扬个性，放飞理想”，这样的信念在激励着我开拓创新。让我们一起努力吧，相信明天会给你我更多的惊喜！

（2）最后，我代表我们领导班子集体，也代表我个人，对每一位为学校振兴作出努力的教职工们表示感谢。我认为，所谓的管理就是合作，我与中层以上干部合作非常愉快，他们也非常尽力，在承受着各种各样的压力，我为他们自豪。我与老师们合作也非常愉快，正是你们的工作，奠定了学校发展的基础，我为学校的每一个人而骄傲。我期待着明年，我们的合作更愉快。

四、写作题

1. ××经理2010年述职报告

2. ××部门任职期间的述职报告

第五节　演讲稿

【知识目标】

1. 掌握了解演讲稿的概念和特点
2. 掌握演讲稿的写作要领及其写作格式的要求

【技能目标】

1. 能够具有写作演讲稿的基本能力
2. 能够通过写作演讲稿把握演讲者的感情色彩

【案例引导】

宋美龄在美国参众两院联席会议上的演讲

（1943 年）

议长先生，美国参议院各位议员，各位女士、先生：

受到诸位所代表的美国人民热情与真诚的欢迎，令我感动莫名。我事先不知今天要在参议院发表演说，只以为要到此说声“大家好，很高兴见到各位”并向贵国人民转达敝国百姓问候之意。不过，在来到此地之前，贵国副总统告诉我，他希望我和各位说几句话。

我并不擅长即席演说，事实上也根本称不上是演说家，但我不会因此怯场。因为前几天我在海德公园参观过总统图书馆，在那里看见的一些东西鼓励了我，让我感觉各位或许不会对我的即席演说要求太高。各位知道我在那里见到什么了吗？我看到了许多，但最让我感兴趣的，莫过于一个放着总统先生（即罗斯福总统）演说草稿的玻璃箱，里头放着第一份草稿到第六份草稿。昨天，我碰巧向总统先生提及此事，他回答说，有时他一次演说得写 12 份草稿。因此，今天本人在此发表的即席演说，我确信各位一定会包容。

贵国和敝国之间有着 160 年悠久历史的情谊，我觉得，贵国人民和敝国百姓有许多相似点，而这些相似点正是两国情谊的基础，我也相信不只是我有这样的感觉。

在此，我想说个小故事，来说明此一信念。杜立德将军和部下一起去轰炸东京，回程时有些美国子弟兵不得不在中国大陆跳伞。其中一人后来告诉我，他就被迫从飞机上跳伞，当他踏上中国的土地时，看到当地居民跑向他，他就挥着手，喊出他会说的唯一一句中国话“美国，美国”，也就是“美利坚”的意思（掌声），美国在中国话里的意思是“美丽的国家”。这个大男孩说，敝国人民听了都笑了起来，拥抱他，像欢迎失散多年的兄弟一般。他还告诉我说，当他看到我们的人民时，觉得仿佛已经回到家了，而那是他第一次来到中国（掌声）。

我来到贵国时是个小女孩，我熟悉贵国人民，我和他们一起生活过。我生命中成长的岁月是和贵国人民一起度过的。我说你们的话，我想的和你们一样。所以，今天来到这里，我也感觉到我好像回到家了（掌声）。

不过，我相信不只是我回了家，我觉得，如果中国人民会用你们的语言与你们说话，或是你们能了解我们的语言，他们会告诉你们，就根本而言，我们都在为相同的理想奋战（掌声）。我们有一致的理想，亦即贵国总统向全世界揭示的“四个自由”，自由的钟声、联合国自由的钟声和侵略者的丧钟响彻我国辽阔的土地（掌声）。

谨向各位保证，敝国人民深愿亦渴望为实现这些理想和贵国合作，因为我们希望这些理想不会流于空言，而是成为我们、我们的子子孙孙、全人类的真况实境（掌声）。

我们要如何实现这些理想？我想，我可以告诉各位我刚想到的小故事。各位知道，中国是一个非常古老的国家，我们有五千年的历史。我们被迫从汉口撤退，转入大后方继续抵抗侵略的时候，蒋委员长和我经过一处前线，就是长沙。有一天，我们上衡山，山上有一处有名的遗迹，叫“魔镜台”，是两千多年前的古迹。各位或许有兴趣听听这古迹的故事。

两千年前，台址近旁有一座古老的佛寺。一名年轻的和尚来此修行，他整天盘腿坐禅，双手合十，口中喃喃念道：“阿弥陀佛！”他常念佛号，日复一日，因为他希望成佛。

而寺里的住持每天都拿一块砖去磨一块石头，时时刻刻地磨，一天又一天地磨。小和尚有时抬眼瞧瞧老和尚在做什么。住持只是一个劲儿地拿砖磨石。终于有一天，小和尚对住持说：“大师，你每天拿这块砖磨石头，到底为了什么呢？”住持答道：“我用这块砖做镜子。”小和尚说：“可砖是做不成镜子的呀，大师。”“没错。”住持说，“就像你成天光念阿弥陀佛，也是成不了佛的呀”（掌声）。

因此，朋友们，我觉得，我们不但必须有理想，还必须以实际行动来落实理想。所以，我要对诸位参议员先生以及旁听席上的女士、先生们说，没有大家的积极协助，我们的领袖无法落实这些理想。各位和我都必须谨记“魔镜台”的教训。

我谢谢大家（全场掌声，议员与来宾起立）。

【评析】

宋美龄以106岁高龄辞世，人们在追忆她时，往往最推崇她于1943年2月18日在美国参众两院联席会议上发表的演说。她以纯正典雅的英文，打动了参众两院的议员，多次赢得了雷鸣般的掌声。

一、演讲稿的含义

演讲稿又叫讲话稿，是在演说之前写好的、用来表达见解和主张的文稿，是演讲者在集会、会议和仪式等场合发表讲话时的文稿，是在日常工作和社会活动中运用的一种应用文体。

二、演讲稿的特点

1. 目的性强

人们在任何社会实践活动中都有明确的目的。如1942年2月28日毛泽东在延安会议上演讲的《反对党八股》、《为人民服务》等，目的性强，指向性明确。因此，在写演讲稿时，必须明确演讲的目的，然后紧紧围绕这一目的确立主旨，选择材料，安排结构，组织语言。

2. 针对性强

演讲是演讲者和听众之间沟通思想和交流信息的过程。听众的素质有高有低，要求也各不相同。因此，演讲稿不论是在内容方面，还是在语言方面，都要针对听众的需求精心设计。如面对农村的听众，“贾宝玉是个什么样的人?”这样的演讲内容，农民就听得明白，就感兴趣；而面对高校中文系的学生，如果选择“论贾宝玉的典型性格”，则能很好地激发大学生的兴趣。

3. 鼓动性强

演讲者在演讲的过程中，往往用煽情的语言去激发听众的情感，使听众带有感情色彩去思考和研究。因此，演讲者善于在演讲稿中驾驭语言并体现情感色彩。如曲啸演讲的《心底无私天地宽》，李燕杰演讲的《塑造美的心灵》，都极富有鼓动性和强烈的感情色彩，能引起听众的共鸣。

4. 艺术性强

从广义上讲，演讲就是一门艺术，遵循一定的美学原则，具有强烈的艺术色彩。如著名的演讲家李燕杰，在每场演讲中，都能将相声、戏剧、诗歌、小说四种艺术，在演讲中恰到好处地表现出来。即开头要有相声般的幽默，主体要有小说般的形象，高潮要有戏剧般的冲突，结尾要有诗歌般的激情。

5. 口语性强

演讲稿的语言既要通俗易懂，又要风趣幽默；应尽量使用大众化口语和精辟的短句。

三、演讲稿的种类

（一）按写作的表达形式分

（1）叙述性演讲稿。叙述性演讲稿即在向听众陈述自己的思想、经历、事迹，转述自己看到的、听到的他人的事迹或事件时使用的演讲稿。

（2）议论性演讲稿。议论性演讲稿即通过摆事实、讲道理来表明观点，鼓动听众的演讲稿。演讲者通过正面阐发事理或反驳某个谬论，确立论点，使用确凿、有说服力的论据，进行富有逻辑的论证来得到听众的认同。

（3）抒情性演讲稿。抒情性演讲稿即演讲者借助于对人、事、景、物的描述，或抒发情怀，或直抒胸臆的演讲稿。

（4）说明性演讲稿。说明性演讲稿即通过解说某个道理或某一问题来达到树立观点的目的。其目的在于使人知道、明白某个道理或某一问题，其特点是知识性强，语言准确。

（二）按内容分

演讲稿按内容划分有政治演讲稿、学术演讲稿、社会活动演讲稿等。

（三）按演讲的场合及目的分

（1）在各种会议上的演讲稿，如欢迎词、欢送词、开幕词、闭幕词、悼词等。

（2）在各种演讲比赛或演讲会上的演讲稿。

四、演讲稿的结构与写法

演讲稿一般由标题、称谓、正文三部分组成。

（一）标题

一个好的标题有两个作用：一是概括反映演讲的主题，使听众明白演讲的内容；二是鲜明、响亮，引发大家听演讲的兴趣。标题的内容必须与演讲稿的内容直接相关，或者揭示、涵盖演讲稿的某一方面的内容。

演讲稿的标题有四种类型。

（1）揭示主题型标题。如马寅初的《北大之精神》。

（2）揭示内容型标题。如蔡畅的《一个女人能干什么》。

（3）提出问题型标题。如《当代大学生应具备什么素质》。

（4）思考问题型标题。如陈独秀的《妇女问题与社会问题》。

（二）称谓

演讲稿的称谓要提行顶格加冒号。一般用比较得体的称呼，以拉近演讲者与听众的距离。

（三）正文

正文由开场白、主体、结语三部分组成。

1. 开场白

演讲稿的开场白很重要，它不仅是吸引听众、引出下文的关键，而且对整篇演讲的基调或成效具有关键性的意义。它一般有六种形式：

（1）由背景、问候和感谢语开始。

（2）概括演说内容或揭示中心论点。

（3）从演说题目谈起。

（4）从演说缘由引起。

（5）从别的事引入正题，寓情于事。

（6）用发人深省的问题开头。

2. 主体

演讲稿的主体要针对演讲主题的具体情况加以展开。如是叙述性的演讲稿，应把人物的事迹或事件的详细过程叙述清楚；如是议论性的演讲稿，就应当对论点进行充分的论证；如是抒情性的演讲稿，就应当抒发真情实意。演讲稿的主体结构常见的有以下几种：

（1）并列式。并列式就是一个问题一个问题分开论述，最后归纳。如毛泽东同志的《在延安陕北公学鲁迅逝世周年大会上的讲话》一文，将鲁迅的一生概括为三点："他的政治远见、他的斗争精神、他的牺牲精神"。

（2）抑扬式。抑扬式采用抑扬手法，使演讲曲折变化。

（3）层进式。层进式即或一层深入一层地论述，或由小及大，由表及里，造成波澜。

（4）对比式。对比式将两种不同的意见、不同的情况进行对比。

3. 结语

演讲稿的结语或揭示主题，加深认识；或收拢全篇，统一完整；或鼓动激情，促进行动；或发人深省，耐人寻味。它是演讲获得成功的关键，往往用总结全篇，点化主旨，提出希望，鼓舞斗志，利用名言，深化主题，诗歌抒情，感动听众，幽默含蓄，发人深省，照应题目，完整文义等方式作结语。力争做到简洁明快，生动含蓄，言有尽而意无穷，给听众以深刻印象。

五、演讲稿的写作注意事项

1. 选择听众倾心的主题

整个演讲的思想，都集中体现在主题上。而主题的导向则又是非常重要的，它不仅对听众的思想感情有导向作用，而且对听众的行为也有导向作用。虽然演讲者一般会选择既符合客观需要，又具有主观见解的主题，但主题正确与否，却决定了其意义和价值。

2. 内容要具有鲜明的思想性

这里的“鲜明”有两层意思。一是听众听后马上就知道你讲的主题是什么，主题非常突出、明了。二是就其主体本身来说非常鲜明，听众一听就知道你提倡什么，反对什么，爱什么，恨什么，爱憎分明，态度明确。

3. 要有逻辑说服力

演讲就是要一下子抓住问题的实质，而不是在表面现象上做文章，就事论事地讨论一番。演讲应该有条理和逻辑，层层道来，步步深入，使听众理解并接受。

4. 要发挥艺术感染力

演讲稿应注入作者真挚、强烈的情感，注意调动积极的艺术手段，运用多样化的表现手法。

5. 要讲究语言艺术

演讲的语言同样是人们交流思想、表达情感、传递信息的工具。演讲如果离开了语言也就不复存在了。语言运用得好与差，直接影响着演讲的社会效果。因此，演讲的语言要想真实而充分地表情达意，首先就需要演讲者说得清楚，这样听众才能听得明白。而要想说得清楚，听得明白，最关键的因素便是语言的准确和简洁。

（1）运用通俗易懂的演讲语言。如 1949 年 10 月 1 日，毛泽东在天安门城楼上喊出的“中国人民从此站立起来了”这句话，虽然通俗、易懂、质朴，却说出了一个伟大的真理。

（2）运用准确鲜明的演讲语言。语言准确，是指表达明白清楚，准确贴切，精准、规范，没有歧义，不引起误解。语言鲜明，是指演讲稿的观点和爱憎要明确，不含糊。

（3）运用生动活泼的演讲语言。演讲者要善于运用幽默和抒情的语言，以及各种修辞手法等，将抽象的道理和概念具体化、形象化，以吸引听众的注意力。

【本节实训】

一、填空题

1. 演讲稿是演讲者__________，是日常工作和社会活动中运用的一种__________。

2. 演讲稿的特点是__________、__________、__________、__________、__________。

3. 按写作的表达形式分，演讲稿分为__________、__________、__________和__________四种。

4. 按演讲的目的来分，演讲稿分为两种：一是__________；二是__________。

5. 通过摆事实、讲道理来表明观点、鼓动听众的演讲稿，叫做__________。

6. 演讲稿一般由__________、__________和__________三部分组成。

7. 演讲稿主体的结构，常见的有__________、__________和__________三种。

二、判断题

1. 一位优秀的演讲家，不能算是艺术家。（　　）

2. 演讲稿的语言必须口语化。（　　）

3. 叙述性演讲稿采用第三人称进行叙述。（　　）

4. “题好一半文”，因此，拟写演讲稿的标题时，要下功夫。（　　）

5. 演讲稿的写作可以不考虑演讲对象的特点。（　　）

6. 演讲稿可大量使用各种修辞手法，尽可能多地使用结构完整的长句。（　　）

7. 在整个演讲稿中，开场白的写作起着非常重要的作用。（　　）

8. “理想、命运与路的思考”，是一则比较好的演讲稿的标题。（　　）

9. 演讲稿的质量如何，取决于主体内容。（　　）

10. 抒情性演讲稿，在主体部分除了抒发真情实意以外，还要作详细的说明。（　　）

三、简答题

1. 拟定演讲稿的标题时，要避免什么问题？

2. 演讲稿的开头有哪些方法？

3. 写作演讲稿时，对语言有什么要求？

四、写作题

从下面所给的命题中，选择一个题目，写一篇演讲稿。

1. 我爱我的专业
2. 我们在这里造就自己
3. 网上聊天利弊说
4. 怎样才能培养我们的职业意识
5. 如何看待市场经济的竞争与合作

【本章小结】

学会处理工作事务是学生学习生活与未来职业发展的共同需要，正是基于此种需要，本章选择了工作计划、工作总结、述职报告、演讲稿四个最常用的事务文书进行重点讲解。计划重在回答“做什么”、“怎么做”、“何时做”这三个问题；总结重在回答“做了什么”、“做得怎样”、“为什么会这样”。计划和总结是有内在联系的。述职报告主要关注述职人的基本情况，对照述职人的成绩、问题及德、能、勤、绩等岗位职责，提出今后努力的方向与建议。至于演讲稿相对灵活，能做到以情动人、以理服人就是好的演讲稿。

第四章　经济文书写作

【知识目标】

1. 了解经济文书的种类
2. 掌握经济文书的文体知识和写作要领

【技能目标】

能够掌握经济文书的写作要领

第一节　经济文书写作概述

一、经济文书的含义

经济文书又可以称为经济应用文，是经济部门、企事业单位用来处理经济事务，传播经济信息，协调经济活动的格式相对固定的专用文书的总称。

经济活动是人类社会生活中最基本和最主要的一种活动。经济文书在这些活动中承担了信息载体和交际工具的重要作用。经济文书作为应用文的一个重要分支，可以按照其使用的经济部门的不同细分为现代企业制度文书、金融证券文书、工商税务文书、知识产权保护文书、招标投标类文书、信息调研类文书、财务审计文书、对外贸易文书、广告启事文书等，每一类下面又有一些具体的文种。

二、经济文书的特点

经济文书尽管种类繁多，但都具有以下特点。

1. 实用性

经济文书能够实实在在地解决一些问题，对经济工作有指导意义，并具有较大的实用价值。

2. 真实性

经济文书要反映经济活动规律，解决实际经济问题，必须实事求是、原原本本地反映客观事物的真实面貌，传递准确无误的信息。

3. 效益性

经济文书是直接反映、影响与作用于经济活动的，因此，要求经济文书从不同的角度，不同的方面，以不同的内容、形式和方法与经济效益挂钩，为提高经济效益服务。

4. 政策性

经济文书要以有关的法规和政策为依据去分析经济现象，解决经济问题，要结合具体事件、具体问题去自觉贯彻和宣传国家的有关法规和政策，反映国家政权的政治意向和根本利益。

5. 程式性

经济文书专业性很强，为了表达得准确得体，在长期的写作实践中，逐渐形成了各自不同的、相对固定的格式与写作规范。规范化是实现经济文书统一、完整、准确和有效的重要保证。

6. 时效性

经济文书要承担收集、编制、传递、应用经济信息的职能，要指导经济工作，解决实际问题，就必须不失时机地对有价值的信息作出科学的预测和正确的决策，及时提出切实可行的措施方案。

三、经济文书的作用

1. 领导和指导作用

经济文书能够及时地将党和国家的方针政策以及上级部门的指令、决策、要求等传达给下级部门，并对基层单位的工作进行具体领导和指导，做到统一思想和行动，令行禁止，步调一致，维护正常的经济秩序，实现经济活动的有效管理。

2. 汇报和交流作用

下级单位要通过经济文书向上级部门汇报工作、反映情况、提出建议，并主动接受上级机关的领导；单位之间、部门之间也要通过经济文书交流经济信息，加强横向联系。

3. 推广和宣传作用

这主要表现在对典型经验的推广和宣传、对商情的反映和宣传、对企业知名度的推销与宣传三个方面。

4. 依据和凭证作用

来自下级单位的经济文书常常是上级机关制定政策、部署工作的情况依据；来自上级机关的经济文书常常是下级单位作出决策，开展工作的政策依据；与有关方面发生权益关系而形成的经济文书则是维护自身合法权益的凭证，一旦发生纠纷，它们就会成为处理纠纷，分清违约责任的依据。

四、经济文书的结构与写法

经济文书种类五花八门，功能千差万别，写法不拘一格。但不管哪种经济文书，一般都是由主题、材料、结构、语言等基本要素组成。

（一）主题

1. 经济文书主题的含义及种类

对一般应用文来说，主题就是作者在说明问题、发表主张或反映社会生活现象时通过文章内容所反映出来的中心思想和主要目的。经济文书的主题是经济文书中所体现的作者的写作意图或作者对经济现象、经济规律的认识、理解和评判。经济文书的主题比一般叙事性、议论性文章的主题的含义更广泛一些，它大致包括思想型主题和信息型主题两种。

（1）思想型主题。这种主题体现在对客观事物的定性评判以及提出的处理意见、办法、措施上，它必定是作者面对着复杂的经济现象经过头脑由此及彼、由表及里这个复杂的加工过程而上升为理性的东西，并且必然反映肯定或否定、赞成或反对等倾向性，如决策方案报告中的决策方案等。

（2）信息型主题。作者的写作意图仅仅是向读者提供某种信息，并且也不表明对信息的态度，是对事物的一种概括性的说明，只需对事物的性状、特点及数量指标作出实事求是的介绍即可。在经济文书中，如启事、合同、招股说明书等的主题大体上就属于这一类。

2. 经济文书主题的特点

（1）从表现方式来看，经济文书的主题具有明确、显豁、单一的特点。

（2）从主题的确立方式看，经济文书具有主题先行的特点。主题先行并不意味着经济文书只是简单诠释领导意图和复述有关指示精神，而是需要在领会领导指示精神的基础上结合实际情况进行创造性的工作。具体来讲，需要注意以下几点：①熟悉政策，吃透上情；②调查研究，了解下情；③有的放矢，可行性强。

（二）材料

1. 经济文书材料的含义

经济文书的材料是指根据经济文书写作的需要，作者所搜集、摄取、积累的一系列的事实现象和理论根据。它是构成经济文书的基本要素之一，是提出问题的依据，形成观点的基础，也是表现主题的支柱。

2. 经济文书选材的特点

经济文书在材料的选择上要严格遵循一般文章选材的共同原则，即选材必须紧扣主题，为突出主题服务。在经济文书的选材上还有三个突出的特点：

（1）特别强调材料的真实性。经济文书是用来反映经济活动规律、解决实际问题的，它必须实事求是，以可靠的材料为依据。

（2）非常注重调查得来的材料。经济写作必须做扎实细致的调查研究工作，只有通过调查取得最真实可靠、最丰富生动的第一手材料，才能摸清市场的变化趋势，了解市场价格、市场需求和同类产品的竞争能力，对消费者或用户的现实和潜在需求以及生产供销情况做到心中有数。

（3）数字统计材料在经济文书中具有广泛用途。较多的运用数据对事物作定量说明和定性分析，是经济文书写作的一大特点。用数字说话，完整地揭示事物质与量的两个方面，是反映经济活动基本规律的主要手段。

（三）结构

1. 经济文书结构的含义

经济文书的结构是指文章内部组织构造的基本形式，是文章部分与部分之间、部分与整体之间的内在联系和外部形式的统一，是作者主观思路和事物客观逻辑性相结合的产物。它既要反映客观事物固有的联系和程序，又要表现作者观察、认识和表现客观事物的思维运行的轨迹，是两者的辩证统一。经济文书的结构还要遵循完整性、连贯性、严密性的要求。

2. 经济文书结构的特点和种类

经济文书在结构方式上的最大特点是它的程式化，绝大多数经济文书都形成了一些比较固定的格式和相对稳定的结构模式。归纳起来，经济文书的结构一般有以下几种类型：

（1）表格化。

表格化经济文书是根据坐标原理，将某种文书应具备的各种内容项目事先设计，印制成统一的表格，供有关人员填写而成的一种文书样式。这种文书具有内容完备、格式规范、简单明了、易于填写的特点，因而成了经济文书中发展势头很猛的一种固定化格式。使用表格化经济文书，必须从实际的需要出发，尽量简化表格项目，提高清晰度。

（2）条文化。

条文化是指采取条文式的结构形式，将有关文种的内容进行归类，分条列款地加以陈述说明。这种类型的经济文书的正文，通常是第一条即开头，最后一条即结尾。采用条文的形式，按照事物的内在联系和外部特征，把内容适当归类，把每一类概括为一条或一项，然后依次加以陈述说明。这种文书最能充分表现其内容的内在规律和逻辑关系，所以，自然成了各种合同的最佳表现形式。

（3）模式化。

模式化是指经济文书的结构布局要按一定的规格、标准和要求进行，形成一种大体固定的模式。这种模式便于识别、写作、阅读和处理，能够适应经济工作的快节奏，有助于提高工作效率。

模式化不同于表格化和条文化，它没有标准化的示范文本和固定格式，只有大致统一的规格和要求。采用模式化结构方式的经济文书种类很多，如常用的市场调查报告和经济预测报告等都采用这种结构方式。

（四）语言

语言是思维的直接体现，是经济文书表达思想、传递信息的物质手段。

经济文书采用的是实用事务语体，它在行政经济事务工作中起管理、联系、传达、周知、记录的作用。概括起来讲，它有以下特点：

1. 准确

经济文书语言的准确性是指用词确切，组句恰当，表意明确。所以，一定要做到用词确切。用词是否确切，直接影响到文书意义的表达。

2. 简练

简练就是简洁、精练。它要求用较少文字表达较丰富的内容，做到言简意赅。

3. 平实

平实就是平易、朴实。撰写经济文书应平铺直叙，质朴无华，实事求是。

4. 庄重

庄重就是端庄、郑重。经济文书是用于处理经济事务的，具有很强的规范性、政策性、指导性，所以，语言必须具有庄重、严谨的特色，不能随便。使用规范化的书面词语和选用恰当的惯用词语是做到语言庄重的关键。

五、经济文书的行文原则

经济文书是经济信息的载体，是经济管理的依据和手段。现代经济管理的一系列特性要求经济文书需要遵循下列原则：

（一）目的性原则

目的性是指任何经济文书都有自己明确的目的，要尽量使经济文书能针对现代经济管理中的实际问题，适时地作出决策、指令、通报和说明等，充分地发挥经济文书的联系、执行、保证、宣传、交际作用，使经济管理活动能够沿着正确的轨道正常运行，实现最大的经济效益。

要明确经济文书的写作目的，一是要熟悉政策，二是要了解情况，三是要领会领导意图。

（二）层次性原则

层次性是指经济文书在写作过程中必须明确行文对象，确立行文关系。

作为信息载体的经济文书，根据行文关系的不同要分成上行文、下行文和平行文三种。行文方向、收文对象的不同，不仅决定了使用文种的差异，也决定了文书的语气特征有所区别。上行文书，要求主旨明确，理由充分，文字精练，而且语气还要恭敬、谦和、诚恳，这样才容易引起上级部门的重视，所请示汇报的事宜才容易被接受。下行文书要求语气得体，做到庄重威严，平易自然。下行文书发文者处于居高临下的地位，文书要体现权威性和指导性，但也不能强硬、粗暴。平行文在行文关系上，相互没有管辖关系，彼此平等，不分高下，要注意礼貌待人，尊重对方，用语要准确、得体、有分寸，只有采用谦逊友好、平等协商的语气方式，才能赢得对方的信赖。

（三）实效性原则

实效性是指经济文书解决了什么实际问题，产生了什么实际效果，具有何种实用价值。经济文书的实效是由选题的针对性、内容的务实性和发布的及时性等因素决定的。

1. 选题的针对性

经济文书的写作一般都须遵循“提出问题——分析问题——解决问题”的思路展开，这样，问题本身的有无价值就成了文章是否具有实用价值的前提和基础。这种针对性主要体现在三个方面：①它是经济活动中迫切需要解决的问题；②它是经济活动中带有倾向性的问题；③它可能是经济发展中有争议的问题。

2. 内容的务实性

经济文书是为解决经济工作中必须解决的具体问题而写的，它必须紧密联系工作实际，做到分析精辟得当，评价准确客观，意见具体可行，方案切实有效。它须注意信息的准确性、分析的透辟性和意见的可行性三方面。

3. 发布的及时性

经济应用文在经济管理过程中，各自都负有自己的特殊使命，要想顺利地达到目的，充分发挥经济文书的效用，必须具有时间观念。对直接影响和作用于经济活动的经济文书来说，应该惜时如金，分秒必争，以求及时传递、交流和反馈经济信息，获取最大的经济效益和社会效益。

第二节　合　同

【知识目标】

1. 了解合同的种类和要素
2. 掌握合同的写作方法

【技能目标】

能够掌握合同的写作方法

【案例引导】

办公设备采购合同

甲　方：（采购人）广州××学院　　合同编号：__________

签约地点：__________

乙　方：（供应商）广州天河××商厦　　签约时间：2011 年 3 月 22 日

第一条　合同标的乙方根据甲方需求提供下列货物：货物名称、规格及数量详见“投标报价表”第 2 号。

第二条　合同总价款。（略）

第三条　组成本合同的有关文件。（略）

第四条　质量保证。（略）

第五条　交货和验收。（略）

第六条　伴随服务/售后服务。(略)

第七条　货款支付。(略)

第八条　违约责任。(略)

第九条　争议的解决。(略)

第十条　合同生效及其他。

1. 本合同自签订之日起生效。

2. 本合同一式四份。

3. 本合同应按照中华人民共和国的现行法律进行解释。

甲　方：(盖章)	乙　方：(盖章)
负责人：	法人代表：
地　址：	地　址：
邮　编：	邮　编：
电　话：	电　话：
电子信箱：	电子信箱：
授权代表（签字)：	授权代表（签字)：

附件：投标分项报价表

（资料来源：聪慧网 http：//www. hc360. com/）

【评析】

这是一份采购合同，标题由合同性质+文种构成。从总体上看，符合合同的写作要求，结构较完整，条款内容全面具体，清楚明确地规定了双方的义务。标题下方标明了当事人、合同编号（以有利于当事人双方对合同的管理与保存)、合同的签订时间和签订地点。正文采用条文+附件的形式，列出货物的名称、规格及数量、总额等，简单清楚，一目了然。其他内容如交货和验收、伴随服务/售后服务、货款支付等以条文列出，内容较全面，语言表述清楚。合同的签署注明甲方和乙方的单位名称、负责人、单位地址、电话、授权代表签字等。这种细致、周全的合同，可避免合同纠纷，便于双方履行各自的责任。

一、合同的含义

1999 年 3 月 15 日通过的《中华人民共和国合同法》第二条规定："本法所称合同是平等主体的自然人、法人、其他组织之间设立、变更、终止民事权利义务关系的协议。"

合同旧称契约，是当事人各方为实现某种目的经协商同意后订立的明确有关权利义务关系的文书。它是平等主体的自然人、法人、其他组织之间设立、变更、终止民事权利义务关系的协议，具有法律的效用。经济合同是以经济活动为协议内容的合同，曾经使用过的《中华人民共和国经济合同法》规定：经济合同是平等民事主体的法人、其他经济组织、个体工商户、农村承包经营户相互之间为实现一定经济目的，明确相互权利义务关系而订立的协议。

合同是社会经济发展的产物，特别是在当前市场经济快速发展的背景下，合同作为一种证明、约束性文书，在社会经济生活中发挥着重要的作用。合同有利于当事人实现经济目的，保证某一项经济活动的顺利完成；有利于保护当事人的合法权益，是经济纠纷出现时协商、仲裁、诉讼的依据；有利于维护社会经济秩序，促进市场经济的繁荣；有利于国家有关部门对企业的监控，以提高企业经济效益和竞争能力。

二、合同的种类

合同的种类繁多，可以从不同的角度进行划分。

（一）按业务性质分类

1. 购销合同

购销合同是指供方将产品销售给需方，需方接受产品并按规定支付货款的合同。它包括供应、采购、预约、购销结合及协作、调剂等合同。

2. 建设工程承包合同

建设工程承包合同是指承包方按时、按质、按量地完成一定勘察设计任务或建筑安装工程，发包方（建设单位）按期验收并支付工程费用或报酬的合同。这种合同主要包括勘察、设计、建筑、安装等合同。

3. 加工承揽合同

加工承揽合同是指揽方根据订作方的要求完成一定工作，订作方接受承揽方完成的工作成果并支付约定费用和报酬的合同。这种合同一般包括加工、订作、修缮、修理、印刷、测绘测试及其他承揽合同。

4. 货物运输合同

货物运输合同是指承运方将承运的货物安全运送到指定地点交给收货人，托运方按照约定支付运费的合同。它一般包括铁路、公路、水路、航空运输合同和联运合同等。

5. 供用电合同

供用电合同是指供电方按照规定的供电标准和电力分配计划，保质保量地向用电方输送电力，用电方按规定用电并支付电费的合同。

6. 仓储保管合同

仓储保管合同是指保管方对存货方交付的货物安全储存，并在储存期满时返还，存货方按期提取所存货物并按约定支付保管费的合同。

7. 财产租赁合同

财产租赁合同是指出租方将财产交给承租方使用，承租方按约定用途使用租赁物，按时交纳租金，并在租赁关系终止时将财产返还给出租方的合同。

8. 借款合同

借款合同是指贷款方将货币交付借款方使用，借款方按规定使用借款并按期向贷款方还本付息的合同。这种合同一般包括基本建设贷款、农业贷款、流动资金贷款等合同。

9. 财产保险合同

财产保险合同是指投保方向保险方交纳规定的保险费，保险方在发生保险事故时负赔偿责任的合同。它一般包括财产保险、农业保险、责任保险、运输工具保险、货物运输保险、保证保险、信用保险等合同。

（二）按写作形式分类

1. 条款式合同

条款式合同是用文字叙述的形式，把双方协商一致同意的合同内容，一条一条地记载下来。如果合同的内容多而复杂，条款就多些、细些；如果合同的内容少而单一，条款就少些、粗些。常见的条款式合同如基本建设贷款合同、仓储保管合同等。

2. 表格式合同

表格式合同是把某些合同关系必然涉及、必须明确规定的内容设计印制成固定的表格，当订立这项合同时，按表格项目一一填写就可以了。这种形式不但便于管理查阅，而且比较完备和规范，可以减少疏漏，如铁路货物运输合同等。

3. 表格条款结合式合同

这类合同把条款式合同和表格式合同结合起来，既有文字叙述的条款，又有固定的表格。这种合同使用机动灵活，运用范围广，如购销合同和加工承揽合同等。

三、合同的要素

合同的要素是指合同关系的构成。合同由三个要素构成。

1. 主体

主体又称“合同的当事人”。《中华人民共和国合同法》规定合同的主体类型有三种。

（1）自然人。自然人是指因出生而取得民事权利能力的民事主体。我国《民法通则》中，公民与自然人在法律地位上一致，但范围不同。公民包括社会中具有我国国籍的一切成员。自然人包括本国公民，也包括外国人和无国籍人。

（2）法人。法人与自然人相对，是具有民事权利能力和民事行为能力，依法享有民事权利和承担民事义务的组织。法人的成立需具备四个条件：① 依法成立；② 有必要的财产或经费；③ 有自己的名称、组织机构和场所；④ 能够独立承担民事责任。

（3）其他组织。其他组织是指依法成立，有一定的组织机构和财产，能够作为当事人参加民事法律活动，但又不具备法人资格的组织，也称非法人组织。如非法人企业、非法人私营企业、银行或保险公司的分支机构、附属性的学校等。

2. 客体

客体是合同当事人权利义务所指向的对象，又称合同的标的。

3. 内容

内容主要是指当事人享有的债权和承担的债务。从法律文书的角度看，合同的内容指的是合同的各种条款。

四、合同的基本特征

（1）订立合同是一种民事法律行为。所谓民事法律行为，是指民事主体实施的能够引起民事权利和民事义务的产生、变更或终止的合法行为。合同作为民事法律行为，从本质上讲属于合法行为，也就是说，只有在合同当事人所作出的意思表示是合法的，符合法律要求的情况下，合同才具有法律约束力。

（2）合同当事人的法律地位平等。在合同关系中，当事人无论是法人还是公民，无论地位级别高低如何，其法律地位是平等的，都平等地享有决定是否订立合同、同谁订立合同、合同的内容及合同的形式的自由。

（3）合同用语必须准确。合同是当事人权利和义务的约定，它与当事人的权利紧密相连。在语言运用上要准确无误，不能有任何疏忽和遗漏。

五、合同的结构和写法

经济合同的写作格式大致包括以下五个内容。

(一) 标题

合同的标题由事由 + 文种组成。事由反映合同的类别和性质。如《工矿产品购销合同》。

标题字体要大而醒目，居于合同首页第一行的正中。

(二) 立合同当事人

立合同当事人必须用全称标示双方的法定名称，并在后面的括号内注明各方的简称。

一般一方为“甲方”、“供方”、“卖方”；另一方则为“乙方”、“需方”、“买方”等。

书写时一般上下并列处理。

(三) 合同编号与签订地点、时间

在合同标题的右下方，并列标识合同的编号和签订地点、时间，以便于归档和备查。如有单位一年之内合同很少，就不一定需要合同编号。

(四) 正文

正文是合同的主体，一般包括三部分内容。

1. 开头

开头要写明签订合同的依据和目的。一般写法：“为了……，在自愿、平等、协商一致的基础上，双方订立下列条款，以资共同恪守。”

2. 主体

主体是合同最重要的部分，是当事人双方或多方协议的具体内容。这部分写明合同应具备的主要条款，分条文式和表格式两种。主体一般包括以下内容。

(1) 标的。标的是合同双方的权利和义务所共同指向的对象，即双方当事人要求实现的目的。标的可以是实物、劳务、货币、工程项目等。签订合同的双方对标的要协商一致，要写得具体、明确。没有标的或标的不明确，当事人双方的权利和义务就不能落实，合同就没有意义。

(2) 数量和质量。数量是确定双方权利和义务大小的标准，是对标的的具体计量，如借款金额、购买货物数量。合同写作中要明确计量单位，并使用法定的标准计量单位，如用“千克”不能用“市斤”。数量规定要准确、具体，如购销合同，不仅应写明总的数量，而且要规定按月、按旬甚至按日分批购销的数量。质量是对标的质的要求，如产品、工程、劳务的优劣程度，是标的内在素质和外观形态的综合。它包括产品的规格、型号、轻重、大小、性能等。在合同中应详细、准确地标明质量要求以及检验、验收方法。有法定标准的用标准，分等级的要规定等级品率。

（3）价款和酬金。价款和酬金又称价金，是指当事人一方向交付标的一方支付的货币。除法律或行政法规另有规定外，以货币履行义务时，必须用人民币计算和支付；除国家允许使用现金履行义务外，必须通过银行转账或者票据结算。

（4）履行合同的期限、地点和方式。履行的期限是指享有请求权的一方要求对方履行合同的时间规定，是衡量合同是否按时履行的标准。履行的地点是指履行合同义务和接受对方履行义务的地方，它直接关系到履行合同的费用和时间。履行的方式是指当事人履行合同的具体方法，不同的合同有不同的规定，如购销合同中，交货方式是送货、提货还是代运，合同中就应规定清楚。

（5）违约责任。违约责任又称"罚则"，是指合同当事人一方或双方因过错造成合同不能履行或不能完全履行时所承担的经济和法律责任。违约责任是履行合同的重要保证，是出现矛盾分歧时解决合同纠纷的可靠依据。要写明制裁措施及违约金、赔偿金的数额等。

3. 结尾

结尾主要写明合同的生效日期、有效期限、补充协议的规定、份数、保管者、附件等内容。

（五）落款

落款一般由署名、日期和盖章构成。写法是在正文之后，另起一行，写明双方单位全称及代表姓名。在署名下方，写明签订合同的日期。在姓名与日期上方盖章。有的合同还要有保证单位和鉴证机关，并加盖公章，方为有效。

【本节实训】

改错题

试指出下面这份合同存在的问题，并提出应如何修改才能符合经济合同的写作要求。

交换写字楼合同

甲方：××贸易总公司

乙方：××市广告集团公司

甲乙双方为了便于在穗深两地联系业务，需交换写字楼作为各自的办事处。现本着友好合作的精神制定如下协议：

一、甲方在广州市隆兴路168号大楼中为乙方提供一单元住宅（三房一厅，实用面积不得小于80平方米）作为乙方驻穗的办事处用房。

二、乙方在深圳市为甲方提供同样的一单元住宅，规格同上，作为甲方驻深办事处用房。

三、双方分别负责为对方上述办事处供水、供电及安装电话，以确保日常业务活动的正常开展。

四、本合同有效期为五年，是否延期届时根据需要商定。

五、本合同自双方同时履约之日起生效。

六、未尽事宜，由双方另行商定。

甲方代表（签字）：　　　　　　　乙方代表（签字）：

甲方（公章）：　　　　　　　　　乙方（公章）：

年　月　日　　　　　　　　　　　年　月　日

第三节　市场调查报告

【知识目标】

1. 了解市场调查报告的结构

2. 学会市场调查报告的写作方法

【技能目标】

能够掌握市场调查报告的写作方法

【案例引导】

2010 年中国家居产品木门消费意向调查报告

一、调研背景

1. 木门行业发展

随着中国房地产市场的蓬勃发展，商品住宅销售总额持续高涨，中国家装市场对木门产品的需求逐步提升。

据数据显示，中国木门行业产值在 2005 年处于 200～250 亿元区间，2009 年则突破 600 亿元，逐年增长率均超过 15%。房地产市场的二手房装修、新房装修、搬迁后的二次装修，家庭对木门使用观念的增加等均对需求起到巨大提升作用。

2010 年第一季度房地产行业发展较快，重点城市商品房销售月度突破万套，第二季度销量相应放缓，市场出现一定的回收。但市场中积蓄的房屋装修需求依然很高，家装市场在更新换代、产品研发环节中脚步更快，木门行业在标准制定上也逐步完善，社会规范化、标准化、品质化加强。可以想象未来家居系列产品，如木门的发展仍具有较大活力，在产值上会再创新高。

2. 木门行业特征

首先，木门企业规模普遍不大，自主研发产品动力不足，品牌意识不高。(略)

其次，木门产品对木质资源依存性高，产品链需整合。(略)

最后，木门行业标准的亟待完善。(略)

二、调研内容与结论

本次消费者调研共收集有效样本 4 500 份。调研从木门行业了解程度、装修过程木门产品使用意向、木门产品需求特征、消费维权等环节进行调研。

(一) 装修意向

木门使用比例很高，表示装修过程中愿意使用木门的比例超过 60%。(图文略)

木门更多地应用在新房装修领域，占比接近 60%。(图文略)

(二) 木门装修特征

木门类型选择排名前三位的是原木、复合和套装门。(图文略)

关于木门色调偏好的调研显示深色系获得较多认可，占比 47.4%。(图文略)

木门对颜色、风格、品牌、造型关注度较高。(图文略)

(三) 消费者维权

厂家宣传、朋友介绍、广告宣传是消费者了解木门产品的主要渠道。(图文略)

木门产品消费纠纷集中在质量、售后服务、外观环节。(图文略)

【评析】

这份市场调查报告是对 2010 年中国家居产品木门消费意向的调查，在写作上很有特色，很全面。从调查目的看，做到了有的放矢的调查研究。本文一开始从调研背景入手，概要地介绍了调查活动的情况，如木门的行业发展情况、木门行业的特征，使读者对此次调查有一个总体的印象。主体部分采用小标题的形式，从木门行业了解程度、装修过程木门产品使用意向、木门产品需求特征、消费维权等环节进行调研，列出详尽的调查数据，为经营者消费者提供了很好的参考依据。

一、市场调查报告的含义

市场调查报告是作者根据特定的意图，运用科学的方法，在对市场调查中得到的资料进行筛选、整理、分析研究的基础上，记叙和反映市场调查成果，并提出作者看法和意见的一种应用文书。

从文体上说，调查报告属于应用文体，但也是一种新闻文体。写作中尤其要把握住这点，因为它既有应用文体写法上的要求，也有新闻文体写法上的要素。

二、市场调查报告的特点

（1）选题的针对性。市场调查报告必须有针对性地选题，才能产生应有的作用。

（2）内容的真实性。市场调查报告的内容要求符合客观事实，不能拼凑或虚构内容。

（3）表现手法的叙议结合。市场调查报告在写法上，常常先叙述事实，然后表达个人对此的分析和看法。

三、市场调查报告的内容

1. 消费需求情况的调查

消费需求情况的调查包括已满足的需求量、潜在需求量以及本企业的销售占有率；消费者爱好的变化、新市场目标不同消费层次对商品的需求结构消费习惯和心理的变化；引起消费需求变化的价格和购买力等客观因素、城乡市场需求的变化等。

2. 商品生产情况的调查

商品生产情况的调查包括对产品的质量、产量、品种、规格、用途、功能、使用周期、竞争能力等情况的调查。

3. 商品供应情况的调查

商品供应情况的调查包括对商品货源、储量和实际可供量以及需求总量比例等情况的调查。

4. 商品销售情况的调查

商品销售情况的调查包括对销售状况、销售渠道、销售人员以及商品的储运情况和销售的广告情况等的调查。

四、调查前的准备

1. 选好调查课题

这样才能很好地明确调查的中心和重点。

2. 认真调查，充分占有材料

这是调查报告的重点和难点所在，一定要认真对待。

调查中常常用到的调查方法主要有以下几种：

（1）访谈法。加强对典型事例的理解和把握。

（2）问卷法。采集有关数据，为调查分析和结论打好基础。

（3）文献法。采集相关数据，增强分析的说服力。

3. 分析材料，找出规律性的东西

采集材料是前提，分析材料是重点。只有对材料的有效分析，调查报告的价值才能更好地体现出来。

五、市场调查报告的结构与写法

（一）标题

1. 单标题

（1）由调查单位名称 + 调查内容 + 调查范围构成。

（2）由调查对象 + 调查对象状况构成。

（3）公文式标题，由调查对象 + 调查对象状况 + 文种构成。

2. 双标题

正题在上，副题居下，副题前用破折号引出。正题：揭示调查的主题；副题：说明调查的对象、范围或时间、地点等。如《不要让子孙后代埋怨我们——关于北京河流污染情况的调查》。

（二）正文

1. 前言

市场调查报告的前言，一般用简明扼要的文字概述市场调查的依据、目的，调查的基本情况，如调查的对象、时间、地点、范围、方式和方法等。

调查报告比较注重前言的写法。前言有多种写法，可根据需要选用。

（1）说明式。说明式直接说明调查的目的、地点、时间、对象、方式等，表明内容的由来，增加可信度，是最常见的处理方法。例如：

去年3月，根据国家教委统一部署，中共北京市委与教委共同组织北京大学、清华大学、中国人民大学、北京航空航天大学、北京科技大学、北京理工大学、中国农业大学、北京医科大学、北京工业大学、首都师范大学10所高校，对在校大学生的思想政治状况进行了调查。这次调查采用问卷和座谈、访谈相结合的方式进行，共发出问卷3 400份，回收3 189份，回收率为93.8%。其中本科生2 689人，研究生470人，党员490人。400多名大学生参加了座谈和访谈。

——《首都大学生思想政治状况调查报告》

（2）叙述式。叙述调查对象的基本情况，让人对其有大概了解。例如：

青岛纺织品联合进出口公司自1982年4月成立以来，采用工贸结合、产销见面的模式，从而增加了企业的应变能力，减少了经营环节，产品适销对路，获得了明显的经济效益。去年，这个公司创汇4 265万元，平均月创汇额比前年增长57%。今年头两个月创汇941万元，平均月创汇额比前年增长36%。这个公司所走的路子是改革现行经济体制的一个重要突破。

——《改革现行经济体制的一个重要突破——关于青岛纺织品联合进出口公司的调查报告》

（3）设问式。用设问方式把要写的问题直接提出来，以吸引读者。例如：

企业如何科学地引进、吸收、消化外国的先进技术？山东青岛电冰箱总厂与德国利勃海尔公司的成功合作，将会给我们有益的启示。

——《立足于高起点——青岛电冰箱总厂技术引进的调查》

（4）点题式。开宗明义点出调查的主要观点。例如：

近年来，金融系统立案查处的大（要）案件触目惊心。这些案件绝大多数发生在直接管钱管账管物的基层行处的储蓄、会计、出纳等部门，其70%的作案者又是30岁以下的青年干部职工。这说明基层行处的职工队伍建设还比较薄弱。

——《当前金融职工队伍建设的误区和出路》

2. 主体

主体由以下三部分组成：

（1）情况部分。情况部分应作归纳，分类分问题叙述调查得来的材料，有

(7) 中方职工个人所得税。

(8) 中方投资（从实物形态看，包括固定资产、在建工程、流动资产和无形资产；从资金来源看，包括国家资本金、法人资本金）及分得利润（或其他收益，包括中方投资者向外商投资企业出租资产收回的租金、以土地使用权作价投资分得的利润中应上交的土地使用费等，下同）。

(9) 其他，包括上述各项存款的利息收入，其他应收、应付款等。例如，在采用整体合营的情况下，中方投资者原有的债权债务清算损益和离退休人员的费用有的在中方账户核算，有的外商投资企业中方职工的人身保险、福寿保险。中方职工公积金等也在中方账户核算，有时工会经费也通过中方账户核算。此外，各地规定的一些特殊内容，也通过中方账户核算，如北京市规定，外商投资企业按中方职工工资总额的1.5%提取中方职工的日常教育经费，这部分经费在中方账户中核算。

从调查情况看，由于外商投资企业的类型、工资制度、中方投资方式等不同，不同企业之间中方账户核算的内容和做法各异，归纳起来大体有以下七种：

1. 从中方投资者与外商合营的方式看。（略）

2. 从外商投资企业实行的中方职工工资制度看。（略）

3. 从中方投资者的构成看。（略）

4. 从中方投资来源看。（略）

5. 从中方投资者的成分看。（略）

6. 从外商投资企业的类型看。（略）

7. 从各地政策执行情况看。（略）

在实际工作中，中方贴户核算的内容视具体情况确定，通常是上述几种情况相互交错，不同企业之间难以有统一。固定的标准模式，即便是同一企业，在不同时期中方账产核算的内容也是不相同的。

二、当前存在的主要问题及原因

（一）外商投资企业中方账户设置和管理情况很不规范。（略）

1. 一些地方财政部门对此问题重视不够（略）

2. 对设置中方账户的看法和意见不同（略）

3. 地方财政部门人手不足，缺乏管理手段（略）

（二）中方职工权益得不到保障的情况时有发生（略）

（三）中方收入的使用和管理不规范，检查监督薄弱（略）

三、改进的意见和建议

1. 统一认识，把中方账户的设置和管理列作当前外商投资企业财务管理工作的内容之一。从调查的结果看，财政部门的多数同志认为，尽管对中方账户的问题目前仍有意见分歧，但总的评价是，中方账户作为联系外商投资企业、中方职工、中方投资者和国家的桥梁，单独设置利大于弊，对于明晰产权关系，规范核算体系，理顺管理体制，维护中方职工、中方投资者和国家利益是必要的，因此，各级财政部门应把这项工作切实摆上外商投资企业财务管理工作应有的位置。

2. 修改和完善现行法规政策，规范外商投资企业中方账户的设置、使用和管理。(略)

3. 理顺财务管理体制，完善中方投资及收益管理办法。(略)

4. 充实外经财会干部，加强培训，扩大宣传，强化监督。(略)

第四节　市场预测报告

【知识目标】

1. 掌握市场预测报告的结构

2. 掌握市场预测报告的写作要求

【技能目标】

能够掌握市场预测报告的写作要求

【案例引导】

未来5年农村家电市场预测

赵××　郑××

为了指导和帮助家电生产、经营企业深入了解和认识当前我国农村家电消费市场的现状和需求，促使农村家电消费市场的启动，国务院发展研究中心市场经济研究所、信息产业部经济体制改革与经济运行司、中国家用电器协会、北京中企市场研究中心于1999年共同组成了中国农村家电市场联合调查研究课题组，在全国14个省（市）的50个县（市）、300多个乡（镇）开展7项专项调研，调查标本多达22 000个；调查对象涵盖农村消费者和农村市场流通渠道；调查品种范围涵盖电视机、电冰箱、冷柜、洗衣机、电风扇、空调器、影碟机、家庭影院（组合音响）、微波炉、热水器、电话机、小家电12类产品；调查内容包括农村家庭生活环境、家电流通、消费区域与环境、市场容量、消费心理、需求特点、产品与品牌竞争力、销售渠道、市场竞争状况、信息传播多媒体消费习惯等方面。

农民口袋里究竟有多少钱

这次抽样调研的省份包括辽宁、河北、北京、山东、江苏、上海、浙江、广东、福建、安徽、河南、湖南、四川、陕西。

通过抽样对18 588个有效调查问卷研究分析显示：年收入低于1 000元的农村家庭为98个，占调查家庭总数的0.5%，年收入在1 001～3 000元的家庭为912个，占调查总数的4.9%；年收入在3 001～9 000元的家庭为7 788个，占调查总数的42%；年收入在9 001～20 000元的家庭为7 738个，占调查总数的41.6%；年收入在20 001～50 000元的家庭为1 659个，占调查总数的8.9%，年收入超过50 000元的家庭为393个，占调查总数的2.1%。如果家庭年收入为7 000～9 000元，人平均收入已达到2 000～3 000元，约占调查总数的15.1%。

据有关资料显示，目前我国农村除个别十分贫困地区外，农村的消费层次情况（略）。

他们需要什么样的家电

调查显示：目前各种电器的平均拥有量（略）。

调查显示：十几年来，电冰箱进入农村家庭的进度一直处于缓慢增长状态，明显落后于电视机、洗衣机、电风扇等家电用品。近年来，农民家庭对电冰箱的需求也有较大购买意向，特别是经济发达地区，电冰箱已是一些富裕家庭（尤其是新婚家庭）必备的家电产品。目前农村家庭电冰箱的拥有率已达17.9%，在未来5年有21.1%的家庭有购买意向，其中1年内决定购买电冰箱的家庭达4.1%，主要是以新增需求为主。

此外，农民家庭对冷柜、空调、家庭影院、微波炉、热水器（包括太阳能热水器以及其他家电产品）均有不同程度的购买意向。

家电下乡之路怎么走

目前，我国农村家电市场需求已进入快速扩大时期，整体市场呈平稳增长态势，某些地区的家电细分市场甚至已进入快速成长期，科学地开拓农村市场是家电生产经营企业跨世纪的商战。但是，我们同时也要清醒地认识到，目前我国广大的农村市场尽管需求潜力巨大，但它毕竟还仅是个初级市场，有其自身的特点，有其自己的实际需求，要把农村潜在的市场变成现实的消费市场，生产和经营企业应该携起手来认真了解农村消费者的需求特点，提供给他们适销对路的产品。

鉴于农村消费者的经济收入与城镇消费者相比目前尚有明显的差距，价格因素还是当前困扰农村消费者购买意向的主要因素，所以，千方百计降低生产成本，为他们提供物美价廉的产品是其能否进入农村千家万户的关键。一般来讲，当前农村消费者对名牌产品还只是向往但并不了解，这是因为他们缺少了解渠道。为此，家电企业要把握机会，尽快营造出自己的品牌宣传和产品营销策略及网络，尽快地让农村消费者了解自己，并且针对农村消费者居住分散、购物不便的特点，克服畏难情绪，千方百计地做到送货上门、送服务上门，从而取得农村消费者的信任和肯定。

（资料来源：《羊城晚报》2000 年 2 月 26 日）

【评析】

这是一篇中期市场预测报告，所涉及的对象是面向某一市场（群体）的产品。

该文写得比较规范，标题、正文、落款俱全，材料翔实，预测的可信度较强。

从标题看，四要素齐全，是完整式标题。预测目标——家电市场，预测时限——未来 5 年，预测区域——农村，文种——预测。

正文由前言和主体构成，没有专门的结尾。前言在揭示预测目的、预测对象的同时，具体交代了预测者、调查范围、调查内容、调查方法等，令读者产生信任感。主体分为以下三个层次。第一层，摆现状。通过对 14 个省（市）的 50 个县（市）的农村家庭收入的调查，得出结论：我国农村经济水平可分为“温饱型”、“温饱向小康过渡型”、“小康型”三个层次。这就为后文预测农村家电市场需求奠定了基础。第二层，分析预测。运用购买意愿调查法了解购买意向，从而预测未来 5 年农村家电市场在电视机、洗衣机、影碟机、电风扇、电话机、电冰箱几种家电产品的需求比例。第三层，在陈述情况、预测前景的基础上进一步分析当前农村家电市场态势，并向生产厂家、经销商提出了三条建议：降低成本，宣传商品，送货、送服务上门。

该文用了大量数据说明问题，有理有据，可信可行，结构也清楚、明了。

一、市场预测报告的含义

市场预测报告就是运用科学的知识和手段，分析研究所掌握的市场信息，对市场的发展变化或可能的结果进行事先的推测和估量，由过去和现在推测未来，由已知推测未知的书面报告。它以市场调查为基础。

二、市场预测报告的种类

（一）按预测的范围划分

按预测的范围来分，市场预测报告可分为宏观预测报告和微观预测报告。宏观预测是从宏观经济管理角度，对商品流通总体的发展趋势所作的综合性预测，如对社会商品购买力与社会商品供应总额及其平衡状况的预测。微观预测是从企业的角度，对影响企业生产、经营的市场环境以及企业本身生产、经营活动的预测，如对企业所经营的具体商品的需求所进行的预测。

（二）按预测的内容划分

按预测的内容来分，市场预测报告可分为产品市场需求量及变化的预测报告、产品销售情况的预测报告、生产技术发展的预测报告，企业生产所需资源的预测报告、企业产品成本的预测报告等。

（三）按预测的时间长短划分

按预测的时间长短来分，市场预测报告可分为近期预测、短期预测、中期预测和长期预测。

三、市场预测报告的特点

市场预测报告属预测决策文书，其着眼点在于预测市场未来前景，为经营决策提供依据。因此，它呈现出如下特点。

1. 预见性

预见性是市场预测报告最突出的特点，且预见性越接近客观实际，也就越有价值。

2. 科学性

市场预测不是凭主观想当然，它是在马克思哲学和经济学指导下，运用科学的预测方法，对大量市场信息、数据进行综合分析、科学测算，并根据市场运行客观规律作出推断，因而具有科学性。科学性是预见性的前提，没有严密的科学性，市场预测就不会有准确的预见性。

3. 时效性

一是预测报告是对事物的新变化、新动态的迅速、灵敏的反映，它以最快的速度将有关信息传递给决策部门和管理部门。二是预测报告的时间有一定的限度。一般说来，预测时间周期越短越准确。

四、市场预测报告的写作

（一）市场预测报告的基本写作步骤

1. 明确任务，确定目标

写预测报告，首先必须明确预测任务和确定预测目标，对预测课题做到心中有数，即预测之前，要清楚预测什么，要解决什么问题。

2. 开展调查，广搜资料

目标确定后，就要着手收集资料。准确、详尽而及时地调研资料和统计资料是预测的基础，直接关系到预测的精确度和科学性。首先，要围绕预测目标开展市场调查，以取得比较完备的市场信息资料。其次，要在辩证唯物主义的指导下，对占有的资料进行必要的审查和整理。通过周密细致的综合分析作出判断，剔除某些偶然出现的或非正常的数据，真正把握预测对象的特征和市场变化的规律，为准确预测奠定基础。

3. 选好方法，进行预测

待资料审查、整理后，应根据发展趋势选择合适的预测方法进行预测。预测方法很多，市场预测常用的方法有以下三种。

（1）定性预测法。定性预测法即根据人们所掌握的知识、经验及所具有的综合分析能力，对未来经济发展趋势作出判断。

（2）定量预测法。定量预测法即在占有大量统计资料、信息的基础上，运用统计公式或数学模型，进行定量分析或图解，对未来经济发展趋势进行预测。

（3）综合预测法。综合预测法即将定性、定量两种方法加以综合运用的方法。

4. 搭好架子，形成报告

要将预测结果变为报告，还须搭好架子，运用文字去表现。具体的写法将在下面进行介绍。

（二）市场预测报告的结构与写法

市场预测报告由标题、正文、落款三部分组成。

1. 标题

市场预测报告的标题一般有单标题和双标题两种形式。

（1）单标题。单标题通常标明时限、地区范围和预测对象，并常有“预测”、“展望”、“趋势”等推测性字眼，如《2011 年中国钢铁消费结构的预测》、

《未来5年农村家电市场预测》。有的标题省略时限或范围，或两者均省略，如《我国数字电视机生产与消费预测报告》、《房地产业发展走势预测》。有的标题不出现推测性字眼，如《未来15年内我国纸业需投资4 900亿元》。

（2）双标题。双标题的正题一般揭示主旨，副题标明时限、地区范围、预测对象和文种，如《平稳增长　繁荣活跃——2010年中国消费品市场预测》。标题的拟订，除了要求简明醒目外，还要注意一定要有“预测对象”。

2. 正文

正文的写法无固定模式，一般由开头、主体和结尾构成。

（1）开头。开头即预测报告的前言。可以说明预测的目的和意义，还可以写上预测方法；或概括全文内容，将预测结果提到前言来写。有的预测报告不专门写前言，开篇即进入主体。

（2）主体。这是预测报告的核心部分，要对预测对象进行分析研究，用科学方法预测市场发展趋势。一般包括三个部分。

第一，预测对象的概况。预测对象的概况包括历史情况和现状，要精选调查所得的大量资料和准确的数据作为预测的依据。

第二，分析和预测部分。这是预测的重点部分，在对历史、现状的规律性认识的基础上形成对未来的推断。这部分的表述要注意，在分析的基础上推导出对未来市场发展趋势的预测必须明确，且要体现出清晰的逻辑性、条理性，不能牵强附会、故弄玄虚。

第三，建议部分。根据预测分析的结果提出改善经营管理以适应未来发展变化的建议，为经营决策提供依据。切忌空洞、抽象，过于笼统。如有必要，可分条列项写出。

（3）结尾。预测报告的结尾部分可以提出注意的问题，也可以照应前言或重申观点。有的预测报告不另加结尾，建议写完了，也就收住了。

总之，情况、分析、预测、建议是市场预测报告正文的几个要素。

3. 落款

落款即具名和日期。在标题下面或正文右下方写上单位名称或作者姓名，日期写在具名下面。如在报刊上发表，可不写日期。

五、市场预测报告的写作注意事项

1. 选用科学的预测方法

“预”是预见性，“测”是科学性，严密的科学性保证准确的预见性。常用的预测方法如上所述，此处不再赘述。

2. 运用多种表达方式

预测报告对情况的介绍要采用概括叙述的表达方式；对所叙统计资料、经济信息进行评判，要采用边叙边评的方式；分析预测时，要采用数字、图表说明，以增强预测报告的表现力。

3. 语言要做到准确简明

写作者必须注意数据的精确性和真实性，用词精当，判断准确，这样才能使预测报告具有说服力。

【本节实训】

写作题

根据下述材料，写一篇关于室内装饰业方面的市场预测报告的建议与对策

(1) 近年来，各类大小装饰公司如雨后春笋般涌出，室内装饰业每年以40% ~50%的速度增长。目前，涉及的装饰品有抛光砖、石英砖、仿大理石釉砖、地毯、壁纸、瓷砖、多彩灯具、五金门窗、塑钢门窗、高档窗帘等。另外，高新涂料在市场亦占有一定的比例，其他高光冷瓷涂料、仿大理石涂料、乳胶涂料等均有一定市场。

(2) 近年北京、上海、天津、广州等一些大城市居民掀起了一股装饰热潮，且呈上升趋势，上海市97%的居民在拥有新房后进行现代装饰。沈阳新婚夫妇新房装饰费用在80 000元至150 000元不等。

(3) 全国各地装饰建材的需求量逐年上升。用户对产品质量要求高，名牌产品越来越受青睐。产品规格选择性增强，大规格、高档次装饰材料逐渐成为市场新宠。产品图案、色泽需求多样化，瓷砖中浮雕型、多彩型走入平民家庭。

（资料来源：中国报告大厅 http：//forecast. chinabgao. com/，中国报告基地 http：//www. reportjd. com/）

第五节 策划书

【知识目标】

1. 了解策划书的种类
2. 掌握策划书的写作方法

【技能目标】

能够掌握几类策划书的写作方法

【案例引导】

沙宣品牌推广活动策划书

宝洁（中国）有限公司在1997年9月推出的沙宣品牌试销售活动获得成功之后，决定于1998年7月在北京开展一系列活动，以便将这一著名品牌推向全国。爱德曼国际公关公司接受宝洁（中国）有限公司之委托负责宝洁（中国）有限公司沙宣品牌向全国推广的公关宣传活动。

一、项目调查

爱德曼国际公关公司在对沙宣品牌的调查研究之后与宝洁（中国）有限公司共同商议确定了1998年7月举行的推广活动的宗旨是举办一系列发型展示会，唤起众多目标群体的注意。这些群体包括专业发型师、零售商、政府权威部门（中国美容美发协会）、媒体以及消费者。此次活动的目标是确立"沙宣美发学院"在世界美发护发界的专家地位，成为中国美发界的可信赖权威，唤起目标群体的激情及尝试沙宣产品的兴趣。

二、项目策划

(1) 通过组织一场别具一格的发型展示会，显示沙宣品牌的传统风格及对中国消费者发质的理解。

(2) 利用全国各大媒体充分报道沙宣发型展示会。

(3) 通过推广活动与所选定的媒体建立长期的合作关系。

(4) 活动主题：我们的光彩，来自你的风采。

(5) 目标群体：年龄在18~36岁之间、收入中上等的消费者，女性消费者居多；舆论界风云人物及社会著名人士；国营机构、私营机构及合资机构的美发师；国内外媒体；零售商；有关政府机构。

三、项目实施

1. 工作安排

沙宣品牌全国推广活动从1998年开始筹划，工作组成员包括宝洁品牌业务部和公共事务部，相关推广公司以及沙宣伦敦办事处。爱德曼国际公关公司在此次活动中所承担的主要任务是策划推广活动及协调整个项目内容，制订并实施针对各个目标群体的各项活动。

2. 前期工作投入

(1) 中国记者团访问沙宣英国总部。(略)

(2) 前期新闻资料发放。(略)

(3) 记者专访。(略)

(4) 摄像及摄影服务。(略)

(5) 晚宴及发型表演。(略)

(6) 与中国美发美容协会主管人士洽谈。(略)

(7) 为专业发型师举办的培训及发型展示会。(略)

四、项目评估 (略)

从活动总结时所收到的汇报看来，此次活动取得了令人满意的效果，收到了来自媒体、业内人士及广大消费者的好评。1998年10月份的全国洗发品牌调查报告显示，沙宣品牌在短短的3个月时间内迅速跻身于中国前五大护发品牌，并在中国树立了其时尚、专业的护发品牌形象。

一、广告策划书

(一) 广告策划书的含义

广告策划，又称广告企划，是在市场调查研究的基础上，对广告整体活动或某一方面活动的预先设想和策划。广告策划书把在广告活动中所要采取的一切部署都列出来，指示相关人员在特定时间予以执行，它是广告活动的正式行动文件。

(二) 广告策划书的写作原则

1. 真实性

真实性是广告写作的首要原则，广告文案写作的最终目的是为了说服和诱导消费者产生消费行为，而一旦广告者为了功利的目的而放弃了对消费者的道德责任，那么，不真实的广告文案便会充斥整个广告空间，于是便出现了商家为了一己的目的而让众多的消费者遭殃的情况。因此，真实性是广告文案写作的生命所在和力量所在。如果违背了真实性原则，其广告文案会因为失真而丧失自己的可信度。丧失了可信度的广告文案将毫无生命力，毫无价值。目前，受众对广告的怀疑和不信任心态的存在和弥漫，就是许多虚假广告造成的恶果。广告活动如果失去了受众的信任，广告本身也就成了毫无意义的行为了。

2. 原创性

原创性又称原创力、独创性。原创性是与众不同的首创，是广告人在广告运作过程中赋予广告运动和广告作品以独特的吸引力和生命力，以使之与众不同。原创的意义并不仅仅在于形式上的“想人所未想，发人所未发”，而且还包括了两方面的内容：①表现手法上的独创；②信息内容上的独创。

（三）广告的有效传播

广告的有效传播，指的是广告经由表达、传播达到广告目的的过程。作为一种有目的、有责任、以说服和诱导目标消费者产生消费行为的信息传播活动，广告以销售的获得作为自己的最终目的。有效传播，是通过沟通，建立与目标消费者之间的独特关系。给品牌一个生命和灵魂，能让消费者轻易地将所宣传的品牌与竞争品牌区别开来。它能给消费者一种既熟悉又亲密的如朋友般的感觉。

（四）广告策划书的结构与写法

1. 广告标题

广告标题首先要体现广告的主题，大多数受众在无意识的阅读中，总是先看标题再决定是否阅读正文。在受众的阅读习惯面前，广告标题的写作要有两种特质：一是用新闻式和反向诉求引发好奇，前者如“‘舒味思’的人来到此地”（舒味思柠檬水），后者如“长大了，我要当客户”（台湾南洋实业公司）；二是要有简洁、明快的表现形式，为了让受众一看便知，广告标题的表现形式就简洁、明快，一般不用长句子，因为长句子表达内容太多，且容易出现关联词，会造成过分书面化倾向，使受众因怕累而自动放弃阅读。

2. 广告正文

（1）一体结构。

广告正文的结构按照广告信息的内在关联性，将所有的广告信息都组合成一个完整的整体，并用一个相对独立、完整的段落或多个段落

形成的写作结构。一体结构广告正文一般由正文的开头、中间段和结尾三部分构成。

（2）分体结构。

分体结构指的是广告信息在广告正文中得到并列表达的结构形式。其表现或是一些并列的句子或是格式形式中的分列表现，或由并列的小标题所统领的多个

小正文组成。其主要表现形式是分列式、格式式以及运用分体结构的长文案。

3. 广告口号

广告口号一般具有以下特点：①简短易记，口语风格；②合于音韵，文辞优美；③突出个性，表现特征；④观念前瞻，鼓动性强；⑤把握受众，情感渗透；⑥适应媒体，长期运用。

4. 广告附文

广告附文是在广告正文之后向受众传达企业名称、地址、购买商品或接受服务的方法的附加性文字。因为是附加性文字，所以，它在广告作品中的位置一般总是居于正文之后，因此，也称随文、尾文。广告附文的具体表现内容大致分以下几个部分：①品牌名称；②企业名称；③企业标志或品牌标志；④企业地址、电话、邮编、联系人；⑤购买商品或获得服务的途径和方式；⑥权威机构证明标志；⑦特殊信息：奖励的品种、数量，赠送的品种、数量和方法等。如需要反馈，还可运用表格的形式。

二、营销策划书

（一）营销策划书的含义

在市场的营销中，把策划过程用文字写出来，这种营销策划方案就是营销策划书。通过营销策划，使企业在市场营销过程中达到获得利润的目的。企业能否成功地进行营销策划并实施，是企业经营成功或失败的关键所在。

（二）营销策划书的结构与写法

1. 前言

这是营销策划书的开头部分。它一般包括策划的缘起、背景材料、问题点与机会点、创意的关键等内容。营销策划书的前言要对以上内容作概括的说明。

2. 市场状况分析

市场状况分析包括以下内容：①整个产品市场的状况；②与其主要竞争品牌的销售量与销售值及市场占有量的比较分析；③消费者的情况分析，包括对年龄、性别、籍贯、职业、学历、收入、家庭结构等的分析；④竞争品牌市场区隔与产品定位的比较分析；⑤竞争品牌广告费用与广告表现的比较分析；⑥双方公关活动的比较分析；⑦公司产品的利润结构分析；⑧公司过去几年的损益分析。

3. 产品策略

产品策略包括：①新产品开发策略；②产品生命周期策略；③产品组合策

略；④产品包装策略。

4．价格策略

价格策略一般包括以下五个方面：①定价标准；②制约定价的基本因素；③定价的程序；④定价的基本方法；⑤定价策略。

5．营销渠道策略

营销渠道策略包括营销渠道的选择策略和中间批发商的营销策略。

6．促销策略

促销活动实质是一种沟通活动，激励活动。它具有沟通信息、创造需求、突出特点、稳定销售等四大功能。

三、专题活动策划书

（一）专题活动策划书的含义

专题活动主要指对外接待、参观、开业、庆典、新闻发布会、记者招待会、竞赛、捐助等大型活动。这种专题活动是为了达到一定的目的，在一个特定的时期、特定的场合下，使成为对象的每一个人都能亲身体会到直接针对性的某种刺激媒介，这种直接性是报纸杂志、广播电视等媒介所不可比拟的。当组织有新产品问世、开张营业时，当组织声誉受损，受到指责、误解时，有针对性的专题公关活动就十分有必要了。而活动策划书就是为上述这些活动所制订的行动计划。

（二）专题活动策划书写作的基本步骤

1．选定主题

主题是整个策划的灵魂。主题是对活动内容的高度概括，是策划所要达到具体目的的主要理念，是统领整个活动、连接各个项目和各个步骤的纽带。专题活动要为广大公众接受，就必须选好主题。活动的主题是多样的，它既可以是一句口号，如“为了千千万万个失学儿童”、“迎接奥运，爱我中华”，也可以是陈述式的表白，如雅戈尔的“中国的皮尔·卡丹”，步步高的“世间自有公道，付出总有回报，说到不如做到，要做就做最好”。主题看似简单，但设计难度很大，它既要虚拟、拔高，又不能空洞、口号化，必须贴近受众心理。

2．确定日期

日期的选择一般较为灵活，策划人员首先要将日期和时间确定下来，以便作具体的时间安排，并将其列入到组织计划中去。最好避开重大节日。

3．选择地点

策划人员在选择活动地点时必须考虑公众分布情况、活动性质、活动经费以及可行性等因素。

4. 通知参加者

要通知参加者具体的日程安排，如设计日程计划表，以使参加者明确起止日期和公众宣传日程。

5. 费用预算

无论举办什么活动，都要考虑成本问题。策划人员应计划如何用有限的资金支付各项费用，并估计可能需要的各种支出，以呈报上级批准。

总之，专题活动策划的基本要求是：主题明确，内容具体；时机恰当，规模适中；形式新颖，组织周密；符合公众心理，赢得社会支持。

【本节实训】

分析以下策划书并修改

2010艺术与传媒学院学术艺术周策划案

一、活动背景

北京工商大学“艺术与传媒学院学术艺术周”是在原“传播与艺术学院学术艺术周”及原“数字内容学院学院奖”的基础上，结合两院合并后新学院的办学理念及专业特点而创办的一项体现我院学科特色的综合性比赛。比赛内容涉及经济新闻、广告策划、动画动漫、游戏制作、艺术设计、产品设计、绘画艺术、摄影艺术等多个知识领域。通过举办学术艺术周学院将教务教学及学生工作有机地结合在一起，旨在营造一种活跃、浓郁的文化、艺术氛围，提高学生学以致用和创新的能力，为学生的成长成才服务，同时，为学校由教学型大学向教学研究型大学转型贡献我院全体师生的力量！

二、组织机构

主办单位：北京工商大学艺术与传媒学院

承办单位：艺术与传媒学院学术艺术周组委会

组委会人员组成：杨××、张×、孙×、夏××、胡××、刘×、罗×、李×、范×、张×、周×、道×、尤××、王××

分组：作品征集、评奖、作品布展、现场解说、组织会务、财务、联络

三、活动主题

展工商六十风采，创艺传魅力品牌

四、活动原则

1. 普及性。活动面向艺术与传媒学院全体在校师生

2. 公平性。活动组委会面向全院参与活动的学生、教师征集创意作品，作品评选工作由活动组委会邀请相关校内外专家组成评选小组进行评选，保证公平、公正。

3. 原创性。所有参赛人员须保证提交的作品的原创性，以确保提交的作品不会引起第三方争议

4. 所有作品要求内容健康向上，不得违反国家相关法律法规；涉及他人肖像权、名誉权等作品，由作者承担使用责任

5. 主办方保留对所有作品的发表、展出、刻制光盘、出版印刷及后续宣传工作的权利

五、作品征集与展览

（一）获奖作品征集

1. 征集作品时间

2010 年 4 月

2. 征集作品要求

（1）新闻作品征集：2008 年 1 月 1 日至 2010 年 2 月 28 日期间，在有全国公开刊号的国内各级新闻报刊和经国务院新闻办或省新闻办批准的、由新闻单位主办的新闻网站上发表的文字新闻作品。

（2）艺术作品征集：2008 年 1 月 1 日至 2010 年 2 月 28 日期间，在各类国家级、市级、校级公开比赛中，荣获各类奖项的参赛作品。作品可包括广告创意作品、艺术设计作品、多媒体作品等。

3. 征集说明

所有征集作品经组委会专家评选后，将在 2010 艺术与传媒学院学术艺术周面向全校师生进行展览。

（二）参赛作品征集

1. 作品征集时间：2010 年 1 月—2010 年 4 月 30 日

作品评审时间：2010 年 5 月初—2010 年 5 月上旬

筹展时间：2010 年 4 月初为整体展览设施设计制作

布览时间：2010 年 5 月中旬

展览时间：学术艺术周开幕式（6 月初）

2. 提交地点

（1）北京工商大学良乡校区学生活动中心 116 办公室或文 1－409

（2）E-mail：ycxsysz@ 126. com

（3）联系电话：81353395

3. 作品要求：

针对学院各个专业的特点，此次大赛参赛作品主要分为三大类：文案稿件类、设计创意类、动画影像类。具体如下：

（1）文案、稿件类。（略）

（2）设计创意类。（略）

（3）动画影视及多媒体类作品。（略）

六、评选办法

评选分为初审和终审两个阶段

初审：所有作品提交后，由组委会专家组审核入围决赛作品。

终审：邀请校内外相关专业领域具有权威性的专家组成评审团对作品进行最终获奖作品评定。

七、奖项设置（略）

艺术与传媒学院团总支、学生会

2010 年 1 月

（资料来源：策划之家 http：//www. chdh. cn，史上最全策划书盘点 http：//mkt. icxo. com/special/cehuashu. htm/，策划书总汇 http：//www. ceehee. com/）

第六节 招标书与投标书

【知识目标】

1. 了解招标投标文书的基本格式
2. 掌握招标投标文书的写作方法

【技能目标】

能够掌握招标投标书的写作方法

【案例引导】

2010 年上海世博会社区市民活动（卢湾）项目招标书

为充分展示卢湾社区居民的精神风貌和卢湾社区文化建设的最新成果，根据上海世博会执委会专题会议的要求，卢湾区将对 2010 年上海世博会社区市民活动卢湾专场演出的策划、编导和演出进行公开招标，共 3 个专场 30 场演出（具体分类见基本要求)。

一、招标对象

此次招标面向全市，招标对象包括各类艺术专业院团、文化机构、艺术表演团体、影视传媒集团、文化传播公司、演出经纪公司，以及其他具有从事群众文艺广场演艺组织策划工作经验的单位和个人。

二、基本要求

(一) 招标项目

由中共卢湾区委宣传部主办的2010年上海世博会社区市民活动卢湾专场演出项目，采取公开招标方式运作，中标单位负责配送项目的整体策划和演出工作。

三个标的分别为上午场、下午场、夜场。可独家多投标，也可几家单位联合投标。具体时间、地点、主题、内容、背景。(略)

(二) 节目整体要求 (略)

三、招标项目审核权

中共卢湾区委宣传部对投标节目内容拥有终审权。

四、招标项目款项及结算方式(略)

五、投标书内容(略)

六、截标日期及寄送(或送达)方式

投标书须在2010年1月15日下午17:00前寄送或送达。任何在递交截止日之后收到的投标书将被原封退回。

地址：上海市重庆南路308号608室。

邮政编码：200025；联系人：益晓菁；联系电话：021~64157874；传真：021~64157874。

投标书(一份正本一份副本，标明“正本”或“副本”)必须密封，封面须注明“2010年上海世博会社区市民活动(卢湾)项目招标书”和“开标之前不得启封”字样。

七、评标时间及方式、中标依据

评标从截标之日起开始，于2月上旬结束。

评标方式：中共卢湾区委宣传部将邀请知名专家作为评委观摩，根据各投标单位各项指数进行综合打分。

中标依据：节目内容健康、形式丰富、编排有创意、资源储备力量强、标价合理，兼顾质量与标价。

(资料来源：东方网 http://www.eastday.com/)

【评析】

投标、招标是一种国际通用的经济活动方式，随着我国市场经济体制的建立和完善，特别是我国加入 WTO 之后，招标、投标文书会用得越来越多。上文的招标通告是一份规范的招标文书。语言简练，内容完备。标题包括招标单位名称、招标项目和文种名称三项内容，非常具体、明确。正文分别从招标项目、节目整体要求、招标项目审核权、招标项目款项及结算方式、投标书内容等方面说明了招标要求，层次分明，能够让投标者对招标项目和招标要求有清晰的了解，以便决定是否投标。结尾或称落款部分，写有招标公司全称及其地址、电传、电话等，以便投标者联系。

一、招标书

（一）招标书的含义

由招标单位公布标准和条件，提出价格，公开招人承包建筑工程或承购货物（商品）叫招标，由此而形成的文字称之为招标文书，简称招标书。招标书也称招标通告、招标公告、招标启事。招标是国内外经济活动中常见的一种竞争方式，是我国经济体制改革的一项重大措施。

（二）招标书的种类

招标书因其分布的范围不同而可以分为国际招标公告、国内招标公告、系统或单位内部招标公告；按其形式不同而可以分为公开招标和内部有限邀请招标；按招标目的、物别不同又可以分为建筑招标公告、生产招标公告、设计招标公告、劳务招标公告等。

（三）招标书的特点

（1）规范性。招标书要符合《中华人民共和国招标投标法》。

（2）准确性。招标书要对项目的主要目的、基本情况、产品要求、人员素质和具体规定等作出明确清晰的表达，防止含糊其辞，模棱两可。

（3）竞争性。从投标者中选优的做法决定了招标书具有竞争性。

（4）具体性。招标书的内容要具体化，要写清招标的方法、步骤和要求。

（四）招标的基本程序

（1）编制和报审招标文件。

（2）刊发招标广告或招标通知书。

（3）投标企业函寄投标申请书。

（4）对招标企业进行资格审查，确定投标企业，并通知购买或领取招标文件。

(5) 招标单位组织投标企业，介绍工程概况，勘察工程现场，解答招标文件中的疑点。

(6) 投标企业密封报送投标书。

(7) 组织投标企业，当众开标，公开标底和标价。

(8) 审查标书，确定中标单位，发出中标通知书。

(9) 招标单位和中标单位签订承包合同。

(五) 招标书的结构与写法

1. 标题

招标书的标题一般由招标单位全称、招标目的、物品名称和文种组成。

2. 正文

招标书的正文一般包括导言、招标内容、招标步骤和结尾四部分。

(1) 导言。导言也称前言或小序，主要写招标单位的招标根据、目的、项目名称（或产品名称）、规模（或批量）、招标范围等。

(2) 招标内容。这是招标书的主体部分。文字叙述要准确、清楚。要对即将发包的工程项目名称、规格、工程总量或购买物资的名称、价格、数量等予以明确反映，以使投标单位根据自己的实际承担能力决定是否应招。招标内容的写法可以分条归类，以有利于投标竞争。

(3) 招标步骤。招标步骤一般包括招、投标的起止时间，投标者购买招标文件的时间，有关条件和要求，以及开标的方式、地点、时间等。

(4) 结尾。招标书的结尾要按顺序写明招标单位名称（盖章）、地址、发文日期、邮政编码、电话号码、电报挂号等；有的还需注明联系人姓名。

招标通知书也称邀请投标函，是有限招标使用的，向有一定承担能力的若干企业直接发出内部邀请的招标文书。确定若干被邀请投标的企业可以先通过公开发布通告，招请报名，经资格预审再选定邀请对象；也可以通过调查了解，在比较熟悉的并具有一定承担能力的承包单位之间进行选择。采用邀请投标的方法，可以提高被邀投标者的中标率，同时也可以节约一定的招标费用。招标通知书的内容和写作与招标书大致相同，只是形式有所差异。

二、投标书

(一) 投标书的含义

投标书，又名“标函”，也称“投标申请书”、“投标说明书”，是投标单位在得知招标公告后，为了中标，按招标单位通知的条件、要求和时间向招标单位申请参与投标而报送的一种经济文书。

（二）投标书的特点

（1）真实性（求实性）。投标书的内容要真实可行，切合实际。若为了中标而增加水分则会适得其反。

（2）竞争性。投标单位要在投标书中表明实力、经营策略、管理手段。这是因为招标单位主要是通过投标书来判断投标单位的优劣。

（3）针对性。针对投标者提出的条件和内容以及企业或工程任务的现状，分析论证，决定是否投标和投标程度。

（4）合约性。投标书是以追求合作、签署合同为目的的。

（三）投标书的种类

（1）按内容可将投标书分为建筑工程投标书、大宗商品交易投标书、招聘经营者投标书、企业承包投标书、企业租赁投标书等类别。

（2）按范围可将投标书分为国际投标书和国内投标书。

（3）按投标方的身份可将投标书分为个人投标书、合伙投标书、法人投标书、联合投标书。

（4）按投标书的性质可将投标书分为申请书、审查书、投标书。

（四）投标书的结构与写法

投标书的主要内容有：投标单位的基本状况、技术力量、承受能力和参加投标的态度等。基本结构有以下四部分。

1. 标题

（1）投标单位名称＋投标项目名称＋文种。例如，××公司承包××大学教学新楼建设投标书。

（2）投标单位名称＋文种或投标项目名称＋文种。例如，××公司投标书或××工程投标书。

2. 主送单位

主送单位即招标单位名称或委托招标方的名称。

3. 正文

这部分是投标书的重要部分，主要指申请投标的名称、数量、技术要求、价格、质量、工期等。要写明态度，提出保证事项，可根据招标公告的内容列出条款，亦可列表或附表。例如，在建筑工程招标书的正文中要写明工程届时，工程总报价及各子项工程的标价，项目开工、竣工日期，质量保证，施工技术组织措施，工程进度安排，安全措施，对招标单位的要求。而在大宗商品交易投标书的正文中则要写明商品总报价及分项报价，商品规格、型号、质量，交货时间、方式、地点，投标方如何组织商品生产，对招标单位的要求。

4. 署名和日期

在正文之后要写明投标单位名称（盖章）、负责人姓名（签章）、地址、邮政编号、电话号码等，最后写明投标申请书发出的年、月、日。

（五）投标书的主要内容

投标书一般由招标单位事先规定，它是投标单位按招标单位的要求填列和编制，以供评标、决策之用的书面文件，是招标、投标文件的主要组成部分。其基本内容包括以下部分。

（1）标书封面。标书封面包括招标单位名称、投标工程名称、投标单位名称和负责人姓名以及标书投送日期。

（2）标书正文。标书正文主要是投标单位根据招标文件的要求，填写工程总标价、各工程量标价、各项费用标价、总工期、主要材料指标、工程质量标准、主要施工技术组织措施、工程进度以及要求建设单位提供的其他配合条件等。

（3）附件。附件主要包括两方面的内容：①工程量清单或单位工程主要部分分项标价明细表。②单位工程主要材料、设备标价明细表等。

在确定中标单位后，便要与其签订合同。

资料来源：中国招标投标协会（http：//www. ctba. org. cn/index. jsp）

【本节实训】

一、填空题

1. 招标书的特点是__________、__________、__________和__________。

2. 投标书在结构上包括__________、__________、__________及__________四部分。

3. 招标书主要包括招标申请书、__________、__________、__________、__________、标底书、__________、__________、__________等。

4. 招标书的标题由__________、__________、__________构成。

二、选择题

1. 招标公告又称（　）。

A. 招标通告　B. 招标启事　C. 招标邀请书　D. 招标广告

2. 招标文书的特点是（　）。

A. 知识性　B. 规范性　C. 公开性　D. 效益性

3. 招标公告的标题有（　　）种写法。

A. 1　　B. 2　　C. 3　　D. 4

三、判断题

1. 招标书即招标说明书。（　　）

2. 招标邀请书不必写明邀请单位的称谓。（　　）

3. 投标文书应具有公开性和竞争性特点。（　　）

4. 招标书是对招标公告或招标邀请书内容的扩展，用来对有关招标事项作出具体的说明。（　　）

四、简答题

1. 招标书的主体部分应写明哪些内容？

2. 投标书的特点是什么？投标书的主体部分应写明哪些内容？

五、改错题（指出下列文书的错误之处，并根据写作要求改写）

××省机电设备招标公司招标公告

××省机电设备公司受××区政府采购中心委托就电教设备项目进行国内公开招标，邀请有兴趣的合格投标人参加投标。

招标编号：0612c2005011

招标名称及数量：投影机13台，电动银幕13张，电脑13台。详细技术规格参阅招标文件中的用户需求。

交货时间：所购设备合同签订后10日内交付。

购买标书时间：2011年2月27日至2011年3月7日。

购买标书地点：金鹰大厦10楼。

投标截止及开标时间：2011年3月10日上午10点。

联系方式：有关此次招标事宜，可按下列联系方式向招标机构查询。

地址：西城区

电话：6213258

传真：×××××××

网址：×××××××××

联系人：张先生

开户银行：××××××××

账号：×××××××

××省机电设备招标公司

2011年2月17日

【本章小结】

经济文写作比其他文种有更高的要求：①需要熟悉政策和法规，要有较高的理论和法制水平，熟悉党和国家的经济政策方针。② 掌握真实准确资料，掌握好调查研究方法，提高业务素养。深入调查搜集，反复核实，这是撰写经济文书的关键。③熟悉经济应用文的格式规范，掌握恰当的表述方法，实事求是、准确、简洁是对经济应用文表述的基本要求。④自中国加入 WTO，面对新的社会形势我们需认真地研究新情况、新问题、新的文种格式、新的表述方法和特点，以尽快熟悉规则，适应规则。

【本章实训】

一、单选题

1. 当企业在作出重大经济决策时要对相关问题作分析，这种分析属于(　　)。

A. 综合性经济活动分析　　B. 专题性经济活动分析
C. 简要的经济活动分析　　D. 定期经济活动分析

2. 经济活动分析报告与经济预测报告都是以市场调查为基础的，但经济活动分析报告侧重（　　）。

A. 未来分析　　B. 过去和现在
C. 反映现实及未来　　D. 预测未来

3. 非常规合同的撰写常使用（　　）。

A. 条款式合同　　B. 表格式合同
C. 条款与表格结合式　　D. 书面形式

4. 授权委托合同是（　　）。

A. 可以随时解除　　B. 不可解除
C. 不可终止　　D. 权利义务不能解除

5. 经济合同的签约人之间的关系必须是（　　）。

A. 平等的法律主体
B. 平等的自然人、法人
C. 国家与下级机关的计划任务关系
D. 权利、义务对等

6. 根据《合同法》，委托人将承担（　　）所发生的法律后果。

A. 委托事务　　B. 经济风险　　C. 依委托金多少　　D. 受托人失误

7. 合同条款中的“标的”指（　　）。

A. 当事人双方权利和义务的共同指向

B. 合同买卖中的货物

C. 合同中的劳务

D. 合同中的价款和酬金

二、多选题

1. 经济文书的特点体现在（　　）等方面。

A. 专业性　　B. 政策性

C. 效益性　　D. 大量运用数据

2. 市场调查和预测报告的作用体现在（　　）这两个方面。

A. 为决策服务　　B. 引导消费和生产

C. 提高经营水平　　D. 提供经验教训

3. 市场调查经常采用的调查方法有（　　）。

A. 文案调查　　B. 问卷调查　　C. 实地调查　　D. 网络调查

4. 经济活动分析报告具有（　　）的特点。

A. 分析性　　B. 总结性　　C. 指导性　　D. 权威性

5. 经济活动分析报告常用分析方法是（　　）。

A. 统计分析法　　B. 对比分析法　　C. 因素分析法　　D. 动态分析法

6. 市场预测报告的标题形式有（　　）。

A. 完整式　　B. 双标题式　　C. 结论式　　D. 单标题式

7. 合同的格式有（　　）。

A. 条款式　　B. 表格式

C. 条款表格结合式　　D. 叙述式

8. 市场调查报告和市场预测报告的区别在于（　　）。

A. 前者重在列举事实，后者重在须有预测结果

B. 两者撰写的格式不同

C. 前者必须到市场实地调查，而后者可以借用他人资料

D. 两者撰写的目的不同

三、分析题

1. 分析下面的合同存在什么问题。

订货合同

本合同订立于1999年6月15日，以××进出口公司为甲方，以××贸易有限公司为乙方。

本合同规定：

甲方为考虑乙方对其所作承诺，特与乙方达成协议，由甲方负责于今年6月至12月，在××市交付国产钢材4 000吨，保证质量并可在工业市场行销，并按下列特定期限，分批交货：8月6日以前，交2 000吨；10月20日以前，再交1 000吨；至12月31日前，全数4 000吨全部交清。

乙方为促使甲方迅速履行本合同，与甲方达成协议，对上述钢材支付每吨人民币×××元价格，货到立付。

如订立合同的任何一方未履行协议，根据本合同规定并经双方同意：违约一方应向对方赔款人民币×××元，作为议定之损失补偿。

以昭信守起见，订约双方签名于下：

订约人：××进出口总公司（经理）×××

××贸易公司（经理）×××

公证人：×××　　×××

该合同存在的问题是（　　）。

A. 标的不明确，如质量、规格

B. 合同款项不全，缺交货地点和交货方式，缺有关运输费用的条款

C. “保证质量并可在工业市场行销”语义模糊，不能说明质量

D. “甲方为考虑乙方对其所作承诺”语义模糊，不能断定这承诺是否合法

2. 对下面的经济分析报告的分析，哪些是正确的？

××绸布呢绒商店×年度经济分析报告

一、基本情况

我店以经营绸布呢绒买卖为主要业务。近年来，由于人民生活水平的不断提高，绸布呢绒类商品市场需求变化较大。过去不重视市场调查，只凭经验确定进销指标，致使一部分商品因不对路、不适销而造成积压。在既要大力组织适销商品以满足消费需要，又要处理积压商品降低库存的原则下，×年度商品流转指标中的进货、销货均超额完成计划，库存商品也从上年的80万元减少到62万元，但比计划安排的要求尚有相当大的差距。主要是积压多年的商品，处理上存在一定困难。而且由于削价出售这些商品，造成销售额超额完成6.2%，利润反而比计划降低1.24%的情况。但与上年各项指标相比，则经济效益有显著提高，发展趋势基本上是好的。

二、各项经济指标的完成情况

×年的计划是在进货保持在去年已实现销货额（成交价）的基础上，同时扩大计划年度的销售来减少库存商品30万元，压缩流动资金。但实际执行结果，

只减少了18万，未能达到预计目标。不过从第二年起，我店加强了市场预测，实行以销定进。因此，在进货超计划9%的情况下，没产生新的积压，整个商品流转计划的执行，基本上是正常的。

销售收入比计划增长6.2%，比上年增长10.9%，在扩大商品流通，满足市场供应方面，取得了一定的成绩。主要问题是：

(1) 销售额增加120万元，利润额反而减少5万元，没有达到计划指标。这主要是由于削价处理积压商品造成的。虽然商品积压也是本店经营管理上存在的问题，但不是×年度的责任。

(2) 费用比计划增加9万元，这是抵除水电、文具、印刷等办公费节约1万余元后的净超支，除其中因扩大商品销售而增加包装、运输、保险、仓储保管、利息支出以及因处理积压商品而支出整理等费用7万余元属于正常外，其他如修理费、差旅费、广告样品费等，都发生了不同程度的超支，总数达2万元左右，这是管理上存在的主要问题。

三、改善经营管理的意见

(1) 加速处理积压商品。×年处理了一批，达10余万元。尚存10余万元是更不适销的商品，积压时间愈久，处理将更加困难，因此，必须采取积极的措施，如降低售价，运销到消费水平较低的地区或加工改制成成品出售等。

(2) 加强财务监督。×年超支的固定费用，虽然没有不合法的支出，却没有精打细算，存在不讲支出效果的情况。如有些差旅费、会议费、广告费并无必要，但财务部门对这种合法而不合理的支出，也只好照付。今后对这些支出，有关部门应慎重考虑。

财务科

×年×月×日

对此文的分析如下：

①格式正确。

②各项经济指标与计划相比，与上年实际相比，方法正确。

③改善经营管理的意见不仅具体，而且有可操作性。

④各项指标的说明，最好是以表格方式列数据，这样会一目了然。

⑤存在的问题，最好分类列表，明确部门责任，以利改进。

正确分析是（　　）。

A. ①②③　　B. ①②③④⑤　　C. ①④⑤　　D. ④⑤

3. 下面是一则内容有误的经济合同，请指出有哪些毛病并加以订正。

协议书

现×××公司经理部（乙方）有进口1寸折叠伞伞骨59 909把，其中男用伞伞骨3 000把，女用伞伞骨56 909把，按处理价一次售给×××伞厂（甲方），每把价7.50元。双方协商如下：

(1) 合同总额：肆拾肆万玖千叁百壹拾柒元伍角（449 317.50元）

(2) 验收办法：20××年×月×日，甲乙双方代表到乙方仓库检验，乙方即按合同发货，以甲方实际验收数为准。

(3) 付款办法：甲方在20××年第二季度内付50%，四季度全部付清（货款按乙方实际发出数结算）。

(4) 运输办法：自合同签订之日起，一个月内由乙方代办运输至××站。短途运输由乙方负责，铁路运输由乙方按实际发出数甲方托运。

(5) 包装：纸箱包装。应完整。费用由乙方负担。

(6) 如甲方在指定期限内不能如数付清货款时，所欠款项必须按每日罚款×%计算，直至全部货款付清为止。

(7) 本协议双方代表签字盖章后生效，并到工商局、银行鉴证执行。

甲方：×××××伞厂	乙方：×××××公司
代表：×××（盖章）	经理部代表：×××（盖章）
开户银行：××××	开户银行：××××
账号：×××	账号：×××
签约日期：20××年×月×日	签约日期：20××年×月×日

第五章 诉讼文书写作

【知识目标】

1. 掌握诉讼文书的概念、种类、特点和作用
2. 掌握诉讼文书常用的表达方式
3. 掌握说理在诉讼文书中的语言表达要求
4. 掌握各类诉讼文书在不同场合下的运用

【技能目标】

1. 能够根据不同的法律场合撰写不同类型的诉讼文书
2. 能够在诉讼文书的撰写中掌握写作的要领和目的要求
3. 能够注重语言表达的方式以及证据在诉讼文书中所起的作用

【案例引导】

民事起诉状

原告：阿凤，女，×年出生，汉族，无职业，现住阜新市某区。电话：×××

被告：阿学，男，×年出生，汉族，个体，现住址同原告。电话：×××

诉讼请求：

1. 坚决要求与被告离婚；
2. 婚生女阿美归原告监护抚养，由被告一次性给付抚养费；
3. 依法分割夫妻共同财产。

事实与理由：

我与被告于1987年经人介绍相识，1991年结婚。婚生一女阿美，1992年1月28日出生，现就读于阜新某中学。

我与被告结婚初期感情尚可，结婚半年后，因性格原因及生活琐事双方经常吵架，原告多次遭到被告打骂。为此，我曾于2004年11月份起诉离婚，经法院

2004 年 12 月份调解结案。此后，我与被告一直分居，加上以前分居的时间，已连续长达 42 个月，双方感情仍没有任何改善。

以上事实足以说明我们夫妻感情确已破裂，夫妻关系已名存实亡。维持这样的夫妻关系，双方都痛苦，对正在高中就读的孩子的成长更不利。另外，被告多年来一直不负家庭责任，虽然他从事个体饭店经营，收入很高，但却从未向家中交付，并有意隐瞒收入，而且其居住地点也不固定。婚姻存续期间尚且如此，如果离婚并判决其分期给付子女抚养费，那判决将会成为一纸空文，根本无法执行。所以，我要求被告一次性给付抚养费。综上，请人民法院支持原告诉讼请求，维护我及女儿的合法权益。

此致

阜新市某区人民法院

起诉人：阿凤

×年×月×日

（资料来源：http：//zhidao. baidu. com/）

第一节　诉讼文书写作概述

一、诉讼文书的含义

诉讼文书是司法文书中的一个类别。司法文书具有广义、狭义两种含义。狭义上的司法文书，是指公安机关、检察院、法院、司法行政机关依法制作或发布的有关处理民、刑、行政案件的具有法律效力或法律意义的文书。这种司法文书，制作机关必须是公安机关、检察机关、人民法院及司法行政机关。它的制作依据是法律；它的适用范围是民事案件、刑事案件和行政案件；它的主要特征是具有法律效力或法律意义；它的性质是司法公文，不是民间文书。广义上的司法文书外延比较大，除上述内容外，还包括诉讼类文书和公证机关的公证文书等。

二、诉讼文书的特点

诉讼文书是司法文书的一部分，它有自身的写作规律和特点。其特点大致有以下几个方面。

1. 以控告各种违法行为、保护自身合法权益为内容

自诉状是控告性的，以控告犯罪行为为内容。答辩状、辩护状、上诉状和申

诉状是辩护性的，以驳正有关指控为内容，有“反控诉”的意思。所有这些内容，都同刑事案件或民事案件有关。同案件无关的内容，如一般思想作风问题等，不应写进去。

2. *以事实为依据，以法律为准绳*

一切法律行为都要以事实为依据，以法律为准绳。写诉讼文书，就是一种法律行为。案件是否成立，被告是罪重、罪轻，还是无罪，都要摆事实、讲道理，符合真实与法律两个原则。如果伪造、隐匿或毁灭证据，那都要负法律责任，甚至要受到法律制裁。

3. *有通用的格式*

在长期的诉讼实践中，人们为了便于书写，便于审理，逐步形成了比较简化的诉讼文书书写格式。每一种诉讼文书的结构，都有通用的规格样式。一般包括首部、请求、理由和附注部分。制作的时候，要按照司法部门统一规定的格式，合理安排材料，保持项目的完备性，不能残缺不全，颠来倒去。

4. *有一套法定术语*

诉讼文书有一套法定的术语，每个词语的含义，在有关法规上一般都有规定，例如，“故意犯罪”和“过失犯罪”不同；“贪污”和“受贿”有别。在社会上，可以称配偶为“爱人”，而在诉讼文书中则要明确地称为“丈夫”或“妻子”。这就要求诉讼文书的作者必须懂得法律常识，写作时使用准确的法律术语，为司法机关审理案件提供条件。

5. *语言的高度准确*

诉讼文书的文字要求高度准确、流畅、简洁，因文字甚至是标点而造成多义多解的现象，会给审判带来麻烦。

三、诉讼文书的作用

诉讼文书是司法实践活动的忠实记录，是实施法律的有效保证，是检查执法情况的有力工具。

根据法律规定，诉讼的各阶段都必须使用诉讼文书予以记载、认定、付诸实施，只有这样，诉讼文书才能发生法律效力。它是各诉讼程序有序进行的忠实记载和凭证，是国家法律运用于案件事实的具体体现。法律诉状属于诉讼文书的一部分，具有诉讼文书的共同作用，其作用主要表现在以下几个方面：

第一，当事人以及其他诉讼参与人，凭借有关的诉讼文书，反映事实，举出证据，提出诉讼请求，申述诉讼理由。没有这样的诉讼文书，便不可能有诉讼程序的开始和进行。

第二，司法机关凭借诉讼文书，准确地表述和认定事实，正确地运用国家法律，依法完成全部诉讼程序，使诉讼活动得以合法地完善结束。如果没有这类诉讼文书，便不可能有诉讼活动的结束，任何诉讼行为都是毫无意义和效果的。

第三，公开使用或发布的诉讼文书，在依法裁决处理实际案件时，不但发挥了法律的效力，体现了法律的尊严，而且更生动、具体、自然地起到了教育公民、宣传法律的作用，是进行社会主义法制宣传教育的生动教材。

总之，诉讼文书是保障国家法律有效实施的必要工具。它不仅具有具体的实用价值，而且具有重大的法律教育意义。因此，了解并掌握诉讼文书的写作要求是十分必要的。

四、诉讼文书的写作要求

（1）选材要真实、准确、有针对性。

（2）诉讼文书的格式要符合法定规范。

（3）诉讼文书的语言必须准确、精练、朴实。

第二节　起诉状

【知识目标】

1. 掌握起诉状的概念、种类和起诉的条件以及使用的范围
2. 掌握各类起诉状的写作格式和写作要求

【技能目标】

1. 能够根据不同的案件，明确起诉状的种类及运用的文体结构
2. 能够注重语言表达的方式和技巧，具有撰写起诉状的能力

【案例引导】

民事起诉状

原告名称：××省总工会

所在地址：××省×××市×××大街×号

法定代表人：×××，职务：主席

电话：××××××

被告名称：×××市××制衣中心

所在地址：××省×××市×××大街×号

被告名称：×××市××实业总公司

所在地址：×××市×××村

诉讼请求：

1. 判决被告立即偿还借款30万元；

2. 判决被告支付资金占用费。

事实与理由：

2011年3月，×××市××制衣中心（以下简称制衣中心）为开发职工劳动保护新产品服装，请求原告为其提供资金30万元，并愿支付年30%的资金占用费。原告经慎重研究，并经询问××总工会事业部有关领导，考虑到制衣中心开发劳保用品的实际情况和为我省职工劳动保护做些有益工作，以及×××市××实业总公司（以下简称总公司）自愿为制衣中心提供担保，决定给予制衣中心资金支持，由原告的实业开发部具体办理。

经认真协商，2010年7月8日，原告实业开发部与制衣中心签订了借款协议书，具体规定了双方的权利义务，并规定了如制衣中心不按规定用途使用或逾期不还，原告可从担保单位账中扣还。制衣中心的担保单位——总公司也在协议中签字、盖章。协议签订后，原告于2011年3月10日转款30万元给制衣中心。时至今日，被告制衣中心不仅没有支付资金占用费，所借的30万元也分文未还。原告多次派人或致函催要，被告均以主要领导不在等理由推辞。被告总公司本应依照我国《民法通则》第八十九条第一款之规定："保证人向债权人保证债务人履行债务，债务人不履行债务的，按照约定由保证人履行或承担连带责任。"但保证人至今未履行其保证人的义务。原告认为，协议签定后，协议双方及担保单位均应认真履行自己的义务，由于二被告拒不履行应尽的义务，致使原告蒙受重大经济损失。为此，原告请求人民法院根据本案事实，依据我国法律有关规定，判决二被告立即偿还借款并支付资金占用费，以维护原告的合法权益不受侵犯。

证据和证据来源，证人姓名和住址：

1. 双方签订的有担保人签章的《借款协议》；

2. 原告催要还款的信函；

3. 被告单位财务科×××，住×××市×××村×号。

此致

×××市××区人民法院

附：本诉状副本2份

起诉人：××省总工会（公章）

代书律师：×××

二〇一一年五月二十五日

【评析】

这则民事起诉状是关于债权债务纠纷的。其诉讼请求明确具体，事实与理由部分对纠纷的缘由和经过进行了详细清楚的交代，由此表明其要求是合情、合理、合法的。

一、起诉状的含义

起诉状又称诉状，是公民、法人或者其他组织为维护自身权益，依法向人民法院提起诉讼并请求裁判的司法文书。起诉状是司法文书中应用最广泛的一类文书。

在诉讼过程中，提起诉讼者为原告，被诉讼者为被告。原告在提起诉讼时应向人民法院提交起诉状，起诉状包括正本一份和副本若干份，副本数量依被告人数来确定，通常一个被告一个副本。

二、起诉状的种类

按照诉讼的目的和适用诉讼程序的不同，起诉状可分为民事起诉状、刑事自诉状和行政起诉状。

（一）民事起诉状

1. 民事起诉状的含义

民事起诉状是公民、法人或者其他组织在民事权益被侵害或与他方发生民事权利义务纠纷时，依法向第一审受理本案的人民法院提起诉讼的司法文书。

第一审人民法院指原告所在地是辖区基层法院。

2. 民事起诉条件

根据《民事诉讼法》的规定，民事起诉必须符合以下条件：

（1）原告是与本案有直接利害关系的公民、法人和其他组织。

（2）有明确的被告。

（3）有具体的诉讼请求和事实。

（4）属于人民法院受理民事诉讼的范围和受诉人民法院管辖。

（二）刑事自诉状

1. 刑事自诉状的含义

刑事起诉分为公诉和自诉。公诉是人民检察院代表国家对应当追究刑事责任的被告人向人民法院提起的诉讼。自诉是自诉人或其法定代理人为追究被告人的刑事责任直接向人民法院提起的诉讼。

刑事自诉状是自诉人或其法定代理人为追究被告人的刑事责任或附带民事赔偿责任，依法直接向第一审受理本案的人民法院提起诉讼的司法文书。

2. 刑事自诉条件

依据《刑事诉讼法》的规定，刑事自诉状适用于以下三类案件。

（1）告诉才处理的案件（这类案件一般指侮辱、诽谤案、暴力干涉婚姻自由案、虐待案、侵占案等）。

（2）被告人有证据证明的轻微刑事案件（这类案件是指故意伤害案、非法侵入住宅案、侵犯通讯自由案、重婚案、遗弃案等）。

（3）被害人有证据证明对被告人侵犯自己人身、财产权利的行为应当追究刑事责任，而公安机关或者人民检察院不予追究被告人刑事责任的案件。

刑事自诉应符合以下条件：

（1）有适合的自诉人，即自诉人必须是被害人或其法定代理人、近亲属。

（2）有明确的被告人和具体的诉讼请求。因此，具有明显的主动性。

（3）属于自诉案件范围。

（4）被害人有证据证明被告人的犯罪事实。

（5）属于受诉人民法院管辖。

（三）行政起诉状

1. 行政起诉状的含义

行政起诉状是公民、法人或者其他组织认为行政机关或行政机关工作人员的具体的行政行为侵犯其合法权益，依法向第 审受理本案的人民法院提起诉讼的司法文书。

2. 行政起诉条件

根据《行政诉讼法》的规定，行政起诉必须符合以下条件：

（1）原告是认为具体行政行为的行政机关或者行政机关工作人员侵犯其合法权益的公民、法人或者其他组织。

（2）有明确的被告。

（3）有具体的诉讼请求和事实根据。

（4）属于人民法院受案范围和受人民法院管辖。

《行政诉讼法》中的“属于人民法院受案范围”其特定的含义，与人民法院对民事和刑事案件有完全的管辖权不同，人民法院对行政案件实行特定主管的原则。对于法律没有规定由人民法院主管的行政案件，人民法院不予受理。

三、起诉状的适用范围

起诉状是指在各类纠纷案件中，一方当事人在自己的合法权益受到侵害，或者当事人的另一方有解决不了的关于权利和义务方面的问题时，向法院提起诉讼，请求法院裁决，以保护自己合法权益所制作的实用文书。

起诉状俗称“状子”，任何企事业单位、国家机关、社会团体和公民，在认为自己的合法权益受到了侵害时，都可以制作起诉状，申述自己的理由。

四、起诉状的作用和特点

（一）起诉状的作用

1. 它是维护当事人的合法权益的手段

国家的法律赋予了每个当事人依法保护自己的合法权益不受侵害的权利，当事人如果不能通过协商的办法解决问题，就可以使自己享受诉讼的权利，依法获得法律的保护。

2. 它是法院进行审理或调解的依据

起诉状既是原告用来陈述案件的事实，表述诉讼请求的文书，同时又是人民法院进行审理或调解的依据。没有起诉状，诉讼程序就无从发生。

3. 它是被告人进行答辩的依据

进入诉讼程序后，被告人要进行答辩，而被告人的答辩一般只要针对原告在起诉状中提出的问题进行辩驳即可，所以，起诉状又是被告人进行答辩的依据。

（二）起诉状的特点

1. 告诉性

起诉状旨在把被告对自己的侵害事实告知人民法院，以求得人民法院对自身合法权益的保护，因此，具有明显的告诉性。这种告诉性可以直接引起法院的一审程序。

2. 主动性

起诉状是原告提起诉讼必须主动使用的司法文书。原告人凭借起诉状主动陈述被告人侵害自己的事实，从而提起诉讼请求。因此，起诉状具有明显的主动性。

五、民事（行政）起诉状的结构与写法

根据《法院诉讼文书样式（试行）》（以下简称《样式》）的规定，各类诉状按当事人（具状人）是公民还是法人或其他组织，在格式、内容上而有所不同。

（一）公民提起民事、行政诉讼

公民提起民事、行政诉讼时，起诉状应依次写明如下内容：

（1）标题。写明“民事起诉状”或“行政起诉状”。

（2）当事人基本情况。这部分要分别写出原告和被告的姓名、性别、出生年月日（对民事被告的出生年月日确实不知的，可写其年龄）、民族、籍贯、职业或工作单位和职务、住址等。被告是法人、组织或行政机关的，应写明其名称和所在地址。

（3）诉讼请求。

（4）事实与理由。

（5）证据和证据来源，证人姓名和住址。

（6）结尾。行文格式为“此致××人民法院”，左下另起一行写“附：本诉状副本×份”等。

（7）落款。行文格式为“起诉人：×××”，下行另起写具状的时间——××××年×月×日。

（二）法人或其他组织提起民事、行政诉讼

法人或其他组织提起民事、行政诉讼时，所用起诉状的结构及写作要求如下：

1. 首部

（1）标题。

标题应写明“民事起诉状”或“行政起诉状”。

（2）当事人基本情况。

这部分内容在《样式》规定中是变化较大的部分，项目更详细。原告的基本情况应依次写明如下项目：原告名称、所在地址；法定代表人（或代表人）姓名、职务、电话；企业性质、工商登记核准号；经营范围和方式，开户银行、账号。被告方基本情况应写明：被告名称、所在地址、电话。其中，被告是法人、组织或行政机关的，只写其名称和所在地址即可；如果是民事诉讼，被告是

公民的，应写明该公民的姓名、性别、出生年月日（或年龄）、民族、籍贯、职业或工作单位和职务、住址等。

2. 诉讼请求

民事诉讼中原告的诉讼请求就是要求人民法院予以解决或保护的具体事项，如请求法院确定财产归属、判定债务清偿等；行政诉讼中原告的诉讼请求就是法人或其他组织（包括企业）对行政机关的行政处理或处罚不服，请求法院撤销、变更某行政行为，或判定行政机关赔偿损失等。

写这部分时应注意：目的要明确、具体，请求要合情合理、切实可行，不可漫天要价或在民事、行政诉讼中提出刑事处罚的要求；语言要概括、简练、确切，如果是多项请求，最好每项请求概括为一句话，分条罗列。

3. 事实与理由

这是起诉状的正文和主要部分，包括事实和理由两方面内容，也就是平常所说的"摆事实、讲道理"。它是人民法院受理和裁决案件的主要依据。

事实部分要写明被告民事侵权或行政侵权的具体事实，或是双方争议的具体内容，以及被告一方应当承担的法律责任。要把侵权事件或争议发生的时间、地点、原因、情节、经过写清楚，特别要把被告侵权行为造成的后果、应承担的责任，或双方争议的焦点、实质性分歧实事求是地写清楚。

理由部分要在摆清事实的基础上，根据事实及法律的有关规定，分析论证被告方侵权行为或与之争议的权益的性质、所造成的后果以及应承担的责任。讲道理时，要有理有力，有据有节，观点明确，分析透彻，措辞得当，不得使用污辱性、谩骂性词语，即使援引被告方或其他人谩骂性语言时，也不可照搬，而应使用替代符号（"×"）或省略号。

阐述理由时，还应注意运用法律，引用恰当的法律条文，使自己的诉讼要求和理由更具说服力和有效性。但一定要引用原文，不得自述或断章取义。

4. 证据和证据来源，证人姓名和住址

这是《样式》规定中最显著的一点变化，就是将证据材料部分的内容和"事实与理由"部分分开单写，这更加突出了法律"重事实，重调查研究，重证据"的诉讼原则，也反映了民事、行政诉讼当事人不同于刑事诉讼当事人的一大特点——前者具有法律上的"举证责任"，而刑事案被告则无举证责任。

这一部分内容应与事实部分相呼应，在事实部分叙述的情节，在这部分就要有相应的证据材料。行文时，可单列证据及其直接或间接传来的证人、该证人的姓名、地址，分条写清即可，不必再复述相关的事实情节。

5. 结尾

结尾应写明起诉状所要提交的法院名称，以及应向法院说明或提交的材料等。一般行文写作："此致××人民法院"，左下另起一行写"附：本诉状副本×份（按被告的人数提交）"等。

6. 落款

落款要依次写明以下内容：

（1）具状人署名。起诉人或自诉人在正文右下方签名或盖章。

（2）具状日期。写在正文右下方，具状人署名的下一行。

六、起诉状的写作注意事项

（一）实事求是

人民法院受理案件的基本原则是"以事实为依据，以法律为准绳。"为此，起诉状的写作必须遵循真实与合法的原则，忠于事实的本来面目，陈述事实时客观、全面，实事求是，不能为求胜而歪曲事实。在提出诉讼理由及请求时，必须符合有关的法律规定。

（二）明确具体

诉讼请求是原告人请求法院解决纠纷所要达到的目的，应明确、具体，逐项列出，以便法院作出裁决和依法执行。

（三）逻辑严密

起诉状是法院依法作出判决或裁定的依据，所以，必须层次清楚，逻辑严密，交代清楚纠纷的起因、后果和被告人违法行为造成的后果与应承担的责任，写作时要抓住关键，突出焦点，既方便法院抓住问题的实质，又能体现出自己的起诉和请求是合理合法的。

（四）语言得体

起诉状的语言应准确、通俗、简洁，一方面遣词造句要准确，特别是一些法律术语的使用更要恰如其分，另一方面，用语应简洁，要用尽可能少的文字讲清事实、讲明道理。这样起诉状的语言表达才能做到理直而气和。

【本节实训】

分析题

1. 下面这份起诉状的"事实"部分只有简短的三句话，它写得是否符合要求，应从哪些方面给予补充修正？

“我厂将十万双皮鞋发运给被告。被告拒付货款。我厂特向法院提起诉讼。”

2. 在一则索付货款的起诉状中，原告要求被告付清所欠货款。该起诉状的大部分内容都是叙述索要货款的经过，而被告欠款的事实及可信的证据却很少。请问这则起诉状的毛病在哪里？应该如何写这部分的理由。

第三节　上诉状

【知识目标】

1. 掌握上诉状的概念、作用和特点，明确上诉状适用的场合
2. 掌握各类上诉状的写作格式和写作要求

【技能目标】

1. 能够根据不同的案件，明确上诉状的种类和所运用的文体结构
2. 能够注重语言表达的方式和技巧，具有撰写上诉状的能力

【案例引导】

民事上诉状

上诉人：谢××，男，1960年5月16日出生，满族，个体工商户，住××县××镇计卫局家属楼4单元9号。

被上诉人：林××，男，1966年3月25日出生，满族，中国人民银行××县支行职工，住××县××镇人行家属楼2单元209室。

被上诉人：付××，男，1972年4月6日出生，满族，××县文化旅游局职工，住××县××镇兴洲路15号。

上诉人因侵权纠纷一案，不服河北省××县人民法院2005年8月16日(2005)×民初字第502号判决，现提出上诉。

上诉请求：

请求撤销河北省××县人民法院的判决，并判决驳回两被上诉人的诉讼请求。

上诉理由：

一、一审法院审理程序错误

法院确定案由应当依据双方争诉涉及的法律关系确定，而不是以诉讼目的或

者希望获得的诉讼结果确定，所以，本案的案由应当是侵权纠纷，而非排除妨碍。而被上诉人是独立的民事主体，如果其权利存在应当是独立的民事权利，在侵权诉讼中应当独立行使诉讼权，分别起诉。一审法院按照必要的共同诉讼受理并审理此案，违反《民事诉讼法》的规定。

被上诉人不能占有、使用房屋的事实，只能依据其证据能够证明的既存权利去实现救济。第三人作为出卖方或者出租方有担保的责任，当其不能交付标的物以实现合同目的时，应当由出卖人或者出租人承担违约责任。被上诉人以与第三人的合同存在起诉上诉人侵犯其物权，不符合《民事诉讼法》的规定。法院受理被上诉人的起诉，是值得商榷的。

二、一审法院认定事实不清

本案是不动产物权侵权纠纷，法院必须查清被上诉人（原审原告）对不动产的合法权利是否确实存在。但是，一审法院只是用模糊的“使用权”概念代替不动产的所有权以及用益物权等概念。使用权不是一个独立存在的权利，它是包含在所有权和用益物权之内的一项权能。被上诉人取得的是所有权还是依据何种关系取得的用益物权或者依据租赁合同取得的租赁权，一审法院没有认定，当然在本案中也无权认定。被上诉人那种依法应当保护的合法权利一审法院没有认定。

上诉人合法使用房屋及通道，这是上诉人依据集资协议取得的初始权利。违法性是侵权构成的重要因素，一审法院不能确认上诉人的合同无效，也没有认定上诉人的行为违法，因此，判决上诉人构成侵权，是极其错误的。

被上诉人付××、林××对房屋既未实际占有，又没有合法证据证明其合法权利存在，法院判决上诉人侵权，缺乏事实基础。

三、一审法院判决证据不足

依照《城市房地产管理法》规定，房地产实行登记发证制度。《城市房屋权属登记管理办法》规定，房屋所有权证是房屋所有权的唯一合法凭证。如果法院确认被上诉人对房屋具有所有权，就必须以房屋所有权证为依据。

《城市房地产管理法》规定，房屋租赁实行备案制度，建设部颁发的《城市房屋租赁管理办法》规定，房屋租赁证是房屋租赁关系合法有效的凭证。

在一审法院的审理中，被上诉人不能提供相应的证书，不能证明自己拥有对房屋的合法所有权或者使用权。

综上所述，依法登记的产权证书是不动产物权的公示或者证据。其他文件都不能成为拥有物权的证据，这一点在《物权法（草案）》中有明确的规定，这也是法学理论的通说。

合同是证明债权存在的证据，合同具有相对性也是法学理论的通说，而一审法院判决所依据的证据是无法确认真实性更不能确认合法性的合同。即使是在一审判决书中，一审法院也只是承认了所依据的合同的客观性，而没有确认所依据的合同的合法性、真实性。依据法律规定，被上诉人提供的合同依法应当认定无效。

1. 被上诉人林××提供的“房屋使用权转让协议”的相对方是承德市钟鼓楼城市信用社停业整顿工作组，该组织不是独立的法人，在相关法律、法规中没有看到合法存在的依据。因此，该协议的真实性、合法性都不能确认。而且，该房屋没有经过初始登记，房屋转让本身是没有法律效力的。

2. 被上诉人付××提供的“集资让房协议”的真实性无法证实，作为协议的相对方，不能为该协议的真实性出具证明。同时，依据《合同法》第五十二条第五项和《城市房地产管理法》第三十七条第六项的规定，该协议确是无效合同。以无效的合同主张有效的权利，于法不容，于理不通。

3. 原审法院向××县文化旅游局局长和前局长调查的证据，只能证明上诉人和××县文化旅游局之间存在合同纠纷，不能凭此证明两被上诉人对本案所争议的使用空间有所有权或者其他合法的权利。

四、一审法院适用法律不当

被上诉人以共有关系起诉要求排除妨碍，法院以相邻权适用法律，违反《民事诉讼法》不告不理的原则。同时，如果两被上诉人确有合法权利存在，争议各方之间的关系也是区分所有权关系，而不是相邻权关系。

综上所述，一审法院审理程序错误，一审判决事实不清、证据不足、适用法律不当，请二审法院依法撤销原判，依法支持上诉人的请求。

此致

承德市中级人民法院

附：本上诉状副本2份

上诉人：谢××

二〇一一年四月二日

【评析】

这是一份民事上诉状，项目齐全、结构完整，符合要求，正文部分主要从程序与实体两个层面展开，紧紧围绕原审程序、事实、证据、适用法律及判决书的关键内容进行说理，能进行合适的引述，具有较强的说服力。

一、上诉状的含义

上诉状是指诉讼当事人或其他法定代理人，不服地方各级人民法院一审的判决、裁定，依照法定程序，在法定期限内，向上一级人民法院诉请撤销、变更原审裁判或重新审理的诉讼文书。

我国法律规定，案件审理实行二审终审制。当事人对一审判决不服，有权提出上诉，任何人不得以任何借口剥夺其上诉权。但是，在刑事案件中，刑事自诉案件的自诉人和被告人均有权提出上诉，而公诉案件的被害人，由于他们不是案件的当事人，无权提出上诉。如果是刑事附带民事诉讼，属于公诉案件的，被害人和他们的法定代理人只能对一审判决中的附带民事诉讼部分提出上诉，应在法定的上诉期限内提出抗诉。

各类案件的上诉有相应的法定期限。不服一审判决的，刑事案件上诉期限为10日，但杀人、强奸、抢劫、爆炸及其他严重危害公共安全应当判处死刑的犯罪分子，上诉期限为3日；民事案件和行政案件上诉期限为15日（如果当事人不在我国领域内居住，上诉期限为60日）。不服一审裁定的上诉期限，刑事案件为5日，民事案件和行政案件为10日。以上期限，从当事人接到判决书的第二日起计算。

二、上诉状的种类

上诉状依据案件的性质，可分为刑事上诉状、民事上诉状和行政上诉状三种。

1. 刑事上诉状

刑事上诉状是刑事诉讼当事人或其法定代理人对人民法院第一审案件判决或裁定不服，在法定上诉期限内依照法定程序，向上一级人民法院请求撤销或变更原审裁决或重新审理而提出的诉讼文书。

2. 民事上诉状

民事上诉状是民事诉讼当事人不服人民法院一审判决或裁定，依法定程序和期限，向上级人民法院提出上诉，请求撤销、变更原审判决或裁定，或重新审理的诉讼文书。

3. 行政上诉状

行政上诉状是行政诉讼当事人不服一审法院对行政案件作出的裁定或判决，在法定期限内依法向上一级法院提出上诉，要求撤销、变更原裁判的一种诉讼文书。

三、上诉状的作用

上诉状是法律赋予公民的一种诉讼权利，上诉状是当事人行使上诉权、维护自身合法权益的有力工具，也是二审人民法院受理和审理案件的依据。通过上诉案件的重新审理，有利于二审人民法院对下级人民法院的审判工作进行监督，对匡正误判、实现司法公正、保护公民合法权益具有不可忽视的作用。

四、上诉状的特点

1. 针对性

上诉状具有明显的针对性，上诉的对象是地方各级人民法院尚未生效的判决或裁定，上诉状的内容要针对第一审判决或裁定的内容进行分析，以论证其中认定事实、适用法律等的错误或不当之处。

2. 论辩性

上诉状的主要内容是阐明不服一审判决或裁定的理由，所以，上诉状要对一审判决或裁定在事实认定、案件定性、适用法律、诉讼程序等方面存在的问题进行分析论证，在反驳一审观点的同时，阐明自己的主张和要求。

3. 期限性

上诉状必须在法定期限内提出。民事案件的当事人不服一审判决的上诉期限为 15 日，不服一审裁定的上诉期限为 10 日；刑事案件的当事人不服一审判决的上诉期限为 10 日，不服一审裁定的上诉期限为 5 日；行政案件的上诉期限与民事案件相同。以上期限，均从当事人接到判决书或裁定书后的第二日计算。逾期写出和提交的上诉状，不具有法律效力。

五、上诉状的结构与写法

上诉状一般由首部、正文、尾部三部分组成。

（一）首部

1. 标题

属于刑事案件的上诉状，其标题应写“刑事上诉状”，属于民事、行政案件的上诉状，其标题应写“民事上诉状”或“行政上诉状”。

2. 当事人基本情况

书写项目、次序与起诉状相同，应写明姓名、性别、出生年月日、民族、籍贯、职业或工作单位和职务、住址等。刑事上诉状只写上诉人情况，民事、行政案件的上诉状，应写明上诉人和被上诉人情况。当事人是法人，其他组织或机关的，还应写出名称、地址、法定代表人情况。

3. 案由

这一栏写明不服一审判决或裁定的事由、原审法院的名称、处理时间、文书的名称和字号以及上诉的意愿表达等内容。其行文格式一般为："上诉人因××（案由）一案，不服××人民法院×年×月×日法×字×号判决（或裁定），现提出上诉。"

（二）正文

正文包括上诉请求和上诉理由两部分。

1. 上诉请求

这部分主要说明不服一审判决或裁定，请求人民法院重新审理和改判。内容大致包括以下几点：

（1）简要概括案件，引述原判决的结论。

（2）表明对原审判决的结论是全部不服还是部分不服，如果是部分不服，还应表明对哪一部分不服。

（3）提出具体上诉的请求，是撤销原审判决，还是改变或部分改变原审的处理决定。上诉请求应具体、明确。

2. 上诉理由

这部分是正文的主要部分，也是上诉人提出上诉请求的根据。要依据事实和法律，对原审判中的不当之处加以辩驳，这首先是二审法院能否受理上诉的关键所在，其次也是上诉能否获胜的关键所在。一般情况下，可以从以下几方面入手：

（1）阐明原审判决所认定的事实全部或部分与客观事实有误，并提出纠正或否定错误的事实和证据。

（2）否定原审判决对案件定性的准确性，具体指出其错误或不当之处。

（3）原审判所援引的法律条文不准确，并提出正确的法律依据。

（4）指出原判所采用的审判程序不合规定，如审判组织不合法，应当回避而不回避，应公审而未公审，必须辩护而无辩护人等。

事实和理由的论证，要针对原审判决，以驳论为主，在批驳中阐明自己的观点。

（三）尾部

（1）另起一行空两格写"此致"。

(2) 另起一行顶格写上诉状送达的人民法院的名称。

(3) 上诉状的右下角，上诉人签名、盖章，注明上诉的日期。

(4) 上诉状的左下角，安排附项，即副本×份。

六、上诉状的写作注意事项

1. 针锋相对，有的放矢

上诉的目的是为了改变一审判决，维护自己的合法权益，所以，写上诉状时应针对原审裁定的不当，提出自己的理由和诉讼请求。把原审判内容中不当之处引下来，依据事实和法律提出自己的意见，抓住关键问题，逐层辩驳，所提出的观点应足以影响二审法院对案件的处理。

2. 摆事实，讲道理，以理服人

上诉的成功与否主要取决于上诉陈词有无理由和理由是否充分。因此，辩驳原审判决的错误，一定要有事实证据，通过摆事实、讲道理、以理服人，切不可强词夺理、无理辩驳，一定要做到观点和材料相统一，并依据法律条文来阐明自己的观点和主张。

3. 条理清楚，逻辑性强

上诉状要能引起二审法律程序并达到上诉的目的，就必须要条理清晰，逻辑严密，具有说服力。上诉状的语言表达应简洁、流畅、准确，案由、请求、理由应既交代得清楚，又不啰唆。

【本节实训】

写作题

根据下面的事实写一份上诉状。

××市××饭店经理王××（女，30岁，住本市××小区），2010年8月开始租赁张××（男，48岁，在本市××贸易公司工作）的出租房2间，双方签订了租赁合同：房租每月1 500元，从2010年8月起至2012年12月，每月如数支付房租。但后来王××得知张××租给别人同样的房间每月仅收1 200元，就向张××提出房租减到1 200元每月，遭到张××的拒绝。因此，王××从2011年1月起停止支付房租。张××以王××不付房租占用租房为由，向人民法院提起诉讼。市人民法院在2011年7月16日作出的第68号民事判决书中判决：维护双方2010年8月签订的合同，令王××将欠款的租金一次性付清。王不服判决，于2011年8月向市中级人民法院上诉，以双方过去签订的合同租金过高，不公平为由，要求比照其他同类租客，减少每月租金数额。同时，以经济困难，一时付不起几个月的房租为由，要求分期付给，以维护上诉人的合法权益。

第四节　申诉状

【知识目标】

1. 掌握申诉状的概念、作用和特点，明确申诉状适用的场合
2. 掌握各类申诉状的写作格式和写作要求

【技能目标】

1. 能够根据不同的案件，明确申诉状的种类和所运用的文体结构
2. 能够注重语言表达的方式和技巧，具有撰写申诉状的能力

【案例引导】

刑事申诉状

申诉人（即被告）：杜××，男，××岁，×族，××县人，初中文化程度，20××年×月×日被逮捕。被捕前系××市第一橡胶厂工人。

申诉人因与王×流氓一案，经××省高级人民法院于20××年×月×日以法刑一核字（84）第228号刑事判决书“核准××市中级人民法院20××年×月×日（××）刑上一字第6号以流氓罪判处杜××死刑，缓期两年执行，剥夺政治权利终身的刑事判决”。原判认定事实和论罪定刑，均有欠当，特提出申诉。

现将申诉的理由和请求分述如下：

省高级法院原核判决认定事实有重大出入：

一、原判认定．“20××年×月×日晚，以王×、杜××为首纠集江×、李×、尹××、潘××（均已判刑）等20余人，携带剑、棍、气枪等凶器砸抄石××家。”事实上，那天晚上是张××来通知我到石家去的，并不是我“为首纠集”；同时，我因为与石××的父母关系很好，所以，去后，为了敷衍王×等人，我只拾了一块砖头砸了石家的玻璃窗户，没有砸中任何人，之后，就借故和江×一道走了，此事有张××和江×两人可以作证。

二、原判认定：“同年×月×日晚，在杜××提议下，李×、杜××等人殴打了工人陈××。”这与事实完全不符。当晚，我在路××家吃晚饭，后在回家

的路上，是李×提出去打陈××的，我未作声，但没想到正好遇到了陈××，李×窜上去抓住陈××并与之打成一团，我既未“提议”，也未动手打陈××。只因我当时跌倒，被陈××一伙围住，迫于无奈，才用水果刀刺了陈××，这是属于正当防卫行为，不能认为构成犯罪。

三、原判认定：“20××年×月×日，杜××与祁×等人打伤郑××头顶部。”事实上，当晚，我与刘××到矿务局看电影，途中，看到蒋××等人在追赶郑××。此事与我完全无关。

四、原判认定：“20××年×月×日晚，在杜××指使下，龚××开散弹枪击伤王××，四粒子弹穿透了肺部。”这也不符合事实。那天，我和刘××及杨×在矿务局冷饮室聊天，龚××来找我们帮助他运两袋瓜子回家，运好后，我们几人一起到张××家喝酒。酒后，在回家的路上，龚提出要去打王××。到了王家，见到一人从屋里出来，龚举枪要打，我劝他不能乱打，他说：“不管是谁，我都打。”此时，我拣砖头砸了王家窗户的玻璃就走了。我离开现场后才听到枪声，杨×、刘××可以作证，此事认定是我“指使”，纯属冤枉。

五、原判认定：“20××年×月×日，杜××用刀捅伤油库工人夏××的臀部。”其具体经过是：当时我和钮××在等汽车，夏××和钮××不知为何扭打起来，我上前劝解，夏朝我的脸上打了一拳，于是，我接过钮的刀，刺伤了夏的臀部，纵然构成伤害，也只能算作防卫过当。

综上所述，原判认定申诉人所进行的5次犯罪活动，其中有两次我只动手砸了人家窗户玻璃，并未伤人，没有造成严重后果；用刀刺伤两人的问题，一次属于防卫过当，另一次则是正当防卫；其余一次所谓打伤郑××一节，则完全与申诉人无关。由此可见，申诉人参与聚众斗殴，寻衅滋事，在进行流氓犯罪活动中，只是处于从犯地位，并非首要分子。原判援引《中华人民共和国刑法》第一百六十条第一款之规定作为处刑根据，足以说明承认申诉人并非首要分子。而在认定事实部分，有一处却又说我“为首”，不免前后矛盾。另外，原判引用了全国人大常委会《关于严惩严重危害社会治安的犯罪分子的决定》第一条第一项，这一项规定“流氓犯罪集团的首要分子或者携带凶器进行流氓犯罪活动，情节严重的，或者进行流氓犯罪活动危害特别严重的，可以在刑法规定的最高刑以上处刑，直至判处死刑。”而申诉人既非首要分子，且犯罪活动及其后果又不是“情节严重的”，更不是“危害特别严重的”，因此，不适用《刑法》第一百六十条第一款规定的最高刑七年以上处刑。故原判对申诉人论罪处刑不当，请求按照审判监督程序予以提审改判，依法从宽处理！

谨致

××省高级人民法院

附：原判决书副本1份

申诉人：杜××

二〇××年×月×日

（资料来源：http：//www. lawtime. cn）

【评析】

这篇刑事申诉状篇幅虽然不长，但重点突出。它着重对事实的关键内容进行了澄清，用法律与政策对事实的性质进行了分析，扣得较准。行文条理清楚，语言简洁，语气得体。

一、申诉状的含义

申诉状是申诉人对人民法院已经发生法律效力的判决、裁定，认为有错误而向人民法院或人民检察院（只有刑事申诉可以向人民检察院）提出申诉，请求重新审理予以复查纠正的诉讼文书。

申诉是法律赋予公民的合法权利，写申诉状提起申诉，是当事人和其他有关人员充分行使诉讼权的体现。申诉可以促使司法机关重新审判，减少冤假错案，也可以使当事人的合法权益免遭侵害。

申诉状同上诉状一样，都有针对性和论辩性。

二、申诉状的种类

按照案件的性质，申诉状可以分为民事申诉状、刑事申诉状和行政申诉状。

民事、行政申诉状是民事、行政诉讼当事人及其法定代理人，不服已经发生法律效力的判决、裁定，向原审人民法院或其上一级人民法院提出申请复查纠正的诉讼文书。

刑事申诉状是刑事诉讼当事人或其法定代理人、近亲属，不服已经发生法律效力的判决、裁定，向人民法院或人民检察院提出申请复查纠正的诉讼文书。

三、申诉状的特点

（1）不论有关的裁判是否经过上诉，也不论这些裁判是否已经执行完毕，申诉人都可以不受时间限制而提交申诉状，但是，提出申诉状并不能停止判决、裁定的执行。

（2）申诉状只能被视为决定是否审判监督程序的主要参考资料，可能会引起这一程序的发生，也可能不会引起这一程序的发生。

(3) 申诉状是一种申诉的书面形式，应将申诉的原因和理由写清楚、写充分。

四、申诉状的撰写条件

民事案件的申诉人，只能是当事人及其法定代理人。其再审的申请应当在判决、裁定或者调解书发生法律效力后三年内提出。申请再审要符合下列条件：

(1) 有新的证据，足以推翻原判决、裁定的。

(2) 原判决、裁定认定事实的主要证据不足的。

(3) 原判决、裁定适用法律确有错误的。

(4) 人民法院违反法定程序，可能影响案件正确判决、裁定的。

(5) 审判人员在审理该案件时有贪污受贿、营私舞弊、枉法裁判行为的。

此外，当事人对违反自愿原则的调解协议和调解协议内容违法的，也可申请再审。

五、申诉状与上诉状的异同

上诉状与申诉状的性质、目的相同，都是对原审法院的判决或裁定不服，要求纠正错误。但两者又有明显的区别。

(1) 上诉状是对未发生法律效力的判决、裁定进行上诉；申诉状是针对已经发生法律效力的判决、裁定不服而提出申诉。申诉时，判决、裁定不能停止执行。只有当申诉成功，人民法院改判后才能根据改判撤销或变更判决、裁定。

(2) 上诉有时间限制，过期失效；申诉则没有时间限制。

(3) 上诉状只能向上一级人民法院提出，而申诉状可向原审判的法院或原审判的上级人民法院、人民检察院（民事、行政申诉不能向人民检察院提出）提出。

六、申诉状的结构与写法

申诉状一般由首部、正文、尾部三部分组成。

（一）首部

1. 标题

根据案件的性质确定标题，如“民事申诉状”、“刑事申诉状”、“行政申诉状”。

2. 当事人基本情况

申诉人的基本情况与起诉状、上诉状写法相同。但需要注意的是，刑事自诉案件与民事案件的当事人申诉应将被申诉人的情况列出，而行政申诉状则一般只写申诉人，不写被申诉人。

3. 案由

写明申诉人因何案不服何地人民法院何时何文的判决或裁定而提出申诉，行文格式一般为："申诉人××因××一案，不服××人民法院×年×月×日（××）法×字×号刑事（民事、行政）判决（或裁定），现申诉如下。"

（二）正文

正文由申诉请求和申诉理由两部分构成。

1. 申诉请求

这部分应简明扼要地说明原来的判决或裁定有何错误或不当之处，并明确提出要求撤销、变更原判决或再审的请求。

2. 申诉理由

这是申诉的主要部分，可以从以下几方面阐述：

（1）讲清事实。首先要把事实如实、准确、全面地表述清楚，尤其是对原审判有影响的重要事实和关键情节，更要表述得准确、清晰、完整。陈述事实不能虚构夸张，如果原判决在认定事实上有错误，应明确指出。

（2）列出证据。为使所陈述的事实更有说服力，申诉人要把与请求目的相符的人证、物证、书证等具体列出，以便核查案件的真实情况，正确认定案件性质。

（3）指出原审裁判适用法律的错误，正确援引相应的法律条款加以说明。

（4）补充列举新发现的事实和证据。

（三）尾部

尾部内容与起诉状基本相同，写法可参照起诉状。

第五节　答辩状

【知识目标】

1. 掌握答辩状的概念、作用和特点，明确答辩状适用的场合
2. 掌握各类答辩状的写作格式和写作要求

【技能目标】

1. 能够根据不同的案件，明确答辩状的种类和所运用的文体结构
2. 能够注重语言表达的方式和技巧，具有撰写答辩状的能力

【案例引导】

民事答辩状

答辩人：××市××房地产开发总公司代表何××，公关部经理。

案由：上诉人张××因房屋拆迁一案，不服××市××区〔20××〕民字第19号的判决，提出上诉。现答辩如下：

答辩理由：为了适应本市商业发展的需要，我公司于20××年12月向市城建规划局提出申请，要求将新建丝绸百货大楼前面的场地扩宽150平方米。市城建局于同年12月25日以市城建字〔20××〕71号批文同意该项工程。同年在拓宽场地过程中，需要拆迁租住户张××一户约18平方米的住房，但张××提出的要求过于苛刻。几经协商，未能解决。答辩人不得已于10××年1月×日向××市××区人民法院提起诉讼。××市××区人民法院于同年2月以〔20××〕民字第19号判决书判处张××必须于同年3月底前搬迁该屋，并由市房地产开发总公司提供不少于原居住面积的房屋租给张××居住，但张××仍无理取闹。据此，答辩人认为张××的上诉理由是不能成立的。

一、张××说我们拓宽新建丝绸百货大楼前面的场地是未经批准的。这是没有根据的。一审法庭曾审查过房地产开发总公司要求拓宽新建丝绸百货大楼前面场地的报告和市城建局城建字〔20××〕71号的批文，并当庭概述了房地产开发总公司的申请内容，还全文宣读了市城建局的批文。这些均有案可查。张××不能因为要求查阅市城建局的批文，未获准许，而否认拓宽工程的合法性。

二、张××说我们未征得她本人同意，与房主×××订立房屋拆迁协议是非法的。这更无道理。张××租住此屋，只有租住权，并无房屋所有权。所有权理

当归属房主×××。我们拓宽场地，拆毁有碍交通和营业的房屋，理当找产权人处理，张××无权干涉和过问。

应当指出，对于张××搬迁房屋一事，我们已作了很大的让步和照顾。我们答应在她搬迁房屋时可提供离现居住房屋500米的××新建宿舍大楼底层朝南房间一间，计20平方米，租给她居住。而张××还纠缠不清，漫天要价，并扬言不达目的，决不搬迁。

综上所述，答辩人认为××市××区人民法院的原判决是正确的，合法而又合情合理，应予维持。

此致

××市中级人民法院

答辩人：××市房地产开发总公司

代表 何××

二〇××年四月二十五日

（资料来源：http：//www.66law.cn）

【评析】

这份民事答辩状是被上诉人的答辩，所以，属“被上诉答辩状”。状文先说明拓宽新建丝绸百货大楼前面的场地是经市城建规划局批准的；再陈述上诉人不服判决，提出的上诉理由是站不住脚的。这就为下面的答辩奠定了基础。理由部分，将上诉状的无理和歪曲事实的主要方面扼要地叙述出来；然后提出根据，列条论证，讲明道理，驳斥上诉人的无理要求；最后用“综上所述，……”提出答辩请求，即要求二审法院维持原判。

答辩状的写作，要很好地运用反驳的方法和立论的方法。反驳的运用，其目的是使对方败诉。运用反驳方法的步骤：

一是先抓住对方在起诉状、上诉状中所陈述的错误事实，或所引用法律上的错误，并将其作为反驳的论点。

二是由被告人、被上诉人列举出事实与证据，作为反驳诉讼请求的论据。

三是运用逻辑推理论证。运用反驳方法时，要尊重事实，抓住关键，尖锐犀利。

反驳有力，立论才能牢固，论点正确，反驳才能理直气壮。要使对方败诉，就要在驳论和立论上下工夫。

总之，这份答辩状针对性强，目的明确，表述清晰，文字简洁，格式正确，可供借鉴。

一、答辩状的含义

答辩状是在诉讼过程中，被告、被上诉人或者被申诉人针对起诉的事实和理由、上诉的请求和理由或者申诉的请求和理由进行回答和辩解的诉讼文书。

答辩状是与起诉状、上诉状及申诉状相对应的文书。

答辩状体现了诉讼当事人权利和义务一律平等的原则，保障了当事人平等行使诉讼权利，可以使当事人双方依法保护自身的合法权益。答辩状也有利于人民法院全面了解案情，正确实施法律，辨明是非，公证处理案件。

二、答辩状的种类

按照案件的性质，答辩状可分为民事答辩状、刑事答辩状和行政答辩状。

1. 民事答辩状

民事答辩状是民事被告、被上诉人针对原告或上诉人的起诉或上诉，阐述自己认定的事实和理由，予以答复和辩驳的一种诉讼文书。

2. 刑事答辩状

刑事答辩状是相对于刑事自诉状而言的。被害人为了自身的利益也可能捏造事实，夸大伤害后果，因此，为公平起见，法律规定对于被害人提起自诉的案件，被告人也可以“针锋相对”地进行反驳，以表明自己没有犯罪或情节轻微，这在法律上便叫做刑事答辩。用来作刑事答辩的诉讼文书就叫做刑事答辩状。但需注意的是，只有自诉的部分案件（如侮辱、诽谤、虐待、遗弃家庭成员等）才允许自诉人提出答辩，其他严重的刑事犯罪由公安与检察机关负责追究，被告人不能提出答辩，但可以进行辩护。

3. 行政答辩状

行政答辩状是行政诉讼中的被告（或被上诉人）针对原告（或上诉人）在行政起诉状（或上诉状）中提出的诉讼请求、事实与理由，向人民法院作出的书面答复。

三、答辩状的特点

1. 被动性

答辩状是一种应诉文书，有起诉、上诉和申诉，才有作为应诉的答辩，所以，答辩状的行文是被动的。

2. 针对性

答辩状必须是针对起诉状、上诉状和申诉状的内容进行的回答和辩驳，因此，答辩状的内容具有针对性。

3. 期限性

答辩状必须在法定期限内提出。根据《民事诉讼法》的规定，被告或被上诉人应在收到起诉状或起诉状副本、上诉状或上诉状副本之日起 15 日内提出答辩状。根据《行政诉讼法》的规定，被告应在收到起诉状或上诉状副本之日起 10 日内提出答辩状。当事人逾期不提出答辩，不影响人民法院受理案件。

四、答辩状的作用

1. 体现了当事人平等的权利

答辩是法律赋予被告人或被上诉人的为自己进行辩护的权利。被告人或被上诉人通过答辩状，有针对性地对原告或上诉人提起的起诉或上诉中的不实之处进行反驳，阐明自己的理由和要求，摆事实、讲道理，证明自己的观点，维护自己的合法权益。

2. 帮助法院了解真相，维护法律的尊严

起诉状和上诉状只是当事人中一方的陈述，并不能完全代表事实的真相和全部。通过答辩状，法院又了解了另一方当事人的陈述，这有助于人民法院查明案件的事实真相，全面地分析案情，作出正确的判断，恰当地行使自己手中的审判权，维护法律的公平公正。

五、答辩状的写作注意事项

（1）要注意时限。根据《民事诉讼法》和《行政诉讼法》的规定，民事诉讼的当事人在收到法院发送的诉讼副本 15 日之内，行政诉讼在 10 日之内，应当向人民法院提交答辩状，否则被视为当事人自动放弃答辩。

（2）要有针对性。答辩人要针对起诉书的指控，从事实、理由、引用的法律条文和推出的结论等方面，逐条予以批驳，并提出自己的结论。

(3) 叙述要有理有据，请求要合情合理，逻辑推理要严密，论证要无懈可击。

六、答辩状的结构与写法

答辩状由首部、正文和尾部三部分组成。

（一）首部

1. 标题

属于一审程序的，标题应写为“民事答辩状”、“刑事答辩状”、“行政答辩状”；属于二审程序或审判监督程序（申诉程序）的，标题应写为“民事（刑事、行政）被上诉答辩状”或“民事（刑事、行政）被申诉答辩状”。

2. 当事人基本情况

当事人基本情况是指答辩人的基本情况，应写明的项目和要求与起诉状相同。

由于答辩人是就对方当事人所诉内容进行答辩的，所以，无须再写出对方当事人的基本情况。

（二）正文

正文包括答辩案由、理由和意见。

1. 案由

案由一般用一段程式化的文字表述，写为：“因×××诉×××（当事人姓名或名称）××××（案件的性质和类别，如‘购销合同纠纷’）一案，根据原告（上诉人、申诉人）提起的起诉状（上诉状、申诉状），现提出答辩如下。”

2. 理由

这是答辩最重要的部分，针对起诉状、上诉状或申诉状的诉讼请求与事实和理由进行答复和辩驳，同时也可以列举新的事实、证据和理由，阐明自己对案件的看法，说明对方的诉讼请求全部或部分不成立。

答辩的情况有以下两种：

(1) 承认对方的诉讼请求。承认对方的诉讼请求即表示愿意接受原告、上诉人或申诉人提出的诉讼请求。在答辩实践中，被告人、被上诉人或被申诉人通常只是部分或者有条件地答应对方的诉讼请求。

(2) 反驳对方的诉讼请求。反驳对方的诉讼请求时应着重从实体上进行反驳，即针对对方起诉、上诉或申诉的事实和理由，依据有关法律进行辩驳，说明对方所叙述的事实只有部分属实或完全失实，所提出的理由只有部分合理、合法或完全不合理、不合法。通过对对方提出的事实和理由的辨析，明确区分自己和对方的责任，为自己辩解。有时也可以从程序上进行反驳，证明对方不具备起诉的条件，从而驳倒对方的诉讼请求。在写作过程中，要注意以下几点：①陈述事实要实事求是。②抓住关键进行答辩，做到理由充分。③论证法严密，要抓住对方在陈述事实、引用法律等方面的要害或破绽，再依据自己所掌握的事实、证据对案件进行分析论证。

3. 意见

这部分要在充分阐明答辩理由的基础上，经过综合归纳，客观而明确地提出自己对于应当如何处理纠纷的意见和主张，并请求人民法院依法作出公平合理的裁判。答辩意见分三个层次来写：

（1）根据事实和法律，说明自己的某些行为或全部行为是合法、合理的。

（2）指出对方的指控理由和诉讼请求的不合理之处。

（3）明确提出自己的主张，请求人民法院依法公正裁判。

答辩意见不可笼统表述，没有具体的意见仅提出“故请求人民法院公正判决”的写法是不可取的。

（三）尾部

尾部内容与起诉状基本相同，写法可参照起诉状。

【本章小结】

诉讼文书的特点概括起来有三点：一是诉讼文书以法律规定为制作依据；二是内容上体现法律原则；三是它是进行法制宣传的生动材料。学习本章，重点掌握民事起诉书、刑事起诉书、上诉状、申诉状的写作格式；把例文作为模拟写作的范本，仔细研究，掌握其行文及表述的特点，培养撰写各类诉讼文书的能力，同时，了解各种文体的理论基础知识。

【本章实训】

【模块一　知识理解】

一、填空题

1. 原告向人民法院递交的起诉状应具备正本和副本，其中正本一份，副本份数根据__________确定，有一个__________就有一个副本。

2. 起诉状是诉讼文书的一部分，包括在法律文书之内。它的撰写必须符合国家法律的规定。在名称和形式上，要符合__________；在内容写法上，要符合

__________；在诉讼请求上，要符合__________的规定；在提出的时间和办理的手续上，要严格按照__________的规定办事。

3. 民事起诉状附项部分应注明副本份数，如起诉时提交证据的，还要依次注明证据的__________和__________。

4. 刑事自诉状自诉人在提起刑事自诉的同时，还可以向刑事被告人提出附带__________。

5. 刑事自诉状必须是__________人或__________人提起自诉的书状，其他人无权提起。

6. "证据和证据来源"一项内容在刑事自诉状写作中不容忽视。《刑事诉讼法》第一百二十条第三项规定："缺乏罪证的自诉案件，如果自诉人提不出补充证据，经人民法院调查又未能收集到必要的证据，应当说服自诉人撤回自诉，或者裁定驳回。"这表明自诉人首先负有__________责任。

7. 行政起诉状正文写作在__________上虽然与民事起诉状相同，但其内容应紧扣行政诉讼的特点来写，即陈述事实和阐明理由应以__________是否合法为重点。

8. 申诉状有民事、__________、__________申诉状之分。申诉状递交后，可能引起也可能不引起__________的发生。

9. 答辩状是法律文书在诉讼过程中，被告针对原告的__________或__________作出回答和辩驳的书状。

10. 狭义的司法文书是指公安机关、检察院、法院、司法行政机关，依照一定的诉讼程序处理各种__________、__________、__________、__________等案件时所制作的具有法律效力或法律意义的文书。

二、选择题

1. 起诉状根据其适用性质和制作程序的不同，可分为（　　）。

A. 民事起诉状　　B. 刑事自诉状

C. 行政起诉状　　D. 企业起诉状

2. 起诉状的正文写作结构包括（　　）。

A. 诉讼请求　　B. 事实与理由

C. 附件　　D. 证据和证据来源，证人姓名和住址

3. 民事起诉状的特征（　　）。

A. 原告必须是与本案有直接利害关系的人

B. 诉讼必须向应当作为一审受理本案的人民法院提起

C. 必须有民事权益或者其他民事纠纷才能写起诉状

D. 有明确的被告，有具体的诉讼请求和事实

4. 行政起诉状是公民、法人或者其他组织认为（　　）的具体行政行为侵犯其合法权益，按照行政诉讼法的规定向一审法院提起诉讼并要求依法裁定的书状。

A. 行政机关　　B. 行政机关和事业单位

C. 行政机关工作人员　　D. 包括企业领导

5. 上诉状依据案件性质，可分为（　　）。

A. 民事上诉状　　B. 经济上诉状

C. 刑事上诉状　　D. 行政上诉状

6. 上诉状的正文包括（　　）几部分。

A. 上诉请求　　B. 上诉证据和证据来源

C. 上诉事实和理由　　D. 上诉理由

7. 申诉状首部应写明以下三部分内容（　　）。

A. 标题　　B. 当事人基本情况

C. 申诉请求　　D. 案由

8. 答辩状是法律赋予（　　）的诉讼权利。

A. 被告人　　B. 起诉人

C. 被上诉人　　D. 上诉人

9. 答辩状根据审判程序可分为（　　）。

A. 初审答辩状　　B. 一审答辩状

C. 复审答辩状　　D. 二审答辩状

10. 诉讼文书的特点有（　　）。

A. 以法律规定为制作依据　　B. 内容上体现法律原则

C. 行文符合规范格式　　D. 功能具有法律效用

11. 下列选项中由当事人制作的诉讼文书有（　　）。

A. 起诉状　　B. 上诉状

C. 答辩状　　D. 民事再审申请书

12. 刑事自诉状的正文部分主要包括（　　）。

A. 自诉人与被告人的基本情况　　B. 诉讼请求

C. 诉讼的事实和理由　　D. 证据和证据来源

13. 法律文书对语言的基本要求是（　　）。

A. 文字精练　　B. 文风朴实

C. 用语确切　　D. 褒贬适度

14. 下列具有法律效力的文书是（　　）。

A. 起诉意见书　　B. 起诉书

C. 立案决定书 D. 不批准逮捕决定书

15. 诉讼文书的固定格式中，不包括的内容为（ ）。

A. 首部 B. 理由 C. 诉讼请求 D. 法律条文

三、简答题

1. 诉讼文书的写作有哪些要求？

2. 起诉状正文中的事实和理由部分应写哪些具体内容？

3. 上诉状的理由要从哪几方面进行阐述？

4. 申诉状的理由要从哪几个方面进行阐述？

5. 答辩状中的答辩理由的写作要注意哪几点？

6. 起诉状与上诉状有什么区别？

7. 上诉状与申诉状有什么区别？

8. 申诉状与答辩状有什么区别？

9. 法律诉状的结尾格式都是书信体的写法吗？

10. 答辩状的答辩意见应该怎样写？

四、判断题

1. 诉讼文书的制作和应用必须有法律、法规的依据，严格依照法定程序进行。（ ）

2. 起诉状包括正本一份和副本若干份，副本数量依被告人数来确定，通常一个被告一个副本。（ ）

3. 起诉状中的当事人基本情况部分一般先写原告的基本情况，后写被告的。（ ）

4. 上诉状中的当事人基本情况部分应注明当事人在一审中的诉讼地位。（ ）

5. 上诉状必须在法定期限内提出。（ ）

6. 申诉状同上诉状一样，都有针对性、论辩性和期限性。（ ）

7. 申诉案件中，由于申诉是因为已经发生法律效力的原审判决、裁定有误而要求复审改判，所以，没有“被申诉人”一项。（ ）

8. 当事人逾期不提出答辩状，就会影响人民法院审理案件。（ ）

9. 答辩状的当事人基本情况部分无须写出对方当事人的基本情况。（ ）

五、改错题

1. 阅读下面这份上诉状，指出存在错误的地方并修改。

上诉状

上诉人（原审被告）：李××，女，40岁，广东省梅州人

被上诉人（原审原告）：张××，男，45岁，广东省阳江人

上诉人因离婚一案不服××市人民法院判决，现提出上诉，上诉的请求和理由如下：原判认为，双方婚姻系父母包办，并无感情基础，婚后因家庭纠纷，不断吵闹。近几年，女方毫无根据地怀疑男方有外遇，经常到男方单位吵闹，影响了男方工作与身心健康，双方感情日益破裂，分居多年之久。现男方提出离婚，调节无效，经调查核实，判决离婚。

上诉人认为原判认定的事实是不正确的。我与上诉人结婚，虽由父母做主，但订婚后约见过几次。结婚时，被上诉人也是喜气洋洋，这能说明没有感情基础吗？我们结婚14年，生了一个孩子，家庭和睦。近几年，被上诉人对上诉人感情冷淡，照顾甚微，经常争吵，这毕竟是“家庭琐事”，因此而判决离婚，毫无法律根据。上诉人认为被上诉人有外遇，原判中说“毫无根据”，上诉人的确看到被上诉人经常与一个护士在一起，而且他对我的恶劣态度也可证实。我吵闹不休，是为了让被上诉人有所收敛，原判以此作为判离理由，不足为据。

根据上诉理由，请求撤销原审判决，依法改判，不准被上诉人与上诉人离婚。

此致

××市人民法院

上诉人：李××（盖章）

二〇一一年四月五日

2. 阅读下面这份申诉状，指出存在错误的地方并修改。

民事申诉状

申诉人：张××（被申诉人的继母），女，52岁，××市××区服装厂女工。案由：我因“李××继承房屋产权案”不服××市人民法院［2011］×字第×号民事判决，现申诉如下：

（1）我和李××（被申诉人的父亲）婚姻关系存续期间所买的两间房屋是我自己的血汗钱，当时拖欠的钱，也是我本人偿还的。

（2）买房子时，我的姑父，被申诉人的父亲李××向我表示，他不愿意买这两间房屋。

(3) 一、二审法院只是认定事实，援引法律条文，不顾及我提供的事实，对这样的判决，我不能信服。

根据以上理由，请高级人民法院重新依法判决，保护公民合法财产。

此致

××市人民法院

申诉人：张××

二〇一一年×月×日

【模块二　技能训练】

六、写作题（要求：①格式正确，事项齐全；②文字简练，表述准确；③未给明的事项可以合理虚拟或以×××代替。）

1. 阅读下面材料，然后按后面的要求进行写作。

2004年10月27日，四川××装饰公司与成都××旅行社签订了一份15人单独组团赴×地2日游的旅游合同。其后，四川××装饰公司职工依约参加了该旅游行程，10月31日在××风景区游玩时，景区索桥上游玩的人较多，被游客不停地摇晃的索桥在严重超载的情况下垮塌，导致桥上40多人全部落水，四川××装饰公司两名职工在溺水中昏迷，经抢救得以生还，但两人随身携带的大量财物全部被河水冲走。

四川××装饰公司认为事故是由于成都××旅行社派出的导游没有尽到责任所致，对其单位职工的人身、财产造成了极大的损失，于是向法院提起诉讼，要求成都××旅行社赔偿医药费、财产损失费、误工费、车辆使用费等，共计×元。

成都××旅行社则认为：

第一，四川××装饰公司与其诉讼请求及所依据的事实理由之间存在矛盾。就其诉讼请求而言，该公司不是本案的适合原告，适合原告应是接受自己提供旅游服务的游客。首先，旅行社依据旅游公司提供旅游服务，其接受者只能是自然人，企业法人是无法接受的。其次，四川××装饰公司是旅游合同的一方当事人，这一点没有异议，但它在旅游过程中并未受到任何损害，它诉称的损害，完全是本案案外人（游客）产生的损失，四川××装饰公司以他人在旅游过程中产生损失主张自己享有债权，并以此要求本公司进行清偿，这似乎是没有法律和事实依据的。因此，该项诉讼只能由受伤游客提起。

第二，自己不应承担赔偿责任。首先，根据旅游合同的约定，本公司提供了相应的住宿、导游服务就应视为履行了合同的约定义务。在旅游过程中发生的景区索桥断裂事故实属意外，由此而产生的损害不构成合同违约，本公司不应承担违约责任。其次，双方签订的旅游合同不是常规的全包价旅游合同，是属于半自由人性质的自驾车旅游，其方式是旅行社安排住宿、导游、代买门票，游客自己开车、安排行程等。这种旅游形式在事实上是旅行社仅为游客提供大量代办的服务工作，这种旅游合同属于委托代理性质的旅游代办合同，所以，就该事实而言，索桥断裂及因此而造成的损害与本公司没有任何事实上和法律上的关系。最后，受伤游客作为具有完全民事行为能力的成年人，应该知道索桥在严重超载的情况下具有相当的不安全性，他们对此次意外事故的发生也负有一定的责任。

综上所述，就本案的诉讼请求而言，四川××装饰公司不具备诉讼主体资格，自己不应承担赔偿责任。

（1）请为四川××公司写一份民事起诉状。

（2）请为成都××旅行社写一份民事答辩状。

2. 根据下列案情材料，拟写一份刑事自诉状。

被告人徐×文于2000年4月1日上午11时许，将一张侮辱自诉人人格的小字报贴在工厂食堂门口醒目之处。午饭时引起群众围观。全厂轰动，影响恶劣。被告人在小字报中捏造事实，无中生有，污蔑自诉人道德败坏，无情断绝了与他本人的恋爱关系，而与李×平恋爱是为了骗取李×平的钱财。还造谣说自诉人与李×平刚认识几天就在×公园乱搞男女关系，当场被公园保安人员抓住，受到罚款处理。

4月1日下午，厂保卫科人员经过调查了解，掌握了可靠的证据，证明小字报是被告人所写。于是，保卫科人员对被告人进行了严厉的批评。被告人当时表示接受批评，同时，还愿意在车间大会上向自诉人赔礼道歉。当日下午5时下班后，车间主任王×林在全车间大会上让被告人检查时，被告人却忽然蛮横起来，当众继续造谣生事，胡说小字报所说的都是事实，绝对可靠，还对自诉人破口大骂，再次公然侮辱诽谤自诉人。

自诉人王×娟与被告人徐×文都是××市××工厂一车间工人，工作上有一些联系，关系一般，被告人于2000年2月向自诉人写情书，要求建立恋爱关系，被自诉人断然拒绝。以后被告人又连续两次向自诉人求爱，均被自诉人拒绝，并告知自诉人已有男朋友。于是，被告人怀恨在心，寻机报复，企图给自诉人造成难堪的局面。同时，于2000年3月通过本车间主任打听到自诉人的男朋友是本市××公司××部门经理李×平。

自诉人王×娟，女，汉族，23岁，住××市××区××街××号，××市人，××市××工厂工人。

被告人徐×文，男，汉族，25岁，住××市××区××路××号，××市人，××市××工厂工人。

被告人犯罪的证据有：张贴的小字报影印件；厂保卫科的调查材料；保卫人员高×华、车间主任王×林及车间工人赵×辉、朱×利可以证实有关情况。被告人的行为触犯了《中华人民共和国刑法》第二百四十六条第一款，已构成公然侮辱诽谤罪。

被告人犯罪动机卑鄙，手段恶劣，情节严重，因此，自诉人于2000年4月×日提起诉讼，要求人民法院依法严惩。

附：《中华人民共和国刑法》第二百四十六条第一款规定："以暴力或者其他方法公然侮辱他人或者捏造事实诽谤他人，情节严重的，处三年以下有期徒刑、拘役、管制或者剥夺政治权利。"第二款规定："前款罪，告诉的才处理，但是危害社会秩序和国家利益的除外。"

（注：本题选自2000年10月全国高等教育自学考试试题）

3. 根据下列案情材料，按照教材中的要求，拟写一审刑事判决书中的理由部分。

2000年12月20日下午，被告人赵×力经过镇政府门口时，看见女青年韩×英在街上走过，心生歹意，即尾随其后，直至韩家门外。当晚10时许，被告人赵×力携带尖刀，窜至韩×英家，翻墙入院，打碎玻璃，闯入室内，用尖刀对韩×英进行威胁，令其不准开灯和叫喊，对韩×英实施了强奸。第二天晚10时许，被告人赵×力再次窜到韩×英家时，被韩×英的丈夫胡×仁及邻居张××、李××当场抓获并扭送至当地××派出所。

上述犯罪事实的证据有：1. 被案人韩×英的丈夫胡×仁及邻居张××、李××当场抓获被告人并扭送至××派出所时的陈述笔录和被害人韩×英的陈述笔录；2. 现场勘查笔录；3. 收缴被告人赵×力的作案凶器尖刀一把；4. 被告人的供述，其所供述的犯罪的时间、地点、手段、情节等，与上述证据所证实的情节一致。

被告人赵×力在羁押期间能揭发他人的盗窃犯罪事实，经查证属实。

××省××县人民检察院指控被告人赵×力涉嫌强奸罪，向××县人民法院提起公诉。被告人辩解和辩护人辩护均认为被告人为初犯，并有揭发他人犯罪的行为，应从轻或减轻处罚。××省××县人民法院对该案审理后，认为公诉机关指控的罪名能够成立，对被告人应依法惩处；被告人和辩护人关于有"揭发他人犯罪的行为，应从轻或减轻处罚"的辩护意见，法院予以采纳，而关于"初犯"的辩护意见，法院不予支持。××县人民法院根据事实，依照法律，以被告人赵×力犯强奸罪，判处有期徒刑十三年，剥夺政治权利三年。

附：《中华人民共和国刑法》第二百三十六条第一款规定：以暴力、胁迫或者其他手段强奸妇女的，处三年以上十年以下有期徒刑。

同法同条第三款规定：强奸妇女、奸淫妇女，有下列情形之一的，处十年以上有期徒刑、无期徒刑或者死刑：（1）强奸妇女、奸淫幼女情节恶劣的；（2）强奸妇女、奸淫幼女多人的；……

同法第五十五条第一款规定：剥夺政治权利的期限，除本法第五十七条规定外，为一年以上五年以下。

同法第六十八条第一款规定：犯罪分子有揭发他人犯罪行为，查证属实的，或者提供重要线索，从而得以侦破其他案件等立功表现的，可以从轻或者减轻处罚……

（注：本题选自2003年10月全国高等教育自学考试法律文书写作）

4. 根据下列案情材料，按照教材的要求，拟写一份起诉书。

被告人郑×龙，男，30岁，初中文化，汉族，××省××县人，是××县××乡××村运输专业户。2000年10月13日晚7时，郑×龙驾驶×牌汽车由本县到×县拉沙子。晚上11时40分，当郑×龙驾车行驶至××市郊区时，迎面开来一辆东风牌汽车，此车没有按规定发出会车信号，由于灯光太刺眼，致使郑×龙看不清路面，而郑×龙驾车继续行驶，将一名步行上夜班的女工陈×娟撞倒在地，立即昏迷。陈×娟，女，31岁，××市××厂工人，已婚，有一个3岁男孩。陈×娟在厂里是技术骨干，工作任劳任怨，人际关系也非常好。郑×龙撞倒陈×娟后，停车走到陈的眼前，听到陈×娟在呻吟，为了逃避罪责，郑×龙产生了杀人的邪念，将陈×娟拖到离现场约100米处路西的一个涵洞内，用手紧紧卡住陈的颈部，致使其死亡。事后，郑×龙逃离现场。2000年×月×日，××市公安局对郑×龙予以刑事拘留；2000年×月×日，郑×龙被××市公安局依法逮捕。

上述事实，有现场勘查笔录，现场照片，郑×龙遗留在现场的脚印和右手拇指的指纹，××市公安局尸体检验报告，××省公安厅刑事技术鉴定书为证。郑×龙被逮捕后，交代犯罪事实避重就轻，尽力开脱罪责，拒不认罪。

××市人民检察院以涉嫌故意杀人罪和交通肇事罪对郑×龙提起公诉。

附：《中华人民共和国刑法》第二百三十二条规定：故意杀人的，处死刑、无期徒刑或者十年以上有期徒刑；情节较轻的，处三年以上十年以下有期徒刑。

同法第一百三十三条规定：违反交通运输管理法规，因而发生重大事故，致人重伤、死亡或者使公私财产遭受重大损失的，处三年以下有期徒刑或者拘役；交通运输肇事后逃逸或者有其他特别恶劣情节的，处三年以上七年以下有期徒刑；因逃逸致人死亡的，处七年以上有期徒刑。

《中华人民共和国刑事诉讼法》第一百四十一条规定，人民检察院认为犯罪嫌疑人的犯罪事实已经查清，证据确凿、充分，依法应当追究刑事责任的，应当作出起诉决定，按照审判管辖的规定，向人民法院提起公诉。

第六章　日常应用文书写作

【知识目标】

1. 掌握启事的结构、特点和种类
2. 掌握申请书的结构和种类
3. 掌握求职信及个人简历的结构、特点和种类

【技能目标】

1. 能够写作各类启事
2. 能够规范地写作申请书
3. 懂得求职信的表达方式，并会为自己设计合理的求职简历

第一节　日常应用文书写作概述

一、日常应用文书的含义

日常应用文书是指人们日常生活、工作、学习或业余生活中所使用的有习惯格式的实用文书。日常应用文书实用性强、用途广泛、种类繁多、写法各异。

二、日常应用文书的特点

1. 广泛性

日常应用文书使用范围十分广泛，不论是机关团体、企业单位，还是个人，在日常工作、学习、生活中都有这样或那样的关系，办理这样或那样的事务，都要使用相应的日常应用文书来联系、表达。

2. 时效性

现代社会生活往往讲求高速度、高效率，所以，日常应用文书也有个时效性与之对应，一旦时过境迁，就会毫无用处。

3. 针对性

日常应用文书也具有针对性，针对不同的需要，使用不同的文书。

三、日常应用文书的种类

根据日常应用文的性质和特点，我们将日常应用文书划分为条据类、告示类、书信类三种。

本章根据高职高专学生的实际需要，从这三大类中选择了四种文书，它们是启事、申请书、求职信和个人简历。

第二节 启 事

【知识目标】

1. 掌握启事的概念、特点
2. 掌握启事的结构、写法

【技能目标】

能够写作各类普通的启事

【案例引导】

广州某公司在报纸上刊登了一篇招聘营销人员的启事，招聘条件、工资待遇等内容一一俱全，参加笔试、面试等内容也非常明确，可通篇的启事就是没有发现应聘的联系方式。真是怪事，招聘哪有不留下联系方式的？多数人认为，这是招聘单位的疏忽或报社排版的错误，于是便耐心等待报社刊登更正或补充说明。你认为用这种遗漏了重要内容的启事能招聘到“思路开阔，不循规蹈矩”的优秀推销员吗？一个公司书写招聘启事，能这样别出心裁吗？这些问题值得我们思考。

一、启事的含义

启事是机关、团体、个人向公众声明某件事情，提请公众关照、呼吁公众参与、期盼公众帮助的专用文书。启事一般张贴在公共场所或通过传媒给予公开。

二、启事的种类

从使用范围来看，启事可分为四大类：

1. 礼仪类启事：如致喜、致庆、致歉、鸣谢等启事。
2. 征招类启事：如招生、招聘、招工、招标、征稿、征订、征友等启事。
3. 告知类启事：如开业、停业、遗失、作废、更正、迁址等启事。
4. 找寻类启事：如寻人、寻物、招认、招领等启事。

三、启事的特点

1. 公开性

启事通过传媒向社会广泛发布，无秘密可言。

2. 广泛性

启事的使用范围十分广泛，无论集体或个人，凡是需要公开声明的事项，都可通过启事发布。

3. 简明性

启事要求篇幅短小精悍，语言简洁明快，使公众易于接受。

4. 期盼性

启事发布的目的总是期盼得到公众的关注、参与和支持，因而具有期盼性。

四、启事的结构与写法

（一）标题

最简单的标题可只写“启事”两个字，但这不容易使读者了解这个启事是不是自己所关心的，难以引起人们注意。所以，通常要在文种前加上一些要素，可以是“事由＋文种”，如“征稿启事”，也可以是“作者＋事由＋文种”，如“上海大学公开招聘法学院院长启事”。如果启事的内容紧急，可在“启事”前加“紧急”二字。

（二）正文

启事的正文一般包括事由的陈述和具体事项的陈述。将发布启事的原因、目的、内容、要求等事项一一写明。

1. 事由的陈述

以简明的文字在正文开始部分说明发布启事的主要目的，同时也可以对启事当事人本身的概况加以简介。

2. 具体事项的陈述

承接事由进一步讲明作者提请公众关注的具体内容和实际方式。如招聘启事要写明招聘的职务、应聘条件、待遇、办法、联系电话等。征文启事要写明征文的内容、体裁、对象、办法等。开业启事要写明企业的性质、宗旨、经营范围及地址、电话等。搬迁启事一般要写清楚迁移日期、新迁地址、电话等相关事项。寻物启事要写出什么时间、什么地点、丢失什么东西，东西有什么特点，如何联系丢失者等。

（三）落款

启事的落款要写明发布启事的单位全称或个人姓名、日期。如标题或正文中已写明单位名称，此处可省略。以机关、团体或单位名义张贴的启事，一般应加盖公章。

【案例1】

××省电信实业集团公司××市分公司招聘启事

因业务发展需要，××省电信实业集团公司××市分公司特向社会公开招聘营业员若干名，具体要求如下：

一、招聘范围

××市区及乡镇的待业人员。

二、招聘条件

1. 年龄25周岁以下，身高1.60米以上。品貌端正、亲和力强、身体健康、遵纪守法。

2. 大专及以上文化程度。

3. 音质条件好，普通话标准，口齿清楚。

4. 有较强的文字、语言表达能力和沟通能力。

5. 了解××地域基本情况，具有一定的计算机文字输入能力。

6. 具有良好的心理素质及营销服务潜质。

7. 有相关工作经验的成熟人才优先。

三、用工性质

应聘者入职后为××市劳动保障事务代理中心合同制员工，派遣至××省电信实业集团公司××市分公司。

四、待遇

工资报酬按照用工单位《派遣制员工薪酬管理办法》执行。享受养老、医疗等五大保险及公积金。

五、报名方式

应聘者请将个人简历（请写明联系电话）、身份证复印件、失业证复印件、学历证书复印件及一寸照片一张，于3月15日前寄往××市东街××路×号××电信实业集团公司××市分公司综合办××室。

联系电话：××××××

××省电信实业集团公司××市分公司

20××年×月×日

【案例2】

招领启事

本旅社于4月5日上午拾得皮包一个，内有手机、手表、人民币、身份证、票据等，望失主前来认领。

××旅社

20××年×月×日

【本节实训】

一、填空题

1. 启事具有__________、__________、__________、__________四个特点。

2. 启事正文一般包括__________的陈述和__________的陈述。

二、写作题

20××年×月×日，××职业学院后勤服务公司工作人员张××不慎丢失一枚公章，三个月后，该公司启用新公章，新公章与旧公章相比，明显取消了公章中间的五角星，而直接刻印“××职业学院后勤服务公司”的字样。请你代拟一份启事，在媒体上宣布作废旧公章、启用新公章的信息。

第三节　申请书

【知识目标】

1. 掌握申请书的含义和种类

2. 掌握申请书的结构和写法

【技能目标】

能够写常用的申请书

【案例引导】

小李大学毕业后进入某公司工作快六个月了，按照公司的规定，新员工试用期为六个月，六个月试用期结束后，由员工提出申请，方可转为正式员工。假如你是小李，你知道怎样写这份转正申请书吗?

一、申请书的含义

申请书是个人或集体向组织表达愿望，向机关、团体提出请求时使用的一种信函文书。

二、申请书的种类

根据用途的不同，申请书可分为以下三类。

1. 思想政治方面的申请书

思想政治方面的申请书一般指申请加入某些党派组织或团体的信函文书，如申请加入中国共产党、工会等的申请书。

2. 工作学习方面的申请书

工作学习方面的申请书一般是在求学或实际工作中所写的申请，如入学申请书、工作调动申请书。

3. 日常生活方面的申请书

日常生活方面的申请书是指在日常生活中，我们常常遇到一些问题，需要请求组织、集体、单位等给予考虑、提供帮助时所使用的申请书，如个人开业申请、领养子女申请、困难补助申请等。

三、申请书的特点

申请书是一种专用书信，其特点有三：

1. 请求性

申请书是为了表达愿望而写的。申请，就是要请求对方答复，为了取得对方的批准，在申述理由中，必须写明自己的条件。

2. 单一性

单一性就是一封申请书只能请求一件事，不能同时申请多件事，不可以把不同的要求写在同一申请书中。

3. 郑重性

申请书除了表达自己的愿望外，在文字上应该严肃认真，态度诚恳。不要玩弄辞藻，故弄玄虚，申请书是很郑重其事的文书。

四、申请书的结构与写法

申请书通常由标题、称呼、正文、结尾、落款五部分组成。

（一）标题

申请书的标题有两种写法：一是只写文种名称，如“申请书”；二是“事由+文种”，如“入党申请书”。

（二）称呼

称呼应写在标题下一行的顶格处，具体写清楚接受申请书的单位名称或负责人的姓名，加上冒号。

（三）正文

这是申请书的主体部分，应写明以下内容：

（1）申请事项。具体明确地写明申请的事项，不能含糊不清。

（2）申请理由。要针对申请的事项，充分陈述申请理由。

（3）申请人的态度。申请人应明确表明自己的态度或立场，或诚恳地提出希望和要求，以求申请被批准。

（四）结尾

申请书结尾可写可不写。若写，可写上敬意、感谢、祝贺之类的话，也可写上“请予批准”、“请领导批准”之类的语言。

（五）落款

在结尾右下方写上申请人姓名或申请单位名称及申请日期。

【案例】

工作转正申请书

尊敬的领导：

我于2006年3月9日成为公司的试用员工，到今天六个月试用期已满，根据公司的规章制度，现申请转为公司正式员工。

作为一个应届毕业生，初来公司，我曾经很担心不知道该怎么与人共处，该如何做好工作；但是，公司宽松融洽的工作氛围、团结向上的企业文化，让我很快完成了从学生到职员的转变。

在轮岗实习期间，我先后在工程部、成本部、企发部和办公室等多个部门学习工作了一段时间。这些部门的业务是我以前从未接触过的，和我的专业知识相差也较大，但是，在各部门领导和同事的耐心指导下，我在较短的时间内适应了公司的工作环境，也熟悉了公司的整个操作流程。

在本部门的工作中，我一直严格要求自己，认真及时做好领导布置的每一项任务，同时主动为领导分忧，专业和非专业上不懂的问题都虚心向同事学习请教，不断提高充实自己，希望能尽早独当一面，为公司作出更大的贡献。当然，初入职场，难免会出现一些小差小错，还需领导指正；但前事之鉴，后事之师，这些经历也让我不断成熟，让我在处理各种问题时考虑得更全面，杜绝类似失误的发生。在此，我要特别地感谢部门的领导和同事对我入职的指引和帮助，感谢他们对我工作中出现的失误的提醒和指正。

经过这六个月的学习和进步，我现在已经能够独立处理公司的账务，整理部门内部各种资料，进行各项税务申报，协助进行资金分析，从整体上把握公司的财务运作流程。当然我还有很多不足，处理问题的经验方面有待提高，团队协作能力也需要进一步增强，需要不断继续学习以提高自己的业务能力。

这是我的第一份工作，这半年来我学到了很多，感悟了很多；看到公司的迅速发展，我深深地感到骄傲和自豪，也更加迫切地希望以一名正式员工的身份在这里工作，实现自己的奋斗目标，体现自己的人生价值，和公司一起成长。在此，我提出转正申请，恳请领导给我继续锻炼自己、实现理想的机会。我会用谦虚的态度和饱满的热情做好我的本职工作，为公司创造价值，同公司一起展望美好的未来！

申请人：×××

20××年×月×日

【本节实训】

一、填空题

1. 申请书的正文主要包括__________、__________和__________三个方面的内容。

2. 按用途来分，申请书可分为__________、__________、__________三类。

二、写作题

写一份加入××市写作协会的申请书。加入××市写作协会的条件是：赞成本协会章程，发表或出版过具有一定水平的作品，由本人申请（或由各地写作单位推荐，或本会会员一人介绍），经本会审议批准，即为本会会员。

第四节　求职信

【知识目标】

1. 掌握求职信的特点、格式要求，规范地使用求职信

2. 掌握写求职信时的注意事项，避免毕业生在撰写求职信时经常会出现的错误

【技能目标】

1. 能够掌握求职信的特点

2. 能够学会在写求职信时注重文字、语言方面的问题

【案例引导 1】

计算机科学系毕业生的求职信

尊敬的刘先生：

您好！本人从贵公司的网站看到了招聘员工的启事，意欲应聘贵公司软件工程师的职位。我自信符合贵公司的要求。

今年 6 月底，我将从××理工大学计算机科学系毕业，并获得学士学位。我认为，贵公司就是我最理想的选择。

据我所知，贵公司是国内计算机行业的龙头企业。我一直关注着贵公司的业绩和发展，盼望能够加盟。这不仅是因为我自信有能力为贵公司效力，而且，我

认定贵公司也会给我机会，使我成为一名出色的软件工程师。

我的专业是计算机语言，在大学期间所修的课程与贵公司的业务密切相关。我曾参加过工程项目《××信息管理系统》的软件研制工作，完成了其中三个系统的开发。这一系统已经投入使用，至今反映良好。至于所学课程与学习成绩，请参阅随信寄去的简历、成绩单。

在大学期间，我曾获得过四项奖学金。我还担任过班长、团支书，具有相当的组织和协调能力。我有事业心和责任感，能够吃苦耐劳，我个人身体健康，性格开朗，为人诚实，我愿为贵公司的发展作出自己的贡献。经考核，如蒙录用，我将会竭尽全力做好本职工作。

敬祝

顺安

附件：1. 简历表一份

2. 大学课程及成绩表一份

3. 奖学金证书复印件

×××谨启

20××年×月×日

联系地址：××市××理工大学计算机科学系2003届

联系电话：×××××××××

【评析】

这是一则根据网上招聘启事写的求职信。开头交代了写信的缘由，直陈应聘事宜。接着，便紧扣应聘有关事项，陈述理由，表示态度。评议恳切、得体，提供的附件有助于证明应聘条件。信中写出求职者一直对用人单位的关注，表明自己了解用人单位的情况，有助于求职的成功。

【案例引导2】

电信工程系毕业生的求职信

××公司总经理：

您好！

从《××日报》的招聘启事上，看到贵公司急需几名通信工程方面的人员，我非常高兴，真心希望能成为贵公司的一员，为公司的繁荣发展尽自己的微薄之力。

我叫×××，男，1982年4月6日出生，是××邮电学院工程系2008级毕业生。我学习的专业是“通信工程”，与贵公司专业对口。附表是我所学的课程及成绩，希望贵公司满意。

为了拓宽自身的知识面，弥补专业的局限性，我自学了邻近专业和相关学科的一些课程，主要有《数字信号处理（二）》、《随机过程》、《数值分析（一）（二）》、《移动通信》、《数字图像处理技术》、《纠错码》等课程，并广泛涉猎了《锁相同步理论》、《编码调制理论》、《综合业务网》、《卫星通信》、《统计无线电技术》等多方面的知识，使自己能够适应现代技术的发展，为从事不同方面的工作打下一个良好的基础。

在技术实践方面，除了圆满完成学校所规定的实习和设计课程外，我还参加了学校科技协会。作为科技协会的一员和负责人，我组织和参加了协会的各项科技活动，如电子小制作竞赛、校外无线电义务维修等。曾经亲自设计和制作过数字报时钟、抢答器、电子门锁、无线对讲机等多种电器，在实践中积累了较多的经验。在参加“全国第一届电子设计大赛”活动中，我有幸获得了××省赛区三等奖。

我的业余爱好比较广泛，尤其喜好体育运动及书法艺术。打篮球是我的特长。自上高中起，我便多次获得校、市书法大赛的一等奖和特等奖，作品曾在市里展出。大学期间曾任电信系自创刊物《电信绿鸽》的责任编辑，该报在校内受到广大师生的好评。

希望以上资料能引起贵单位的兴趣并给予回复。祈盼佳音。

谨祝

顺达

×××

20××年×月×日

联系地址：××邮电学院男生宿舍11栋315房

邮　　编：××××××

电　　话：×××××××××

附　　件：大学课程及成绩一览表

【评析】

这是一封典型的求职信。从格式上讲，称呼、问候、敬语、署名、日期、附件都写得正确、完整，符合书信的规范。从内容上讲，一是简明扼要，目的性强，谦虚诚实。求职者言简意赅地写明了自己的简历、学业、特长，给人留下一个年轻、好学、动手能力强、热情活泼、参与意识强的深刻印象。二是详略得当，重点突出。求职者将自己在校学习的课程及成绩略写，只以附件的形式在信后出现，而重点突出了自学的科目和自己在技术实践方面的能力，使录用单位感到求职者既有理论水平又有思想水平，且动手能力强，而这正是企业最欢迎的新型人才。三是层次分明，语言得体。全文的六个部分安排得井然有序，行文流畅简练，不卑不亢。本文的不足之处是被录用后的打算和决心写得比较少。

一、求职信的含义

求职信是求职者主动向用人单位自我介绍、自我推荐、谋求职业的书信。

二、求职信的作用

求职信的作用就是使求职者在与用人单位谋面之前，给用人单位一个最初的印象和总体的了解。求职者利用信函，尽可能扼要地介绍自己的水平和才能及欲求职的心情，为供职单位决定取舍提供材料。因此，求职信对求职者来说是公平竞争、一展才华的工具，对用人单位来说是尽我所需、择优录取的依据。

三、求职信的特点

1. 真实性

求职信必须以真实性特征赢得用人单位的好感和信任。求职信的真实性主要从以下两个方面体现出来。

(1) 亲笔撰文及书写。

求职信是求职者主动向用人单位推介自己的信函。所以，求职者应该尽量通过求职信使用人单位更多地了解自己。因此，求职信最好是亲笔手写而不要用电脑打印，最好是亲自起草而不要请人代写。用人单位通过求职信，对求职者产生第一印象。如通过字体，可推测求职者的学识、性格；通过行文用语，初步了解求职者的情商和修养；通过信函文面，可以猜测求职者的求职心态、办事作风、工作态度等。所以，一封亲笔求职信，能产生见字如人的效果。而非亲笔求职信，会使人产生一种隔膜，也会让用人单位揣测求职者是否缺乏自信。总之，求职信应尽量给人真实感，除了亲笔书写、亲自行文拟稿之外，最好再附上一张近照，这样，真实感就更强，推介的效果也会更好。有些求职者采取折中的做法，求职信用手写；自我介绍、简历则打印。这是一种较好的处理办法。如果连附件也手写，难免不整洁清晰。

（2）推介内容真实客观。

求职信的内容应该真实，在自我介绍时，要如实地向用人单位介绍自己的情况，不能夸大，也不能捏造。当然，也不必因过于谦虚而隐瞒自己的成就和“闪光点”。总之，推介的内容要真实，推介的语言要中肯，要恰到好处，推介的态度要谦虚诚恳，不卑不亢。这样的求职信才能给人真实可靠的良好印象。

2. 自荐性

求职信是求职者写给用人单位的信函。发函的目的是向用人单位自荐，以求达到应聘的目的。有针对性地向用人单位介绍自身适合应聘的条件和突出的优势，是求职信主要的内容。所以，自我推荐是求职信最重要、最显著的特征。

3. 鲜明性

求职信的鲜明性表现在写作的目的上。求职者写求职信的目的是很明确的，那就是让收信人看过信后对自己有良好的印象，为录用自己打好基础，进而被顺利地录用。

4. 单一性

求职信的单一性体现在它的内容上。为了达到被录用的唯一目的，所写的内容一定要围绕目的，简明扼要，只要能使对方了解自己的水平、能力和才华即可，其他内容可等面试时再详谈。

5. 礼仪性

求职信是求职者向用人单位求职时写的信函，加之双方互不相识，所以，行文用语比较讲究礼貌。表达时要以中肯、平和而谦恭、真挚的语言陈述情况，说明诚意，要实事求是、彬彬有礼地展现自我。为了体现语言的礼貌客气，通常称对方为“贵公司”、“贵校”。而自称则较谦虚，如“不揣冒昧”、“慕名求职”、“鄙人”等。

四、求职信的结构与写法

求职信的格式与一般书信相同，包括称呼、问候语、正文、祝颂语、信尾及附件六部分，只不过内容不同。

（一）称呼

称呼分两种情况。如果不知对方姓名，那就写“××企业总经理”、“×××厂长”等；如果知道姓名，那就写“×××”，姓名后面要加上“先生”、“女士”、“小姐”等词，以示尊敬。位置在第一行顶格单独写。称呼后要用冒号，表示下面有话要说。由于写信人与收信人未曾见过面，所以，称呼要郑重其事，力求恰当。

（二）问候语

问候语是表示对收信人有的礼貌。一般书信的问候语既要有礼节性还要有针对性，这是因为收信人各式各样，情况又各有不同。但求职信的收信人很单一，所以，只强调礼节性，写上“您好!”“近好!”即可。位置在称呼下一行，一定要空两格，用感叹号。有些人习惯紧跟称呼后问候，一般信件尚可，但求职信非同一般，所以，最好力求规范。

（三）正文

正文包括连接语、主体和结束语。

1. 连接语

连接语要说清楚写信缘由。因为求职信一般是在看到报上的招聘广告或听到别人介绍后写的，所以，应当开门见山、直截了当地说明去信的目的。可以写“看到《××报》×月×日刊登的招聘广告，本人很感兴趣，特此应聘”，也可客气而礼貌地写“感谢贵公司给我这次参与竞争的机会。我久仰贵公司的实力和经营方式，早想到此供职。若能如愿，将不胜荣幸，现将本人情况介绍如下……”。求职信的开头很重要，要写得有吸引力，让人有兴趣读完。

2. 主体

主体可分以下三层来写。

（1）概括介绍。概括介绍即写一份自传，介绍自己的姓名、性别、出生年月日、所在学校、所学专业、最高学历、上学和工作等几个阶段以及自身的性格特点。

（2）重点介绍。对刚毕业的学生来说，重点介绍在校期间各科中最突出的最能代表自己水平的专业及成绩，尤其是与用人单位对口或接近的专业的成绩，介绍自己学习的深度及广度。若是已参加工作者，就介绍自己的工作经历、在本岗位上的突出贡献，如参加过什么项目，研制过什么产品，解决过什么难题。重点介绍的另一内容即个人的特点、爱好、专长。比如，自己身体健康，酷爱体育运动，参加过篮球、排球比赛；擅长文艺演出，组织策划过大型活动；喜欢书画艺术等。社会非常需要业余爱好广泛的人才，介绍了自己的特点，爱好和专长后，入选的可能性比同等条件的应聘者要大得多。

（3）表示愿望。先说明自己对本工作的喜爱和想加入该用人单位的迫切心情，再谈谈入选后的想法、打算或计划，使用人单位人事部门主管了解求职者的心愿，提升录用的可能。

3. 结束语

在正文即将结束时，简单概括一下全文的内容，加深收信人对求职人的印象。这部分仍然要写得客气，适可而止，不能苛求对方，也不要啰啰嗦嗦。求职信常用的结束语有“如蒙赐复，不甚感谢”、“若认为本人条件尚可，请惠予面试，本人将准时赴试”、“静盼佳音”、“若被招聘，将十分荣幸”等。

（四）祝颂语

出于礼节，信的最后往往写一两句祝颂的话或敬语，常用的有“此致敬礼”、“此礼”、“祝您事业有成”、“祝您鹏程万里、事业发达”等。敬语的格式、位置分两行式和一行式，一是正文后紧接着写“此致”，另起一行顶格写“敬礼”；二是正文后另起一行，空两格写“此致”，再另起一行顶格写“敬礼”。

（五）信尾

结尾要依次写出求职者的姓名、求职信写作的时间、求职者的联系电话、联系地址和邮编。位置在敬语右下方。姓名前不必加任何谦称的限定语，以免有阿谀之嫌。成文日期中年、月、日。如年份应该按规范写为“2011”，而不能简写成“11”。

（六）附件

附件是指对求职者成功求职有用的材料，如个人自传或简历表、学历证明、学位证明及获奖证书的复印件等。

五、求职信的写作注意事项

1. 内容真实、用语得当

写求职信的时候，最重要的一点是信的内容一定要真实、可信、有说服力，用事实说话。这就要求写信时要把握分寸，不卑不亢，用语得当。切忌夸夸其谈，高谈阔论，给人一种华而不实的感觉。求职信的用语不能过分自信，也不能过分谦虚。过分自信会让人觉得求职者好大喜功、自吹自擂、容易骄傲自满；过分谦虚会使人觉得求职者没有主见和开拓精神。另外，求职者不要过于煽情。现在有些大学生在找工作的时候喜欢打“感情牌”，希望自己制作的求职信能出奇制胜而往往采取极端的手法。例如，把自己在成长过程走过的一些弯路夸张地描写为自己的“血泪史”或“真情告白”，企图以此博得用人单位的同情。其实，用人单位看了反而会觉得虚假和有失诚信。

2. 格式正确、布局整洁

求职信的格式很重要。如果求职者在求职信中连称呼和问候语都写错了或写得不规范，那么，用人单位对求职者的第一印象肯定不会很好，从而会影响其对整个求职信的阅读；如果是敬语格式出错，往往会被精明、细心的主管人员所挑剔，影响求职的入选。求职信要选用质地好的信纸，用钢笔按正确的格式书写。字体的大小要合理，四周空白，行间距适度，既不要过分拥挤，也不要太稀疏。布局要轻松、自然、和谐、优美，给人一种舒适感。不要随写随改，污点墨迹满篇都是，也不能用涂改液，写错了最好重写，否则给人以作风不够严谨、漫不经心的印象。

3. 书写正确、字迹清楚

求职信要确保无错别字及标点错误。因为求职信是展示语言文字水平的绝好机会，而且许多单位对这方面的要求相当高，因此，在写完求职信的时候，一定仔细检查几遍，确保万无一失。另外，字迹要清楚，否则会给人粗心大意及缺乏诚意的感觉。如果求职信字迹潦草得让人一个字一个字地去猜，恐怕还未等对方读完这封信，你就已经被列入淘汰之列了。如果应聘的是文秘等案头工作，漂亮的书法和优美的文笔将起到极大的帮助作用，对于一般工作，书写正确，字迹清楚就可以了。

4. 长短适当、语言质朴

求职信的篇幅不宜过长，要用精练的语言表达丰富的内容，繁杂、冗长的求职信只能让人反感，但也不能太短，否则，说不清问题，没有特点，会显得没有诚意，自然也就缺乏影响力。求职信要用简洁明快、朴实自然的语言。求职者即使满腹经纶，也不要幻想用华丽的辞藻打动招聘者。许多大学生喜欢在求职信中用一些华丽的语言，认为这样就能使自己的求职信脱颖而出，其实不然。华丽的语言大多是华而不实的，属于大话、空话、套话，并没实际的作用。事实上，有的求职信虽既没有任何豪言壮语，也没有使用多么华丽的词汇，但却使人读起来觉得亲切、自然、实实在在。

5. 少用简称、不要复印

在求职信上，最好不要用学校、学科、专业、甚至地址的简称。因为简称会使人产生误解，比如，填写毕业学校时，用“南大”这样的简称，那么，到底是指“南开大学”呢，还是指“南京大学”呢？如果填写的是“华工”，那么，到底是“华南理工大学”呢，还是“华东理工大学”？让人丈二和尚摸不着头脑，难以分辨。另外，过多的简写，还会使人觉得未脱学生气，做事不够成熟，从而影响了面试录用。

还要注意的是，不要寄出复印件。有些求职者为了扩大就业机会，于是写好一封求职信，然后复印出几十份，甚至上百份，到处投递。这样做确实可以节省不少时间和精力，但是，这种做法很容易令收信人觉得求职者对其不够尊重，不讲礼貌，甚至是在敷衍了事。因此，求职者要尽量自己誊写，从而使收信人觉得求职信是专门为谋此职而写的。

6. 拒绝复制、抛弃粘贴

现在许多招聘网站都有求职信的范本，而且有的网站根据各种专业的特点提供了针对该专业的求职信样板，这为毕业生们制作求职信提供了极大的方便。求职者只需把这些模板“copy（复制）”下来略加修改（甚至不需要修改）便能使用，可谓方便快捷。但是，在享受这种方便的时候，别人也一样在做着同样的“复制+粘贴”的简单工作。在人事经理面前，内容雷同、格式一样的求职信是没有出路的。因此，不要贪图方便，应该踏踏实实地写好属于自己的求职信。

六、求职信的礼仪用语

对于大学生来说，写一封谦恭有礼的求职信并不是一件难事。但是，如果想突破由“您好”加“此致敬礼”构成的礼仪用语框架，就应该掌握更多的信件礼仪用语。一般来说，这些用语主要体现在提称语、祝颂语、礼告语和信封用语上。

1. 提称语

提称语是用来提高称谓的敬语，用在称呼之后，起提高称谓的作用。对于尊长或地位较高的人，通常可用“尊鉴”、“钧鉴”、“赐鉴”、“大鉴”；对于平辈可用“惠鉴”、“台鉴”；对于女士可用“芳鉴”、“淑鉴”；对于夫妇可用“俪鉴”、“同鉴”等。提称语要注意与称呼相一致，千万不要弄巧成拙。例如，如果对方是个老厂长，应当写“××厂长尊鉴”或“××厂长赐鉴”，万不可写成“××厂长台鉴”或“××厂长惠鉴”，否则不但闹出了大笑话，求职的努力也将付诸东流了。

2. 祝颂语

最普通、最常见的祝颂语莫过于“此致敬礼”、“祝您愉快”、“祝您健康”等诸如此类的惯用格式。求职信中这些约定俗成的祝颂语的好处是放之四海而皆准，不大可能会犯错误，但不免落于俗套。其实，简短的祝颂语也能体现一个人的水平，好的祝颂语更能表示出对方的良好祝愿。根据对方的身份不同，对尊长可写“敬请金安”、“叩请福安”、“恭请平安”，对于平辈可写“即颂时祺”、“顺颂春（夏、秋、冬）祺”、“敬颂时绥”等；根据对方职业的不同可采用“敬请（颂）……”的句式，对学界人士可写“学安”、“编安”、“撰安”、“文祺”，对商界人士可写“商安”、“商祺”、“筹安”、“财祺”，对政界人士可写“钧安”、“勋安”等。

3. 礼告语

礼告语就是礼告敬辞，是用在信件的署名之后的礼仪用语。写给尊长的求职信，署名后可选用“叩上”、“拜上”、“肃上”、“敬启”等。对于平辈，则可选用“谨启”、“敬上”、“拜启”等。

4. 信封用语

求职信的信封比求职信这个“第一印象”还要“第一印象”。因此，信封除了要准确、清楚地写明收件人的地址、邮编、收件人姓名和发信人姓名及地址外，最好要选用一些礼仪用语，主要是启封辞和缄封辞。启封辞是请收信人拆封的礼仪用语，写在收信人的姓名的称呼之后，如对于长辈可用“安启”、“钧启”，对于平辈可用“赐启”等，还可以根据职业或性别的不同选用不同的启封辞，如对于女士可用“芳启”、对于教师可用“文启”等。缄封辞是表示发信人发信的礼仪用语，写在发信人的姓名之后，如“×××谨缄”、“×××缄”等。

七、写求职信的注意事项

求职信写好以后，在寄出去之前，最好对下列项目一一检查，这将更有利于求职者求职成功。

（1）信封是否标准，地址与落款是否清楚？

（2）收信人的姓名、职位和称呼是否正确？

（3）是否写明了可以见面的时间和联系方式？

（4）是否说明附有简历或其他材料？

（5）是否留有副本以供面试时参考？

（6）是否记下了发信日期，以便及时询问？

求职信应该体现出自己的特色，在遵循上述一般原则的前提下，要开动脑筋，以自己的方式来赢得招聘者的青睐。

八、毕业生写求职信的四个误区

通过写信求职是一种常见方式，但必须避免以下四种失误以提高求职命中率。

1. 不够自信，过于谦虚

求职者应当在信中强调自己的强项，即使不可避免地要说明自己的弱项，也没有必要那么坦率。

2. 主观意愿，推理不当

许多求职者为了取悦招聘单位，再三强调自己的成绩，而不知相关经验与能力对求职更为重要。

3. 语气过于主观

对于招聘单位来讲，他们大都喜欢待人处世比较客观与实际的人，因而求职者在信中要尽量避免用“我认为”、“我觉得”、“我看”、“我想”等字眼。

4. 措词不当，造成反感

写求职信最忌用词不当，例如，“有我这样的人才前来应聘，你们定会大喜过望”。对方看到这样的语句，怎么会不反感呢？

【本节实训】

一、填空题

1. 求职信是求职者主动向用人单位__________、__________、__________的书信。

2. 求职信具有__________、__________、__________、__________和__________的特点。

3. 求职信的格式和一般书信一样，包括__________、__________、__________、__________、__________及附件六个部分。

4. 求职信正文的连接语，其作用是__________，要开门见山，直截了当说明去信的目的。

5. 求职信正文的主体，一般分三层来写，第一层，概括介绍；第二层，__________；第三层，__________。

6. 求职信的最后往往写一两句__________，常用的有“此致敬礼”、“此礼”。

7. “如蒙赐复，不甚感谢”、“静盼佳音”等，属于求职信中的__________。

8. 求职信的信尾要依次写出求职者的__________、__________、__________、__________和__________。

9. 求职信的写作注意事项，一是__________；二是__________；三是__________；四是__________；五是__________；六是__________。

10. 求职信的礼仪用语主要体现在__________、__________、__________和__________。

二、判断题

1. 求职信对用人单位来说是尽我所需、择优录取的依据。(　　)

2. 求职信必须以真实性的特征赢得用人单位的好感和信任。(　　)

3. 中国人崇尚谦虚，写求职信要尽量隐瞒自己的“闪光点”。(　　)

4. 有针对性地向用人单位介绍自身适合应聘的条件和突出的优势，是求职信的主要内容。所以，自我推介是求职信最重要、最显著的特征。(　　)

5. 求职信的行文用语要讲究礼貌。(　　)

6. 求职信正文的主体很重要，相对而言，求职信的开头不太重要。(　　)

7. 求职信重点介绍自己的专业特长，不需要介绍个人的特点和爱好。(　　)

8. 求职信信尾的日期可以简写成“0×”年。(　　)

9. 为了打动用人单位和显示才华，求职信的语言尽可能“煽情”、华丽。(　　)

10. 许多招聘网站都有求职信的范本，毕业生“copy（复制）”下来即可。(　　)

三、改错题

求职信

××公司：

上周，一个偶然的机会，看了×月×日的《羊城晚报》广告栏，知道贵公司属下各厂需要招聘打字员、会计员、电工等各若干名，本人现在去信应聘，现将我的情况作如下介绍：

本人现就读于××职业技术学院电子专业，今年7月毕业，在学校各方面表现都很好。

我的性格是属于外向型的，不喜欢独来独往，人比较健谈，喜欢去人多的地方，喜欢交朋友，而且自己认为朋友越多越好，将来如有什么困难可以得到更多的帮助。

我的兴趣是广泛的，好像什么都喜爱，我的音质不好，不会唱歌，但喜欢听人唱歌，喜欢欣赏音乐，我也喜欢画画，也喜欢体育运动，特别喜欢打羽毛球。

在遵守纪律方面，我比较自觉地遵守各项规章制度，从没有违反过学校的纪律，不但没有受过处分，有时还能得到表扬。

在生活方面，我比较简朴，不乱花钱。有人说我吝啬，我有自己的看法：我们学生是消费者，花钱不能大手大脚，不然会增加家长的负担，节约是我的优点，我不承认吝啬。

在学习方面，我也很自觉。有的人对基础课的学习不够重视，只重视专业课，我不是这样，我对基础课和专业课同样重视。所以，我的各科成绩都达到老师的要求。

贵公司招收电工，我是学电子专业的，完全可以胜任贵公司的电工工作。请贵公司研究并答复我的应聘请求。如蒙得到贵公司的聘用，我一定努力为公司工作。

此致

敬礼

××职业技术学院2008级电子专业1班 ××

11年6月10日

四、问答题

求职信

尊敬的××计算机应用技术开发公司领导：

在我国市场经济迅速发展的形势中，贵单位唯才是用，不断开创计算机应用新领域的企业风范吸引了众多的专业人才。我并非高档次人才，但也非平庸之辈，我愿意毕业后到贵公司工作。现将我的有关情况介绍如下：

本人××，男，汉族，1975年4月出生，籍贯××省××市。现在是××大学无线电系应用电子技术专业的学生，学制4年，将于×年7月大学毕业。目前户籍、学籍等人事档案均在××大学。

1989年，开始学习计算机操作。

1992年7月，毕业于省重点中学××中学。参加高考。同年8月参加××市广播电视局电脑培训班。同年9月录入××大学无线电系应用电子技术专业。

1993年7月，首次参加大学生暑期社会实践活动，执教电脑培训班，为××市广播电视局和××市邮电局培训了30名电脑工作人员，收到了良好的社会效益和经济效益，并记入实践报告，受到了上级表扬。

1993年10月，首批通过省高校计算机应用水平等级考试，并获得了首批考试中最高等级证书。

1993年12月，参考当前最新方法，编写了一个使许多计算机文件密码数字化的程序雏形，它既可完成加密、解密，也可使用电话线进行异地保密传输计算机信息。

1994年2月，利用寒假为××市有线电视台××中心建立了计算机“点歌台查录管理”小系统。

1994年3月至4月，自编了一个“由16点阵字库，跳过矢量化，直接产生绝对无锯齿放大汉字”的软件。我校教授、全国著名计算机软件专家×××评阅后认为方法独特新颖，并将此成果推荐发表在《计算机世界》杂志1994年第4

期上。

1994年7月至8月，暑假留校为××省广播电视厅广播电视工程电视公司独立开发完成了一套通用型“台标、时标”软件，使得各级电视台可在已有的微机上加上自己的台标、时标。并记入了大学暑假社会实践报告，参加校评奖活动，获得二等奖。

1995年8月底，接受了协助北京电子公司（属于商业信息，此略）关于“一对多电话自动计费微机管理系统”软、硬件设计的任务，现仍在进行之中。它具有该公司当前广泛使用的一对一单路电话计费器所不具备的多项功能。

平时注意社会能力锻炼，到1995年8月止，本人通过信息服务解决了几家单位的燃眉之急，达成的电子产品成交额近十万元。

本人在应用电子技术专业的三大方向——电子技术、信息科学、计算机应用技术中，侧重于计算机应用，并有志于把这三大方向复合化，在1995年10月的实习报告中，我提出了“电子、电脑、信息复合型人才”的观点，受到了学校的表扬。到目前为止、除了课内的专业课（附件加、解密及磁盘反拷贝、计算机信息对抗、计算机文字信息编码及处理、数据库技术、“专业简历”）成绩优秀外，还自学了光栅图形学、三维图形学、计算机密码学，计算机网络原理与应用技术、友好用户界面设计等课程。

1994年10月，被评为校“三好学生”，并获得二等奖学金。

1995年7月，完成学年论文《论我国计算机人才的培养》，获优等成绩。

在大学最后的大半年里，除完成毕业论文《计算机应用的现状和前景》外，还掌握了Windows、数据压缩技术以及主要用于金融管理的Unix系统和商务管理的Novell网络。

通过几年的大学学习，本人的思想素质和专业水平都得到了进一步的提高，具备了较坚实的专业理论基础和动手能力，并具有计算机应用的专长。本人身体健康，性格开朗。敢闯敢干，喜欢不断开拓、创新，不畏风险。坚持守时、讲效率、吃苦耐劳。我希望毕业后能被贵单位接纳工作，在领导和同事的培养支持下，为单位的发展作出应有的贡献。我愿意接受贵单位的严格审查。

本人通讯地址：××市××大学无线电系；邮编：610064；联系电话：5583875－43675。

此致

敬礼

××大学无线电系：××

××××年×月×日

1. 请给这封求职信的正文划分段落层次，并编一个内容分析提纲。

2. 请评价一下这封求职信的第一小节？

3. 有人说：这封求职信太长，用人单位会看得不耐烦；也有人说，这封求职信内容很充实，有针对性地展示了自己的优势。你对这封求职信怎么看？说说理由。

4. 读完这封求职信后，你觉得求职信应该是在毕业结束时写，还是应该一踏入大学校门就开始写？为什么？

五、写作题

参考下列一则消息《让申请者自己提要求——麦当劳餐厅招工独特》，写一封求职信，向自己所在城市的麦当劳快餐店求职。

让申请者自己提要求
——麦当劳餐厅招工独特

北京出现了一间接受在不同时间前来打工或兼职的快餐店，这就是位于王府井大街南口的中美合资北京麦当劳餐厅。

“你认为你以前做的最好得工作是什么?”“你所满意的工作的标准是什么?”“你希望得到的最高报酬是多少?”……两个月前来自美国、香港的十几位考官，曾设计了 11 个问题对 25 000 位向这家餐厅申请工作机会的求职者进行提问。这种由申请者自己提出工作要求的新颖独特的第二职业招聘方式，使许多报名者兴奋不已。

“我愿意在饭店负责打扫卫生，一般客人不问我的话，我是不会对客人提出任何要求的。”这位申请者尽管工作踏实、尽职，但因不够主动热情、对于自己工作的标准要求太低，又无集体荣誉感而未被录取。由此不难看出，麦当劳餐厅的招聘对人的考查是科学的和严格的。

目前，在这家餐厅获得工作的 850 人中，女性占 55%，25 岁以下的女性约 600 人，25 岁—35 岁的女性约 150 人，35 岁—50 岁的多是家庭主妇。上述人员都具有高中以上文化程度，其中 250 人为大专以上文化程度，他们来自北京各家饭店、企业、机关、商店、学校。

目前，北京出现的第一家政府劳动部门批准允许兼职的餐厅到底接受了多少人，总经理本人也不得而知。

“每天来这里工作几小时，体会一下这里的工作环境、管理方法和工作状态，又能拿到 10 元左右的收入，这是件好事，我想会有更多的人加入这一行列。”北京麦当劳食品有限公司董事长对此充满信心。

第五节　个人简历

【知识目标】

1. 掌握个人简历写作的基本结构、含义和作用

2. 掌握个人简历的适用对象、适用范围及特点

3. 掌握个人简历的撰写内容及语言写作要求

【技能目标】

1. 能够根据招聘单位的实际需求，制作一份客观、真实的个人简历

2. 把握个人简历的语言运用，在平实、简洁、客观的基础上，展现出自己最有独特性的一面

【案例引导 1】

个人简历

个人资料

姓　　名	李　辉	性　　别	男
出生年月	1980 年 7 月	民　　族	汉
政治面貌	中共党员	健康状况	良好
籍　　贯	广东顺德	培养方式	国家任务
通讯地址	广州市××商学院 108 信箱	最高学历	大学本科
邮政编码	510320	身　　高	175CM
联系电话	020－84489457	手　　机	1360××××××

受教育经历

1995. 9—1998. 7　　就读于顺德市第××中学

1998. 9—2002. 6　　就读于广州××商学院企业管理专业

专业课程

企业管理原理、商业企业管理、工业企业管理、市场预测与决策学、市场营销、推销学原理、国际市场行情、企业战略管理、组织行为学、财政学、金融学、国际金融、商业经济学、西方经济学、价格学概论、会计学原理、商业流通会计、管理会计、商贸英语口语、经济法、QBASIC、FOXBASE、计算机在管理中的运用等

学生工作

1998—2001　担任班长

1998—1999　担任学院书画社宣传部部长及学生会副部长

1999—2000　担任系学生会宣传部部长及广播台广告部部长

2000—2001　担任企业管理系第十一届学生会主席

2000—2001　担任学院"知音乐社"学生顾问

社会实践

1998.7—1999　在广州艺苑餐饮旅业参加社会实践

1999.10　参加台湾大成食品有限公司营销活动

2001.7　在韶关市政府办公室实习

2001.12　对"康宝"、"华宝"、"美的"等企业进行市场调研

2001.12　前往广州钢铁企业集团公司参观调查

大学获奖情况

1998—1999 年度　荣获系"三好学生"及"优秀团员"称号

1999—2001 年度　荣获"优秀学生干部"称号

2000—2001 年度　荣获"优秀学生干部"称号

1998—2001 年度　荣获三等奖学金和多项单项奖学金

计算机技能

熟练掌握 QBASIC 和 FOXBASE 数据库

熟练使用 WORD、EXCEL 及 OFFICE 97 等办公软件

熟练 WINDOWS95/97、DOS 等系统操作

熟练掌握中、英文打字

语言能力

能够熟练使用普通话和粤语

具有较强的语言表达及组织能力

具有良好的英语听、说、读、写、译能力

已通过大学英语四级考试

特长与爱好

计算机、书画、文艺、阅读

自我评价

思想品德好，责任心强，团体意识强

工作踏实勤奋，积极进取，富有创造力

知识全面，专业基础扎实，见识广博

自学能力强，善于独立思考，有较强的工作能力

人际关系融洽，有较强的协调沟通能力

【评析】

这则个人简历采用条文式的写法，短小精悍，有重点、针对性强，表述简洁明了，各项目单独列出，层次更加分明，方便阅读。内容全面，写出了个人的基本情况，大学学习和工作的经历、取得的成绩、具备的能力，是一则写得较好的个人简历。如果自我评价更简洁些，同时，写明自己的求职方向和意愿，将会更好。

【案例引导2】

个 人 简 历

姓　　名：李东旺　　籍　　贯：河南新郑市

性　　别：男　　出生年月：1980年3月

健康状况：良好　　毕业院校：××工业大学

专　　业：信息管理与信息系统　　联系电话：××××××

通讯地址：××工业大学39－3－1　　邮　　编：710020

求职意向：贵公司计算机中心

教育背景：1999—2003年就读于××工业大学继续教育学院信息管理信息系统专业

主修课程：计算机应用基础软件基础、管理学、会计学、经济法、管理经济学、汇编语言、C语言、国际贸易理论与实务、市场营销、运筹学、数据库系统概论、数据通讯与网络、操作系统原理、信息经济学、信息系统分析与设计、信息系统开发工具与技术

英语水平：具有初步的听、说、读、写基本技能；通过大学英语四级考试

计算机水平：通过了本省计算机二级考试

获奖情况：三年均获得（一等或二等）奖学金；获得2000年度、2002年度校“三好学生”称号

实践与实习：2001.7—2001.8　在××航空公司生产实习

2002.7—2002.8　参加一项课题的软件编程

个性特点：实事求是，发愤图强

备注：相信您的信任与我的实力将为我们带来共同的成功！希望我能为贵公司贡献自己的力量！

【评析】

这则个人简历很有针对性，求职单位和求职职位都很明确，并且根据用人单位的需要，有选择地介绍自己，重点突出，着重介绍了自己所学过的课程。这正是用人单位所需要的。作者把对自己撰写论文的介绍、工作情况省略了，这种写法值得借鉴。

一、个人简历的含义

个人简历是对一个人经历的简要说明，包括个人资料（姓名、性别、民族、年龄、籍贯、政治面貌、文化程度、校系专业、家庭住址、任职情况）、受教育经历、工作经历、外语程度、论文著作、受奖励情况以及结合自荐目的所写的自我简介。

二、个人简历的作用

个人简历在求职的过程中具有重要的作用，是求职路上的铺路石，是开启事业之门的钥匙。一份个人简历犹如一张个人广告，能够反映出个人的专业特长、基本素质和潜能，使别人从中可以了解求职者适合在哪些部门从事哪些职业，使求职者在众多的求职者中脱颖而出。

三、个人简历的结构与写法

个人简历并没有固定的模式，但也应当遵循一定的规范要求。从内容上说，对于社会经历少的大学毕业生，个人简历一般包括个人基本资料、学历、学业成绩与奖励、社会实践、工作经历、勤工助学、个人特长、发表的文章与论文、兴趣爱好与性格等项目。

1. 个人基本资料

个人基本资料主要指姓名、性别、出生年月、联系地址与电话。另外也可以加上身高、视力、政治面貌等。一般书写在个人简历的最前面。

2. 学历

对于社会经历相对较少的大学毕业生来说，学历这一部分则成了单位了解应聘者的智力、专业能力以及在竞争者中横向比较的主要依据。为了体现专业特长，应在学校名称后加上专业名称。如果辅修课程与应聘的职位密切相关，则也可将辅修课程附在主修课程之后。为了强调专业特长，可以将与应聘职位相关的课程集中起来，附在专业后面。

3. 学业成绩与奖励

学习成绩优秀，并获得奖学金或荣誉称号是学习生涯中的闪光点，这类信息可以很有说服力地表明求职者的确出类拔萃。

4. 社会实践

很多用人单位相当重视学生的社会实践情况，认为从中可以判断出学生的实际工作能力和社会阅历、社会经验。这一部分的内容书写时一般包括实践单位、具体职务、业绩或收获等。

5. 工作经历

越来越多的用人单位渴望招聘到具备较强应变力、能够同时从事多种不同性质工作的大学毕业生。学校社团活跃分子、学生干部等具备一定实践工作能力和管理才能的毕业生颇受用人单位，特别是在外办事处、综合性的商贸及咨询公司、国家机关等单位的青睐。在社会活动中，求职者的责任心、协调能力、社交能力、人品修养及专业能力得到了锻炼和肯定。所以，有丰富的社会活动经验，对于仍在求学、尚缺少社会经历的毕业生来说，是应聘成功的又一个重要砝码。这部分书写内容包括职务、职责与业绩。

6. 勤工助学

勤工助学经历也可写入社会活动中去。尽管有时勤工助学的经历同专职实践相比并不十分突出，但找工作赚学费仍可显示求职者的意志，给人留下吃苦耐劳、认真负责的好印象。

7. 个人特长

个人特长是指拥有的技能专长，特别是外语及计算机等方面的专长。如果通过了正式的考试、考核，不妨说明获证情况，包括专业外语、大学英语四级、大学英语六级、第二外语、计算机程序员、高级程序员、律师资格等。此外，如果求职者确有其他方面的一技之长，例如，音乐、美术、体育等，也可写入个人简历，这也许会带给你意料之外的收获。

8. 发表的文章与论文

毕业论文显示了你的专业能力及专业方向，如果论文在应聘前完成，也可写进简历。如果大学期间有已发表的文章、论文成果，应写进简历，这将是个人简历中一个有力的竞争项目，不要忘记注明刊物名称、出版单位及发表时间。

9. 兴趣爱好与性格

这部分内容要根据具体情况进行取舍，当以上项目足以证明自己的实力，这些可以省略，但是，当其他部分资料相对较少不足以体现自己的长处时，可以在个人简历中加上兴趣爱好与性格等内容，以展示本人的品德、修养或社交能力及与人合作能力。如果没有兴趣爱好也可不写，可直接描述性格特点。性格特点很多时候与工作性质、职位要求关系密切，所以，用词要妥当，描写性格可以使用如下表达，如“乐观开朗”、“活泼好动”、“成熟稳重”、“富有耐心”、“能够吃苦”、“诚恳真挚”、“精力充沛”、“有责任感”、“负责尽职”、“善于分析”、“思维敏捷”、“诚实友善”、“为人诚恳”、“善于协调”、“勤奋努力”、“乐于助人”、“有管理能力”、“表达能力强”、“善于与人沟通”、“能够刻苦钻研”、“动手能力强”、“处理细节精确”、“有良好的人际关系”、“能与别人愉快合作”、“良好的分析能力”、“适应不同环境、不同需要的能力强”等。

四、个人简历的写作注意事项

1. 诚实守信

社会需要诚心，社会呼唤诚心。人无信不立，一个失去诚信的人很难在社会上立足，没有任何一个用人单位能容忍一个没有信用的求职者。因此，要确保个人简历内容的真实性。一些不明智的求职者为了使自己能在竞争中胜出，往往喜欢在个人简历中挖空心思“做文章”，如没有获奖的说自己获奖，英语四级没有通过的说自己通过了英语六级等。其实阅历丰富的人事经理看过数以千计的个人简历，他们对求职者往往有敏锐的分析能力，任何遮遮掩掩或夸大其词的行为都终将被看穿，更何况求职者还有一次或多次面试的考验。即使瞒得了目前，也瞒不了以后，总有被发现的时候。而一旦被发现，求职者就不得不重新开始找工作了。这种从基础就不扎实的工作不能做，因此，要老老实实地撰写个人简历。

2. 短小精悍

“简历越长，求职者越无足轻重”。这句话说得十分有道理。一些大学生总认为个人简历写得越长越能表明自己有资历。其实不然，长篇累牍不等于有竞争力，短小精悍也不等于经历浅薄。大学毕业生要特别记住，个人简历一定要“简”。现在一些求职者为了显示自己的简历有个性，在篇幅方面做足文章，一份个人简历居然能写到六七页。这种做法不足取。应届毕业生个人简历的正确篇幅是在两页 A4 纸以内，最好是能缩成一页。如果确实很优秀，有很多值得一写的东西，那么也不妨突破两页的界限。要记住，与求职无关或意义不大的内容最好不要写。据调查，用人单位花在每份个人简历上的时间平均不到一分半钟，要想在这短短的 90 秒内迅速吸引招聘者的注意力，你的个人简历一定要短小精悍。如果一份个人简历，第一页是封面，第二页是求职信，第三页是学校介绍，第四页是院系介绍，第五页开始介绍自己的个人情况，则很难吸引用人单位。

3. 重点突出

如果一份个人简历比较长且没有层次感，那就很难引起招聘者的注意和兴趣。因此，在写个人简历的时候要注意突出重点。不必写小学、中学在哪里读，受过什么培训之类的句子可考虑放在备注中，不要与教育经历混作一谈。少些虚话，如“性格好”、“我工作认真努力”、“本人精通办公软件”、“参加了国家‘九五’攻关项目”等，这些话让人难以了解求职者实际能力。对于自己的能力要估计适当。管理专业的毕业生尚未走出校门，就说自己“擅长管理”，这分明言过其实；如果说“自认为在这方面有兴趣和潜力”，则比较恰当。可以用数字说明问题，如外语专业毕业生写“曾在刊物上发表过累计20万字的译文”，就说明了笔译能力。重点的内容应当通过不同的文本修饰功能去体现，如黑体字和粗体字。有重点、有层次感的个人简历才能有效地吸引招聘者的目光，才能在众多的个人简历脱颖而出。

4. 针对性强

对于不同的行业，不同的企业，不同的职位，求职者应当事先经过分析，有针对性地设计和准备简历。不能盲目地将一份标准版本大量复制，投递给所有用人单位，那样的话，效果会大打折扣。应当备有几份不同版本的简历，在应聘具体某一家企业的时候选择最适合这家企业的一份并进行进一步的修改。用人单位总是关注应聘者与招聘职位相关的知识背景和实践经历，因此，要针对自己应聘的单位和职位列出自己在这方面的专长，学了什么，在这方面有什么实践成果等，例如，应聘广告公司，就应该详细写明在某广告公司兼职的经历，并且最好把简历做成一件作品，这件作品就是对本人能力的最好说明。又如，应聘媒体行业应该附上在报社实习的成果，列出曾报道过的新闻，指出曾经起到了多么重要的作用。简历的内容做到了有的放矢，对症下药，那么，这样的简历一定会脱颖而出。

5. 说明客观

个人简历应该是客观地自我说明。其语言应当是站在第三人的立场上的，它应该用说明性语言向用人单位进行介绍。因此，不要在个人简历中进行主观性的描述，如“善于沟通”、“富有团队精神”、“团结他人”、“能给单位带来××效益”等。个人简历的行文要以简明的短句为主，切忌使用文艺语体，也尽量不要使用文学性、抒情性的语言。一般来说，个人简历没有写自我评价、个人性格等主观性内容的必要。

6. 表达准确

错别字和病句是简历的大敌，在制作个人简历的时候一定要注意文字和句子表述是否正确。从个人简历能看出一个人的语言文字修养，而招聘人员对应聘者文字能力和细心程度等的考查就是从个人简历开始的。因此，个人简历的制作马虎不得。此外，不要使用拗口的语句和生僻的字词，更不要故意卖弄文学水平，咬文嚼字。清楚、准确、规范、精练，是简历语言的基本要求。

7. 制作规范

"人靠衣装，佛靠金装"。现在许多大学毕业生已经意识到这一点，因此，在求职时都把个人简历制作得富有个性和创意，希望自己的简历与众不同，能抓住招聘者的眼球。但需要注意的是，除非是广告、美术类的专业，如果不是专业的需要，个人简历不能弄得太花哨，只要规范，简约大方就可以了，尤其是撰写应聘政府机关的简历，是万万不能花哨的。简历的形式夸张与否，决定了招聘人员对求职者第一印象的好坏感或厌弃的心情。例如，小雷是一所医学院校的高材生，不仅形象俊美、成绩优异，而且在校期间，有从事社团组织管理工作的丰富经验。一同递去资料的小王，参加了面试并且被录用，小雷却连面试的机会也没有。原来，小雷为了吸引招聘人员的注意，在个人简历上插上了许多可以表现自己能力的卡通画，结果适得其反。可见，简历形式上的规范和表达上的适度亦是非常重要的。

用电脑制作简历时，也要求做到规范，字体大小、间距要适当，段落要整齐，格式要一致。另外，要使用打印件，不要使用复印件。

五、写个人简历需要关注的细节

个人简历是自己学习生活的简短集锦，也是求职者自我评价和鉴定的主要材料。个人简历是一扇窗户，能使用人单位透过它了解到求职者的部分情况，也能激起用人单位对求职者进一步接触的浓厚兴趣。

(1) 个人简历一定要写得充实，有内容，有个性。至少能在一定程度上反映出毕业生的真实情况。

(2) 个人简历有一两页即可，不可太长。简历的格式应便于阅读，有吸引力。并使用人单位对求职者和求职者的目标有良好的印象。在简历中要充分展示你的专业特长和一般特长，强调过去所取得的成绩，最好能写出三科以上的成绩和三个以上的优点，并且要讲究材料的排列顺序。

(3) 一般而言，白纸黑字应该是个人简历的最佳载体。打印排版时，注意间隔及字体的常规性，同时注意语法、标点和措辞，避免错别字的出现。

(4) 不要写对求职者择业不利的情况，如对薪水的要求和工作地点的要求，就是成绩也不必一股脑儿全写上，主要写专业课的成绩就可以了；尤其要注意避免补考的学科。

【本节实训】

一、判断题

1. 个人简历是对一个人经历的简要说明。(　　)
2. 个人简历没有固定的模式，也不需要遵循一定的规范要求。(　　)
3. 个人简历是求职路上的铺路石，是推销个人的广告。(　　)
4. 为了在求职过程中胜出，个人简历写作可以任意发挥。(　　)
5. "简历越长，求职者越举足轻重"，这句话说得不对。(　　)
6. 个人简历一定要"简"。(　　)
7. 个人简历写作一定要突出重点、针对性强。(　　)
8. 个人简历制作在规范的基础上，要有个性和创意。(　　)

二、分析题

请阅读下面这段有关求职包装的文章，谈谈你的看法。

失信的求职包装

最近的一次招聘会，让北电网络人力资源部的招聘经理哭笑不得：300 多份高校毕业生送用的简历，竟然有一半掺假！

"他们假就假在把自己描绘得太好了！"这位经理解释道，"大学只有 4 年的时间，他们哪有那么多的时间和精力去参加社会活动？尤其是我们 IT 行业，一个证书读下来往往需要好几万元，可有的学生这样的证书竟有好几个！"

北京澳柯玛美乐有限公司人力资源部经理说："我碰到的作伪最厉害的，是一个 25 岁的小伙子，自称国内名牌大学毕业，曾任 IBM 和微软的市场经理、联想集团的大区经理。根据我们的调查，他不过是那所大学成人教育班的学生。"

一家外地驻武汉做装饰生意的企业准备招一名广告策划人员，很快接到许多应届大学毕业生的自荐材料。公司人事部门逐一翻阅，发现从同一所大学竟来了三个现任的"校学生会主席"。

"我觉得，与过去相比，大学生学会包装自己是件好事。可是，这包装是不是有点过火了？"北电网络人力资源部的招聘经理很疑惑。

竞相包装的结果使用人单位对大学生的"求职简历"失去了信任。不管是包装过的，还是本来成绩就好、没包装的，全体吃亏。学校的口碑和培养人才的可信度也由此受到置疑。

三、简答题

1. 简述撰写个人简历的基本格式和要求。

2. 在制作个人简历时，哪些细节需要特别注意？

3. 在撰写简历时，要注意哪些书面用语？

四、写作题

根据自己的实际情况和学习经历，以表格形式制作一份求职的个人简历。

【本章小结】

日常应用文书有许多种，限于学习时间和轻重程度的不同，不可能每种都详细讲。本章只选择了启事、申请书、求职信、个人简历四种日常应用文书，这四种应用文书都与高职高专学生的日常生活和将来的就业息息相关，希望学生通过这四种文书的学习，做到触类旁通，知道其他日常应用文书的学习方法。四种日常应用文书各有偏重，启事主要写启事事由的陈述和具体事项的陈述；申请书主要写申请事项、申请理由及申请人的态度；求职信和求职简历主要写个人意向、毕业生基本情况、学业成绩与知识结构、科研成果、社会工作与实践活动、获奖情况、自荐信等项目。

【本章实训】

【模块一　知识理解】

一、简答题

1. 启事的正文包括哪几个方面？

2. 申请书的正文包括哪几个方面？请简要说明。

3. 个人简历主要包括哪几个部分？其设计应注意哪些原则？

二、判断题

1. 启事不一定需要提请公众关注或关照。（　）

2. 从使用范围来看，启事有征招启事、告知启事、找寻启事三类。（　）

3. 申请书是一种信函文书。（　）

4. 申请书的称呼项（即接受申请书的单位）要在标题下一行空两格写。（　）

5. 申请书的正文由申请事项和申请理由组成。（　）

6. 申请书可以不用结尾。（　）

7. 个人简历中的求职意向有三、四个最为合适。（　）

8. 个人简历中，对学业成绩和知识结构的罗列越多、越广泛越好。(　　)

9. 大学生的社会工作经历和实践活动并不多，可以不用重视。(　　)

10. 个人简历应凸显自己的专业特长。(　　)

三、单选题

1. 下列不属于启事特点的是（　　）。

A. 广泛性　　B. 简明性　　C. 期盼性　　D. 保密性

2. 下列属于启事正文项目的是（　　）。

A. 个人基本情况说明　　B. 措施行动

C. 事由的陈述　　D. 申请事项

3. 下列不属于日常应用文书标题的是（　　）。

A. 入党申请书　　B. 征文启事　　C. 经济合同　　D. 求职信

4. 申请书中申请事项应（　　）。

A. 一文一事　　B. 多项并列　　C. 一项为主　　D. 两项以上

5. 求职信提出请求时要（　　）。

A. 客观　　B. 不卑不亢　　C. 强有力　　D. 大胆

6. 求职信忌讳（　　）。

A. 恭维有度，不卑不亢　　B. 扬长避短

C. 夸大个人才能　　D. 注入情感

7. 下列不属于求职信标题的是（　　）。

A. 求职信　　B. 自荐信　　C. 应聘信　　D. 申请书

8. 个人简历的求职意向应（　　）。

A. 越多越好　　B. 以三、四个为宜

C. 以两个为最佳　　D. 以一个为宜

9. 以下是个人简历中对所学课程的罗列，最不合理的一项是（　　）。

A. 建筑工程计量与计价、安装工程定额与预算、建筑招投标与合同管理、施工项目成本管理、建筑工程制图、建筑施工技术等

B. 设计色彩、装饰设计制图与识图、室内设计原理、室内装饰构造设计、室内景观设计、大学英语等

C. 商务英语、会计基础、会计电算化、经济法、经济学基础、国际金融与结算等

D. 数据库原理与运用、网页制作、计算机网络基础、网络安全技术、大学语文、时事政策、邓小平理论与“三个代表”、高等数学、大学英语、体育等

10. 根据日常应用文书的特点，下列不属于日常应用文书一类的是（　　）

A. 条据类　　B. 传播类　　C. 告示类　　D. 书信类

四、多选题

1. 日常应用文书具有（　　）特点。

A. 广泛性　　B. 简明性　　C. 时效性　　D. 针对性

2. 招聘启事应写清楚（　　）等。

A. 招聘岗位　　B. 招聘条件　　C. 待遇　　D. 联系方式

3. 下列属于申请书特点的是（　　）。

A. 简明性　　B. 请求性　　C. 单一性　　D. 郑重性

4. 下列属于申请书正文内容的是（　　）。

A. 申请事项　　B. 申请理由

C. 申请人的态度　　D. 背景缘由介绍

5. 求职信的正文包括（　　）。

A. 缘由和目的　　B. 求职意向

C. 个人情况介绍　　D. 推销自己

6. 求职信写作应注意的原则有（　　）。

A. 实事求是，谦虚有度　　B. 态度诚恳

C. 扬长避短　　D. 注入情感，注重文采

7. 求职信的特点包括（　　）。

A. 自荐性　　B. 鲜明性　　C. 真实性　　D. 礼仪性

8. 下列属于个人简历项目的是（　　）。

A. 求职意向　　B. 个人基本资料

C. 工作经历与实践活动　　D. 获奖情况

9. 个人简历的制作原则应包括（　　）。

A. 简短性原则　　B. 针对性原则　　C. 个性化原则　　D. 客观性原则

10. 下列属于个人简历封面内容的是（　　）。

A. 标题　　B. 姓名

C. 毕业学校、专业　　D. 联系方式

【模块二　技能训练】

1. 请就自己专业所适合的岗位，写一份招聘启事。

2. 根据上题，设计一份个人简历。

3. 修改下面一封求职信。指出其错误之处，并说明正确的写法。

求职信

我是××大学中文系即将毕业的大学生，看到贵刊在《××晚报》上的招聘广告，禁不住提笔向总编辑先生自我推荐，你知道有我来这里应聘，势必大喜过望。

我学的是新闻专业，所读的大学是全国非常闻名的。到目前为止，全部学业都已圆满完成，成绩优秀。我是学校通讯社的主要成员，有非常丰富的社会实践工作经验。大学四年，奠定了我从事新闻工作的理论基础，即将毕业之际，我渴望得到实践锻炼的岗位。贵刊是一个有广大读者的刊物，这一职位对我来说简直是无法抵挡的引诱，我相信我会在这里找到锻炼的舞台、学到更多的知识。我非常希望能加盟，并成为其中一员，我等着你的答复喔。

××大学中文系×××

1995.5.10

（资料来源：陈子典、胡欣育主编：《应用文写作》，北京师范大学出版社2007年版，第305页。）

【模块三　思维拓展】

1. 请评述下面这份简历。

个人简历

姓　　名：臬××	性　　别：女
出生年月：1990年7月	民　　族：汉族
现居住地：四川省白塔街	婚姻状况：未婚
学　　历：大专	毕业学校：四川省水利水电学校
专　　业：水利水电工程	
自我评价 性格乐观、开朗、思维敏捷，积极上进，个性亲和，有较强组织及交际力。工作认真、细心，拥有相关的实习经验，能承受工作压力，做事脚踏实地，谦虚谨慎，乐于学习。为人敬业爱业，愿意在所在的职业上全心全意工作，发挥自己优势，为公司作出贡献	

（续上表）

教育背景 1994—1998 年，四川省机关幼儿园 2004—2007 年，四川省实验中学 2007—2010 年，四川省水利水电学校
专业描述 所学专业课程：水力学、工程建设施工、工程经济、工程管理、钢筋混凝土等。该专业属于大土木结构，所学课程和房屋建筑专业基本一样，只是多了水工建筑物，水力学等几门专业课程
技能专长 计算机：长期使用计算机工作和学习，对计算机软硬件都能熟练操作，并能熟练使用

第七章　科技文书写作

【知识目标】

1. 了解科技文书的特点
2. 掌握学术论文的特点、写作结构和写作要求
3. 掌握毕业论文的特点、写作结构和写作要求
4. 掌握毕业设计报告的写作结构和要求

【技能目标】

1. 能够初步学会写作学术论文
2. 能够初步学会写作毕业论文
3. 能够初步学会写作毕业设计报告

第一节　科技文书写作概述

一、科技文书的含义

科技文书是科技工作者在日常科技事务和科研活动中汇报科技成果、交流科技信息、解决科技问题时所使用的，具有一定规范格式和特定读者对象的文书。

二、科技文书的特点

1. 科学性

科学性是科技文书最基本的特点。无论从整体角度来看，还是从每一类具体的文体上讲，科技文书都与科学技术工作有关，而科技工作的过程始终都具有严密的科学性，故科技文书必然具有严密的科学性。它所使用的材料必须真实可靠，使用的方法必须科学，所得出的结论必须揭示事物的本质和规律。

2. 目的性

作为应用文体的科技文书，其目的性十分明确，例如，写作学术论文是为了

追求学术上的新认识、新成果，写作试验报告是为了验证实验过程的严密性和结论的科学性。

3. 规范性

应用文对格式的要求已十分规范，而科技文书对此的要求则更为严格。例如，学术论文，从摘要到注释都有明确的写作要求。

4. 时效性

科技文书有很强的时效性。它的写作和实施必须在一定的时限内完成，一旦时过境迁，研究就将变得毫无价值。

5. 严肃性

科技文书的写作具有严肃性。一方面内容上必须客观、真实、准确，用事实说话，简明朴素，既不要拖泥带水，夸张粉饰，也不要虚文藻饰，描写抒情；另一方面，作者的态度必须严肃认真。

三、科技文书的种类

随着当代科研活动的增多，科技文书种类的发展十分迅速。学术论文、毕业论文和毕业设计报告是科技文书中的主要类型。根据高职高专学生的实际需要和老师的授课要求，本书仅探讨这三种科技文书。

第二节　学术论文

【知识目标】

1. 了解学术论文的特点
2. 掌握学术论文的结构及要求

【技能目标】

能够初步学会学术论文的写作

【案例引导】

孙子“慎战”思想及其现代意义

吕锡琛

【摘要】孙子以现实主义军事家独有的战略智慧提出了“慎战”思想，他将理想追求与现实操作统一起来，提出“不战而屈人之兵”的“全胜”战略思想与“非利不动，非得不用，非危不战”的原则和“伐谋”、“伐交”等克敌制胜的战术，力图寻求维护国家最大利益的最佳战争途径。这些思想为和平时代的人们认识多极形势下的军事斗争和驾驭局部战争形式的发展变化提供了有益的借鉴。

【关键词】孙子兵法；慎战；战略思想；现代意义

《孙子兵法》这部“兵学圣典”且先不论战争取胜之道，而是首先将战争与国家的生死存亡联系在一起，开宗明义说明战争中的存亡胜败是不能不慎重分析的。“慎战”思想作为孙子对战争的基本态度，贯穿于他的整个全面而完整的战争思想体系中。“慎战”思想的最高理想境界是“不战而屈人之兵”的“全胜”战略思想，但是，孙武所处的时代是一个群雄并起、兼并战争异常激烈的时代，作为一个清醒的现实主义军事家，他想寻求一条既可维护国家最大利益但是又不能使国家军队遭受重大损失的最佳战争途径，同时，他又想找到在激烈残酷的军事斗争中能够克敌制胜的法宝。正基于此，孙子提出了“不战而屈人之兵”等以维护国家利益作为战争宗旨的战略思想，但是，孙子并没有沉湎于“不战而屈人之兵”的理想境界中，从《孙子兵法》中浓墨重彩于具体的战术战法的战争艺术来看，孙子更多的是对“全胜”理想境界的向往，继而转变为尽可能地谋求军事利益的现实境界，即一旦“慎战”思想中的理想境界被打破，那么，在现实境界中则只能“合于利而动，不合于利则止”。在战争不可避免的形势下，他给战争设置了三道门槛：“非利不动，非得不用，非危不战”，以上的“三不”原则，乃是他的“慎战”主张进一步的具体化。可以说，孙子“不战而屈人之兵”的“全胜”思想与“合于利而动，不合于利而止”的“破胜”思想是他在“慎战”问题上理想追求与现实态度的统一。这些思想为和平时代的人们认识多极形势下的军事斗争和驾驭局部战争形式的发展变化提供了有益的借鉴。本文拟就以上问题作一粗浅的探索，求教于方家。

一、“慎战”思想的理想境界——“不战而屈人之兵”

作为一个冷静的现实主义军事家，孙子的“慎战”思想是建立在他对战争深刻认识的基础上的。他在《孙子兵法》中以“兵者，国之大事也，死生之地，存亡之道，不可不察也”作为开篇之句，认识到了国家一旦诉诸战争，不但要在经济上受到巨大损失，而且要处于“死生之地，存亡之道”的境地。所以，孙子告诫君主和将帅，在战争决策上一定要“慎之”、“警之”，决不能以个人或者一时的喜怒好恶轻易发动战争。否则，“亡国不可以复存，死者不可以复生”[①]，于是，孙子在战争的决策上提出了一个高层次的战略思想，即“不战而屈人之兵的”的“全胜”战略。这一战略思想是高于具体作战思想的大战略，是对具体军事战略的制定和实施起决定作用的方针、政策和策略，这是孙子“慎战”思想的最高理想追求，这种追求是以维护国家根本利益为出发点的，体现了他的“慎战”思想的立足点的高度，“慎战”的最佳方式是“不战”（此处的“不战”是不直接交战的意思，而不是否定战争），而不是“百战百胜”。所以，他在《谋功篇》中说“是故百战百胜，非善之善也；不战而屈人之兵，善之善也……故善用兵者，屈人之兵而非战也，拔人之城而非功也，毁人之国而非久也”。[②]为了实现“不战而屈人之兵”的“全胜”理想境界，孙子从战略层面上提出了能使敌人屈服的两种方法：“伐谋”和“伐交”。至于“伐兵”、“攻城”则是次等的策略，甚至是下策。“伐谋”是指以我方的谋略挫败敌方的谋略，使敌方不得不放弃与我方对抗的企图。“伐交”则是打击敌国的盟友，以外交策略破坏敌国的联盟，同时扩大自己的盟友，使敌方屈服于我方。从实行的目的而言，在《谋攻篇》里，孙子强调的是“全胜”：“凡用兵之法，全国为上，破国次之；全军为上，破军次之；全旅为上，破旅次之；全卒为上，破卒次之；全伍为上，破伍次之……必以全争于天下，故兵不顿而利可全，此谋攻之法也。”[③]如前所述，孙子所言“不战而屈人之兵”的“全胜”战略思想，是他“慎战”思想上所追求的最高理想境界。一方面孙子看到兵凶战危，战争乃是国家存亡攸关，军民生死搏斗的流血斗争，必须慎重对待；另一方面他又追求能“不战而屈人之兵”的“全胜”战略。如果能通过“伐谋”、“伐交”等“全胜”策略使敌方屈服，则是他希望“慎战”的最高理想境界。

二、“慎战”的现实境界——“合于利而动，不合于利而止”

在诸侯争霸战争日益激烈残酷的春秋末期，孙子作为清醒的现实主义军事家，提出了“合于利而动，不合于利而止”的观点，进而给战争设立了三道门槛：“非利不动，非得不用，非危不战”。也就是说，如果不符合国家利益，如果没有必胜的把握，如果国家没有遭受严重危机，就要慎重地对待战争。他认为在尽可能降低战争频率，减少不必要的战争的前提下，如果战争不可能避免，他主张运用战争和武力的手段来维护国家利益和国家安全，要对战争进行慎重的谋划，尽量减少战争可能带来的损失，力争用最小的代价赢得战争的胜利。所以，在“不战而屈人之兵”的“全胜”思想基础上，辩证地提出了在“合于利而动，不合于利而止”的形势下取得“破胜”的策略。在这里，“全”是使敌方完全地屈服而我方把损失减少到最小甚至没有，是“慎战”的理想状态；“破”是攻破了敌方但是我方也遭受了损失，这是战争的常态。

他的“破胜”策略涉及了各种战术战法，而“慎战”的思想一直贯穿其中。在开宗明义的《计篇》之始，作者就强调了慎重对待战争的重要性。研究战争时要“经之以五事”，“一曰道，二曰天，三曰地，四曰将，五曰法”，做战前我们要从这五个方面去研究战争，比较分析双方的条件，考察双方的实际情况。我们看到，《孙子兵法》6 000 余字，13 篇，从开头的《计篇》到《用间篇》依次论述了战略运筹、战争准备、战争计划、作战指挥、特殊战法、战略侦察等方面问题，涉及的精妙战术如“避实就虚”、“速战速决”、“知己知彼，百战不殆”等都是“慎战”思想在“利动”形势下现实战事中的具体体现。如前所述，一旦战争不可避免，就要慎重对待战争中的每个战略战术，使战争的损失减少到最小。这也是孙子追求理想境界中的“不破之全”和战争现实境界中的“破中求全”。

三、“慎战”思想的现代意义（略）

【注释】

①《武经七书》之《孙子兵法·火攻篇》，中华书局，2007 年版。

②③《武经七书》之《孙子兵法·谋攻篇》，中华书局，2007 年版。

（资料来源：中国论文下载中心）

一、学术论文的含义

学术论文是对科学技术或社会科学领域的学术问题进行专题研究后写成的文章，主要用于科技课题和人文社科课题的研究和科研成果的描述。它是科研成果的文字体现，是推广和交流成果的有力手段。

二、学术论文的特点

学术论文除具有科技文书的一般特点之外，还具有以下特点：

1. 创造性

学术论文价值的最根本的体现就是其创造性。一种新理论、新观点往往反映人们探索真理的进程，揭示某方面的客观规律。学术论文的任务就是交流新学术成就，发表新理论，探索新方法，从而推进社会的文明和历史的进步。

2. 学术性或理论性

学术论文需要运用科学原理和方法，对其探索领域中的新问题进行严密论证与分析，将材料经过科学的逻辑加工，形成科学的论断。因此，学术性是学术论文最根本的特征。

三、学术论文的结构与写法

形式完整的学术论文应包括标题、署名、摘要、关键词、绪论、正文、结论、致谢、注释、参考文献等部分。

（一）标题

标题是学术论文的重要组成部分。学术论文的标题应概括出文章的中心内容，以引起读者的注意。学术论文的标题要求醒目确切、鲜明生动。

（二）署名

学术论文必须签署作者的姓名，这是作者对研究成果拥有著作权和责任感的体现，也可附载作者的工作单位，一般写在作者姓名的下面，以圆括号的形式出现，也可在标题页的页脚注明，还可在结论之后注明。

（三）摘要

摘要又称提要、概要，是论文基本思想的缩影，用于提示研究对象和目的、论文的基本观点、成果和意义等，主要起报道和检索的作用，摘要的文字一般不超过正文的5%。

（四）关键词

关键词也称主题词，是反映论文观点和主要内容特征的词语，目的是便于制作索引和计算机检索。学术论文的关键词可以有2—8个，以3—5个为最适宜。关键词写在摘要部分之后。

（五）绪论

绪论也称前言、引言、绪言。一般写在正文之前，包括研究背景、研究目的、研究范围、研究方法、主要观点及成果、评价和意义等。

（六）正文

正文又称本论，是学术论文的主体，占论文篇幅的绝大部分。这一部分直接表述科研成果，其结构可根据不同需要采取不同形式，正文所采用的形式主要有以下四种：

1. 并列式

将总论点分解成若干并列关系的分论点，各分论点分别分说不同的问题，但其间的联系要紧密。这种结构一般先概说总论点，再逐一展开，最后归纳分析，得出结论。

2. 递进式

将总论点分解成层层深入的有递进关系的分论点，后一个问题的解决总是以前一个问题的完成为前提，逐层分析，层层深入，最后获得结论。

3. 过程式

将研究过程作为整体结构。其思路是：发现问题——研究问题——分析研究实验的结果——总体导出结论。

4. 综合式

根据论文的需求综合地运用以上所述的三种方式。

（七）结论

结论是整个论文研究成果的总判断、总评价，在全篇中具有画龙点睛的作用。

（八）致谢

许多研究成果的取得，都离不开他人的帮助与支持，因此，在论文结论之后，作者应以简洁的文字向这些人表示谢意，以示尊重。

（九）注释

注释是对正文中某些问题的进一步解释，也是对某些所引用语言出处的说明。既可写在致谢之后，也可写在每页论文的页脚。

（十）参考文献

篇末附参考文献，这是传统的惯例，它的作用是便于读者了解该领域的情况，为研究或查找有关文献资料提供帮助，增加所选资料的可信度，证明论文的水平，也表示对他人的尊重。

【本节实训】

一、填空题

1. 学术论文的特点是__________和__________。

2. 学术论文的标题应该______________________________。

3. 学术论文的关键词可以有__________个，以__________个为最适宜。

4. 学术论文的正文表述有__________、__________、__________、__________四种形式。

5. 学术论文的绪论又称__________、__________、__________。

二、简答题

1. 请问学术论文摘要的作用及要求是什么?
2. 请问学术论文的绪论主要写什么?
3. 请问学术论文表述的思路是什么?

第三节　毕业论文

【知识目标】

1. 掌握毕业论文的特点
2. 掌握毕业论文的结构及写作要求

【技能目标】

初步学会写作毕业论文

【案例引导】

浅谈余光中诗歌的乡土意识

【摘要】余光中对“母亲”的热爱与地域文化的冲突凝结为其作品之魂，他热衷于“对脚下这块土地历史”进行追寻。余光中的“地理感”大概可以分为三个层面：一是在人本意识层面产生的自我内在的地理感，这是与生俱来的类似基因的一种乡土意识情结；二是游历于异域而产生的区域空间的地理感，这是第一层面在空间向度上的延展；三是在异族文化层面产生的历史文化的地理感，这是第一层面在时间向度上的延展。

【关键词】余光中；土地；乡愁诗；乡土意识

一、初识乡土

余光中在把自己的笔伸回海峡对面的大陆之后所创作的许多留恋故土的乡愁诗，才是他赢得盛名的主要基础，其诗歌风格的变化可以说也是整个台湾诗坛50多年来风格走向的一个缩影。读者对他的认识和解读，也多从其乡愁诗开始。乡愁诗已经成为余光中通往世界华人心中的一枚“邮票”，其中他对“土地”的记忆与“地图”的书写秉承了中国传统依恋故土的诗歌艺术表现。余光中的诗歌以土地记忆为内核，以地理意象的乡愁式咏叹来实现对土地记忆的地理归依，从而对抗现有地理秩序与空间的区域矛盾，这也是诗人寻求历史与文化认同的主要通道。他的诗作解构了正在进行的时间，让历史叙事陌生化；也解构了原有的地理秩序，让地名排列陌生化；更解构了自我的意识形态，让身份认同陌生化。通过色彩斑斓的诗歌写作，我们可以感知那种内在的乡土意识上的两难处境，生存的异化转化为灵魂的异化与身份的迷失，并带来身份认同的危机。

二、内化的乡土意识核心

所谓土地，指的就是一群人居住的地方。这群人久居一地，使得人们依托于环境的特性而发展出乡土意识，从而具有人的“现代性”的意义并塑造出共同的生活经验，这块土地从此变得不可替代。余光中曾自己写道：“走出那一块大大陆，走破几双浪子的鞋子，异乡异国，走来走去，绕多少空空洞洞的圈子？再回头，那一块大大陆可记得从前那小小孩。”

对诗人而言，土地不仅仅是休养生息之所，更是民族文化传承过程中不可缺失的特质，具有心理治疗超凡能力的土地也与社会相互建构，相互依存，并互为因果，就如同今天在城市的上空在家家户户阳台花盆里生长、开放的花花草草一样。那花盆可以说就是城里人对土地和祖先种植的残存记忆与表征，人们总想拽住一些生命中本能的东西。人对土地的本能眷恋与现代城市的水泥森林产生激烈冲突，时刻进行着一种乡土意识突围的表演。而对大多数华人而言，共通的生活经验与传统文化，依据原始的地理景观而形成，落地生根，这就必然有一个彼此认同的核心，那就是乡愁的地理情结，这点独一无二，它链接着土地与文化，也是诗人联系过去、现在与将来的主要基质。余光中也说他是突然意识到“中国”情结的，我们知道，意识其实肯定早就存在。诗人凭借个人的乡愁，启动过去的记忆，这是一个时间与空间、形体与心理双重的旅程。当原来居住的土地已经不在，记忆成为诗人个体意识与民族之间维系的时候，这也是个体身份认同的起点。故土大陆在诗人的心里是被充分内化了的幻象，真正处于其中，则得以隐身，而一旦诗人居于外域，才会得以凸现，一如要识得庐山真面，必须身处于庐山之外，而身在山中则不可得见一样。诗以言志。诗歌的书写成为寻求地理归属心理依归的介质，诉诸文学的也是民族本质特征和带有民族印记的文化本质特征。虽然从大陆移居到台湾并不存在两个民族之间的文化冲突，但依然存在着两种生活经验、两种意识形态、两种制度的冲撞，语境也不免发生变化。

在不同的语境下，时空的分离导致新的时空制度转型是必然的，同时，它也远不只是一种时空分离，而且完全可以视为一种更剧烈而深刻的时空裂变。生命中最动人的，莫过于在这块土地上耕耘过的岁月，作为“异乡人”，诗人必须要冲破区域空间的焦虑与身份认同危机，这样，乡土意识就成为诗人能够着落的全部。土地在文化的延续性上具有不可磨灭的重要性，土地不仅指自然界外在的有形的实体，对土地的想象也赋予土地无形的社会意义，成为社会意识的载体，这样，土地也就成为连接自然与社会的一个特质，土地变成了诗人心中的“地方”。一个文化的身份认同建立在一个特定的地理位置上，这份认同产生了自我意识，个人由此开始创立一个建构整个文化的故事，而这样的文化认同必须回归到土地，是一种对故土在心理上的回归。土地是身份认同的实体基础，诗歌作品成为身份认同的文化依托。

三、意象书写的土地符码（略）

四、结语

综上所述，余光中的“地理感”大概可以分为三个层面：一是在人本意识层面产生的自我内在的地理感，这是与生俱来的类似基因的一种乡土意识情结；二是游历于异域而产生的区域空间的地理感，这是第一层面在空间向度上的延展；三是在异族文化层面产生的历史文化的地理感，这是第一层面在时间向度上的延展。通过这三个层面，诗人一层层拨开历史的积淀，透过诗进行“对脚下这块土地历史的追寻”，从而反映出诗人面对故土失落的挣扎与被切割的土地记忆是如何构建自我、重塑文化地理形貌的。可以说，对以地名书写为表征的土地记忆，已经成为余光中抵抗外域文化和构建个人地域认同与文化寻根的重要依据。

【参考文献】

[1] 余光中．白玉苦瓜·断奶．大地出版社，1974
[2] 傅孟丽．茱萸的孩子——余光中传．天下远见出版有限公司，2001
[3] 黄维．璀璨的五彩笔——余光中作品概说．北京大学学报，1999（3）
[4] 余光中．乡的牧神．纯文学出版社，1968

（资料来源：中国论文下载中心）

一、毕业论文的含义

毕业论文是大学毕业生运用自己所学的专业理论、知识和技能就本学科内的某一问题进行探讨，并表述其研究成果和学术见解的具有一定学术价值的文章。

毕业论文是学术论文的一种。学术论文是用来表述科学研究成果的议论文。它是对社会科学或自然科学领域中的某些现象及问题进行系统、专门的研究，探讨其本质特征及其发展规律的理论性文章。学术论文又称科学论文，简称论文。

二、毕业论文的特点

毕业论文具有学术性、理论性、科学性和独创性四个特点。

1. 学术性

毕业论文作为学术论文的一种，是学术研究成果的载体，因此，它只能把学术问题作为论题，把学术成果作为描述的对象，把学术见解作为文章内容的核心，否则就会失去其学术品格。

2. 理论性

理论是从实践中概括出来的关于自然界和社会知识的系统的结论。它不是现象的罗列和一般原理的阐释，也不是实践经验的介绍。它是作者通过缜密的推理，对事物的本质和规律作出的抽象而又生动的科学概括，具有深厚的理论色彩和理论深度。

3. 科学性

科学性是毕业论文的基础和前提。所谓科学性，就是指作者在正确的世界观和方法论的指导下，运用相关的理论和专业知识，剖析客观事物或现象，揭示其本质和客观发展规律，得出具有普遍性的结论。它要求论点、论据、论证三要素齐备，并要求论点客观正确、论据可靠充分、论证严密有力。

4. 独创性

独创性包括开创一门新学科、建立一个理论体系、推翻前人陈说、扩展前人成果、发现新材料、悟出新道理、纠正谬论等。独创性是科学研究的生命，但它绝不是标新立异或胡乱编造，当然，独创性也不允许重复别人的结论或剽窃他人的成果。

三、毕业论文的写作步骤

(一) 选题

选题决定着研究的方向和目标，决定着研究的价值和论文的成败，标志着研究的水平，是毕业论文质量好坏的关键。

根据是否体现科研本身的性质和特点，课题可分为开创性课题、发展性课题和争鸣性课题三大类。开创性课题包括开创新领域、创建新理论、填补研究空白点、研究随着社会发展和科学进步而出现的新问题四个问题。发展性课题包括补充、深化已有的观点，批驳或修正已有的观点，赋予已有的观点以新的意义三个方面。争鸣性课题指没有定论，有不同看法的课题。

选题应该注意以下几个方面的问题：

(1) 选题必须符合本专业的培养目标，即与所学专业对口。

(2) 选题时应从自己的兴趣出发，选择自己最感兴趣的专业课题，这样，可以提高自己的主动性和积极性，否则，在做论文时会十分痛苦，甚至出现做不下去的情况。

(3) 选题时应结合自己的专业特长，扬长避短，这对顺利完成论文的撰写有益处。

(4) 选题不宜过大，也不宜过小，难度要适中。初写论文者易犯贪大求全、宽泛不实的毛病，这是写论文的大忌。

(5) 选题时应考虑毕业论文的时间要求和容量要求。

(二) 收集资料

(1) 收集资料的方法。资料的收集可以通过实地调查研究完成，也可以采取文献检索的方法，从图书馆或档案馆查阅现成的资料，资料的收集应尽量全面而翔实地占有材料。

(2) 资料的阅读、记录和整理。资料的阅读应根据写作的需要和资料的状况，有针对性地采用略读、细读、精读三种方法。资料的记录与整理，可采用的方式很多，比如，剪切、复印、做笔记等。做笔记是最常用的资料记录与整理的方法，根据不同的资料内容，采用不同的记笔记的方法。

(三) 确立论点

材料收集整理后，就要进行由此及彼、由表及里、去伪存真、去粗取精的分析研究，用抽象思维进行综合、概括，逐步形成明确的观点，即毕业论文的论点。确立论点，是毕业论文写作中的重要一环，论点一经确立，对整篇文章便起着统率作用。论文中材料的取舍、论证方法的选择、结构层次的安排、语言的运用，都要服从表现论点的需要。

(四) 安排结构

毕业论文，由于篇幅大，字数多，因此，在动笔前需要周密的考虑，安排结构。毕业论文一般分为绪论（引言、引论）、本论和结论三个部分。

首先是绪论。绪论是全文的开头，正文之前的引导部分。这一部分文字不能太多，要写得简明扼要、具有吸引力。这一部分既可以交代提出问题的背景，衬托出问题的重要性；也可以简述写作的缘起，即本文是为解决什么问题而写作的；也可以指明论文所研究的课题的价值、意义；还可以提纲挈领、概括本论部分的精髓。

其次是本论。本论是学术论文的正文，是论文的核心部分，本论要合乎逻辑、充分展开。

①写作这一部分时，应严密地表述自己的研究成果，并加以充分的论证，应在显要的位置提出自己的论点，并展示富有新意和创造性的结论。

②要将中心论点分解成若干分论点。中心论点是论述的中心，居于统率地位。分论点从不同角度论证中心论点，是证明中心论点的论据。两者的关系是统率与被统率的关系。

③观点靠材料支撑，材料为证明观点服务。观点不能没有材料的证明，材料不能与观点游离，更不能与观点相悖。

④要有严密的逻辑性，表现出鲜明的逻辑关系。因此，概念要明确，命题的适用范围要加以严格的限定，论证的过程要合乎逻辑。

最后是结论，结论要干净利落，切忌拖泥带水。结论要与论证部分一致，不能脱节。结论是对主要观点的概括，而不是简单的重复。

（五）执笔行文

首先，论文的项目要齐备：标题、署名、摘要、关键词、绪论、正文、结论、注释、致谢、参考文献。

其次，要一气呵成，切不可让思路中断，直至初稿完成。

（六）修改定稿

修改定稿是为论文质量把关的过程，要从观点、材料、结构、语言等各方面去寻找错误和缺陷，反复修改，直至满意。首先，要通读全文，考虑文章的整体构架。其次，要看文章的中心论点和各个分论点的安排是否妥当。再次，要检查说明论点的材料是否充分、典型。最后，对论文的字句、标点都要认真推敲，力求做到准确、简明、通顺。

【本节实训】

一、填空题

1. 毕业论文的特点有__________、__________、__________、__________。

2. 毕业论文的课题可分为__________、__________、__________三大类。

3. 毕业论文的正文分为__________、__________、__________三个部分。

4. 毕业论文的项目包括__________、__________、__________、__________、__________、__________、__________、__________、__________、__________。

5. 毕业论文中，中心论点与分论点的关系是__________与__________的关系。

二、简答题

1. 毕业论文的选题应该注意哪些方面的问题？

2. 毕业论文的绪论应该注意哪些问题？

3. 毕业论文的正文写作有哪些要求？

第四节　毕业设计报告

【知识目标】

1. 理解毕业设计报告的含义

2. 掌握毕业设计报告的结构及写作要求

【技能目标】

初步学会写作毕业设计报告

【案例引导】

自动往返电动小汽车设计报告

指导教师：董民政　鲁怀伟
参赛学生：耿洁　田亮　于鑫

【摘要】本设计以单片机为核心组成测控系统，利用红外线发射与检测技术对电动小汽车的运行状态跟踪检测，由单片机对汽车的运行姿态实时作出反应，并输出相适应的控制指令。由驱动执行电路完成限速行驶、全速前进、定点定时停车和自动返回等基本操作以及紧急避险、自动导航、发车令牌控制等功能。对小车运行时间、距离等参数进行直观显示，对电路采取了多种抗干扰措施，工作稳定可靠，整个系统按要求安装于车体上实施跟踪监控。

【关键词】自动化；电动小汽车；设计；控制

1. 设计要求

设计并制作一个能自动往返于起跑线与终点线间的小汽车，允许用玩具汽车改装，但不能用人工遥控，包括有线和无线遥控。

跑道宽度0.5m，表面贴有白纸，两侧有挡板，挡板与地面垂直，其高度不低于0.2cm，在跑道的B、C、D、E、F、G各点处画有宽0.02cm的黑线，各段的长度如图1所示：

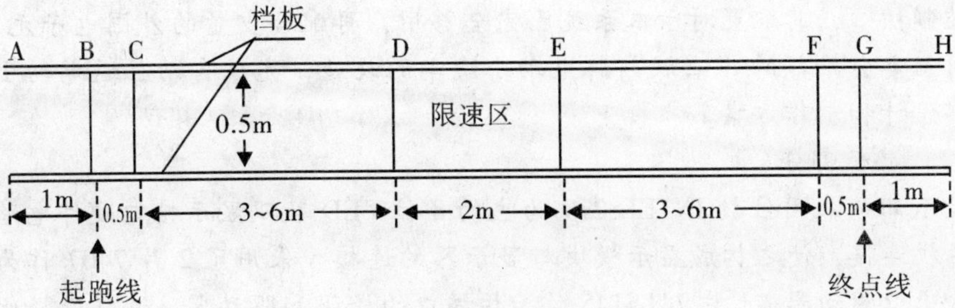

图1　跑道顶视图

(1) 基本功能要求。

①车辆从起跑线出发（出发前，车体不得超出起跑线）到达终点线，然后自动返回起跑线，允许倒车返回，往返一次的时间应力求最短（从合上汽车电源开关开始计时）。

②到达终点线和返回起跑线时，停车位置离起跑线和终点线偏差应最小（以车辆中心点与终点线或起跑线中心线之间的距离作为偏差的测量值）

③D—E 间为限速区，车辆往返均要求以低速通过，通过时间不得少于 8 秒，但不允许在限速区内停车。

(2) 发挥部分功能的要求。

①自动记录和显示一次往返所用的时间（记录显示装置要求安装在车上）。

②自动记录和显示行驶距离（记录显示装置要求安装在车上）。

③其他特色与创新。

2. 方案比较与论证

(1) 全硬件方案。

本方案基于硬件逻辑电路和脉冲电路的工作原理，采用计数器循环计数，再通过译码器译出相关状态，使触发器置位或复位，从而驱动相关继电器工作，以控制汽车电机的工作状态，最终实现汽车的自动往返、减速与直线行驶以及定时停车等功能。

该方案逻辑复杂，使用器件品种多，组装困难，故障率高，体积大，控制精度差，功能扩展难度大，发挥空间小，性能价格比较低。

(2) 智能化方案。(略)

3. 整体电路设计与理论计算

(1) 系统设置。

根据设计任务书的基本功能和发挥部分功能的要求，本系统选用单片机型为智能控制核心，其配置对于本系统已完全够用，再配合少量的外围电子元器件，通过对组委会推荐的“嘉欣”牌电动小汽车的改造，完成自动往返电动小汽车的全部设计和制作方案。

（2）显示部分。

显示部分采用位数 INTEL8279 为主的 8 位 LED 数码显示接口硬件电路，并与单片机连接，使之构成显示模块与显示器的连接。采用了 2 片 7407 作为显示数据输出口驱动器，1 片 74LS145 作为扫描口的译码和驱动器，这样选择比传统的一片译码器如 74LS138 再加驱动器的方案节省了 1—2 个芯片，在 8 位动态扫描显示的情况下，扫描口 LS0—SL3 输出按要求定义为编码输出模式。

（3）传感器设计及参数计算。

①红外线发射电路。

A. 软件脉冲调制发射。（略）

B. 电路参数选取。

调制频率确定。该参数的选取主要依据汽车运行速度、检测灵敏度及抗干扰要求。通过实际测量“嘉欣”牌电动小汽车的运行速度小于 2m/s，工作电压 6v，跑道中的黑色检测线宽度为 0.02m，为了保证抗干扰性和检测准确度，设计中要求当小汽车以最高速度通过宽度为 0.02m 的黑色检测线时，CPU 只有连续检测到符合规定宽度的一高一低的脉冲周期，即一定的调制频率，就认为是一次有效中断。根据上述分析，红外线射管的发光调制脉冲宽度可按以下方法确定：

设脉冲宽度为 t_p，黑色检测线宽度为 h，调制频率为 f，方波的占空比 q 为 0.5，小汽车的运行时速 v 取最高时速 2m/s，小汽车通过黑色检测线的时间

$t = h/v = 0.02m/2ms - 1 = 0.01s = 10ms$

为了保证检测准确，应满足

$t \leqslant t_p/2$

为使计算和软件编程方便，取 t_p 为 0.5ms，因此可以得到调制频率

$f = 1/2t_p = 1000Hz/s$

发射管限流电阻的选取。根据发光管最大电流（I_{max}）10mA 和脉冲波形的占空比（q）0.5 得 $R_3 = q \times Vcc/I_{max} = 250\Omega$，选取称值 220Ω。

②红外线接收电路（略）

（4）电动机驱动电路设计（略）

4. 软件设计

（1）CPU 资源分配。

（2）软件流程图。（略）

5. 抗干扰设计

经分析，本系统的干扰源有三种。其一是器件在动态工作时浪涌电流通过电源内阻引起的干扰。其二是电动小汽车直流电动机换向环工作时产生的火花所引起的电磁辐射干扰。其三是光电检测因路况颠簸产生误脉冲引起的干扰，为此采取以下措施进行抑制。

（1）吸收法。（略）

（2）隔离法。（略）

（3）共地法。（略）

（4）软件法。（略）

6. 发挥部分

（1）测量距离。（略）

（2）测量时间。（略）

（3）紧急避险。（略）

（4）自动导航。（略）

（5）发车令牌。（略）

7. 使用仪器（略）

8. 调试方法

（1）电路调试（略）。

（2）仿真调试（略）。

（3）脱机调试（略）。

9. 测试数据及测试结果分析

（1）测试条件。

①跑道长度11m，宽0.5m。用高档绘图纸粘接而成，宽0.02cm的测试线用墨汁绘制而成，跑道两侧设有高度为0.1cm的木制挡板。

②测试环境为露天阳光下，检测对光干扰的抑制能力。

③汽车供电电压6V，单片机供电电压5V。

（2）测试数据。（略）

（3）结果分析。

①通过限速区的时间和往返一次所需的时间，其误差与汽车电动机供电电压有直接关系，电压高，时间短，电压低，时间长，也与人为计时误差有关。

②终点停车时间由于使用单片机内部软件定时功能，精度较高，因此，误差主要来源于人为计时。

③往返一次的距离与行驶路线、汽车惯性、供电电压、采样点数量、车轮周长误差等有关。

④停车后，车体中心与终点线及起跑线中线间的距离误差与汽车惯性、汽车机械性能及路况有关。

10. 改进措施

在显示方案中采用 LED 数码管，其缺点是耗电量大，占用 CPU 的 I/O 端口多，需要一定的外围器件配合才能使用。如果使用串行输入 EDM C002A 型标准段式液晶显示模块，CPU 可选用体积更小的 AT2051 ，同时能节省 INTEL8279 及外围器件，整个系统的硬件数目会大大减少、重量会更轻、耗电量显著降低，小车运行性能会进一步提高。由于时间紧迫，EDM C002A 及 LCD 液晶显示模块在本地区无现货供应，不得已采用了数码管。

【参考文献】

[1] 阎石．数字电子技术基础［M］．北京：高等教育出版社，2000

[2] 李广弟．单片机基础［M］．北京：航空航天大学出版社，2000

[3] 陆坤等．电子设计技术［M］．成都：成都电子科技大学出版社，1997

（资料来源：《兰州铁道学院学报》2001 年第 6 期）

一、毕业设计报告的含义

毕业设计报告，又称毕业设计说明书，是理工科及艺术类学生综合运用所学的知识，对其毕业设计进行解释和说明的科技文书，是毕业设计成果的书面反映。

毕业设计报告是大学阶段全部学习成果的总结，是在教师指导下由学生完成的带有总结性的独立作业，相当于一般性学科各专业的毕业论文。它要求学生全面综合运用所学的专业基础理论和专业技术知识，运用计算、绘图、实验等基本技能，解决一般性的专业问题。

二、毕业设计报告的结构与写法

一篇完整的毕业设计报告包括标题、摘要、关键词、目录、引言、主体、小结、参考文献、附录和致谢等几部分。

（一）标题

毕业设计报告的标题应以最简明、最恰当、最具概括性的词语反映毕业设计中的最重要的内容，可以由设计项目＋“毕业设计报告”或“毕业设计说明书”构成。标题一般不超过 20 个字。

（二）摘要

摘要是毕业设计报告内容的简短陈述。摘要主要说明研究的目的、方法、结果和结论。摘要的书写要合乎逻辑，要与正文的主要内容保持一致。

摘要一般包括中文摘要和英文摘要，中文摘要字数应在 200—300 字之词，英文摘要字数不宜超过 250 个单词。

（三）关键词

关键词是从论文中选取出来的，用于表示全文主题内容信息的术语。关键词的个数一般为 3—8 个，顺序的排列，通常按研究的对象、性质和采取手段进行排列。

（四）目录

目录要列出整个毕业设计报告的篇章名目，要求页码正确对应。

（五）引言

引言（或绪论）主要说明研究工作的目的、范围、对前人工作的评述以及理论分析、研究设想、研究方法和实验设计、预期结果和意义等。它主要包括以下三个方面：

（1）简述本设计的含义、范围、在国内（外）的发展概况及存在的问题。

（2）完成本设计的总体思路。

（3）简述本设计要解决的主要问题及预期的社会、经济效益。

引言部分只作简要说明，不宜详细展开。

（六）主体

主体是毕业设计报告的核心部分，其内容主要包括方案论证、计算部分、设计部分、方案校验、预期效果等。本部分必须做到客观真实，准确完备，合乎逻辑、层次分明，重点突出，简练可读。

1. 方案论证

这部分要说明本设计的原理并进行方案选择，说明选择设计方案的理由，包括方案的分析、比较的理由，还要阐明所采用方案的特点。

2. 计算部分

这部分应占毕业设计报告的相当比例，必须有本设计的具体计算，不能仅仅是普适性的计算方法的介绍。

3. 设计部分

这部分是对本设计所要解决的主要问题的构思过程和预期实现方案的说明，不能只是一般理论和方法的介绍。

4. 方案校验

这一部分包括方案校验的方法、过程、数据及其处理办法等。说明设计是否满足各项性能指标的要求，能否达到预期的效果。校验的方法可以是理论分析，也可以是实验测试等。

5. 预期效果

这部分要说明本设计的结果能否满足各项性能指标的要求，最终能否达到预期效果。

（七）小结

小结是对毕业设计报告最终和总体的结论概括，应当准确、完整、明确、精练。中部分要概括说明本设计的情况和价值，总结其优点、特色、创新点，说明能达到的水平以及本人的收获、体会和不足。要求实事求是，切忌言过其实。另外，还可以在小结中指出其中存在的重要问题、后续工作和研究改进的方向。

（八）参考文献

参考文献是毕业设计报告的重要组成部分。所列出的文献，应当是作者亲自阅读或引用过的，不应转录他人文后的文献。它反映毕业设计的取材来源、材料的广博程度和材料的可靠程度，也是作者对他人成果的承认与尊重。写资料出处时，一定要每篇校实，不要出现任何的差错。所引文献应为公开刊物，内部刊物一般不引用。

毕业设计报告在直接引用参考文献的原文、公式、原理、方法等时，应在毕业设计报告的相关内容处注明。参考文献中的每项条目都应齐全。

（九）附录

附录是与毕业设计说明书直接相关的，且有必要与毕业设计报告装订在一起的图样、数据表格、计算程序等资料或清单。

附录应当一一编写序号，并在毕业设计报告的相关内容处注明。附录应有附录名。

（十）致谢

本部分应以简短的文字对指导老师和协助完成设计的人员的感谢，是一种礼貌，更是治学者应有的作风。

【本节实训】

一、填空题

1. 毕业设计报告应该以__________、__________、__________的词语反映毕业设计中的__________。

2. 毕业设计报告的摘要主要说明__________、__________、__________和__________。

3. 毕业设计报告的关键词通常按研究的________、________、________进行排列。

4. 毕业设计报告的主体包括__________、__________、__________、__________、__________五个部分。

5. 毕业设计报告的小结要概括说明本设计的________，总结其________、__________、__________，说明性能达到的水平以及本人的__________。

二、简答题

1. 毕业设计报告的引言主要包括哪些方面？

2. 毕业设计报告对小结有哪些要求？

3. 毕业设计报告在注释参考文献时，应注意哪些问题？

【本章小结】

本章选择了学术论文、毕业论文、毕业设计报告三种科技文书进行重点介绍。三种科技文书结构大体相同，包括标题、署名、摘要、关键词、绪论、正文、结论、致谢、注释、参考文献等部分，只是毕业设计报告的正文部分与前面两种文书不甚相同，它要求写出方案论证、计算部分、设计部分、方案校验、预期效果。在具体写作中，毕业论文及毕业设计报告有更详细的规范要求。

【本章实训】

【模块一　知识理解】

一、简答题

1. 科技文书具有哪些特点？请作简要阐述。

2. 学术论文包括哪些项目？

3. 简要阐述毕业论文的特点。

4. 简要阐述毕业设计报告的主体部分。

5. 毕业设计报告包括哪些项目？

二、判断题

1. 毕业论文与学术论文属于不同的科技文书。(　　)

2. 毕业论文不是现象的罗列和一般原理的阐释，它是实践经验的介绍。(　　)

3. 毕业论文与学术论文不同，它不具有学术性。(　　)

4. 毕业论文质量好坏的关键在于主体部分的写作而不在于选题。(　　)

5. 学术论文的价值最根本地体现为它的创造性。(　　)

6. 学术论文最根本的特征是其创造性。(　　)

7. 毕业设计报告的标题由毕业设计项目 + "毕业设计报告"或"毕业设计说明书"组成。(　　)

8. 摘要是毕业设计报告内容的简短陈述，而不是研究目的、方法、结果的简要说明。(　　)

9. 毕业设计报告主体的设计部分是对本设计所要解决的主要问题的构思过程和预期实现方案说明，与一般理论和方法无关。(　　)

10. 小结是对毕业设计报告最终和总体结论的概括，应当准确、完整、明确、精练。(　　)

三、单选题

1. 科技文书最基本的特点是(　　)。

A. 目的性　　B. 规范性　　C. 严肃性　　D. 科学性

2. 下列不属于科技文书的是(　　)。

A. 学术论文　　B. 毕业论文　　C. 产品说明书　　D. 实验报告

3. 下列属于学术论文的是(　　)。

A. 毕业设计报告　　B. 毕业论文

C. 实验报告　　D. 调查报告

4. 下列不属于学术论文特点的是(　　)。

A. 创造性　　B. 学术性　　C. 规范性　　D. 普遍性

5. 学术论文的关键词以(　　)个为最适宜。

A. 2 ~ 8　　B. 3 ~ 5　　C. 4 ~ 5　　D. 5 ~ 6

6. 毕业论文的科学性是指(　　)。

A. 作者在正确的世界观和方法论指导下，运用相关的理论和专业知识，剖析客观事物或现象，揭示其本质和客观发展规律，得出具有普遍性的结论

B. 把学术问题作为论题，把学术成果作为描述的对象，把学术见解作为文章内容的核心，否则就会失去其学术品格

C. 作者通过缜密的推理，对事物的本质和规律作抽象而又生动的科学概括，

具有深厚的理论色彩和理论深度

D. 开创一门新学科、建立一个理论体系、推翻前人陈说、扩展前人成果、发现新材料、悟出新道理、纠正谬论等

7. 不属于毕业论文的结论部分应该做到的是（　　）。

A. 要干净利落，切忌拖泥带水

B. 要与论证部分一致，不能脱节

C. 对主要观点的概括，而不是简单的重复

D. 要有见地，一针见血

8. 不属于毕业论文本论部分应该做到的是（　　）。

A. 严密地表述自己的研究成果，并加以充分的论证

B. 观点靠材料支撑，材料为证明观点服务

C. 应结合自己的专业特长，扬长避短，这对顺利完成论文的撰写有益处

D. 有严密的逻辑性，表现出鲜明的逻辑关系

9. 不属于毕业设计报告项目的是（　　）。

A. 摘要　　B. 关键词　　C. 小结　　D. 今后发展的方向

10. 下列不属于毕业设计报告含义说明的一项是（　　）。

A. 它要求学生全面综合运用所学的专业基础理论和专业技术知识，解决一般性的专业问题

B. 是大学毕业生运用自己所学的专业理论、知识和技能就本学科内的某一问题进行探讨，并表述其研究成果和学术见解的具有一定学术价值的文章

C. 是在教师指导下由学生完成的带有总结性的独立作业，相当于一般性学科各专业的毕业论文

D. 是大学阶段全部学习成果的总结

四、多选题

1. 科技文书的严肃性是指（　　）。

A. 内容上必须客观、真实、准确

B. 用事实说话，简明朴素，即不要拖泥带水，夸张粉饰

C. 不要虚文藻饰，描写抒情

D. 写作者的态度必须严肃认真

2. 下列属于学术论文标题说明的是（　　）。

A. 标题是学术论文的重要组成部分

B. 应概括出文章的中心内容

C. 要求醒目确切、鲜明生动

D. 引起读者的注意

3. 学术论文的绪论包括（　　）。

A. 研究背景　　　　　　　　B. 研究的目的、范围、方法

C. 主要观点及成果　　　　　D. 评价和意义

4. 学术论文的正文结构有（　　）等几种形式。

A. 并列式　　　　　　　　　B. 过程式

C. 递进式　　　　　　　　　D. 综合式

5. 毕业论文的特点是（　　）。

A. 学术性　　　　　　　　　B. 理论性

C. 科学性　　　　　　　　　D. 独创性

6. 毕业论文的课题包括（　　）。

A. 开创性课题　　　　　　　B. 发展性课题

C. 争鸣性课题　　　　　　　D. 填补空白的课题

7. 毕业论文的定稿修改应该做到（　　）。

A. 对论文的字句、标点都要认真推敲，力求做到准确、简明、通顺

B. 要通读全文，考虑文章的整体构架

C. 要看文章的中心论点和分论点的安排是否妥当

D. 要检查说明论点的材料是否充分、典型

8. 毕业设计报告的引言应该做到（　　）。

A. 简述本设计的含义、范围、在国内（外）的发展概况及存在的问题

B. 完成本设计的总体思路

C. 简述本设计要解决的主要问题及预期的社会、经济效益

D. 本部分只应简要说明，不宜详细展开

9. 下列属于毕业设计报告主体的是（　　）。

A. 方案论证　　　　　　　　B. 设计部分

C. 方案校验　　　　　　　　D. 预期效果

10. 下列属于对毕业设计报告参考文献的说明的是（　　）。

A. 参考文献是论文的重要组成部分

B. 所列出的文献，应当是作者亲自阅读或引用过的，不应转录他人文后的文献

C. 写资料出处时，一定要每篇核实，不要出现任何的差错

D. 所引文献应为公开刊物，内部刊物一般不引用

【模块二　技能训练】

请结合所学专业，写一篇毕业设计报告。

第八章　礼仪文书写作

【知识目标】

1. 充分认识礼仪文书在公关活动和社会生活中的作用
2. 了解常用的礼仪文书写作的格式和要求
3. 了解礼仪文书的概念和特点，掌握几类常用礼仪文书的结构和写法

【技能目标】

1. 根据例文，模拟写作，培养撰写礼仪文书的能力
2. 能够规范地撰写欢迎词、欢送词、答谢词等应用文体

【案例引导】

欢迎词

女士们、先生们：

值此××厂30周年厂庆之际，请允许我代表××厂全体职工，并以我个人的名义，向远道而来的贵宾们表示热烈的欢迎。

朋友们不顾路途遥远专程前来贺喜并洽谈贸易合作事宜，为我厂30周年厂庆更添了一份热烈和祥和，我由衷地感到高兴，并对朋友们为增进双方友好关系而作出的努力，表示诚挚的谢意！

今天在座的各位来宾中，有许多是我们的老朋友，我们之间有着良好的合作关系。我厂建厂30年来能取得今天的成绩，离不开老朋友的真诚合作和大力支持。对此，我们表示由衷的感谢。同时，我们也为有幸结识来自全国各地的新朋友感到十分高兴。在此，我谨再次向新朋友们表示热烈的欢迎，并希望能与新朋友们密切合作，发展相互间的友好合作关系。

“有朋自远方来，不亦乐乎。”在此新朋老友相会之际，我提议：

为今后我们之间的进一步合作，为我们之间日益增进的友谊，为朋友们的健康幸福，干杯！

【评析】

这是一篇欢迎词。内容分为三个部分。首先写欢迎的原因和对客人到来的欢迎之意；其次阐明宾客来访的意义和作用，并对来访宾客在相互合作中所作出的努力与贡献表示感谢，进而提出对今后双方交往的期望；最后再次表示良好的祝愿和希望。文章言辞恳切，友善礼貌，营造出了一种友好的气氛。

欢送词

尊敬的女士们、先生们：

首先，我代表×××，对诸位访问的圆满成功表示热烈的祝贺。两天来，我们本着平等互利的原则，经过认真协商，签订了《××协议》，为双方今后的合作和发展打下了良好的基础。明天，你们就要离开这里了，在即将分别的时刻，我们的心情非常不舍。大家相处的时间是短暂的，但我们之间的友好情谊是长久的。我们之间的合作才刚刚开始，中国有句古语叫做："来日方长，后会有期"。希望我们加强合作，不断往来，欢迎各位女士、先生在方便的时候再次来我们这个城市做客，相信我们的友好合作会结出丰硕的果实！祝大家一路顺风，万事如意！

【评析】

这篇欢送词先对来访者的访问成功表示祝贺之意，接着主要介绍来访取得的收获，并表达分别时的依依不舍之情，另外，还对双方今后的合作寄寓了美好的愿望，最后送上良好的祝愿。

答谢词

女士们、先生们：

首先请允许我感谢贵国的盛情邀请及热情款待，今天能够出席这次招待会，我感到十分荣幸。能够借此机会与在场的中国朋友畅谈，我感到非常高兴。

随着中国改革开放进程的不断深入，我们两国之间的交往越来越频繁，两国政府官员、科学家、艺术家、体育代表团和商人的互访，更加深了我们的友谊。多年来，我一直盼望着能有机会来中国，现在终于圆了我中国之行的梦。

这次在华一年的访问学习是卓有成效的，它使我能够有机会见到许多知名人士，聆听许多专家、学者的教诲，并向中国专家、学者请教。我与他们互相探讨、学习，收获很大。

在华期间，我受到了好客的中国朋友的热情接待，这让我深深地感受到了勤劳、善良的中国人民的热情、友好。我们之间的深情厚谊，令我终生难忘！

借此机会请允许我再一次向大家表示衷心的感谢！

祝愿我们两国人民世代友好下去！

×××

20××年10月12日

【评析】

这是一篇答谢词。正文分为三部分：其一先对主人的热情款待表示感谢；其二概写自己多年来一直要来中国的愿望，表明了自己访问的收获和感受；其三再次感谢和祝颂。全文情感真挚、感人，语言简练，结构完整，是一篇比较典型的答谢词。

第一节　礼仪文书写作概述

一、礼仪文书的含义

礼仪是礼节和仪式的总称，它主要是用来调整人与人之间的关系的，在礼仪活动中使用的各类文书统称为礼仪文书。

二、礼仪文书的种类及用途

礼仪文书包括请柬、祝词、题词、悼词等常用文体。请柬，是请客用的通知书。祝词，是对人、对事表示祝福和庆贺的言辞或文章。题词，是为留作纪念而题写的文字。悼词，是指向死者表示哀悼、缅怀与敬意的一切形式的悼念性文章。

三、礼仪文书的特点

礼仪文书的写作要求切姓氏、切时日、切年龄、切身份、切情感，必须根据一定的场合或一定的条件加以运用，决不可混淆。邀请，要言词恳切；哀悼，要哀伤情真。在写作这类文书时，表达一定要自然而有分寸。

第二节　欢迎词　欢送词　答谢词

【知识目标】

1. 了解、掌握欢迎词、欢送词、答谢词三个文种的使用场合、特点及写作要求

2. 着重掌握其文体结构和内容结构，具备撰写这三个文种的能力

【技能目标】

1. 能够了解欢迎词、欢送词、答谢词的特点、类别和写作要求

2. 能够具备撰写欢迎词、欢送词、答谢词的能力

一、欢迎词

【案例引导】

博鳌亚洲论坛理事长、日本前首相福田康夫在2011年博鳌亚洲论坛上致的欢迎词

胡锦涛主席阁下、梅德韦杰夫总统阁下、祖马总统阁下、金滉植总理阁下、萨帕特罗首相阁下、阿扎罗夫总理阁下，各位来宾和朋友们：

我谨代表博鳌亚洲论坛，对所有从亚洲和世界各地前来参加这次会议的政府、经济界、学术界和媒体界的各位领导表示由衷的欢迎。

今年年会的主题是“包容性发展”。现在在世界经济当中，很多国家还处于低迷状态，有着前途缥缈等不确定因素。然而，最近中国等亚洲国家的经济发展非常显著，常常成为人们的话题。尽管如此，随着国内生产总值的增长，这些国家人们的目光也开始转向经济发展的质量。

众所周知，即便在经济发展显著的中国，国家主席胡锦涛也提倡将要实现平衡的和谐社会。同时，温家宝总理在最近的“两会”政府报告当中，也多次强调发展的内容至关重要。去年11月份，在横滨举行的亚太经合组织首脑会议上，各国首脑对发展战略达成了共识，那就是经济发展应该是平衡的、包容性的、可持续性的、有创意的和安全的。如果这些概念得不到落实的话，任何一个战略最

终只能成为一纸空文。从这个角度来讲，这次我们论坛的主题“包容性发展”非常适时。在这个论坛上，我们不仅要倾听社会官方及各位的理解，而且也要寻找民间人士的见解，彼此分享智慧。

另外，借此机会，我想就最近发生的日本特大地震和海啸说两句。在最近的地震和海啸之后，我们收到了来自世界各国地区的各种支援，中国政府也在第一时间表示提供各种支援的意愿。在此，我谨代表日本对此表示感谢。包括中国和美国在内的世界各国地区对日本的支援，在日本也有报道，给予了从事救灾的人们很大的鼓励。这次日本地震海啸造成的另外一个灾难，也就是福田第一核电站的泄露事故，我们正在全力解决。这次不仅令周边国家，而且令整个国际社会非常担忧，对此我表示遗憾。现在断定结论为时尚早，但我个人认为我们不应该因为这一次事故就一下子放弃所有核电站，这样的想法和目光比较短浅。但是，我认为至少重新考虑核电站的安全标准是今后不可回避的大问题。

自2002年第一次年会以来，博鳌亚洲论坛已经历经了10年，如今它已经成为世界著名的经济论坛之一，我对至今仍一直培养这个论坛的各位表示由衷的感谢。我希望借此机会各位能够享受与老朋友再会的快乐，或者能够认识新的朋友，还有更重要的是，希望各位专家活跃地交换意见。

祝此次会议取得圆满成功。

（资料来源：http：//finance. stockstar. com）

【评析】

这是一篇热情洋溢的欢迎词，称呼得体，礼仪周到，言辞热情。特别值得一提的是，文中恰当地引用了《论语》中孔子的话语，使致辞更具文采、生动感人。致辞中说明了代表团来访的背景和意义，对代表团来访的评价和祝愿，均显得自然、亲切。

当今社会，不管是政府部门、机关学校，还是企业事业单位，重要宾客的来往是常有的事。当举行某个重要会议或庆典仪式时，为了欢迎上级领导的莅临，检查团、考察团和访问团的到来，又或者是国家元首、政府首脑、党政军领导人、友好团体负责人的来访等，在机场上、办公大楼门口、欢迎仪式讲台上，均需使用欢迎词这种文体。

（一）欢迎词的含义

欢迎词就是在欢迎宾客的仪式上主人对宾客的到来表示热情欢迎的讲话文稿。

（二）欢迎词的特点

欢迎词是对来宾表示欢迎的讲话。中国自古以来就崇尚礼仪，强调待客之道，因此，欢迎词这种文体在现实生活的使用频率很高。我们在使用中应注意这种文体的特点。一般来说，欢迎词具有以下特点：

1. 针对性

由于所欢迎的宾客可能来自各个方面，来访的目的也各不相同，因此，欢迎词的内容必须针对不同的对象而有所区别。另外，根据来访者的身份和欢迎的规格、场合，欢迎词也应有所不同，有严肃认真的，有轻松活泼的。所以，欢迎词不能只是表示欢迎就行了，还要考虑具体情况。

2. 礼仪性

欢迎词本身是社交的重要部分，是尽地主之谊的首要环节。古语云："在家不会迎宾客，出门方知少主人。"在欢迎词中，应使用文明的语言，尽量使用敬语、谦辞。在称呼对方时，一般都要在名字前加上"亲爱的"或"敬爱的"等敬语。

3. 婉约性

当今社会，人们在交往中很喜欢使用过去所谓的"外交辞令"，这是一种文明的表现。哪怕是和自己不喜欢的人见面，也不要恶语相向，表面上还应是客客气气的。欢迎词的婉约性就是有些问题不便直接说出，可用一些同义词委婉曲折地表达出来。例如，不说"双方意见严重分歧"，而说成"坦率地交换意见"。总之，注重自己的气量和风度，既坚持了原则，又免伤和气。

（三）欢迎词的结构与写法

欢迎词通常由标题、称谓、正文、祝语四部分构成。

1. 标题

在致欢迎词时一般不宣读标题，但文稿上要写标题。如"欢迎词"或"在欢迎 × × × 的大会上的欢迎词"。

2. 称谓

在标题下一行顶格写上主要贵宾的姓名，姓名前要加上"亲爱的"、"尊敬的"、"敬爱的"等敬语，姓名之后要加上职务（职称）如"总统"、"国王"、"王后"、"将军"。有时后面还要加上敬语，如"陛下"、"殿下"、"阁下"、"先生"、"女士"等。

主要宾客的下一行顶格写上"女士们、先生们"。按照我国的惯例，在其后还要写上“同志们、朋友们”。

3. 正文

欢迎词的正文写法要根据具体情况而定，一般应该由以下几个部分组成。

（1）欢迎与问候。这部分一般是用一段文字表达。如“我非常愉快而荣幸地代表本次国际× × ×讨论会组织委员会，衷心欢迎大驾光临”。如果到会者人多面广，需要分别问候，也可分段来写。

（2）回溯与介绍。如果主客双方素有来往，可回溯往昔交往的进度和共同协作取得的成绩。回溯过去最容易引发双方的感情。如果双方是初交，可揭示本次交往的背景和意义，介绍本次活动的主要内容。如果被欢迎者是以个人名义来访，则可在欢迎词中向到场的其他人介绍贵宾的成就和品行。

（3）展望与期待。正文最后一段应写上对本次活动的希望以及对将来的展望，还可指出在近期和将来，双方应以怎样的合作态度来解决面临的问题。

4. 祝语

一般要在正文的后面写上对贵宾的祝福和对会议（会谈）成功的预祝。如“预祝访问圆满成功”、“祝朋友们身体健康，家庭幸福”等。有时还要对客人的来访再次表示欢迎。

（四）欢迎词的写作注意事项

由于欢迎词的礼仪性很强，所以，用词要特别注意，既不能贬低自己，又不能伤害对方。

1. 注意礼貌，用语得当

由于欢迎词一般在双边的交往活动中使用，所以，礼貌性显得特别重要。欢迎词在用词上不可避免地要用些客套话，但应视关系亲疏而定，不可过分，如果客套达到虚伪的程度反而失礼。要在礼貌的用语中显露真情。

2. 感情充沛，有感染力

欢迎词不仅是为贵宾而作的，而且是要在大庭广众之中宣讲的，因此，要让讲话者与听众在感情上得到沟通。欢迎词只有热情洋溢，妙语连珠，有很强的感染力才能引起听众的共鸣，收到较好的效果。

（五）欢迎词的写作注意事项

（1）称呼要用尊称，感情要真挚，要能较具体地表达自己的原则和立场。

（2）措词要慎重，勿信口开河，同时要注意尊重对方的风俗习惯，避开对方的忌讳，以免发生误会。

（3）语言要精准、热情、友好、得体、礼貌。

（4）篇幅宜短小精悍，言简意赅，不必长篇大论。

二、欢送词

【案例引导】

校方代表在2008届毕业典礼上致的欢送词

亲爱的老师、同学们：

大家好！

今天，是青岛理工大学盛大的节日，是2008届毕业生人生的一个里程碑。你们即将从这里出发，昂扬着理工精神，以无比的自信和浑身的本事，去建设伟大的祖国，去创造人类美好的生活。

为此，让我们以最热烈的掌声向圆满完成学业的2008届全体毕业生表示祝贺！

也让我们以最诚挚的心情向你们的师长，向深切关注你们的理工校友们，并通过同学们向支持你们学业的父母、兄弟姐妹致以深深的敬意！

John Masefield曾这样赞美一所大学："There are few earthly things more beautiful than a university"。的确是这样！同学们，让我们一起来回顾你们在理工大学这四年的美好时光吧。

2004年，学校51年的办学历史以"青岛理工大学"的名字揭开了新的历史篇章。这是学校坚持党的教育方针，遵循高等教育规律，出色履行大学使命的历史的合理与必然的结果。为培养具有深远国际眼光的理工学子垫高了脚跟，为理工学子综合素质的养成搭建了一个更大的舞台。

2005年，学校过硬地通过了严格评审，成为博士学位授权单位并拥有了博士学位授权学科。为理工大学承担引领社会进步、缔造社会领袖之重担增添了力量；为理工大学与世界高等教育的列车接轨赢得了历史机遇；为理工大学服务社会、面向未来开拓出崭新的空间。在博士学科的牵引下，近年来学科建设成绩斐然，科研成果奖励再创新高，涌现出郭峰博士、毕学军博士等一批已经站到了学科前沿的学术新锐。他们的学术水平得到了同行的肯定，他们的科研成果在生产实际中接受了考验。

2006年，学校在沂蒙老革命根据地创建了青岛理工大学费县校区，兑现了理工大学"饮水思源"、"报国为民"的感恩夙愿。时年，学校科学规划，精心设计的新校园和教育小区破土奠基，为百年理工，为世代理工学人开拓出新的发展天地。

2007 年，教育部本科教学水平评估专家组给予学校这样的高度评价：近年来，青岛理工大学的发展取得了历史性的跨越，具有“百折不挠，刚毅厚重，勇承重载”的鲜明办学特色。继而公布：青岛理工大学本科教学水平评估成绩优秀。这不仅是官方和专家打出的分，也是全社会授予理工大学的教育品牌。青岛理工大学在国家教学名师、国家精品课程和国家教学成果奖励等方面都占有了一席之地。2006 年、2007 年连续两年学校本科生录取分数位居全省前三强。在“让每一块金子都发光，让每一位学子都创造奇迹”的信念下，理工大学的名师和园丁们以其高尚的操守和精湛的水准培养出大批在不同领域发出金子样光芒、在各个战线创造人间奇迹的理工学子。就在你们当中的聂名勇以其“消费新理念”荣膺“中国大学生自强之星”称号，受到国家领导人的接见，是金子总是要发光的。在读工科女研究生薛晶原创的春晚小品“公交协奏曲”，令全国观众叹为观止，是锥子就放不到袋子里去。

2008 年，在国心人心向往的百年奥运到来之际，喜悲交加，从年初的南方大雪，到年中的汶川大地震。理工大学师生员工在灾难来临的那一刻，上下携手同心支援灾区。从同学到老师，从干部到员工，从幼儿园的小朋友到离退休的老同志，从赈灾义卖到志愿服务，从捐款捐物到虔诚祝福，大家纷纷伸出了援助之手。结构材料专家李秋义教授将参加建设部的“地震建筑垃圾工作专家组”；雕塑艺术家谭大珂老师正在设计抗震救灾纪念碑。你们当中还有一位同学于连东把自己 500 元的生活费全部捐给地震灾区人民。他曾经把获得的励志奖学金拿出来帮助班里其他贫困的同学。他说尽管自己的力量微不足道，但也要像一粒“微尘”，把爱传递下去。就在你们当中有 8 名同学已经签约，赴灾区工作。

……

同学们，面对大自然强加给我们的这场灾难，你们用爱心、用眼泪、用绵薄之力，光大了理工大学精神，你们是理工大学高质量培养的高素质人才。从你们身上看到了我们民族仁爱、坚韧和包容的气质，有了这种气质，我们生命方舟的国家，犹如浴火的凤凰，将从灾难中崛起。

同学们，你们就要启程了，理工大学从此就是你们的母校了。越是这个时候，越是这种情境，我越觉得话没有说到。是希望呢还是担心呢？说不清楚。记得我曾对 2006 届毕业生说过，青岛理工大学给予你们持久起作用的其实是精神食粮。一个民族、一所大学要有精神，同样一个人也要有精神。崇高的精神使你们在瞬息万变的世界上闯荡时，能够找到自己的心灵家园，消减气躁与心浮，升腾朝气与活力，以智慧和强健去应付各种困苦和挑战。

同学们，最后我有一个心愿，就是希望你们方便的时候常回来看看，因为母校愿意见到你们。母校还会高兴地向你们展现她的新姿，那就是正在建设的新校区，这将是一个承载着你们梦想的母校校园。在与“UC - Berkeley”山貌水光相像的新校园中，在与 Berkeley 同样具有远大目标追求的青岛理工大学里，她的一砖一瓦，一草一木都将会凝结出一种对高尚的追求，都会感染一代又一代理工学人传承理工精神，勇立时代潮头，担当社会责任，以其着眼于未来，恪守自己的独立品格和超越功利的价值追求，在引领社会文明发展的航程中将建设高质量大学的理想和使命变成现实！

2008 届毕业生，再见了！希望与你们同在，成功与你们同行！

（资料来源：http：//www. qtech. edu. cn/）

【评析】

这是一篇深情动人的欢送词，称呼自然亲切。正文一开始便直抒胸臆，表达了依恋和感伤交织的复杂情感，并向毕业生们表示祝福。正文主体部分，简洁而蕴含深情，进一步表明期望和勉励。全文用词流畅、自然、朴实、动人。

（一）欢送词的含义

欢送词是指在送别宾客的仪式上或会议结束时，主人对宾客或与会代表的离去表示热烈欢送的致辞。

（二）欢送词的特点

欢送词一般具有以下特点。

1. 惜别性

“相见时难别亦难”，中国人重情谊的民族传统精神在今天显得更为重要。欢送词要表达亲朋远行时的感受，所以，依依惜别之情溢于言表，当然，感情基调也不可过于低沉，尤其是在公共事务的交往更应该把握好分别时所用言辞的分寸。

2. 口语性

同欢迎词一样，口语性也是欢送词的一个显著特点。遣词造句也应注意使用生活化的语言，使送别既富有情趣又自然得体。

（三）欢送词的结构与写法

欢送词的格式基本同欢迎词一样，只是中间部分要简练一些。

1. 标题

标题的写法有三种：

（1）单以文种命名。如“欢送词”。

（2）由活动内容和文种共同构成。如“在××会上的欢送词”。

（3）以致词者、致词场合（或被欢送的宾客）和文种共同构成。如“×××在××××上的欢送词”。

2. 称谓

称谓要顶格写，要写出宾客的姓名，称呼要有敬辞，如“尊敬的××总理阁下”、“尊敬的女士们、先生们”等，然后在后边加冒号。

3. 正文

正文开头通常应说明此时在举行何种欢送仪式，发言人是以什么身份代表哪些人向宾客表示欢送的。然后是有关欢送的具体内容：对客人来访期间所取得的成就，包括双方的友好交往和在经济合作中取得的成果，表示肯定和祝贺，说明这次来访的意义将要产生的影响。同时，对会议的圆满结束表示祝贺，对代表们的辛勤工作表示慰问，对来宾的生活和健康等表示希望与祝愿。结尾要对来宾的即将离去表示热烈的欢送，并发出再次来访的邀请等。

4. 落款

落款要写上致辞的单位名称、致辞者的身份、姓名并署上日期。

（四）欢送词的写作注意事项

（1）欢送词的语言要精准、友好、热情、温和，切忌语言粗俗。

（2）感情要真挚、自然。

（3）在一些重要的社交场合和国家交往中，欢送词既要表示友好，又要坚持自己的立场原则，维护自身的利益。

（4）篇幅不宜太长，否则会引起听众的反感。

三、答谢词

【案例引导】

加拿大淡水鱼研究所所长的答谢词

女士们、先生们：

我荣幸地代表来自世界各地21个不同国家的科学家，在这里答谢陈教授刚才热情洋溢的欢迎词。

使我感到特别荣幸的是，我能代表所有参加此次国际会议的外宾讲话，因为这是我们第一次有幸在中国参加这一学术会议。

我感谢大会组织委员会对我们的邀请，感谢他们为这次会议的准备工作所付出的辛勤劳动和心血。我们刚到武汉不久，但大会的计划组织工作已给我们留下了深刻的印象。我们同时也感谢中国主人对我们的深情厚谊。

科学是不分国界的，科学使我们走到一起。我希望今后几天的接触交流将使我们大家感到满意。看到这样盛大的国际聚会，我感到愉快，我向参加今天会议的所有人员表示祝贺。我相信他们的研究工作达到了本领域的高水平。

陈教授，谢谢你热情的欢迎词，同时也感谢你们埋头苦干的组织委员会。此外，我们还要感谢武汉市政府和人民，因为他们为了我们在这里过得愉快和留下深刻的印象已经做了并且还在做大量的工作。

谢谢！

（资料来源：http：//jingjing0530. blog. 163. com）

【评析】

这篇答谢词首先向主人致以衷心的感谢。然后在主体部分具体说明访问所要取得的成果，同时对主人的盛情接待和双方的良好合作致以感谢之意，另外还颂扬了主人的发展成绩并展望了双方进一步合作发展的美好前景。全文语言简洁、朴实，情感真挚、感人。

（一）答谢词的含义

答谢词是指在特定的公共礼仪场合，主人致欢迎词或欢送词后，客人所发表的对主人的热情接待和关照表示谢意的致辞。

答谢词一般是在欢迎（送）宴会上，主人先致欢迎（送）词，宾客再发表的致辞。如果是在颁奖仪式或祝贺性活动中，主持人致颁奖词或众人致祝词后，获奖者或被祝贺者即致答谢词。

（二）答谢词的结构与写法

答谢词的基本结构及写法与欢迎（送）词基本相同。

答谢词的正文部分，开头要对主人的热情接待表示感谢，同时倾吐自己的心声；中间畅叙情谊，或表明自己来访的意图和诚意，申述有关的愿望，或赞扬主人某方面的业绩、崇高的精神，或展望未来，表示将进一步发展双方的关系，扩大合作发展和信心；最后再次表示感谢，并表达良好的祝愿，或表达希望再次访问或邀请主人回访的意愿。

（三）答谢词的写作注意事项

（1）语言宜简洁、朴实，不要说过多的客套话，应以谦逊、诚恳的态度自然、真挚地表达谢意。

（2）要了解当地的风俗民情，尊重对方的习惯。

（3）注意照应欢迎词。答谢词要注意与欢迎词的某些内容相照应，这是对主人的尊重。即使预先准备了答谢词，也要在现场紧急修改补充，或因情景的变化而灵活地发挥。

（4）篇幅力求简短，不宜冗长拖沓。

【本节实训】

一、填空题

1. 欢迎词是在__________宾客的仪式上主人对宾客的__________表示__________的讲话文稿。

2. 欢送词是指在__________宾客的仪式上或会议结束时主人对宾客或与会代表的__________表示__________的致辞。

3. 答谢词是__________发表的对主人的热情接待和关照表示__________的致辞。

4. 欢迎词的特点是__________和__________。

5. 欢送词的特点是__________和__________。

二、选词填空题

下面是一篇欢送同事调任时所致的欢送词，请在横线上选填恰当的词。这些词为：贡献、高兴、欣慰、记住、伤感、想念、能力、成就、遗憾、富贵、才华。

今天，是一个既让我们非常__________而又非常__________的日子。我们__________是因为我们的同事李小琼部长荣升我公司北京分公司的经理。我们__________则是因为李部长这样一位优秀的人才和亲密的同事，就要与我们分开了。

回首往事，我们不难发现，李小琼的__________与__________，对我们有多么重要。我们部门取得的__________，离开了她的__________，将难以想象。

李部长的调离，是我们部门的巨大__________。不过想到她将在更为重要的位置上去发挥才干，我们都感到__________，并且都为她而感到__________。

“苟__________，勿相忘”，我们相信李小琼部长必定会如此。我们都会__________，希望她也能__________我们大家。

祝愿李部长前程似锦，万事如意，多多保重！

三、简答题

1. 简述欢迎词、欢送词和答谢词在写作时需要注意的事项。

2. 简述欢迎词、欢送词和答谢词的正文主体部分的写法各有什么不同?

四、改错题

指出下面这份欢迎词存在哪些不足?

欢迎词

尊敬的各位领导,各位同仁、女士们、先生们:

金秋十月,秋风送爽,我们迎来了一个令人欢欣鼓舞的日子,这就是我们广州市××科技有限公司成立20周年的纪念日。大家跋山涉水来到这里参加我们的庆典,辛苦了!

正如大家所知,我们在社会上有着良好的声誉和一定的影响。但是,我们一直不断进取、毫不懈怠,所以,才能20年屹立不倒。今天,见到朋友不顾路途遥远专程前来贺喜并洽谈双方有关边贸合作事宜,我颇感欣慰。

朋友们,为增进双方的友好关系作出努力的行动,定然能使本公司更上一层楼。

最后,对各位朋友的光临表示热烈的欢迎。祝大家心想事成,万事如意。为我们的合作,为我们的生意兴隆,干杯!

广州××科技有限公司董事长:×××

20××年5月23日

五、写作题

根据下列材料,请你代这名推销员写一篇获得单位嘉奖时所致的答谢词。

一名普通的推销员,成了公司去年的销售状元,公司专门召开表彰大会。

销售部章经理曾派他到深圳,公关部李小姐还向他介绍了那里的客户,结果他在深圳取得了成功。

他工作中也存在很多的不足,去年新产品推广不利,就与他有直接关系,他的责任不容推卸。

“士为知己者用”。

他表示今后将会更加努力地工作。

第三节 开幕词 闭幕词

【知识目标】

1. 掌握开幕词、闭幕词的含义和特点

2. 掌握撰写开幕词、闭幕词的格式和要求

3. 明晰开幕词、闭幕词运用的不同场合，并且能根据不同的情境，撰写不同内容的开幕词和闭幕词

【技能目标】

1. 能够正确掌握开幕词、闭幕词的结构和写法

2. 能够在不同场合下，把握宣读开幕词、闭幕词的情感

一、开幕词

【案例引导】

在“中国国际××展览会”开幕式上的讲话

女士们、先生们：

早上好！

由新加坡××有限公司主办、中国××协会与我分会所属的上海市国际贸易信息和展览公司承办的“中国国际××展览会”今天在这里开幕了。我谨代表中国国际贸易促进委员会上海市分会、中国国际商会上海分会对此次展览会的盛大召开表示热烈的祝贺！向前来上海参展的西班牙、比利时、中国台湾省、中国香港地区以及我国各省的中外厂商表示热烈的欢迎！

本届展览会将集中展示具有国际水准的各类××产品及生产设备，为来自全国各地的科技人员提供一次不出国的国际水平技术考察机会；同时，也为海内外同行共同切磋技艺创造了条件。

朋友们，同志们，上海是中国最重要的工业基地之一，也是经济、金融、贸易、科技和信息中心。上海作为长江流域乃至全国对外开放的重要窗口，将实行全方位的开放。我国政府已将浦东的开放列为中国今后10年发展的重点，上海南浦大桥的正式通车，标志着浦东新区的开发已经进入实质性的启动阶段。上海

将进一步改善投资环境，扩大与各国各地区的合作领域。我真诚地欢迎各位展商到上海的开发区和浦东新区参观，寻求贸易和投资机会，寻找合作伙伴。作为上海市的对外商会——中国国际贸易促进会上海市分会将为各位朋友提供卓有成效的服务。

最后，预祝“中国国际××展览会”圆满成功！感谢大家！

【评析】

这篇开幕词开头部分，讲话人借开幕之机，代表本公司对来宾表示热烈的欢迎和友好的问候。主体部分介绍了本次会议的背景、宗旨、规模、目的和意义，另外还介绍了举办地的地理优势和良好的资源环境，同时对新老朋友的到来发展相互合作关系，表示欢迎。最后是祝愿性结语。全文文字精练，庄重而热烈。

（一）开幕词的含义

开幕词是党政机关、社会团体、企事业单位的领导人，在会议开幕时所作的讲话，旨在阐明会议的指导思想、宗旨、重要意义，向与会者提出会议的中心任务和要求。

开幕词是在重要会议或重大活动开始时，会议主持人或主要领导人讲话时所用的文稿。不论召开什么重要会议或开展什么重要活动，按照惯例，一般都要由主持人或主要领导人致开幕词，这是一个必不可少的程序，标志着会议或活动的正式开始。开幕词通常要阐明会议或活动的性质、宗旨、任务、要求和议程安排等，集中体现了大会或活动的指导思想，对整个大会或活动起着定调的作用，对引导会议或活动朝着既定的正确方向顺利进行和保证会议或活动的圆满成功，有着重要的意义。

（二）开幕词的特点

开幕词是在一些大型会议开始时由会议主持人或主要领导人所作的开宗明义的讲话。开幕词具有以下特点。

1. 宣告性

开幕词是会议开始的序曲和标志，致开幕词之后，会议的各项议程才能陆续展开。因此，开幕词具有宣告会议召开的特性。

2. 导引性

开幕词一般要阐明会议的宗旨、任务、目的和意义等，这对于整个会议的成功召开具有导引作用。

3. 鼓动性

开幕词带有对期望开好会议的良好祝愿，并通过向与会者介绍会议的议程和宗旨，以期激励与会者的参与意识，调动其开会的积极性。

（三）开幕词的种类

开幕词按内容可以分为侧重性开幕词和一般性开幕词两种。侧重性开幕词往往对会议召开的历史背景、重大意义或会议的中心议题等作重点阐述，其他问题一带而过。一般性开幕词则只对会议的目的、议程、基本精神、来宾等作简要介绍。

（四）开幕词的结构与写法

开幕词由首部、正文和结束语三部分组成，各部分的项目内容与写作要求如下：

1. 首部

首部包括标题、时间、称谓三部分。

（1）标题。

标题一般由事由+文种构成，如“中国共产党第十二次全国人民代表大会开幕词”；有的标题由致辞人、事由和文种构成，如“×××同志在××××会上的开幕词”；有的采用复式标题，主标题揭示会议的宗旨、中心内容，副标题与前两种标题的构成形式相同，如“我们的文学应该站在世界的前列——中国作家协会第四次会员代表大会开幕词”；也有的只写文种，如“开幕词”。

（2）时间。

时间写于标题之下，用括号注明会议开幕的日期。

（3）称谓。

一般根据会议的性质及与会者的身份确定称谓，如“同志们”、“各位代表、各位来宾”、“运动员同志们”等。

2. 正文

正文包括开头、主体和结尾三部分。

（1）开头。

开幕词的开头部分一般开门见山地宣布会议开幕。但也可以对会议的规模及与会者的身份等作简要介绍，如“参加这次大会的代表有×××人，其中有来自……”，并对会议的召开及对与会人员表示祝贺。需要说明的是，开头部分即使只有一句话，也要单独列为一个自然段，与主体部分分开。

(2) 主体。

主体部分是开幕词的核心部分。通常包括三项内容：

①阐明会议的意义，通过对以往工作情况的概括总结和对当前形势的分析，说明会议是在什么形势下、为了解决什么问题和达到什么目的而召开的。

②阐明会议的指导思想，提出大会任务，说明会议的主要议程和安排。

③为保证会议顺利举行，向与会者提出会议的要求。

(3) 结尾。

结尾部分要提出会议任务、要求和希望。

3. 结束语

开幕词的结束语要简短、有力，并要有号召性和鼓动性。写法上常以呼告语另起一段，如用“预祝大会圆满成功”。

(五) 开幕词的写作注意事项

(1) 处理好大会开幕词与报告的关系。开幕词对会议宗旨、意义、议程只能作画龙点睛的提示，切忌长篇大论，不要成为大会报告的缩写。

(2) 要注意营造庄重热烈的会议气氛。为此，要求开幕词还要做到生动且富有感情色彩。

(3) 语言明快、流畅，用语谨慎，大方有礼，不卑不亢。适当运用口语化的语言，以使会场气氛和谐融洽。

二、闭幕词

【案例引导】

在第16届广州亚运会闭幕式上的致辞

尊敬的国务委员刘延东女士，亚奥理事会、各国各地区奥委会及国际奥委会的各位同事，女士们，先生们，朋友们：

今晚，第16届亚运会即将圆满落幕，在过去的16天里，我们共同度过了许多激动人心的时刻，这是一届精彩绝伦的亚运会，她将永远成为亚运会历史上的宝贵财富，共同珍藏于你我心中，美丽的花城广州现在成为体育与和平的城市。

首先，请允许我向中国政府和人民以及来自亚洲和世界各地的朋友们表示感谢。有了你们的支持，才有了亚运会的圆满成功。亚运会期间，来自亚洲45个国家和地区的10 000多名体育健儿在53个赏心悦目的场馆里，演绎了亚洲奥林匹克运动的最高水平，他们无疑是推动奥林匹克运动在亚洲发展的最佳使者。

感谢所有的运动员、技术官员、随队官员及所有的参会人员，你们的卓越才能、出色表现以及对运动事业的热忱令人赞叹，你们的体育风尚、团队精神令人振奋，让我们相信凡事皆有可能，希望你们回国以后，让亚运精神，让友谊、宽容和理解的信念在亚洲辽阔的大地上生生不息、永久长存。

感谢60 000多名赛事志愿者，亚运会的成功离不开你们辛勤的汗水、无私的奉献和甜蜜的微笑，我代表亚洲奥林匹克大家庭对你们表示衷心感谢。感谢国内外媒体和记者，亚运会是世界上仅次于奥运会的重大体育赛事，媒体在亚运会上发挥了举足轻重的作用，感谢你们对亚运会的关注和辛勤报道，你们通过电视、广播、报纸、杂志、互联网和其他各种信息媒介，将精彩赛事带到各个角落。亚运会上发生的动人故事和难忘瞬间通过你们传播到亚洲各国和世界各地，我们期待未来继续得到你们的支持。

这是一届高水平、有特色的亚运会，举办如此重大的赛事需要巨大的决心、不懈的努力和精心的准备。在此，我衷心祝贺广州人民的筹备工作取得了圆满的成功。今天，广州亚运会就要闭幕了，我号召全亚洲的年轻人和运动员们2014年相聚韩国仁川第17届亚运会，再续辉煌！谢谢大家！

（资料来源：http：//zhidao. baidu. com/）

【评析】

这篇闭幕词称呼得体，言辞恳切。肯定了亚运会所取得的丰硕成果，回顾了亚运期间各国运动健儿的体育竞技精神和东道主周到细致地全方位服务，对本届亚运会上取得成绩的运动健儿表示祝贺。全文结构严谨，条理分明，语言简洁明快。

（一）闭幕词的含义

闭幕词是一些大型会议结束时由有关领导人或德高望重者向会议所作的讲话。它具有总结性、概括性、号召性和口语化的特点。

闭幕词与开幕词一样，具有简明性和口语化两个共同特征，其种类与开幕词相同。凡重要会议或重要活动，与开幕词相对应，一般都有闭幕词，这是一道必不可少的程序，标志着整个会议或活动的结束。闭幕词通常要对会议或活动作出正确的评估和总结，充分肯定会议或活动所取得的成果，强调会议或活动的主要精神和深远影响，激励有关人员宣传会议或活动的精神实质和贯彻落实有关的决议或倡议。

（二）闭幕词的特点

1. 总结性

由于闭幕词是在会议或活动的闭幕式上使用的文体，所以，要对会议内容、会议精神和进程进行简要的总结并作出恰当的评价，要肯定会议的重要成果，强调会议的主要意义和深远影响。

2. 概括性

闭幕词应对会议进展情况、完成的议题、取得的成果提出的会议精神及会议意义等进行高度的语言概括。因此，闭幕词的篇幅一般都短小精悍，语言简洁明快。

3. 号召性

为激励参加会议的全体成员实现会议所提出的各项任务而奋斗，增强与会人员贯彻会议精神的决心和信心，闭幕词的行文应充满热情，语言应坚定有力，并富有号召性和鼓动性。

4. 口语性

闭幕词要适合口头表达，写作时语言要求通俗易懂、生动活泼。

（三）闭幕词的结构与写法

闭幕词由标题、称谓、正文和结尾四部分组成。

标题与称谓的写法与开幕词基本相同。

在标题和称谓之后，另起一段写正文。首先说明会议已经完成预定任务，现在就要闭幕了；然后概述会议的进行情况，恰当地评价会议的收获、意义及影响。核心部分要写明会议通过的主要事项和基本精神；会议的重要性和深远意义；向与会人员提出贯彻会议精神的基本要求等。一般说来，这几方面的内容都不能少，而且顺序是基本不变的。

结尾部分一般先以坚定的语气发出号召，提出希望，表示祝愿等，最后再郑重宣布会议闭幕。

（四）闭幕词的写作注意事项

在闭幕词的写作过程中要注意以下事项。

（1）写作时要掌握会议情况，有针对性地对会议内容予以阐述和肯定。

（2）可以对会议未能展开但已认识到的重要问题作出适当的强调或补充。

（3）行文要热情洋溢，文章要简洁有力，以起到激发斗志，增强信念的作用。

闭幕词出现在会议结束时，因此，要写得与开幕词前后呼应、首尾衔接，显示大会开得很圆满、很成功。

【本节实训】

一、填空题

1. 开幕词具有__________、__________和__________的特点。

2. 开幕词一般在__________之后，用简短、有鼓舞性的语言宣布大会开幕。

3. 闭幕词具有__________、__________、__________和__________的特点。

4. 闭幕词是对整个会议的__________，同时，又是对如何落实会议精神的__________。

二、简答题

1. 开幕词的主体部分通常写哪些内容？

2. 怎样才能处理好开幕词与大会报告之间的关系？

3. 闭幕词在写作中要注意哪些事项？

4. 开幕词与闭幕词的主要区别在哪里？

三、改错题

××股份有限公司股东大会开幕词

各位先生、各位女士、各位朋友：

欢迎前来参加这个盛大的聚会。今年是20世纪的最后一年，也是本公司快速成长的一年，在此，请允许我代表董事会向为此付出了辛勤劳动的全体员工表示感谢。正是由于全体员工的不懈努力，本公司在过去五年中克服了亚洲金融危机等因素带来的困境，业绩增长了40倍，股票价格上涨了800%。

在过去的几年中，本公司为迎接中国加入WTO作出了不懈的努力，在技术积累和人力资源储备开发方面取得了长足的进步，为公司的下一步发展奠定了坚实的基础。我相信，在全体员工不懈的努力和各位股东的鼎力支持下，本公司在不远的将来一定能实现跻身世界同行500强的目标，各位股东也将获得丰厚的回报。

但是还应看到，机遇与风险并存。IT产业属于高成本、高风险的行业，技术创新投入巨大，市场环境瞬息万变，本公司的发展也将面临众多的困难和挑战。董事会有信心领导企业，迎接挑战，开拓前进，取得新业绩。

各位先生、各位女士，最近传闻本公司出现了财务问题，这是毫无根据的。谣言是不攻自破的，我们这次股东大会的召开，就是向各位股东澄清这一问题。现在，我宣布××股份有限公司股东大会开幕！

四、写作题

请搜集一篇你认为优秀的闭幕词，仔细分析其结构与写法。

第四节　请　柬　邀请书

【知识目标】

1. 了解请柬、邀请书的含义、特点和使用的场合
2. 掌握请柬、邀请书的写作要求和格式，注重把握礼仪语言的运用

【技能目标】

1. 能够根据不同的场合使用不同的文体
2. 能够具备撰写请柬、邀请书的能力

一、请柬

【案例引导1】

请　柬

×××先生伉俪：

谨订于20××年4月28日（星期×），为庆祝本公司成立，特在×××酒店二楼××厅，举办开业酒会。敬备薄酒，恭候光临！

下午五时恭候，六时入席。

×××公司敬约

二〇××年四月二十日

【案例引导2】

请　柬

×××先生：

兹定于10月×日上午8时在本厂（××路××号）会议室召开新产品鉴定会。敬请光临指导。

此致

敬礼

××市×××酒厂

××××年×月×日

（一）请柬的含义

请柬也叫请帖，是为了宴请客人而发出的礼节性的通知或邀请书。它是信件、帖子、名片等的总称。

请柬是人们在社会交际和社会活动中经常使用的文书。作为书信的一种，请柬有其特殊性：一般的请柬要用纸张印刷，外面装上信封。如果是重大的喜庆社交活动，邀请的对象又是比较重要的人物，那么，请柬不仅要印制得精美，还要派专人递送，以示庄重。

（二）请柬的特点

请柬一般具有以下几项特点：

1. 庄重性

请柬可用于一般的会议通知，也可用于主人宴客，如婚宴或生日宴等较为正式场合，因而要专门制作，以示庄重和诚意。

2. 广泛性

请柬的用途很广，不管是个人的、单位的、酒宴的、开会的、剪彩的场合，还是有重要人物出席的盛会，凡是需要真诚邀请的，都可使用请柬。

3. 文学性

请柬的文字要庄重、得体、有文采，切忌使用生硬的文字。因为客人出席与否是自愿的，所以，不能用“特此通知”、“不得缺席”等生硬的语言。如果是婚宴，请柬的末尾可写上“恕不介催”这一类字眼，这话同样也是有文学性的。

（三）请柬的结构与写法

1. 请柬的结构

请柬一般分成封面和封里两个部分。

（1）封面。

请柬封面有横式书写和竖式书写两种。不论哪一种形式，封面上都要写明社交活动（××活动）和喜庆活动（××喜庆活动）的内容，然后加上“请柬”两个字。

横写时，第一行写“××××活动”，第二行中间写“请柬”两个字，字体要大些，字迹要工整、美观。竖写时，“请柬”两个字要写在封面的右方，由上而下写上“请柬”两个字。有的还将“请柬”两个字单独写成一页，以示庄重，不过，“请柬”两个字要写在第一页中间稍靠上一点。

××××活动

请　柬

（横式封面）

（2）封里。

封里由称呼、内容、结尾、署名和日期几部分组成。

①称呼。称呼要写明被邀请对象的姓名、职务、职称、与发出邀请者之间的亲属关系，如“××总经理”、“××教授”、“××大伯”。

②内容。内容要写清楚因何事，于何时，在何地，出席何种形式的宴会、酒会、大会、活动，以及邀请对象的范围和人数。如全家宴请的要写“阖府统请”，夫妇都请的则写“请您偕夫人一同出席”，只写一个人的姓名则表明只邀请一人出席。

③结尾。结尾是请柬的敬语，一般紧接内容后（或另起一行空两格）写上“敬请出席”、“敬请光临指导”、“届时恭候您的光临”，等等。切忌写“不得请假”、“万勿缺席”，否则，别人会怀疑你的诚意。

④署名和日期。在横写请柬的右下方或竖写请柬的左下方，写上发送单位全称或个人姓名，署名下行写上年月日。

×××：

“第六届中国美术家协会中国画精品展”定于20××年10月8日在××市第××工人文化宫东展厅举行。

敬请莅临指导！

展出时间：2011年6月18日—6月28日

上午：8时30分—11时30分

下午：2时30分—5时30分

中国美术家协会××分会

2011年5月28日

（横式封里）

如果封面是横式的，则封里的文字从左到右横写；如果封面是竖式的，则封里的文字从右到左、从上到下竖写。

2. 请柬的写法

请柬的语言要简洁明了，措辞要文雅、得体、热情、大方。邀请者要真诚相邀，并带有请求、希望的语气，以表达邀请者的盛情。请柬在写法上要注意以下三点。

（1）表达要清楚明了。

尤其要写清楚何时、何地、何因、何人、出席何宴会，以及有何特殊的要求。

（2）用词要有分寸。

被邀请的单位中，有上级、平级、下级单位，也有不相隶属的兄弟单位，被邀请的个人有长辈、平辈和晚辈之分，因此，用词要有分寸感，尤其是结束语不要用错。例如，“敬请光临”不要写成“请依时出席”。结语可写成“敬请拨冗光临指导”、“届时我将恭候着您的光临”，等等。

（3）要注意视觉美感。

请柬要求美观大方，在用纸、色彩、印制等方面都要讲究。设计要热情、庄重、华贵，譬如有的请柬还烫上金字。请柬上的字最好请书法家来书写，或用电脑打字印制。请柬切忌字体歪歪斜斜，文句不通和错（字）漏（内容）百出。

（四）请柬的写作注意事项

我国是礼仪之邦，自古以来就十分讲求礼节。请柬作为理解性的邀请文书，其使用范围极其广泛。在写作请柬的过程中，我们应注意以下几个事项：

1. 写作态度要认真严肃

请柬的文字虽然不多，但撰写起来，却不可疏忽。在书写请柬时要力求工整清洁，另外，要反复核对时间、地点和人名等，以绝对避免差错。

2. 行文用语要“达”、“雅”兼备

“达”就是通顺、明白，避免堆砌辞藻或套用公式化语言。“雅”就是讲究文字美，根据具体场合、内容、对象，采用得体、客气、文雅、热情的措词。例如，不能把“逝世”写成“死亡”，不能把“携夫人”写成“带老婆”等。因为任何鄙俗，浮华的语言都会使被邀请者看了不舒服，从而影响交际。

3. 要根据具体场合确定请柬的使用规格

请柬一般分为两种。第一种用于礼遇规格较高的正式场合时，可印制或购买装潢精美、纸张质量较高、封面烫金或彩印的标准请柬，以示庄重、严肃。第二种用于内部单位开会，需要发出请柬表示尊重而又不必过分拘泥于礼节时，可自行印制较为简单的请柬，既能起到相应作用，又可节约费用。

4. 掌握好发送的时间

请柬发送得太早容易被对方遗忘，太晚又会贻误时间，应根据轻重缓急的程度和客人居住地的远近来考虑发送时间，尽量使对方有充足的时间赴约。还要注意请柬上的时间与坐席安排表上的时间要保持一致，以免发生差错。如有其他需要被邀请人注意的事项，可在“请柬”的背面加以注明。

二、邀请书

【案例引导1】

学校庆典活动的邀请书

××大学校长：

今年是我校建校40周年。兹定于×月×日上午10时，在我校大礼堂举行校庆庆典。

敬请光临

××学校40周年校庆筹备组

××××年×月×日

【案例引导2】

关于举办××研讨会的邀请函

__________同志：

随着我国社会主义市场经济的发展，我国现代管理理论和管理实践面临着日益增多的新课题。根据党的十五大精神，为了适应建立社会主义市场经济新体制的需要，总结改革开放以来的现代管理经验，探讨社会主义经济条件下现代管理的系列基本理论和实践问题，促进科学管理水平的提高，我院决定于2011年6月28日至7月4日在×××举办“市场经济与现代管理”研讨会。您发表的文字《×××××××》被确定在本次会议上交流。特邀请您出席，往返路费和住宿、活动费用均由我们负责。

现将有关事宜告知如下：

一、会议内容。(略)

二、会议时间。(略)

三、报到地点。（略）

四、参会程序。（略）

五、会议费用报销办法。（略）

六、联系地址与电话。（略）

请于×月×日前将《回执》寄回或传真给我们，以便做好一切安排。

我们热切地恭候您的光临

（印章）

××××××××

××××年×月×日

附：回执表（略）

（一）邀请书的含义

邀请书又叫邀请信。它是邀请者为了请他人到约定的某个地方，进行某一类活动而发出的礼节性书信。

邀请书是比请柬较为复杂的书信，它是党政军机关、企事业单位、各专业学术团体在召开重大会议或举行盛大活动时经常使用的一种应用文样式。它除了有请柬的作用之外，还向被邀请者交代需要做的有关事情。

（二）邀请书的特点

邀请书具有以下几个特点：

1. 庄重性

邀请书是通知（或告知）客人参加某项活动的信函，但它实际上比通知和信函都显得庄重。一般性的会议发通知，较重要和较隆重的活动才向客人发邀请书。

从邀请书的作用来看，它是人际交往中一种礼仪形式，表示主办者对客人的尊重。即使是同一个会议的参加者，一般参会者只发通知，而特别重要的嘉宾，即使近在咫尺，也要发邀请书，还要派专人送去，或发出电报。如可用现邮电部门发行三种精致、新颖、美观、高雅的请柬卡作电报的封面，邀请书的全文则作封里，以表达诚挚、郑重、礼貌之意。

2. 明达性

邀请书篇幅一般比请柬长，除将内容、时间、地点、参加者、原因、要求等交代清楚之外，还要写清楚参加会议的各项要求，如讲话讲稿、参与活动内容、研讨范围、出席会议的其他重要贵宾等，都要在邀请书中交代得清清楚楚。语言要求通顺明白，不要含糊其辞。

3. 美观性

邀请书与请柬一样，常常用彩色纸印制，同时讲求字体的大小、美观，讲求式样的变化。

（三）邀请书的结构与写法

邀请书的内容比请柬要详细，内容和写法与请柬略有不同。邀请信主要包括标题、称谓、正文、祝福语、署名署时、盖章、回执表几个部分。

1. 标题

邀请书的标题有两种写法：

一是写“邀请书”或“邀请函”，写在第一行的正中，字体稍大，也可用隶书或美术字体书写。

二是活动的内容＋“邀请书（函）”。如“×××散文创作艺术研讨会邀请书”。

2. 称谓

这部分要写上应邀单位负责人或个人姓名，后可加“同志”、“先生”等以示尊敬，位置与书信同，在第二行顶格写，后加冒号。

3. 正文

正文包括前言和事项两部分内容。前言部分要简明扼要地说明在什么时间、什么地点，召开什么类型、规格和内容的会议，并邀请对方参加。事项部分则要求分段分项列出，较为详尽具体。这部分如果内容丰富，为表达得更明白些，结构可采用条项形式列出，或用分段结构阐述。这种写法与一般书信同。参加会议如有交费和回执要求的，或者有联系人姓名、电话、传真等内容的，同样也要写清楚。

4. 祝福语

邀请书一般不另外写结语。有的可像书信那样写上“此致”、“敬礼”之类的祝福语。

5. 署名署时与盖章

邀请书通常要在右下方署上单位（或个人）名称，写出时间（年月日），还要盖上主办单位（或个人）的公章（或印章），以示庄重。

6. 回执表

有的邀请书还附有报名回执表，要求收信人在约定的时间填好，寄回或传真回邀请单位，以便事前做好安排，使活动能顺利进行。下面是一封回执表样式。

××学术研讨会报名回执表

参加者	姓名	性别	职称（务）	通讯地址	邮编	电话
随行人员	人数	姓名	性别	与参加者关系		
论文题目						

（四）邀请书的写作注意事项

（1）在邀请请书中邀请人参加活动的时间、地点要写得清楚明确；希望被邀请人收到请柬后给予答复的，则须在请柬上注明“请答复”字样。有时为了方便联系，可留下自己的电话号码或地址；对参加活动的人有什么具体要求可简单地在请柬上注明，比如，对服装的要求，要求穿礼服时，须在请柬的右下角注明（服装：正式）；较随意时可用（服装：随意）。制作宜精美，装帧尽可能美观、大方，以示对被邀请者的尊重。

（2）要含有尊敬之意。邀请书的主要内容类似于通知，但又有几分商量的意思，它不能是行政命令式的态度，所以，在用词上一定要礼貌。有些邀请书在开头还应解释一下自己不能亲自面邀的原因，以免引起不必要的误会。

（3）邀请书务必事项周详。邀请书是被邀人进行必要准备的一个依据，所以，各种事宜一定要在邀请书上显示出来，使邀请对象可以有准备而来，也会使活动主办的个人或单位减少一些意想不到的麻烦。

（4）邀请书必须提前发送。邀请人要使被邀人早些拿到邀请书，这样可以使被邀人对各种事务有一个统筹的安排，而不会由于来不及准备或拿到邀请信书已过期了而参加不了举办的活动。

【本书实训】

一、写作题

1. 2011 年 6 月 26 日，××学院将在体育馆举行隆重的院“十佳学生”颁奖典礼，需邀请学院孙慧敏院长作为颁奖嘉宾，请代拟一份请柬。

2. 为提高学院的教学质量，我院将邀请宁波大学的张路教授作为我院的客座教授，请代学院写一份请柬。

3. 我系想邀请一个企业的主管秘书给文秘专业的学生讲授工作要领和秘书必备修养等，请你代表我系写一封邀请信。

二、改错题

1. 病文修改

请　柬

××先生：

兹定于11月1日（星期二）在本市中山大酒店隆重举行家父七十寿诞纪念庆典。望准时参加。

此致

敬礼

×××

2011年4月30日

2. 病文修改

商务邀请函

经与贵公司就项目合作事宜进行初步洽谈后，我公司对合作事宜进行了研究，认为：

1. 该项目符合国家的产业政策，具有较好的市场前景和发展空间，对我公司的发展将有极大的促进作用。

2. 该项目不仅将极大地促进双方发展，而且还将极大地促进两地合作，具有较大的经济效益和社会效益。

3. 该项目所在地区有很好的资源优势，具备合作的基本条件。我公司认为，本项目符合合作的基本条件，具备进行商务合作洽谈的基础。具体的合作事宜必须经双方更进一步详细洽谈。

请贵公司法人代表收到本邀请函后，即派代表赴我公司作商务考察并就实质性框架合作进行洽谈，我公司将承担本次商务考察的全部费用，并告知准确时间，以便安排，我公司法人将亲自与贵公司面议合作事宜。

顺祝商祺！

第五节　感谢信　慰问信

【知识目标】

1. 学习感谢信、慰问信的理论知识，了解两种应用文体的概念和特点，明确其在社会实践活动中的重要作用

2. 掌握感谢信、慰问信的特征和写作要求，熟悉这两种应用文体的应用场合和不同的写作格式

【技能目标】

通过对感谢信、慰问信的学习，理解、掌握其写作要领和语言的运用，并能熟练自如地进行写作

一、感谢信

【案例引导1】

感谢信

尊敬的各位领导、老师：

你们好！

非常感谢国家和学校对我们这些贫困学生的关注，并且给予我们实际的帮助。在这里，我们向学校及各位关心和帮助我们这些贫困学生的老师表示深深的感谢。

对于一个贫困的家庭来说，培养一个艺术大学生是很难的。想到父母对我的担心和焦虑，有时不由地一个人偷偷地掉起了眼泪。

社会进步，物价上涨，可是，家里的收入还是依旧，这对于一个社会来说是件很普通的事，可是，对于一个低收入的家庭来说却是雪上加霜。人人都知道，物价上涨意味着购买相同的东西要付出更多的金钱，而对于我们这些贫困大学生来说则面临的是休学或者退学的危险。在这样的情况下，国家和学校向我们伸出援助之手，给予我们希望，这代表的是国家和学校对于我们贫困学生的关注。

助学金给我提供了极大的帮助，如果没有助学金，我参加不了今年班上的外出写生考察，那是一门重要的学科，这门学科使我收获的不仅仅是知识，这次的

外出写生考察更使我的人生有了大转折，让我对我的世界观和人生价值都有了重新的认识。

我要认真学习，争取在大学期间掌握扎实的理论知识，以便为今后的工作打下坚实基础，回报在大学期间帮助过我的好心人，报答父母的养育之恩。

再次衷心感谢国家和学校的帮助，我将用行动来报答您的“恩情”。

走好未来路是我坚强和自信的表现，我会用青春的激情和毅力创造更加绚丽灿烂的未来。

2010级艺术系：×××

二〇××年三月五日

（资料来源：http：//tieba. baidu. com）

【评析】

这篇感谢信语言流畅，情感真挚，前一部分简要地介绍了自己的处境和所遭遇的困难，后一部分介绍了自己在校期间的学习情况以及表达了自己受到资助后的感恩心态。全文短小精悍，内容丰富全面，突出了“感谢”的心情。

【案例引导2】

××镇政府致××部队的感谢信

××部队全体指战员：

我镇今年遭受了特大洪水灾害，在万分紧急的情况下，你部全体干部、战士发扬了无私无畏的战斗精神，同我镇全体人民并肩战斗，赢得了抗洪斗争的胜利。你们这种助人为乐的精神是值得我们学习的。为此，特向你们表示衷心的感谢！

我们决心在党中央的领导下，努力做好灾后生产自救工作，以实际行动报答你们的关心和帮助，为早日重建家园而努力。

此致

敬礼

××县××镇人民政府

二〇××年三月六日

【评析】

这篇例文叙事简练，格式规范，语言得体。正文分三层，先叙述对方的事迹，接着赞颂对方的精神，再表达自己的决心。叙述对方事迹时，突出了对方是在自己“遭受特大洪水灾害”和“万分紧急”的情况下给予无私的帮助，突出了对方的事迹和精神确实可嘉。

（一）感谢信的含义

感谢信是个人或单位为了感谢对方的关心、支持和帮助而写的书信。

人是有感情的动物，别人为你做了事，不论事情大小，都应有感谢的习惯，但我们有些年轻人却不懂得这一点。古人云：“滴水之恩，当涌泉相报。”当参加宴请回来，当收到礼品或得到对方的帮助后，都应尽快给对方发封感谢信。特别是到一个单位去学习结业后和病愈出院或疗养离开时，更应写封感谢信表示感谢。这应成为人们的一种习惯，也是一种礼仪的要求。

（二）感谢信的特点

感谢信是表彰对方的书信，重点是要写出为什么要感谢。因此，其特点有以下两点。

1. 表彰性

要感谢就要把感谢的事迹写出来，赞扬其好思想、好品德、好作风。

2. 宣传性

写感谢信不仅是为了赞扬被感谢者，而且还是为了通过这种表彰，起树新风、扬正气的榜样，号召别人学习。

（三）感谢信的结构与写法

感谢信一般按以个人名义或以单位名义这两种形式来写，这两种感谢信的写作格式都是一样的，都包括标题、称谓、正文、结语和签署五个部分。

1. 标题

标题有两种：一是在纸的上方正中写上“感谢信”三个大字；二是受文对象+文体，如“致×××的感谢信”。

2. 称谓

在标题下顶格写上被感谢的单位名称或个人姓名、称呼，并在其后加上冒号以领起下文。个人的姓名之后应加上“先生”、“同志”或其他相应的称呼，以示礼貌。

3. 正文

正文在称谓之后另起一行退两格开始书写。主要内容是写事情的经过及表示谢意。具体可分三个部分来写。

（1）首先写感谢之情。

（2）具体叙述事情的经过，即在什么时间、什么地点、因为什么事情、得到了对方的哪些帮助和支持，以及对方的关心、支持和帮助有什么效果。

（3）赞扬对方可贵的精神，并进一步表示感谢或表达自己的态度和决心。

4. 结语

结语部分要写上感激、敬意或祝愿的话。如“此致”、“顺致”，换行后顶格写上“敬礼”、“最诚挚的敬意”等。

5. 签署

在结语下一行的右下方写上发信单位的全称或个人姓名。署名的下一行写上年月日。

感谢信可直接送或寄给对方单位领导，可用大红纸张贴在对方单位最醒目的地方，也可以在报纸、杂志上登载。

（四）感谢信的写作注意事项

感谢信的写作，既要文字优美，又要有真实感情。因此，它是比较难写的一种文书写作时一般要注意以下事项：

1. 事迹准确

要准确、清楚地叙述被感谢者的事迹，让对方了解清楚你之所以表示感谢的原因。

2. 情绪饱满

应满怀感激之情，赞颂对方的思想品德，评价事迹的深刻含义，并表示衷心的感谢和向其学习的决心。

3. 文字优美

要想使感谢信洋溢着情真意切的感激之情，则必须在文字上下工夫。语言要真诚、热情、精练、亲切，可达到感谢对方、感化群众的目的。

二、慰问信

【案例引导】

致全体教职工"五一"节的慰问信

尊敬的全院教职工及家属:

在这阳光明媚，鲜花盛开的春天里，我们又迎来了劳动者共同的节日——"五一"国际劳动节。值此佳节来临之际，学院工会特向你们——工作在教学、管理岗位上的教育职工及支持你们工作的家属表示亲切的慰问，并致以节日的祝贺！

一年来，全体教职工在院党委的领导下，齐心协力、改革创新，学院的教学、管理等各项事业都取得了显著成就，学院的整体实力进一步增强，办学特色更加鲜明，社会地位和影响力进一步提高，向创特色高职院校的目标又迈出了坚实的一步。目前，学院的发展出现了新的机遇，也面临着新的挑战。这既为学院的发展增添了动力，也为学院的创新增加了压力。昔日铸就的辉煌，今朝更须奋进。学院党委面对稍纵即逝的发展机遇，为我院今后的发展定位。这个定位依据科学发展观对新的形势的客观分析和对学院现实的深刻认识，集中了全院教职工的睿智，是时代的呼唤，是全院教职工的共同期盼。然而，要实现这一重要的目标，任重而道远，需要每一位教职员工付出自己更大的聪明才智和更为艰苦的劳动。

我们深信学院全体教师、职工，一定会在院党委的领导下，认真实践"三个代表"重要思想，树立科学发展观，继往开来，勇攀高峰，与时俱进，开拓创新，奋力推进我院的跨越式发展，共同创造美好的明天！

祝全体教职工及家属度过一个欢欣、愉悦的"五一"假期。

学院工会委员会

二〇× ×年四月三十日

（资料来源：http：//oa. gzvtc. cn/）

【评析】

这是一篇感情真挚、热情洋溢的慰问信。值"五一"国际劳动节来临之际，学院工会委员会向工作在教学第一线和各岗位的员工致以最诚挚的祝福。信中既阐述了学院目前的现状，又对学院的前景寄予了美好的期待。全文语言流畅，文字精练，内容充实。

（一）慰问信的含义

慰问信是向有贡献的人、工作艰辛的人、遭受不幸的人等表示问候和安慰，并致以由衷关切和热情鼓励的一种专用书信。

（二）慰问信的种类

慰问信的种类很多，从作者的角度来分，有以个人名义写的，有以组织名义写的；从受信者角度来分，有写给集体的，有写给家庭的，有写给个人的；从内容角度来分，有写给军烈属的，有写给部队指战员的，有写给节假日坚持工作在生产岗位的员工的，有写给遭受不幸的人的，等等。

（三）慰问信的特点

既然慰问信是向作出贡献、工作艰辛或遭受不幸的人（们）发出的，它就与一般的表彰类书信不同，一般来说，它具有以下三个特点：

1. 针对性

慰问信是因为对方的贡献很大，或者虽遇上了重大困难、遭受了重大损失却还须坚持下去而写的。不同于一般表彰性的书信，有明确的针对性。

2. 鼓励性

由于慰问信要以饱含激情的语言激励对方，期望对方坚持下去，并进一步做好工作，所以，在慰问信中，字里行间都要充满着鼓励。

3. 祈使性

慰问信能使被慰问者充分体会到组织的关怀和温暖，以及社会、亲友的深厚情谊，从而激发起被慰问对象奋发前进的信心和克服困难的勇气。

（四）慰问信的结构与写法

慰问信一般包括标题、称谓、正文、结语和签署五个部分。

1. 标题

标题最通常的写法是直书“慰问信”三个字。也有的是由发文单位名称+受文对象+文体构成，如“× ×学院致× ×的慰问信”。还有一种是由受文对象+文体构成，如“致× ×的慰问信”。

2. 称谓

顶格写上被慰问者的名称。如果是写给个人的，应在其姓名之后写上相应的称呼，如“先生”、“女士”、“经理”等。还可以在姓名之前加上“尊敬的”、“亲爱的”等敬语。称呼之后要加冒号。

3. 正文

称谓之后另起一行退两格开始写正文的内容，正文一般包括以下三个方面。

（1）说明慰问的背景和原因，并表示深切慰问之意。

（2）叙述被慰问者的先进思想、光辉事迹和高尚品质。这部分要作重点来写，要用带有敬佩的感情来写。

（3）表示慰问、学习、愿望和决心。

4. 结语

在正文之后的结语部分写上表示敬意和祝愿的语句，如“此致敬礼”、“祝节日好”、“谨致崇高的敬意”等。

5. 签署

在结语的右下方，写上单位名称或个人姓名。署名下另起一行书写日期。

（五）慰问信的写作注意事项

慰问信的写作，应注意以下几点：

1. 感情真挚，深切关怀

由于被慰问者一般不是处于困境，就是工作艰辛，迫切需要关怀，所以，在慰问信中的语言要热情奔放，要让被慰问者感觉到亲切的关怀和温暖，或是感觉到亲人就在自己的身边，因而受到莫大的激励，焕发出无穷的力量，并激发出被慰问者更大的工作热情。

2. 明确对象，抓住重点

要根据不同对象来写内容。如对贡献巨大的人慰问，就要以赞扬其功绩为主；对遇到困难、遭受不幸的人慰问，就要着重表示关怀，鼓励他们增强克服困难的信心；对军烈属、伤病员、残疾人员的慰问，则应根据他们的特点给予慰问和鼓励。

3. 行文简洁，语气流畅

慰问信有的年年发，有的是常常用。往往流于形式，很多人都不屑一顾。因此，如要发挥慰问信的作用，必须在语言上下工夫。切忌用概念化的套语，而应诚恳亲切，慰而有问，真正表现出关心。

【本章小结】

礼仪文书是为礼仪目的而写或在礼仪场合使用的文书。礼仪文书包括贺卡、请柬、名片、祝贺信、慰问信、感谢信、喜报、祝酒词、祝寿词、礼笺、对联等，在这里，我们指的是礼仪方面的外交文书和对外文书，是常用的应用写作文体之一。礼仪文书，应当准确、适当地表达礼仪上的要求，根据不同的时机和对象，力求把文书写得恰如其分、恰到好处。有时候，还可根据具体情况写进一定的实质内容，以便达到更好的效果。文书中涉及的时间、地点和其他有关资料，均应经过核对，做到翔实可靠。不应把礼仪文书仅仅视为“应景文章”，简单抄袭套用现成的格式，以致成了“打官腔，不能用”的文书。

【本章实训】

【模块一　知识理解】

一、选择题

1. 礼仪文书包括（　　）。

A. 请柬　B. 邀请书　C. 感谢信　D. 慰问信

2. 欢迎词具有（　　）等特点。

A. 针对性　B. 礼仪性　C. 婉约性　D. 约束性

3. 写欢迎词要注意（　　）。

A. 可以直呼其名　B. 篇幅可稍长

C. 避开对方的忌讳　D. 语言友好、热情

4. 欢送词具有（　　）等特点。

A. 惜别性　B. 口语性　C. 深沉性　D. 临时性

5. 答谢词是在（　　）等特定的公共礼仪场合下，主人对客人的热情接待表示谢意的致辞。

A. 欢迎会上　B. 欢送会上　C. 颁奖会上　D. 答谢会上

6. 答谢词的写作结构与（　　）基本相同。

A. 欢迎词　B. 欢送词　C. 感谢信　D. 慰问信

7. 写答谢词是要注意（　　）。

A. 多使用客套语言　B. 不必了解当地民俗风情

C. 态度应诚恳　D. 尊重对方习惯

8. “相见时难别亦难”的场合应使用（　　）文种。

A. 欢迎词　B. 答谢词　C. 欢送词　D. 闭幕词

9. 开幕词的主要特点有（　　）。

A. 礼仪性　B. 宣告性　C. 导引性　D. 严肃性

10. 闭幕词具有（　　）等特点。

A. 总结性　B. 鼓动性　C. 概括性　D. 严肃性

11. 请柬具有（　　）等特点。

A. 庄重性　　B. 广泛性　　C. 文学性　　D. 礼仪性

12. 请柬适合（　　）等特点。

A. 生日庆典　　B. 婚宴晚会　　C. 乔迁新居　　D. 开张大吉

13. 邀请书具有（　　）等特点。

A. 庄重性　　B. 明达性　　C. 美观性　　D. 严肃性

14. 为了感谢对方的关心、支持和帮助而写的书信是（　　）。

A. 答谢词　　B. 慰问信　　C. 感谢信　　D. 邀请书

15. 感谢信的特点是（　　）。

A. 表彰性　　B. 宣传性　　C. 文学性　　D. 礼仪性

16. 写慰问信时，要注意（　　）。

A. 表示深切的关怀　　B. 抓住重点

C. 明确对象　　D. 态度诚恳

【模块二　技能训练】

二、写作题

1. 根据以下材料，以许磊家长许华发的名义给外国语学校写一封感谢信。

据4月28日《南京日报》报道：南京外国语学校学生许磊不久前被确诊患了白血病，急需治疗费20多万元，许磊家长焦急万分。得知这一消息以后，南京外国语学校从领导到广大师生纷纷主动捐款，连一些外籍教师也慷慨解囊。近日，在《爱的奉献》的歌曲声中，南京外国语学校的领导将全校捐资的3万元交给了许磊的家长许华发。许华发万分感激。

要求：①写明帮助的原因、事实及意义。②语言要符合双方的身份，感情要真诚，表达谢意的行为要切实可行。③格式要正确，文字要精练，正文不少于200字。

2. 某公司经理生病住院期间，得到××医院有关方面的精心治疗，最后痊愈出院。请代其写一封感谢信，向医院有关人员的高尚医德和精湛的医疗技术。

3. 2011年5月2日，广州北部地区遭遇了特大的冰雹袭击和洪涝灾害。一位高三学生在这次洪水中奋不顾身地一连救出了15条生命。之后，他顺利地参加了高考，并收到了大学录取通知书，然而，他的家也在这次洪水中受灾了，已无力承担高昂的大学学费，这使他陷入了困境。

请你写一封慰问信，安慰和鼓励一下这位考生。（要求：符合书信格式，不少于200字。）

4. 根据下面材料，写一封慰问信。

园林工人们的工作是平凡的，又是伟大的。他们为绿化、美化和净化我们的城市付出了辛勤的劳动和汗水。烈日炎炎，常常看到他们为树木剪枝、松土和施肥；寒冬腊月，又常常见他们为小树苗包扎。人们尊敬地称园林工人是“城市绿色的保护神”。在今年植树节到来的日子，写一封慰问信给园林工人。

第九章　传播文书写作

【知识目标】

1. 了解传播文书的概念、性质和特点，理解其写作的目的和作用
2. 掌握消息、通讯、新闻等文书的基本写法和要求

【技能目标】

参考案例，模拟写作，培养撰写传播文书的能力

【案例引导】

广东对口援建汶川工作组昨日正式撤离汶川
百姓自发上街夹道欢送

【通讯员李耿晖】来自汶川二小的女孩刘伊送上一张自己制作的爱心卡，女援建队员紧紧抱住刘伊，抱了很久，她哭着说，“能回家很开心，但离开又真的舍不得”。昨日，广东对口援建汶川工作组正式撤离汶川，汶川十万百姓自发上街夹道欢送，用羌红和哈达表达他们的情谊，用歌声和泪水为援建亲人送行，“感恩广东，因心而动”。

飘扬了800多日夜的五星红旗

昨日清晨，在广州援建工作组的驻地，援建队员将“广州市对口援建威州前线工作组”和临时支部委员会的牌子摘了下来，这标志着广州正式圆满完成了援建任务。临行前，所有的队员在一面五星红旗上签字留念，这面五星红旗已经陪伴他们在威州的上空飘扬了800多个日夜，如今它完成了使命，将连同工作牌一起送给汶川博物馆。

上午8时30分，汶川县欢送广东援建亲人大会开始，不少居民特意穿上了一身靓丽的民族服饰前来欢送他们的“亲人”。羌族大妈为每一位援建队员戴上大红花，献上白色的哈达和红色的羌红，意为给援建队员送上无限的祝福。

主动前来送行的老百姓将自家的苹果、樱桃、核桃、梨子硬塞到援建队员手中，用淳朴的四川方言说道："拿着，路上吃"，"亲人慢走"，"汶川儿女永远牵挂你们"，"广东援建亲人是汶川最可爱的人"，"常回家看看"……各种自制的横幅不停地在空中挥动着，表达着汶川人民的各种祝愿。

欢送会上，汶川人民将一幅巨大的羌族刺绣图送给广东援建组留念，广东援建工作组负责人陈茂辉在讲话结语时连续两次高呼"扎西德勒"。

全城百姓自发夹道欢送

欢送会结束后，援建队员从汶川县政府门前步行到汶川一小准备乘车，一路上，汶川的老百姓自发走到街上夹道欢送，甚至连街边做生意的店主也跑了出来，在路边挥手致意。他们举着各种感言的横幅，敲锣打鼓、舞狮，一路追着援建队员的身影送别。他们手挽着手，唱着羌族、藏族的民族歌曲，一边挥手，一边抹泪。

"听着他们唱歌就想哭"，一位女援建队员上车好久了还是红着眼睛。从汶川县政府一直到出城，甚至在岷江边，延绵了数千米的欢送人群不停地在挥手道别，车队每经过一个援建点，当地的老百姓都自发地站到路边送行，以至于车行了几十千米，仍然看得见有手在挥动。

"更重要的是，通过援建我们结下难舍难分的情谊，当我们离开时，这种情谊变成了一种情结，这种情结永远留在心中。"广州援建负责人李俊夫说。

（资料来源：《广州日报》2011 年 5 月 20 日）

【评析】

这篇通讯介绍了广东对口援建汶川工作组的成员们在完成任务后，汶川百姓对广东援建组的依依不舍和满怀感激之情。文章采用小标题的形式，条理清晰，层次分明，使读者清晰明了。尤其是标题的写作，更是概括了全文的主旨。

第一节　传播文书写作概述

一、传播文书的含义

由于传播是指为扩大政府、单位、人物、商品或某一件事情的影响，向公众进行有目的的宣传的各种方式和手段的总和。传播文书就是这种有目的地进行宣传的专用文体。

二、传播文书的作用

传播文书是通过文书来作为宣传手段和信息传递方式的一种媒介。对于信息的发布者来说，其目的是让公众知晓近期所发布的信息，给公众留下深刻的印象；对于公众来讲，他们获取了大量的有用的信息；而传播文书对于媒介来说则是一种赚取信息传播费用的商业行为。

三、传播文书的写作注意事项

传播文书的写作要注意以下事项：

1. 内容真实

由于传播文书以传播信息为目的，所以，它不等同于文学创作，必须实事求是客观地反映存在的事实。

2. 充分运用各种文学表现手法

传播文书虽然不等同于文学作品，但要引起读者的注意，调动读者的阅读兴趣，以此感染读者并达到宣传的目的，这就要求传播文书要采用多种文学写作手法，使语言更加生动丰富。

第二节 消 息

【知识目标】

1. 正确理解消息的含义
2. 熟悉并掌握消息的结构与写法且会正确运用

【技能目标】

能够掌握消息与通讯、新闻纪实等不同文体的写作要求，完成写作

【案例引导】

产地菜价大跌但市民难受惠

本报讯 据《人民日报》报道，近期，部分蔬菜价跌滞销，农户损失严重，

引起社会强烈关注。有人认为是生产环节出了问题，蔬菜种植面积盲目扩大；有人认为是流通环节过多，导致蔬菜难卖滞销；还有人认为是流通环节存在暴利。众说纷纭，真相究竟如何？

据专家分析，今年南方蔬菜上市时间推迟，北方蔬菜上市时间提前，北方、南方蔬菜出现“碰车”，市场供应明显增加。北京市新发地农产品股份有限公司董事长张玉玺说：“根据市场交易量等信息可以判断，部分蔬菜确实供大于求，这是本轮菜价下跌的主要原因。”

记者发现，虽然产地菜价大跌，但许多消费者对此感受并不明显。原因是什么呢？蔬菜从田间地头到消费者餐桌，必须经历多个流通环节，这是需要费用的。据调查，油价上调、劳动力价格上涨等因素使流通费用提高，一定程度上弱化了产地菜价下跌向终端市场传导的幅度。

此外，零售环节的费用上涨也很明显。城市里，零售商们要缴纳上涨的摊位费、房租费，这些只能计入到菜价中。

（资料来源：《广州日报》2011年5月9日）

一、消息的含义

消息即狭义的新闻，是对新近发生的有社会意义并引起公众兴趣的事实的简短报道。

二、消息的种类

（一）动态消息

动态消息也称动态新闻，这种消息迅速、及时地报道国内外的重大事件，报道社会主义建设中的新人新事、新气象、新成就、新经验。动态消息中有不少是简讯（短讯、简明新闻），内容更加单一，文字更加精简，常常一事一讯，仅为几行文字。

（二）综合消息

综合消息也称综合新闻，指的是综合反映带有全局性情况、动向、成就和问题的消息报道。

（三）典型消息

典型消息也称典型新闻，这是对某一部门或某一单位的典型经验或成功做法的集中报道，用以带动与指导全局。

（四）述评消息

述评消息也称新闻述评，除具有动态消息的一般特征外，还往往在叙述新闻事实的同时，由作者直接发出一些必要的议论，简明地表示作者的观点。记者述评、时事述评就是其中的两种。

三、消息的特点

消息一般具有以下几个特点：

1. 内容真实，事实准确

真实是消息的生命，是力量的所在。事实是消息的本源，也是消息令人信服的基础。真实，就是事实真实，所写的人物、时间、地点、事情发生及发展的经过不能虚构。准确，就是每个事实，包括细节在内都准确无误。如果一条消息失真或有误差，不仅会减低其新闻价值，失信于民，更严重的还会损害党和人民的事业。

2. 内容新鲜，富有价值

新闻贵在“新”，一定要有认识意义、启迪和指导意义。消息只有新，才能引起读者的注意，满足先睹为快的要求。新，不仅要把新人物、新事件、新经验报道给读者，而且要选择有意义、有价值，给人以启迪，有指导性的事物。那种一味追求猎奇的“狗咬人不是新闻，人咬狗才是新闻”的观点，是不可取的。

3. 迅速及时，有时效性

迅速是消息的价值，消息报道速度迟缓便会降低消息的价值，使“新闻”变成了“旧闻”。时效，就是速度要快，内容要新。对新人、新事、新情况、新问题，要敏锐地发现，尽快地了解，迅速及时地反映。

4. 简明扼要，篇幅短小

简短是消息区别于其他文体的主要标志。所谓简短，就是“三言两语，记清事实；寥寥数笔，显出精神；概括而不流于抽象，简短而不陷于疏漏”，用笔要简洁利落，内容要集中精练。

四、消息的文体特征

新闻体最基本的特征有三，即事实性、真实性和新鲜性。消息作为新闻体之一，自然也具备这三个特征。但除此三个特征之外，消息还有自己的“个性”。

1. 用事实说话

用事实说话是消息的一个重要特征，也是消息写作的一种基本方法，又是客观报道的形式。事实是最有说服力和感染力的，只有事实内容客观，报道形式是客观，新闻才具有可信性，才能充分发挥作用。

当然，消息也是要表达观点和倾向性的，消息写作并非没有立场和观点的纯客观的“有闻必录”。但值得注意的是作者主要是通过事实的选择和叙述较间接地流露自己的观点和倾向，寓观点于事实之中。主要不是讲道理，而是讲事实，显示事实本身的逻辑。因此，作者应少发或不发直接的议论。要发议论，只能是必要之处的“点睛”之笔。

初学写消息者常忽略这一特征。写作中总是急不可待地站出来直接地对所写人或事发表看法、评价，对其意义进行明明白白的揭示，造成议论多于事实，内容抽象、空洞，缺乏真实性，也难以让读者接受。

用事实说话的具体方法很多，如以小寓大、对比衬托、不偏不倚、再现场景、细节运用、使用注重非感情色彩的中性语言等。下面介绍几种较常见的方法。

（1）借口说话。借口说话即借他人之口，说自己想说的话。此方法常用引述，故又称引述法。具体又有两种情况，一是假托，即作者假托他人之言，实际上均是记者之语。如西方记者常用“此间观察家说……”的表述方式，“观察家”其实就是记者自己。二是实引，即实实在在地引用别人的话。话虽是别人的，但却经过记者选择，别人话中的观点也是记者想要表达的观点。

（2）全面、平衡。全面、平衡即要把构成该消息的主要事实和盘托出，好的坏的、美的丑的都报道。当社会各方面对某一事实（事件）有不同的意见，报道应让各种见解都有同等的表达机会。

2. *以叙述为主要表达方式*

这一特点亦与“用事实说话”相关。消息通常不对人物和事件作浓墨重彩、精雕细刻的描写；因为“记者的舌头是缩在后面的”，所以，也不用或少用直接的议论和抒情。叙述是其主要的表达方式。

3. *简明扼要*

消息一般篇幅均较短，几十个字、一百多个字或几百个字，故列宁曾称之为“电报文体”。特别是现在，人们生活节奏快、时间观念强，希望在最短的阅读时间里获取尽可能多的信息。当然，“短”要建立在“实”的基础之上，长而空固然不行，短而空也不好，空洞无物的短也是长。

很多人认为短新闻写不了大主题，短文因其短小而“困锁才情”。故而一味追求“长”，本来最好写200字消息的题材，通过其对信息层次的开发挖掘硬拉出一篇数千字洋洋洒洒且空空洞洞的通讯。有些作者则片面求短，一件具体生动的事，去其“血肉”，只剩几根“枯骨”。这两种倾向都是应该注意避免的。

写短是一种艺术。消息写短的方法很多，如一事一报法，浓缩（概括）事实法，取其一角法，化整为零法（纵向分解和横向分解）、变更体裁法、先简后详法（搞连续报道）等。

此外，消息在新闻体诸多体裁中，时效性是最强的，对“时间新”的要求最高，要求争分夺秒，迅速完稿，“立马可待”。

五、消息的结构与写法

写作消息要设想并回答读者问的问题，这些问题就构成了新闻五要素，即When（何时）、Where（何地）、Who（何人）、What（何事）、Why（何故）。有的新闻学上补充了一个要素：How（如何）。在五个W和一个H中，最主要的是What（何事）、Who（何人）。写作时要认真写好这几个方面的内容。

当我们弄清了“我要说些什么”，接下来就是“怎么说这些内容”，显然这涉及了如何安排消息的结构。只要我们用心分析一下报刊发表的消息，就会发现，消息的结构比较固定、简单，大多数消息的结构都是“倒金字塔式”的，即最重要的材料放在开头，次要材料放在后面。消息的结构具体表现为：标题、导语、主体、结尾，并在文中穿插背景。

（一）标题

标题是消息的眼睛，拟写得好，可以吸引读者，拟写得差，一篇好消息也会被埋没。可见，标题有着向读者推荐的作用。如“拉丹葬于阿拉伯海北部”（2011年5月4日《广州日报》）、“私企职工年收入比非私企少一万六”（2011年5月4日《广州日报》）、“楼市中心城区供货降七成”（2011年5月4日《广州日报》）。

消息的标题必须简明、准确地概括出消息内容，帮助读者理解报道的事实。消息标题有主题（正题）、引题（眉题）、副题（次题）三种。

主题：概括与说明主要事实和思想内容。

引题：揭示消息的思想意义或交代背景，说明原因，烘托气氛。

副题：提示报道的事实结果，或作内容提要。

（二）导语

导语是指一篇消息的第一自然段或第一句话。它是用简明生动的文字，写出消息中最主要、最新鲜的事实，鲜明地提示消息的主题思想。

导语的要求，一是要抓住事情的核心，二是要能吸引读者看下去。要做到第一条，必须具备训练有素的分析能力；要做到第二条，则要有一定的写作技巧。

导语写作中的思维过程，通常是以作者的自问自答开始的：

（1）什么事情是已经发生的事件中最重要的？

（2）什么人参加进去了？谁干的或谁讲的？

（3）是用直接性导语，还是用延缓性导语？

（4）有没有什么吸引人的词汇或生动形象的短语要写进导语中？

（5）主题是什么？什么样的动词能最有效地吸引读者？

以上五个问题中的第三个问题涉及导语的类型。那么，导语有哪些类型呢？

一类是直接性导语：直接写出事实的核心的导语。多是陈述性的像速记一样地反映事实。

另一类是延缓性导语：多用于"软"消息。即所报道的不是正在发展中的、变化中的或突发性的事件。它通常用来设置一种现场或创造某种气氛。延缓性导语多是解释性、说明性的。

导语的形式主要有以下五种。

（1）叙述式。用摘录或综合的方法，把消息中最新鲜、最主要的事实简明扼要地写出来。

（2）描写式。对消息的主要事实或某一有意义的侧面作简洁朴素而又有特色的描写，以营造气氛。

（3）提问式。先揭露矛盾，鲜明、尖锐地提出问题，再作简要的回答，引起读者的关注和思考。

（4）结论式。把结论写在开头，提示报道某一事物的意义、目的及价值。

（5）号召式。提出号召，给读者指出方向和奋斗目标。

另外还有摘要式、评论式、综合式、解释式等，这里不一一道尽。

（三）主体

主体是消息的主要部分。它承接导语，阐述导语所揭示的主题，或回答导语中提出的问题，对消息事实作具体的叙述与展开。写主体要注意以下三点：

（1）主干突出。消息的主体是主干，典型材料要用在主干上。要去头绪，减枝蔓，与主题无关的要舍弃，次要材料要简略。

（2）内容充实。主体在回答导语中所提出的问题时，其内容必须具体、充实，这样才有说服力。导语提出什么问题，主体就要回答什么问题，这样才能紧扣中心，突出重点。

（3）结构严谨，层次分明。要恰当地划分段落，有条不紊地展开叙述。一般来说，安排层次有以下几种顺序：一是时间顺序，按事情发生、发展、结束的先后顺序安排层次；二是逻辑顺序，就是根据事物的内在联系来安排层次；三是时间顺序和逻辑顺序相结合，这样写严密而有条理，活泼而不紊乱。

（四）背景

1. 什么是背景

新闻背景是指事件的历史背景、周围环境及与其他方面的联系等。写新闻有时要交代背景，这样做的目的在于帮助读者深刻理解新闻的内容和价值，起到衬托、深化主题的作用，也就是回答五个“W”中的Why（为什么）。

西方新闻学认为，背景就是对新闻事件作出的解释。美国新闻学家赖斯特说得很清楚：“我看不出新闻背景与解释有什么区别。”“解释，在我看来，就是新闻报道的深入化，就是把单一的新闻事件放到一系列的事件中去写”，“就是提供新闻的背景知识，从而使读者能够对新闻事件作出客观的判断”。

但是，“解释”不是议论，解释本身就是事实，也就是说，用事实去解释。所以，新闻背景又称之为“事实背景”。

2. 背景有哪些作用

（1）说明新闻事件的起因。

（2）显示或帮助读者理解新闻事件的重要性。

（3）突出新闻稿件的新闻价值。

（4）表明记者的观点。记者是不允许在新闻中发表议论的，但是，谁也无法禁止记者通过自己来写的新闻表达自己的立场和看法。纯客观的报道是不存在的。

3. 背景的类型有几种

消息中常见的背景有三种：对比性的、说明性的、注释性的。有的新闻学则将背景分为四种：人物背景、地理背景、历史背景和事物背景。

（五）结尾

新闻的结尾有小结式、启发式、号召式、分析式、展望式等。这些结尾写作与一般记叙文结尾的写作并无大的不同。

六、消息的写作注意事项

消息的写作一般要注意以下几点事项：

1. 作为新闻的消息要具备“五个要素”

在消息的导语中，“五个要素”可以同时出现，也可以先出现两三个，其他的后续出现。但在全篇消息中，五个要素是缺一不可的。

2. 主旨要集中鲜明

鲜明，就是新闻的主旨要明确、突出，不能模糊、隐晦。集中，就是要通过事实来表述的消息，要认真对材料进行裁减，尽量做到围绕主旨选择材料。

3. 语言要准确、通俗

消息的语言在叙述中要讲究准确，这是因为新闻报道要以真实为要求，用词稍有不当，就会导致失真。语言通俗，是由新闻的性质决定的。消息要给大众看，就必须通俗易懂。

4. 结构要合理

消息常采用“倒金字塔”结构，即把“高潮”安排在开头，然后再介绍其他比较次要的内容和材料，将不重要的材料放在结尾。采用这种结构，便于读者阅读，使读者看一眼便知道最重要的事实。

5. 篇幅短小精悍

短小精悍的消息有利于抢时间、争速度，向读者提供更多的新信息和扩大报道领域。

【本节实训】

一、填空题

1. 消息是用__________的方式，迅速、及时地报道__________、__________的客观事实的短篇新闻。

2. 消息的特点可以用__________、__________、__________、__________四个方面来概括。

3. 消息的开头是__________，它是用最精粹的文字，简明扼要地把消息中__________、最新鲜、最吸引人的事实及意义表达出来。

二、简答题

1. 在写消息时，为什么要采用“倒金字塔”的结构形式，把最新鲜、最重要的事实放在最前面?

2. 消息中的“五要素”（即五个W）分别表示什么含义?使用时有什么要求?

三、写作题

1. 2011年3月，日本发生了强烈的9级地震继而引发海啸，造成了日本福岛核电站发生核泄漏事件。为此，引发了中国人的惊恐情绪，纷纷抢购碘盐，一时造成了超市、杂货店等碘盐紧缺的情况。

2. 2011年5月，出现了山东某菜农因不堪忍受蔬菜价格持续下跌这种现状而自杀的现象。

3. 由于高铁的开通方便了人们的出行，所以，利用小长假外出游玩的旅客激增。随之而来的是由于高铁车站一般都建在远离城市的地域，所以，给游客的出行带来了诸多不便。最近，某报社连续接到多名游客的来信来电，反映高铁车站周围出租车较少且司机乘机“抬高票价”，游客怨声载道。

四、改错题

阅读下面这则消息，指出存在的问题，按照“言简意赅”的要求，修改这则消息。

学校召开第2011－1次党委常委会暨校长办公会

1月4日下午，学校2011年第1次党委常委会暨校长办公会在阜成路校区召开。会议研究了财务管理工作；研究了院系调整工作；研究了学校科研工作会议有关事宜；会议还研究了其他事项。会议由党委书记孙尧东、校长谭向勇主持，校领导卢思锋、张德玉、孙宝国、谢志华、李朝鲜、张耘、呼文亮参加会议，吉涛、徐美叶、陈轲、祝钧、李跃萍、施枫、张春萍、王国顺列席了会议。

会议研究了年终财务决算工作，要求按照市教委财务决算工作会议精神，认真做好学校年终财务决算工作。会议讨论通过了《北京工商大学财务管理办法（试行）》和《北京工商大学预算管理办法（试行）》，决定按照“统一领导，分级管理，集中核算”的财务管理体制，对学校各类支出的授权审批额度进行适度调整，同时，要求进一步规范二级单位的财务管理制度及工作流程，加强对二级单位预算执行过程的财务监控，强化财务管理工作的分层考核和有效监督。

会议研究了院系调整工作。会议认为，根据学校发展规划，为加强学科建设，强化学科特色，进一步整合资源，推动发展，在2008年底学校第一轮院系调整工作的基础上，有必要开展第二轮院系调整工作，从而完成学校学科和院系的整体布局。会议听取了李朝鲜副校长及院系调整工作小组关于前期调研工作及院系调整初步方案的汇报，决定对院系调整方案进一步修改和完善，并于本学期末完成院系调整工作。

会议讨论确定了学校2011年科研工作大会暨科学技术协会成立大会议程；研究了人事工作；会议还研究了其他事项。

五、概括题

阅读下面这则消息，根据内容，拟写一个双行标题。主标题揭示主要新闻事实，副标题补充说明新闻事实。（字数限定在25个字以内。）

本报讯　（记者林靖）2011年元旦假期降至，30多名北京铁路警方反扒民警被召集起来，参加为期10天的反扒集中培训班，以便在即将来临的春运中抓获更多扒手。

反扒培训班从前天开始，到2011年1月9日结束，北京铁路警方刑警支队特邀市局公交总队的两名反扒专家前来授课。除了讲理论，公交反扒专家还与铁路反扒民警在火车站实地演练，这也使得火车站扒手们“厄运”连连，开班当天，他们就在北京西站现场抓获两名扒手。

30日中午13点，在北京西站二楼中央进站口，反扒民警们发现目标人物。“看，那边两个男的一前一后，把提着包的男旅客夹在中间，肯定是掏后兜，这跟公交车挤车门的手法一样。”公交总队的反扒专家压低声音对身边的铁路民警说。几名便衣铁警悄悄跟了上去。

当后面那个男子将手伸进旅客后裤兜时，铁警闪电般冲上前，将两名窃贼抓住，当场查获他们刚偷的508元钱和一张火车票。

记者了解到，截至今天上午，专项反扒培训班已破获被盗案件5起，抓获扒手5名。

（资料来源：《北京晚报》2010年12月31日第11版“警法新闻”）

第三节　通　讯

【知识目标】

1. 正确理解通讯文体的含义和特点
2. 熟悉并掌握通讯的结构与写法，且会正确运用
3. 掌握消息与通讯两种文体的异同

【技能目标】

1. 具有写作通讯的能力
2. 能够完成一篇人物通讯或事件通讯的写作

【案例引导】

1号热带风暴“艾利”对广东陆地无影响

本报讯　（记者叶卡斯　通讯员风云）今年第1号热带风暴“艾利”对广东陆地将没有影响，不过这不意味着未来几天南粤大地就会“风平浪静”，在今明两天短暂的放晴之后，明天夜间起广东又将有一次明显的降雨过程。

昨天下午5时，今年第1号热带风暴“艾利”中心位于菲律宾吕宋岛东部陆地上，中心附近最大风力8级（18米/秒，相当于65千米/小时）。预计，“艾利”未来24小时将以每小时15千米到20千米的速度向偏北方向移动，即将进入巴士海峡，后期转向台湾东部海面，对广东陆地无影响。受其影响，明天南海东北部的偏东海面、巴士海峡风力将逐渐加大到7级—9级，阵风10级。

在上次降雨和接下来的降雨过程中间，广东有一个三天左右的间歇期。昨天白天开始，全省降雨已经明显减弱，大部分市县多云间晴天，午后在湛江、茂名的局部出现零星阵雨。白天最高气温全省各市县都比前天上升2℃—5℃，除韶关和清远的北部市县介于24℃—26℃以外，大部分市县的最高气温介于30℃—34℃，其中，徐闻录得全省最高气温36.5℃。

广州昨天白天多云间晴天，广州观象台（萝岗）无雨量记录，最高气温31.5℃，早晨最低气温23.6℃。

预计今天到明天白天，全省大部分市县以多云天气为主，局部有阵雨。明天夜间开始广东又将有一次明显的降水过程，并伴有雷雨、大风等强对流天气。具体预报是今天我省西部多云间阴天，局部有阵雨；中东部多云间晴，部分市县最高气温33℃或以上。明天白天，西北部、西南部多云转（雷）阵雨，其余市县多云间晴，部分市县最高气温33℃或以上。受锋面低槽和高空切变线的共同影响，明天夜间到后天广东又将有一次明显的降水过程，并伴有雷雨、大风等强对流天气。

广州今天多云到晴天，明天可能有些雷阵雨，后天雨势明显加大，将有中到大雨局部暴雨。

（资料来源：《广州日报》2011年5月9日）

【评析】

这篇消息属于动态通讯，虽然篇幅比较长，但记者能在最短的时间内将最新的天气变化以最快的速度告知公众。这种写法符合通讯的写作要求，涵盖了通讯的基本要素。

一、通讯的含义

通讯是一种比消息更详细和生动地报道客观事物和典型人物的新闻体裁，可以用描写、议论、抒情、叙述等多种手法来写人记事。其作用是评介人物、事件，推广工作经验，介绍地方风貌等。通讯是我国土生土长的文体，古代很多优秀的记叙文（或者说是散文）都可以说是通讯，比如，《史记》、《左传》，记叙了很多人和事，把鸿门宴单独列出来就是一个事件通讯，除事件通讯外，这些古籍中还有许多人物通讯，如《始皇本纪》。

二、通讯的种类

按报道的内容来划分，通讯一般分为四类。通讯是我们最常用的，也是报纸上见得最多的新闻体裁。

1. 人物通讯

人物通讯以报道先进人物、新闻人物为主要内容，报道的目的是反映他们的先进事迹，展示人物的崇高品质，为社会树立榜样。像《县委书记的好榜样》，和对孔繁森、李素丽、张云泉等人物的报道都是属于这一类，主要是报道从各行各业中涌现出来的先进人物，以此来营造良好的氛围，推进工作的开展。比如，我们要歌颂发展果业生产的先进人物，那么，就去挖掘种果致富的典型，从吃苦耐劳、学习科技等方面体现他们的精神，加以宣传，进行典型引导，服务经济和社会事业的发展。

2. 事件通讯

事件通讯集中反映现实生活中具有典型意义的事件，通过描写典型事件，来刻画一代新人的“形象”，表扬先进，歌颂社会新风。

3. 工作通讯

工作通讯也是在新闻报道中要经常用到的，对提升一个地方的工作水平、总结经验、指导工作、宣传政策很有帮助，能够较全面、较直观地反映某地方、某单位的工作。所以，工作通讯是介绍经验类的通讯。工作通讯要把工作的举措提炼出来，反映出来。

4. 风貌通讯

风貌通讯主要反映现实生活中的新风貌、新气象、新变化，这种通讯由于经常用于介绍名山大川、名胜古迹，因此，经常被称之为旅游通讯。

三、通讯与消息的区别

通讯是运用叙述、描写、抒情、议论等多种手法，详细地报道新闻事件或典型人物的一种报道形式。通讯比消息更详细地报道具有新闻意义的事件、经验或典型人物。通讯与消息都是新闻的主要文体，它们的共同点是都要求具有严格的真实性和及时性。不同之处在于以下方面：

（1）选择的材料不同。消息可选择的材料比较广泛，可大可小。通讯要选择含量较大的真实典型材料。

(2) 表述详略不同。消息的内容表述简单概括。通讯的内容表述比较复杂详尽，讲究场面和细节描写。

(3) 表达方式不同。消息多用叙述，而通讯在叙述的基础上，还要运用描写、议论、抒情等方式。

(4) 结构不同。消息有固定的结构形式。通讯的结构与一般记叙文相同，谋篇上按时间、逻辑及两者结合的顺序安排结构。

四、通讯的特点

通讯一般具有以下几个特点：

1. 现实性

通讯要求报道新近发生的有意义的事实，新时代涌现出来的新人、新事、新经验，紧密配合当前形势，为现实中心工作服务。

2. 形象性

通讯常采用叙述、描写、抒情、议论相结合的手法，要求对人对事进行较为具体形象的描写，人物要具有音容笑貌，事情要有始末情节，以此来感染读者。

3. 评论性

通讯一般采取夹叙夹议的手法，直接揭示事件的思想意义，并评说是非，议论色彩较浓，常常表现出强烈的政治倾向并流露出作者的爱憎感情。

五、通讯的结构与写法

任何一篇文章都由三个方面组成，即思想内容、组织形式、语言表达。新闻作品也一样，思想是灵魂，结构是骨架，语言是血肉。通讯的结构与写法一般应注意以下几个部分。

1. 立意

立意就是确定思想，提炼主题，立意的过程也就是找角度的过程。怎么立意？一是在全局工作中去立意。同样一件事，有不同的角度，横看成岭侧成峰。二是放在大背景下去立意。这也就是说，要站在时代的高度中去提炼主题，寻求与时代背景最佳的结合点。三是放在群众关注的问题中去立意。

2. 结构

简单地讲，通讯有按时间顺序来写的纵式结构，有按逻辑顺序来写的横式结构，也有纵横结合的结构。

3. 材料的取舍

材料的取舍就是说我们在表达思想的过程中，用什么事件来表现，怎么选取材料。一是所选的事例要典型，二是所选的事例要完整，三是所选的事例在工作中有代表性。这样的事例就是典型事例。

4. 通讯的语言

一是要具体，不要抽象，最好是用事实来代替华而不实的形容词。二是要巧用、妙用数字。数字是人们无法理解之物，是枯燥的概念，但是，如果用得好，就会很生动。三是用群众语言。就是来自生活的、群众口里说出来的、具有地方特色的通俗语言。要善用群众自己的话来作标题，作小标题，还有对话的描写。

5. 表现形式

细节描写，即细微之处的描写，动作、眼神以及人的思想上的矛盾冲突，靠故事、情节、对话来表现，故事和情节存在于细节之中。

6. 环境衬托

人是环境中的人，人生活在环境中，是环境的产物。用好了环境描写能够对人物起到强烈的衬托作用。

7. 创新写法

以前传统写作方法是，一个主题确立以后，分好几个小层次，做好小题目，分块去写。一般情况就是观点 + 例子。现在，我们看到很多通讯的稿件，借鉴电视的方法，用经典的镜头，加上评论，成为一篇文章。

六、通讯的写作注意事项

通讯的写作要注意以下几点事项：

1. 选好典型，定好主题

典型是通讯的筋骨，主题是通讯的灵魂。选好典型，确立主题对通讯来说十分重要。选择什么样的典型呢？要选择那些具有代表性、具有普遍意义、具有宣传价值和教育意义的人和事，选择那些在一定时期内人们所关注的问题。确立什么样的主题呢？要确立体现时代精神，表现时代风尚的主题，确立反映人物和事物、本质和规律的主题。

2. 写好人物

写好人物是通讯写作的重要任务。不论是人物通讯还是事件通讯，都要把人物写好。写人离不开事，因此，写人必写事，写人物自己所做的事，写能揭示人物内心世界的事。写人物还要用人物自己的语言、行为、活动来表现人物。人物要写得有血有肉，有音容笑貌，有内心活动；事件要写得具体形象，有原委，有情节。

3. 安排好结构

纵式结构，是按时间顺序、事物发展的顺序或作者对报道事物认识发展的顺序来安排结构。在这种结构里，时间发展的顺序、情节展开的顺序、作者认识事物的顺序成为行文的线索。在采用这种结构时，要详略得当，布局巧妙，富有变化，避免平铺直叙。横式结构，是指用空间变换或按照事物性质来安排材料。这种结构概括面广，要注意不同空间的变换，恰当地安排通讯所涉及的各方面的问题。采用空间变换的方法组织结构时，要用地点的变化组织段落；按事物性质安排结构时，要围绕主题，并列地写出不同的几个侧面。纵横结合式结构，是以时间顺序为经，以空间变化为纬，把两者结合起来运用。采用这种形式，要以时空的变化组织结构。

【本节实训】

一、填空题

1. 通讯与消息的共同点是__________和__________。

2. 通讯与文学作品最根本的区别是__________。

3. 一般通讯和特写都应讲究________、________，写作上可__________。

4. 通讯的主题是作者在通讯中要表达的__________。

5. 通讯主题的提炼要求做到__________、__________、__________和__________。

6. 通讯主题要求深刻，是指__________。

7. 通讯结构总的要求是________、________、__________和__________。

8. 通讯写作要求__________、__________、__________以及描绘生动的形象来体现主题的。

9. 通讯的特点是具有__________、__________和__________。

10. 通讯按内容可分为__________、__________、__________和__________。

二、名词解释

1. 人物通讯　2. 事件通讯　3. 工作通讯　4. 风貌通讯

三、简答题

1. 事件通讯有何特征？

2. 事件通讯有哪几种叙事形式？

3. 事件通讯在写作上如何再现事件特征?

4. 工作通讯的理论特色表现在哪几方面?

5. 在风貌通讯中，借景抒情的手法有哪几种?

四、论述题

1. 人物通讯的写作方法是什么?

2. 事件通讯有何写作要求?

3. 工作通讯的表现手法是什么?

4. 如何理解风貌通讯的特点及其表现形式?

5. 风貌通讯有哪些写作要求?

6. 人物通讯、事件通讯往往都离不开写人叙事，但其写作特点和要求有所不同，试加以分析和说明。

7. 人物通讯注重表现人物，特别是先进人物的精神境界，这是为什么?

8. 工作通讯为何强调思想、政策指导？怎样体现其指导性?

9. 试述人物通讯的写作特点。

10. 简述工作通讯的写作特点。

五、应用题

下面这篇通讯内容多有重复，请将重复的地方删去，使内容更为精练。

广东数千“洋留守儿童”烦恼多　提及父母大哭

他们的相貌是典型的中国人，开口却是“番鬼话”；他们父母健在，却独自到遥远的中国求学；他们在黄土地上度过儿童时光，却注定将来要回到大洋彼岸……他们是一群来自异国的华侨华人后代。

独特的身份，语言的障碍，上学的压力，还有遥不可及的父母，让这个群体的成长多了更加复杂的味道，有人称之为“洋留守”。

记者9月初，在新学期开学的时候走进广州花都和江门恩平调查“洋留守”的“地球村”生活。9月1日，14岁的巴拿马少女吴燕妮的书包里装上了小学四年级的课本，在奶奶的家门口坐上村里的包车，与同村小伙伴又开始了新学年的生活。在过去的3年里，曾经陌生的家乡广州花都让她觉得越来越亲切。

吴燕妮的母亲是印度人，父亲18年前离开了花都。3年前，当她第一次踏进花都区狮岭镇新庄小学时，她的肤色、相貌和身高，让同学和老师都惊讶地睁大了眼睛。她当时一句普通话都不会说，只会说简单的客家话，对中国文化也毫无了解。对此，大家倒习以为常，因为只有400多人的狮岭镇集贤村，就寄养着40多位外籍学生。

整个花都区的外籍学生就更多了，仅义务教育阶段的学生目前就有500名外籍学生，分布在全区50所学校，其中绝大多数是巴拿马籍华侨华人的后裔。而在江门恩平市，“留守”的外籍孩子约有3 000名，其中在恩平进行义务教育阶段学习的学生达994人，另外有婴幼儿1 000多人。他们绝大多数来自委内瑞拉。

花都和恩平是广东“洋留守儿童”最多的地方，一些问题也是最早在这里反映出来，并进行探索解决的。

热闹的小“联合国”

委内瑞拉的巴伦西亚市（Valen－cia）是恩平乡亲聚居的地方，他们对这个地方的中文译名是独一无二的——“华恋社”，既贴切又深情。

他们中的一些人有的是新移民，有的是第三四代侨民，但都有一个共同的担忧：在国外成长的孩子，会渐渐疏离中华文化和家乡情感。加上这些国家的侨胞们多以开小铺为生，营业时间长，没有时间照顾孩子，当地学习条件和治安状况也不好，因此侨胞们都想把孩子送回家乡抚养。“我们村99%的家庭有巴拿马籍亲人，回来读书的孩子也越来越多。”花都区狮岭镇新庄村村长邱文迁说。

对于侨胞这种情怀，新庄小学校长张桂华表示十分理解。平时，她和学校的老师都尽全力不让他们失望。

恩平市的“洋留守”就更加丰富多彩了。恩平市外事侨务局局长岑仲纯告诉记者，回来的“洋孩子”年龄在刚满月到18岁之间。恩平华侨分布全球58个国家，这些大大小小的孩子尽管多数来自中南美洲，但也包括其他国家。而花都侨胞除了大量定居巴拿马外，定居厄瓜多尔、新加坡、澳大利亚、美国、意大利等国的也不少。聚集了大量“洋留守”的侨乡学校，便成为热闹的小“联合国”。

这些小“联合国”成员，因为多数见过世面，个性相当活跃。“他们在音乐和美术方面，比当地学生更突出。”张桂华说。该校每周开一节书法课，非常受学生欢迎。

监护人的烦恼

“洋留守儿童”同时也带来一系列的实际难题。对此，花都区教育局副局长陈照麟深有感触：“学生每隔一段时间就要回居住国签证，耽误课程；孩子父母大多忙于生意，无力照顾孩子；由于家长们只想让孩子学习中国文化，所以，这些没有升学压力的孩子学习动力不足；这些孩子因中文水平过低，所以要降级上学，比同班同学年龄都大……”

恩平市教育局副局长莫平福也指出，这些学生的监护人多是爷爷奶奶、外公外婆，思想教育上需要额外的引导。据统计，70%以上的监护人都超过60岁，文化程度较低。他们甚至在办签证等手续的时候看不懂表格，不会签字。

正上小学六年级的梁杰锋第一次回中国时才5岁，因为爷爷奶奶身体不好，原本打算将他留下的父亲又将他带回委内瑞拉。第二次回中国时梁杰锋已经11岁，基本能够照顾自己，便留下来开始上小学一年级，今年他15岁了。

记者了解到，花都区狮岭镇一位名叫陈新荫的阿婆，要带着3个外籍孙子和外孙，每隔一段时间，她就得带他们到香港办签证，每次都把老人累得够呛。

有一次，在恩平私立集贤中西英学校，一位6岁的一年级新生由于太想念远在国外的母亲，竟然想爬墙离开学校。该校吴悦清老师发现后马上制止，并和他进行了一番长谈，了解了他的想法，并像妈妈一样照顾他，陪他玩，最后这个小同学才稳定下来。

阻隔不断的乡愁

跟着勤劳的爷爷奶奶生活，小小“洋留守”学会了照顾自己和家人。“暑假期间，奶奶每天7点就叫我起床，洗完脸我会帮她扫地、摘菜。”长着洋模样的吴燕妮，和在传统中国家庭长大的勤快的小姑娘没有区别。?

她的中国话已经讲得很顺溜，当另一名新同学从外国回花都上学时，她已经可以充当新同学和老师的小翻译。按计划，明年母亲将接她回国，但3年来因为几乎不用西班牙语交流，她已经不会说西班牙语了。每次和妈妈通电话，吴燕妮都要爸爸当翻译，而跟爸爸讲话则用客家话。

?而她10岁的小同乡吴美凤，虽然个子小，但绝对称得上学校的小明星，跳舞、演讲每一样都很棒，还是学校的小广播员。“有空时我还打打乒乓球。”吴美凤少年老成地自我介绍。吴美凤的母亲、姐姐在巴拿马，她几个月大时就被送回中国，和爸爸一起生活。“我只会两个西班牙语的单词，是我姐姐和好朋友的名字。我觉得自己完全是一个中国人，一点也不想离开中国。我对那边一点印象都没有，回去后会感到陌生，也会怕。我想长大就留在这所学校当老师！”长着一张可爱娃娃脸的吴美凤，十分认真地对校长说。

对吴美凤们来说，虽处于无忧无虑的年纪，有时却也要面对一些烦恼。比如乡愁，对孩子们而言，便是个无法回避又尴尬的词汇。当她望向出生之地那个遥远故乡时，感觉到的只有陌生，而自己大声说要留下的这个眼前的故乡，有一天必将离开。

她回忆与妈妈和姐姐的关系时说：“有一次，村口站着一个陌生女孩望着我。

我问爸爸说，那是谁？爸爸说，你姐啊。我几年没有见到她，认不出来了！”吴美凤扑闪着眼睛说。

这些孩子们有的回来几年，有的甚至一出生就被带回来由爷爷奶奶养育。他们与父母隔绝时间长，在写关于父母的作文时会要求换写爷爷奶奶。与老师谈到父母时，也会情不自禁地哭起来。

而因为爷爷奶奶生活的广东活动环境广阔，亲戚朋友众多，许多孩子们回来后就不想再走了。

小学里的“选修课”

针对侨生入学时间没有规律、年龄不一、各科教学程度完全不同，主要来自南美的西班牙语系国家等特点，委内瑞拉华人陈超景先生在2003年开办了恩平私立集贤中西英学校。

该校研究出了独具特色的“年级管理+分层次”教学模式，校长聂振洲说，根据年龄，学生们会被分到某个管理班，美术、体育和思想品德、传统教育等课程时按管理班上课。例如，一个孩子可能学业结构呈现出4个不同：西班牙语很棒，一来可以上高年级；中文完全不懂；英语有一点基础；数学逊于国内同龄同学。学校经过测试，可为这名学生安排不同年级的课程表。

记者在恩平私立集贤中西英学校采访了17岁的女生吴银莺，她12岁回恩平读书时，中文程度几乎为零，只会恩平话，英语也只会一点，数学也不如同年龄同学好，因为委内瑞拉这两门课课时安排得很少。

集贤中西英学校专门从委内瑞拉请来两位西班牙语老师：Yunior和Baquel。这两名外籍教师根据学生的实际情况，重新编写了西班牙语新教材。

莫平福透露，当地正在与委内瑞拉的侨领商量准备与广东省名校合作，办一所有更大影响、能容纳更多学生的侨胞子弟学校。

【记者手记】

“洋留守”签证最难

记者调查发现，在监护人和侨生面临的诸多问题中，最难的就是办签证。

记者从省侨办了解到，来华就读的“洋留守”因为多在16岁以下，有些甚至刚出生不久，很难办理学生签证，基本上都先入境签证半年，再采取办理寄养的方式在当地就读，签证到期后还需按期续签，因此不但对他们的学习和生活产生很大影响，也给他们海外的父母和国内监护人带来诸多不便和经济负担。

面对侨胞侨属希望简化签证手续，延长有效期限的期望，各级侨务部门十分重视，从2006年起，广东省侨办多次组织调研，广东各地侨乡也进行了一些探索。

广州市于今年2月专门下发通知，进一步简化在花都区居住的巴拿马华侨华人子女申请作为政策性照顾借读生接受义务教育身份认证的手续，至此基本解决了多年未解决的巴拿马华侨华人子女享受花都区义务教育难的问题。

6月2日，恩平市外事侨务局专门抽调8名人员，成立了“外事侨务服务中心”。

【名词解释】

洋留守儿童

“洋留守儿童”，目前在广东侨乡出现的一个特殊的儿童群体，他们的父母双双出国经商务工，为了打拼，孩子们年幼时就被送回居住在广东的爷爷奶奶、外公外婆或亲戚身边，在广东接受教育，在祖籍地生活、成长。他们拥有外国国籍，但中国农村“留守儿童”所面临的亲情缺失、“隔代教育”等一系列问题，同样出现在他们身上。在广州花都、江门恩平等地，这个人群至少多达数千人。

（资料来源：《今日广东》2011年2月8日）

第四节　新　闻

【知识目标】

1. 掌握新闻写作的基本理论和写作技巧
2. 掌握新闻写作的基本内涵和概念，明白新闻写作的“五要素”

【技能目标】

1. 能够具有较强的语言表达能力和文字表达能力
2. 能够学会发现新闻，学会捕捉线索，提高写作能力

【案例引导】

广东高考生今年多4万

本报讯　（记者徐静、伍仞　通讯员粤考宣、戴秀文）记者在昨日召开的

广东省高校招生考试工作电视电话会议上获悉，广东今年将首次在每个高考试室安装金属探测仪，以防考生携带手机和其他无线通讯设备作弊。广东省副省长宋海出席会议并讲话。

记者从会上获悉，今年广东高考总人数为65.5万人，比去年增加4万多人。与此相对应增加的是，今年招生计划增加2万人，为43.2万人，与去年的录取率相差不到一个百分点。相对于全国招生计划平均2%的增幅，广东高出三个百分点，增幅达到5%。

近年来，全国高考报名人数持续下降。2008年报名人数为1 050万人，2009年为1 020万人，2010年降到957万人。去年，广东高考报名人数也出现近年来的首次下降，由2009年的64.4万下降到2010年的61.5万，今年却又有所回升。广东省教育厅负责人去年曾表示，广东高考报名人数拐点还未到来，今年的数据支持了这一说法。

宋海在会上说，今年广东文理科考生人数大体相当，但广东省对理工科专业人才的需求，要大大超过文科类人才。他建议各高校结合今年各科类生源情况及本校的培养特色，主动适应广东当前产业优化升级和经济发展的需要，科学合理地编制和细分专业计划。

考场今年首配金属探测仪

又讯　（记者徐静、伍仞）广州市副市长贡儿珍参加了广州分会场的会议。

宋海在会上指出，今年要加大对考试违纪作弊行为的查处力度，特别是要按照国家标准加强标准化考场建设，做好定点考场金属探测仪配置的相关工作。

记者获悉，金属探测仪主要预防考生携带手机和其他通讯设备进入考场作弊，今年是广东首次在高考中使用金属探测仪，并将安装到每个试室。按照每个试室30个考生来计算，今年需安装金属探测仪2万多套。除配备金属探测仪外，部分考点还将安装无线电屏蔽系统。

对于使用金属探测仪后可能会增加考生入场时间，需要考生早些到考场的问题，广州市招考办新闻发言人表示，会在考试前对考生进行短信提醒。

今年广东高考总人数为65.5万人，比去年增加4万多人；与此增加相对应的是，今年招生计划增加2万人，为43.2万人。

（资料来源：《广州日报》2011年5月9日）

【评析】

这是一篇时态新闻，在临近高考前夕，记者通过调查了解众多考生和家长关注的高考问题并通过采访教育部门有关负责人，向考生们传递最新的高考信息，以得到考生们的重视。这则新闻，时间、地点、人物等新闻要素都具备。

一、新闻的含义

简单地说，新闻是对新近发生的事实的报道。具体地讲，新闻是一种客观存在的事实；这种事实在时间上是新近发生的；在内容上是新鲜的；在价值上是大家关心和需要的；并且需要通过新闻工具和其他各种手段进行报道传播。

新闻有广义和狭义两个概念。广义的新闻包括消息、通讯、特写、调查报告、新闻评论等；狭义的新闻，就是指消息。

写一则新闻，要真实、准确、完整，基本上能满足读者对事实的了解和掌握欲望。新闻的写作应该具备五个要素，即什么时间（When），什么地点（Where），什么人（Who），什么事（What），什么原因（Why）。五要素简称“五个 W”或者“五个什么”。新闻五要素是把事实弄清楚的最起码条件，是走向精确的初步阶梯。当然，并不是每一则新闻都要求五要素俱全，缺一不可。因为有的只作简单报道，有的事件在报道时尚不明确事件发生的原因，有的要素难以具体明确地交代。如何交代五要素，在写作时要视情况来灵活安排，不必拘泥。但是，只要有可能，五个要素应该一一交代清楚，这样的新闻才是明确和完整的。

二、新闻的特点

新闻是一种最讲实效的宣传形式，一般具有如下五个特点。

1. 内容真实

新闻报道要讲真话，容不得半点虚构，内容必须完全真实。真实是新闻的生命，是新闻能够取信于民的根本保证。任何失实的报道，都会产生极坏的影响，损伤新闻事业的崇高声誉。

2. 针对性强

新闻报道是社会舆论的向导。新闻不仅向读者提供各种新的信息，而且具有思想性和针对性，对老百姓进行思想教育。只有加强了新闻报道的针对性，才能提高宣传工作的社会效应。

3. 用事实说话

事实是新闻的本源，新闻是对事实的报道，离开了事实，新闻就失去了存在的基础。用事实说话，就是寓观点、意见于事实之中，用叙述事实来代替发表意见。新闻报道应该尽量避免那种脱离事实的枯燥空洞的说教。用事实说话，发表无形的意见，是新闻的一个特点，也是一种报道的艺术。

4. 迅速及时

新闻是对瞬息万变客观事实的及时报道，贵在迅速及时，讲究时效，迅速及时是新闻区别于其他文体的显著特点之一。在通信设备发展日新月异的今天，记者要及时采写新闻，要以最快的速度，对于即刻发生的事情，迅速采访，立时成篇。如果迟写慢发，新闻就会贬值或失去意义。

5. 简明扼要

新闻的语言要简洁，篇幅要短小。简明扼要是新闻的又一特点。新闻的短而精，是由新闻体裁的特点决定的，同时也适应现代社会生活节奏快的需要。短而精，既要文字简洁，篇幅短小，又要内容充实，信息量大。

三、新闻的种类

根据不同的角度，不同的分类标准，新闻可以分为不同的类别。按照新闻事实发生的地域和范围来分，有国际新闻和国内新闻；按照新闻的性质来分，有政治新闻、经济新闻、科教新闻、军事新闻、社会新闻、文艺新闻、体育新闻和会议新闻等；按照新闻的特点来分，有事件性新闻与非事件性新闻，单一性新闻与复杂性新闻，动态性新闻与静态性新闻，本体新闻与反映新闻；按照新闻传播的手段来分，有口头新闻、文字新闻、广播新闻和电视新闻。

如果以新闻报道的内容和写作特点为分类标准，常见的新闻可以分为动态新闻、综合新闻、经验新闻和述评新闻。

1. 动态新闻

所谓动态新闻，就是指及时地反映国内外新近发生的事情和社会生活中出现的新事物、新情况、新动向的简短的新闻报道。这种新闻比较单一，只反映一个动态。其特点是文字简短，内容广阔，新鲜活泼。例如：

禽流感疫苗研制成功

在农业部和科技部的共同主持下，通过科研人员不懈的努力，具有国际先进水平的新型 H5N1 亚型禽流感灭活疫苗和重组禽痘病毒活载体疫苗，由农业部动物流感重点开放实验室及国家禽流感参考实验室研制成功。

2. 综合新闻

所谓综合新闻，既不是对一个固定人物的描述，也不是对一个独立事件的阐发，而是由许多不拘泥于时间、地点的事实，经过综合、归纳、概括、提炼而成，具有鲜明的主题和很强的指导性。往往是围绕一个主题，综合三个较大范围（一个地区、一条战线、一个单位）在一个时期内发生的事情。它既有面的情况概括，又有典型材料作说明，点面结合，反映全局。这种形式适用于宣传各条战线的形势，某项工作的成就，或者反映群众运动的声势、规模、特点、趋向。这种新闻纵览全局，有事实、有分析，给人们一个完整的印象。例如：

提高质量　控制造价　缩短工期　堵塞漏洞

——河北省全面推行建设监理制

本报讯　（记者蔺玉堂）从河北省建委了解到，为从根本上治理建筑市场的混乱局面，提高建筑质量、控制工程造价、缩短工期、堵塞漏洞，河北省从今年起在全省全面推行建设监理制，这项改革是促进我国建筑市场与国际市场通行标准相一致的重大举措。

省建委的负责人介绍说，建设监理制早已成为国际惯例，我国由于长期实行计划经济体制，建筑市场发展滞后，出现了许多不规范行为。实行建设监理制，不仅可以有效地辅助项目决策，优化和改进设计方案，进行项目的投资控制、进度控制、质量控制，推动项目建设专业化管理，而且可以使工程建设项目管理由传统的自筹、自建、自管的小生产管理模式向社会化、专业化、现代化管理模式转变，有效地防止建筑行业的不正之风，堵塞各种腐败现象造成的漏洞，使建筑市场进入依法管理、科学有序的轨道。

据介绍，河北省的建设监理工作1993年开始试点，目前全省已有50家企业取得建设监理资格，工程建设监管范围涉及一般工业与民用建筑、市政建设、人防工程、煤炭、电力、交通、冶金等行业。全省工程试点监理工程235个，总投资145亿元，不仅防止了高估冒算造成的浪费，节约投资5 000万元，而且竣工合格率达到100%，优良品率45%。从今年起，河北省对新开工的重点工程和重要的公用基础设施，住宅小区建设和政府投资的工程项目，将强力推行工程建设监理制。监理工作由以往的只限于施工阶段扩展到对整个工程实施全方位监理。实现投资控制、进度控制、质量控制、合同管理、信息管理、组织协调一齐抓。同时结合建设市场整顿，打击建筑行业各违法乱纪行为。“九五”期间，全省监理覆盖率达应监理工程的70%，现场标准化管理达标率达到60%。

3. 经验新闻

所谓经验新闻，即是反映事物发展变化的阶段性、概况性、经验性或典型性的报道。经验新闻不是以一个独立的时间为中心，而是由许多事实，或者说，由一件以上的事实，经过综合、归纳、概括、提炼而成；不是突发性的，而是事情的发生、发展有比较长的过程，所选择的事实有典型意义，能在不同程度反映某一个时期、某一项工作的全貌；不是简单的现象罗列，而是通过纵向和横向的对比、分析、阐述，揭示事物的本质，对读者有启发性、指导性。例如：

四川黔江区狠抓饮水大事情

盘活脱贫一盘棋，黔江地区于1988年5月18日经国务院批准成立，所辖石柱、彭水、黔江、酉阳、秀山五个少数民族自治县，均为国家重点扶贫县。全区集石山区、地方病高发区、多灾区、老区、少数民族地区、边区、贫困地区、三峡库区于一体。总人口275万，其中农业人口255万，幅员1.7万平方千米，有耕地309万亩。由于特殊的地理位置和特殊的喀斯特灰岩地质构造，广大人民群众深受饮水极度缺乏之苦，一水多用，地方病流行，成为加剧贫穷的重要因素，致使人民贫穷，经济落后。近几年来，在国家和省委、省政府的关怀下，在省水电厅及省级有关部门的大力支持下，我们坚持把解决群众饮水难的问题纳入国民经济和社会事业的重要基础设施，作为温饱攻坚仗的重要大事来抓。

一是改变了农业基础条件，形成新的生产力。1987年底，我区严重缺水饮的农民群众还有105万人，八年来，我区人畜饮水工作始终瞄准这个目标，一步一个脚印、一年一个台阶，累计完成总投资7 968.4万元。一大批人畜饮水工程的建成使用，为改变农业基础设施条件打下了坚实基础，形成了新的生产力。

二是解放农村劳动力，推动了贫穷山区农业内部结构的调整和骨干商品基地建设，促进了农民收入的稳定增长。我区大多数贫困高寒区农民长期贫困的原因在于“以粮为纲”，产业结构单一，长期备受缺水、缺粮、缺钱的困扰。产业结构调整迈不开步伐的另一个重要原因是大量农业强劳动力被耗费在寻找用水上，人畜饮水问题难以解决。把一大批终年为水劳作的劳动力解放了出来，使每年近400万个劳动力用到了商品农业的开发上，从而加快了农业结构和农村产业结构调整的步伐。

三是改变了群众的健康状况，促进了农民精神文明建设。随着一批人畜饮水工程的竣工使用，使那些过去严重缺水而卫生状况差、地方病流行区域的群众卫生状况得到很大改善，长期困扰群众健康的地氟等地方病基本消灭，群众健康状况有了根本性改善。

四是履行了党和政府为民谋福的宗旨，进一步密切了党群、政群、干群关系。解决群众的饮水困难，是农民最盼望、最欢迎、最拥护的事，随着人畜饮水难问题的解决，党和政府为民谋福的宗旨得到具体体现，党群、政群、干群关系更加密切。

五是初步走出一条以水养水、增强水管单位实力的路子，为水利部门实施产业化奠定了基础。

虽然我们取得了可喜的成就，但摆在我们面前的还有解决40万人、40.52万头牲畜饮水困难的任务。

由于交通不便，居住分散，经济基础薄弱等因素制约，这些困难解决难度相当大，但我们有信心将这一“硬骨头”啃下，为全区各族人民脱贫致富奔小康作出贡献！

4. 述评新闻

所谓述评新闻，就是以叙述新闻事实为主，加上作者对新闻事实的恰到好处的评论。其特点是：有述有评，边述边评，述评结合。述评新闻是介于消息和新闻评论之间的一种报道形式，常用以分析形势，或针对某种思想倾向，或对实际工作有普遍意义的重要问题，或为群众普遍关心的社会问题，揭示事物的本质及其发展规律和方向，给读者以启迪。通常有事件述评、问题述评、形势述评、事态述评、思想述评、工作述评等。例如：

走出“温州模式”

——温州非国有经济发展趋势述评

初冬之际，记者来到温州市区，平阳县、乐清市的一些企业和市场，以及“温州模式”发源地之一的乐清柳市镇。深感温州正发生着深刻的变化，人们熟知的“温州模式”，正被今日温州人所扬弃、所突破。

企业制度：由家庭型向集团型转变

“温州模式”的最大特色，是前店后厂的家庭作坊企业，人人都是相互独立的老板，因此，有“经济发展靠老板”之说。这种特色缘于“邻居效应”，你办厂我也办厂，你厂生产打火机我厂也生产打火机，于是出现了“一镇百厂，百厂一品”的格局。由于一家一厂，资本有限，技术、设备落后，规模又小，因而企业大都缺乏新产品开发能力，以仿制为主；为了争夺市场，相互压价，价格又上不去，利润率很低。尤其是这一模式被外地学会后，温州已没有了先发优势，激烈的竞争使企业看到，一家一户独立作战已经不行了，必须走联合、合作之路。目前，温州全市的股份合作企业和集团越来越多，仅柳市一镇，厂家集团企业就有10个，温州全市的股份合作企业多达4万多家，工业产值占全部的60%以上，集团企业达84家。与此同时，原先维系并促使家庭工作迅速发展的家族血脉关系也逐渐为现代契约关系和法制关系所取代。

企业用人：由用亲向用贤转变

随着企业经营目标的提升，企业现代化程度的提高，过去那种“打虎亲兄弟，上阵父子兵”的家族式企业管理模式亦被突破，企业管理者由用亲向用贤大步转变。

仅柳市一镇，近几年就引进人才3 000多人，其中有高级职称者达1 300多人，他们中有不少人已走上了当地企业的主要领导岗位。李宗宽是浙江大学企业管理专业博士生，毕业后在温州大学任教，硬是被求贤若渴的浙江天正集团老板高天乐请到自己麾下，出任副总经理，而高天乐却不让自己的妻子到集团担职。今日天正集团，四位副总经理全是引进的人才，公司80%的部门和分厂厂长具有大学学历，其他几家大集团亦是如此。

今日，温州人对“温州模式”的突破远不止如此。温州市委、宣传部长薛振安在分析非国有经济出现的这些深刻变化时认为，这些转变表明，温州经济已发展到一个新的阶段，“温州模式”正式突破，随着国家经济的持续发展，温州人在明天的经济舞台上，必然有着更出色的表演。

祝福你，温州！

此外，随着社会的发展，为适应人们对信息传递和信息量增加的需要，报纸上还出现了“标题新闻”、“一句话新闻”、“简讯”等新闻形式。

四、新闻的结构与写法

新闻一般由标题、导语、主体和结尾组成，此外，还有对背景材料的灵活运用。

1．标题

标题是新闻的主旨或内容提要，用以吸引读者，帮助读者阅读。与一般文章的标题相比，显得更重要，形式更多样。

写作标题的要求是准确、鲜明、醒目。准确，就是要客观地反映事实，不能夸大或缩小事实，更不能歪曲事实。鲜明，就是提倡什么，反对什么，旗帜鲜明，毫不含糊。醒目，就是虚实结合，生动形象，新颖醒目。

新闻的标题有以下形式：

(1) 单行标题。以叙事为主，着重表现具体的人物、动作和事物，多为实题。例如：

《指环王》　连映火爆异常　超长时间一晃而过

(2) 双行标题。由引题和主题组成。主题又叫主标题，主题是标题最主要的部分，说明新闻中最重要的事实和思想，居于显著的地位。引题又叫眉题，置于主题之前，用来交代背景、说明原因、烘托气氛、揭示意义、引出主题。例如：

党和国家领导人同首都各界五千多人欢聚一堂庆新春（引题）

座上清茶依旧　国家景象常新（主题）

双行标题也可以由主题和副题组成。副题又称子题，位于主题之后，用来补充、印证和注释主题。例如：

白衣战士洁身自好（主题）

十五家医院拒收馈赠逾万元（副题）

(3) 三行标题。由引题、主题、副题三部分构成。这类标题一般用于内容比较重要的消息。例如：

2001 年亚太经合组织贸易部长会议传出喜讯（引题）

入世大局已定（正题）

石广生强调中国必须以发展中国家身份加入（副题）

2. 导语

导语是以简练而生动的文字介绍新闻事件中最重要的内容，揭示新闻的主题，并能引起读者阅读兴趣的开头部分。

新闻注重导语的写作，导语位居新闻首端，不仅要抓住事实的本质，而且要抓住读者的目光。可以说，导语是一则新闻成败的关键。导语的写法多种多样，常见的有以下几种。

(1) 叙述式导语。这种写法的导语要突出实质性的新闻内容，体现消息的主题。从事实的概括叙述中显示出新闻的及时性，揭示出事物的特点，让读者一眼看到新意。所以，叙述式导语是以摘要或概括叙述的方法，简明扼要地写出新闻中最主要、最新鲜的事实，突出新闻要旨，给人一个总体的印象，以便阅读全文。

(2) 描写式导语。这种导语主要是用来再现客观事物本身固有的性状，又称为见闻式导语，是对新闻中的主要事实或事实的某一个侧面作简要的形象描写，给人以生动具体的印象。但描写要切合新闻的内容和主题的要求，不宜太多。

(3) 提问式导语。这是把已经明确或解决了的问题先用疑问的句式提出来，然后用事实加以回答，以引起读者的关注和深思。提问可以抓住读者关心或是与群众生活密切相关的问题，也可以抓住读者未知而欲知的新鲜事，还可以针对人民群众中间存在的疑问或模糊看法。除此之外，提问式导语应当简洁具体。

(4) 评论式导语。这种写法的导语是从议论入手，用虚实结合，夹叙夹议的手法对新闻事实进行评论，揭示事实的意义和目的。评论式导语要见解中肯，一语中的，言简意赅。

(5) 对比式导语。就是运用对比的手法，将互为差异的事物放在一起，吸引读者的注意并从中识别事物的意义。对比式导语不但能从对比中显示出新闻的意义，而且能突出矛盾，产生悬念，变呆板为跌宕，使行文呈现出动荡流走的势头。

3. 主体

主体是新闻的主干部分，紧接导语之后，用具体、充实的材料，展开导语的内容，揭示新闻的主题。

主体的写法主要有两种：一是按事实发生、发展的时间顺序安排层次。让读者一目了然地看到事件的发展过程，层次清楚，很有说服力。二是根据事物之间的内在联系或逻辑关系来安排层次。这种结构有助于反映事物内部规律，揭示事物的本质。这种结构方法可以按照材料的主次关系、因果关系、递进关系、并列关系、对比关系等来灵活地组织材料，表现新闻的主题。

4. 结尾

当新闻需要结尾时，结尾应写得干脆有力。精彩的结尾可以深化主题，耐人寻味，发人深省。

结尾的写法也是多种多样的，以下是常见的结尾方式：

(1) 小结式。通过对新闻的内容加以小结，突出重点，深化主题。

(2) 展望式。阐明事物的意义，展望前景，激励读者。

(3) 号召式。在新闻所报道的事实基础上，最后发出号召，唤起读者的响应和共鸣。

有些新闻是没有结尾的，这是因为主体部分已经写得清清楚楚，不必画蛇添足。

5. 背景材料

背景材料是指新闻事件发生的历史条件和环境的材料。一般来说，新闻写作中往往用背景材料来烘托、深化主旨，帮助读者认识所报道的事实的性质和意义。背景材料包括说明性材料和注释性材料。

说明性材料是用来说明和解释新闻事实产生的原因、条件和环境以及人物的行为活动的背景材料。还包括能说明新闻事实意义的地理背景材料和有关新闻人物出身经历、身份特点、社会关系的人物背景材料。

注释性材料，即对有关名词术语、科技知识等的注释。注释性材料能帮助读者看懂新闻内容，增长知识和见闻。

恰如其分地运用新闻背景材料，可以显示新闻的意义，深化主题，增强知识和趣味性。但是，并不是每一则新闻都一定要有背景材料，要从实际报道的内容出发，要从是否有助于阐明主旨、说明事实的来龙去脉出发，选择用或不用。新闻背景在新闻中没有固定的位置，而是灵活穿插于导语、主体和结尾之中。

五、新闻的写作注意事项

新闻写作的要求可以概括为五个字："真"、"短"、"快"、"活"、"强"。

"真"，即事实的真实准确。新闻的内容必须准确无误。首先，事实本身要完全准确，新闻的五要素不得存在丝毫的虚假；其次，各种说明新闻事实的材料要真实可靠，要对各种背景材料、数字材料认真核实查对；再次，要坚持辩证唯物论，反对主观主义，杜绝新闻报道中的表面性和片面性，使新闻报道符合事物的本来面目。

"短"，即短小精悍。写短而精的新闻，可以突出最主要的事实，主题明确；可以扩大报道面，内容丰富；可以节省写作时间，报道迅速；可以让读者在有限的时间里获得更多的信息。文贵在精髓，写新闻更要抓住精要的事实，以典型材料表现主题，去繁就简，去浮存实。用事实说话，叙事与说理高度结合，可以节省文字和缩小篇幅。坚持"一事一报"也是保证新闻短小的有效方法。

"快"，即迅速及时。新闻讲究时效，时间性是构成新闻价值的重要因素之一。新闻时间上的"快"与内容上的"新"是密切联系、相辅相成的。新闻报道的时效性越强，新闻的内容就越新。

"活"，即生动活泼。新闻要有可读性，引人入胜，除了事实新鲜，角度新巧，思想新颖之外，还要善于突出重点，把最新鲜、最重要、最精彩的事实安排在最前面，引起读者的阅读兴趣；要善于在叙事中适当穿插描写，增强可视性；还可以加点细节，用点人物的语言，使报道内容细腻真切，富于生活气息。

"强"，即针对性强。新闻的针对性，从选材的角度说，应该及时采写社会上存在的迫切需要解决的问题以及老百姓普遍关心的问题等。在表达新闻的思想倾向性时，要注意选择典型事例，增强新闻的说服力；要通过具体生动的事实去影响读者的情绪；可以借用别人的话，揭示新闻事实的意义。

六、例文阅读与评析

【例文 1】

商标国际保护年会开讲

首届中国商标节的重头戏“2005 商标国际保护年会”在深圳麒麟山开讲。来自世界各地的知识产权官员、商标界专家、学者和国内外知名企业家出席了会议，他们围绕商标国际保护年会“商标的国际保护与国际合作”的主题展开了广泛而深入的讨论。

中华商标协会会长李建中致开幕词。博鳌亚洲论坛秘书长龙永图、国家工商总局副局长李东生分别以“知识产权国际保护的重要意义”、“加强商标专用权保护，充分发挥商标促进经济发展的作用”为题，为与会者作精彩演讲。

龙永图表示，保护商标实际上是保护产权的重要内容，对中国发展有着三方面的意义。一是加大知识产权的保护，有利于中国树立开放、负责任的国家形象；二是知识产权提高后，有利于吸引高质量外资；三是知识产权明晰后，有利于减少中国在国际贸易上的争端和摩擦。

李东生则回顾了改革开放以来，中国独具特色的商标行政保护制度在国际商标专用权方面发挥的重要作用。

【评析】

这是一则动态新闻，完全符合动态新闻报道迅速、文字简洁、篇幅短小、信息量大等特点，语言简洁流畅，内容完整，条理清楚，开头接触实质，主体直叙其事，舍弃细节，不直接议论，是一篇优秀的新闻作品。

【例文 2】

小汤山医院“非典”治愈率 98.8%　医护人员无一感染

新华社北京 6 月 20 日电（记者孙彦新、白瑞雪、胥金章）北京小汤山医院共收治 680 名“非典”患者，672 名痊愈出院，8 人死亡，治愈率超过 98.8%。1 383 名医护人员无一感染。

主管医疗的副院长周先志介绍说，“非典”患者死亡一般发生在发病 3 周左右，小汤山医院接收的病人中，发病 14 天内处于疫病进展期转来的病人有 497 人，占 73%，其中危重病人 67 人，约占 10%。治愈率高的主要原因是：专家组有效指导，重视心理治疗和中西医结合疗法。

在小汤山医院，包括传染病、呼吸、重症监护、心理学和护理等各个专业的专家组成员，大多来自广州、北京等“非典”流行区，从事“非典”救治的时间长，有丰富的救治经验。专家们坚持对危重病人逐个集体会诊，每天还要在各病区巡视指导治疗，对激素等药品的使用时机、疗程等不断进行调整规范。

据介绍，将近半数的病人刚转入医院时，情绪不稳定，配合治疗意识差，个别病人甚至产生轻生的念头。医院开通了专家心理咨询热线，负责指导心理治疗。医护人员把病人当成亲人，尽量做到有求必应，还经常与病人聊天，加强对患者的心理护理。

周先志介绍说，先后有200多名患者接受了中药治疗，疗效明显。

【评析】

这是一篇经验新闻，用简洁的语言概括归纳了小汤山医院治疗“非典”的工作经验，资料翔实、事实清楚，具有极强的说服力和借鉴作用。

【例文3】

挥别“非典”阴影　重建社会生活

昨天，世界卫生组织宣布，对北京市解除旅行警告，同时，从近期有当地传播的疫区名单中删除。这一“双解除”的决定，是世界卫生组织对中国社会抗击“非典”工作成果的一次“验收”，也是对中国政府和社会团结一心抗击“非典”工作成就的肯定。如昨天下午的记者招待会上，卫生部常务副部长高强所言，世界卫生组织发布这一决定，意味着中国全范围内均已解除旅游限制，中国将恢复正常的社会和经济生活。

也如高强在记者会上所言：“在防治‘非典’最关键的时刻，党中央、国务院作出了一系列重大的部署和决策。胡锦涛主席、温家宝总理和其他中央领导同志多次深入到防治‘非典’的第一线，强调把保护人民的身体健康和生命安全放在第一位，要求各级政府把防治‘非典’作为工作中的重中之重。”正是党和政府“把保护人民的身体健康和生命安全放在第一位”的决心和决策，成了对全国人民最有效的动员。在此指导思想下的一系列正确决策和果断措施，使得全国人民了解疫情、走出恐惧，相信政府、坚定信心，万众一心、众志成城，使抗击“非典”的工作迅速走出误区，取得了今天的胜利。

这次抗击“非典”斗争的胜利，证明中国人民、中国社会、中国政府在抗击“非典”的冲击下经受住了考验，证明在大敌当前的时刻，中国社会具备了迅速动员、团结一致以取得胜利的能力。而在这次“非典”的斗争中凝聚起来的民族精神和所取得的一系列经验及教训，将成为中国社会未来发展的宝贵财富。

北京市的“双解除”，使与“非典”疫情艰苦斗争了半年之久的中国终于挥别“非典”阴影，中国从此开始了新阶段，走上了新征程。但是，也必须看到，“非典”对中国社会、经济生活造成了全方位的巨大冲击，人们恢复日常生活并不难，但部分停滞的经济生活不但造成即时的损失，而且其重新启动的过程也将是艰难的。

而在中国这样一个人口众多、经济实力不足的社会中，建立一个完整、高效的公共卫生体系，更是一项牵扯到观念、技术、经济、政治等诸多问题的庞大工程，需要更大的决心和更长久的努力。

我们今天的挥别“非典”阴影，并不意味着“非典”已经永远离我们而去，我们还必须时时刻刻做好准备，警惕“非典”的重来。如果有“非典”重来的一天，则我们今天从抗击“非典”中所学习到的一切，都将再次接受检验。而值得欣慰的是，我们今天比以往任何时候都更有信心。

【评析】

这是一篇述评新闻。通过讲述世界卫生组织宣布对北京市解除旅行警告这一事实，高度赞扬了中国人民、中国社会、中国政府在“非典”这次重大疫情面前所表现出来的临危不惧、处乱不惊、团结一致，因而取得了抗击“非典”的胜利。同时，它还对将来提出了更高的期望。

【例文4】

首都大中小学师生为京城添绿色
“北京市义务植树日”新植树木近200万株

今天，4月份的第一个星期日，是北京市义务植树日，首都各大中小学校师生放弃休息时间来到田野、山林参加义务植树活动。新栽下的近200万株青松翠柏、绿柳国槐为北京平添了几分春意。

在圆明园遗址，北京师范大学三个班的50多位港澳台地区的同学种下了100多株桧柏，取名“相思林”，寄托着海峡两岸人民的日夜思念之情。北京大学、清华大学、中央民族大学等首都17所高校的近5 000名学生在北京图书馆新址及学校所属区域参加了义务植树。在顺义县牛栏山乡，北京西藏中学与顺义县牛栏山一中两所友好中学的藏、汉族同学200多人栽种了一片“民族团结林”。在宣武艺园，北京800多名少先队员开展了“北京少年爱北京，人人争做绿色小卫士”的主题活动。他们向全市130万少年发出了“不折枝，不摇树，不摘花，不踩绿地，不乱刻乱画，见到损坏树木行为要劝阻”的倡议，并向游人分发了2 500多份“市民、游客须知。”少年宫的100多名少年与30多位专家、教授一起在德胜门两侧栽下了30多株玉兰，名为“希望树”。

【评析】

这是一篇综合新闻。常见的综合新闻是把一些地区或单位开展某一项工作的情况综合起来，再用具体事例说明。其特点是既有面的情况，又有点的事例。面的材料概括得全面、完整、简练，符合事物本来面目；点的材料要有代表性，有特点，能进一步说明上面的问题。本文就完全符合综合新闻的这些要求。

【本章小结】

学习传播文书的写作，首先要全面了解传播文书的分类及各种文体的概念、格式、写作要求及需要把握的要素。尤其是在传播文书的时效性、新鲜性、典型性、真实性等方面要有清晰的认识。因为传播文书无论从体裁形式上还是语言表达方面，都力求真、新、快，这样才能引起读者的关注。另外，在写法方面，还要注意在语言文字方面反复推敲，不断斟酌，无论是事件报道的切入点还是与新闻事件相关联的背景材料的取舍，都要特别注意。

【本章实训】

【模块一　知识理解】

一、填空题

1. 新闻的要素简称“五个W”，分别是指＿＿＿＿＿＿、＿＿＿＿＿＿、＿＿＿＿＿＿、＿＿＿＿＿＿和＿＿＿＿＿＿。

2. 根据报道内容和写作特点，新闻可以分为＿＿＿＿＿＿、＿＿＿＿＿＿、＿＿＿＿＿＿和＿＿＿＿＿＿四种。

3. 新闻的结构可以分为＿＿＿＿＿＿、＿＿＿＿＿＿、＿＿＿＿＿＿和＿＿＿＿＿＿四部分。

4. ＿＿＿＿＿＿是新闻的生命。

5. 新闻具有________、________、________、________和________的特点。

6. 采访的主要方式有________、________和________。

7. 标题有三种写法，一是________；二是________；三是________。

8. 新闻导语的写法有多种多样，常见的有________、________、________和________。

9. 新闻的写作要求，概括为五个字，那就是________、________、________、________和________。

10. 及时地反映国内外新近发生的事件和社会生活中出现的新事物、新情况、新动向的简短的新闻报道，属于________。

二、单选题

1. 对新闻下定义正确的一项是（　　）。

A. 新闻是新奇的事物，一切可惊可喜之事谓之新闻

B. 新闻是合理的语言

C. 狗咬人不是新闻，人咬狗才是新闻

D. 新闻是对新近发生的有社会意义的事实的及时报道

2. 对新闻“篇幅短”解释错误的一项是（　　）。

A. 要用简短、概括的文字，把事实要点表现出来

B. 因为新闻要早写快发，为不致使新闻贬值或失去意义，所以要写短文

C. 短是新闻鲜明特色，也是社会生活的需要

D. 稿件短，传播媒介才能大量报道，读者才能了解更多信息

3. 下列按完整标题顺序排列正确的一项是（　　）。

（1）克林顿宣布：第26届奥运会开幕

（2）奥运圣火今天点燃

（3）五环飞扬竞争进取　百年盛会和平友谊

A. （3）（2）（1）　　B. （2）（1）（3）

C. （1）（2）（3）　　D. （3）（1）（2）

4. 下列按完整标题顺序排列正确的一项是（　　）。

（1）广州青年发明创造多

（2）老行尊说：后生可畏

（3）500多项产品及所有权资料今起展销

A. （1）（2）（3）　　B. （3）（1）（2）

C. （2）（1）（3）　　D. （2）（3）（1）

5. 下列按完整标题顺序排列正确的一项是（　　）。

（1）部分人大代表呼吁：政府应重视这方面的教育，高品位、高水准地建设广东的精神文明

（2）公德！广东人别丢了公德

（3）生活富裕后，就怕“穷得只剩一堆钱”

A.（1）（2）（3）　　B.（3）（1）（2）

C.（1）（3）（2）　　D.（2）（3）（1）

6. 下列新闻的导语属于（　　）导语。

据哈尔滨市石油公司反映：目前全市私人有轻便摩托车5 300辆，而上半年到石油公司来买汽油的还不到70户，那么，天天大街上跑的5 300辆“轻骑”都烧谁的油呢？

A. 叙述式　B. 描写式　C. 提问式　D. 结论式　E. 评论式

7. 下列新闻导语是属于（　　）。

新中国成立以来长江上游最大洪峰，今天凌晨顺利通过葛洲坝水利工程，我国这座最大的水利工程成功地承受了考验。

A. 叙述式　B. 描写式　C. 提问式　D. 结论式　E. 评论式

8. 下列新闻导语是属于（　　）。

中美学者都认为“高水平”、“富有成果”的史学讨论会，今天在这里圆满闭幕。

A. 叙述式　B. 描写式　C. 提问式　D. 结论式　E. 评论式

9. 下列新闻导语是属于（　　）。

地质学家报告说，圣海伦斯山的火山口昨晚由于“日潮的吸引”，把阵阵灰烬喷向五万英尺（一万九千米）的高空。

A. 叙述式　B. 描写式　C. 提问式　D. 结论式　E. 评论式

10. 下列的背景材料是属于（　　）。

相传在这一天，各处的蝴蝶都到山麓的“蝴蝶家”相会。

A. 对比性材料　B. 说明性材料　C. 注释性材料　D. 综合性材料

11. 下列的背景材料是属于（　　）。

广播里的《科学与知识》节目旺起来了。过去，每逢这个节目，人们往往扭动旋钮，收听戏曲；现在，常常埋怨这个节目短、内容少，听起来不过瘾。

A. 对比性材料　B. 说明性材料　C. 注释性材料　D. 综合性材料

12. 下列的背景材料是属于（　　）。

激光是20世纪60年代兴起的新技术，它是把某些能产生荧光特性的物质，放在激光射器里，在外加能源的激发下，发射出一束高强度的光。

A. 对比性材料　B. 说明性材料　C. 注释性材料　D. 综合性材料

13. 下列新闻的结尾属于（　　）。

人民解放军正以自己英雄式的战斗，坚决地执行毛主席、朱总司令的命令。

A. 展望式　　B. 启发式　　C. 小结式　　D. 引语式

14. 下列新闻的结尾属于（　　）。

这三部电影都有爱，爱得不俗，是咱农村人的爱法。不过，有的电影，音乐的“农”味还不够，农家生活细节、鸡鸣马嘶的音响再多些，更传神。

A. 展望式　　B. 启发式　　C. 小结式　　D. 引语式

15. 下列新闻的结尾属于（　　）。

在内地院校的辛勤培养下，新疆少数民族学生健康成长，有的获得了省市级“优秀生”称号，有的本科毕业即被推荐为学校硕士研究生并光荣加入了党组织。

A. 展望式　　B. 启发式　　C. 小结式　　D. 引语式

三、判断题

1. 新闻就是对新近发生的事情的报道。（　　）
2. 动态新闻比较单一，其特点是文字简短，内容广阔，新鲜活泼。（　　）
3. 导语是一则新闻成败的关键。（　　）
4. 事实准，就是报道有根有据，确如其事。（　　）
5. 稿件短，传播媒介才能大量报道，读者才能了解更多信息。（　　）
6. 述评新闻是用夹叙夹议的方式，或在叙述中融入作者观点来反映国内外重大事件或问题的新闻。（　　）
7. 新闻的结构是固定不变的，是缺一不可的，是社会约定俗成的。（　　）
8. 背景材料是指新闻事件发生的历史条件和环境的材料。（　　）
9. 精当的新闻材料，是指最能体现新闻“个性”的材料。（　　）
10. 综合新闻的特点是既有面的情况，又有点的事例。（　　）

四、简答题

1. 简述新闻的特点。
2. 新闻可以分为广义的和狭义的两种概念，这两种概念分别是什么？
3. 简要分析新闻的写作要求。

【模块二　技能训练】

五、阅读分析题

新闻有动态新闻、综合新闻、经验新闻、述评新闻等类型，请根据下列新闻标题所揭示的内容，指出它们各自所属的新闻类型。

1. 货源充足　　品种增加　　供应丰富

京津沪国庆市场安排就绪

2. 不健康的书籍泛滥原因何在?

3. 会说会笑　会吹号　会问好

我国玩具也会讲话了

玩具发生器昨天通过定型设计

4. 脖子下面挂钥匙的孩子吃饭问题解决了

六、改错题

下面是一则新闻导语，请指出其存在的问题，并加以修改。

在山沟工作36年的沈阳军区后勤部仓库主任胡玉臣，不慕功名，不图享受，一心扑在事业上，多次立功受奖，被沈阳军区后勤部树为“老基层标兵”。考虑到他的身体状况和长期与妻子分居两地，上级多次要将他调往城市部队和机关，他都婉言谢绝。许多人不解地问：“都50多岁的人了，图个啥?”他深情地说：“我什么也不图。我之所以要这样，一是恋这座水库，二是恋这群人，三是恋这片山。”

七、写作题

1. 从下面所给的命题中任选一题，拟写精彩的开场白。

(1) 我的未来不是梦

(2) 自尊　自信　自强

(3) 假如我是职业学院的院长

2. 从下面所给的命题中任选一题，撰写精彩的结束语。

(1) 高职生前途无量

(2) 学历与能力

(3) 价值在于创造

3. 根据班级发生的一件有意义的事情，写一篇动态新闻向学校广播站投稿。

4. 写一篇综合新闻，报道一次全校性的活动。（要求：要有面上情况的综述，有点上具体事例说明，点面结合，反映总体；标题要引题、正题、副题俱全，并且要有导语。）

附录1　国家行政机关公文格式

1. 范围

本范围规定了国家行政机关公文通用的纸张要求、印制要求、公文中各要素排列和标识规则。

本标准适用于国家各级行政机关制发的公文。其他机关公文可参照执行。使用少数民族文字印制的公文，其格式可参照本标准按有关规定执行。

2. 引用标准

下列标准所包含的条文，通过在本标准中引用而构成为本标准的条文。本标准出版时，所示版本均为有效。所有标准都会被修订，使用本标准的各方应探讨使用下列标准最新版本的可能性。

GB/T148—1997 印刷、书写和绘图纸幅面尺寸

3. 定义

本标准采用下列定义。

3.1　字

标识公文中横向距离的长度单位。一个字指一个汉字所占空间。

3.2　行

标识公文中纵向距离的长度单位。本标准以3号字高度加3号字高度7/8倍的距离为一基准行；公文标准以2号字高度加2号字高度7/8倍的距离为一基准行。

4. 公文用纸主要技术指标

公文用纸一般使用纸张定量为$60g/m^2-80g/m^2$的胶纸印刷纸或复写纸。纸张白度为85%－90%，横向耐折度≥15次，不透明度≥85%，pH值为7.5－9.5。

5. 公文用纸幅面及版面尺寸

5.1　公文用纸幅面尺寸

公文用纸张采用GB/T148中规定的A4型纸，其成品幅面尺寸为：210mm×297mm，尺寸的允许偏差见GB/T148。

5.2　公文页边与版心尺寸

公文用纸天头（上白边）为：37mm ±1mm

公文用纸订口（左白边）为：28 mm ±1mm

版心尺寸为：156 mm ×225mm（不含页码）

6. 公文中图文的颜色

未作特殊说明公文中图文的颜色均为黑色。

7. 排版规格与印装要求

7.1　排版规格

正文用3号仿宋体字，文中如有小标题可用3号小标宋体字或黑体字，一般每面排22行，每行排28个字。

7.2　制版要求

版面干净无底灰，字迹清楚无断划，尺寸标准，版心不斜，误差不超过1mm。

7.3　印刷要求

双面印刷；页码套正，两面误差不得超过2mm。黑色油墨应达到色谱所标BL100%，红色油墨应达到色谱所标Y80%，M80%。印品着墨实、均匀；字面不花、不白、无断划。

7.4　装订要求

公文应左侧装订，不掉页。包本公文的封面与书芯不脱落，后背平整、不空。两页页码之间误差不超过4mm。骑马订或平订的订位为两钉钉锯外订眼距书芯上下各1/4处，允许误差±4mm。平订钉锯与书 间的距离为3mm—5mm；无坏钉、漏钉、重钉，针脚平伏牢固；后脊不可散页明订。裁切成品尺寸误差±1mm，四角成90°，无毛茬或缺损。

8. 公文中各要素标识规则

本标准将组成公文的各要素划分为眉首、主体、版记三部分。

置于公文首页红色反线（宽度同版心，即156mm）以上的各要素统称眉首；置于红色反线（不含）以下至主题词（不含）之间的各要素统称主体；置于主题词以下的各要素统称版记。

8.1　眉首

8.1.1　公文份数序号

公文份数序号是将同一文稿印制若干份时每份公文的顺序编号。如需标识公文份数序号，用阿拉伯数码顶格标识在版心左上角第1行。

8.1.2　秘密等级和保密期限

如需标识秘密等级，用3号黑体字，顶格标识在版心右上角第1行，两字之间空1字；如需同时标识秘密等级和保密期限，用3号黑体字，顶格标识在版心右上角第1行，秘密等级和保密期限之间用“★”隔开。

8.1.3　紧急程度

如需标识紧急程度，用3号黑体字，顶格标识在版心右上角第1行，两字之间空1字；如需同时标识秘密等级和紧急程度，秘密等级顶格标识在版心右上角第1行如需标识秘密等级，用3号黑体字，顶格标识在版心右上角第1行，紧急程度顶格标识在版心右上角第2行。

8.1.4　发文机关标识

由发文机关全称或规范化简称后加“文件”组成；对一些特定的公文可只标识发文机关全称或规范化简称。发文机关标识上边缘至版心上边缘为25mm。对于上报的公文，发文机关标识上边缘至版心上边缘为80mm。

发文机关标识推荐使用小标宋体字，用红色标识。字号由发文机关以醒目美观为原则酌定，但一般应小于22 mm×15mm（高×宽）。

联合行文时应使主办机关名称在前，“文件”二字置于发文机关名称右侧，上下居中排布；如联合行文机关过多，必须保证公文首页显示正文。

8.1.5　发文字号

发文字号由发文机关代字、年份和序号组成。发文机关标识下空2行，用3号仿宋体字，居中排布；年份、序号用阿拉伯数码标识；年份应标全称，用六角“〔 〕”括入；序号不编虚位（即1不编为001），不加“第”字。

发文机关之下4mm处印一条与版心等宽的红色反线。

8.1.6　签发人

上报的公文需标识签发人姓名，平行排列于发文字号右侧。发文字号居左空1字，签发人姓名居右空1字；签发人用3号仿宋体字，签发人后标全角冒号，冒号后用3号楷体字标识签发人姓名。

如有多个签发人，主办单位签发人姓名置于第1行，其他签发人姓名从第2行起在主办单位签发人姓名之下按发文机关顺序依次顺排，下移红色反线，应使发文字号与最后一个签发人姓名处在同一行并使红色反线与之的距离为4mm。

8.2　主体

8.2.1　公文标题

红色反线下空2行，用2号小标宋体字，可分一行或多行居中排布；回行时，要做到词义完整，排列对称，间距恰当。

8.2.2　主送机关

标题下空1行，左侧顶格用3号仿宋体字标识，回行时仍顶格；最后一个主送机关名称后标全角冒号。如主送机关名称过多而使公文首页不能显示正文时，应将主送机关名称移至版记中的主题词之下、抄送之上，标识方法同抄送。

8.2.3　公文正文

主送机关名称下一行，每自然段左空2字，回行顶格。数字、年份不能回行。

8.2.4　附件

公文如有附件，在正文下空1行左空2字用3号仿字体字标识“附件”，后标全角冒号和名称。附件如有序号则使用阿拉伯数码（如“附件：1. ×××××”）；附件名称后不加标点符号。附件应与公文正文一起装订，并在附件左上角第1行顶格标识“附件”，有序号时标识序号；附件的序号和名称前后标识应一致。如附件与公文正文不能一起装订，应在附件左上角第1行顶格标识公文的发文字号并在其后标识附件（或带序号）。

8.2.5　成文日期

用汉字将年、月、日标全；“零”写为“○”；成文日期的标识位置见8.2.6。

8.2.6　公文生效标识

公文生效标识是证明公文效力的表现形式。它包括发文机关印章或签署人姓名。公文生效标识有以下两种情况：一种是单一发文机关如何标识公文生效标识，另一种是联合行文的机关如何标识公文生效标识。

8.2.6.1　单一发文印章

单一机关制发的公文在落款处不署发文机关名称，只标识成文日期。成文日期右空4字；加盖印章应上距正文1行之内，端正、居中下压成文时间，印章用红色。

当印章下弧无文字时，采用下套方式，即仅以下弧压在成文日期上；当印章下弧有文字时，采用中套方式，即印章中心线压在成文日期上。

8.2.6.2　联合行文印章

当联合行文需加盖两个印章时，应将成文日期拉开，左右各空7字；主办机关印章在前；两个印章均压成文日期，印章用红色。只能采用同种加盖印章方式，以保证印章排列整齐。两印章间互不相交或相切，相距不超过3mm。

当联合行文需加盖3个以上印章时，为防止出现空白印章，应将各发文机关名称（可用简称）按加盖印章顺序排列在相应位置，并使印章加盖或套印在其上。主办机关印章在前，每排最多排3个印章，两端不得超出版心；最后一排如余一个或两个印章，均居中排布；印章之间互不相交或相切；在最后一排印章之下右空2字标识成文时间。

8.2.6.3　特殊情况说明

当公文排版后所剩空白处不能容下印章位置时，应采取调整行距、字距的措施加以解决，务使印章与正文同处一面，不得采取标识“此页无正文”的方法解决。

8.2.7　附注

公文如有附注，用3号仿宋体字，居左空2字加圆括号标识在成文日期下一行。

8.3　版记

8.3.1　主题词

“主题词”用3号黑体字，居左顶格标识，后标全角冒号；词目用3号小标宋体字；词目之间空1字。

8.3.2　抄送机关

公文如有抄送机关，在主题词下一行；左右各空1字，用3号仿宋体字标识“抄送”，后标全角冒号；抄送机关间用逗号隔开，回行时与冒号后的抄送机关对齐；在最后一个抄送机关后标句号。如主送机关移至主题词之下，标识方法同抄送机关。

8.3.3　印发机关和印发日期

位于抄送机关之下（无抄送机关在主题词之下）占1行位置；用3号仿宋体字。印发机关左空1字，印发日期右空1字。印发日期以公文付印的日期为准，用阿拉伯数码标识。

8.3.4　版记中的反线

版记中各要素之下均加一条反线，宽度同版心。

8.3.5　版记的位置

版记应置于公文最后一面（封四），版记的最后一个要素置于最后一行。

9. 页码

用4号半角白体阿拉伯数码标识，置于版心下边缘之下一行，数码左右各放一条4号一字线，一字线距版心下边缘7mm。单页码居右空1字，双页码居左空1字。空白页和空白页以后的页不标识页码。

10. 公文中表格

公文如需附表，对横排A4纸型表格，应将页码放在横表的左侧，单页码置于表的左下角，双页码置于表的左上角，单页码表头在订口一边，双页码表头在切口一边。

公文如需附 A3 纸型表格，且当最后一页为 A3 纸型表格时，封三、封四（可放分送，不放页码）应为空白，将 A3 纸型表格贴在封三前，不应贴在文件最后一页（封四）上。

11. 公文的特定格式

11.1　信函式格式

发文机关名称上边缘距上页边的距离为 30mm，推荐用小标宋体字，字号由发文机关酌定；发文机关全称下 4mm 处为一条武文线（上粗下细），距下页边 20mm 处为一条文武线（上细下粗），两条线长均为 170mm。每行居中排 28 个字。首页不显示页码。发文机关名称及双线均印红色。发文字号置于武文线下一行版心右边缘顶格标识。发文字号下空 1 行标识公文标题。如需标识秘密等级或紧急程度，可置于武文线下一行版心左边缘顶格标识。两线之间其他要素的标识方法从本标准相应要素说明。

11.2　命令格式

命令标识由发文机关名称加“命令”或“令”组成，用红色小标宋体字，字号由发文机关酌定。命令标识上边缘距版心上边缘 20mm，下边缘空 2 行居中标识令号；令号下空 2 行标识正文；正文下空 1 行右空 4 字标识签发人签名章，签名章左空 2 字标识签发人职务；联合发布的命令或令的签发人职务应标识全称。在签发人签名章下空 1 行右空 2 字标识成文日期。其他要素从本标准相关要素说明。

11.3　会议纪要格式

会议纪要标识由“××××××会议纪要”组成。其标识位置同 8.1.4，用红色小标宋体字，字号由发文机关酌定。会议纪要不加盖印章。其他要素从本标准相关要素说明。

12. 式样（略）

（摘自中国标准出版社《国家行政机关公文格式》GB/T9704—1999）

附录2 中华人民共和国国家标准标点符号用法

1. 范围

本标准规定了标点符号的名称、形式和用法。本标准对汉语书写规范有重要的辅助作用。

本标准适用于汉语书面语。外语界和科技界也参考使用。

2. 定义

本标准采用下列定义。

句子 sentence 前后都有停顿，并带有一定的语调，表示相对完整意义的语言单位。

陈述句 declarative sentence 用来说明事实的句子。

祈使句 imperative sentence 用来要求听话人做某件事情的句子。

疑问句 interrogative sentence 用来提出问题的句子。

感叹句 exclamatory sentence 用来抒发某种强烈感情的句子。

复句、分句 complex sentence，clause 意思上有密切联系的小句子组织在一起构成一个大句子。这样的大句子叫复句，复句中的每个小句子叫分句。

词语 expression 词和短语（词组）。词，即最小的能独立运用的语言单位。短语，即由两个或两个以上的词按一定的语法规则组成的表达一定意义的语言单位，也叫词组。

3. 基本规则

3.1 标点符号是辅助文字记录语言的符号，是书面语的有机组成部分，用来表示停顿、语气以及词语的性质和作用。

3.2 常用的标点符号有16种，分点号和标号两大类。

点号的作用在于点断，主要表示说话时的停顿和语气。点号又分为句末点号和句内点号。句末点号用在句末，有句号、问号、叹号三种，表示句末的停顿，同时表示句子的语气。句内点号用在句内，有逗号、顿号、分号、冒号四种，表示句内的各种不同性质的停顿。

标号的作用在于标明，主要标明语句的性质和作用。常用的标号有9种，即：引号、括号、破折号、省略号、着重号、连接号、间隔号、书名号和专名号。

4. 用法说明

4.1 句号

4.1.1 句号的形式为“。”。句号还有一种形式，即一个小圆点“.”，一般在科技文献中使用。

4.1.2 陈述句末尾的停顿，用句号。例如：

（1）北京是中华人民共和国的首都。

（2）虚心使人进步，骄傲使人落后。

（3）亚洲地域广阔，跨寒、温、热三带，又因各地地形和距离海洋远近不同，气候复杂多样。

4.1.3 语气舒缓的祈使句末尾，也用句号。例如：

请您稍等一下。

4.2 问号

4.2.1 问号的形式为“?”。

4.2.2 疑问句末尾的停顿，用问号。例如：

（1）你见过金丝猴吗?

（2）他叫什么名字?

（3）去好呢，还是不去好?

4.2.3 反问句的末尾，也用问号。例如：

（1）难道你还不了解我吗?

（2）你怎么能这么说呢?

4.3 叹号

4.3.1 叹号的形式为“!”。

4.3.2 感叹句末尾的停顿，用叹号。例如：

（1）为祖国的繁荣昌盛而奋斗!

（2）我多么想看看他老人家呀!

4.3.3 语气强烈的祈使句末尾，也用叹号。例如：

（1）你给我出去!

（2）停止射击!

4.3.4 语气强烈的反问句末尾，也用叹号。例如：

我哪里比得上他呀!

4.4 逗号

4.4.1 逗号的形式为“,”。

4.4.2 句子内部主语与谓语之间如需停顿，用逗号。例如：

我们看得见的星星，绝大多数是恒星。

4.4.3 句子内部动词与宾语之间如需停顿，用逗号。例如：

应该看到，科学需要一个人贡献毕生的精力。

4.4.4 句子内部状语后边如需停顿，用逗号。例如：

对于这个城市，他并不陌生。

4.4.5 复句内各分句之间的停顿，除了有时要用分号外，都要用逗号。例如：

据说苏州园林有一百多处，我到过的不过十多处。

4.5 顿号

4.5.1 顿号的形式为“、”。

4.5.2 句子内部并列词语之间的停顿，用顿号。例如：

（1）亚马逊河、尼罗河、密西西比河和长江是世界四大河流。

（2）正方形是四边相等、四角均为直角的四边形。

4.6 分号

4.6.1 分号的形式为“；”。

4.6.2 复句内部并列分句之间的停顿，用分号。例如：

（1）语言，人们用来抒情达意；文字，人们用来记言记事。

（2）在长江上，瞿塘峡像一道闸门，峡口险阻；巫峡像一条迂回曲折的画廊，每一曲，每一折，都像一幅绝好的风景画，神奇而秀美；西陵峡水势险恶，处处是急流，处处是险滩。

4.6.3 非并列关系（如转折关系、因果关系等）的多重复句，第一层的前后两部分之间，也用分号。例如：

我国年满十八周岁的公民，不分民族、种族、性别、职业、家庭出身、宗教信仰、教育程度、财产状况、居住年限，都有选举权和被选举权；但是依照法律被剥夺政治权力的人除外。

4.6.4 分行列举的各项之间，也可以用分号。例如：

中华人民共和国行政区域划分如下：

（一）全国分为省、自治区、直辖市；

（二）省、自治区分自治州、县、自治县、市；

（三）县、自治县分乡、民族乡、镇。

4.7 冒号

4.7.1 冒号的形式为“：”。

4.7.2 用在称呼语后边，表示提起下文。例如：

同志们，朋友们：现在开会了。

4.7.3 用在“说、想、是、证明、宣布、指出、透露、例如、如下”等词语后边，表示提起下文。例如：

他十分惊讶地说：“啊，原来是你!”

4.7.4 用在总说性话语的后边，表示引起下文的分说。例如：

北京紫禁城有四座城门：午门、神武门、东华门和西华门。

4.7.5 用在需要解释的词语后边，表示引出解释或说明。例如：

外文图书展销会

日期：10 月 20 日至 11 月 10 日

时间：上午 8 时至下午 4 时

地点：北京朝阳区工体东路 16 号

主办单位：中国图书进出口总公司

4.7.6 总括性话语的前边，也可以用冒号，以总结上文。例如：

张华考上了北京大学，在化学系学习；李萍考进了中等技术学校，读机械制造专业；我在百货公司当售货员：我们都有光明的前途。

4.8 引号

4.8.1 引号的形式为双引号““””和单引号“‘’”。

4.8.2 行文中直接引用的话，用引号标示。例如：

(1) 爱因斯坦说：“想象力比知识更重要，因为知识是有限的，而想象力概括着世界上的一切，推动着进步，并且是知识进步的源泉。”

(2)“满招损，谦受益”这句格言，流传到今天至少有两千年了。

(3) 现代画家徐悲鸿笔下的马，正如有的评论家所说的那样，“神形兼备，充满生机”。

4.8.3 需要着重论述的对象，用引号标示。例如：

古人对于写文章有个基本要求，叫做“有物有序”。“有物”就是要有内容，“有序”就是要有条理。

4.8.4 具有特殊含义的词语，也用引号标示。例如：

(1) 从山脚向上望，只见火把排成许多“之”字形，一直连到天上，跟星光接起来，分不出是火把还是星星。

(2) 这样的“聪明人”还是少一点好。

4.8.5 引号里面还要用引号时，外面一层用双引号，里面一层用单引号。例如：

他站起来问：“老师，‘有条不紊’的‘紊’是什么意思?”

4.9 括号

4.9.1　括号常用的形式是圆括号“（　）”。此外还有方括号“［　］”、六角括号“〔〕”和方头括号“【】”。

4.9.2　行文中注释性的文字，用括号标明。注释句子里某种词语的，括注紧贴在被注释词语之后；注释整个句子的，括注放在句末标点之后。例如：

（1）中国猿人（全名为“中国猿人北京种”，或简称“北京人”）在我国的发现，是对古人类学的一个重大贡献。

（2）写研究性文章跟文学创作不同，不能摊开稿纸搞“即兴”。（其实文学创作也要有素养才能有“即兴”。）

4.10　破折号

4.10.1　破折号的形式为“——”。

4.10.2　行文中解释说明的语句，用破折号标明。例如：

（1）迈进金黄色的大门，穿过宽阔的风门厅和衣帽厅，就到了大会堂建筑的枢纽部分——中央大厅。

（2）为了全国人民——当然包括自己在内——的幸福，我们每个人都要兢兢业业，努力工作。

4.10.3　话题突然转变，用破折号标明。例如：

“今天好热啊！——你什么时候去上海？”张强对刚刚进门的小王说。

4.10.4　声音延长，象声词后用破折号。例如：

“呜——”火车开动了。

4.10.5　事项列举分承，各项之前用破折号。例如：

根据研究对象的不同，环境物理学分为以下五个分支学科：

——环境声学；

——环境光学；

——环境热学；

——环境电磁学；

——环境空气动力学。

4.11　省略号

4.11.1　省略号的形式为“……”，6个小圆点，占两个字的位置。如果是整段文章或诗行的省略，可以使用12个小圆点来表示。

4.11.2　引文的省略，用省略号标明。例如：

她轻轻地哼起了《摇篮曲》：“月儿明，风儿静，树叶儿遮窗棂啊……”

4.11.3　列举的省略，用省略号标明。例如：

在广州的花市上，牡丹、吊钟、水仙、梅花、菊花、山茶、墨兰……春秋冬三季的鲜花都挤在一起啦！

4.11.4 说话断断续续，可以用省略号标示。例如：

“我……对不起……大家，我……没有……完成……任务。”

4.12 着重号

4.12.1 着重号的形式为“.”。

4.12.2 要求读者特别注意的字、词、句，用着重号标明。例如：事业是干出来的，不是吹出来的。

4.13 连接号

4.13.1 连接号的形式为“—”，占一个字的位置，连接号还有另外三种形式，即长横“——”（占两个字的位置）、半字线“-”（占半个字的位置）和浪纹“~”（占一个字的位置）。

4.13.2 两个相关的名词构成一个意义单位，中间用连接号。例如：

（1）我国秦岭—淮河以北地区属于温带季风气候区，夏季高温多雨，冬季寒冷干燥。

（2）复方氯化钠注射液，也称任—洛二氏溶液（Ringer-Locke solution），用于医疗和哺乳动物生理学实验。

4.13.3 相关的时间、地点或数目之间用连接号表示起止。例如：

（1）鲁迅（1881—1936）中国现代伟大的文学家、思想家和革命家。原名周树人，字豫才，浙江绍兴人。

（2）“北京—广州”直达快车

（3）梨园乡种植的巨峰葡萄今年已进入了丰产期，亩产1 000公斤~1 500公斤。

4.13.4 相关的字母、阿拉伯数字等之间，用连接号，表示产品型号。例如：

在太平洋地区，除了已建成投入使用的HAW—4和TPC—3海底光缆之外，又有TPC—4海底光缆投入运营。

4.13.5 几个相关的项目表示递进式发展，中间用连接号。例如：

人类的发展可以分为古猿—猿人—古人—新人这四个阶段。

4.14 间隔号

4.14.1 间隔号的形式为“·”。

4.14.2 外国人和某些少数民族人名内各部分的分界，用间隔号标示。例如：

列奥纳多·达·芬奇

爱新觉罗·努尔哈赤

4.14.3 书名与篇（章、卷）名之间的分界，用间隔号标示。例如：

《中国大百科全书·物理学》

《三国志·蜀志·诸葛亮传》

4.15 书名号

4.15.1 书名号的形式为双书名号“《》”和单书名号“< >”。

4.15.2 书名、篇号、报纸名、刊物名等，用书名号标志。例如：

（1）《红楼梦》的作者是曹雪芹。

（2）你读过鲁迅的《孔乙己》吗？

（3）他的文章在《人民日报》上发表了。

（4）桌上放着一本《中国语文》。

4.15.3 书名号里边还要用书名号时，外面一层用双书名号，里边一层用单书名号。例如：

《<中国工人>发刊词》发表于1940年2月7日。

4.16 专名号

4.16.1 专名号的形式为“——”

4.16.2 人名、地名、朝代名等专名下面，用专名号标示。例如：

司马相如者，汉蜀郡成都人也，字长卿。

4.16.3 专名号只用在古籍或某些文史著作里面。为了跟专名号配合，这类著作里的书名号可以用浪线“﹏”。例如：

屈原放逐，乃赋离骚，左丘失明，厥有国语。

5. 标点符号的位置

5.1 句号、问号、叹号、逗号、顿号、分号和冒号一般占一个字的位置，居左偏下，不出现在一行之首。

5.2 引号、括号、书名号的前一半不出现在一行之末，后一半不出现在一行之首。

5.3 破折号和省略号都占两个字的位置，中间不能断开。连接号和间隔号一般占一个字的位置。这四种符号上下居中。

5.4 着重号、专名号和浪线式书名号标在字的下边，可以随字移行。

6. 直行文稿与横行文稿使用标点符号不同

6.1 句号、问号、叹号、顿号、分号和冒号放在字下偏右。

6.2 破折号、省略号、连接号和间隔号放在字下居中。

6.3 引号改用双引号“『』”和单引号“「」”。

6.4 着重号标在字的右侧，专名号和浪线式书名号标在字的左侧。

资料来源：中国政府网

（中华人民共和国国家标准 GB/T15834—1995）

国家技术监督局 1995 年 12 月 13 日发布，1996 年 6 月 1 日施行

参考文献

[1] 陈子典. 实用文书写作［M］. 北京：中国传媒大学出版社，2010

[2] 冯常深等. 大学生应用写作教程［M］. 北京：中国商业出版社，2010

[3] 郭雪峰. 应用文实训教程［M］. 北京：北京交通大学出版社，2010

[4] 张天来. 应用写作［M］. 长沙：中南大学出版社，2010

[5] 蔡超等. 应用文写作教程［M］. 广州：暨南大学出版社，2005

[6] 马新国. 新应用写作［M］. 北京：首都师范大学出版社，2008

[7] 武怀军. 新概念应用文写作［M］. 上海：华东师范大学出版社，2009

[8] 黄泽才. 新编应用写作［M］. 北京：北京理工大学出版社，2007

[9] 陈子典. 应用文写作［M］. 北京：北京师范大学出版社，2007

[10] 乔刚. 大学实用文写作［M］. 上海：上海大学出版社，2009

[11] 郑忠孝. 应用写作教程［M］. 天津：南开大学出版社，2010

[12] 杨文涛. 基础应用写作［M］. 北京：北京交通大学出版社，2008

[13] 杨巧云，钟德玲. 现代应用文写作［M］. 北京：清华大学出版社，2000

[14] 苏伟民. 新编应用文写作［M］. 北京：机械工业出版社，2000

[15] 严爱慈. 新编应用文写作［M］. 广州：广东高等教育出版社，2006

[16] 杜菁锋. 现代应用写作［M］. 广州：华南理工大学出版社，2006